教育部高等学校电子信息类专业教学指导委员会规划教材
高等学校电子信息类专业系列教材

智能控制

理论基础、算法设计与应用

（第2版）

刘金琨　编著

清华大学出版社
北京

内 容 简 介

本书较全面地叙述了智能控制的基本理论、方法和应用。全书共分 18 章，主要内容为模糊控制的基本原理和应用、神经网络控制的基本原理和应用、智能优化算法及其应用和智能协调控制基本原理及应用。

本书系统性强，理论联系实际，叙述深入浅出，适合初学者学习。书中给出了一些智能控制算法的仿真实例和 MATLAB 仿真程序（见配书资源），并配有一定数量的习题，可作为高等院校工业自动化、计算机应用、电子信息等专业的高年级本科生和硕士研究生的教材，也适合从事自动化领域工作的工程技术人员阅读和参考。

图书在版编目（CIP）数据

智能控制：理论基础、算法设计与应用/刘金琨编著.—2 版.—北京：清华大学出版社，2023.1 (2024.12重印)
高等学校电子信息类专业系列教材
ISBN 978-7-302-61070-0

Ⅰ. ①智… Ⅱ. ①刘… Ⅲ. ①智能控制－高等学校－教材 Ⅳ. ①TP273

中国版本图书馆 CIP 数据核字(2022)第 099726 号

责任编辑：盛东亮　崔　彤
封面设计：李召霞
责任校对：时翠兰
责任印制：杨　艳

出版发行：清华大学出版社
网　　址：https://www.tup.com.cn，https://www.wqxuetang.com
地　　址：北京清华大学学研大厦 A 座　　**邮　　编**：100084
社 总 机：010-83470000　　**邮　　购**：010-62786544
投稿与读者服务：010-62776969，c-service@tup.tsinghua.edu.cn
质量反馈：010-62772015，zhiliang@tup.tsinghua.edu.cn
课件下载：https://www.tup.com.cn，010-83470236
印 装 者：艺通印刷（天津）有限公司
经　　销：全国新华书店
开　　本：185mm×260mm　　**印　　张**：21　　**字　　数**：511 千字
版　　次：2019 年 12 月第 1 版　2023 年 1 月第 2 版　　**印　　次**：2024 年 12 月第 4 次印刷
印　　数：5001～6500
定　　价：59.00 元

产品编号：096765-01

序

FOREWORD

我国电子信息产业占工业总体比重已经超过10%。电子信息产业在工业经济中的支撑作用凸显，更加促进了信息化和工业化的高层次深度融合。随着移动互联网、云计算、物联网、大数据和石墨烯等新兴产业的爆发式增长，电子信息产业的发展呈现了新的特点，电子信息产业的人才培养面临着新的挑战。

(1) 随着控制、通信、人机交互和网络互联等新兴电子信息技术的不断发展，传统工业设备融合了大量最新的电子信息技术，它们一起构成了庞大而复杂的系统，派生出大量新兴的电子信息技术应用需求。这些"系统级"的应用需求，迫切要求具有系统级设计能力的电子信息技术人才。

(2) 电子信息系统设备的功能越来越复杂，系统的集成度越来越高。因此，要求未来的设计者应该具备更扎实的理论基础知识和更宽广的专业视野。未来电子信息系统的设计越来越要求软件和硬件的协同规划、协同设计和协同调试。

(3) 新兴电子信息技术的发展依赖于半导体产业的不断推动，半导体厂商为设计者提供了越来越丰富的生态资源，系统集成厂商的全方位配合又加速了这种生态资源的进一步完善。半导体厂商和系统集成厂商所建立的这种生态系统，为未来的设计者提供了更加便捷却又必须依赖的设计资源。

教育部2020年颁布了新版《高等学校本科专业目录》，将电子信息类专业进行了整合，为各高校建立系统化的人才培养体系，培养具有扎实理论基础和宽广专业技能的、兼顾"基础"和"系统"的高层次电子信息人才给出了指引。

传统的电子信息学科专业课程体系呈现"自底向上"的特点，这种课程体系偏重对底层元器件的分析与设计，较少涉及系统级的集成与设计。近年来，国内很多高校对电子信息类专业课程体系进行了大力度的改革，这些改革顺应时代潮流，从系统集成的角度，更加科学合理地构建了课程体系。

为了进一步提高普通高校电子信息类专业教育与教学质量，推动教育与教学高质量发展，教育部高等学校电子信息类专业教学指导委员会开展了"高等学校电子信息类专业课程体系"的立项研究工作，并启动了"高等学校电子信息类专业系列教材"(教育部高等学校电子信息类专业教学指导委员会规划教材)的建设工作。其目的是推进高等教育内涵式发展，提高教学水平，满足高等学校对电子信息类专业人才培养、教学改革与课程改革的需要。

本系列教材定位于高等学校电子信息类专业的专业课程，适用于电子信息类的电子信息工程、电子科学与技术、通信工程、微电子科学与工程、光电信息科学与工程、信息工程及其相近专业。经过编审委员会与众多高校多次沟通，初步拟定分批次建设约100门核心课程教材。本系列教材将力求在保证基础的前提下，突出技术的先进性和科学的前沿性，体现创新教学和工程实践教学；将重视系统集成思想在教学中的体现，鼓励推陈出新，采用“自顶向下”的方法编写教材；将注重反映优秀的教学改革成果，推广优秀的教学经验与理念。

为了保证本系列教材的科学性、系统性及编写质量，本系列教材设立顾问委员会及编审委员会。顾问委员会由教指委高级顾问、特约高级顾问和国家级教学名师担任，编审委员会由教育部高等学校电子信息类专业教学指导委员会委员和一线教学名师组成。同时，清华大学出版社为本系列教材配置优秀的编辑团队，力求高水准出版。本系列教材的建设，不仅有众多高校教师参与，也有大量知名的电子信息类企业支持。在此，谨向参与本系列教材策划、组织、编写与出版的广大教师、企业代表及出版人员致以诚挚的感谢，并殷切希望本系列教材在我国高等学校电子信息类专业人才培养与课程体系建设中发挥切实的作用。

吕志伟 教授

前言

PREFACE

智能控制是自动控制领域的前沿学科之一，它是一门综合性很强的多学科交叉的新兴学科，被称为自动控制理论发展的第三阶段。智能控制的发展为解决复杂的非线性、不确定系统的控制问题开辟了新的途径。

有关智能控制理论及其工程应用，近年来已有大量的论文发表。作者多年来一直从事控制理论及应用方面的教学和研究工作，为了促进智能控制和自动化技术的进步，反映智能控制设计与应用中的最新研究成果，并使广大研究人员和工程技术人员能了解、掌握和应用这一领域的最新技术，学会用 MATLAB 语言进行各种智能控制算法的分析和设计，作者编写了本书，供广大读者学习和参考。

本书共分 18 章。第 1 章绪论，着重介绍智能控制的产生和发展背景，以及智能控制的基本概念；第 2 章介绍模糊控制的数学基础；第 3 章介绍模糊逻辑控制的基本原理及模糊控制器的设计方法；第 4 章介绍模糊逼近的基本原理及自适应模糊控制器的设计方法；第 5 章介绍 T-S 模糊建模方法和 T-S 模糊控制器的设计方法；第 6 章以机械手为被控对象，介绍模糊自适应控制算法的设计和分析方法；第 7 章介绍神经网络控制的理论基础；第 8 章介绍几种典型的神经网络；第 9 章介绍基于 RBF 神经网络的自适应控制算法和分析方法；第 10 章介绍基于 RBF 神经网络的输入输出受限控制设计方法；第 11 章介绍基于 RBF 神经网络的执行器自适应容错控制算法设计和分析方法；第 12 章以机械手为例，介绍神经网络自适应控制设计方法；第 13 章介绍基于 RBF 神经网络的反演自适应控制设计方法；第 14 章介绍基于 LMI 的神经网络自适应控制设计方法；第 15 章介绍几种智能优化算法；第 16 章介绍智能优化算法的几种应用；第 17 章介绍基于神经网络的主辅电机的协调控制；第 18 章介绍多智能体系统一致性控制的设计与分析。

本书是在总结作者多年研究成果的基础上，进一步理论化、系统化、规范化、实用化而成的，其特点如下：

(1) 控制算法取材新颖，内容先进，重点关注学科交叉部分的前沿研究和介绍一些有潜力的新思想、新方法和新技术，取材着重于基本概念、基本理论和基本方法。

(2) 针对每种控制算法给出了完整的 MATLAB 仿真程序（见配书资源），并给出了程序的说明和仿真结果，具有很强的可读性。

(3) 着重从应用角度出发，突出理论联系实际，面向广大工程技术人员，内容具有很强的工程性和实用性。例如，书中为了介绍一些智能控制算法的设计和分析方法，以机械系统、电机、倒立摆、飞行器等为被控对象来辅助说明。

(4) 所给出的各种控制算法完整，程序设计、结构设计力求简单明了，便于自学和进一步开发。

为了适应相关专业高年级本科生和研究生的教学需要，本书在选材上更加着重于基础性和实用性。为了更好地介绍智能控制理论和应用的发展，书中增加了一些新的智能控制理论和实际应用内容，主要体现：第 8 章增加了几种典型的神经网络算法介绍，包括 BP 神经网络、模糊 RBF 神经网络、Pi-Sigma 模糊神经网络和 ELM 神经网络；第 11 章增加了基于传感器和执行器容错的神经网络自适应控制；第 15 章增加了蚁群算法的介绍；第 16 章增加了基于粒子群算法的航班着陆调度和基于差分进化算法的产品加工生产调度；增加了第 18 章，介绍多智能体系统一致性协调控制等内容；对原有的第 17 章内容进行了修改。

由于编者水平有限，书中难免存在一些不足之处，真诚欢迎广大读者批评指正。编者相信，通过与广大同行的交流，编者会得到许多新的有益的建议，从而将本书写得更好。

编　者

2023 年 1 月于北京航空航天大学

仿真程序使用说明

1. 所有仿真算法按章归类，下载的程序名与书中一一对应。

2. 将下载的仿真程序复制到硬盘 MATLAB 运行的路径中，便可仿真运行。

3. 本书算法在当前 MATLAB 高级版本下运行成功，并适用于其他更高级版本。

注：本书的示例采用英文版 MATLAB 软件仿真，所以书中仿真图形中的文字为英文，不区分物理量正体与斜体，与代码中的物理量一致。

目录

CONTENTS

第 1 章　绪论 …… 1
1.1　智能控制的发展过程 …… 1
1.1.1　智能控制的提出 …… 1
1.1.2　智能控制的概念 …… 2
1.1.3　智能控制的发展 …… 3
1.1.4　智能控制的技术基础 …… 3
1.2　智能控制的几个重要分支 …… 4
1.2.1　模糊控制 …… 4
1.2.2　神经网络控制 …… 5
1.2.3　智能搜索算法 …… 5
1.3　智能控制的特点、工具及应用 …… 6
1.3.1　智能控制的特点 …… 6
1.3.2　智能控制的研究工具 …… 6
1.3.3　智能控制的应用 …… 7
思考题 …… 7
参考文献 …… 7
第 2 章　模糊控制的理论基础 …… 9
2.1　概述 …… 9
2.2　模糊集合 …… 10
2.2.1　模糊集合的表示 …… 10
2.2.2　模糊集合的运算 …… 11
2.3　隶属函数 …… 14
2.3.1　隶属函数的特点 …… 14
2.3.2　几种典型的隶属函数及其 MATLAB 表示 …… 14
2.3.3　模糊系统的设计 …… 17
2.3.4　隶属函数的确定方法 …… 17
2.4　模糊关系及其运算 …… 18
2.4.1　模糊关系矩阵 …… 18
2.4.2　模糊矩阵运算 …… 19
2.4.3　模糊矩阵的合成 …… 20
2.5　模糊语句与模糊推理 …… 21
2.5.1　模糊语句 …… 21
2.5.2　模糊推理 …… 21

思考题 …… 23
第 3 章 模糊逻辑控制 …… 24
3.1 模糊控制的基本原理 …… 24
3.1.1 模糊控制原理 …… 24
3.1.2 模糊控制器的组成 …… 25
3.1.3 模糊控制系统的工作原理 …… 26
3.1.4 模糊控制器结构 …… 30
3.2 模糊控制系统分类 …… 31
3.3 模糊控制器的设计 …… 32
3.3.1 模糊控制器的设计步骤 …… 32
3.3.2 模糊控制器的 MATLAB 仿真 …… 34
3.4 模糊控制应用实例——洗衣机的模糊控制 …… 37
3.5 模糊自适应整定 PID 控制 …… 41
3.5.1 模糊自适应整定 PID 控制原理 …… 41
3.5.2 仿真实例 …… 44
3.6 大时变扰动下切换增益模糊调节的滑模控制 …… 47
3.6.1 系统描述 …… 47
3.6.2 滑模控制器设计 …… 48
3.6.3 模糊规则设计 …… 48
3.6.4 仿真实例 …… 50
思考题 …… 53
第 4 章 自适应模糊控制 …… 54
4.1 模糊逼近 …… 54
4.1.1 模糊系统的设计 …… 54
4.1.2 模糊系统的逼近精度 …… 55
4.1.3 仿真实例 …… 55
4.2 间接自适应模糊控制 …… 58
4.2.1 问题描述 …… 58
4.2.2 自适应模糊滑模控制器设计 …… 58
4.2.3 仿真实例 …… 61
4.3 直接自适应模糊控制 …… 64
4.3.1 问题描述 …… 64
4.3.2 模糊控制器的设计 …… 65
4.3.3 自适应律的设计 …… 65
4.3.4 仿真实例 …… 67
思考题 …… 69
第 5 章 基于 T-S 模糊建模的控制 …… 70
5.1 T-S 模糊模型 …… 70
5.1.1 T-S 模糊模型的形式 …… 70
5.1.2 仿真实例 …… 70
5.1.3 一类非线性系统的 T-S 模糊建模 …… 71
5.2 T-S 模糊控制器的设计 …… 73

5.3 倒立摆系统的 T-S 模糊模型 …… 74
5.4 基于线性矩阵不等式的单级倒立摆 T-S 模糊控制 …… 76
5.4.1 LMI 不等式的设计及分析 …… 76
5.4.2 不等式的转换 …… 78
5.4.3 LMI 设计实例 …… 79
5.4.4 仿真实例 …… 80
附加资料：新的 LMI 求解工具箱——YALMIP 工具箱 …… 82
思考题 …… 83
参考文献 …… 83
第 6 章　机械手自适应模糊控制 …… 84
6.1 简单的自适应模糊滑模控制 …… 84
6.1.1 问题描述 …… 84
6.1.2 模糊逼近原理 …… 84
6.1.3 控制算法设计与分析 …… 85
6.1.4 仿真实例 …… 86
6.2 基于模糊补偿的机械手模糊自适应滑模控制 …… 88
6.2.1 系统描述 …… 89
6.2.2 基于传统模糊补偿的控制 …… 89
6.2.3 自适应控制律的设计 …… 89
6.2.4 基于摩擦模糊逼近的模糊补偿控制 …… 90
6.2.5 仿真实例 …… 91
6.3 模糊系统逼近的最小参数学习法 …… 93
6.3.1 问题描述 …… 93
6.3.2 模糊系统最小参数逼近 …… 94
6.3.3 基于模糊系统逼近的最小参数自适应控制 …… 95
6.3.4 仿真实例 …… 96
6.4 基于模糊补偿的机械手单参数自适应控制 …… 98
6.4.1 系统描述 …… 98
6.4.2 基于模糊系统逼近的最小参数自适应控制 …… 98
6.4.3 仿真实例 …… 100
附加资料 …… 102
思考题 …… 102
参考文献 …… 102
第 7 章　神经网络理论基础 …… 103
7.1 神经网络发展简史 …… 103
7.2 神经网络原理 …… 104
7.3 神经网络的分类 …… 105
7.4 神经网络学习算法 …… 106
7.4.1 Hebb 学习规则 …… 107
7.4.2 Delta(δ)学习规则 …… 107
7.5 神经网络的特征及要素 …… 108
7.5.1 神经网络特征 …… 108
7.5.2 神经网络三要素 …… 108

7.6 神经网络控制的研究领域 …… 108
思考题 …… 109
第8章 典型神经网络及非线性建模 …… 110
8.1 单神经元网络 …… 110
8.2 BP神经网络 …… 112
8.2.1 BP神经网络特点 …… 112
8.2.2 BP神经网络结构与算法 …… 112
8.2.3 BP神经网络的训练 …… 113
8.2.4 仿真实例 …… 114
8.3 RBF神经网络 …… 115
8.3.1 网络结构 …… 116
8.3.2 控制系统设计中RBF神经网络的逼近 …… 116
8.3.3 RBF神经网络的训练 …… 117
8.3.4 仿真实例 …… 117
8.4 模糊RBF神经网络 …… 118
8.4.1 模糊RBF神经网络结构与算法 …… 118
8.4.2 模糊RBF神经网络学习算法 …… 120
8.4.3 仿真实例 …… 120
8.5 Pi-Sigma模糊神经网络 …… 122
8.5.1 高木-关野模糊系统 …… 122
8.5.2 混合型Pi-Sigma模糊神经网络 …… 122
8.5.3 Pi-Sigma模糊神经网络学习算法 …… 124
8.5.4 仿真实例 …… 124
8.6 ELM神经网络 …… 126
8.6.1 ELM神经网络的特点 …… 126
8.6.2 ELM神经网络结构与算法 …… 126
8.6.3 ELM神经网络的训练 …… 127
8.6.4 仿真实例 …… 127
思考题 …… 128
参考文献 …… 128
第9章 自适应RBF神经网络控制 …… 129
9.1 一阶系统神经网络自适应控制 …… 129
9.1.1 系统描述 …… 129
9.1.2 滑模控制器设计 …… 129
9.1.3 仿真实例 …… 130
9.1.4 一阶系统自适应RBF控制 …… 131
9.1.5 仿真实例 …… 132
9.2 二阶系统自适应RBF神经网络控制 …… 134
9.2.1 系统描述 …… 134
9.2.2 基于RBF神经网络逼近$f(x)$的滑模控制 …… 135
9.2.3 仿真实例 …… 136
9.3 基于RBF神经网络的单参数直接鲁棒自适应控制 …… 138
9.3.1 系统描述 …… 138
9.3.2 控制律和自适应律设计 …… 139

9.3.3　仿真实例 …… 140
思考题 …… 142
参考文献 …… 142
第 10 章　基于 RBF 神经网络的输入输出受限控制 …… 143
10.1　控制系统位置输出受限控制 …… 143
10.1.1　输出受限引理 …… 143
10.1.2　系统描述 …… 144
10.1.3　控制器的设计 …… 145
10.1.4　仿真实例 …… 146
10.2　基于 RBF 神经网络的状态输出受限控制 …… 148
10.2.1　系统描述 …… 148
10.2.2　RBF 神经网络原理 …… 148
10.2.3　控制器的设计 …… 148
10.2.4　仿真实例 …… 150
10.3　基于 RBF 神经网络的输入受限滑模控制 …… 152
10.3.1　系统描述 …… 153
10.3.2　RBF 神经网络逼近及双曲正切函数特点 …… 153
10.3.3　控制器的设计及分析 …… 154
10.3.4　仿真实例 …… 155
思考题 …… 157
参考文献 …… 157
第 11 章　基于 RBF 神经网络的执行器自适应容错控制 …… 158
11.1　执行器容错控制描述 …… 158
11.2　SISO 系统执行器自适应容错控制 …… 159
11.2.1　控制问题描述 …… 159
11.2.2　控制律的设计与分析 …… 159
11.2.3　仿真实例 …… 160
11.3　基于 RBF 神经网络的 SISO 系统执行器自适应容错控制 …… 161
11.3.1　控制问题描述 …… 161
11.3.2　RBF 神经网络设计 …… 162
11.3.3　控制律的设计与分析 …… 162
11.3.4　仿真实例 …… 163
11.4　MISO 系统执行器自适应容错控制 …… 165
11.4.1　控制问题描述 …… 165
11.4.2　控制律的设计与分析 …… 165
11.4.3　仿真实例 …… 166
11.5　MISO 系统执行器自适应神经网络容错控制 …… 167
11.5.1　控制问题描述 …… 167
11.5.2　RBF 神经网络设计 …… 168
11.5.3　控制律的设计与分析 …… 168
11.5.4　仿真实例 …… 169
11.6　带执行器卡死的 MISO 系统自适应容错控制 …… 170
11.6.1　控制问题描述 …… 170

11.6.2 控制律的设计与分析 …… 171
11.6.3 仿真实例 …… 173
11.7 带执行器卡死的 MISO 系统神经网络自适应容错控制 …… 174
11.7.1 控制问题描述 …… 174
11.7.2 RBF 神经网络设计 …… 175
11.7.3 控制律的设计与分析 …… 175
11.7.4 仿真实例 …… 177
11.8 基于传感器和执行器容错的自适应控制 …… 178
11.8.1 系统描述 …… 178
11.8.2 控制器设计与分析 …… 179
11.8.3 仿真实例 …… 180
11.9 基于传感器和执行器容错的神经网络自适应控制 …… 182
11.9.1 系统描述 …… 182
11.9.2 控制器设计与分析 …… 182
11.9.3 神经网络逼近 …… 183
11.9.4 仿真实例 …… 184
附加资料 …… 186
思考题 …… 186
参考文献 …… 186
第 12 章 机械系统神经网络自适应控制 …… 187
12.1 一种简单的 RBF 神经网络自适应滑模控制 …… 187
12.1.1 问题描述 …… 187
12.1.2 RBF 神经网络原理 …… 188
12.1.3 控制算法设计与分析 …… 188
12.1.4 仿真实例 …… 189
12.2 基于 RBF 神经网络逼近的机械手自适应控制 …… 190
12.2.1 问题的提出 …… 190
12.2.2 基于 RBF 神经网络逼近的控制器 …… 191
12.2.3 仿真实例 …… 192
12.3 基于 RBF 神经网络的最小参数自适应控制 …… 194
12.3.1 问题描述 …… 194
12.3.2 基于 RBF 神经网络逼近的最小参数自适应控制 …… 195
12.3.3 仿真实例 …… 196
12.4 机械手神经网络单参数自适应控制 …… 198
12.4.1 问题的提出 …… 198
12.4.2 神经网络设计 …… 198
12.4.3 控制器设计 …… 199
12.4.4 仿真实例 …… 200
12.5 一类欠驱动机械系统神经网络滑模控制 …… 202
12.5.1 系统描述 …… 202
12.5.2 RBF 神经网络原理 …… 203
12.5.3 滑模控制律的设计 …… 203
12.5.4 收敛性分析 …… 204

12.5.5　仿真实例 …… 205

附加资料 …… 206

思考题 …… 206

参考文献 …… 207

第13章　基于RBF神经网络的反演自适应控制 …… 208

13.1　一种三阶非线性系统的反演控制 …… 208

13.1.1　系统描述 …… 208

13.1.2　反演控制器设计 …… 208

13.1.3　仿真实例 …… 210

13.2　基于RBF神经网络的三阶非线性系统反演控制 …… 211

13.2.1　系统描述 …… 211

13.2.2　RBF神经网络原理 …… 212

13.2.3　神经网络反演控制器设计 …… 212

13.2.4　仿真实例 …… 214

思考题 …… 216

参考文献 …… 216

第14章　基于LMI的神经网络自适应控制 …… 217

14.1　基于LMI的控制 …… 217

14.1.1　系统描述 …… 217

14.1.2　控制器的设计与分析 …… 217

14.1.3　仿真实例 …… 218

14.2　基于LMI的神经网络自适应控制 …… 219

14.2.1　系统描述 …… 219

14.2.2　RBF神经网络设计 …… 220

14.2.3　控制器的设计与分析 …… 220

14.2.4　仿真实例 …… 221

14.3　基于LMI的神经网络自适应跟踪控制 …… 223

14.3.1　系统描述 …… 223

14.3.2　仿真实例 …… 224

思考题 …… 225

第15章　智能优化算法 …… 226

15.1　TSP优化 …… 226

15.2　遗传算法 …… 227

15.2.1　遗传算法的基本原理 …… 227

15.2.2　遗传算法的特点 …… 228

15.2.3　遗传算法的应用领域 …… 229

15.2.4　遗传算法的优化设计 …… 229

15.2.5　基于遗传算法的函数优化 …… 230

15.3　基于遗传算法的TSP优化 …… 233

15.3.1　TSP的编码 …… 233

15.3.2　TSP的遗传算法设计 …… 233

15.3.3　仿真实例 …… 235

15.4 粒子群优化算法 …… 236
15.4.1 粒子群算法基本原理 …… 236
15.4.2 算法流程 …… 237
15.4.3 基于粒子群算法的函数优化 …… 238
15.4.4 基于粒子群算法的 TSP 优化 …… 240
15.5 标准差分进化算法 …… 241
15.5.1 差分进化算法的基本流程 …… 242
15.5.2 差分进化算法的参数设置 …… 243
15.5.3 基于差分进化算法的函数优化 …… 244
15.5.4 基于差分进化算法的 TSP 优化 …… 245
15.6 基于差分进化最优轨迹规划的 PD 控制 …… 246
15.6.1 问题的提出 …… 246
15.6.2 一个简单的样条插值实例 …… 246
15.6.3 最优轨迹的设计 …… 247
15.6.4 最优轨迹的优化 …… 248
15.6.5 仿真实例 …… 249
15.7 蚁群算法 …… 251
15.7.1 蚁群算法的基本原理 …… 251
15.7.2 基于 TSP 优化的蚁群算法 …… 251
15.7.3 仿真实例 …… 253
15.8 Hopfield 神经网络 …… 255
15.8.1 Hopfield 神经网络原理 …… 255
15.8.2 求解 TSP 的 Hopfield 神经网络设计 …… 257
15.8.3 仿真实例 …… 258
思考题 …… 260
参考文献 …… 260
第 16 章 智能优化算法的应用 …… 261
16.1 柔性机械手动力学模型参数辨识 …… 261
16.1.1 柔性机械手模型描述 …… 261
16.1.2 仿真实例 …… 263
16.2 飞行器纵向模型参数辨识 …… 264
16.2.1 问题描述 …… 264
16.2.2 仿真实例 …… 265
16.3 VTOL 参数辨识 …… 267
16.3.1 VTOL 参数辨识问题 …… 267
16.3.2 基于粒子群算法的参数辨识 …… 269
16.3.3 基于差分进化算法的 VTOL 参数辨识 …… 270
16.4 四旋翼飞行器建模与参数辨识 …… 271
16.4.1 四旋翼飞行器动力学模型 …… 271
16.4.2 动力学模型的变换 …… 272
16.4.3 模型测试 …… 274
16.4.4 基于粒子群算法的参数辨识 …… 275
16.4.5 基于差分进化算法的参数辨识 …… 277

16.5　基于粒子群算法的航班着陆调度 …… 279
16.5.1　问题描述 …… 279
16.5.2　优化问题的设计 …… 280
16.5.3　仿真实例 …… 281
16.6　基于差分进化算法的产品加工生产调度 …… 281
16.6.1　问题描述 …… 281
16.6.2　优化问题的设计 …… 282
16.6.3　仿真实例 …… 282
16.7　基于差分进化算法的无人机三维路径规划 …… 283
16.7.1　问题描述 …… 283
16.7.2　目标函数设计 …… 284
16.7.3　基于差分进化算法的路径规划 …… 285
16.7.4　仿真实例 …… 285
思考题 …… 287
参考文献 …… 287
第 17 章　神经网络自适应协调控制 …… 288
17.1　主辅电机的协调控制 …… 288
17.1.1　系统描述 …… 288
17.1.2　控制律设计与分析 …… 288
17.1.3　仿真实例 …… 289
17.2　基于神经网络的主辅电机协调控制 …… 291
17.2.1　系统描述 …… 291
17.2.2　RBF 神经网络的设计 …… 291
17.2.3　控制律设计与分析 …… 292
17.2.4　仿真实例 …… 293
思考题 …… 295
参考文献 …… 295
第 18 章　多智能体系统一致性控制的设计与分析 …… 296
18.1　多智能体系统介绍 …… 296
18.2　多智能体系统的位置一致性跟踪控制 …… 296
18.2.1　系统描述 …… 296
18.2.2　控制器的设计 …… 297
18.2.3　稳定性分析 …… 298
18.2.4　仿真实例 …… 298
18.3　二阶线性多智能体系统一致性控制 …… 300
18.3.1　系统描述 …… 300
18.3.2　控制律设计 …… 301
18.3.3　仿真实例 …… 302
18.3.4　Laplacian 矩阵分析 …… 303
18.4　基于 RBF 神经网络的多智能体系统一致性控制 …… 305
18.4.1　系统描述 …… 305
18.4.2　基于 RBF 神经网络逼近的滑模控制 …… 305
18.4.3　控制律设计 …… 305

18.4.4 仿真实例 …… 306
18.5 基于执行器容错的多智能体系统控制 …… 309
18.5.1 系统描述 …… 309
18.5.2 控制律设计 …… 309
18.5.3 仿真实例 …… 311
思考题 …… 313
参考文献 …… 313

第1章 绪　论

CHAPTER 1

智能控制是具有智能信息处理、智能信息反馈和智能控制决策的控制方式，是控制理论发展的高级阶段，主要用来解决那些用传统方法难以解决的复杂系统的控制问题。智能控制研究对象的主要特点是具有不确定性的数学模型、高度的非线性和复杂的任务要求。

我国是制造业大国，国家的“中国制造 2025”行动纲要的提出，使制造业需要大量具备智能化控制技术的各类人才。

1.1 智能控制的发展过程

1.1.1 智能控制的提出

传统控制方法包括经典控制和现代控制，是基于被控对象精确模型的控制方式，缺乏灵活性和应变能力，适用于解决线性、时不变性等相对简单的控制问题。传统控制方法在实际应用中遇到很多难以解决的问题，主要表现在以下几点。

(1) 实际系统由于存在复杂性、非线性、时变性、不确定性和不完全性等，无法获得精确的数学模型。

(2) 某些复杂的和包含不确定性的控制过程无法用传统的数学模型来描述，即无法解决建模问题。

(3) 针对实际系统往往需要进行一些比较苛刻的线性化假设，而这些假设往往与实际系统不符合。

(4) 实际控制任务复杂，而传统的控制任务要求低，对复杂的控制任务，如智能机器人控制、CIMS 和社会经济管理系统等复杂任务无能为力。

在生产实践中，复杂控制问题可通过熟练操作人员的经验和控制理论相结合的方法去解决，因此，产生了智能控制。智能控制采取的是全新的思路，它用人的思维方式建立逻辑模型，使用类似人脑的控制方法来进行控制。智能控制将控制理论的方法和人工智能技术灵活地结合起来，这种方法适应于对象的复杂性和不确定性。

智能控制是控制理论发展的高级阶段，它主要用来解决那些用传统控制方法难以解决的复杂系统的控制问题。智能控制研究对象具备以下一些特点。

(1) 不确定性的模型。

智能控制适合于不确定性对象的控制，其不确定性包括两层意思，一是模型未知或知之甚少；二是模型的结构和参数可能在很大范围内变化。

(2) 高度的非线性。

采用智能控制方法可以较好地解决非线性系统的控制问题。

(3) 复杂的任务要求。

例如，智能机器人要求控制系统对一个复杂的任务具有自行规划和决策的能力，有自动躲避障碍运动到期望目标位置的能力。再如，在复杂的工业过程控制系统中，除了要求对各被控物理量实现定值调节外，还要求能实现整个系统的自动启停、故障的自动诊断以及紧急情况下的自动处理等功能。

1.1.2 智能控制的概念

智能控制是一门交叉学科，著名美籍华人傅京逊教授于1971年首先提出智能控制是人工智能与自动控制的交叉，即二元论。美国学者G. N. Saridis于1977年在二元论基础上引入运筹学，提出了三元论的智能控制概念，即

$$IC = AC \cap AI \cap OR$$

式中，IC——智能控制(Intelligent Control)；AI——人工智能(Artificial Intelligence)；AC——自动控制(Automatic Control)；OR——运筹学(Operational Research)。

基于三元论的智能控制如图1.1所示。

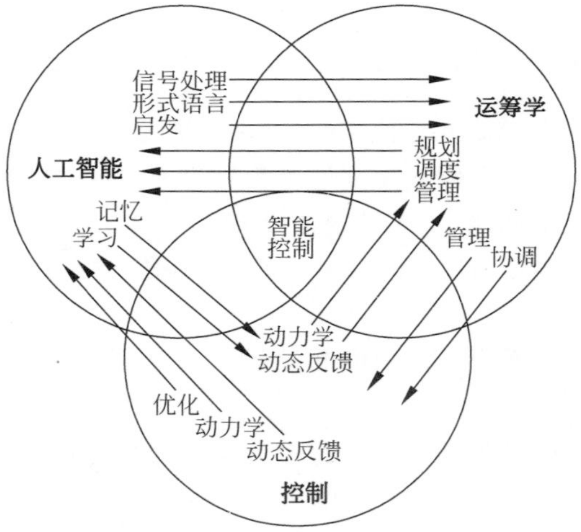

图1.1 基于三元论的智能控制

人工智能(AI)是一个用来模拟人的思维的知识处理系统，具有记忆、学习、信息处理、形式语言和启发推理等功能。

自动控制(AC)描述系统的动力学特性，是一种动态反馈。

运筹学(OR)是一种定量优化方法，如线性规划、网络规划、调度、管理、优化决策和多目标优化方法等。

三元论除了"智能"与"控制"外，还强调了更高层次控制中调度、规划和管理的作用，为递阶智能控制提供了理论依据。

所谓智能控制，即设计一个控制器(或系统)，使之具有学习、抽象、推理和决策等功能，

并能根据环境(包括被控对象或被控过程)信息的变化做出适应性反应,从而实现由人来完成的任务。智能控制实际只是研究与模拟人类智能活动及其控制与信息传递过程的规律,研制具有仿人智能的工程控制与信息处理系统的一个新兴分支学科。

1.1.3 智能控制的发展

智能控制是自动控制发展的最新阶段,主要用于解决传统控制难以解决的复杂系统的控制问题。控制科学的发展过程如图 1.2 所示。

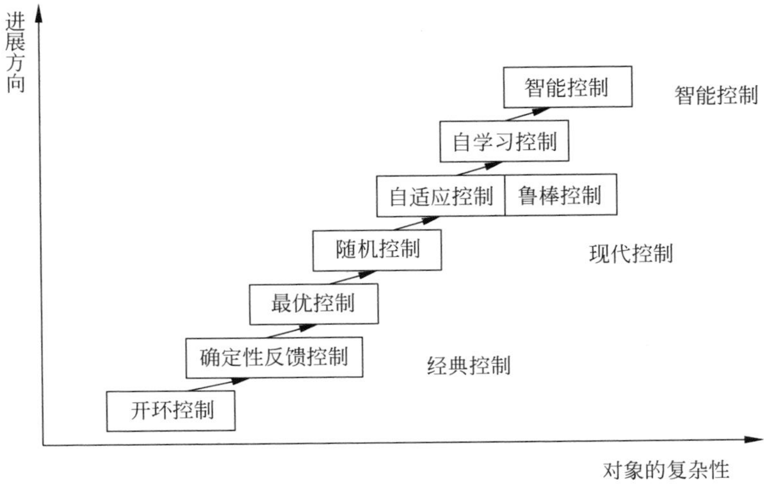

图 1.2 控制科学的发展过程

从 20 世纪 60 年代起,由于空间技术、计算机技术及人工智能技术的发展,控制界学者在研究自组织、自学习控制的基础上,为了提高控制系统的自学习能力,开始注意将人工智能技术与方法应用于控制中。

1966 年,J. M. Mendal 首先提出将人工智能技术应用于飞船控制系统的设计;1971 年,傅京逊首次提出智能控制这一概念,并归纳了如下 3 种类型的智能控制系统。

(1) 人作为控制器的控制系统——具有自学习、自适应和自组织的功能。

(2) 人机结合作为控制器的控制系统——机器完成需要连续进行的并需快速计算的常规控制任务,人则完成任务分配、决策和监控等任务。

(3) 无人参与的自主控制系统——为多层的智能控制系统,需要完成问题求解和规划、环境建模、传感器信息分析和低层的反馈控制任务,如自主机器人。

1985 年 8 月,IEEE 在美国纽约召开了第一届智能控制学术讨论会,随后成立了 IEEE 智能控制专业委员会;1987 年 1 月,在美国举行第一次国际智能控制大会,标志智能控制领域的形成。

近年来,神经网络、模糊数学、专家系统和进化论等各门学科的发展给智能控制注入了巨大的活力,由此产生了各种智能控制方法。

1.1.4 智能控制的技术基础

智能控制以控制理论、计算机科学、人工智能和运筹学等学科为基础,扩展了相关的理论和技术,其中应用较多的有专家系统、模糊逻辑、神经网络和智能搜索等理论,以及自适应控制、自组织控制和自学习控制等技术。智能控制的几个重要分支为专家控制、模糊控制、神经网络控制和智能搜索算法。

专家控制系统是利用专家知识对专门的或困难的问题进行描述的控制系统，尽管专家系统在解决复杂的高级推理中获得了较为成功的应用，但是专家系统的实际应用相对还是比较少的。

模糊逻辑用模糊语言描述系统，既可以描述应用系统的定量模型，也可以描述其定性模型。模糊逻辑可适用于任意复杂的对象控制，基于模糊系统逼近的自适应模糊控制是模糊控制的更高形式。

神经网络是利用大量的神经元，按一定的拓扑结构进行学习和调整的自适应控制方法。它能表示出丰富的特性，具体包括并行计算、分布存储、可变结构、高度容错、非线性运算、自我组织和学习或自学习。这些特性是人们长期追求和期望的系统特性。神经网络在智能控制的参数、结构或环境的自适应、自组织和自学习等控制方面具有独特的能力。

智能搜索算法作为一种非确定的拟自然随机优化工具，具有并行计算、快速寻找全局最优解等特点，它可以和其他技术混合使用，用于智能控制的参数、结构或环境的最优控制。

智能控制的相关技术与控制方式结合，或综合交叉结合，构成风格和功能各异的智能控制系统和智能控制器，这也是智能控制技术方法的一个主要特点。

1.2 智能控制的几个重要分支

1.2.1 模糊控制

以往的各种传统控制方法均是建立在被控对象精确数学模型基础上的，然而，随着系统复杂程度的提高，将难以建立系统的精确数学模型。

在工程实践中，人们发现，一个复杂的控制系统可由一个操作人员凭着丰富的实践经验得到满意的控制效果。这说明，如果通过模拟人脑的思维方法设计控制器，可实现复杂系统的控制，由此产生了模糊控制。

1965 年，美国加州大学自动控制系的 L. A. Zadeh 提出模糊集合理论[1]，奠定了模糊控制的基础；1974 年，伦敦大学的 Mamdani 博士利用模糊逻辑，开发了世界上第一台模糊控制的蒸汽机，从而开创了模糊控制的历史；1983 年，日本富士电机开创了模糊控制在日本的第一项应用——水净化处理，之后，富士电机致力于模糊逻辑元件的开发与研究，并于1987 年在仙台地铁线上采用了模糊控制技术，1989 年，将模糊控制消费品推向高潮，使日本成为模糊控制技术的主导国家。模糊控制的发展可分为如下 3 个阶段。

(1) 1965—1974 年为模糊控制发展的第一阶段，即模糊数学发展和形成阶段。

(2) 1974—1979 年为模糊控制发展的第二阶段，产生了简单的模糊控制器。

(3) 1979 年至今为模糊控制发展的第三阶段，即高性能模糊控制阶段。

模糊逻辑控制器的设计不依靠被控对象的模型，但它却非常依靠控制专家或操作者的经验知识。模糊逻辑控制的突出优点是能够比较容易地将人的控制经验融入控制器中，但若缺乏这样的控制经验，很难设计出高水平的模糊控制器。采用模糊系统可充分逼近任意复杂的非线性系统[2]，基于模糊系统逼近的自适应模糊控制是模糊控制的更高形式。

1.2.2 神经网络控制

神经网络的研究已经有几十年的历史了。1943 年,McCulloch 和 Pitts 提出了神经元数学模型;1950—1980 年为神经网络的形成期,有少量成果,如 1975 年,Albus 提出了人脑记忆模型 CMAC 网络;1976 年,Grossberg 提出了用于无导师指导下模式分类的自组织网络;1980 年以后为神经网络的发展期,1982 年,Hopfield 提出了 Hopfield 网络[3],解决了回归网络的学习问题;1986 年,美国 Rumelhart 等[4]提出了 BP 神经网络,该网络是一种按照误差逆向传播算法训练的多层前馈神经网络,为神经网络的应用开辟了广阔的发展前景。

将神经网络引入控制领域就形成了神经网络控制。神经网络控制是从机理上对人脑生理系统进行简单结构模拟的一种新兴智能控制方法,具有并行机制、模式识别、记忆和自学习能力的特点,它能够学习与适应不确定系统的动态特性,有很强的鲁棒性和容错性等。采用神经网络可充分逼近任意复杂的非线性系统,基于神经网络逼近的自适应神经网络控制是神经网络控制的更高形式。神经网络控制在控制领域有广泛的应用。

1.2.3 智能搜索算法

智能搜索算法是人工智能的一个重要分支。随着优化理论的发展,智能算法得到了迅速发展和广泛应用,成为解决搜索问题的新方法,如遗传算法、粒子群算法和差分进化算法等。这些优化算法都是通过模拟揭示自然现象和过程来实现的,其优点和机制的独特,为现有搜索问题提供了切实可行的解决方案。

20 世纪 70 年代初,美国密西根大学的霍兰教授和他的学生提出并创立了一种新型的优化算法——遗传算法[5]。遗传算法的基本思想来源于达尔文的进化论,该算法将待求的问题表示成串(或称染色体),即为二进制码或者整数码串,从而构成一群串,并将它们置于问题的求解环境中,根据适者生存的原则,从中选择出适应环境的串进行复制,并且通过交换、变异两种基因操作产生出新的一代更加适应环境的串群。经过一代代地不断变化,最后收敛到一个最适应环境的串上,即求得问题的最优解。

粒子群优化算法也是一种进化计算技术,1995 年由 Eberhart 博士和 Kennedy 博士提出[6],该算法源于对鸟群捕食的行为研究。与遗传算法相似,粒子群算法也是从随机解出发,通过迭代寻找最优解,它也是通过适应度来评价解的品质,但它比遗传算法规则更为简单,没有遗传算法的“交叉”和“变异”操作,通过追随当前搜索到的最优值来寻找全局最优。这种算法以其实现容易、精度高和收敛快等优点引起了学术界的重视,并且在解决复杂问题优化上展示了其特殊的优越性。

差分进化算法是一种新兴的进化计算技术,它是由 Storn 等于 1995 年提出的[7]。该算法保留了基于种群的全局搜索策略,采用实数编码、基于差分的简单变异操作和一对一的竞争生存策略,降低了遗传操作的复杂性。同时,差分进化算法特有的记忆能力使其可以动态跟踪当前的搜索情况,以调整其搜索策略,具有较强的全局收敛能力和鲁棒性,且不需要借助问题的特征信息,适于求解一些利用常规的数学规划方法无法求解的复杂环境中的优化问题。

智能算法不依赖于问题模型本身的特性,能够快速有效地搜索复杂、高度非线性和多维空间,为智能控制的研究与应用开辟了一条新的途径。

1.3 智能控制的特点、工具及应用

1.3.1 智能控制的特点

智能控制的特点如下。

(1) 学习功能。

智能控制器能通过从外界环境所获得的信息进行学习,不断积累知识,使系统的控制性能得到改善。

(2) 适应功能。

智能控制器具有从输入到输出的映射关系,可实现不依赖于模型的自适应控制,当系统某一部分出现故障时,也能进行控制。

(3) 自组织功能。

智能控制器对复杂的分布式信息具有自组织和协调的功能,当出现多目标冲突时,它可以在任务要求的范围内自行决策,主动采取行动。

(4) 优化能力。

智能控制能够通过不断优化控制参数和寻找控制器的最佳结构形式,获得整体最优的控制性能。

1.3.2 智能控制的研究工具

下面介绍智能控制的研究工具。

(1) 符号推理与数值计算的结合。

例如专家控制,它的上层是专家系统,采用人工智能中的符号推理方法;下层是传统意义下的控制系统,采用数值计算方法。

(2) 模糊集理论。

模糊集理论是模糊控制的基础,其核心是采用模糊规则进行逻辑推理,其逻辑取值可在0与1之间连续变化,其处理的方法是基于数值的而不是基于符号的。

(3) 神经网络理论。

神经网络通过许多简单的关系来实现复杂的函数,其本质是一个非线性动力学系统,但它不依赖数学模型,是一种介于逻辑推理和数值计算之间的工具和方法。

(4) 智能搜索算法。

智能搜索算法根据人工智能算法来进行搜索计算和问题求解。对许多传统数学难以解决或明显失效的复杂问题,特别是优化问题,智能搜索算法提供了一个行之有效的途径。

(5) 离散事件与连续时间系统的结合。

离散事件与连续时间系统的结合主要用于计算机集成制造系统(CIMS)和智能机器人的智能控制。以CIMS为例,上层任务的分配和调度、零件的加工和传输等可用离散事件系统理论进行分析和设计;下层的控制,如机床及机器人的控制,则采用常规的连续时间系统方法。

1.3.3 智能控制的应用

作为智能控制发展的高级阶段，智能控制主要解决那些用传统控制方法难以解决的复杂系统的控制问题，其中包括智能机器人控制、计算机集成制造系统、工业过程控制、航空航天控制、社会经济管理系统、交通运输系统、环保及能源系统等[8]。下面以智能控制在机器人控制和过程控制中的应用为例进行说明。

（1）在运动控制中的应用。

智能机器人是目前机器人研究中的热门课题。E. H. Mamdan 于 20 世纪 80 年代初首次将模糊控制应用于一台实际机器人的操作臂控制。J. S. Albus 于 1975 年提出小脑模型关节控制器（Cerebellar Model Articulation Controller，CMAC），它是仿照小脑如何控制肢体运动的原理而建立的神经网络模型，采用 CMAC，可实现机器人的关节控制，这是神经网络在机器人控制的一个典型应用。目前工业上用的 90%以上的机器人都不具有智能，随着机器人技术的迅速发展，需要各种具有不同程度智能的机器人。

飞行器是非线性、多变量和不确定性的复杂对象，是智能控制发挥潜力的重要领域。利用神经网络所具有对非线性函数的逼近能力和自学习能力，可设计神经网络飞行器控制算法。例如，利用反演控制和神经网络技术相结合的非线性自适应方法[9]，可实现飞行系统的纵向和横侧向通道的控制器设计。

（2）在过程控制中的应用。

过程控制是指石油、化工、电力、冶金、轻工、纺织、制药和建材等工业生产过程的自动控制，它是自动化技术一个极其重要的方面。智能控制在过程控制上有着广泛的应用。在石油化工方面，1994 年，美国的 Gensym 公司和 Neuralware 公司联合将神经网络用于炼油厂的非线性工艺过程；在冶金方面，日本的新日铁公司于 1990 年将专家控制系统应用于轧钢生产过程；在化工方面，日本的三菱化学合成公司研制出用于乙烯工程的模糊控制系统。

智能控制应用于过程控制领域，是控制理论发展的新的方向。

思考题

1. 简述智能控制的概念。
2. 智能控制由哪几部分组成？各自的特点是什么？
3. 比较智能控制和传统控制的特点。
4. 智能控制有哪些应用领域？试举出一个应用实例。

参考文献

[1] Zadeh L A. Fuzzy sets[J]. Information & Control，1965，8(3)：338-353.

[2] Wang L X. A course in fuzzy systems and control[M]. Prentice-Hall，Inc. 1996.

[3] Hopfield J J，Tank D W. Neural computation of decision in optimization problems [J]. Biol. Cybernrtics，1985，52：141-152.

[4] Rumelhart D E，Hinton G E，Mcclelland J L. A general framework for parallel distributed processing [J]. Parallel distributed processing：explorations in the microstructure of cognition，1986：45-76.

[5] Holland J H. Adaptation in Natural and Artificial Systems[M]. Chicago: The University of Michigan Press, 1975.

[6] Kennedy J R. Eberhart. Particle swarm optimization[J]. IEEE International Conference on Neural Networks, 1995, 4: 1942-1948.

[7] Storn R, Price K. Differential evolution—a simple and efficient heuristic for global optimization over continuous spaces[J]. Journal of Global Optimization, 1997, 11: 341-359.

[8] Valavanis K P. Applications of Intelligent Control to Engineering Systems: In Honour of Dr. G. J. Vachtsevanos[M]. Springer Netherlands, 2009.

[9] Lee T, Kim Y. Nonlinear adaptive flight control using backstepping and neural networks controller [J]. Journal of Guidance, Control, and Dynamics, 2001, 24(4): 675-682.

第2章 模糊控制的理论基础

CHAPTER 2

2.1 概述

模糊控制是建立在人工经验基础之上的。对于一个熟练的操作人员，他往往能凭借丰富的实践经验，采取适当的对策来巧妙地控制一个复杂过程。若能将这些熟练操作员的实践经验加以总结和描述，并用语言表达出来，就会得到一种定性的、不精确的控制规则。如果用模糊数学将其定量化就转化为模糊控制算法，形成了模糊控制理论。

模糊逻辑控制(Fuzzy Logic Control)简称模糊控制(Fuzzy Control)。1965年，美国加州大学伯克利分校的控制论学者L. A. Zadeh教授创立了模糊集合论，1973年，他给出了模糊逻辑控制的定义和相关的定理。1974年，英国的E. H. Mamdani首次根据模糊控制语句组成模糊控制器，并将它应用于锅炉和蒸汽机的控制，获得了实验室的成功，这一开拓性的工作标志着模糊控制论的诞生。

模糊控制实质上是一种非线性控制，从属于智能控制的范畴。模糊控制的一大特点是既有系统化的理论，又有大量的实际应用背景。

广义上，可将模糊控制定义为"模糊控制是以模糊集合理论、模糊语言变量及模糊推理为基础的一类计算机数字控制方法"，或定义为"基于模糊集合理论和模糊逻辑，并同传统的控制理论相结合，模拟人的思维方式，对难以建立数学模型的对象实施的一种控制方法"。

模糊控制理论具有如下一些明显的特点。

(1) 模糊控制不需要被控对象的数学模型。模糊控制是以人对被控对象的控制经验为依据而设计的控制器，故无须知道被控对象的数学模型。

(2) 模糊控制是一种反映人类智慧的智能控制方法。模糊控制采用人类思维中的模糊量，如高、中、低、大、小等，控制量由模糊推理导出，这些模糊量和模糊推理是人类智能活动的体现。

(3) 模糊控制易于被人们接受。模糊控制的核心是控制规则，模糊规则是用语言来表示的，如今天气温高，则今天天气暖和，易于被一般人所接受。

(4) 构造容易。模糊控制规则易于用软件实现。

(5) 鲁棒性和适应性好。通过专家经验设计的模糊规则可以对复杂的对象进行有效的控制。

近年来，模糊控制不论在理论上还是技术上都有了长足的进步，成为自动控制领域非常活跃的分支，其典型应用涉及生产和生活的许多方面。例如，在家用电器设备中有模糊洗衣机、空调、微波炉、吸尘器、照相机和摄像机等；在工业控制领域中有水净化处理、发酵过程、化学反应釜和水泥窑炉等；在专用系统和其他方面，有地铁靠站停车、汽车驾驶、电梯、自动扶梯、蒸汽引擎以及机器人的模糊控制。

2.2 模糊集合

2.2.1 模糊集合的表示

模糊控制是利用模糊数学的基本思想和理论的控制方法。模糊集合是模糊控制的数学基础。

在数学上经常用到集合的概念。

例如，集合 A 由 4 个离散值 x_1, x_2, x_3, x_4 组成，即

$$A=\{x_1, x_2, x_3, x_4\}$$

例如，集合 A 由 0 到 1 的连续实数值组成，即

$$A=\{x, x\in \mathbf{R}, 0\leqslant x\leqslant 1.0\}$$

以上两个集合是完全不模糊的。对任意元素 x，只有两种可能，即属于 A 或不属于 A。这种特性可以用特征函数 $\mu_A(x)$来描述，即

$$\mu_A(x)=\begin{cases}1, & x\in A\\ 0, & x\notin A\end{cases} \tag{2.1}$$

为了表示模糊概念，需要引入模糊集合、隶属函数及隶属度的概念，即

$$\mu_A(x)=\begin{cases}1, & x\in A\\ (0,1), & x\in A \text{ 的程度}\\ 0, & x\notin A\end{cases} \tag{2.2}$$

其中，A 称为模糊集合，由 0、1 及 $\mu_A(x)$构成，$\mu_A(x)$表示元素 x 属于模糊集合 A 的程度，取值范围为[0,1]，称 $\mu_A(x)$为 x 属于模糊集合 A 的隶属度。

隶属度将普通集合中的特征函数的取值{0,1}扩展到闭区间[0,1]，即可用 0～1 的实数来表达某一元素属于模糊集合的程度。

模糊集合的表示如下。

(1) 模糊集合 A 由离散元素构成。

模糊集合 A 由离散元素构成，表示为

$$A=\frac{\mu_1}{x_1}+\frac{\mu_2}{x_2}+\cdots+\frac{\mu_i}{x_i}+\cdots \tag{2.3}$$

或

$$A=\{(x_1,\mu_1),(x_2,\mu_2),\cdots,(x_i,\mu_i),\cdots\} \tag{2.4}$$

(2) 模糊集合 A 由连续函数构成。

各元素的隶属度就构成了隶属函数(Membership Function)$\mu_A(x)$，此时 A 表示为

$$A=\int\mu_A(x)/x \tag{2.5}$$

在模糊集合的表达中，符号“/”、“+”和“$\int$”不代表数学意义上的除号、加号和积分，它们是模糊集合的一种表示方式，表示“构成”或“属于”。

模糊集合是以隶属函数 $\mu_A(x)$ 来描述的，隶属度的概念是模糊集合理论的基石。

例 2.1　设论域 $U=\{$张三，李四，王五$\}$，评语为“学习好”。设三个人学习成绩总评分是张三得 95 分，李四得 90 分，王五得 85 分，三人都学习好，但又有差异。

若采用普通集合的观点，选取特征函数

$$C_A(u)=\begin{cases}1, & \text{学习好} \in A \\ 0, & \text{学习差} \notin A\end{cases}$$

此时特征函数分别为 C_A(张三)$=1$，C_A(李四)$=1$，C_A(王五)$=1$。这样就反映不出三者的差异。假若采用模糊子集的概念，选取$[0,1]$区间上的隶属度来表示它们属于“学习好”模糊子集 A 的程度，就能够反映出三人的差异。

采用隶属函数 $x/100$，由三人的成绩可知三人“学习好”的隶属度分别为 μ_A(张三)$=0.95$，μ_A(李四)$=0.90$，μ_A(王五)$=0.85$。用“学习好”这一模糊子集 A 可表示为

$$A=\{0.95,0.90,0.85\}$$

其含义为张三、李四、王五属于“学习好”的程度分别是 0.95，0.90，0.85。

例 2.2　以年龄为论域，取 $X=[0,200]$。Zadeh 给出了“年轻”的模糊集 Y，其隶属函数为

$$Y(x)=\begin{cases}1.0, & 0 \leqslant x \leqslant 25 \\ \left[1+\left(\dfrac{x-25}{5}\right)^2\right]^{-1}, & 25 < x \leqslant 100\end{cases}$$

“年轻”的隶属函数仿真程序见 chap2_1.m。隶属函数曲线如图 2.1 所示。

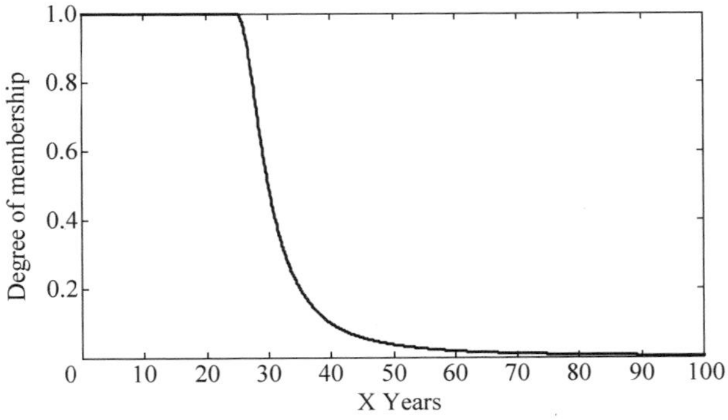

图 2.1　“年轻”的隶属函数曲线

2.2.2　模糊集合的运算

1. 模糊集合的基本运算

由于模糊集是用隶属函数来表示的，因此两个子集之间的运算实际上就是逐点对隶属度做相应的运算。

(1) 空集。

模糊集合的空集为普通集，它的隶属度为 0，即

$$A=\varnothing \Leftrightarrow \mu_A(u)=0 \tag{2.6}$$

(2) 全集。

模糊集合的全集为普通集，它的隶属度为1，即

$$A=E \Leftrightarrow \mu_A(u)=1 \tag{2.7}$$

(3) 等集。

两个模糊集 A 和 B，若对所有元素 u，它们的隶属函数相等，则 A 和 B 也相等。即

$$A=B \Leftrightarrow \mu_A(u)=\mu_B(u) \tag{2.8}$$

(4) 补集。

若 $\overline{A}$ 为 A 的补集，则

$$\overline{A} \Leftrightarrow \mu_{\overline{A}}(u)=1-\mu_A(u) \tag{2.9}$$

例如，设 A 为"成绩好"的模糊集，某学生 u_0 属于"成绩好"的隶属度 $\mu_A(u_0)=0.8$，则 u_0 属于"成绩差"的隶属度 $\mu_A(u_0)=1-0.8=0.2$。

(5) 子集。

若 B 为 A 的子集，则

$$B \subseteq A \Leftrightarrow \mu_B(u) \leqslant \mu_A(u) \tag{2.10}$$

(6) 并集。

若 C 为 A 和 B 的并集，则

$$C=A \cup B$$

一般地，有

$$A \cup B=\mu_{A\cup B}(u)=\max(\mu_A(u),\mu_B(u))=\mu_A(u) \vee \mu_B(u) \tag{2.11}$$

(7) 交集。

若 C 为 A 和 B 的交集，则

$$C=A \cap B$$

一般地，有

$$A \cap B=\mu_{A\cap B}(u)=\min(\mu_A(u),\mu_B(u))=\mu_A(u) \wedge \mu_B(u) \tag{2.12}$$

(8) 模糊运算的基本性质。

模糊集合除具有上述基本运算性质外，还具有表2.1所示的运算性质。

表2.1 模糊运算的基本性质

基本性质	运算法则
幂等律	$A\cup A=A, A\cap A=A$
交换律	$A\cup B=B\cup A, A\cap B=B\cap A$
结合律	$(A\cup B)\cup C=A\cup(B\cup C)$ $(A\cap B)\cap C=A\cap(B\cap C)$
吸收律	$A\cup(A\cap B)=A$ $A\cap(A\cup B)=A$
分配律	$A\cup(B\cap C)=(A\cup B)\cap(A\cup C)$ $A\cap(B\cup C)=(A\cap B)\cup(A\cap C)$
复原律	$\overline{\overline{A}}=A$

续表

基本性质	运算法则
对偶律	$\overline{A\cup B}=\bar{A}\cap\bar{B}$ $\overline{A\cap B}=\bar{A}\cup\bar{B}$
两极律	$A\cup E=E, A\cap E=A$ $A\cup\varnothing=A, A\cap\varnothing=\varnothing$

例 2.3　设 $A=\frac{0.9}{u_1}+\frac{0.2}{u_2}+\frac{0.8}{u_3}+\frac{0.5}{u_4}, B=\frac{0.3}{u_1}+\frac{0.1}{u_2}+\frac{0.4}{u_3}+\frac{0.6}{u_4}$，求 $A\cup B, A\cap B$。

解：$A\cup B=\frac{0.9}{u_1}+\frac{0.2}{u_2}+\frac{0.8}{u_3}+\frac{0.6}{u_4}, A\cap B=\frac{0.3}{u_1}+\frac{0.1}{u_2}+\frac{0.4}{u_3}+\frac{0.5}{u_4}$。

例 2.4　试证普通集合中的互补律在模糊集合中不成立，即 $\mu_A(u)\vee\mu_{\bar{A}}(u)\neq 1, \mu_A(u)\wedge\mu_{\bar{A}}(u)\neq 0$。

证：设 $\mu_A(u)=0.4$，则 $\mu_{\bar{A}}(u)=1-0.4=0.6$，有

$$\mu_A(u)\vee\mu_{\bar{A}}(u)=0.4\vee 0.6=0.6\neq 1$$

$$\mu_A(u)\wedge\mu_{\bar{A}}(u)=0.4\wedge 0.6=0.4\neq 0$$

2. 模糊算子

模糊集合的逻辑运算实质上就是隶属函数的运算过程。采用隶属函数的取大(Max)和取小(Min)进行模糊集合的并、交逻辑运算是目前最常用的方法。但还有其他公式，这些公式统称为“模糊算子”。

设有模糊集合 A、B 和 C，常用的模糊算子如下。

(1) 交运算算子。

设 $C=A\cap B$，有如下 3 种模糊算子：

① 模糊交算子。

$$\mu_C(x)=\text{Min}\{\mu_A(x),\mu_B(x)\} \tag{2.13}$$

② 代数积算子。

$$\mu_C(x)=\mu_A(x)\cdot\mu_B(x) \tag{2.14}$$

③ 有界积算子。

$$\mu_C(x)=\text{Max}\{0,\mu_A(x)+\mu_B(x)-1\} \tag{2.15}$$

(2) 并运算算子。

设 $C=A\cup B$，有如下 3 种模糊算子：

① 模糊并算子。

$$\mu_C(x)=\text{Max}\{\mu_A(x),\mu_B(x)\} \tag{2.16}$$

② 概率或算子。

$$\mu_C(x)=\mu_A(x)+\mu_B(x)-\mu_A(x)\mu_B(x) \tag{2.17}$$

③ 有界和算子。

$$\mu_C(x)=\text{Min}\{1,\mu_A(x)+\mu_B(x)\} \tag{2.18}$$

(3) 平衡算子。

当隶属函数进行取大、取小运算时，不可避免地会丢失部分信息，采用一种平衡算子，即

“γ 算子”可起到补偿作用。

设 $C=A\circ B$，则

$$\mu_C(x)=[\mu_A(x)\cdot\mu_B(x)]^{1-\gamma}[1-(1-\mu_A(x))(1-\mu_B(x))]^{\gamma} \tag{2.19}$$

其中，γ 取值为[0,1]。当 $\gamma=0$ 时，$\mu_C(x)=\mu_A(x)\cdot\mu_B(x)$，相当于 $A\cap B$ 时的算子。当 $\gamma=1$ 时，$\mu_C(x)=\mu_A(x)+\mu_B(x)-\mu_A(x)\mu_B(x)$，相当于 $A\cup B$ 时的算子。

平衡算子目前已经应用于德国 Inform 公司研制的著名模糊控制软件 Fuzzy-Tech 中。

2.3 隶属函数

2.3.1 隶属函数的特点

普通集合用特征函数来表示，模糊集合用隶属函数来描述。隶属函数很好地描述了事物的模糊性。隶属函数有以下两个特点。

(1) 隶属函数的值域为[0,1]，它将普通集合只能取 0,1 两个值，推广到[0,1]闭区间上连续取值。隶属函数 $\mu_A(x)$ 的值越接近于 1，表示元素 x 属于模糊集合 A 的程度越大。反之，$\mu_A(x)$ 的值越接近于 0，表示元素 x 属于模糊集合 A 的程度越小。

(2) 隶属函数完全刻画了模糊集合，隶属函数是模糊数学的基本概念，不同的隶属函数所描述的模糊集合也不同。

2.3.2 几种典型的隶属函数及其 MATLAB 表示

典型的隶属函数有 11 种，即双 S 形隶属函数、联合高斯型隶属函数、高斯型隶属函数、广义钟形隶属函数、Π 形隶属函数、双 S 形乘积隶属函数、S 状隶属函数、S 形隶属函数、梯形隶属函数、三角形隶属函数、Z 形隶属函数。

在模糊控制中应用较多的隶属函数有以下 6 种。

(1) 高斯型隶属函数。

高斯型隶属函数由两个参数 σ 和 c 确定，即

$$f(x,\sigma,c)=\mathrm{e}^{-\frac{(x-c)^2}{2\sigma^2}} \tag{2.20}$$

其中，参数 σ 通常为正，参数 c 用于确定曲线的中心。MATLAB 表示为 gaussmf(x,[σ,c])。

(2) 广义钟形隶属函数。

广义钟形隶属函数由 3 个参数 a、b 和 c 确定，即

$$f(x,a,b,c)=\frac{1}{1+\left|\dfrac{x-c}{a}\right|^{2b}} \tag{2.21}$$

其中，参数 b 通常为正，参数 c 用于确定曲线的中心。MATLAB 表示为 gbellmf(x,[a,b,c])。

(3) S 形隶属函数。

S 形隶属函数 sigmf(x,[a c])由参数 a 和 c 决定，即

$$f(x,a,c)=\frac{1}{1+\mathrm{e}^{-a(x-c)}} \tag{2.22}$$

其中，参数 a 的正负符号决定了 S 形隶属函数的开口朝左或朝右，用来表示“正大”或“负

大"的概念。MATLAB 表示为 sigmf(x,[a,c])。

(4) 梯形隶属函数。

梯形隶属函数由 4 个参数 a、b、c 和 d 确定，即

$$f(x,a,b,c,d)=\begin{cases}0, & x\leqslant a\\ \dfrac{x-a}{b-a}, & a\leqslant x\leqslant b\\ 1, & b\leqslant x\leqslant c\\ \dfrac{d-x}{d-c}, & c\leqslant x\leqslant d\\ 0, & x\geqslant d\end{cases}\tag{2.23}$$

其中，参数 a 和参数 d 确定梯形的"脚"，参数 b 和 c 确定梯形的"肩膀"。MATLAB 表示为 trapmf(x,[a,b,c,d])。

(5) 三角形隶属函数。

三角形隶属函数的形状由 3 个参数 a、b 和 c 确定，即

$$f(x,a,b,c)=\begin{cases}0, & x\leqslant a\\ \dfrac{x-a}{b-a}, & a\leqslant x\leqslant b\\ \dfrac{c-x}{c-b}, & b\leqslant x\leqslant c\\ 0, & x\geqslant c\end{cases}\tag{2.24}$$

其中，参数 a 和参数 c 确定三角形的"脚"，参数 b 确定三角形的"峰"。MATLAB 表示为 trimf(x,[a,b,c])。

(6) Z 形隶属函数。

Z 形隶属函数是基于样条函数的曲线，因其呈现 Z 形状而得名。参数 a 和 b 确定了曲线的形状。MATLAB 表示为 zmf(x,[a,b])。

例 2.5　针对上述描述的 6 种隶属函数进行仿真。$x\in[0,10]$，M 为隶属函数的类型，其中 $M=1$ 为高斯型隶属函数，$M=2$ 为广义钟形隶属函数，$M=3$ 为 S 形隶属函数，$M=4$ 为梯形隶属函数，$M=5$ 为三角形隶属函数，$M=6$ 为 Z 形隶属函数。

仿真程序见 chap2_2. m，仿真结果分别如图 2.2～图 2.7 所示。

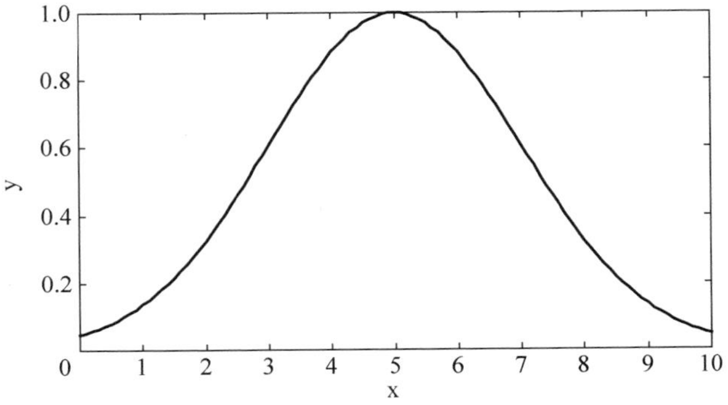

图 2.2　高斯型隶属函数($M=1$)

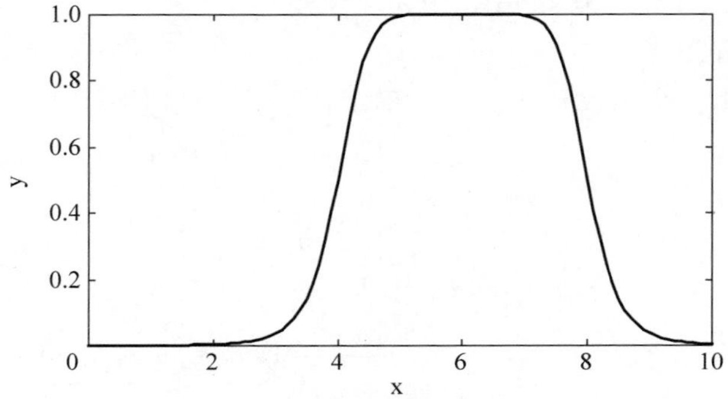

图 2.3　广义钟形隶属函数($M=2$)

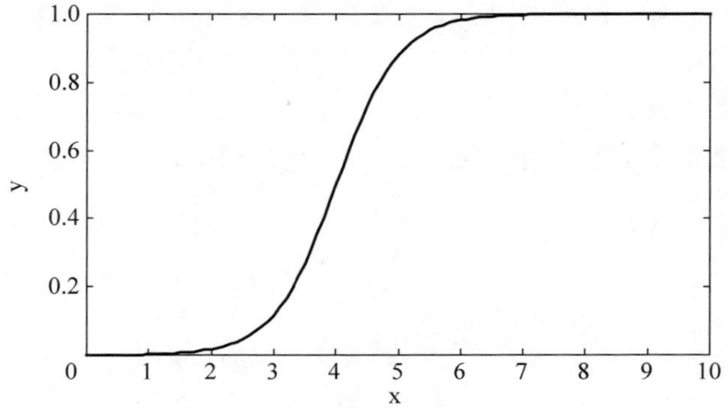

图 2.4　S形隶属函数($M=3$)

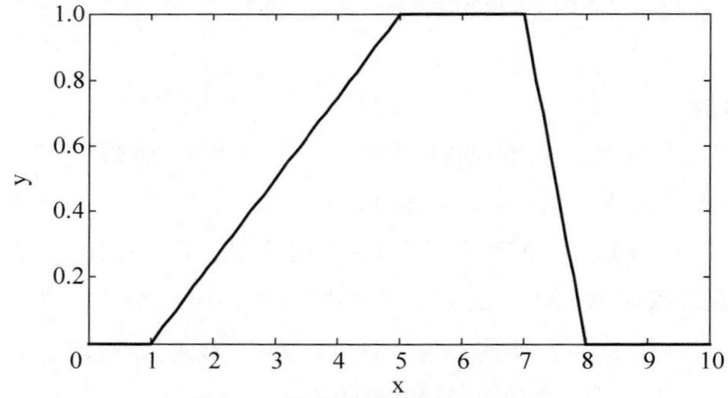

图 2.5　梯形隶属函数($M=4$)

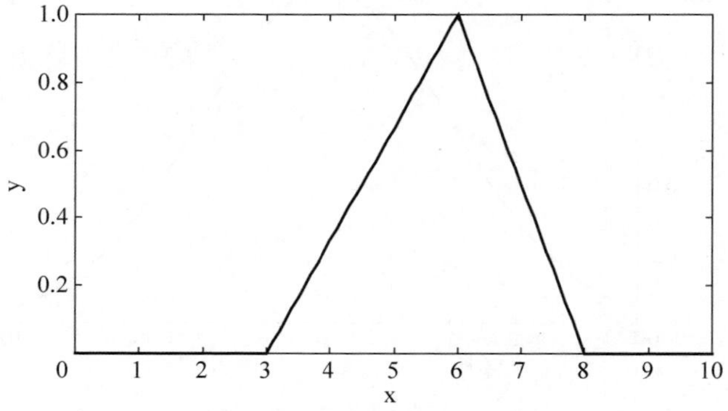

图 2.6　三角形隶属函数($M=5$)

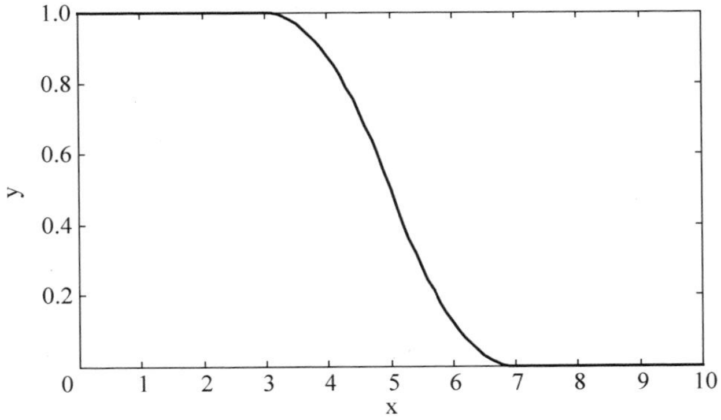

图 2.7　Z形隶属函数($M=6$)

2.3.3　模糊系统的设计

根据参数的变化范围，通过设定模糊集和隶属函数来进行参数的模糊化。针对变量 x，变化范围为[－3,3]，设定 3 个模糊集(负、零、正)，采用三角形隶属函数进行模糊化，可建立一个模糊系统，该模糊系统设计程序见 chap2_3. m，仿真结果如图 2.8 所示。

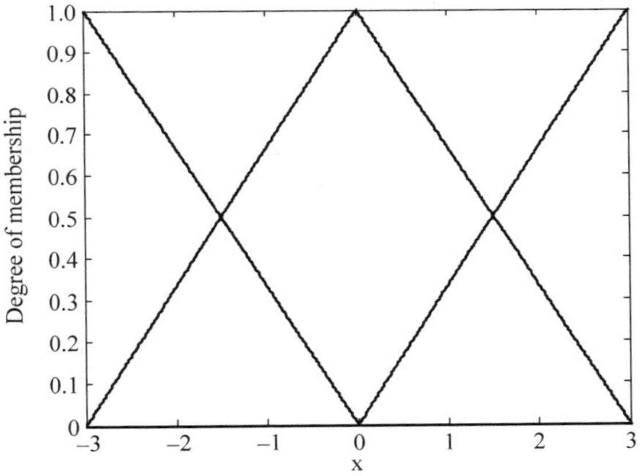

图 2.8　三角形隶属函数

同理，针对变量 x，变化范围为[－3,3]，设定 7 个模糊集(负大，负中，负小，零，正小，正中，正大)，采用三角形隶属函数进行模糊化，可建立一个模糊系统，该模糊系统设计程序见 chap2_3. m，仿真结果如图 2.9 所示。

2.3.4　隶属函数的确定方法

隶属函数是模糊控制的应用基础。目前还没有成熟的方法来确定隶属函数，主要还停留在经验和实验的基础上。通常的方法是初步确定粗略的隶属函数，然后通过学习和实践来不断地调整和完善。遵照这一原则的隶属函数选择方法有以下几种。

(1) 模糊统计法。

根据所提出的模糊概念进行调查统计，提出与之对应的模糊集 A，通过统计实验，确定

不同元素隶属于 A 的程度,即

$$u_0\text{ 对模糊集 }A\text{ 的隶属度}=\frac{u_0\in A\text{ 的次数}}{\text{试验总次数 }N}\tag{2.25}$$

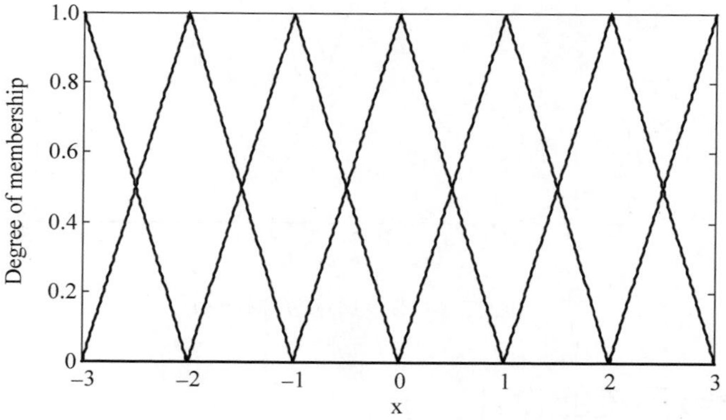

图 2.9　由三角形隶属函数构成的模糊系统

(2) 主观经验法。

当论域为离散论域时,可根据主观认识,结合个人经验,经过分析和推理,直接给出隶属度,这种确定隶属函数的方法已经被广泛应用。

(3) 神经网络法。

利用神经网络的学习功能,由神经网络自动生成隶属函数,并通过网络的学习自动调整隶属函数的值。

2.4　模糊关系及其运算

描述客观事物间联系的数学模型称作关系。集合论中的关系精确地描述了元素之间是否相关,而模糊集合论中的模糊关系则描述了元素之间相关的程度。普通二元关系用简单的"有"或"无"来衡量事物之间的关系,因此无法用来衡量事物之间关系的程度。模糊关系则是普通关系的推广,它是指多个模糊集合的元素间所具有关系的程度。模糊关系在概念上是普通关系的推广,普通关系则是模糊关系的特例。

2.4.1　模糊关系矩阵

例 2.6　设有一组同学 X,$X=\{$张三,李四,王五$\}$,他们的功课为 Y,$Y=\{$英语,数学,物理,化学$\}$。他们的考试成绩如表 2.2 所示。

表 2.2　考试成绩表

姓　　名	英语	数学	物理	化学
张三	70	90	80	65
李四	90	85	76	70
王五	50	95	85	80

取隶属函数 $\mu(u)=\frac{u}{100}$，其中 u 为成绩。如果将他们的成绩转化为隶属度，则构成一个 $X\times Y$ 上的一个模糊关系 $\boldsymbol{R}$，如表 2.3 所示。

表 2.3 考试成绩表的模糊化

姓　　名	英语	数学	物理	化学
张三	0.70	0.90	0.80	0.65
李四	0.90	0.85	0.76	0.70
王五	0.50	0.95	0.85	0.80

将表 2.3 写成矩阵形式，得

$$\boldsymbol{R}=\begin{bmatrix}0.70 & 0.90 & 0.80 & 0.65\\ 0.90 & 0.85 & 0.76 & 0.70\\ 0.50 & 0.95 & 0.85 & 0.80\end{bmatrix}$$

该矩阵称作模糊矩阵，其中各个元素必须在[0,1]闭环区间上取值。矩阵 $\boldsymbol{R}$ 也可以用关系图来表示，如图 2.10 所示。

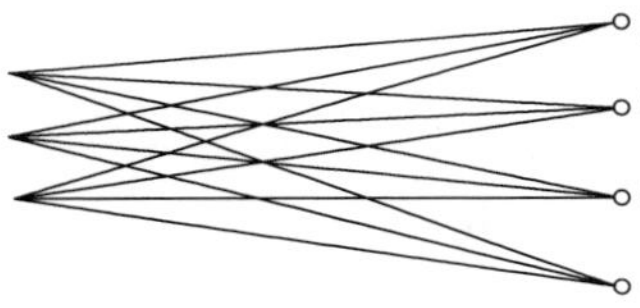

图 2.10 $\boldsymbol{R}$ 的关系图

2.4.2 模糊矩阵运算

设有 n 阶模糊矩阵 $\boldsymbol{A}$ 和 $\boldsymbol{B}$，$\boldsymbol{A}=(a_{ij})$，$\boldsymbol{B}=(b_{ij})$，且 $i,j=1,2,\cdots,n$，则定义如下几种模糊矩阵运算方式。

(1) 相等。

若 $a_{ij}=b_{ij}$，则 $\boldsymbol{A}=\boldsymbol{B}$。

(2) 包含。

若 $a_{ij}\leqslant b_{ij}$，则 $\boldsymbol{A}\subseteq\boldsymbol{B}$。

(3) 并运算。

若 $c_{ij}=a_{ij}\vee b_{ij}$，则 $\boldsymbol{C}=(c_{ij})$ 为 $\boldsymbol{A}$ 和 $\boldsymbol{B}$ 的并，记为 $\boldsymbol{C}=\boldsymbol{A}\cup\boldsymbol{B}$。

(4) 交运算。

若 $c_{ij}=a_{ij}\wedge b_{ij}$，则 $\boldsymbol{C}=(c_{ij})$ 为 $\boldsymbol{A}$ 和 $\boldsymbol{B}$ 的交，记为 $\boldsymbol{C}=\boldsymbol{A}\cap\boldsymbol{B}$。

(5) 补运算。

若 $c_{ij}=1-a_{ij}$，则 $\boldsymbol{C}=(c_{ij})$ 为 $\boldsymbol{A}$ 的补，记为 $\boldsymbol{C}=\bar{\boldsymbol{A}}$。

例 2.7 设 $\boldsymbol{A}=\begin{bmatrix}0.7 & 0.1\\ 0.3 & 0.9\end{bmatrix}$，$\boldsymbol{B}=\begin{bmatrix}0.4 & 0.9\\ 0.2 & 0.1\end{bmatrix}$，则

$$\boldsymbol{A}\cup\boldsymbol{B}=\begin{bmatrix}0.7\vee 0.4 & 0.1\vee 0.9\\ 0.3\vee 0.2 & 0.9\vee 0.1\end{bmatrix}=\begin{bmatrix}0.7 & 0.9\\ 0.3 & 0.9\end{bmatrix}$$

$$\boldsymbol{A}\cap\boldsymbol{B}=\begin{bmatrix}0.7\wedge 0.4 & 0.1\wedge 0.9\\ 0.3\wedge 0.2 & 0.9\wedge 0.1\end{bmatrix}=\begin{bmatrix}0.4 & 0.1\\ 0.2 & 0.1\end{bmatrix}$$

$$\bar{\boldsymbol{A}}=\begin{bmatrix}1-0.7 & 1-0.1\\ 1-0.3 & 1-0.9\end{bmatrix}=\begin{bmatrix}0.3 & 0.9\\ 0.7 & 0.1\end{bmatrix}$$

模糊关系的定义为：设 X 和 Y 是两个非空集合，则 $X\times Y$ 的一个模糊子集称为 X 到 Y 的一个模糊关系。

2.4.3 模糊矩阵的合成

所谓合成，即由两个或两个以上的关系构成一个新的关系。模糊关系也存在合成运算，是通过模糊矩阵的合成进行的。

$\boldsymbol{R}$ 和 $\boldsymbol{S}$ 分别为 $U\times V$ 和 $V\times W$ 上的模糊关系，而 $\boldsymbol{R}$ 和 $\boldsymbol{S}$ 的合成是 $U\times W$ 上的模糊关系，记为 $\boldsymbol{R}\circ\boldsymbol{S}$，其隶属函数为

$$\mu_{R\circ S}(u,w)=\bigvee_{v\in V}\{\mu_R(u,v)\wedge\mu_S(v,w)\},\quad u\in U,w\in W \tag{2.26}$$

例 2.8 设 $\boldsymbol{A}=\begin{bmatrix}a_{11} & a_{12}\\ a_{21} & a_{22}\end{bmatrix}$，$\boldsymbol{B}=\begin{bmatrix}b_{11} & b_{12}\\ b_{21} & b_{22}\end{bmatrix}$，则

$$\boldsymbol{C}=\boldsymbol{A}\circ\boldsymbol{B}=\begin{bmatrix}c_{11} & c_{12}\\ c_{21} & c_{22}\end{bmatrix}$$

其中

$$c_{11}=(a_{11}\wedge b_{11})\vee(a_{12}\wedge b_{21})$$
$$c_{12}=(a_{11}\wedge b_{12})\vee(a_{12}\wedge b_{22})$$
$$c_{21}=(a_{21}\wedge b_{11})\vee(a_{22}\wedge b_{21})$$
$$c_{22}=(a_{21}\wedge b_{12})\vee(a_{22}\wedge b_{22})$$

当 $\boldsymbol{A}=\begin{bmatrix}0.8 & 0.7\\ 0.5 & 0.3\end{bmatrix}$，$\boldsymbol{B}=\begin{bmatrix}0.2 & 0.4\\ 0.6 & 0.9\end{bmatrix}$ 时，有

$$\boldsymbol{A}\circ\boldsymbol{B}=\begin{bmatrix}0.6 & 0.7\\ 0.3 & 0.4\end{bmatrix}$$

$$\boldsymbol{B}\circ\boldsymbol{A}=\begin{bmatrix}0.4 & 0.3\\ 0.6 & 0.6\end{bmatrix}$$

可见，$\boldsymbol{A}\circ\boldsymbol{B}\neq\boldsymbol{B}\circ\boldsymbol{A}$。

采用 MATLAB 可实现模糊矩阵的合成，仿真程序见 chap2_4.m。

例 2.9 某家中子女和父母的长相“相似关系”$\boldsymbol{R}$ 为模糊关系，如表 2.4 所示。

表 2.4 子女和父母的长相“相似关系”

子/女	父	母
子	0.2	0.8
女	0.6	0.1

用模糊矩阵 $\boldsymbol{R}$ 表示为

$$\boldsymbol{R}=\begin{bmatrix}0.2 & 0.8\\0.6 & 0.1\end{bmatrix}$$

该家中，父母与祖父的长相“相似关系”$\boldsymbol{S}$ 也是模糊关系，如表 2.5 所示。

表 2.5　父母与祖父的长相“相似关系”

父/母	祖父	祖母
父	0.5	0.7
母	0.1	0

用模糊矩阵 $\boldsymbol{S}$ 表示为

$$\boldsymbol{S}=\begin{bmatrix}0.5 & 0.7\\0.1 & 0\end{bmatrix}$$

那么在该家中，孙子、孙女与祖父、祖母的相似程度应该如何呢？

模糊关系的合成运算就是为了解决诸如此类的问题而提出来的。针对此例，模糊关系的合成运算为

$$\begin{aligned}\boldsymbol{R}\circ\boldsymbol{S}&=\begin{bmatrix}0.2 & 0.8\\0.6 & 0.1\end{bmatrix}\circ\begin{bmatrix}0.5 & 0.7\\0.1 & 0\end{bmatrix}\\&=\begin{bmatrix}(0.2\wedge 0.5)\vee(0.8\wedge 0.1) & (0.2\wedge 0.7)\vee(0.8\wedge 0)\\(0.6\wedge 0.5)\vee(0.1\wedge 0.1) & (0.6\wedge 0.7)\vee(0.1\wedge 0)\end{bmatrix}\\&=\begin{bmatrix}0.2 & 0.2\\0.5 & 0.6\end{bmatrix}\end{aligned}$$

该结果表明，孙子与祖父、祖母的相似程度分别为 0.2 和 0.2，而孙女与祖父、祖母的相似程度分别为 0.5 和 0.6。

2.5　模糊语句与模糊推理

2.5.1　模糊语句

将含有模糊概念的语法规则所构成的语句称为模糊语句。根据其语义和构成的语法规则不同，可分为以下几种类型。

（1）模糊陈述句。

语句本身具有模糊性，又称为模糊命题，如今天天气很热。

（2）模糊判断句。

模糊判断句是模糊逻辑中最基本的语句，语句形式为 x 是 a，记作(a)，且 a 所表示的概念是模糊的，如张三是好学生。

（3）模糊推理句。

语句形式为：若 x 是 a，则 x 是 b。例如，若今天是晴天，则今天暖和。

2.5.2　模糊推理

有两种常用的模糊条件推理语句：If $\boldsymbol{A}$ then $\boldsymbol{B}$ else $\boldsymbol{C}$；If $\boldsymbol{A}$ and $\boldsymbol{B}$ then $\boldsymbol{C}$。

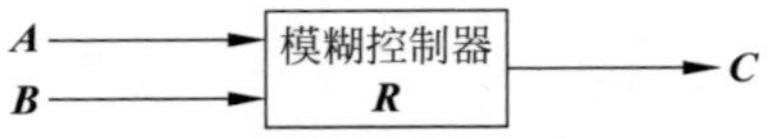

图 2.11 二输入单输出模糊控制器

下面以第二种推理语句为例进行探讨,该语句可构成一个简单的模糊控制器,如图 2.11 所示。其中,$\boldsymbol{A}$,$\boldsymbol{B}$,$\boldsymbol{C}$ 分别为论域 X,Y,Z 上的模糊集合,$\boldsymbol{A}$ 为误差信号上的模糊子集,$\boldsymbol{B}$ 为误差变化率上的模糊子集,$\boldsymbol{C}$ 为控制器输出上的模糊子集。

常用的模糊推理有两种方法:Zadeh 法和 Mamdani 法。Mamdani 模糊系统由模糊化处理算子、模糊推理机制和非模糊化处理算子 3 部分组成。Mamdani 型模糊推理通过一组推理规则实现从输入到输出的推理计算,从而建立准确的模糊系统。Mamdani 推理法是一种模糊控制中普遍使用的方法,其本质是一种模糊矩阵合成推理方法。

模糊推理语句"If $\boldsymbol{A}$ and $\boldsymbol{B}$ then $\boldsymbol{C}$"蕴涵的关系为($\boldsymbol{A}\wedge\boldsymbol{B}\rightarrow\boldsymbol{C}$),根据 Mamdani 模糊推理法,$\boldsymbol{A}\in\boldsymbol{U}$,$\boldsymbol{B}\in\boldsymbol{U}$,$\boldsymbol{C}\in\boldsymbol{U}$ 是三元模糊关系,其关系矩阵为

$$\boldsymbol{R}=(\boldsymbol{A}\times\boldsymbol{B})^{\mathrm{T1}}\times\boldsymbol{C} \tag{2.27}$$

其中,$(\boldsymbol{A}\times\boldsymbol{B})^{\mathrm{T1}}$ 为模糊关系矩阵 $(\boldsymbol{A}\times\boldsymbol{B})_{(m\times n)}$ 构成的 $m\times n$ 维向量,m 和 n 分别为 $\boldsymbol{A}$ 和 $\boldsymbol{B}$ 论域元素的个数。

基于模糊推理规则,根据模糊关系 $\boldsymbol{R}$,可求得给定输入 $\boldsymbol{A}_1$ 和 $\boldsymbol{B}_1$ 对应的输出为

$$\boldsymbol{C}_1=(\boldsymbol{A}_1\times\boldsymbol{B}_1)^{\mathrm{T2}}\boldsymbol{R} \tag{2.28}$$

例 2.10 设论域 $X=\{a_1,a_2,a_3\}$,$Y=\{b_1,b_2,b_3\}$,$Z=\{c_1,c_2,c_3\}$,已知 $\boldsymbol{A}=\frac{0.5}{a_1}+\frac{1}{a_2}+\frac{0.1}{a_3}$,$\boldsymbol{B}=\frac{0.1}{b_1}+\frac{1}{b_2}+\frac{0.6}{b_3}$,$\boldsymbol{C}=\frac{0.4}{c_1}+\frac{1}{c_2}$。试确定"If $\boldsymbol{A}$ and $\boldsymbol{B}$ then $\boldsymbol{C}$"所决定的模糊关系 $\boldsymbol{R}$,以及输入为 $\boldsymbol{A}_1=\frac{1.0}{a_1}+\frac{0.5}{a_2}+\frac{0.1}{a_3}$,$\boldsymbol{B}_1=\frac{0.1}{b_1}+\frac{1}{b_2}+\frac{0.6}{b_3}$时的输出 $\boldsymbol{C}_1$。

解:采用模糊矩阵合成推理算法,有

$$\boldsymbol{A}\times\boldsymbol{B}=\begin{bmatrix}0.5\\1\\0.1\end{bmatrix}\circ\begin{bmatrix}0.1 & 1 & 0.6\end{bmatrix}=\begin{bmatrix}0.1 & 0.5 & 0.5\\0.1 & 1.0 & 0.6\\0.1 & 0.1 & 0.1\end{bmatrix}$$

将 $\boldsymbol{A}\times\boldsymbol{B}$ 矩阵扩展成如下列向量:

$$(\boldsymbol{A}\times\boldsymbol{B})^{\mathrm{T1}}=\begin{bmatrix}0.1 & 0.5 & 0.5 & 0.1 & 1.0 & 0.6 & 0.1 & 0.1 & 0.1\end{bmatrix}^{\mathrm{T}}$$

$$\boldsymbol{R}=(\boldsymbol{A}\times\boldsymbol{B})^{\mathrm{T1}}\times\boldsymbol{C}=\begin{bmatrix}0.1 & 0.5 & 0.5 & 0.1 & 1.0 & 0.6 & 0.1 & 0.1 & 0.1\end{bmatrix}^{\mathrm{T}}\circ\begin{bmatrix}0.4 & 1\end{bmatrix}$$

$$=\begin{bmatrix}0.1 & 0.4 & 0.4 & 0.1 & 0.4 & 0.4 & 0.1 & 0.1 & 0.1\\0.1 & 0.5 & 0.5 & 0.1 & 1 & 0.6 & 0.1 & 0.1 & 0.1\end{bmatrix}^{\mathrm{T}}$$

当输入为 $\boldsymbol{A}_1$ 和 $\boldsymbol{B}_1$ 时,有

$$(\boldsymbol{A}_1\times\boldsymbol{B}_1)=\begin{bmatrix}1\\0.5\\0.1\end{bmatrix}\circ\begin{bmatrix}0.1 & 0.5 & 1\end{bmatrix}=\begin{bmatrix}0.1 & 0.5 & 1\\0.1 & 0.5 & 0.5\\0.1 & 0.1 & 0.1\end{bmatrix}$$

将 $\boldsymbol{A}_1\times\boldsymbol{B}_1$ 矩阵扩展成如下行向量:

$$(\boldsymbol{A}\times\boldsymbol{B})^{\mathrm{T2}}=\begin{bmatrix}0.1 & 0.5 & 1 & 0.1 & 0.5 & 0.5 & 0.1 & 0.1 & 0.1\end{bmatrix}$$

最后得

$$\boldsymbol{C}_1=\begin{bmatrix}0.1 & 0.5 & 1 & 0.1 & 0.5 & 0.5 & 0.1 & 0.1 & 0.1\end{bmatrix}。$$

$$\begin{bmatrix}0.1 & 0.4 & 0.4 & 0.1 & 0.4 & 0.4 & 0.1 & 0.1 & 0.1\\0.1 & 0.5 & 0.5 & 0.1 & 1 & 0.6 & 0.1 & 0.1 & 0.1\end{bmatrix}^{\mathrm{T}}$$

$$=[0.4\quad 0.5]$$

即 $\boldsymbol{C}_1=\frac{0.4}{c_1}+\frac{0.5}{c_2}$。

采用 MATLAB 实现上述过程的仿真，模糊推理仿真程序为 chap2_5.m。

思考题

1. 已知年龄的论域为[0,200]，且设“年老 O”和“年轻 Y”两个模糊集的隶属函数分别为

$$\mu_O(a)=\begin{cases}0, & 0\leqslant a\leqslant 50\\ \left[1+\left(\frac{a-50}{5}\right)^{-2}\right]^{-1}, & 50<a\leqslant 200\end{cases}$$

$$\mu_Y(a)=\begin{cases}1, & 0\leqslant a\leqslant 25\\ \left[1+\left(\frac{a-50}{5}\right)^{2}\right]^{-1}, & 25<a\leqslant 200\end{cases}$$

求“很年轻 W”“不老也不年轻 V”两个模糊集的隶属函数，并采用 MATLAB 实现上述 4 个隶属函数的仿真。

2. 已知模糊矩阵 $\boldsymbol{P}$、$\boldsymbol{Q}$、$\boldsymbol{R}$、$\boldsymbol{S}$ 分别为

$$\boldsymbol{P}=\begin{bmatrix}0.6 & 0.9\\0.2 & 0.7\end{bmatrix},\boldsymbol{Q}=\begin{bmatrix}0.5 & 0.7\\0.1 & 0.4\end{bmatrix},\boldsymbol{R}=\begin{bmatrix}0.2 & 0.3\\0.7 & 0.7\end{bmatrix},\boldsymbol{S}=\begin{bmatrix}0.1 & 0.2\\0.6 & 0.5\end{bmatrix}$$

求：(1) $(\boldsymbol{P}\circ\boldsymbol{Q})\circ\boldsymbol{R}$；

(2) $(\boldsymbol{P}\cup\boldsymbol{Q})\circ\boldsymbol{S}$；

(3) $(\boldsymbol{P}\circ\boldsymbol{S})\cup(\boldsymbol{Q}\circ\boldsymbol{S})$。

3. 如果 $\boldsymbol{A}=\frac{1}{x_1}+\frac{0.5}{x_2}$ 且 $\boldsymbol{B}=\frac{0.1}{y_1}+\frac{0.5}{y_2}+\frac{1}{y_3}$，则 $\boldsymbol{C}=\frac{0.2}{z_1}+\frac{1}{z_2}$。现已知 $\boldsymbol{A}'=\frac{0.8}{x_1}+\frac{0.1}{x_2}$ 且 $\boldsymbol{B}'=\frac{0.5}{y_1}+\frac{0.2}{y_2}+\frac{0}{y_3}$，根据 Mamdani 模糊推理法求 $\boldsymbol{C}'$，并给出 MATLAB 仿真分析。

第 3 章 模糊逻辑控制

CHAPTER 3

3.1 模糊控制的基本原理

3.1.1 模糊控制原理

模糊控制是以模糊集理论、模糊语言变量和模糊逻辑推理为基础的一种智能控制方法，它从行为上模仿人的模糊推理和决策过程。该方法首先将操作人员或专家经验编成模糊规则，然后将来自传感器的实时信号模糊化，将模糊化后的信号作为模糊规则的输入，完成模糊推理，将推理后得到的输出量加到执行器上。

模糊控制的基本原理框图如图 3.1 所示。它的核心部分为模糊控制器，如图中点画线框中部分所示，模糊控制器的控制规律由计算机的程序实现。实现一步模糊控制算法的过程描述如下：微型计算机经中断采样获取被控制量的精确值，然后将此量与给定值比较得到误差信号 E，一般选误差信号 E 作为模糊控制器的一个输入量。把误差信号 E 的精确量进行模糊化，变成模糊量。误差 E 的模糊量可用相应的模糊语言表示，得到误差 E 的模糊语言集合的一个子集 $\underset{\sim}{\boldsymbol{e}}$（$\underset{\sim}{\boldsymbol{e}}$ 是一个模糊矢量），再由 $\underset{\sim}{\boldsymbol{e}}$ 和模糊控制规则 $\underset{\sim}{\boldsymbol{R}}$（模糊算子）根据推理的合成规则进行模糊决策，得到模糊控制量 $\underset{\sim}{\boldsymbol{u}}$，即

$$\underset{\sim}{\boldsymbol{u}}=\underset{\sim}{\boldsymbol{e}}\circ\underset{\sim}{\boldsymbol{R}} \tag{3.1}$$

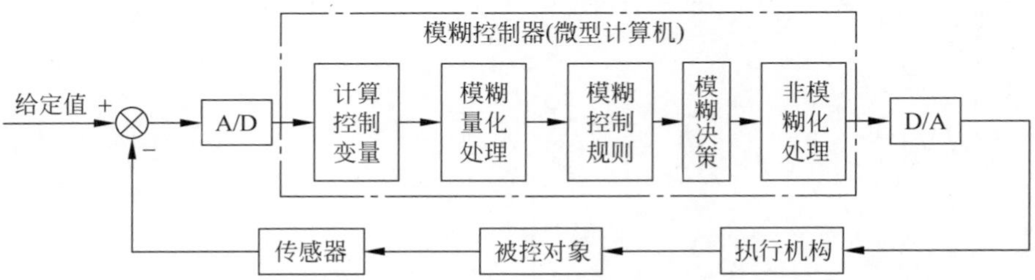

图 3.1 模糊控制原理框图

由图 3.1 可知，模糊控制系统与通常的计算机数字控制系统的主要差别是采用了模糊控制器。模糊控制器是模糊控制系统的核心，一个模糊控制系统的性能优劣，主要取决于模糊控制器的结构、所采用的模糊规则、合成推理算法以及模糊决策的方法等因素。

模糊控制器（Fuzzy Controller，FC）也称为模糊逻辑控制器（Fuzzy Logic Controller，

FLC),由于所采用的模糊控制规则是由模糊理论中模糊条件语句来描述的,因此模糊控制器是一种语言型控制器,故也称为模糊语言控制器(Fuzzy Language Controller,FLC)。

3.1.2 模糊控制器的组成

模糊控制器的组成框图如图3.2所示。

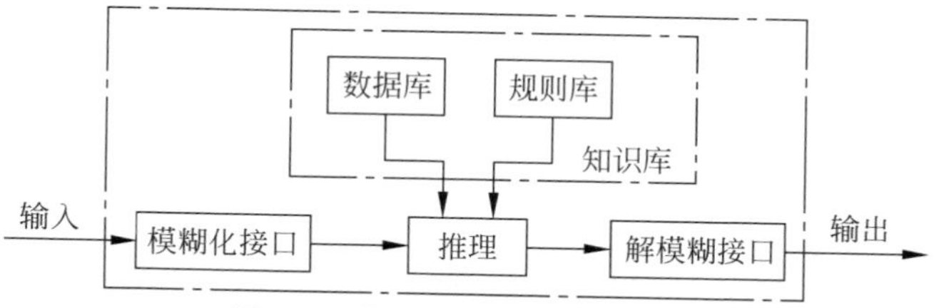

图3.2 模糊控制器的组成框图

1. 模糊化接口(Fuzzy Interface)

模糊控制器的输入必须通过模糊化才能用于控制输出的求解,因此它实际上是模糊控制器的输入接口。它的主要作用是将真实的确定量输入转换为一个模糊矢量。对于一个模糊输入变量 e,其模糊子集通常可以做如下方式划分:

(1) $\underset{\sim}{e}$={负大,负小,零,正小,正大}={NB,NS,ZO,PS,PB}。

(2) $\underset{\sim}{e}$={负大,负中,负小,零,正小,正中,正大}={NB,NM,NS,ZO,PS,PM,PB}。

(3) $\underset{\sim}{e}$={大,负中,负小,零负,零正,正小,正中,正大}={NB,NM,NS,NZ,PZ,PS,PM,PB}。

用三角形隶属函数表示,如图3.3所示。

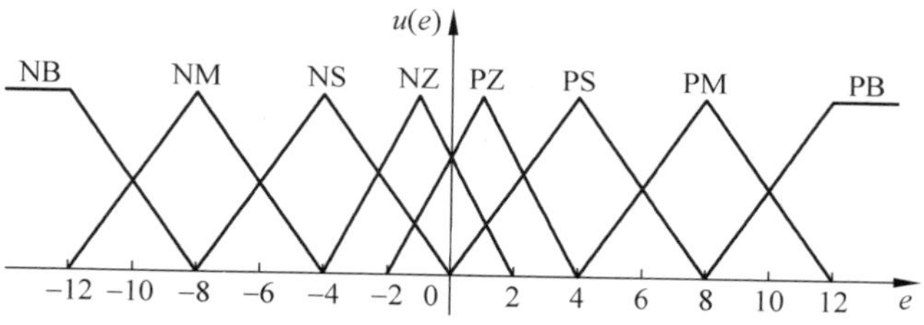

图3.3 模糊子集和模糊化等级

2. 知识库(Knowledge Base,KB)

知识库由数据库和规则库两部分构成。

(1) 数据库(Data Base,DB)。数据库所存放的是所有输入、输出变量的全部模糊子集的隶属度矢量值(即经过论域等级离散化以后对应值的集合),若论域为连续域则为隶属函数。在规则推理的模糊关系方程求解过程中,向推理机提供数据。

(2) 规则库(Rule Base,RB)。模糊控制器的规则是基于专家知识或手动操作人员长期积累的经验,它是按人的直觉推理的一种语言表示形式。模糊规则通常由一系列的关系词连接而成,如if-then、else、also、end、or等,关系词必须经过"翻译"才能将模糊规则数值化。最常用的关系词为if-then、also,对于多变量模糊控制系统,还有and等。例如,某模糊控制系统输入变量为 e(误差)和 ec(误差变化),它们对应的语言变量为 E 和 EC,可给出如下一组模糊规则:

R_1: IF E is NB and EC is NB then U is PB

R_2: IF E is NB and EC is NS then U is PM

通常把 if…部分称为“前提部”，而 then…部分称为“结论部”，其基本结构可归纳为 If A and B then C，其中 A 为论域 U 上的一个模糊子集，B 是论域 V 上的一个模糊子集。根据人工控制经验，可离线组织其控制决策表 R，R 是笛卡儿乘积集 $U \times V$ 上的一个模糊子集，则某一时刻其控制量由下式给出：

$$C = (A \times B) \circ R \tag{3.2}$$

式中：×——模糊直积运算；

∘——模糊合成运算。

规则库是用来存放全部模糊控制规则的，在推理时为“推理机”提供控制规则。由上述可知，规则条数和模糊变量的模糊子集划分有关，划分越细，规则条数越多，但并不代表规则库的准确度越高，规则库的“准确性”还与专家知识的准确度有关。

3. 推理与解模糊接口(Inference and Defuzzy-interface)

推理是模糊控制器中，根据输入模糊量，由模糊控制规则完成模糊推理来求解模糊关系方程，并获得模糊控制量的功能部分。在模糊控制中，考虑到推理时间，通常采用运算较简单的推理方法。最基本的有 Zadeh 近似推理，它包含有正向推理和逆向推理两类。正向推理常被用于模糊控制中，而逆向推理一般用于知识工程学领域的专家系统中。

推理结果的获得，表示模糊控制的规则推理功能已经完成。但是，至此所获得的结果仍是一个模糊矢量，不能直接用来作为控制量，还必须做一次转换，求得清晰的控制量输出，即为解模糊。通常把输出端具有转换功能作用的部分称为解模糊接口。

综上所述，模糊控制器实际上就是依靠计算机(或单片机)来构成的，它的绝大部分功能都由计算机程序来完成。随着专用模糊芯片的研究和开发，也可以由硬件逐步取代各组成单元的软件功能。

3.1.3 模糊控制系统的工作原理

以水位的模糊控制为例，如图 3.4 所示，设有一个水箱，通过调节阀可向内注水和向外抽水。设计一个模糊控制器，通过调节阀门将水位稳定在固定点附近。按照日常的操作经验，可以得到如下基本的控制规则：

- 若水位高于 O 点，则向外排水，差值越大，排水越快。
- 若水位低于 O 点，则向内注水，差值越大，注水越快。

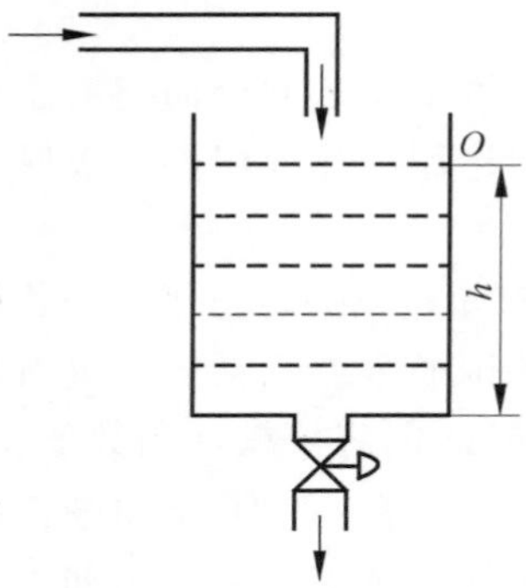

图 3.4 水箱液位控制

根据上述经验，可按下列步骤设计一维模糊控制器。

1. 确定观测量和控制量

定义理想液位 O 点的水位为 h_0，实际测得的水位高度为 h，选择液位差

$$e = \Delta h = h_0 - h$$

将当前水位对于 O 点的偏差 e 作为观测量。

2. 输入量和输出量的模糊化

将偏差 e 分为 5 级，分别为负大(NB)、负小(NS)、零(O)、正小(PS)和正大(PB)，并根据偏差 e 的变化范围分为 7 个等

级，分别为−3、−2、−1、0、+1、+2和+3，从而得到水位变化模糊表，如表3.1所示。

表3.1 水位变化 *e* 划分表

隶属度		变化等级						
		−3	−2	−1	0	1	2	3
模糊集	PB	0	0	0	0	0	0.5	1
	PS	0	0	0	0	1	0.5	0
	O	0	0	0.5	1	0.5	0	0
	NS	0	0.5	1	0	0	0	0
	NB	1	0.5	0	0	0	0	0

控制量 u 为调节阀门开度的变化，将其分为5级：负大(NB)、负小(NS)、零(O)、正小(PS)和正大(PB)。并根据 u 的变化范围分为9个等级：−4、−3、−2、−1、0、+1、+2、+3和+4，从而得到控制量模糊划分表，如表3.2所示。

表3.2 控制量 *u* 变化划分表

隶属度		变化等级								
		−4	−3	−2	−1	0	1	2	3	4
模糊集	PB	0	0	0	0	0	0	0	0.5	1
	PS	0	0	0	0	0	0.5	1	0.5	0
	O	0	0	0	0.5	1	0.5	0	0	0
	NS	0	0.5	1	0.5	0	0	0	0	0
	NB	1	0.5	0	0	0	0	0	0	0

3. 模糊规则的描述

根据日常的经验，设计以下模糊规则：

Rule1：若 e 负大，则 u 负大

Rule2：若 e 负小，则 u 负小

Rule3：若 e 为0，则 u 为0

Rule4：若 e 正小，则 u 正小

Rule5：若 e 正大，则 u 正大

上述规则采用IF A THEN B的形式来描述，即

Rule1：if e=NB then u=NB

Rule2：if e=NS then u=NS

Rule3：if e=0 then u=0

Rule4：if e=PS then u=PS

Rule5：if e=PB then u=PB

根据上述经验规则，可得模糊控制表，如表3.3所示。

表3.3 模糊控制规则表

若(IF)	NB*e*	NS*e*	O*e*	PS*e*	PB*e*
则(THEN)	NB*u*	NS*u*	O*u*	PS*u*	PB*u*

4. 求模糊关系

模糊控制规则是一个多条语句，它可以表示为$U\times V$上的模糊子集，即模糊关系

$$\boldsymbol{R}=(\mathrm{NB}\boldsymbol{e}\times\mathrm{NB}\boldsymbol{u})\cup(\mathrm{NS}\boldsymbol{e}\times\mathrm{NS}\boldsymbol{u})\cup(\mathrm{O}\boldsymbol{e}\times\mathrm{O}\boldsymbol{u})\cup(\mathrm{PS}\boldsymbol{e}\times\mathrm{PS}\boldsymbol{u})\cup(\mathrm{PB}\boldsymbol{e}\times\mathrm{PB}\boldsymbol{u})$$

其中，规则内的模糊集运算取交集，规则间的模糊集运算取并集。

$$\mathrm{NB}\boldsymbol{e}\times\mathrm{NB}\boldsymbol{u}=\begin{bmatrix}1\\0.5\\0\\0\\0\\0\\0\end{bmatrix}\times\begin{bmatrix}1 & 0.5 & 0 & 0 & 0 & 0 & 0 & 0 & 0\end{bmatrix}$$

$$=\begin{bmatrix}1.0 & 0.5 & 0 & 0 & 0 & 0 & 0 & 0 & 0\\0.5 & 0.5 & 0 & 0 & 0 & 0 & 0 & 0 & 0\\0 & 0 & 0 & 0 & 0 & 0 & 0 & 0 & 0\\0 & 0 & 0 & 0 & 0 & 0 & 0 & 0 & 0\\0 & 0 & 0 & 0 & 0 & 0 & 0 & 0 & 0\\0 & 0 & 0 & 0 & 0 & 0 & 0 & 0 & 0\\0 & 0 & 0 & 0 & 0 & 0 & 0 & 0 & 0\end{bmatrix}$$

$$\mathrm{NS}\boldsymbol{e}\times\mathrm{NS}\boldsymbol{u}=\begin{bmatrix}0\\0.5\\1\\0\\0\\0\\0\end{bmatrix}\times\begin{bmatrix}0 & 0.5 & 1 & 0.5 & 0 & 0 & 0 & 0 & 0\end{bmatrix}$$

$$=\begin{bmatrix}0 & 0 & 0 & 0 & 0 & 0 & 0 & 0 & 0\\0 & 0.5 & 0.5 & 0.5 & 0 & 0 & 0 & 0 & 0\\0 & 0.5 & 1.0 & 0.5 & 0 & 0 & 0 & 0 & 0\\0 & 0 & 0 & 0 & 0 & 0 & 0 & 0 & 0\\0 & 0 & 0 & 0 & 0 & 0 & 0 & 0 & 0\\0 & 0 & 0 & 0 & 0 & 0 & 0 & 0 & 0\\0 & 0 & 0 & 0 & 0 & 0 & 0 & 0 & 0\end{bmatrix}$$

$$\mathrm{O}\boldsymbol{e}\times\mathrm{O}\boldsymbol{u}=\begin{bmatrix}0\\0\\0.5\\1.0\\0.5\\0\\0\end{bmatrix}\times\begin{bmatrix}0 & 0 & 0 & 0.5 & 1 & 0.5 & 0 & 0 & 0\end{bmatrix}$$

$$
=\begin{bmatrix}0&0&0&0&0&0&0&0&0\\0&0&0&0.5&0.5&0.5&0&0&0\\0&0&0&0.5&1.0&0.5&0&0&0\\0&0&0&0.5&0.5&0.5&0&0&0\\0&0&0&0&0&0&0&0&0\\0&0&0&0&0&0&0&0&0\\0&0&0&0&0&0&0&0&0\end{bmatrix}
$$

$$
\mathrm{PS}\boldsymbol{e}\times\mathrm{PS}\boldsymbol{u}=\begin{bmatrix}0\\0\\0\\0\\1.0\\0.5\\0\end{bmatrix}\times\begin{bmatrix}0&0&0&0&0&0.5&1.0&0.5&0\end{bmatrix}
$$

$$
=\begin{bmatrix}0&0&0&0&0&0&0&0&0\\0&0&0&0&0&0&0&0&0\\0&0&0&0&0&0&0&0&0\\0&0&0&0&0&0&0&0&0\\0&0&0&0&0&0.5&1.0&0.5&0\\0&0&0&0&0&0.5&0.5&0.5&0\\0&0&0&0&0&0&0&0&0\end{bmatrix}
$$

$$
\mathrm{PB}\boldsymbol{e}\times\mathrm{PB}\boldsymbol{u}=\begin{bmatrix}0\\0\\0\\0\\0\\0.5\\1.0\end{bmatrix}\times\begin{bmatrix}0&0&0&0&0&0&0&0.5&1.0\end{bmatrix}
$$

$$
=\begin{bmatrix}0&0&0&0&0&0&0&0&0\\0&0&0&0&0&0&0&0&0\\0&0&0&0&0&0&0&0&0\\0&0&0&0&0&0&0&0&0\\0&0&0&0&0&0&0&0&0\\0&0&0&0&0&0&0&0.5&0.5\\0&0&0&0&0&0&0&0.5&1.0\end{bmatrix}
$$

由以上 5 个模糊矩阵求并集(即隶属函数最大值),得

$$\boldsymbol{R}=\begin{bmatrix}1.0 & 0.5 & 0 & 0 & 0 & 0 & 0 & 0 & 0\\ 0.5 & 0.5 & 0.5 & 0.5 & 0 & 0 & 0 & 0 & 0\\ 0 & 0.5 & 1.0 & 0.5 & 0.5 & 0.5 & 0 & 0 & 0\\ 0 & 0 & 0 & 0.5 & 1.0 & 0.5 & 0 & 0 & 0\\ 0 & 0 & 0 & 0.5 & 0.5 & 0.5 & 1.0 & 0.5 & 0\\ 0 & 0 & 0 & 0 & 0 & 0.5 & 0.5 & 0.5 & 0.5\\ 0 & 0 & 0 & 0 & 0 & 0 & 0 & 0.5 & 1.0\end{bmatrix}$$

5. 模糊决策

模糊控制器的输出为误差向量和模糊关系的合成，即

$$\boldsymbol{u}=\boldsymbol{e}\circ\boldsymbol{R}$$

当误差 $\boldsymbol{e}$ 为 NB 时，$\boldsymbol{e}=[1.0\quad 0.5\quad 0\quad 0\quad 0\quad 0\quad 0]$，控制器输出为

$$\boldsymbol{u}=\boldsymbol{e}\circ\boldsymbol{R}=[1\quad 0.5\quad 0\quad 0\quad 0\quad 0\quad 0]\circ\begin{bmatrix}1.0 & 0.5 & 0 & 0 & 0 & 0 & 0 & 0 & 0\\ 0.5 & 0.5 & 0.5 & 0.5 & 0 & 0 & 0 & 0 & 0\\ 0 & 0.5 & 1.0 & 0.5 & 0.5 & 0.5 & 0 & 0 & 0\\ 0 & 0 & 0 & 0.5 & 1.0 & 0.5 & 0 & 0 & 0\\ 0 & 0 & 0 & 0.5 & 0.5 & 0.5 & 1.0 & 0.5 & 0\\ 0 & 0 & 0 & 0 & 0 & 0.5 & 0.5 & 0.5 & 0.5\\ 0 & 0 & 0 & 0 & 0 & 0 & 0 & 0.5 & 1.0\end{bmatrix}$$

$$=[1\quad 0.5\quad 0.5\quad 0.5\quad 0\quad 0\quad 0\quad 0\quad 0]$$

6. 控制量的反模糊化

由模糊决策可知，当误差为负大时，实际液位远高于理想液位，$e=\text{NB}$，控制器的输出为一模糊向量，可表示为

$$u=\frac{1}{-4}+\frac{0.5}{-3}+\frac{0.5}{-2}+\frac{0.5}{-1}+\frac{0}{0}+\frac{0}{+1}+\frac{0}{+2}+\frac{0}{+3}+\frac{0}{+4}$$

如果按照“隶属度最大原则”进行反模糊化，选择控制量为 $u=-4$，即阀门的开度应关小一些，减少进水量。

按上述步骤，设计水箱液位模糊控制的 MATLAB 仿真程序见 chap3_1. m。取 flag=1，可得到模糊系统的规则库并可实现模糊控制的动态仿真。模糊控制响应表如表 3.4 所示。取偏差 $e=-3$，得 $u=-3.1481$。

表 3.4　模糊控制响应表

e	-3	-2	-1	0	1	2	3
u	-3	-2	-1	0	1	2	3

3.1.4 模糊控制器结构

在确定性控制系统中，根据输入变量和输出变量的个数，可分为单变量控制系统和多变量控制系统。在模糊控制系统中也可类似地划分为单变量模糊控制和多变量模糊控制。

1. 单变量模糊控制器

在单变量模糊控制器(Single Variable Fuzzy Controller，SVFC)中，将其输入变量的个

数定义为模糊控制的维数，如图 3.5 所示。

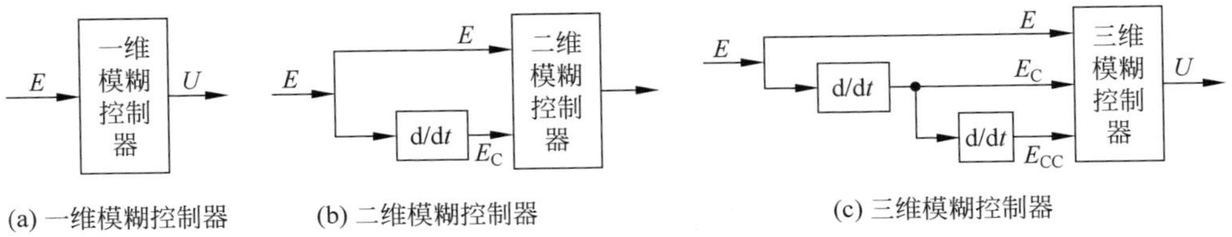

图 3.5 单变量模糊控制器

（1）一维模糊控制器。

如图 3.5(a)所示，一维模糊控制器的输入变量往往选择为受控量和输入给定的偏差量 E。由于仅仅采用偏差值，很难反映过程的动态特性品质，因此，所能获得的系统动态性能是不能令人满意的。这种一维模糊控制器往往被用于一阶被控对象。

（2）二维模糊控制器。

如图 3.5(b)所示，二维模糊控制器的两个输入变量基本上都选用受控变量和输入给定的偏差 E 和偏差变化 E_C，由于它们能够较严格地反映受控过程中输出变量的动态特性，因此，在控制效果上要比一维控制器好得多，也是目前采用较广泛的一类模糊控制器。

（3）三维模糊控制器。

如图 3.5(c)所示，三维模糊控制器的 3 个输入变量分别为系统偏差量 E、偏差变化量 E_C 和偏差变化的变化率 E_{CC}。由于这些模糊控制器结构较复杂，推理运算时间长，因此除非对动态特性的要求特别高的场合，一般较少选用三维模糊控制器。

上述三类模糊控制器的输出变量，均选择了受控变量的变化值。从理论上讲，模糊控制系统所选用的模糊控制器维数越高，系统的控制精度也就越高。但是维数选择太高，模糊控制规律就过于复杂，基于模糊合成推理的控制算法的计算机实现也就更困难，这也许是人们在设计模糊控制系统时，多数采用二维控制器的原因。在需要时，为了获得较好的上升段特性和改善控制器的动态品质，也可以对模糊控制器的输出量做分段选择，即在偏差 E 为“大”时，以控制量的绝对值为输出，而当偏差 E 为“小”或“中等”时，则仍以控制量的增量为输出。

2. 多变量模糊控制器

一个多变量模糊控制器（Multiple Variable Fuzzy Controller）系统所采用的模糊控制器往往具有多变量结构，称为多变量模糊控制器，如图 3.6 所示。

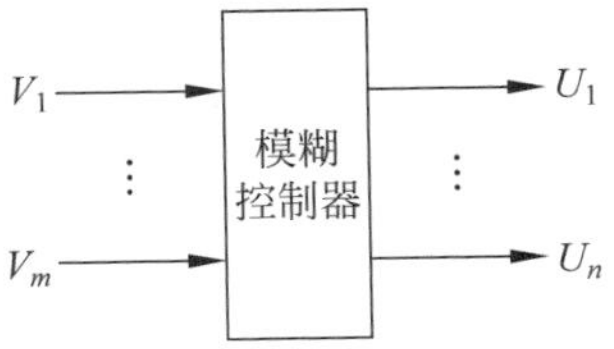

图 3.6 多变量模糊控制器

要直接设计一个多变量模糊控制器是相当困难的，可利用模糊控制器本身的解耦特点，通过模糊关系方程求解，在控制器结构上实现解耦，即将一个多输入-多输出(MIMO)的模糊控制器，分解成若干个多输入-单输出(MISO)的模糊控制器，这样可采用单变量模糊控制器方法设计。

3.2 模糊控制系统分类

1. 按信号的时变特性分类

（1）恒值模糊控制系统。

系统的指令信号为恒定值，通过模糊控制器消除外界对系统的扰动作用，使系统的输出跟踪输入的恒定值,也称为“自镇定模糊控制系统”,如温度模糊控制系统。

(2) 随动模糊控制系统。

系统的指令信号为时间函数,要求系统的输出高精度、快速地跟踪系统输入,也称为“模糊控制跟踪系统”或“模糊控制伺服系统”。

2. 按模糊控制的线性特性分类

对开环模糊控制系统 S,设输入变量为 u,输出变量为 v。对任意输入偏差 Δu 和输出偏差 Δv,满足 $\frac{\Delta v}{\Delta u}=k$,$u\in U$,$v\in V$。

定义线性度 δ,用于衡量模糊控制系统的线性化程度:

$$\delta=\frac{\Delta v_{\max}}{2\xi\Delta u_{\max}m} \tag{3.3}$$

其中,$\Delta v_{\max}=v_{\max}-v_{\min}$,$\Delta u_{\max}=u_{\max}-u_{\min}$,$\xi$ 为线性化因子,m 为模糊子集 V 的个数。

设 k_0 为一经验值,则定义模糊系统的线性特性为:

(1) 当 $|k-k_0|\leqslant\delta$ 时,S 为线性模糊系统;

(2) 当 $|k-k_0|>\delta$ 时,S 为非线性模糊系统。

3. 按静态误差是否存在分类

(1) 有差模糊控制系统。

将偏差的大小及其偏差变化率作为系统的输入为有差模糊控制系统。

(2) 无差模糊控制系统。

引入积分作用,使系统的静差降至最小。

4. 按系统输入变量的多少分类

控制输入个数为 1 的系统为单变量模糊控制系统,控制输入个数大于 1 的系统为多变量模糊控制系统。

3.3 模糊控制器的设计

3.3.1 模糊控制器的设计步骤

模糊控制器最简单的实现方法是将一系列模糊控制规则离线转化为一个查询表(又称为控制表),存储在计算机中供在线控制时使用。这种模糊控制器结构简单,使用方便,是最基本的一种形式。本节以单变量二维模糊控制器为例,介绍这种形式的模糊控制器的设计步骤,其设计思想是设计其他模糊控制器的基础。具体设计步骤如下。

1. 模糊控制器的结构

单变量二维模糊控制器是最常见的结构形式。

2. 定义输入输出模糊集

例如,对误差 e、误差变化 e_c 及控制量 u 的模糊集及其论域定义如下:

e、e_c 和 u 的模糊集均为:{NB,NM,NS,Z,PS,PM,PB}

e、e_c 的论域均为:{−3,−2,−1,0,1,2,3}

u 的论域为:{−3.5,−3,−1.5,0,1,3,3.5}

3. 定义输入输出隶属函数

模糊变量误差 e、误差变化 e_c 及控制量 u 的模糊集和论域确定后，需对模糊语言变量确定隶属函数，即所谓对模糊变量赋值，就是确定论域内元素对模糊语言变量的隶属度。

4. 建立模糊控制规则

根据人的直觉思维推理，由系统输出的误差及误差的变化趋势来消除系统误差的模糊控制规则。模糊控制规则语句构成了描述众多被控过程的模糊模型。例如，卫星的姿态与作用的关系、飞机或舰船航向与舵偏角的关系和工业锅炉中的压力与加热的关系等。因此，在条件语句中，误差 e、误差变化 e_c 及控制量 u 对于不同的被控对象有着不同的意义。

5. 建立模糊控制表

上述描写的模糊控制规则可采用模糊规则表 3.5 来描述，共 49 条模糊规则，各个模糊语句之间是或的关系，由第 1 条语句所确定的控制规则可以计算出 u_1。同理，可以由其余各条语句分别求出控制量 $u_2,\cdots,u_{49}$，则控制量为模糊集合 u，可表示为

$$u=u_1+u_2+\cdots+u_{49} \tag{3.4}$$

表 3.5 模糊规则表

u		e						
		NB	NM	NS	ZO	PS	PM	PB
e_c	NB	PB	PB	PM	PM	PS	ZO	ZO
	NM	PB	PB	PM	PS	PS	ZO	NS
	NS	PM	PM	PM	PS	ZO	NS	NS
	ZO	PM	PM	PS	ZO	NS	NM	NM
	PS	PS	PS	ZO	NS	NS	NM	NM
	PM	PS	ZO	NS	NM	NM	NM	NB
	PB	ZO	ZO	NM	NM	NM	NB	NB

6. 模糊推理

模糊推理是模糊控制的核心，它利用某种模糊推理算法和模糊规则进行推理，得出最终的控制量。

7. 反模糊化

通过模糊推理得到的结果是一个模糊集合，但在实际模糊控制中，必须要有一个确定值才能控制或驱动执行机构。将模糊推理结果转化为精确值的过程称为反模糊化。常用的反模糊化有下面 3 种。

(1) 最大隶属度法。

选取推理结果模糊集合中隶属度最大的元素作为输出值，即 $v_0=\max\mu_v(v),v\in V$。

如果在输出论域 V 中，其最大隶属度对应的输出值多于一个，则取所有具有最大隶属度输出的平均值，即

$$v_0=\frac{1}{N}\sum_{i=1}^{N}v_i,\quad v_i=\max_{v\in V}(\mu_v(v)) \tag{3.5}$$

其中，N 为具有相同最大隶属度输出的总数。

最大隶属度法不考虑输出隶属函数的形状，只考虑最大隶属度处的输出值。因此，难免会丢

失许多信息。它的突出优点是计算简单,在一些控制要求不高的场合,可采用最大隶属度法。

(2) 重心法。

为了获得准确的控制量,就要求模糊方法能够很好地表达输出隶属函数的计算结果。重心法是取隶属函数曲线与横坐标围成面积的重心为模糊推理的最终输出值,即

$$v_0=\frac{\int_V v\mu_v(v)\mathrm{d}v}{\int_V \mu_v(v)\mathrm{d}v} \tag{3.6}$$

对于具有 m 个输出量化级数的离散域情况,有

$$v_0=\frac{\sum_{k=1}^{m} v_k\mu_v(v_k)}{\sum_{k=1}^{m}\mu_v(v_k)} \tag{3.7}$$

与最大隶属度法相比较,重心法具有更平滑的输出推理控制,即使输入信号有微小变化,输出也会发生变化。

(3) 加权平均法。

工业控制中广泛使用的反模糊方法为加权平均法,输出值由下式决定:

$$v_0=\frac{\sum_{i=1}^{m} v_i k_i}{\sum_{i=1}^{m} k_i} \tag{3.8}$$

其中,系数 k_i 的选择根据实际情况而定,不同的系数决定系统具有不同的响应特性,当系数 k_i 取隶属度 $\mu_v(v_i)$时,就转化为重心法。

反模糊化方法的选择与隶属函数形状的选择、推理方法的选择相关。

MATLAB 提供了 5 种解模糊化方法,分别为 centroid(面积重心法)、bisector(面积等分法)、mom(最大隶属度平均法)、som(最大隶属度取小法)和 lom(最大隶属度取大法)。

在 MATLAB 中,可通过 setfis()设置解模糊化方法,通过 defuzz()执行反模糊化运算。

例如,重心法通过下列程序来实现:

```
x = -10:1:10;
mf = trapmf(x,[-10,-8,-4,7]);
xx = defuzz(x,mf,'centroid');
```

在模糊控制中,重心法可通过下列语句来设定:

```
a1 = setfis(a,'DefuzzMethod','centroid')
```

其中,a 为模糊规则库。

3.3.2 模糊控制器的 MATLAB 仿真

根据上述步骤,建立二输入单输出模糊控制系统,该系统包括两个部分,即模糊控制器的设计和位置跟踪。

1. 模糊控制器的设计

针对某线性系统的正弦跟踪,设计模糊规则如表 3.6 所示,控制规则为 9 条。通过运行

showrule(a),可得到用于描述模糊系统的 9 条模糊规则。

表 3.6 模糊规则

u		e		
		N	ZO	P
e_c	N	N	ZO	ZO
	ZO	N	ZO	P
	P	ZO	ZO	P

模糊控制器的设计仿真程序见 chap3_2fuzz.m。在仿真时,根据模糊推理系统 a2,模糊规则可由命令 showrule(a2)得到,即

Rule1: If (e is N) and (e_c is N) then (u is N) (1)

Rule2: If (e is N) and (e_c is Z) then (u is N) (1)

Rule3: If (e is N) and (e_c is P) then (u is Z) (1)

Rule4: If (e is Z) and (e_c is N) then (u is Z) (1)

Rule5: If (e is Z) and (e_c is Z) then (u is Z) (1)

Rule6: If (e is Z) and (e_c is P) then (u is Z) (1)

Rule7: If (e is P) and (e_c is N) then (u is Z) (1)

Rule8: If (e is P) and (e_c is Z) then (u is P) (1)

Rule9: If (e is P) and (e_c is P) then (u is P) (1)

取误差 e、误差变化 e_c 的范围均为[−0.03,0.03],控制输入 u 的范围为[−300,300]。模糊推理系统输入输出隶属函数可由命令 plotfis(a2)得到,分别如图 3.7～图 3.9 所示。

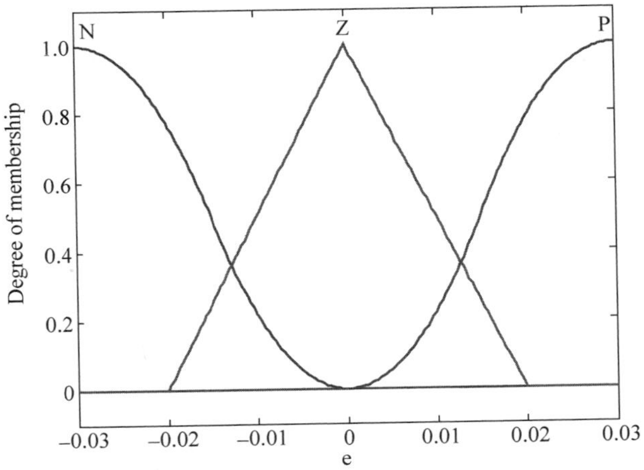

图 3.7 偏差隶属函数

2. 模糊控制位置跟踪

被控对象为

$$G(s)=\frac{133}{s^2+25s}$$

首先运行模糊控制器程序 chap3_2fuzz.m,并将模糊控制系统保存在 a2 之中,然后运行模糊控制的 Simulink 仿真程序,位置指令取 $\sin(t)$,仿真结果如图 3.10 所示。

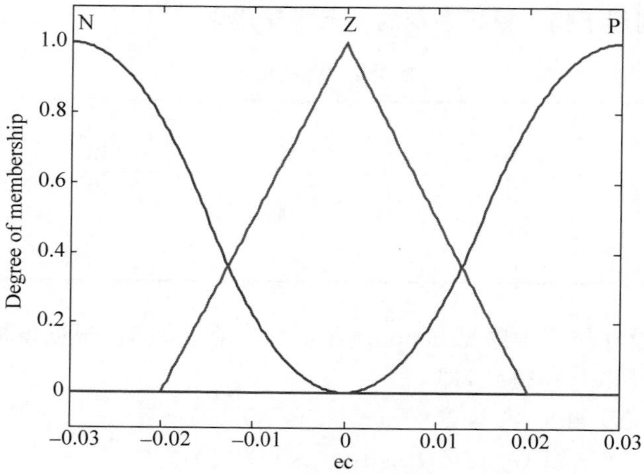

图 3.8 偏差变化率隶属函数

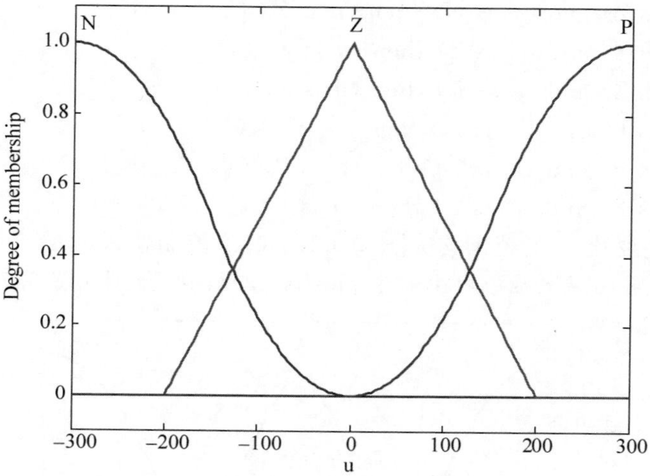

图 3.9 控制器输出隶属函数

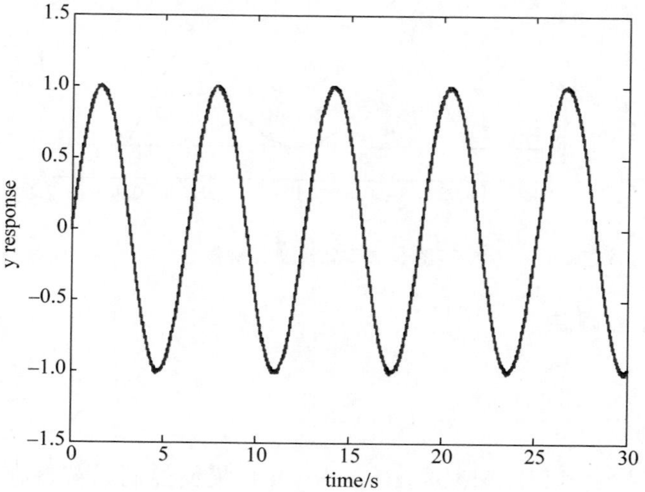

图 3.10 位置跟踪

模糊控制位置跟踪的 Simulink 主程序如图 3.11 所示，见 chap3_2sim.mdl，作图程序见 chap3_2plot.m。

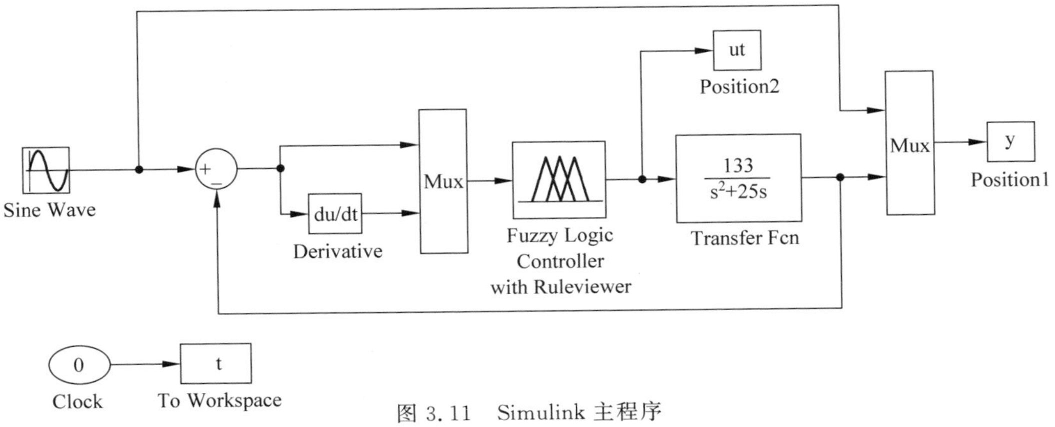

图 3.11　Simulink 主程序

3.4　模糊控制应用实例——洗衣机的模糊控制

下面以洗衣机洗涤时间的模糊控制系统设计为例进行介绍，其控制是一个开环的决策过程，模糊控制按以下步骤进行。

1. 确定模糊控制器的结构

选用单变量二维模糊控制器，控制器的输入为衣物的污泥和油脂，输出为洗涤时间。

2. 定义输入输出模糊集

将污泥分为 3 个模糊集，即 SD（污泥少）、MD（污泥中）和 LD（污泥多），取值范围为[0,100]。

3. 定义隶属函数

选用如下隶属函数：

$$\mu_{污泥}=\begin{cases}\mu_{SD}(x)=(50-x)/50, & 0\leqslant x\leqslant 50\\ \mu_{MD}(x)=\begin{cases}x/50, & 0\leqslant x\leqslant 50\\ (100-x)/50, & 50<x\leqslant 100\end{cases}\\ \mu_{LD}(x)=(x-50)/50, & 50<x\leqslant 100\end{cases}$$

采用三角形隶属函数可实现污泥的模糊化。采用 MATLAB 进行仿真，仿真程序见 chap3_3.m，仿真结果如图 3.12 所示。

将油脂分为 3 个模糊集，分别为 NG（无油脂）、MG（油脂中）和 LG（油脂多），取值范围为[0,100]。选用如下隶属函数：

$$\mu_{油脂}=\begin{cases}\mu_{NG}(y)=(50-y)/50, & 0\leqslant y\leqslant 50\\ \mu_{MG}(y)=\begin{cases}y/50, & 0\leqslant y\leqslant 50\\ (100-y)/50, & 50<y\leqslant 100\end{cases}\\ \mu_{LG}(y)=(y-50)/50, & 50\leqslant y\leqslant 100\end{cases}$$

采用三角形隶属函数实现油脂的模糊化，如图 3.13 所示，仿真程序同 chap3_3.m。

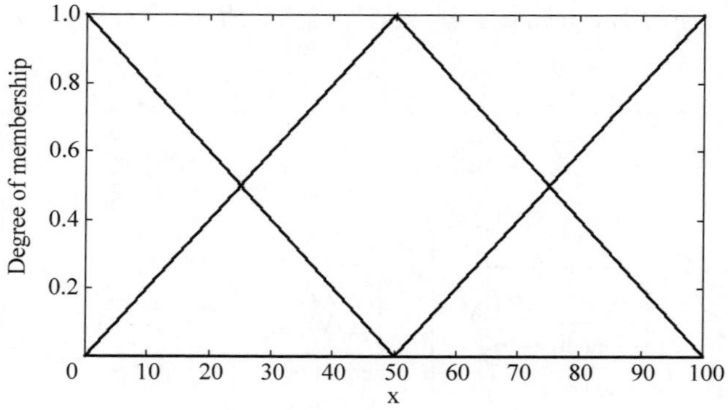

图 3.12　污泥隶属函数

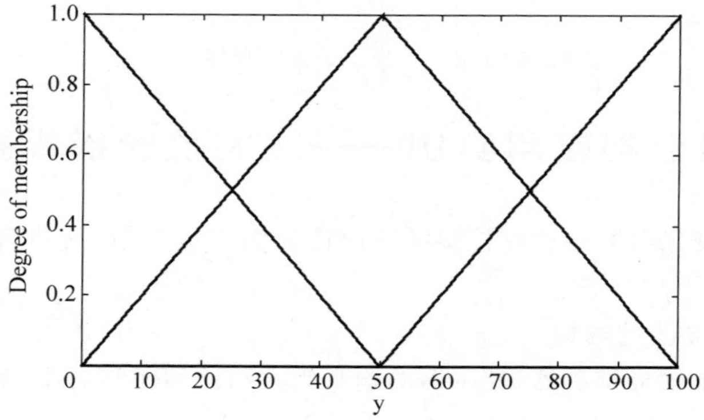

图 3.13　油脂隶属函数

将洗涤时间分为 5 个模糊集，即 VS(很短)、S(短)、M(中等)、L(长)和 VL(很长)，取值范围为[0,60]，选用如下隶属函数：

$$
\mu_{\text{洗涤时间}} = \begin{cases}
\mu_{\mathrm{VS}}(z) = (10 - z)/10, & 0 \leqslant z \leqslant 10 \\
\mu_{\mathrm{S}}(z) = \begin{cases} z/10, & 0 \leqslant z \leqslant 10 \\ (25 - z)/15, & 10 < x \leqslant 25 \end{cases} \\
\mu_{\mathrm{M}}(z) = \begin{cases} (z - 10)/15, & 10 \leqslant z \leqslant 25 \\ (40 - z)/15, & 25 < z \leqslant 40 \end{cases} \\
\mu_{\mathrm{L}}(z) = \begin{cases} (z - 25)/15, & 25 \leqslant z \leqslant 40 \\ (60 - z)/20, & 40 < z \leqslant 60 \end{cases} \\
\mu_{\mathrm{VL}}(z) = (z - 40)/20, & 40 \leqslant z \leqslant 60
\end{cases}
$$

采用三角形隶属函数实现洗涤时间的模糊化，如图 3.14 所示，仿真程序见 chap3_4.m。

采用 MATLAB 仿真，可实现洗涤时间隶属函数的设计。仿真程序见 chap3_4.m。

4. 建立模糊控制规则

根据人的操作经验设计模糊规则，模糊规则设计的标准为“污泥越多，油脂越多，则洗涤时间越长”、“污泥适中，油脂适中，则洗涤时间适中”以及“污泥越少，油脂越少，则洗涤时间越短”。

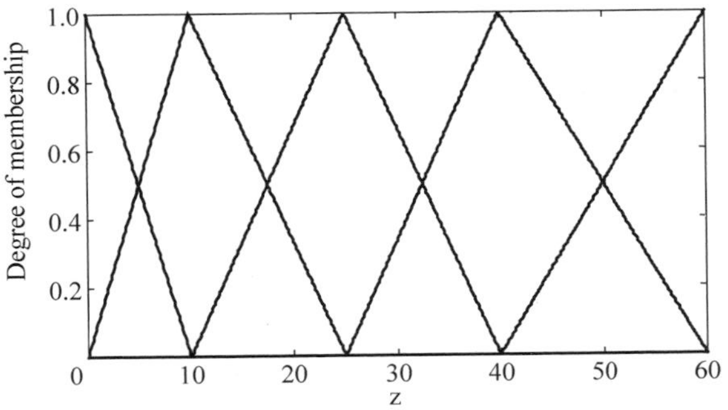

图 3.14　洗涤时间隶属函数

5. 建立模糊控制表

根据模糊规则的设计标准，建立模糊规则表，如表 3.7 所示。

表 3.7　洗衣机的洗涤规则

洗涤时间 z		污泥 x		
		NG	MG	LG
油脂 y	SD	VS*	M	L
	MD	S	M	L
	LD	M	L	VL

注：* 为“IF 衣物污泥少且没有油脂 THEN 洗涤时间很短”。

6. 模糊推理

模糊推理分以下几步进行。

(1) 规则匹配。

假定当前传感器测得的信息为：x_0(污泥)=60，y_0(油脂)=70，分别代入所属的隶属函数中求隶属度，即

$$\mu_{\mathrm{MD}}(60)=\frac{4}{5},\quad \mu_{\mathrm{LD}}(60)=\frac{1}{5}$$

$$\mu_{\mathrm{MG}}(70)=\frac{3}{5},\quad \mu_{\mathrm{LG}}(70)=\frac{2}{5}$$

通过上述 4 种隶属度，可得到 4 条相匹配的模糊规则，如表 3.8 所示。

表 3.8　模糊推理结果

洗涤时间 z		污泥 x		
		NG	MG(3/5)	LG(2/5)
油脂 y	SD	0	0	0
	MD(4/5)	0	$\mu_{\mathrm{M}}(z)$	$\mu_{\mathrm{L}}(z)$
	LD(1/5)	0	$\mu_{\mathrm{L}}(z)$	$\mu_{\mathrm{VL}}(z)$

(2) 规则触发。

由表 3.8 可知，被触发的规则有如下 4 条：

Rule1：IF y is MD and x is MG then z is M

Rule2：IF y is MD and x is LG then z is L

Rule3：IF y is LD and x is MG then z is L

Rule4：IF y is LD and x is LG then z is VL

(3) 规则前提推理。

在同一条规则内，前提之间通过"与"的关系得到规则结论，前提之间通过取小运算，得到每条规则总前提的可信度。

Rule1 前提的可信度为 min(4/5,3/5)=3/5；

Rule2 前提的可信度为 min(4/5,2/5)=2/5；

Rule3 前提的可信度为 min(1/5,3/5)=1/5；

Rule4 前提的可信度为 min(1/5,2/5)=1/5。

由此得到洗衣机规则前提可信度，即规则强度，如表 3.9 所示。

表 3.9　规则前提可信度

洗涤时间 z		污泥 x		
		NG	MG(3/5)	LG(2/5)
油脂 y	SD	0	0	0
	MD(4/5)	0	3/5	2/5
	LD(1/5)	0	1/5	1/5

(4) 将表 3.8 和表 3.9 进行"与"运算。

得到每条规则总的可信度，如表 3.10 所示。

表 3.10　规则总的可信度

洗涤时间 z		污泥 x		
		NG	MG(3/5)	LG(2/5)
油脂 y	SD	0	0	0
	MD(4/5)	0	$\min\left(\frac{3}{5},\mu_{M}(z)\right)$	$\min\left(\frac{2}{5},\mu_{L}(z)\right)$
	LD(1/5)	0	$\min\left(\frac{1}{5},\mu_{L}(z)\right)$	$\min\left(\frac{1}{5},\mu_{VL}(z)\right)$

(5) 模糊系统总输出。

模糊系统总输出为各条规则推理结果的并，即

$$\begin{aligned}\mu_{agg}(z)&=\max\left\{\min\left(\frac{3}{5},\mu_{M}(z)\right),\min\left(\frac{2}{5},\mu_{L}(z)\right),\min\left(\frac{1}{5},\mu_{L}(z)\right),\min\left(\frac{1}{5},\mu_{VL}(z)\right)\right\}\\&=\max\left\{\min\left(\frac{3}{5},\mu_{M}(z)\right),\min\left(\frac{2}{5},\mu_{L}(z)\right),\min\left(\frac{1}{5},\mu_{VL}(z)\right)\right\}\end{aligned}$$

(6) 反模糊化。

模糊系统总输出 $\mu_{agg}(z)$ 实际上是 3 个规则推理结果的并集，需要进行反模糊化，才能得到精确的推理结果。下面以最大平均法为例，进行反模糊化。

将 $\mu=\frac{3}{5}$ 代入洗涤时间隶属函数中的 $\mu_M(z)$，得到规则前提隶属度 $\mu=\frac{3}{5}$ 与规则结论隶属度 $\mu_M(z)$ 的交点

$$\mu_M(z_1)=\frac{z_1-10}{15}=\frac{3}{5},\quad \mu_M(z_2)=\frac{40-z_2}{15}=\frac{3}{5}$$

得 $z_1=19$，$z_2=31$。

采用最大平均法，可得精确输出

$$z^*=\frac{z_1+z_2}{2}=\frac{19+31}{2}=25$$

采用 MATLAB 中模糊控制工具箱可设计洗衣机模糊控制系统。洗衣机模糊控制系统仿真程序见 chap3_5. m。

取 $x=60$，$y=70$，反模糊化采用重心法，模糊推理结果为 33.6853。利用命令 showrule 可观察规则库，利用命令 ruleview 可实现模糊控制的动态仿真，如图 3.15 所示。

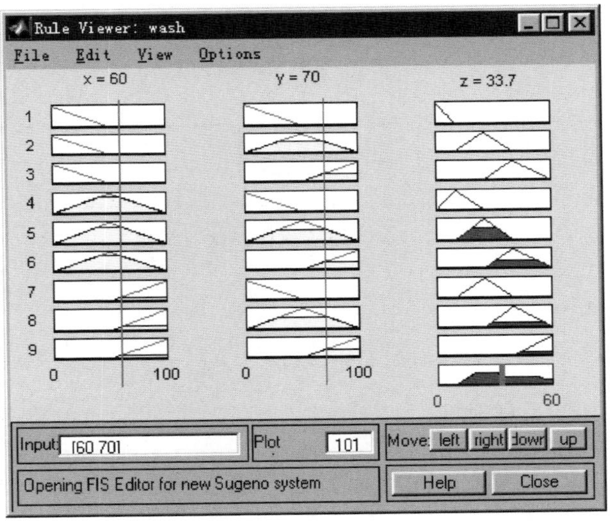

图 3.15　动态仿真模糊系统

3.5　模糊自适应整定 PID 控制

3.5.1　模糊自适应整定 PID 控制原理

在工业生产过程中，许多被控对象随着负荷变化或干扰因素影响，其对象特性参数或结构发生改变。自适应控制运用现代控制理论在线辨识对象特征参数，实时改变其控制策略，使控制系统品质指标保持在最佳范围内，但其控制效果的好坏取决于辨识模型的精确度，这对于复杂系统是非常困难的。因此，在工业生产过程中，大量采用的仍然是 PID 算法，PID 参数的整定方法很多，但大多数都以对象特性为基础。

随着计算机技术的发展，人们利用人工智能的方法将操作人员的调整经验作为知识存入计算机中，根据现场实际情况，计算机能自动调整 PID 参数，这样就出现了专家 PID 控制

器。这种控制器把古典的PID控制与先进的专家系统相结合,实现系统的最佳控制。这种控制必须精确地确定对象模型,首先将操作人员(专家)长期实践积累的经验知识用控制规则模型化,然后运用推理便可对PID参数实现最佳调整。

由于操作者经验不易精确描述,控制过程中各种信号量以及评价指标不易定量表示,专家PID方法受到局限。模糊理论是解决这一问题的有效途径,所以人们运用模糊数学的基本理论和方法,把规则的条件和操作用模糊集表示,并把这些模糊控制规则以及有关信息(如评价指标、初始PID参数等)作为知识存入计算机知识库中,然后计算机根据控制系统的实际响应情况(即专家系统的输入条件),运用模糊推理,即可自动实现对PID参数的最佳调整,这就是模糊自适应PID控制。模糊自适应PID控制器目前有多种结构形式,但其工作原理基本一致。

自适应模糊PID控制器以误差 e 和误差变化 e_c 作为输入(利用模糊控制规则在线对PID参数进行修改),以满足不同时刻的 e 和 e_c 对PID参数自整定的要求。自适应模糊PID控制器结构如图3.16所示。

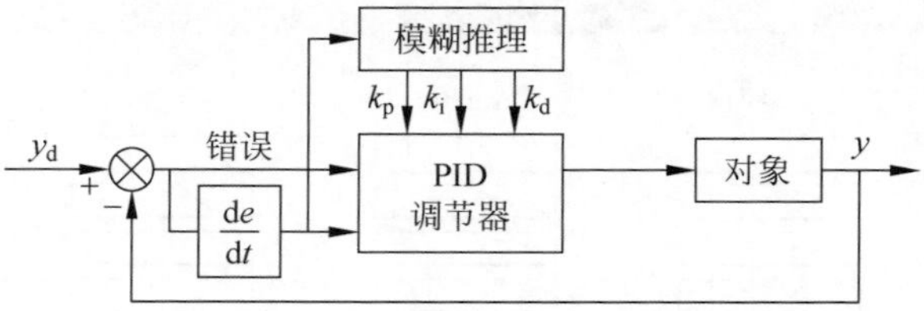

图3.16 自适应模糊控制器结构

离散PID控制算法为

$$u(k)=k_{p}e(k)+k_{i}T\sum_{j=0}^{k}e(j)+k_{d}\frac{e(k)-e(k-1)}{T} \tag{3.9}$$

式中,k 为采样序号,T 为采样时间。

PID参数模糊自整定是找出PID 3个参数与 e 和 e_c 之间的模糊关系,在运行中通过不断检测 e 和 e_c,根据模糊控制原理对3个参数进行在线修改,以满足不同 e 和 e_c 时对控制参数的不同要求,而使被控对象有良好的动态性能和静态性能。

从系统的稳定性、响应速度、超调量和稳态精度等各方面来考虑,k_p,k_i,k_d 的作用如下:

(1) 比例系数 k_p 的作用是加快系统的响应速度,提高系统的调节精度。k_p 越大,系统的响应速度越快,系统的调节精度越高,但易产生超调,甚至会导致系统不稳定。k_p 取值过小,则会降低调节精度,使响应速度缓慢,从而延长调节时间,使系统静态性能和动态性能变坏。

(2) 积分作用系数 k_i 的作用是消除系统的稳态误差。k_i 越大,系统的静态误差消除越快。但 k_i 过大,在响应过程的初期会产生积分饱和现象,从而引起响应过程的较大超调。若 k_i 过小,将使系统静态误差难以消除,影响系统的调节精度。

(3) 微分作用系数 k_d 的作用是改善系统的动态特性,主要是在响应过程中抑制偏差向任何方向的变化,对偏差变化进行提前预报。但 k_d 过大,会使响应过程提前制动,从而延长调节时间,而且会降低系统的抗干扰性能。

以 PI 参数整定为例，必须考虑到在不同时刻两个参数的作用以及相互之间的互联关系。模糊自整定 PI 是在 PI 算法的基础上，通过计算当前系统误差 e 和误差变化率 e_c，利用模糊规则进行模糊推理，查询模糊矩阵表进行参数调整。针对 k_p 和 k_i 两个参数分别整定的模糊控制表如下。

（1）k_p 整定原则。

当响应在上升过程时（e 为 P），Δk_p 取正，即增大 k_p；当超调时（e 为 N），Δk_p 取负，即降低 k_p。当误差在 0 附近时（e 为 Z），分 3 种情况：e_c 为 N 时，超调越来越大，此时 Δk_p 取负；e_c 为 Z 时，为了降低误差，Δk_p 取正；e_c 为 P 时，正向误差越来越大，Δk_p 取正。k_p 整定的模糊规则表如表 3.11 所示。

表 3.11　k_p 的模糊规则表

e \ Δk_p \ e_c	N	Z	P
N	N	N	N
Z	N	P	P
P	P	P	P

（2）k_i 整定原则。

采用积分分离策略，即误差在 0 附近时，Δk_i 取正，否则 Δk_i 取 0。k_i 整定的模糊规则表如表 3.12 所示。

表 3.12　k_i 的模糊规则表

e \ Δk_i \ e_c	N	Z	P
N	Z	Z	Z
Z	P	P	P
P	Z	Z	Z

将系统误差 e 和误差变化率 e_c 变化范围定义为模糊集上的论域，即

$$e, e_c = \{-1, 0, 1\} \tag{3.10}$$

其模糊子集为 $e, e_c = \{N, O, P\}$，子集中元素分别代表负、零、正。设 e、e_c 和 k_p、k_i 均服从正态分布，因此可得出各模糊子集的隶属度，根据各模糊子集的隶属度赋值表和各参数模糊控制模型，应用模糊合成推理设计 PI 参数的模糊矩阵表，查出修正参数代入式（3.11）计算，即

$$k_p = k_{p0} + \Delta k_p, \quad k_i = k_{i0} + \Delta k_i \tag{3.11}$$

在线运行过程中，控制系统通过对模糊逻辑规则的结果处理、查表和运算，完成对 PID

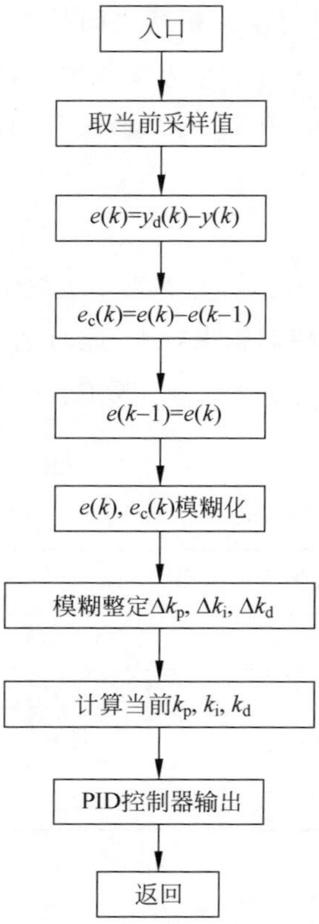

图 3.17 模糊 PID 工作流程图

参数的在线自校正，其工作流程图如图 3.17 所示。

3.5.2 仿真实例

设被控对象为

$$G_p(s)=\frac{133}{s^2+25s}$$

采样时间为 1ms，采用 Z 变换进行离散化，离散化后的被控对象为

$$y(k)=-\mathrm{den}(2)y(k-1)-\mathrm{den}(3)y(k-2)+\mathrm{num}(2)u(k-1)+\mathrm{num}(3)u(k-2)$$

位置指令为幅值为 1.0 的阶跃信号，$y_d(k)=1.0$。仿真时，先运行模糊推理系统设计程序 chap3_6. m，实现模糊推理系统 fuzzpid. fis，并将此模糊推理系统调入内存中，然后运行模糊控制程序 chap3_7. m。在程序 chap3_6. m 中，根据如表 3.11 和表 3.12 所示的模糊规则，分别对 e、e_c、k_p、k_i 进行隶属函数的设计。根据位置指令、初始误差和经验设计 e、e_c、k_p、k_i 的范围。

在 MATLAB 环境下，对模糊系统 a，运行 plotmf 命令，可得到模糊系统 e、e_c、k_p、k_i 的隶属函数，分别如图 3.18～图 3.21 所示；运行命令 showrule 可显示模糊规则，可显示 9 条模糊规则，分别描述如下：

Rule1：If (e is N) and (e_c is N) then (k_p is N)(k_i is Z) (1)
Rule2：If (e is N) and (e_c is Z) then (k_p is N)(k_i is Z) (1)
Rule3：If (e is N) and (e_c is P) then (k_p is N)(k_i is Z) (1)
Rule4：If (e is Z) and (e_c is N) then (k_p is N)(k_i is P) (1)
Rule5：If (e is Z) and (e_c is Z) then (k_p is P)(k_i is P) (1)
Rule6：If (e is Z) and (e_c is P) then (k_p is P)(k_i is P) (1)
Rule7：If (e is P) and (e_c is N) then (k_p is P)(k_i is Z) (1)
Rule8：If (e is P) and (e_c is Z) then (k_p is P)(k_i is Z) (1)
Rule9：If (e is P) and (e_c is P) then (k_p is P)(k_i is Z) (1)

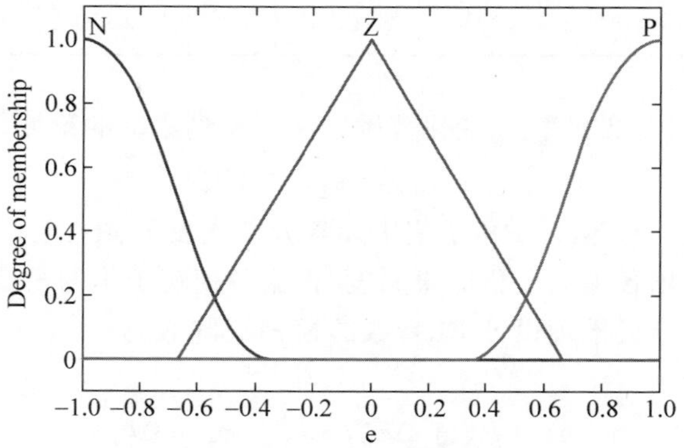

图 3.18 误差的隶属函数

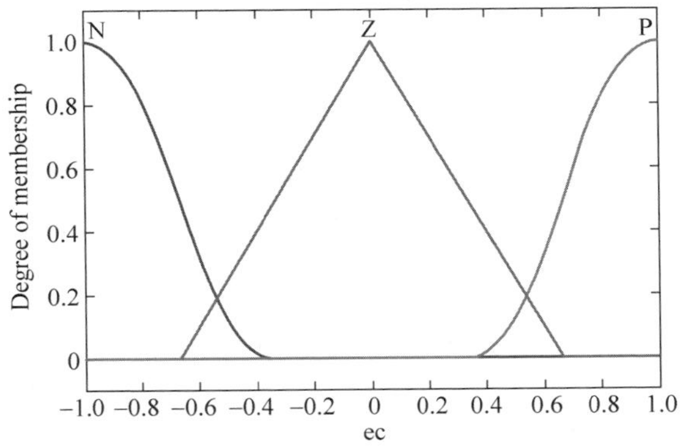

图 3.19　误差变化率的隶属函数

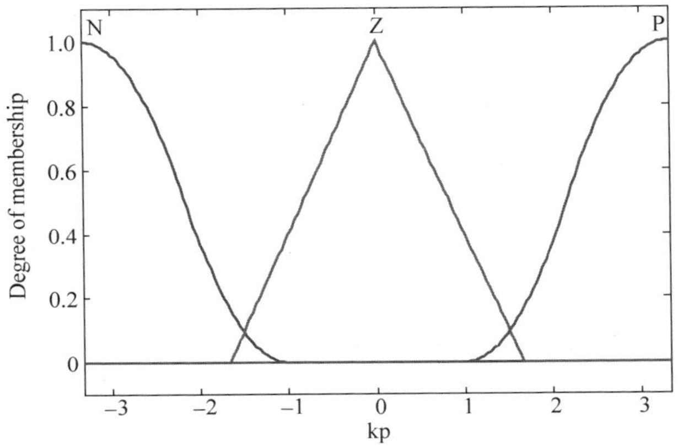

图 3.20　k_p 的隶属函数

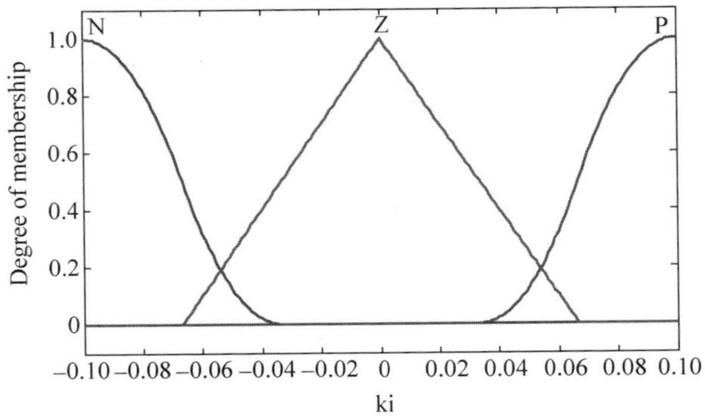

图 3.21　k_i 的隶属函数

另外，针对模糊推理系统 fuzzpid.fis，运行命令 fuzzy 可进行规则库和隶属函数的编辑，如图 3.22 所示；运行命令 ruleview 可实现模糊系统的动态仿真，如图 3.23 所示。

在程序 chap3_7.m 中，利用所设计的模糊系统 fuzzpid.fis 进行 PI 控制参数的整定。为了显示模糊规则调整效果，取 k_p、k_i 的初始值为 0，响应结果及 PI 控制参数的自适应变化分别如图 3.24 和图 3.25 所示。

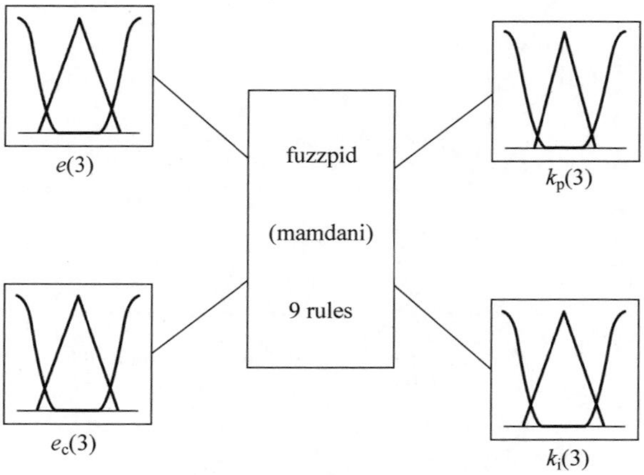

图 3.22　模糊系统 fuzzpid. fis 的结构

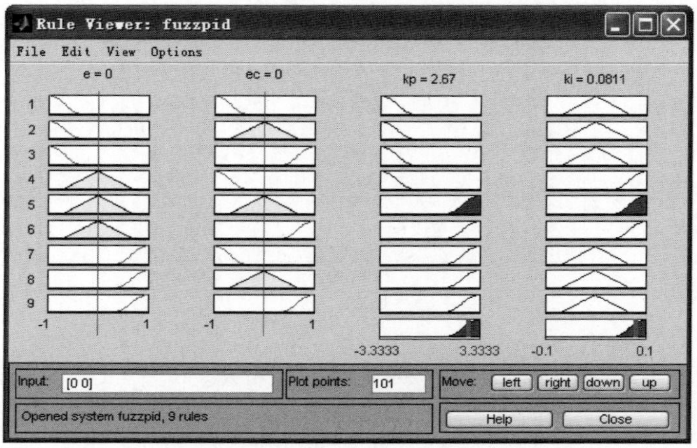

图 3.23　模糊推理系统的动态仿真环境

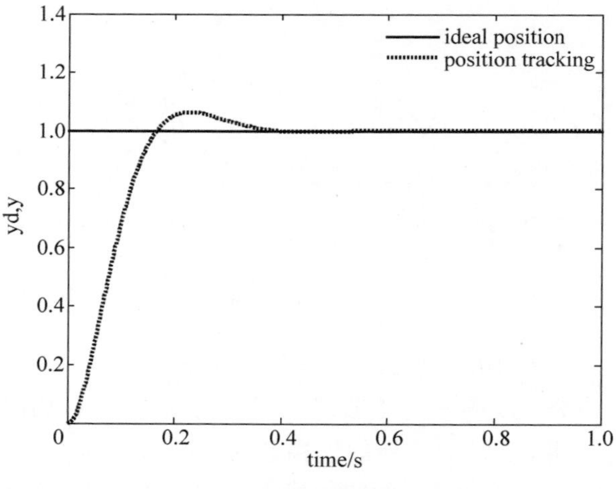

图 3.24　模糊 PI 控制阶跃响应

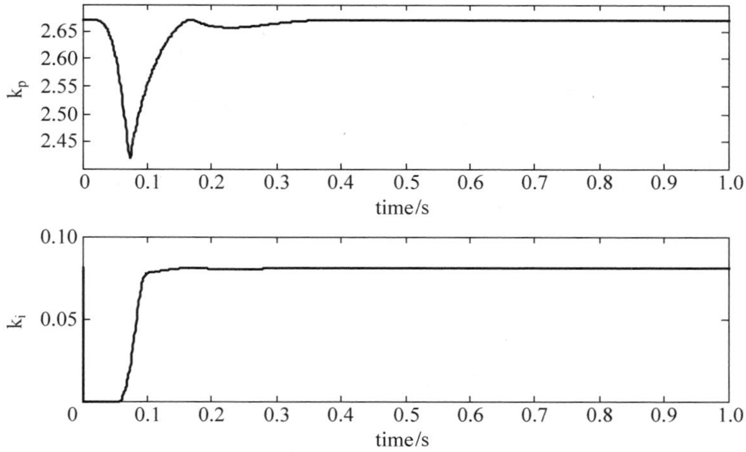

图 3.25 k_p 和 k_d 的模糊自适应调整

仿真程序：

（1）模糊系统设计程序：chap3_6.m。

（2）模糊控制程序：chap3_7.m。

3.6 大时变扰动下切换增益模糊调节的滑模控制

在滑模控制中，针对较大的扰动，为了保证闭环系统稳定，需要较大的切换增益，这就造成抖振，抖振是滑模控制中难以避免的问题。

针对跟踪问题，设计滑模函数为 $s(t)=ce(t)+\dot{e}(t)$，其中，$e(t)$ 和 $\dot{e}(t)$ 分别为跟踪误差及其变化率，$c>0$。可见，当 $s(t)=0$ 时，$ce(t)+\dot{e}(t)=0$，$\dot{e}(t)=-ce(t)$，即 $\frac{1}{e(t)}\dot{e}(t)=-c$，积分得 $\int_0^t \frac{1}{e(t)}\dot{e}(t)\mathrm{d}t=\int_0^t -c\mathrm{d}t$，则 $\ln e(t)\big|_0^t=-ct$，从而得到

$$\ln\frac{e(t)}{e(0)}=-ct$$

收敛结果为

$$e(t)=e(0)\exp(-ct)$$

即当 $t\to\infty$ 时，误差指数收敛于 0，收敛速度取决于 c 值。如果通过控制律的设计，保证 $s(t)$ 也是指数收敛于 0，则当 $t\to\infty$ 时，误差变化率也是指数收敛于 0。

模糊逻辑的设计不依靠被控对象的模型，其突出优点是能够将人的控制经验通过模糊规则融入控制器中，通过设计模糊规则，实现高水平的控制器。采用模糊规则，可根据滑模到达条件对切换增益进行有效估计，并利用切换增益消除干扰项，从而消除抖振。

3.6.1 系统描述

考虑如下模型：

$$\begin{aligned}\dot{x}_1&=x_2\\ \dot{x}_2&=u(t)+d(t)\end{aligned}\tag{3.12}$$

其中，$d(t)$为时变干扰。

3.6.2 滑模控制器设计

取滑模函数为

$$s=\dot{e}+ce,\quad c>0 \tag{3.13}$$

其中，e 为跟踪误差，$e=x_{1d}-x_1$，x_1 为位置信号，x_{1d} 为指令角度。

取 Lyapunov 函数为

$$V=\frac{1}{2}s^2$$

设计滑模控制器为

$$u=\ddot{x}_{1d}+c\dot{e}+K(t)\operatorname{sgn}(s) \tag{3.14}$$

其中，sgn(·)为切换函数，取

$$K(t)=\max|d(t)|+\eta \tag{3.15}$$

其中，$\eta>0$。则

$$\dot{V}=s\dot{s}=s(\ddot{e}+c\dot{e})=s(\ddot{x}_{1d}-\ddot{x}_1+c\dot{e})=s(\ddot{x}_{1d}-u-d(t)+c\dot{e})$$

将控制律代入，得

$$s\dot{s}=s(-K(t)\operatorname{sgn}(s)-d(t))=-K(t)|s|-d(t)s\leqslant-\eta|s| \tag{3.16}$$

在滑模控制律式(3.14)中，切换增益 $K(t)$值是造成抖振的原因。$K(t)$用于补偿不确定项 $d(t)$，以保证滑模存在性条件得到满足。如果 $d(t)$时变，则为了降低抖振，$K(t)$也应该时变。可采用模糊规则，根据经验实现 $K(t)$的设计。

3.6.3 模糊规则设计

滑模存在条件为 $s\dot{s}<0$，当系统到达滑模面后，将会保持在滑模面上。由式(3.16)可见，$K(t)$为保证系统运动得以到达滑模面的增益，其值必须足以消除不确定项的影响，才能保证滑模存在条件 $s\dot{s}<0$ 成立。

模糊规则设计的原则为：在满足 $s\dot{s}<0$ 条件下，尽量采用较小的增益 $K(t)$，以降低抖振。设计模糊规则如下：

如果 $s\dot{s}>0$，则 $K(t)$ 应增大

如果 $s\dot{s}<0$，则 $K(t)$ 应减小

由式(3.16)可设计关于 $s\dot{s}$ 和 $\Delta K(t)$之间关系的模糊系统，在该系统中，$s\dot{s}$ 为输入，$\Delta K(t)$为输出。系统输入输出的模糊集分别定义如下：

$$s\dot{s}=\{\text{NB}\quad \text{NM}\quad \text{ZO}\quad \text{PM}\quad \text{PB}\}$$

$$\Delta K(t)=\{\text{NB}\quad \text{NM}\quad \text{ZO}\quad \text{PM}\quad \text{PB}\}$$

其中，NB 为负大，NM 为负中，ZO 为零，PM 为正中，PB 为正大。

模糊系统的输入和输出隶属函数分别如图 3.26 和图 3.27 所示。

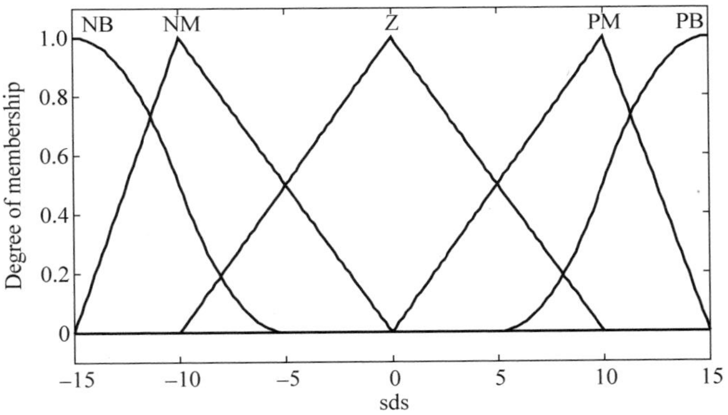

图 3.26　模糊输入的隶属函数

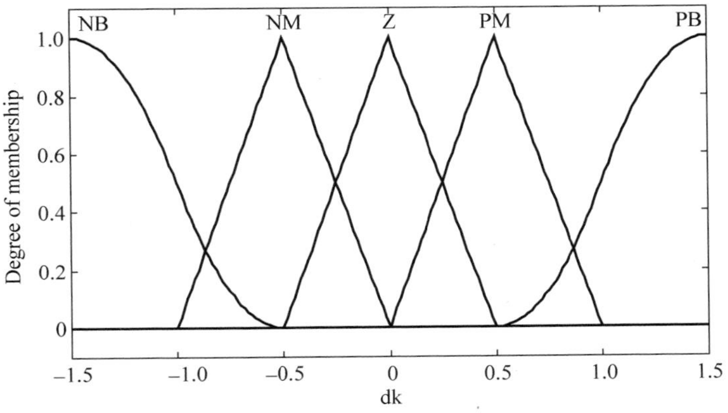

图 3.27　模糊输出的隶属函数

模糊规则设计如下：

Rule1：If $s\dot{s}$ is PB then ΔK is PB

Rule2：If $s\dot{s}$ is PM then ΔK is PM

Rule3：If $s\dot{s}$ is ZO then ΔK is ZO

Rule4：If $s\dot{s}$ is NM then ΔK is NM

Rule5：If $s\dot{s}$ is NB then ΔK is NB

采用积分的方法对 $\hat{K}(t)$的上界进行调节，即

$$\hat{K}(t)=G\int_0^t \Delta K \mathrm{d}t \tag{3.17}$$

其中，$G>0$ 为比例系数，根据经验确定。

用 $\hat{K}(t)$代替式(3.14)中的 $K(t)$，则控制律变为

$$u=\ddot{x}_{1d}+c\dot{e}+\hat{K}(t)\operatorname{sgn}(s) \tag{3.18}$$

3.6.4 仿真实例

被控对象为式(3.12),采用高斯函数的形式表示干扰 $d(t)$,$d(t)=200\exp(-t^2)$,如图 3.28 所示。

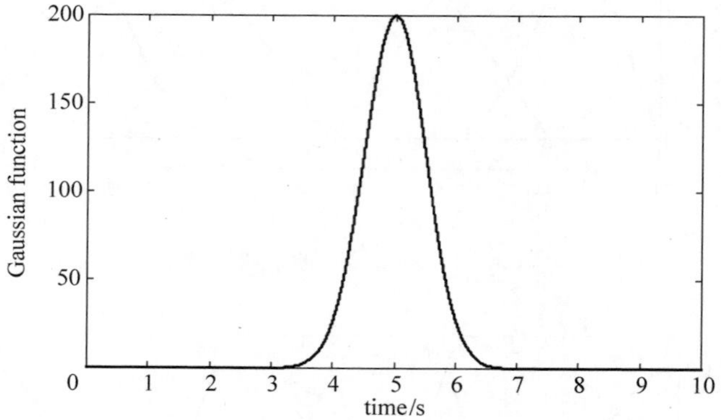

图 3.28 高斯函数形式的干扰 $d(t)$

位置指令信号为 $x_{1d}=\sin t$。首先运行程序 chap3_8fuzz.m 建立模糊系统,模糊规则库保存在 chap3_8fis.fis 中,并得到模糊系统输入和输出的隶属函数图,分别如图 3.26 和图 3.27 所示。

在控制律中,取 $D=200$,$c=50$,$\eta=3.0$。取 $M=2$,采用模糊调节增益的控制律式(3.18),$G=400$,仿真结果分别如图 3.29~图 3.31 所示。取 $M=1$,采用传统的控制律式(3.14),仿真结果分别如图 3.32 和图 3.33 所示。可见,采用基于模糊规则的模糊滑模控制方法,可有效地通过切换增益消除干扰项,从而消除抖振。

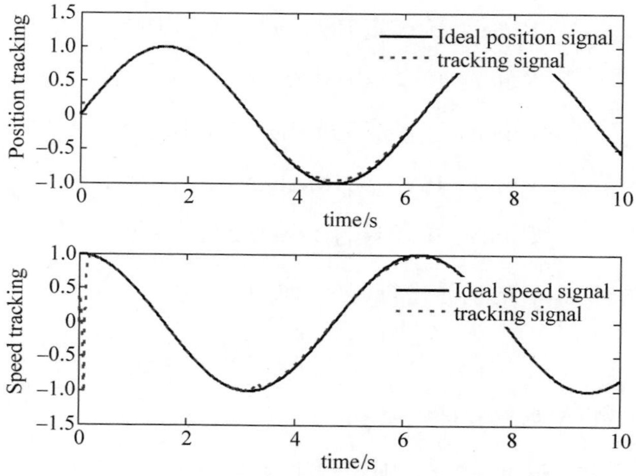

图 3.29 模糊调节增益时的位置和速度跟踪($M=2$)

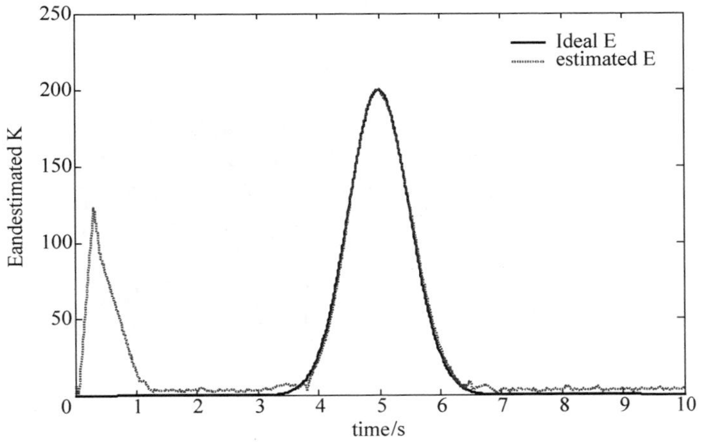

图 3.30 干扰 $d(t)$和增益$\hat{K}(t)$的调节($M=2$)

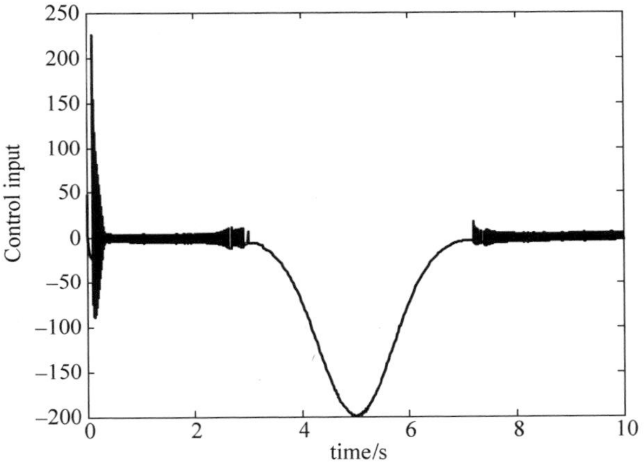

图 3.31 模糊调节增益时的控制输入($M=2$)

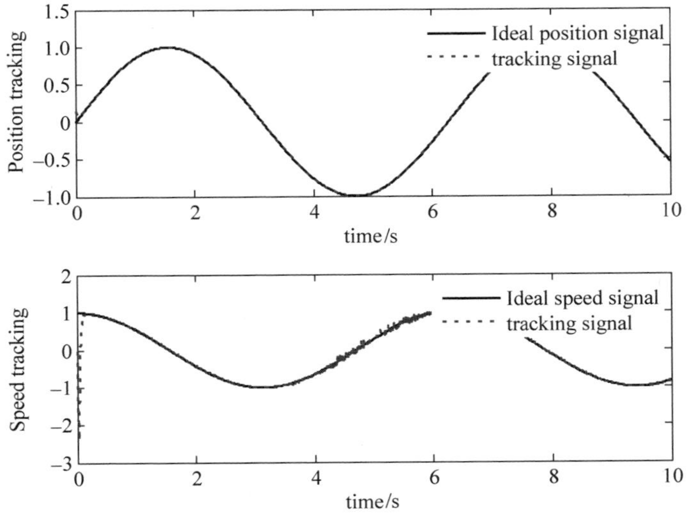

图 3.32 采用传统控制器时的位置和速度跟踪($M=1$)

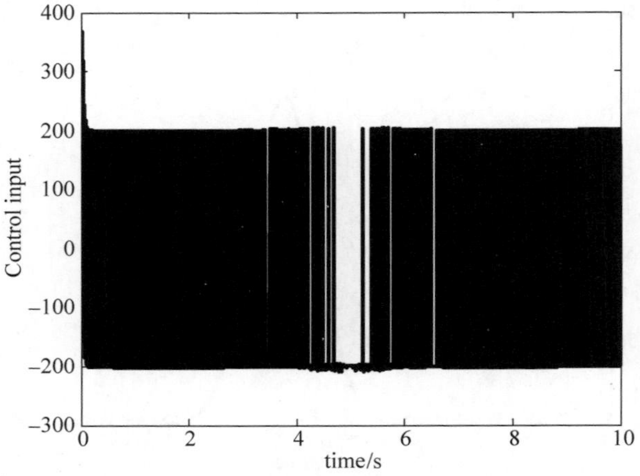

图 3.33　传统控制时的控制输入($M=1$)

仿真程序：

(1) 高斯函数：chap3_8func.m。

(2) 模糊系统设计程序：chap3_8fuzz.m。

(3) Simulink 主程序：chap3_8sim.mdl，如图 3.34 所示。

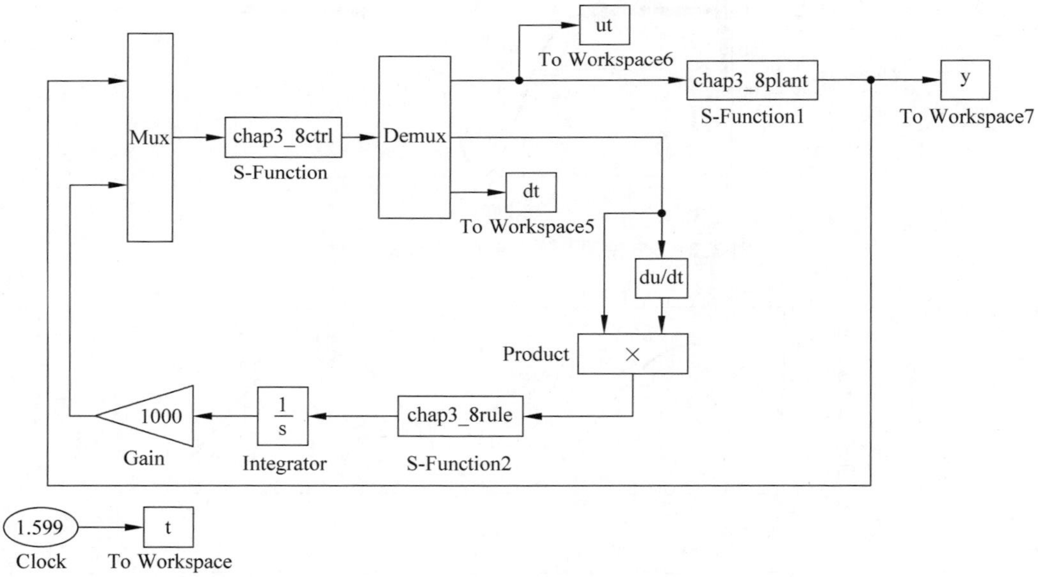

图 3.34　Simulink 主程序

(4) 控制器 S 函数：chap3_8ctrl.m。

(5) 被控对象 S 函数：chap3_8plant.m。

(6) 模糊系统 S 函数：chap3_8rule.m。

(7) 作图程序：chap3_8plot.m。

思考题

1. 简述模糊控制器由哪几部分组成？各完成什么功能？

2. 简述模糊控制器设计的步骤。

3. 已知某一炉温控制系统，要求温度保持在600℃恒定。针对该控制系统有以下控制经验：

(1) 若炉温低于600℃，则升压，低得越多升压越高。

(2) 若炉温高于600℃，则降压，高得越多降压越低。

(3) 若炉温等于600℃，则保持电压不变。

设模糊控制器为一维控制器，输入语言变量为误差，输出为控制电压。输入输出变量的量化等级为7级，取5个语言值，隶属函数根据确定的原则任意确定。试设计误差变化划分表、控制电压变化划分表和模糊控制规则表。

4. 已知被控对象为 $G(s)=\dfrac{1}{10s+1}e^{-0.5s}$。假设系统给定为阶跃值 $r=30$。试分别设计常规的PID控制器、常规的模糊控制器和模糊PID控制器，分别对3种控制器进行MATLAB仿真，并比较控制效果。

5. 在3.6节中，控制输入抖振仍然存在，如图3.31所示，如何通过设计模糊规则，进一步降低控制输入抖振。

第4章 自适应模糊控制

CHAPTER 4

模糊控制器的设计不依靠被控对象的模型,但它却非常依靠控制专家或操作者的经验知识。模糊控制的突出优点是能够比较容易地将人的控制经验融入控制器中,但若缺乏这样的控制经验,很难设计出高水平的模糊控制器。而且,由于模糊控制器采用了 IF-THEN 控制规则,不便于控制参数的学习和调整,使得构造具有自适应的模糊控制器较困难。

自适应模糊控制有两种不同的形式,一种是直接自适应模糊控制,即根据实际系统性能与理想性能之间的偏差,通过一定的方法直接调整控制器的参数;另一种是间接自适应模糊控制,即通过在线辨识获得控制对象的模型,然后根据所得模型在线设计模糊控制器。

4.1 模糊逼近

4.1.1 模糊系统的设计

设二维模糊系统 $g(x)$ 为集合 $U=[\alpha_1,\beta_1]\times[\alpha_2,\beta_2]\subseteq\mathbf{R}^2$ 上的一个函数,其解析式形式未知。假设对任意一个 $x\in U$,都能得到 $g(x)$,则可设计一个逼近 $g(x)$ 的模糊系统。模糊系统的设计如下。

(1) 在$[\alpha_i,\beta_i]$上定义 $N_i(i=1,2)$个标准的、一致的和完备的模糊集 $A_i^1,A_i^2,\cdots,A_i^{N_i}$。

(2) 组建 $M=N_1\times N_2$ 条模糊集 IF-THEN 规则,即

$$R_u^{i_1i_2}:\text{如果 } x_1 \text{ 为 } A_1^{i_1} \text{ 且 } x_2 \text{ 为 } A_2^{i_2}\text{,则 } y \text{ 为 } B^{i_1i_2}$$

其中,$i_1=1,2,\cdots,N_1$,$i_2=1,2,\cdots,N_2$,将模糊集 $B^{i_1i_2}$ 的中心(用 $\bar{y}^{i_1i_2}$ 表示)选择为

$$\bar{y}^{i_1i_2}=g(e_1^{i_1},e_2^{i_2}) \tag{4.1}$$

(3) 采用乘积推理机、单值模糊器和中心平均解模糊器,根据 $M=N_1\times N_2$ 条规则来构造模糊系统 $f(x)$,即

$$f(x)=\frac{\sum_{i_1=1}^{N_1}\sum_{i_2=1}^{N_2}\bar{y}^{i_1i_2}(\mu_{A_1}^{i_1}(x_1)\mu_{A_2}^{i_2}(x_2))}{\sum_{i_1=1}^{N_1}\sum_{i_2=1}^{N_2}(\mu_{A_1}^{i_1}(x_1)\mu_{A_2}^{i_2}(x_2))} \tag{4.2}$$

4.1.2 模糊系统的逼近精度

根据万能逼近定理，令 $f(x)$ 为式(4.2)中的二维模糊系统，$g(x)$ 为式(4.1)中的未知函数，如果 $g(x)$ 在 $U=[\alpha_1,\beta_1]\times[\alpha_1,\beta_2]$ 上是连续可微的，则

$$\| g-f \|_\infty \leqslant \left\| \frac{\partial g}{\partial x_1} \right\|_\infty h_1 + \left\| \frac{\partial g}{\partial x_2} \right\|_\infty h_2 \tag{4.3}$$

模糊系统的逼近精度为

$$h_i = \max_{1\leqslant j\leqslant N_i-1} | e_i^{j+1} - e_i^j |, \quad i=1,2 \tag{4.4}$$

式中，无穷维范数 $\| * \|_\infty$ 定义为 $\| d(x) \|_\infty = \sup_{x\in U} | d(x) |$。

由式(4.4)可知：假设 x_i 的模糊集的个数为 N_i，其变化范围的长度为 L_i，则模糊系统的逼近精度满足 $h_i=\dfrac{L_i}{N_i-1}$，即 $N_i \geqslant \dfrac{L_i}{h_i}+1$。

由该定理可得到以下结论。

(1) 形如式(4.2)的模糊系统是万能逼近器，对任意给定的 $\varepsilon>0$，都可将 h_1 和 h_2 选得足够小，使 $\left\| \dfrac{\partial g}{\partial x_1} \right\|_\infty h_1 + \left\| \dfrac{\partial g}{\partial x_2} \right\|_\infty h_2 < \varepsilon$ 成立，从而保证 $\sup_{x\in U} | g(x)-f(x) | = \| g-f \|_\infty < \varepsilon$。

(2) 通过对每个 x_i 定义更多的模糊集可以得到更为准确的逼近器，即规则越多，所产生的模糊系统越有效。

(3) 为了设计一个具有预定精度的模糊系统，必须知道 $g(x)$ 关于 x_1 和 x_2 的导数边界，即 $\left\| \dfrac{\partial g}{x_1} \right\|_\infty$ 和 $\left\| \dfrac{\partial g}{x_2} \right\|_\infty$。同时，在设计过程中，还必须知道 $g(x)$ 在 $x=(e_1^{i_1},e_2^{i_2})$，$(i_1=1,2,\cdots,N_1$，$i_2=1,2,\cdots,N_2)$ 处的值。

4.1.3 仿真实例

实例 1 针对一维函数 $g(x)$，设计一个模糊系统 $f(x)$，使之一致地逼近定义在 $U=[-3,3]$ 上的连续函数 $g(x)=\sin(x)$，所需精度为 $\varepsilon=0.2$，即 $\sup_{x\in U} | g(x)-f(x) | < \varepsilon$。

由于 $\left\| \dfrac{\partial g}{\partial x} \right\|_\infty = \| \cos(x) \|_\infty = 1$，由式(4.3)可知，$\| g-f \|_\infty \leqslant \left\| \dfrac{\partial g}{\partial x} \right\|_\infty h = h$，故 $h\leqslant 0.2$ 满足精度要求。取 $h=0.2$，则模糊集的个数为 $N=\dfrac{L}{h}+1=31$。在 $U=[-3,3]$ 上定义 31 个具有三角形隶属函数的模糊集 A^j，如图 4.1 所示。所设计的模糊系统如下：

$$f(x) = \frac{\sum_{j=1}^{31} \sin(e^j)\mu_A^j(x)}{\sum_{j=1}^{31} \mu_A^j(x)} \tag{4.5}$$

一维函数逼近仿真程序见 chap4_1. m。逼近效果分别如图 4.2 和图 4.3 所示。

实例 2 针对二维函数 $g(x)$，设计一个模糊系统 $f(x)$，使之一致地逼近定义在 $U=[-1,1]\times[-1,1]$ 上的连续函数 $g(x)=0.52+0.1x_1+0.28x_2-0.06x_1x_2$，所需精度为 $\varepsilon=0.1$。

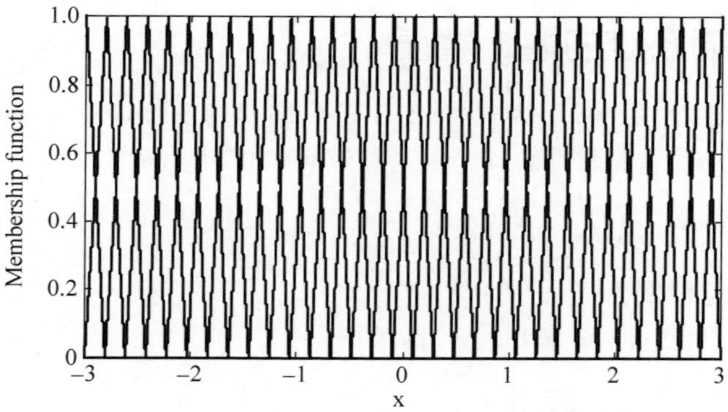

图 4.1 隶属函数

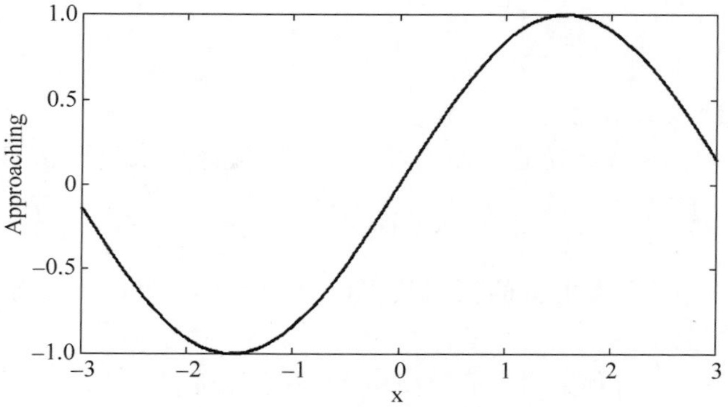

图 4.2 模糊逼近

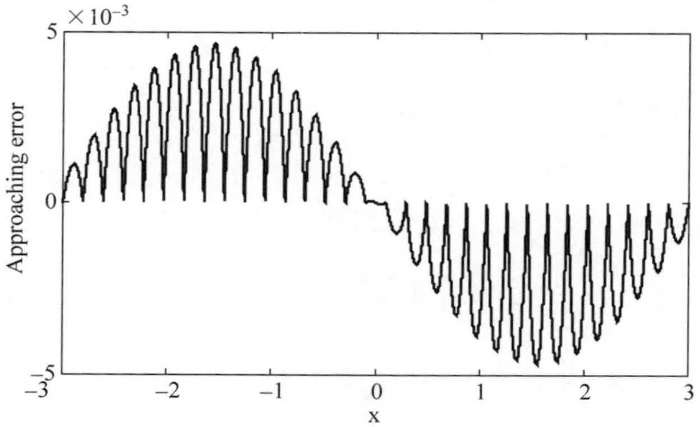

图 4.3 逼近误差

由于$\left\|\frac{\partial g}{\partial x_1}\right\|_\infty=\sup\limits_{x\in U}|0.1-0.06x_2|=0.16$，$\left\|\frac{\partial g}{\partial x_2}\right\|_\infty=\sup\limits_{x\in U}|0.28-0.06x_1|=0.34$，由式(4.3)可知，取$h_1=0.2$，$h_2=0.2$时，有$\|g-f\|\leqslant 0.16\times0.2+0.34\times0.2=0.1$，满足精度要求。由于$L=2$，此时模糊集的个数为$N=\frac{L}{h}+1=11$，即$x_1$和$x_2$分别在$U=[-1,1]$上定义11个具有三角形隶属函数的模糊集$A^j$。

所设计的模糊系统为

$$f(x)=\frac{\sum_{i_1=1}^{11}\sum_{i_2=1}^{11}g(e^{i_1},e^{i_2})\mu_A^{i_1}(x_1)\mu_A^{i_2}(x_2)}{\sum_{i_1=1}^{11}\sum_{i_2=1}^{11}\mu_A^{i_1}(x_1)\mu_A^{i_2}(x_2)} \tag{4.6}$$

该模糊系统由 11×11=121 条规则来逼近函数 $g(x)$。

二维函数逼近仿真程序见 chap4_2.m。x_1 和 x_2 的隶属函数及 $g(x)$ 的逼近效果分别如图 4.4 至图 4.7 所示。

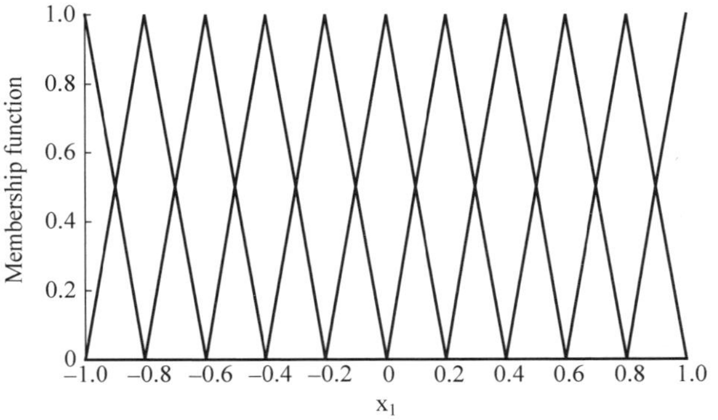

图 4.4 x_1 的隶属函数

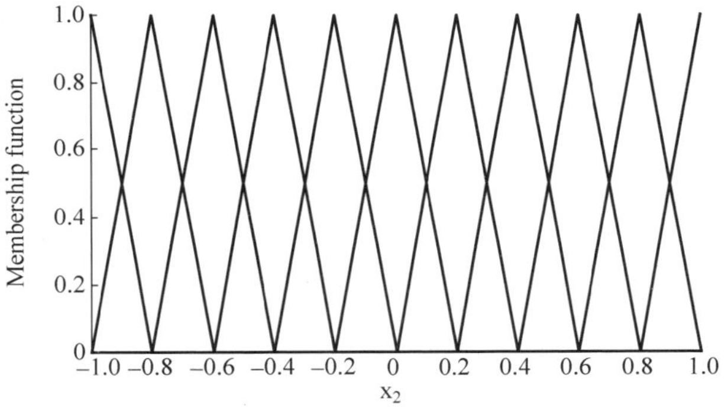

图 4.5 x_2 的隶属函数

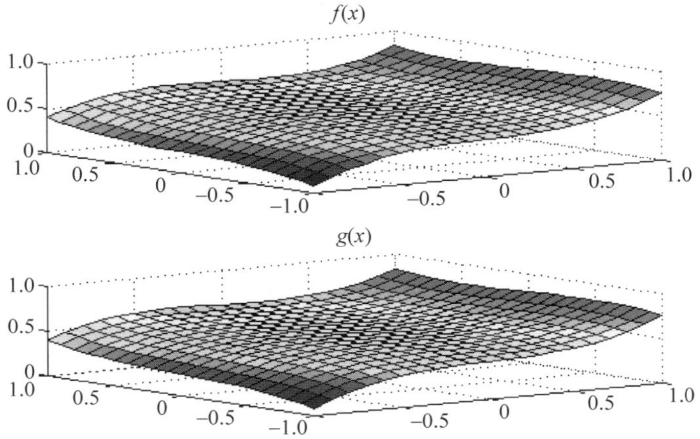

图 4.6 模糊逼近

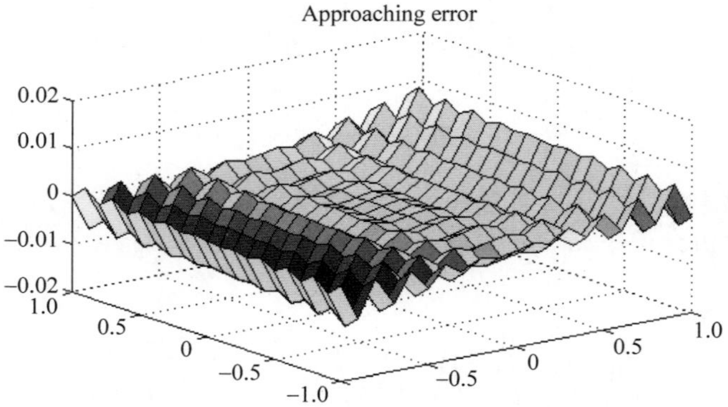

图 4.7 逼近误差

4.2 间接自适应模糊控制

4.2.1 问题描述

考虑如下 n 阶非线性系统：

$$x^{(n)}=f(x,\dot{x},\cdots,x^{(n-1)})+g(x,\dot{x},\cdots,x^{(n-1)})u \tag{4.7}$$

其中，f 和 g 为未知非线性函数，$u\in\mathbf{R}^n$ 和 $y\in\mathbf{R}^n$ 分别为系统的输入和输出。

设位置指令为 y_m，令

$$e=y_m-y=y_m-x,\quad \boldsymbol{e}=(e,\dot{e},\cdots,e^{(n-1)})^{\mathrm{T}} \tag{4.8}$$

选择 $\boldsymbol{K}=(k_n,\cdots,k_1)^{\mathrm{T}}$，使多项式 $s^n+k_1s^{(n-1)}+\cdots+k_n$ 的所有根都在复平面左半开平面上。

取控制律为

$$u^*=\frac{1}{g(\boldsymbol{x})}[-f(\boldsymbol{x})+y_m^{(n)}+\boldsymbol{K}^{\mathrm{T}}\boldsymbol{e}] \tag{4.9}$$

将式(4.9)代入式(4.7)，得到闭环控制系统的方程

$$e^{(n)}+k_1e^{(n-1)}+\cdots+k_ne=0 \tag{4.10}$$

由 $\boldsymbol{K}$ 的选取，可得 $t\to\infty$ 时 $e(t)\to 0$，即系统的输出 y 渐近地收敛于理想输出 y_m。

如果非线性函数 $f(\boldsymbol{x})$ 和 $g(\boldsymbol{x})$ 是已知的，则可以选择控制 u 来消除其非线性的性质，然后再根据线性控制理论设计控制器。

4.2.2 自适应模糊滑模控制器设计

如果 $f(\boldsymbol{x})$ 和 $g(\boldsymbol{x})$ 未知，控制律式(4.9)很难实现。可采用模糊系统 $\hat{f}(\boldsymbol{x})$ 和 $\hat{g}(\boldsymbol{x})$ 代替 $f(\boldsymbol{x})$ 和 $g(\boldsymbol{x})$，实现自适应模糊控制。

1. 基本的模糊系统

以 $\hat{f}(\boldsymbol{x})$ 来逼近 $f(\boldsymbol{x})$ 为例，可用以下两步构造模糊系统 $\hat{f}(\boldsymbol{x})$。

(1) 对变量 $x_i(i=1,2,\cdots,n)$，定义 p_i 个模糊集合 $A_i^{l_i}(l_i=1,2,\cdots,p_i)$。

(2) 采用以下 $\prod_{i=1}^{n} p_i$ 条模糊规则来构造模糊系统 $\hat{f}(x\mid\theta_f)$，即

$$R^{(j)}: \text{If } x_1 \text{ is } A_1^{l_1} \text{ and } \cdots \text{ and } x_n \text{ is } A_1^{l_n} \text{ then } \hat{f} \text{ is } E^{l_1\cdots l_n} \tag{4.11}$$

其中，$l_i=1,2,\cdots,p_i$，$i=1,2,\cdots,n$。

采用乘积推理机、单值模糊器和中心平均解模糊器，则模糊系统的输出为

$$\hat{f}(\boldsymbol{x}\mid\boldsymbol{\theta}_f)=\frac{\sum_{l_1=1}^{p_1}\cdots\sum_{l_n=1}^{p_n}\bar{y}_f^{l_1\cdots l_n}\left(\prod_{i=1}^{n}\mu_{A_i^{l_i}}(x_i)\right)}{\sum_{l_1=1}^{p_1}\cdots\sum_{l_n=1}^{p_n}\left(\prod_{i=1}^{n}\mu_{A_i^{l_i}}(x_i)\right)} \tag{4.12}$$

其中，$\mu_{A_i^{l_i}}(x_i)$ 为 x_i 的隶属函数。

令 $\bar{y}_f^{l_1\cdots l_n}$ 是自由参数，放在集合 $\boldsymbol{\theta}_f\in\mathbf{R}^{\prod_{i=1}^{n}p_i}$ 中。引入向量 $\boldsymbol{\xi}(\boldsymbol{x})$，式(4.12)变为

$$\hat{f}(\boldsymbol{x}\mid\boldsymbol{\theta}_f)=\boldsymbol{\theta}_f^{\mathrm{T}}\boldsymbol{\xi}(\boldsymbol{x}) \tag{4.13}$$

其中，$\boldsymbol{\xi}(\boldsymbol{x})$ 为 $\prod_{i=1}^{n}p_i$ 维向量，其第 $l_1,l_2,\cdots,l_n$ 个元素为

$$\boldsymbol{\xi}_{l_1\cdots l_n}(x)=\frac{\prod_{i=1}^{n}\mu_{A_i^{l_i}}(x_i)}{\sum_{l_1=1}^{p_1}\cdots\sum_{l_n=1}^{p_n}\left(\prod_{i=1}^{n}\mu_{A_i^{l_i}}(x_i)\right)} \tag{4.14}$$

2. 自适应模糊滑模控制器的设计

采用模糊系统逼近 f 和 g，则控制律式(4.9)变为

$$u=\frac{1}{\hat{g}(\boldsymbol{x}\mid\boldsymbol{\theta}_g)}\left[-\hat{f}(\boldsymbol{x}\mid\boldsymbol{\theta}_f)+y_m^{(n)}+\boldsymbol{K}^{\mathrm{T}}\boldsymbol{e}\right] \tag{4.15}$$

$$\hat{f}(\boldsymbol{x}\mid\boldsymbol{\theta}_f)=\boldsymbol{\theta}_f^{\mathrm{T}}\boldsymbol{\xi}(\boldsymbol{x}),\quad \hat{g}(\boldsymbol{x}\mid\boldsymbol{\theta}_g)=\boldsymbol{\theta}_g^{\mathrm{T}}\boldsymbol{\xi}(\boldsymbol{x}) \tag{4.16}$$

其中，$\boldsymbol{\xi}(\boldsymbol{x})$为模糊向量，参数$\boldsymbol{\theta}_f^{\mathrm{T}}$ 和$\boldsymbol{\theta}_g^{\mathrm{T}}$ 根据自适应律而变化。

设计自适应律为

$$\dot{\boldsymbol{\theta}}_f=-\gamma_1\boldsymbol{e}^{\mathrm{T}}\boldsymbol{Pb}\boldsymbol{\xi}(\boldsymbol{x}) \tag{4.17}$$

$$\dot{\boldsymbol{\theta}}_g=-\gamma_2\boldsymbol{e}^{\mathrm{T}}\boldsymbol{Pb}\boldsymbol{\eta}(\boldsymbol{x})u \tag{4.18}$$

3. 稳定性分析

将式(4.15)代入式(4.7)可得如下模糊控制系统的闭环动态：

$$\boldsymbol{e}^{(n)}=-\boldsymbol{K}^{\mathrm{T}}\boldsymbol{e}+\left[\hat{f}(\boldsymbol{x}\mid\boldsymbol{\theta}_f)-f(\boldsymbol{x})\right]+\left[\hat{g}(\boldsymbol{x}\mid\boldsymbol{\theta}_g)-g(\boldsymbol{x})\right]u \tag{4.19}$$

令

$$\boldsymbol{\Lambda}=\begin{bmatrix}0&1&0&0&\cdots&0&0\\0&0&1&0&\cdots&0&0\\\vdots&\vdots&\vdots&\vdots&\vdots&\vdots&\vdots\\0&0&0&0&\cdots&0&1\\-k_n&-k_{n-1}&\cdots&\cdots&\cdots&\cdots&-k_1\end{bmatrix},\quad \boldsymbol{b}=\begin{bmatrix}0\\0\\\vdots\\0\\1\end{bmatrix} \tag{4.20}$$

则动态方程式(4.19)可写为向量形式，即

$$\dot{\boldsymbol{e}}=\boldsymbol{\Lambda e}+\boldsymbol{b}\{[\hat{f}(\boldsymbol{x}\mid\boldsymbol{\theta}_f)-f(\boldsymbol{x})]+[\hat{g}(\boldsymbol{x}\mid\boldsymbol{\theta}_g)-g(\boldsymbol{x})]u\} \tag{4.21}$$

设最优参数为

$$\boldsymbol{\theta}_f^*=\arg\min_{\theta_f\in\Omega_f}[\sup_{x\in\mathbf{R}^n}|\hat{f}(\boldsymbol{x}\mid\boldsymbol{\theta}_f)-f(\boldsymbol{x})|] \tag{4.22}$$

$$\boldsymbol{\theta}_g^*=\arg\min_{\theta_g\in\Omega_g}[\sup_{x\in\mathbf{R}^n}|\hat{g}(\boldsymbol{x}\mid\boldsymbol{\theta}_g)-g(\boldsymbol{x})|] \tag{4.23}$$

其中，Ω_f 和 Ω_g 分别为$\boldsymbol{\theta}_f$ 和$\boldsymbol{\theta}_g$ 的集合。

定义最小逼近误差为

$$\omega=\hat{f}(\boldsymbol{x}\mid\boldsymbol{\theta}_f^*)-f(\boldsymbol{x})+(\hat{g}(\boldsymbol{x}\mid\boldsymbol{\theta}_g^*)-g(\boldsymbol{x}))u \tag{4.24}$$

式(4.21)可写为

$$\dot{\boldsymbol{e}}=\boldsymbol{\Lambda e}+\boldsymbol{b}\{[\hat{f}(\boldsymbol{x}\mid\boldsymbol{\theta}_f)-\hat{f}(\boldsymbol{x}\mid\boldsymbol{\theta}_f^*)]+[\hat{g}(\boldsymbol{x}\mid\boldsymbol{\theta}_g)-\hat{g}(\boldsymbol{x}\mid\boldsymbol{\theta}_g^*)]u+\omega\} \tag{4.25}$$

将式(4.16)代入式(4.25)，可得闭环动态方程

$$\dot{\boldsymbol{e}}=\boldsymbol{\Lambda e}+\boldsymbol{b}[(\boldsymbol{\theta}_f-\boldsymbol{\theta}_f^*)^{\mathrm{T}}\boldsymbol{\xi}(\boldsymbol{x})+(\boldsymbol{\theta}_g-\boldsymbol{\theta}_g^*)^{\mathrm{T}}\boldsymbol{\eta}(\boldsymbol{x})u+\omega] \tag{4.26}$$

该方程清晰地描述了跟踪误差和控制参数$\boldsymbol{\theta}_f$、$\boldsymbol{\theta}_g$ 之间的关系。自适应律的任务是为$\boldsymbol{\theta}_f$、$\boldsymbol{\theta}_g$ 确定一个调节机理，使得跟踪误差 $\boldsymbol{e}$ 和参数误差$\boldsymbol{\theta}_f-\boldsymbol{\theta}_f^*$、$\boldsymbol{\theta}_g-\boldsymbol{\theta}_g^*$ 达到最小。

定义 Lyapunov 函数

$$V=\frac{1}{2}\boldsymbol{e}^{\mathrm{T}}\boldsymbol{Pe}+\frac{1}{2\gamma_1}(\boldsymbol{\theta}_f-\boldsymbol{\theta}_f^*)^{\mathrm{T}}(\boldsymbol{\theta}_f-\boldsymbol{\theta}_f^*)+\frac{1}{2\gamma_2}(\boldsymbol{\theta}_g-\boldsymbol{\theta}_g^*)^{\mathrm{T}}(\boldsymbol{\theta}_g-\boldsymbol{\theta}_g^*) \tag{4.27}$$

式中，γ_1，γ_2 是正常数，$\boldsymbol{P}$ 为一个正定矩阵且满足 Lyapunov 方程

$$\boldsymbol{\Lambda}^{\mathrm{T}}\boldsymbol{P}+\boldsymbol{P\Lambda}=-\boldsymbol{Q} \tag{4.28}$$

其中，$\boldsymbol{Q}$ 是一个任意的 $n\times n$ 正定矩阵，$\boldsymbol{\Lambda}$ 由式(4.20)给出。

取 $V_1=\frac{1}{2}\boldsymbol{e}^{\mathrm{T}}\boldsymbol{Pe}$，$V_2=\frac{1}{2\gamma_1}(\boldsymbol{\theta}_f-\boldsymbol{\theta}_f^*)^{\mathrm{T}}(\boldsymbol{\theta}_f-\boldsymbol{\theta}_f^*)$，$V_3=\frac{1}{2\gamma_2}(\boldsymbol{\theta}_g-\boldsymbol{\theta}_g^*)^{\mathrm{T}}(\boldsymbol{\theta}_g-\boldsymbol{\theta}_g^*)$。

令 $\boldsymbol{M}=\boldsymbol{b}[(\boldsymbol{\theta}_f-\boldsymbol{\theta}_f^*)^{\mathrm{T}}\boldsymbol{\xi}(\boldsymbol{x})+(\boldsymbol{\theta}_g-\boldsymbol{\theta}_g^*)^{\mathrm{T}}\boldsymbol{\eta}(\boldsymbol{x})u+\omega]$，则式(4.26)变为

$$\dot{\boldsymbol{e}}=\boldsymbol{\Lambda e}+\boldsymbol{M}$$

$$\begin{aligned}\dot{V}_1&=\frac{1}{2}\dot{\boldsymbol{e}}^{\mathrm{T}}\boldsymbol{Pe}+\frac{1}{2}\boldsymbol{e}^{\mathrm{T}}\boldsymbol{P}\dot{\boldsymbol{e}}=\frac{1}{2}(\boldsymbol{e}^{\mathrm{T}}\boldsymbol{\Lambda}^{\mathrm{T}}+\boldsymbol{M}^{\mathrm{T}})\boldsymbol{Pe}+\frac{1}{2}\boldsymbol{e}^{\mathrm{T}}\boldsymbol{P}(\boldsymbol{\Lambda e}+\boldsymbol{M})\\&=\frac{1}{2}\boldsymbol{e}^{\mathrm{T}}(\boldsymbol{\Lambda}^{\mathrm{T}}\boldsymbol{P}+\boldsymbol{P\Lambda})\boldsymbol{e}+\frac{1}{2}\boldsymbol{M}^{\mathrm{T}}\boldsymbol{Pe}+\frac{1}{2}\boldsymbol{e}^{\mathrm{T}}\boldsymbol{PM}\\&=-\frac{1}{2}\boldsymbol{e}^{\mathrm{T}}\boldsymbol{Qe}+\frac{1}{2}(\boldsymbol{M}^{\mathrm{T}}\boldsymbol{Pe}+\boldsymbol{e}^{\mathrm{T}}\boldsymbol{PM})\\&=-\frac{1}{2}\boldsymbol{e}^{\mathrm{T}}\boldsymbol{Qe}+\boldsymbol{e}^{\mathrm{T}}\boldsymbol{PM}\end{aligned}$$

即

$$\dot{V}_1=-\frac{1}{2}\boldsymbol{e}^{\mathrm{T}}\boldsymbol{Qe}+\boldsymbol{e}^{\mathrm{T}}\boldsymbol{Pb}\omega+(\boldsymbol{\theta}_f-\boldsymbol{\theta}_f^*)^{\mathrm{T}}\boldsymbol{e}^{\mathrm{T}}\boldsymbol{Pb\xi}(\boldsymbol{x})+(\boldsymbol{\theta}_g-\boldsymbol{\theta}_g^*)^{\mathrm{T}}\boldsymbol{e}^{\mathrm{T}}\boldsymbol{Pb\eta}(\boldsymbol{x})u$$

$$\dot{V}_2=\frac{1}{\gamma_1}(\boldsymbol{\theta}_f-\boldsymbol{\theta}_f^*)^{\mathrm{T}}\dot{\boldsymbol{\theta}}_f$$

$$\dot{V}_3=\frac{1}{\gamma_2}(\boldsymbol{\theta}_g-\boldsymbol{\theta}_g^*)^{\mathrm{T}}\dot{\boldsymbol{\theta}}_g$$

V 的导数为

$$\dot{V}=\dot{V}_1+\dot{V}_2+\dot{V}_3=-\frac{1}{2}\boldsymbol{e}^{\mathrm{T}}\boldsymbol{Q}\boldsymbol{e}+\boldsymbol{e}^{\mathrm{T}}\boldsymbol{P}\boldsymbol{b}\omega+\frac{1}{\gamma_1}(\boldsymbol{\theta}_f-\boldsymbol{\theta}_f^*)^{\mathrm{T}}[\dot{\boldsymbol{\theta}}_f+\gamma_1\boldsymbol{e}^{\mathrm{T}}\boldsymbol{P}\boldsymbol{b}\boldsymbol{\xi}(\boldsymbol{x})]+$$
$$\frac{1}{\gamma_2}(\boldsymbol{\theta}_g-\boldsymbol{\theta}_g^*)^{\mathrm{T}}[\dot{\boldsymbol{\theta}}_g+\gamma_2\boldsymbol{e}^{\mathrm{T}}\boldsymbol{P}\boldsymbol{b}\boldsymbol{\eta}(\boldsymbol{x})u] \tag{4.29}$$

将自适应律式(4.17)和式(4.18)代入式(4.29)，得

$$\dot{V}=-\frac{1}{2}\boldsymbol{e}^{\mathrm{T}}\boldsymbol{Q}\boldsymbol{e}+\boldsymbol{e}^{\mathrm{T}}\boldsymbol{P}\boldsymbol{b}\omega \tag{4.30}$$

由于$-\frac{1}{2}\boldsymbol{e}^{\mathrm{T}}\boldsymbol{Q}\boldsymbol{e}\leqslant 0$，通过选取最小逼近误差 ω 非常小的模糊系统，可实现 $\dot{V}\leqslant 0$。

收敛性分析如下：

由于 $\boldsymbol{Q}>0$，ω 是最小逼近误差，通过设计足够多规则的模糊系统，可使 ω 充分小，并满足$|\boldsymbol{e}^{\mathrm{T}}\boldsymbol{P}\boldsymbol{b}\omega|\leqslant\frac{1}{2}\boldsymbol{e}^{\mathrm{T}}\boldsymbol{Q}\boldsymbol{e}$，从而使得 $\dot{V}\leqslant 0$，闭环系统为渐近稳定。

$$\dot{V}=-\boldsymbol{e}^{\mathrm{T}}\boldsymbol{Q}\boldsymbol{e}-\boldsymbol{e}^{\mathrm{T}}\boldsymbol{P}\boldsymbol{b}\omega$$

由于 $\boldsymbol{Q}>0$，ω 是最小逼近误差，$|\omega|\leqslant\omega_{\max}$，通过设计足够多规则的模糊系统，可使 ω 充分小，并满足$|\boldsymbol{e}^{\mathrm{T}}\boldsymbol{P}\boldsymbol{b}\omega|\leqslant\frac{1}{2}\boldsymbol{e}^{\mathrm{T}}\boldsymbol{Q}\boldsymbol{e}$，从而使得 $\dot{V}\leqslant 0$，闭环系统稳定。

由于

$$2\boldsymbol{e}^{\mathrm{T}}\boldsymbol{P}\boldsymbol{b}\omega\leqslant d(\boldsymbol{e}^{\mathrm{T}}\boldsymbol{P}\boldsymbol{b})(\boldsymbol{e}^{\mathrm{T}}\boldsymbol{P}\boldsymbol{b})^{\mathrm{T}}+\frac{1}{d}\omega^2$$

其中 $d>0$。则

$$\boldsymbol{e}^{\mathrm{T}}\boldsymbol{P}\boldsymbol{b}\omega\leqslant\frac{d}{2}(\boldsymbol{e}^{\mathrm{T}}\boldsymbol{P}\boldsymbol{b})(\boldsymbol{e}^{\mathrm{T}}\boldsymbol{P}\boldsymbol{b})^{\mathrm{T}}+\frac{1}{2d}\omega^2=\frac{d}{2}\boldsymbol{e}^{\mathrm{T}}(\boldsymbol{P}\boldsymbol{b}\boldsymbol{b}^{\mathrm{T}}\boldsymbol{P}^{\mathrm{T}})\boldsymbol{e}+\frac{1}{2d}\omega^2$$

$$\dot{V}\leqslant-\frac{1}{2}\boldsymbol{e}^{\mathrm{T}}\boldsymbol{Q}\boldsymbol{e}+\frac{d}{2}\boldsymbol{e}^{\mathrm{T}}(\boldsymbol{P}\boldsymbol{b}\boldsymbol{b}^{\mathrm{T}}\boldsymbol{P}^{\mathrm{T}})\boldsymbol{e}+\frac{1}{2d}\omega^2=-\frac{1}{2}\boldsymbol{e}^{\mathrm{T}}(\boldsymbol{Q}-d(\boldsymbol{P}\boldsymbol{b}\boldsymbol{b}^{\mathrm{T}}\boldsymbol{P}^{\mathrm{T}}))\boldsymbol{e}+\frac{1}{2d}\omega^2$$
$$\leqslant-\frac{1}{2}\boldsymbol{e}^{\mathrm{T}}l_{\min}(\boldsymbol{Q}-d(\boldsymbol{P}\boldsymbol{b}\boldsymbol{b}^{\mathrm{T}}\boldsymbol{P}^{\mathrm{T}}))\boldsymbol{e}+\frac{1}{2d}\omega_{\max}^2$$

其中 $l(\cdot)$为矩阵的特征值，$l(\boldsymbol{Q})>l(d\boldsymbol{P}\boldsymbol{b}\boldsymbol{b}^{\mathrm{T}}\boldsymbol{P}^{\mathrm{T}})$。则满足 $\dot{V}\leqslant 0$ 的收敛性结果为

$$\|\boldsymbol{e}\|\leqslant\frac{|\omega|_{\max}}{\sqrt{dl_{\min}(\boldsymbol{Q}-d\boldsymbol{P}\boldsymbol{b}\boldsymbol{b}^{\mathrm{T}}\boldsymbol{P}^{\mathrm{T}})}}$$

可见，收敛误差 $\|\boldsymbol{e}\|$ 与 $\boldsymbol{Q}$ 和 $\boldsymbol{P}$ 的特征值、最小逼近误差 ω 有关，$\boldsymbol{Q}$ 特征值越大，$\boldsymbol{P}$ 特征值越小，$|\omega|_{\max}$ 越小，收敛误差越小。

由于 $V\geqslant 0$，$\dot{V}\leqslant 0$，则 V 有界，因此$\boldsymbol{\theta}_f$和$\boldsymbol{\theta}_g$有界，但无法保证$\boldsymbol{\theta}_f$和$\boldsymbol{\theta}_g$收敛于$\boldsymbol{\theta}_f^*$和$\boldsymbol{\theta}_g^*$，即无法保证 $f(x)$和 $g(x)$的逼近精度，只能保证 $f(x)$和 $g(x)$的有界逼近。

4.2.3 仿真实例

被控对象取单级倒立摆，其动态方程如下：

$$\dot{x}_1 = x_2$$

$$\dot{x}_2 = \frac{g\sin x_1 - mlx_2^2\cos x_1\sin x_1/(m_c+m)}{l(4/3 - m\cos^2 x_1/(m_c+m))} + \frac{\cos x_1/(m_c+m)}{l(4/3 - m\cos^2 x_1/(m_c+m))}u$$

其中，x_1 和 x_2 分别为摆角和摆速；$g=9.8\text{m/s}^2$；m_c 为小车质量，$m_c=1\text{kg}$；m 为摆杆质量，$m=0.1\text{kg}$；l 为摆长的一半，$l=0.5\text{m}$；u 为控制输入。

位置指令为 $x_d(t)=0.1\sin(\pi t)$，取 5 种隶属函数，分别为 $\mu_{\text{NM}}(x_i)=\exp\lfloor-((x_i+\pi/6)/(\pi/24))^2\rfloor$、$\mu_{\text{NS}}(x_i)=\exp\lfloor-((x_i+\pi/12)/(\pi/24))^2\rfloor$、$\mu_{\text{Z}}(x_i)=\exp\lfloor-(x_i/(\pi/24))^2\rfloor$、$\mu_{\text{PS}}(x_i)=\exp\lfloor-((x_i-\pi/12)/(\pi/24))^2\rfloor$ 和 $\mu_{\text{PM}}(x_i)=\exp\lfloor-((x_i-\pi/6)/(\pi/24))^2\rfloor$，则用于逼近 f 和 g 的模糊规则分别有 25 条。

根据隶属函数设计程序，可得到隶属函数如图 4.8 所示。

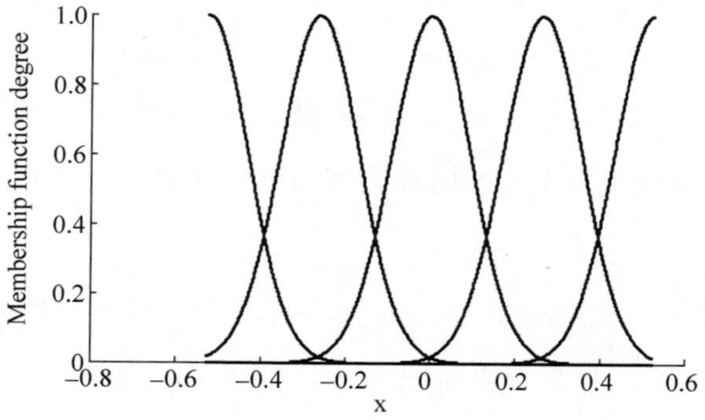

图 4.8 x_i 的隶属函数

倒立摆初始状态为$[\pi/60,0]$，$\boldsymbol{\theta}_f$ 和 $\boldsymbol{\theta}_g$ 的初始值取 0.10，采用控制律式(4.15)，取 $\boldsymbol{Q}=\begin{bmatrix}10 & 0\\ 0 & 10\end{bmatrix}$，$k_1=2$，$k_2=1$，自适应参数取 $\gamma_1=50$，$\gamma_2=1$，自适应律取式(4.17)和式(4.18)。

在程序中，分别用 FS_2、FS_1 和 FS 表示模糊系统 $\boldsymbol{\xi}(\boldsymbol{x})$ 的分子、分母和 $\boldsymbol{\xi}(\boldsymbol{x})$，仿真结果分别如图 4.9～图 4.12 所示。

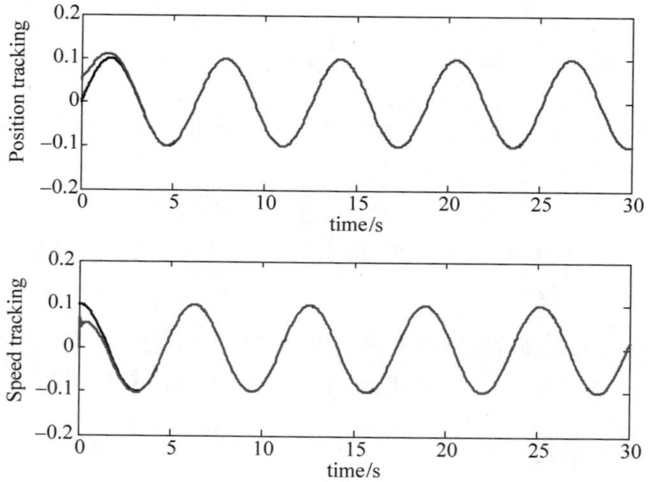

图 4.9 角度和角速度跟踪

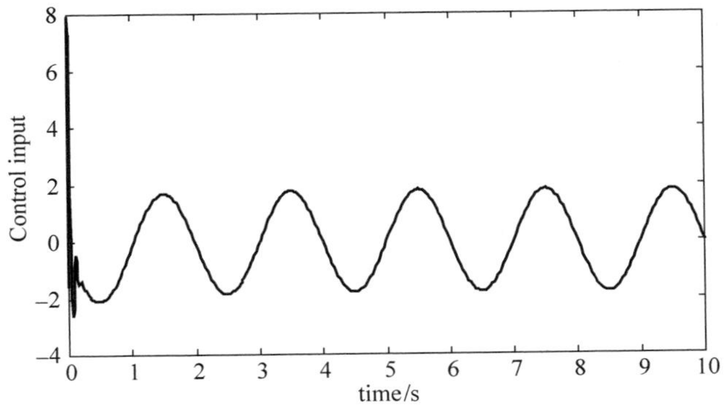

图 4.10 控制输入信号

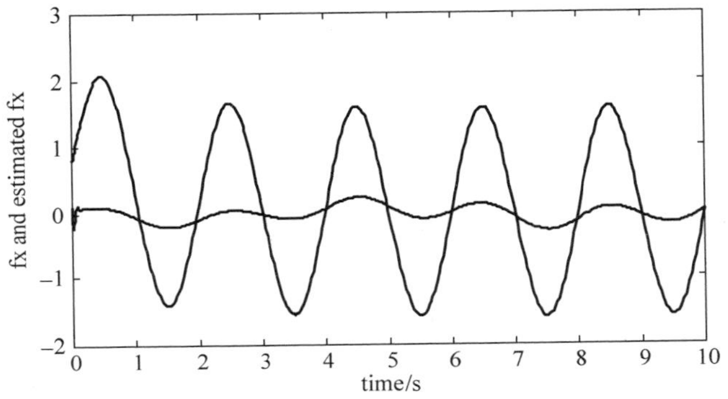

图 4.11 $f(x,t)$及$\hat{f}(x,t)$的变化

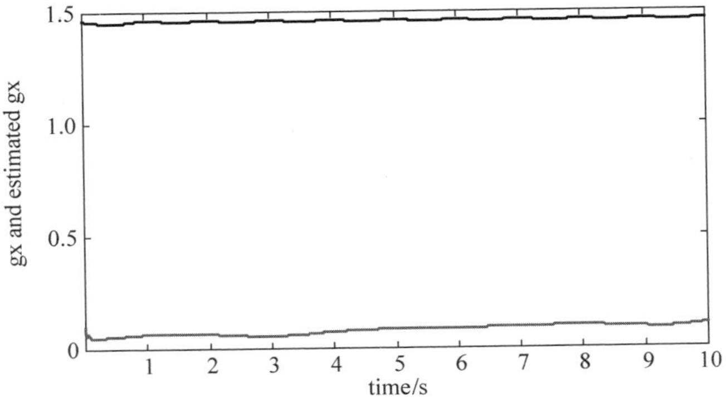

图 4.12 $g(x,t)$及$\hat{g}(x,t)$的变化

仿真程序：

(1) 隶属函数设计程序：chap4_3mf. m。

(2) Simulink 主程序：chap4_3sim. mdl，如图 4.13 所示。

(3) 控制器 S 函数：chap4_3ctrl. m。

(4) 被控对象 S 函数：chap4_3plant. m。

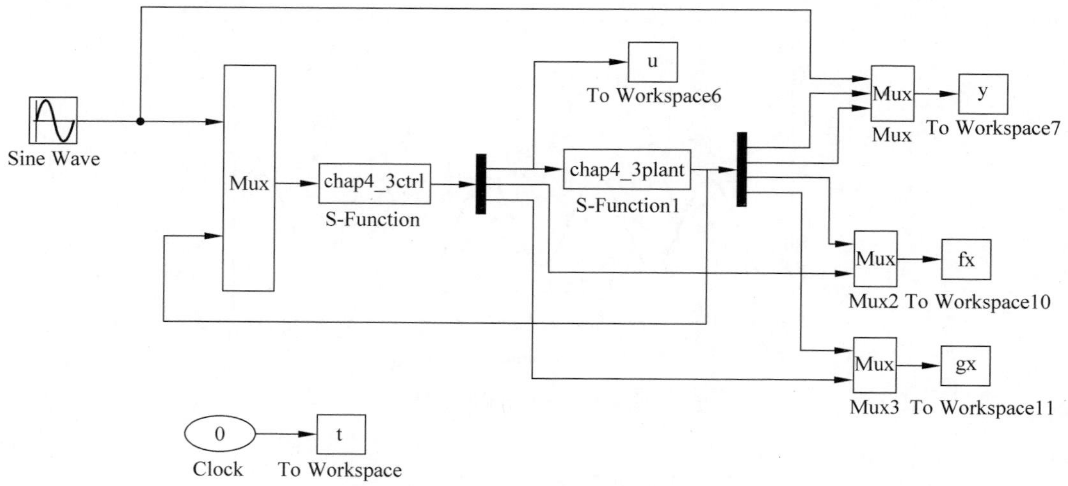

图 4.13 Simulink 主程序

（5）作图程序：chap4_3plot.m。

4.3 直接自适应模糊控制

直接自适应模糊控制和间接自适应模糊控制所采用的规则形式不同。间接自适应模糊控制利用的是被控对象的知识，而直接自适应模糊控制采用的是控制知识。

4.3.1 问题描述

考虑如下方程所描述的研究对象：

$$x^{(n)}=f(x,\dot{x},\cdots,x^{(n-1)})+bu \tag{4.31}$$

$$y=x \tag{4.32}$$

式中，f 为未知函数，b 为未知的正常数。

直接自适应模糊控制采用下面的 IF-THEN 模糊规则来描述控制知识：

$$\text{如果 } x_1 \text{ 是 } P_1^r \text{ 且 } \cdots \text{ 且 } x_n \text{ 是 } P_n^r\text{，则 } u \text{ 是 } Q^r \tag{4.33}$$

式中，P_i^r，Q^r 为 $\mathbf{R}$ 中的模糊集合，且 $r=1,2,\cdots,L_u$。

设位置指令为 y_m，令

$$e=y_m-y=y_m-x,\quad \boldsymbol{e}=(e,\dot{e},\cdots,e^{(n-1)})^{\mathrm{T}} \tag{4.34}$$

选择 $\boldsymbol{K}=(k_n,\cdots,k_1)^{\mathrm{T}}$，使多项式 $s^n+k_1s^{(n-1)}+\cdots+k_n$ 的所有根都在复平面左半开平面上。取控制律为

$$u^*=\frac{1}{b}[-f(\boldsymbol{x})+y_m^{(n)}+\boldsymbol{K}^{\mathrm{T}}\boldsymbol{e}] \tag{4.35}$$

将式(4.35)代入式(4.31)，得到闭环控制系统的方程

$$e^{(n)}+k_1e^{(n-1)}+\cdots+k_ne=0 \tag{4.36}$$

由 $\boldsymbol{K}$ 的选取，可得 $t\to\infty$ 时 $e(t)\to 0$，即系统的输出 y 渐近地收敛于理想输出 y_m。

直接自适应模糊控制是基于模糊系统设计一个反馈控制器 $u=u(\boldsymbol{x}|\boldsymbol{\theta})$ 和一个调整参

数向量$\boldsymbol{\theta}$的自适应律，使得系统输出y尽可能地跟踪理想输出y_m。

4.3.2 模糊控制器的设计

直接自适应模糊控制器为

$$u=u_{\mathrm{D}}(\boldsymbol{x}\mid\boldsymbol{\theta}) \tag{4.37}$$

式中，u_{D}是一个模糊系统，$\boldsymbol{\theta}$是可调参数集合。

模糊系统u_{D}可由以下两步来构造：

(1) 对变量$x_i(i=1,2,\cdots,n)$，定义m_i个模糊集合$A_i^{l_i}(l_i=1,2,\cdots,m_i)$。

(2) 用以下$\prod_{i=1}^{n}m_i$条模糊规则来构造模糊系统$u_{\mathrm{D}}(\boldsymbol{x}\mid\boldsymbol{\theta})$：

$$\text{如果 } x_1 \text{ 是 } A_1^{l_1} \text{ 且} \cdots \text{且 } x_n \text{ 是 } A_n^{l_n}\text{，则 } u_{\mathrm{D}} \text{ 是 } S^{l_1\cdots l_n} \tag{4.38}$$

其中，$l_i=1,2,\cdots,m_i$，$i=1,2,\cdots,n$。

采用乘积推理机、单值模糊器和中心平均解模糊器来设计模糊控制器，即

$$u_{\mathrm{D}}(\boldsymbol{x}\mid\theta)=\frac{\sum_{l_1=1}^{m_1}\cdots\sum_{l_n=1}^{m_n}\bar{y}_u^{l_1\cdots l_n}\left(\prod_{i=1}^{n}\mu_{A_i}^{l_i}(x_i)\right)}{\sum_{l_1=1}^{m_1}\cdots\sum_{l_n=1}^{m_n}\left(\prod_{i=1}^{n}\mu_{A_i}^{l_i}(x_i)\right)} \tag{4.39}$$

令$\bar{y}_u^{l_1\cdots l_n}$是自由参数，分别放在集合$\theta\in\mathbf{R}^{\prod_{i=1}^{n}m_i}$中，则模糊控制器为

$$u_{\mathrm{D}}(\boldsymbol{x}\mid\theta)=\boldsymbol{\theta}^{\mathrm{T}}\boldsymbol{\xi}(\boldsymbol{x}) \tag{4.40}$$

其中，$\boldsymbol{\xi}(\boldsymbol{x})$为$\prod_{i=1}^{n}m_i$维向量，其第$l_1,l_2,\cdots,l_n$个元素为

$$\boldsymbol{\xi}_{l_1\cdots l_n}(\boldsymbol{x})=\frac{\prod_{i=1}^{n}\mu_{A_i^{l_i}}(x_i)}{\sum_{l_1=1}^{m_1}\cdots\sum_{l_n=1}^{m_n}\left(\prod_{i=1}^{n}\mu_{A_i^{l_i}}(x_i)\right)} \tag{4.41}$$

模糊控制规则式(4.33)是通过设置其初始参数而被嵌入模糊控制器中的。

4.3.3 自适应律的设计

将式(4.35)、式(4.37)代入式(4.31)，并整理得

$$e^{(n)}=-\boldsymbol{K}^{\mathrm{T}}\boldsymbol{e}+b[u^*-u_{\mathrm{D}}(\boldsymbol{x}\mid\boldsymbol{\theta})] \tag{4.42}$$

令

$$\boldsymbol{\Lambda}=\begin{bmatrix}0 & 1 & 0 & 0 & \cdots & 0 & 0\\ 0 & 0 & 1 & 0 & \cdots & 0 & 0\\ \vdots & \vdots & \vdots & \vdots & \vdots & \vdots & \vdots\\ 0 & 0 & 0 & 0 & \cdots & 0 & 1\\ -k_n & -k_{n-1} & \cdots & \cdots & \cdots & \cdots & -k_1\end{bmatrix},\quad \boldsymbol{b}=\begin{bmatrix}0\\0\\\vdots\\0\\b\end{bmatrix} \tag{4.43}$$

则闭环系统动态方程(4.42)可写成向量形式

$$\dot{\boldsymbol{e}}=\boldsymbol{\Lambda e}+\boldsymbol{b}[u^{*}-u_{\mathrm{D}}(\boldsymbol{x}\mid\boldsymbol{\theta})] \tag{4.44}$$

定义最优参数为

$$\boldsymbol{\theta}^{*}=\arg\min_{\theta\in\mathbf{R}^{\prod_{i=1}^{n}m_i}}\left[\sup_{x\in\mathbf{R}^n}\left|u_{\mathrm{D}}(\boldsymbol{x}\mid\boldsymbol{\theta})-u^{*}\right|\right] \tag{4.45}$$

定义最小逼近误差为

$$\omega=u_{\mathrm{D}}(\boldsymbol{x}\mid\boldsymbol{\theta}^{*})-u^{*} \tag{4.46}$$

由式(4.44)可得

$$\dot{\boldsymbol{e}}=\boldsymbol{\Lambda e}+\boldsymbol{b}(u_{\mathrm{D}}(x\mid\boldsymbol{\theta}^{*})-u_{\mathrm{D}}(\boldsymbol{x}\mid\boldsymbol{\theta}))-\boldsymbol{b}(u_{\mathrm{D}}(\boldsymbol{x}\mid\boldsymbol{\theta}^{*})-u^{*}) \tag{4.47}$$

由式(4.40),可将误差方程(4.47)改写为

$$\dot{\boldsymbol{e}}=\boldsymbol{\Lambda e}+\boldsymbol{b}(\boldsymbol{\theta}^{*}-\boldsymbol{\theta})^{\mathrm{T}}\boldsymbol{\xi}(\boldsymbol{x})-\boldsymbol{b}\omega \tag{4.48}$$

定义 Lyapunov 函数

$$V=\frac{1}{2}\boldsymbol{e}^{\mathrm{T}}\boldsymbol{Pe}+\frac{\boldsymbol{b}}{2\gamma}(\boldsymbol{\theta}^{*}-\boldsymbol{\theta})^{\mathrm{T}}(\boldsymbol{\theta}^{*}-\boldsymbol{\theta}) \tag{4.49}$$

其中,参数 γ 是正的常数。

$\boldsymbol{P}$ 为一个正定矩阵且满足 Lyapunov 方程

$$\boldsymbol{\Lambda}^{\mathrm{T}}\boldsymbol{P}+\boldsymbol{P\Lambda}=-\boldsymbol{Q} \tag{4.50}$$

其中,$\boldsymbol{Q}$ 是一个任意的 $n\times n$ 正定矩阵,$\boldsymbol{\Lambda}$ 由式(4.43)给出。

取 $V_1=\frac{1}{2}\boldsymbol{e}^{\mathrm{T}}\boldsymbol{Pe}$,$V_2=\frac{\boldsymbol{b}}{2\gamma}(\boldsymbol{\theta}^{*}-\boldsymbol{\theta})^{\mathrm{T}}(\boldsymbol{\theta}^{*}-\boldsymbol{\theta})$,令 $\boldsymbol{M}=\boldsymbol{b}(\boldsymbol{\theta}^{*}-\boldsymbol{\theta})^{\mathrm{T}}\boldsymbol{\xi}(\boldsymbol{x})-\boldsymbol{b}\omega$,则式(4.48)变为

$$\dot{\boldsymbol{e}}=\boldsymbol{\Lambda e}+\boldsymbol{M}$$

$$\begin{aligned}\dot{V}_1&=\frac{1}{2}\dot{\boldsymbol{e}}^{\mathrm{T}}\boldsymbol{Pe}+\frac{1}{2}\boldsymbol{e}^{\mathrm{T}}\boldsymbol{P}\dot{\boldsymbol{e}}=\frac{1}{2}(\boldsymbol{e}^{\mathrm{T}}\boldsymbol{\Lambda}^{\mathrm{T}}+\boldsymbol{M}^{\mathrm{T}})\boldsymbol{Pe}+\frac{1}{2}\boldsymbol{e}^{\mathrm{T}}\boldsymbol{P}(\boldsymbol{\Lambda e}+\boldsymbol{M})\\&=\frac{1}{2}\boldsymbol{e}^{\mathrm{T}}(\boldsymbol{\Lambda}^{\mathrm{T}}\boldsymbol{P}+\boldsymbol{P\Lambda})\boldsymbol{e}+\frac{1}{2}\boldsymbol{M}^{\mathrm{T}}\boldsymbol{Pe}+\frac{1}{2}\boldsymbol{e}^{\mathrm{T}}\boldsymbol{PM}\\&=-\frac{1}{2}\boldsymbol{e}^{\mathrm{T}}\boldsymbol{Qe}+\frac{1}{2}(\boldsymbol{M}^{\mathrm{T}}\boldsymbol{Pe}+\boldsymbol{e}^{\mathrm{T}}\boldsymbol{PM})=-\frac{1}{2}\boldsymbol{e}^{\mathrm{T}}\boldsymbol{Qe}+\boldsymbol{e}^{\mathrm{T}}\boldsymbol{PM}\end{aligned}$$

即

$$\dot{V}_1=-\frac{1}{2}\boldsymbol{e}^{\mathrm{T}}\boldsymbol{Qe}+\boldsymbol{e}^{\mathrm{T}}\boldsymbol{Pb}((\boldsymbol{\theta}^{*}-\boldsymbol{\theta})^{\mathrm{T}}\boldsymbol{\xi}(\boldsymbol{x})-\omega)$$

$$\dot{V}_2=-\frac{b}{\gamma}(\boldsymbol{\theta}^{*}-\boldsymbol{\theta})^{\mathrm{T}}\dot{\boldsymbol{\theta}}$$

V 的导数为

$$\dot{V}=-\frac{1}{2}\boldsymbol{e}^{\mathrm{T}}\boldsymbol{Qe}+\boldsymbol{e}^{\mathrm{T}}\boldsymbol{Pb}[(\boldsymbol{\theta}^{*}-\boldsymbol{\theta})^{\mathrm{T}}\boldsymbol{\xi}(x)-\omega]-\frac{\boldsymbol{b}}{\gamma}(\boldsymbol{\theta}^{*}-\boldsymbol{\theta})^{\mathrm{T}}\dot{\boldsymbol{\theta}} \tag{4.51}$$

令 $\boldsymbol{p}_n$ 为 $\boldsymbol{P}$ 的最后一列,由 $\boldsymbol{b}=[0,\cdots,0,b]^{\mathrm{T}}$ 可知 $\boldsymbol{e}^{\mathrm{T}}\boldsymbol{Pb}=\boldsymbol{e}^{\mathrm{T}}\boldsymbol{p}_n\boldsymbol{b}$,则式(4.51)变为

$$\dot{V}=-\frac{1}{2}\boldsymbol{e}^{\mathrm{T}}\boldsymbol{Qe}+\frac{\boldsymbol{b}}{\gamma}(\boldsymbol{\theta}^{*}-\boldsymbol{\theta})^{\mathrm{T}}[\gamma\boldsymbol{e}^{\mathrm{T}}\boldsymbol{p}_n\boldsymbol{\xi}(\boldsymbol{x})-\dot{\boldsymbol{\theta}}]-\boldsymbol{e}^{\mathrm{T}}\boldsymbol{p}_n\boldsymbol{b}\omega \tag{4.52}$$

取自适应律

$$\dot{\theta}=\gamma \boldsymbol{e}^{\mathrm{T}}\boldsymbol{p}_n\boldsymbol{\xi}(\boldsymbol{x}) \tag{4.53}$$

则

$$\dot{V}=-\frac{1}{2}\boldsymbol{e}^{\mathrm{T}}\boldsymbol{Q}\boldsymbol{e}-\boldsymbol{e}^{\mathrm{T}}\boldsymbol{p}_n\boldsymbol{b}\omega \tag{4.54}$$

由于 $\boldsymbol{Q}>0$，ω 是最小逼近误差，通过设计足够多规则的模糊系统，可使 ω 充分小，并满足 $|\boldsymbol{e}^{\mathrm{T}}\boldsymbol{p}_n\boldsymbol{b}\omega|\leqslant\frac{1}{2}\boldsymbol{e}^{\mathrm{T}}\boldsymbol{Q}\boldsymbol{e}$，从而使得 $\dot{V}\leqslant 0$，闭环系统为渐近稳定。

收敛性分析如下：

$$\dot{V}=-\boldsymbol{e}^{\mathrm{T}}\boldsymbol{Q}\boldsymbol{e}-\boldsymbol{e}^{\mathrm{T}}\boldsymbol{p}_n\boldsymbol{b}\omega$$

由于 $\boldsymbol{Q}>0$，ω 是最小逼近误差，$|\omega|\leqslant\omega_{\max}$，通过设计足够多规则的模糊系统，可使 ω 充分小，并满足 $|\boldsymbol{e}^{\mathrm{T}}\boldsymbol{p}_n\boldsymbol{b}\omega|\leqslant\frac{1}{2}\boldsymbol{e}^{\mathrm{T}}\boldsymbol{Q}\boldsymbol{e}$，从而使得 $\dot{V}\leqslant 0$，闭环系统稳定。

由于

$$2\boldsymbol{e}^{\mathrm{T}}\boldsymbol{p}_n\boldsymbol{b}\omega\leqslant d(\boldsymbol{e}^{\mathrm{T}}\boldsymbol{p}_n\boldsymbol{b})(\boldsymbol{e}^{\mathrm{T}}\boldsymbol{p}_n\boldsymbol{b})^{\mathrm{T}}+\frac{1}{d}\omega^2$$

其中 $d>0$。则

$$\boldsymbol{e}^{\mathrm{T}}\boldsymbol{p}_n\boldsymbol{b}\omega\leqslant\frac{d}{2}(\boldsymbol{e}^{\mathrm{T}}\boldsymbol{p}_n\boldsymbol{b})(\boldsymbol{e}^{\mathrm{T}}\boldsymbol{p}_n\boldsymbol{b})^{\mathrm{T}}+\frac{1}{2d}\omega^2=\frac{d}{2}\boldsymbol{e}^{\mathrm{T}}(\boldsymbol{p}_n\boldsymbol{b}\boldsymbol{b}^{\mathrm{T}}\boldsymbol{p}_n^{\mathrm{T}})\boldsymbol{e}+\frac{1}{2d}\omega^2$$

$$\dot{V}\leqslant-\frac{1}{2}\boldsymbol{e}^{\mathrm{T}}\boldsymbol{Q}\boldsymbol{e}+\frac{d}{2}\boldsymbol{e}^{\mathrm{T}}(\boldsymbol{p}_n\boldsymbol{b}\boldsymbol{b}^{\mathrm{T}}\boldsymbol{p}_n^{\mathrm{T}})\boldsymbol{e}+\frac{1}{2d}\omega^2=-\frac{1}{2}\boldsymbol{e}^{\mathrm{T}}(\boldsymbol{Q}-d(\boldsymbol{p}_n\boldsymbol{b}\boldsymbol{b}^{\mathrm{T}}\boldsymbol{p}_n^{\mathrm{T}}))\boldsymbol{e}+\frac{1}{2d}\omega^2$$

$$\leqslant-\frac{1}{2}\boldsymbol{e}^{\mathrm{T}}l_{\min}(\boldsymbol{Q}-d(\boldsymbol{p}_n\boldsymbol{b}\boldsymbol{b}^{\mathrm{T}}\boldsymbol{p}_n^{\mathrm{T}}))\boldsymbol{e}+\frac{1}{2d}\omega_{\max}^2$$

其中 $l(\cdot)$ 为矩阵的特征值，$l(\boldsymbol{Q})>l(d\boldsymbol{p}_n\boldsymbol{b}\boldsymbol{b}^{\mathrm{T}}\boldsymbol{p}_n^{\mathrm{T}})$。则满足 $\dot{V}\leqslant 0$ 的收敛性结果为

$$\|\boldsymbol{e}\|\leqslant\frac{\omega_{\max}}{\sqrt{dl_{\min}(\boldsymbol{Q}-d\boldsymbol{p}_n\boldsymbol{b}\boldsymbol{b}^{\mathrm{T}}\boldsymbol{p}_n^{\mathrm{T}})}}$$

可见，收敛误差 $\|\boldsymbol{e}\|$ 与 $\boldsymbol{Q}$ 和 $\boldsymbol{p}_n$ 的特征值、最小逼近误差 ω 有关，$\boldsymbol{Q}$ 特征值越大，$\boldsymbol{p}_n$ 特征值越小，$\omega_{\max}$ 越小，收敛误差越小。

由于 $V\geqslant 0$，$\dot{V}\leqslant 0$，则 V 有界，因此 $\boldsymbol{\theta}$ 有界，但无法保证 $\boldsymbol{\theta}$ 收敛于 $\boldsymbol{\theta}^*$，即无法保证 $f(x)$ 的逼近精度，只能保证 $f(x)$ 的有界逼近。

4.3.4　仿真实例

被控对象为一个二阶系统，即

$$\ddot{x}=-25\dot{x}+133u$$

位置指令为 $y_{\mathrm{m}}=\sin(0.1t)$。取以下 6 种隶属函数：$\mu_{N3}(x)=1/(1+\exp(5(x+2)))$，$\mu_{N2}(x)=\exp(-(x+1.5)^2)$，$\mu_{N1}(x)=\exp(-(x+0.5)^2)$，$\mu_{P1}(x)=\exp(-(x-0.5)^2)$，$\mu_{P2}(x)=\exp(-(x-1.5)^2)$，$\mu_{P3}(x)=1/(1+\exp(-5(x-2)))$。

系统初始状态为[1,0]，$\boldsymbol{\theta}$ 的各元素初始值取 0，采用控制律式(4.40)，取 $\boldsymbol{Q}=\begin{bmatrix}50 & 0\\ 0 & 50\end{bmatrix}$，

$k_1=3, k_2=1$，取自适应参数 $\gamma=20$，自适应律取式(4.53)。

根据隶属函数设计程序，可得到隶属函数，如图 4.14 所示。在控制系统仿真程序中，分别用 FS_2、FS_1 和 FS 表示模糊系统 $\boldsymbol{\xi}(\boldsymbol{x})$ 的分子、分母和 $\boldsymbol{\xi}(\boldsymbol{x})$，仿真结果分别如图 4.15 和图 4.16 所示。

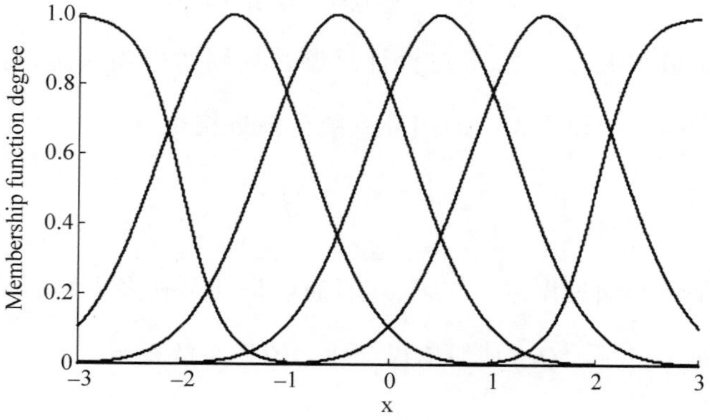

图 4.14　x 的隶属函数

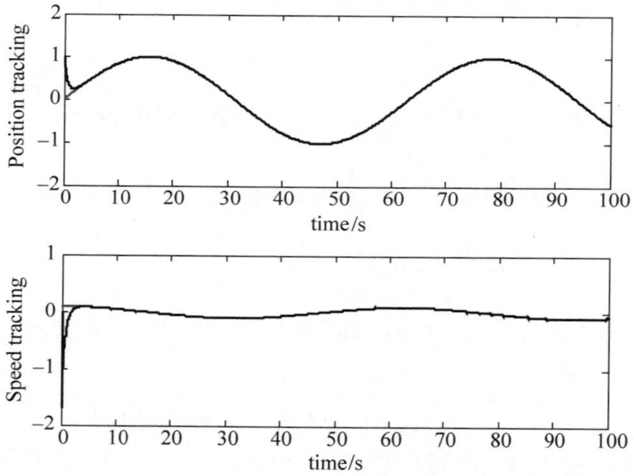

图 4.15　位置和速度跟踪

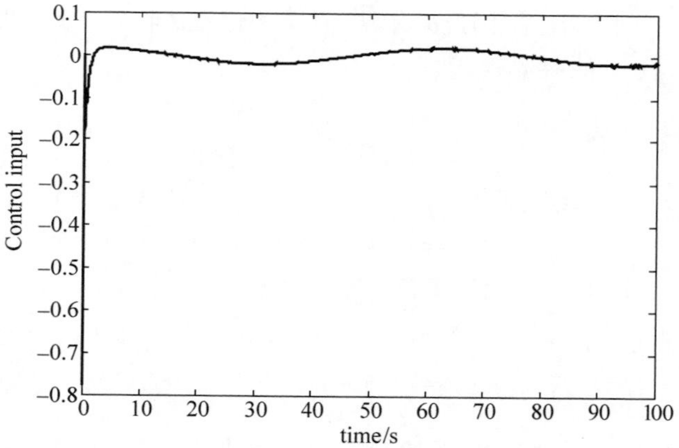

图 4.16　控制输入信号

仿真程序：

（1）隶属函数设计程序 chap4_4mf.m。

（2）Simulink 主程序 chap4_4sim.mdl，如图 4.17 所示。

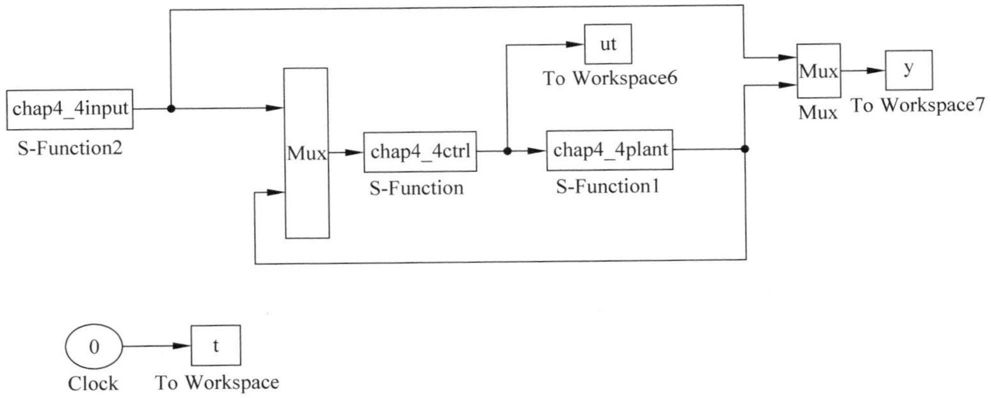

图 4.17　Simulink 主程序

（3）输入信号指令 S 函数程序 chap4_4input.m。

（4）控制器 S 函数程序 chap4_4ctrl.m。

（5）被控对象 S 函数程序 chap4_4plant.m。

（6）作图程序：chap4_4plot.m。

思考题

1. 设计一个在 $\boldsymbol{U}=[-1,1]$ 上的模糊系统，使其以精度 $\varepsilon=0.1$ 一致地逼近函数 $g(x)=\sin(x\pi)+\cos(x\pi)+\sin(x\pi)\cos(x\pi)$，并进行 MATLAB 仿真。

2. 设计一个在 $\boldsymbol{U}=[-1,1]\times[-1,1]$ 上的模糊系统，使其以精度 $\varepsilon=0.1$ 一致地逼近函数 $g(x)=\sin(x_1\pi)+\cos(x_2\pi)+\sin(x_1\pi)\cos(x_2\pi)$，并进行 MATLAB 仿真。

3. 设被控对象为 $m\ddot{x}=u$，其中 m 未知。设计模糊自适应控制器 u，使得 $x(t)$ 收敛于参考信号 $y_m(t)$，其中 $\ddot{y}_m+2\dot{y}_m+y_m=r(t)$，并进行 MATLAB 仿真。

第5章 基于T-S模糊建模的控制

CHAPTER 5

采用T-S模糊系统进行非线性系统建模的研究是近年来控制理论的研究热点之一。实践证明，Takagi-Sugeno模糊模型以模糊规则的形式充分利用系统局部信息和专家控制经验，可以任意精度逼近实际被控对象。

5.1 T-S模糊模型

T-S(Takagi-Sugeno)模糊模型由Takagi和Sugeno两位学者在1985年提出。该模型的主要思想是将非线性系统用许多线段相近地表示出来，即将复杂的非线性问题转化为在不同小线段上的问题。

5.1.1 T-S模糊模型的形式

前面章节介绍的为传统的模糊系统，属于Mamdani模糊模型，其输出为模糊量。另一种模糊模型为T-S模糊模型，其输出为常量或线性函数，其函数形式为

$$y=a$$
$$y=ax+b \tag{5.1}$$

T-S模糊模型与Mamdani模糊模型的区别在于，一是T-S模糊模型输出变量为常量或线性函数；二是T-S模糊模型输出为精确量。

T-S型的模糊推理系统非常适合于分段线性控制系统，例如在导弹、飞行器的控制中，可根据高度和速度建立T-S型的模糊推理系统，实现性能良好的线性控制。

5.1.2 仿真实例

设输入 $X\in[0,5]$，$Y\in[0,10]$，将它们模糊化为两个模糊量，即“小”和“大”。输出 Z 为输入 (X,Y) 的线性函数，模糊规则为

If X is small and Y is small then $Z=-X+Y-3$

If X is small and Y is big then $Z=X+Y+1$

If X is big and Y is small then $Z=-2Y+2$

If X is big and Y is big then $Z=2X+Y-6$

仿真程序见chap5_1.m。采用高斯型隶属函数对输入进行模糊化，模糊推理系统的输

入隶属函数曲线及输入/输出曲线分别如图 5.1 和图 5.2 所示。

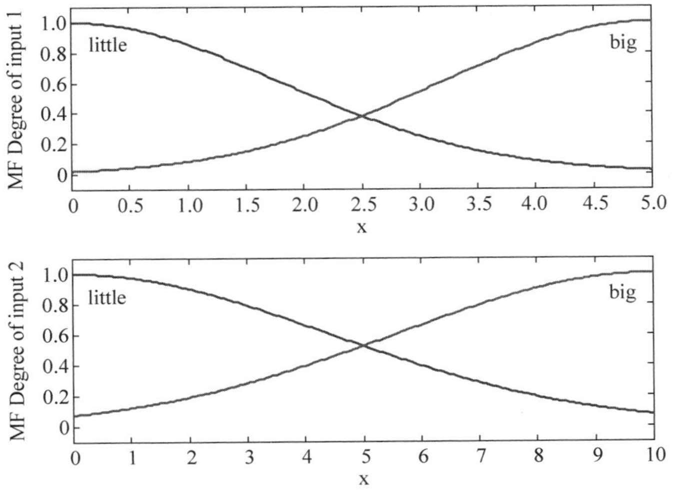

图 5.1　T-S 模糊推理系统的输入隶属函数曲线

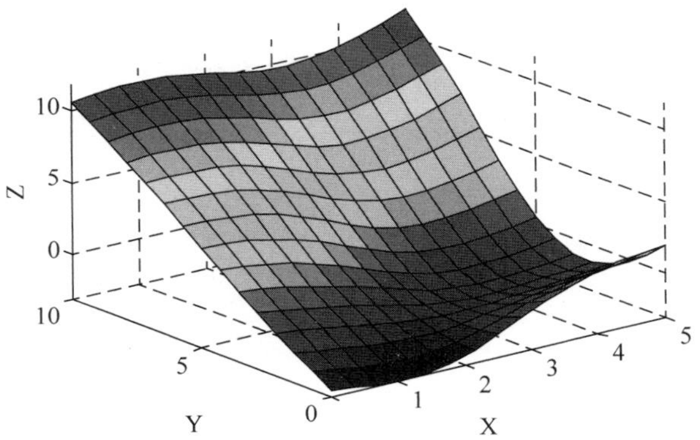

图 5.2　T-S 模糊推理系统的输入/输出曲线

通过命令 showrule(ts2)可显示模糊控制规则,共以下 4 条:

(1) If (X is small) and (Y is small) then (Z is first area);

(2) If (X is small) and (Y is big) then (Z is second area);

(3) If (X is big) and (Y is small) then (Z is third area);

(4) If (X is big) and (Y is big) then (Z is fourth area)。

5.1.3　一类非线性系统的 T-S 模糊建模

考虑如下非线性系统[1]:

$$\begin{aligned}\dot{x}_1(t) &= -x_1(t) + x_1(t)x_2^3(t) \\ \dot{x}_2(t) &= -x_2(t) + (3 + x_2(t))x_1^3(t)\end{aligned} \tag{5.2}$$

其中,$x_1(t) \in [-1,1]$,$x_2(t) \in [-1,1]$。

式(5.2)可写为

$$\dot{\boldsymbol{x}}(t)=\begin{bmatrix}-1 & x_1(t)x_2^2(t)\\ (3+x_2(t))x_1^2(t) & -1\end{bmatrix}\boldsymbol{x}(t)$$

其中,$\boldsymbol{x}(t)=[x_1(t)\quad x_2(t)]^{\mathrm{T}}$。

定义

$$z_1(t)=x_1(t)x_2^2(t),\quad z_2(t)=(3+x_2(t))x_1^2(t) \tag{5.3}$$

则

$$\dot{\boldsymbol{x}}(t)=\begin{bmatrix}-1 & z_1(t)\\ z_2(t) & -1\end{bmatrix}\boldsymbol{x}(t) \tag{5.4}$$

考虑 $x_1(t)\in[-1,1]$,$x_2(t)\in[-1,1]$,则

$$\max_{x_1(t),x_2(t)} z_1(t)=1,\quad \min_{x_1(t),x_2(t)} z_1(t)=-1 \tag{5.5}$$

$$\max_{x_1(t),x_2(t)} z_2(t)=4,\quad \min_{x_1(t),x_2(t)} z_2(t)=0 \tag{5.6}$$

针对 $z_1(t)$,采用模糊集 $M_1(z_1(t))$ 和 $M_2(z_1(t))$ 描述;针对 $z_2(t)$,采用模糊集 $N_1(z_2(t))$ 和 $N_2(z_2(t))$ 描述。采用三角形隶属函数分别描述 $z_1(t)$ 和 $z_2(t)$ 的模糊集,分别如图 5.3 和图 5.4 所示。隶属函数设计为

$$M_1(z_1(t))=\frac{z_1(t)+1}{2},\quad M_2(z_1(t))=\frac{1-z_1(t)}{2}$$

$$N_1(z_2(t))=\frac{z_2(t)}{4},\quad N_2(z_2(t))=\frac{4-z_2(t)}{4}$$

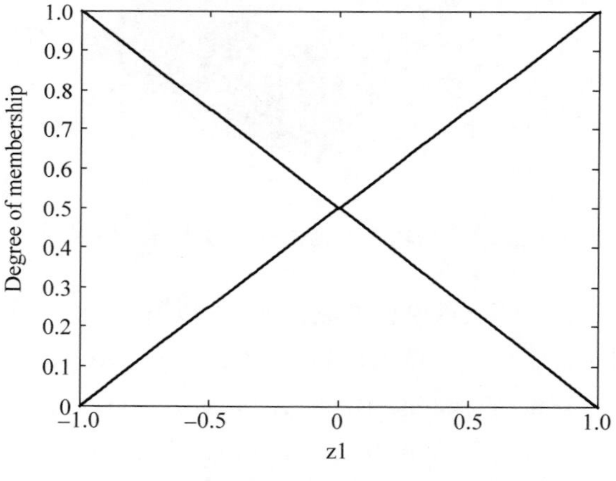

图 5.3 $M_1(z_1(t))$ 和 $M_2(z_1(t))$ 隶属函数

将模糊集模糊化为两个模糊量,即“小”和“大”。模糊规则为

Rule1: If $z_1(t)$ is Big and $z_2(t)$ is Big then $\dot{\boldsymbol{x}}(t)=\boldsymbol{A}_1\boldsymbol{x}(t)$

Rule2: If $z_1(t)$ is Big and $z_2(t)$ is Small then $\dot{\boldsymbol{x}}(t)=\boldsymbol{A}_2\boldsymbol{x}(t)$

Rule3: If $z_1(t)$ is Small and $z_2(t)$ is Big then $\dot{\boldsymbol{x}}(t)=\boldsymbol{A}_3\boldsymbol{x}(t)$

Rule4: If $z_1(t)$ is Small and $z_2(t)$ is Small then $\dot{\boldsymbol{x}}(t)=\boldsymbol{A}_4\boldsymbol{x}(t)$

结合式(5.4)~式(5.6),可得

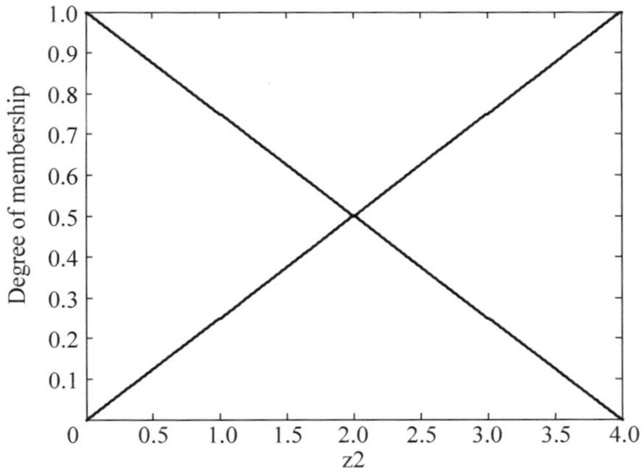

图 5.4　$N_1(z_2(t))$和$N_2(z_2(t))$隶属函数

$$\boldsymbol{A}_1=\begin{bmatrix}-1 & 1\\ 4 & -1\end{bmatrix},\quad \boldsymbol{A}_2=\begin{bmatrix}-1 & 1\\ 0 & -1\end{bmatrix},\quad \boldsymbol{A}_3=\begin{bmatrix}-1 & -1\\ 4 & -1\end{bmatrix},\quad \boldsymbol{A}_2=\begin{bmatrix}-1 & -1\\ 0 & -1\end{bmatrix}$$

模糊 T-S 模型输出为

$$\dot{\boldsymbol{x}}(t)=\sum_{i=1}^{4}h_i(z(t))\boldsymbol{A}_i\boldsymbol{x}(t)$$

其中

$$h_1(z(t))=M_1(z_1(t))\times N_1(z_2(t))$$
$$h_2(z(t))=M_1(z_1(t))\times N_2(z_2(t))$$
$$h_3(z(t))=M_2(z_1(t))\times N_1(z_2(t))$$
$$h_4(z(t))=M_2(z_1(t))\times N_2(z_2(t))$$

可见，通过 T-S 模糊建模，可将非线性系统式(5.2)在 $x_1(t)\in[-1,1]$，$x_2(t)\in[-1,1]$内转化为线性系统的形式。

仿真程序：

(1) $M_1(z_1(t))$和$M_2(z_1(t))$隶属函数：chap5_2.m。

(2) $N_1(z_2(t))$和$N_2(z_2(t))$隶属函数：chap5_3.m。

5.2　T-S 模糊控制器的设计

针对 n 个状态变量、m 个控制输入的连续非线性系统，其 T-S 模糊模型可描述为以下 r 条模糊规则，即针对规则 i，有

$$\text{If } x_1(t) \text{ is } M_1^i \text{ and } x_2(t) \text{ is } M_2^i \text{ and } \cdots\ x_n(t) \text{ is } M_n^i \tag{5.7}$$
$$\text{Then } \dot{\boldsymbol{x}}(t)=\boldsymbol{A}_i\boldsymbol{x}(t)+\boldsymbol{B}_i\boldsymbol{u}(t),\quad i=1,2,\cdots,r$$

其中，x_j 为系统的第 j 个状态变量，M_j^i 为第 i 条规则的第 j 个隶属函数，$\boldsymbol{x}(t)$为状态向量，$\boldsymbol{x}(t)=[x_1(t)\ \cdots\ x_n(t)]^{\mathrm{T}}\in\mathbf{R}^n$，$\boldsymbol{u}(t)$为控制输入向量，$\boldsymbol{u}(t)=[u_1(t)\ \cdots\ u_m(t)]^{\mathrm{T}}\in\mathbf{R}^m$，$\boldsymbol{A}_i\in\mathbf{R}^{n\times n}$，$\boldsymbol{B}_i\in\mathbf{R}^{n\times m}$。

根据模糊系统的反模糊化定义，由模糊规则式(5.7)构成的模糊模型总的输出为

$$\dot{\boldsymbol{x}}(t)=\frac{\sum_{i=1}^{r} w_i[\boldsymbol{A}_i x(t)+\boldsymbol{B}_i u(t)]}{\sum_{i=1}^{r} w_i} \tag{5.8}$$

其中，w_i 为规则 i 的隶属函数，$w_i=\prod_{k=1}^{n} M_k^i(x_k(t))$，以 4 条规则为例，规则前提为 x_1，则 $k=1$，$i=1,2,3,4$，则 $w_1=M_1^1(x_1)$，$w_2=M_1^2(x_1)$，$w_3=M_1^3(x_1)$，$w_4=M_1^4(x_1)$。

针对每条 T-S 模糊规则，采用状态反馈方法，可设计 r 条模糊控制规则，即针对控制规则 i，有

$$\text{If } x_1(t) \text{ is } M_1^i \text{ and } x_2(t) \text{ is } M_2^i \text{ and } \cdots\ x_n(t) \text{ is } M_n^i \tag{5.9}$$

$$\text{Then } u(t)=\boldsymbol{K}_i\boldsymbol{x}(t),\quad i=1,2,\cdots,r$$

并行分布补偿(Parallel Distributed Compensation，PDC)方法是一种基于模型的模糊控制器设计方法[2,3]，适用于解决基于 T-S 模糊建模的非线性系统控制问题。

根据模糊系统的反模糊化定义，针对连续非线性系统，根据模糊控制规则式(5.9)，采用 PDC 方法设计 T-S 模糊控制器为

$$\boldsymbol{u}(t)=\frac{\sum_{i=1}^{r} w_i u_i}{\sum_{i=1}^{r} w_i}=\frac{\sum_{i=1}^{r} w_i K_i \boldsymbol{x}(t)}{\sum_{i=1}^{r} w_i} \tag{5.10}$$

根据式(5.10)，采用 4 条模糊规则，设计基于 T-S 型的模糊控制器为

$$\boldsymbol{u}(t)=\frac{w_1K_1+w_2K_2+w_3K_3+w_4K_4}{\sum_{j=1}^{4} w_j}\boldsymbol{x}(t)=\sum_{i=1}^{4} h_i K_i \boldsymbol{x}(t)$$

其中，$h_i=\frac{w_i}{\sum_{i=1}^{4} w_i}$。

控制律也可写为

$$u=h_1(x_1)\boldsymbol{K}_1\boldsymbol{x}(t)+h_2(x_1)\boldsymbol{K}_2\boldsymbol{x}(t)+h_3(x_1)\boldsymbol{K}_3\boldsymbol{x}(t)+h_4(x_1)\boldsymbol{K}_4\boldsymbol{x}(t) \tag{5.11}$$

5.3 倒立摆系统的 T-S 模糊模型

倒立摆系统的控制问题一直是控制研究中的一个典型问题。控制的目标是通过给小车底座施加一个力 u(控制量)，使小车停留在预定的位置，并使摆不倒下，即不超过一预先定义好的垂直偏离角度范围。

单级倒立摆模型为

$$\begin{aligned}\dot{x}_1&=x_2\\ \dot{x}_2&=\frac{g\sin x_1-amlx_2^2\sin(2x_1)/2-au\cos x_1}{4l/3-aml\cos^2 x_1}\end{aligned} \tag{5.12}$$

其中，x_1 为摆的角度，x_2 为摆的角速度，$2l$ 为摆长，u 为加在小车上的控制输入，$a=$

$\frac{1}{M+m}$，M 和 m 分别为小车和摆的质量，$\boldsymbol{x}=[x_1 \quad x_2]^{\mathrm{T}}$。

控制目标为通过设计控制律 u，实现 $x_1\to 0$，$x_2\to 0$。

取 $g=9.8\mathrm{m/s^2}$，摆的质量 $m=2.0\mathrm{kg}$，小车质量 $M=8.0\mathrm{kg}$，$2l=1.0\mathrm{m}$。

分别考虑摆角为小角度和大角度两种情况。首先考虑摆角小角度运动，根据倒立摆模型可知，当 $x_1\to 0$ 时，$\sin x_1\to x_1$，$\cos x_1\to 1$；$x_1\to\pm\frac{\pi}{2}$时，$\sin x_1\to\pm 1\to\frac{2}{\pi}x_1$，由此可得以下两条 T-S 型模糊规则：

Rule1：If $x_1(t)$ is about 0，THEN $\dot{\boldsymbol{x}}(t)=\boldsymbol{A}_1\boldsymbol{x}(t)+\boldsymbol{B}_1 u(t)$

Rule2：If $x_1(t)$ is about $\pm\frac{\pi}{2}\left(|x_1|<\frac{\pi}{2}\right)$，THEN $\dot{\boldsymbol{x}}(t)=\boldsymbol{A}_2\boldsymbol{x}(t)+\boldsymbol{B}_2 u(t)$

其中，$\boldsymbol{A}_1=\begin{bmatrix}0 & 1\\ \frac{g}{4l/3-aml} & 0\end{bmatrix}$，$\boldsymbol{B}_1=\begin{bmatrix}0\\ -\frac{\alpha}{4l/3-aml}\end{bmatrix}$，$\boldsymbol{A}_2=\begin{bmatrix}0 & 1\\ \frac{2g}{\pi(4l/3-aml\beta^2)} & 0\end{bmatrix}$，$\boldsymbol{B}_2=\begin{bmatrix}0\\ -\frac{\alpha\beta}{4l/3-aml\beta^2}\end{bmatrix}$，$\beta=\cos(88°)$。

然后考虑摆角大角度运动，根据倒立摆模型可知，$x_1\to\pm\frac{\pi}{2}\left(|x_1|>\frac{\pi}{2}\right)$时，$\sin x_1\to\pm 1\to\frac{2}{\pi}x_1$，由于 $\beta=\cos(88°)$，则 $\cos(x_1)=\cos(180°-88°)=-\cos(88°)=-\beta$；当 $x_1\to\pi$ 时，$\sin x_1\to 0$，$\cos x_1\to -1$，则近似有 $\dot{x}_2=\frac{au}{4l/3-aml}$。由此可得以下另外两条 T-S 型模糊规则：

Rule3：If $x_1(t)$ is about $\pm\frac{\pi}{2}\left(|x_1|>\frac{\pi}{2}\right)$，THEN $\dot{\boldsymbol{x}}(t)=\boldsymbol{A}_3\boldsymbol{x}(t)+\boldsymbol{B}_3 u(t)$

Rule4：If $x_1(t)$ is about $\pm\pi$，THEN $\dot{\boldsymbol{x}}(t)=\boldsymbol{A}_4\boldsymbol{x}(t)+\boldsymbol{B}_4 u(t)$

其中，$\boldsymbol{A}_3=\begin{bmatrix}0 & 1\\ \frac{2g}{\pi(4l/3-aml\beta^2)} & 0\end{bmatrix}$，$\boldsymbol{B}_3=\begin{bmatrix}0\\ \frac{\alpha\beta}{4l/3-aml\beta^2}\end{bmatrix}$，$\boldsymbol{A}_4=\begin{bmatrix}0 & 1\\ 0 & 0\end{bmatrix}$，$\boldsymbol{B}_4=\begin{bmatrix}0\\ \frac{\alpha}{4l/3-aml}\end{bmatrix}$。

根据倒立摆的运动情况，设计 4 条模糊控制规则如下：

Rule1：If $x_1(t)$ is about 0 then $u=\boldsymbol{K}_1\boldsymbol{x}(t)$

Rule2：If $x_1(t)$ is about$\pm\frac{\pi}{2}\left(|x_1(t)|<\frac{\pi}{2}\right)$then $u=\boldsymbol{K}_2\boldsymbol{x}(t)$

Rule3：If $x_1(t)$ is about $\pm\frac{\pi}{2}\left(|x_1|>\frac{\pi}{2}\right)$then $u=\boldsymbol{K}_3\boldsymbol{x}(t)$

Rule4：If $x_1(t)$ is about $\pm\pi$ then $u=\boldsymbol{K}_4\boldsymbol{x}(t)$

如图 5.5 所示，为具有 4 条规则的隶属函数示意图，隶属函数有交集的规则分别是 Rule1、Rule2、Rule3 和 Rule4。

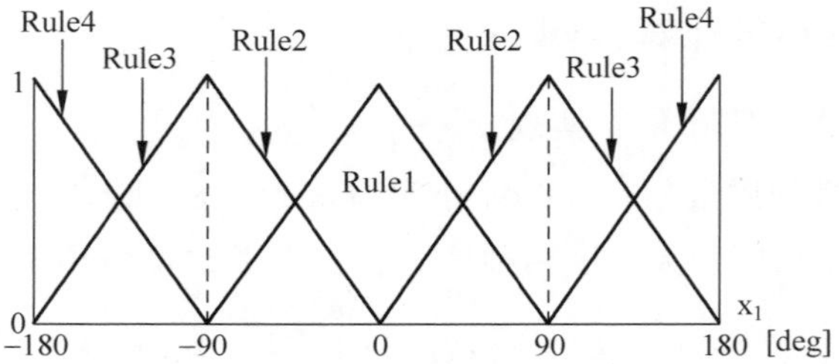

图 5.5 模糊隶属函数示意图

5.4 基于线性矩阵不等式的单级倒立摆 T-S 模糊控制

线性矩阵不等式(Linear Matrix Inequality,LMI)是控制领域的一个强有力的设计工具。许多控制理论及分析与综合问题都可简化为相应的 LMI 问题,通过构造有效的计算机算法求解。

随着控制技术的迅速发展,在反馈控制系统的设计中,常需要考虑许多系统的约束条件,如系统的不确定性约束等。在处理系统鲁棒控制问题以及其他控制理论引起的许多控制问题时,都可将所控制问题转化为一个线性矩阵不等式或带有线性矩阵不等式约束的最优化问题。目前线性矩阵不等式(LMI)技术已成为控制工程、系统辨识和结构设计等领域的有效工具。利用线性矩阵不等式技术来求解一些控制问题,是目前和今后控制理论发展的一个重要方向。YALMIP 是 MATLAB 的一个独立的工具箱,具有很强的优化求解能力。

采用 T-S 模糊系统进行非线性系统建模的研究是近年来控制理论的研究热点之一。实践证明,具有线性后件的 Takagi-Sugeno 模糊模型以模糊规则的形式充分利用系统局部信息和专家控制经验,可任意精度逼近实际被控对象。T-S 模糊系统的稳定性条件可表述成线性矩阵不等式 LMI 的形式,基于 T-S 模糊模型的非线性系统鲁棒稳定和自适应控制的研究是控制理论研究的热点。本节针对 T-S 模糊控制问题,在 MATLAB 下采用 LMI 工具箱 YALMIP 进行 LMI 设计和仿真。

5.4.1 LMI 不等式的设计及分析

定理 5.1[1]:存在正定阵 $\boldsymbol{Q}$,当满足下面条件时,T-S 模糊系统(5.7)渐近稳定

$$\begin{cases}\boldsymbol{Q}\boldsymbol{A}_i^{\mathrm{T}}+\boldsymbol{A}_i\boldsymbol{Q}+\boldsymbol{V}_i^{\mathrm{T}}\boldsymbol{B}_i^{\mathrm{T}}+\boldsymbol{B}_i\boldsymbol{V}_i<0, \quad i=1,2,\cdots,r\\ \boldsymbol{Q}\boldsymbol{A}_i^{\mathrm{T}}+\boldsymbol{A}_i\boldsymbol{Q}+\boldsymbol{Q}\boldsymbol{A}_j^{\mathrm{T}}+\boldsymbol{A}_j\boldsymbol{Q}+\boldsymbol{V}_j^{\mathrm{T}}\boldsymbol{B}_i^{\mathrm{T}}+\boldsymbol{B}_i\boldsymbol{V}_j+\boldsymbol{V}_i^{\mathrm{T}}\boldsymbol{B}_j^{\mathrm{T}}+\boldsymbol{B}_j\boldsymbol{V}_i<0, \quad i<j\leqslant r\\ \boldsymbol{Q}=\boldsymbol{P}^{-1}>0\end{cases} \tag{5.13}$$

其中,$\boldsymbol{V}_i=\boldsymbol{K}_i\boldsymbol{Q}$,即 $\boldsymbol{K}_i=\boldsymbol{V}_i\boldsymbol{Q}^{-1}=\boldsymbol{V}_i\boldsymbol{P}$,$\boldsymbol{V}_j=\boldsymbol{K}_j\boldsymbol{Q}$,即 $\boldsymbol{K}_j=\boldsymbol{V}_j\boldsymbol{Q}^{-1}=\boldsymbol{V}_j\boldsymbol{P}$。

定理 5.1 见文献[1]。根据式(5.13),利用 LMI 方法可求出控制器式(5.9)的增益 K_i。下面给出定理 5.1 的具体分析过程。

取 Lyapunov 函数

$$\boldsymbol{V}(t)=\frac{1}{2}\boldsymbol{x}^{\mathrm{T}}\boldsymbol{P}\boldsymbol{x}$$

其中,矩阵 $\boldsymbol{P}$ 为正定对称矩阵。

则有

$$\dot{\boldsymbol{V}}(t)=\frac{1}{2}\dot{\boldsymbol{x}}^{\mathrm{T}}\boldsymbol{P}\boldsymbol{x}+\frac{1}{2}\boldsymbol{x}^{\mathrm{T}}\boldsymbol{P}\dot{\boldsymbol{x}}=\frac{1}{2}\left\{\frac{\sum_{i=1}^{r}w_i[\boldsymbol{A}_i\boldsymbol{x}+\boldsymbol{B}_i\boldsymbol{u}]}{\sum_{i=1}^{r}w_i}\right\}^{\mathrm{T}}\boldsymbol{P}\boldsymbol{x}+\frac{1}{2}\boldsymbol{x}^{\mathrm{T}}\boldsymbol{P}\left\{\frac{\sum_{i=1}^{r}w_i[\boldsymbol{A}_i\boldsymbol{x}+\boldsymbol{B}_i\boldsymbol{u}]}{\sum_{i=1}^{r}w_i}\right\}$$

将控制律式(5.5)代入上式,可得

$$\begin{aligned}
\dot{\boldsymbol{V}}(t)&=\frac{1}{2}\left\{\frac{\sum_{i=1}^{r}w_i\left[\boldsymbol{A}_i\boldsymbol{x}+\boldsymbol{B}_i\frac{\sum_{j=1}^{r}w_j\boldsymbol{K}_j\boldsymbol{x}}{\sum_{j=1}^{r}w_j}\right]}{\sum_{i=1}^{r}w_i}\right\}^{\mathrm{T}}\boldsymbol{P}\boldsymbol{x}+\frac{1}{2}\boldsymbol{x}^{\mathrm{T}}\boldsymbol{P}\left\{\frac{\sum_{i=1}^{r}w_i\left[\boldsymbol{A}_i\boldsymbol{x}+\boldsymbol{B}_i\frac{\sum_{j=1}^{r}w_j\boldsymbol{K}_j\boldsymbol{x}}{\sum_{j=1}^{r}w_j}\right]}{\sum_{i=1}^{r}w_i}\right\}\\
&=\frac{1}{2}\left\{\frac{\sum_{i=1}^{r}w_i\left[\sum_{j=1}^{r}w_j\boldsymbol{A}_i\boldsymbol{x}+\boldsymbol{B}_i\sum_{j=1}^{r}w_j\boldsymbol{K}_j\boldsymbol{x}\right]}{\sum_{i=1}^{r}w_i\sum_{j=1}^{r}w_j}\right\}^{\mathrm{T}}\boldsymbol{P}\boldsymbol{x}+\frac{1}{2}\boldsymbol{x}^{\mathrm{T}}\boldsymbol{P}\left\{\frac{\sum_{i=1}^{r}w_i\left[\sum_{j=1}^{r}w_j\boldsymbol{A}_i\boldsymbol{x}+\boldsymbol{B}_i\sum_{j=1}^{r}w_j\boldsymbol{K}_j\boldsymbol{x}\right]}{\sum_{i=1}^{r}w_i\sum_{j=1}^{r}w_j}\right\}\\
&=\frac{1}{2}\left[\frac{\sum_{i=1}^{r}w_i\sum_{j=1}^{r}w_j(\boldsymbol{A}_i\boldsymbol{x}+\boldsymbol{B}_i\boldsymbol{K}_j\boldsymbol{x})}{\sum_{i=1}^{r}\sum_{j=1}^{r}w_iw_j}\right]^{\mathrm{T}}\boldsymbol{P}\boldsymbol{x}+\frac{1}{2}\boldsymbol{x}^{\mathrm{T}}\boldsymbol{P}\left[\frac{\sum_{i=1}^{r}w_i\sum_{j=1}^{r}w_j(\boldsymbol{A}_i\boldsymbol{x}+\boldsymbol{B}_i\boldsymbol{K}_j\boldsymbol{x})}{\sum_{i=1}^{r}\sum_{j=1}^{r}w_iw_j}\right]\\
&=\frac{1}{2}\frac{\sum_{i=1}^{r}\sum_{j=1}^{r}w_iw_j\boldsymbol{x}^{\mathrm{T}}(\boldsymbol{A}_i+\boldsymbol{B}_i\boldsymbol{K}_j)^{\mathrm{T}}}{\sum_{i=1}^{r}\sum_{j=1}^{r}w_iw_j}\boldsymbol{P}\boldsymbol{x}+\frac{1}{2}\boldsymbol{x}^{\mathrm{T}}\boldsymbol{P}\frac{\sum_{i=1}^{r}\sum_{j=1}^{r}w_iw_j(\boldsymbol{A}_i+\boldsymbol{B}_i\boldsymbol{K}_j)\boldsymbol{x}}{\sum_{i=1}^{r}\sum_{j=1}^{r}w_iw_j}\\
&=\frac{1}{2}\boldsymbol{x}^{\mathrm{T}}\left\{\frac{\sum_{i=1}^{r}\sum_{j=1}^{r}w_iw_j[(\boldsymbol{A}_i+\boldsymbol{B}_i\boldsymbol{K}_j)^{\mathrm{T}}\boldsymbol{P}+\boldsymbol{P}(\boldsymbol{A}_i+\boldsymbol{B}_i\boldsymbol{K}_j)]}{\sum_{i=1}^{r}\sum_{j=1}^{r}w_iw_j}\right\}\boldsymbol{x}
\end{aligned}$$

考虑 $i=j$ 和 $i\neq j$ 两种情况,将式 $\dot{\boldsymbol{V}}(t)$ 展开,得

$$\begin{aligned}
&\sum_{i=1}^{r}\sum_{j=1}^{r}w_iw_j[(\boldsymbol{A}_i+\boldsymbol{B}_i\boldsymbol{K}_j)^{\mathrm{T}}\boldsymbol{P}+\boldsymbol{P}(\boldsymbol{A}_i+\boldsymbol{B}_i\boldsymbol{K}_j)]\\
=&\sum_{i=j=1}^{r}w_iw_i[(\boldsymbol{A}_i+\boldsymbol{B}_i\boldsymbol{K}_i)^{\mathrm{T}}\boldsymbol{P}+\boldsymbol{P}(\boldsymbol{A}_i+\boldsymbol{B}_i\boldsymbol{K}_i)]+\\
&\sum_{i<j}^{r}w_iw_j[(\boldsymbol{A}_i+\boldsymbol{B}_i\boldsymbol{K}_j)^{\mathrm{T}}\boldsymbol{P}+\boldsymbol{P}(\boldsymbol{A}_i+\boldsymbol{B}_i\boldsymbol{K}_j)]+\\
&\sum_{i>j}^{r}w_iw_j[(\boldsymbol{A}_i+\boldsymbol{B}_i\boldsymbol{K}_j)^{\mathrm{T}}\boldsymbol{P}+\boldsymbol{P}(\boldsymbol{A}_i+\boldsymbol{B}_i\boldsymbol{K}_j)]
\end{aligned}$$

注:以 $r=2$ 为例,可得如下展开

$$\sum_{i=1}^{2}\sum_{j=1}^{2}w_iw_j=\sum_{i=j=1}^{r}w_iw_i+\sum_{i<j}^{r}w_iw_j+\sum_{i>j}^{r}w_iw_j=w_1w_1+w_2w_2+w_1w_2+w_2w_1$$

由于 i 和 j 交换不影响结果,则

$$\sum_{i>j}^{r} w_i w_j [(\boldsymbol{A}_i + \boldsymbol{B}_i \boldsymbol{K}_j)^{\mathrm{T}} \boldsymbol{P} + \boldsymbol{P}(\boldsymbol{A}_i + \boldsymbol{B}_i \boldsymbol{K}_j)] = \sum_{j>i}^{r} w_j w_i [(\boldsymbol{A}_j + \boldsymbol{B}_j \boldsymbol{K}_i)^{\mathrm{T}} \boldsymbol{P} + \boldsymbol{P}(\boldsymbol{A}_j + \boldsymbol{B}_j \boldsymbol{K}_i)]$$

从而

$$\begin{aligned}
&\sum_{i=1}^{r} \sum_{j=1}^{r} w_i w_j [(\boldsymbol{A}_i + \boldsymbol{B}_i \boldsymbol{K}_j)^{\mathrm{T}} \boldsymbol{P} + \boldsymbol{P}(\boldsymbol{A}_i + \boldsymbol{B}_i \boldsymbol{K}_j)] \\
=& \sum_{i=j=1}^{r} w_i w_i [(\boldsymbol{A}_i + \boldsymbol{B}_i \boldsymbol{K}_i)^{\mathrm{T}} \boldsymbol{P} + \boldsymbol{P}(\boldsymbol{A}_i + \boldsymbol{B}_i \boldsymbol{K}_i)] + \\
&\sum_{i<j}^{r} w_i w_j [(\boldsymbol{A}_i + \boldsymbol{B}_i \boldsymbol{K}_j)^{\mathrm{T}} \boldsymbol{P} + \boldsymbol{P}(\boldsymbol{A}_i + \boldsymbol{B}_i \boldsymbol{K}_j)] + \\
&\sum_{j>i}^{r} w_j w_i [(\boldsymbol{A}_j + \boldsymbol{B}_j \boldsymbol{K}_i)^{\mathrm{T}} \boldsymbol{P} + \boldsymbol{P}(\boldsymbol{A}_j + \boldsymbol{B}_j \boldsymbol{K}_i)] \\
=& \sum_{i=j=1}^{r} w_i w_i [(\boldsymbol{A}_i + \boldsymbol{B}_i \boldsymbol{K}_i)^{\mathrm{T}} \boldsymbol{P} + \boldsymbol{P}(\boldsymbol{A}_i + \boldsymbol{B}_i \boldsymbol{K}_i)] + \\
&\sum_{i<j}^{r} w_i w_j [((\boldsymbol{A}_i + \boldsymbol{B}_i \boldsymbol{K}_j) + (\boldsymbol{A}_j + \boldsymbol{B}_j \boldsymbol{K}_i))^{\mathrm{T}} \boldsymbol{P} + \boldsymbol{P}((\boldsymbol{A}_i + \boldsymbol{B}_i \boldsymbol{K}_j) + (\boldsymbol{A}_j + \boldsymbol{B}_j \boldsymbol{K}_i))]
\end{aligned}$$

则

$$\begin{aligned}
\dot{\boldsymbol{V}}(t) =& \frac{1}{2} \boldsymbol{x}^{\mathrm{T}} \frac{1}{\sum_{i=1}^{r} \sum_{j=1}^{r} w_i w_j} \sum_{i=j=1}^{r} w_i w_i [(\boldsymbol{A}_i + \boldsymbol{B}_i \boldsymbol{K}_i)^{\mathrm{T}} \boldsymbol{P} + \boldsymbol{P}(\boldsymbol{A}_i + \boldsymbol{B}_i \boldsymbol{K}_i)] \boldsymbol{x} + \\
& \frac{1}{2} \boldsymbol{x}^{\mathrm{T}} \frac{1}{\sum_{i=1}^{r} \sum_{j=1}^{r} w_i w_j} \sum_{i<j}^{r} w_i w_j [((\boldsymbol{A}_i + \boldsymbol{B}_i \boldsymbol{K}_j) + (\boldsymbol{A}_j + \boldsymbol{B}_j \boldsymbol{K}_i))^{\mathrm{T}} \boldsymbol{P} + \\
& \boldsymbol{P}((\boldsymbol{A}_i + \boldsymbol{B}_i \boldsymbol{K}_j) + (\boldsymbol{A}_j + \boldsymbol{B}_j \boldsymbol{K}_i))] \boldsymbol{x}
\end{aligned}$$

令 $\boldsymbol{G}_{ij} = (\boldsymbol{A}_i + \boldsymbol{B}_i \boldsymbol{K}_j) + (\boldsymbol{A}_j + \boldsymbol{B}_j \boldsymbol{K}_i)$，可得

$$\begin{aligned}
\dot{\boldsymbol{V}}(t) =& \frac{1}{2} \boldsymbol{x}^{\mathrm{T}} \frac{1}{\sum_{i=1}^{r} \sum_{j=1}^{r} w_i w_j} \sum_{i=j=1}^{r} w_i w_i [(\boldsymbol{A}_i + \boldsymbol{B}_i \boldsymbol{K}_i)^{\mathrm{T}} \boldsymbol{P} + \boldsymbol{P}(\boldsymbol{A}_i + \boldsymbol{B}_i \boldsymbol{K}_i)] \boldsymbol{x} + \\
& \frac{1}{2} \boldsymbol{x}^{\mathrm{T}} \frac{1}{\sum_{i=1}^{r} \sum_{j=1}^{r} w_i w_j} \sum_{i<j}^{r} w_i w_j [\boldsymbol{G}_{ij}^{\mathrm{T}} \boldsymbol{P} + \boldsymbol{P} \boldsymbol{G}_{ij}] \boldsymbol{x}
\end{aligned} \tag{5.14}$$

则当满足如下不等式

$$\begin{cases}
(\boldsymbol{A}_i + \boldsymbol{B}_i \boldsymbol{K}_i)^{\mathrm{T}} \boldsymbol{P} + \boldsymbol{P}(\boldsymbol{A}_i + \boldsymbol{B}_i \boldsymbol{K}_i) < 0 & i = j = 1, 2, \cdots, r \\
\boldsymbol{G}_{ij}^{\mathrm{T}} \boldsymbol{P} + \boldsymbol{P} \boldsymbol{G}_{ij} < 0 & i < j \leqslant r
\end{cases} \tag{5.15}$$

有 $\dot{\boldsymbol{V}}(t) \leqslant 0$。

由式(5.14)可见，当 $\dot{\boldsymbol{V}} \equiv 0$ 时，$\boldsymbol{x} \equiv 0$，根据 LaSalle 不变性原理，$t \to \infty$ 时，$\boldsymbol{x} \to 0$。

5.4.2 不等式的转换

首先考虑 $(\boldsymbol{A}_i + \boldsymbol{B}_i \boldsymbol{K}_i)^{\mathrm{T}} \boldsymbol{P} + \boldsymbol{P}(\boldsymbol{A}_i + \boldsymbol{B}_i \boldsymbol{K}_i) < 0$，$i = j = 1, 2, \cdots, r$。取 $\boldsymbol{Q} = \boldsymbol{P}^{-1}$，则 $\boldsymbol{Q}$ 也是

正定对称矩阵，令 $\boldsymbol{V}_i=\boldsymbol{K}_i\boldsymbol{Q}$，则

$$\boldsymbol{A}_i^{\mathrm{T}}\boldsymbol{P}+\boldsymbol{K}_i^{\mathrm{T}}\boldsymbol{B}_i^{\mathrm{T}}\boldsymbol{P}+\boldsymbol{P}\boldsymbol{A}_i+\boldsymbol{P}\boldsymbol{B}_i\boldsymbol{K}_i<0$$

上式中的每个式子两边分别乘以 $\boldsymbol{P}^{-1}$，得

$$\boldsymbol{P}^{-1}\boldsymbol{A}_i^{\mathrm{T}}+\boldsymbol{P}^{-1}\boldsymbol{K}_i^{\mathrm{T}}\boldsymbol{B}_i^{\mathrm{T}}+\boldsymbol{A}_i\boldsymbol{P}^{-1}+\boldsymbol{B}_i\boldsymbol{K}_i\boldsymbol{P}^{-1}<0$$

即

$$\boldsymbol{Q}\boldsymbol{A}_i^{\mathrm{T}}+\boldsymbol{V}_i^{\mathrm{T}}\boldsymbol{B}_i^{\mathrm{T}}+\boldsymbol{A}_i\boldsymbol{Q}+\boldsymbol{B}_i\boldsymbol{V}_i<0$$

即

$$\boldsymbol{Q}\boldsymbol{A}_i^{\mathrm{T}}+\boldsymbol{A}_i\boldsymbol{Q}+\boldsymbol{V}_i^{\mathrm{T}}\boldsymbol{B}_i^{\mathrm{T}}+\boldsymbol{B}_i\boldsymbol{V}_i<0 \tag{5.16}$$

然后考虑 $\boldsymbol{G}_{ij}^{\mathrm{T}}\boldsymbol{P}+\boldsymbol{P}\boldsymbol{G}_{ij}<0$，$\boldsymbol{G}_{ij}=(\boldsymbol{A}_i+\boldsymbol{B}_i\boldsymbol{K}_j)+(\boldsymbol{A}_j+\boldsymbol{B}_j\boldsymbol{K}_i)$，$i<j\leqslant r$。取 $\boldsymbol{Q}=\boldsymbol{P}^{-1}$，则 $\boldsymbol{Q}$ 也是正定对称矩阵。令 $\boldsymbol{V}_i=\boldsymbol{K}_i\boldsymbol{Q}$，$\boldsymbol{V}_j=\boldsymbol{K}_j\boldsymbol{Q}$，则

$$((\boldsymbol{A}_i+\boldsymbol{B}_i\boldsymbol{K}_j)+(\boldsymbol{A}_j+\boldsymbol{B}_j\boldsymbol{K}_i))^{\mathrm{T}}\boldsymbol{P}+\boldsymbol{P}((\boldsymbol{A}_i+\boldsymbol{B}_i\boldsymbol{K}_j)+(\boldsymbol{A}_j+\boldsymbol{B}_j\boldsymbol{K}_i))<0$$

上式中的每个式子两边分别乘以 $\boldsymbol{P}^{-1}$，并考虑 $\boldsymbol{Q}=\boldsymbol{Q}^{\mathrm{T}}$，得

$$\boldsymbol{Q}^{\mathrm{T}}((\boldsymbol{A}_i+\boldsymbol{B}_i\boldsymbol{K}_j)+(\boldsymbol{A}_j+\boldsymbol{B}_j\boldsymbol{K}_i))^{\mathrm{T}}+((\boldsymbol{A}_i+\boldsymbol{B}_i\boldsymbol{K}_j)+(\boldsymbol{A}_j+\boldsymbol{B}_j\boldsymbol{K}_i))\boldsymbol{Q}<0$$

即

$$(\boldsymbol{A}_i\boldsymbol{Q}+\boldsymbol{B}_i\boldsymbol{K}_j\boldsymbol{Q}+\boldsymbol{A}_j\boldsymbol{Q}+\boldsymbol{B}_j\boldsymbol{K}_i\boldsymbol{Q})^{\mathrm{T}}+\boldsymbol{A}_i\boldsymbol{Q}+\boldsymbol{B}_i\boldsymbol{K}_j\boldsymbol{Q}+\boldsymbol{A}_j\boldsymbol{Q}+\boldsymbol{B}_j\boldsymbol{K}_i\boldsymbol{Q}<0$$

从而得

$$(\boldsymbol{A}_i\boldsymbol{Q}+\boldsymbol{B}_i\boldsymbol{V}_j+\boldsymbol{A}_j\boldsymbol{Q}+\boldsymbol{B}_j\boldsymbol{V}_i)^{\mathrm{T}}+\boldsymbol{A}_i\boldsymbol{Q}+\boldsymbol{B}_i\boldsymbol{V}_j+\boldsymbol{A}_j\boldsymbol{Q}+\boldsymbol{B}_j\boldsymbol{V}_i<0$$

即

$$\boldsymbol{Q}\boldsymbol{A}_i^{\mathrm{T}}+\boldsymbol{A}_i\boldsymbol{Q}+\boldsymbol{Q}\boldsymbol{A}_j^{\mathrm{T}}+\boldsymbol{A}_j\boldsymbol{Q}+\boldsymbol{V}_j^{\mathrm{T}}\boldsymbol{B}_i^{\mathrm{T}}+\boldsymbol{B}_i\boldsymbol{V}_j+\boldsymbol{V}_i^{\mathrm{T}}\boldsymbol{B}_j^{\mathrm{T}}+\boldsymbol{B}_j\boldsymbol{V}_i<0 \tag{5.17}$$

5.4.3 LMI 设计实例

分别考虑摆角小角度(实例 1)和摆角大角度(实例 2)两种情况。

实例 1 如模糊系统由 2 条模糊规则构成，$r=2$，有 $i=1,2$，根据式(5.16)，则 LMI 不等式如下：

$$\begin{aligned}&\boldsymbol{Q}\boldsymbol{A}_1^{\mathrm{T}}+\boldsymbol{A}_1\boldsymbol{Q}+\boldsymbol{V}_1^{\mathrm{T}}\boldsymbol{B}_1^{\mathrm{T}}+\boldsymbol{B}_1\boldsymbol{V}_1<0\\&\boldsymbol{Q}\boldsymbol{A}_2^{\mathrm{T}}+\boldsymbol{A}_2\boldsymbol{Q}+\boldsymbol{V}_2^{\mathrm{T}}\boldsymbol{B}_2^{\mathrm{T}}+\boldsymbol{B}_2\boldsymbol{V}_2<0\end{aligned} \tag{5.18}$$

针对 $i<j\leqslant r$，有 $i=1,j=2$，只有 2 条规则隶属函数相互作用，根据式(5.17)，则可设计 1 条 LMI 不等式如下：

$$\boldsymbol{Q}\boldsymbol{A}_1^{\mathrm{T}}+\boldsymbol{A}_1\boldsymbol{Q}+\boldsymbol{Q}\boldsymbol{A}_2^{\mathrm{T}}+\boldsymbol{A}_2\boldsymbol{Q}+\boldsymbol{V}_2^{\mathrm{T}}\boldsymbol{B}_1^{\mathrm{T}}+\boldsymbol{B}_1\boldsymbol{V}_2+\boldsymbol{V}_1^{\mathrm{T}}\boldsymbol{B}_2^{\mathrm{T}}+\boldsymbol{B}_2\boldsymbol{V}_1<0 \tag{5.19}$$

根据式(5.18)和式(5.19)，倒立摆的 LMI 可表示为

$$\begin{aligned}&\boldsymbol{Q}\boldsymbol{A}_1^{\mathrm{T}}+\boldsymbol{A}_1\boldsymbol{Q}+\boldsymbol{V}_1^{\mathrm{T}}\boldsymbol{B}_1^{\mathrm{T}}+\boldsymbol{B}_1\boldsymbol{V}_1<0,\\&\boldsymbol{Q}\boldsymbol{A}_2^{\mathrm{T}}+\boldsymbol{A}_2\boldsymbol{Q}+\boldsymbol{V}_2^{\mathrm{T}}\boldsymbol{B}_2^{\mathrm{T}}+\boldsymbol{B}_2\boldsymbol{V}_2<0,\\&\boldsymbol{Q}\boldsymbol{A}_1^{\mathrm{T}}+\boldsymbol{A}_1\boldsymbol{Q}+\boldsymbol{Q}\boldsymbol{A}_2^{\mathrm{T}}+\boldsymbol{A}_2\boldsymbol{Q}+\boldsymbol{V}_2^{\mathrm{T}}\boldsymbol{B}_1^{\mathrm{T}}+\boldsymbol{B}_1\boldsymbol{V}_2+\boldsymbol{V}_1^{\mathrm{T}}\boldsymbol{B}_2^{\mathrm{T}}+\boldsymbol{B}_2\boldsymbol{V}_1<0\\&\boldsymbol{Q}=\boldsymbol{P}^{-1}>0\end{aligned}$$

其中，$\boldsymbol{K}_1=\boldsymbol{V}_1\boldsymbol{P}$，$\boldsymbol{K}_2=\boldsymbol{V}_2\boldsymbol{P}$，$i=1,2$。

在 MATLAB 下采用 YALMIP 工具箱进行仿真。上述 LMI 写成 MATLAB 程序如下：

```
L1 = Q * A1' + A1 * Q + V1' * B1' + B1 * V1;
L2 = Q * A2' + A2 * Q + V2' * B2' + B2 * V2;
```

```
L3 = Q * A1' + A1 * Q + Q * A2' + A2 * Q + V2' * B1' + B1 * V2 + V1' * B2' + B2 * V1;
F = set(L1 < 0) + set(L2 < 0) + set(L3 < 0) + set(Q > 0);
```

实例 2 如模糊系统由 4 条模糊规则构成，$r=4$。考虑单条规则，有 $i=1,2,3,4$，根据式(5.16)，则可构造 4 条 LMI 不等式如下：

$$\begin{aligned}&\boldsymbol{QA}_1^{\mathrm{T}}+\boldsymbol{A}_1\boldsymbol{Q}+\boldsymbol{V}_1^{\mathrm{T}}\boldsymbol{B}_1^{\mathrm{T}}+\boldsymbol{B}_1\boldsymbol{V}_1<0\\&\boldsymbol{QA}_2^{\mathrm{T}}+\boldsymbol{A}_2\boldsymbol{Q}+\boldsymbol{V}_2^{\mathrm{T}}\boldsymbol{B}_2^{\mathrm{T}}+\boldsymbol{B}_2\boldsymbol{V}_2<0\\&\boldsymbol{QA}_3^{\mathrm{T}}+\boldsymbol{A}_3\boldsymbol{Q}+\boldsymbol{V}_3^{\mathrm{T}}\boldsymbol{B}_3^{\mathrm{T}}+\boldsymbol{B}_3\boldsymbol{V}_3<0\\&\boldsymbol{QA}_4^{\mathrm{T}}+\boldsymbol{A}_4\boldsymbol{Q}+\boldsymbol{V}_4^{\mathrm{T}}\boldsymbol{B}_4^{\mathrm{T}}+\boldsymbol{B}_4\boldsymbol{V}_4<0\\&\boldsymbol{Q}=\boldsymbol{P}^{-1}>0\end{aligned}\tag{5.20}$$

针对 $i<j\leqslant r$，根据式(5.17)，可能存在的不等式如下：

$i=1,j=2,i=1,j=3,i=1,j=4;\quad i=2,j=3,i=2,j=4;\quad i=3,j=4$

设计 LMI 不等式时，应考虑隶属函数 i 和隶属函数 j 是否有隶属函数相互作用。

如图 5.3 所示，为具有 4 条规则的隶属函数示意图，隶属函数有交集的规则分别是规则 1 和 2，规则 3 和 4，带有交点的规则才能构成一个不等式。故针对 $i<j\leqslant r$，根据式(5.17)，只能构造 2 个 LMI，所对应的 LMI 不等式如下：

$$\begin{aligned}&\boldsymbol{QA}_1^{\mathrm{T}}+\boldsymbol{A}_1\boldsymbol{Q}+\boldsymbol{QA}_2^{\mathrm{T}}+\boldsymbol{A}_2\boldsymbol{Q}+\boldsymbol{V}_2^{\mathrm{T}}\boldsymbol{B}_1^{\mathrm{T}}+\boldsymbol{B}_1\boldsymbol{V}_2+\boldsymbol{V}_1^{\mathrm{T}}\boldsymbol{B}_2^{\mathrm{T}}+\boldsymbol{B}_2\boldsymbol{V}_1<0\\&\boldsymbol{QA}_3^{\mathrm{T}}+\boldsymbol{A}_3\boldsymbol{Q}+\boldsymbol{QA}_4^{\mathrm{T}}+\boldsymbol{A}_4\boldsymbol{Q}+\boldsymbol{V}_4^{\mathrm{T}}\boldsymbol{B}_3^{\mathrm{T}}+\boldsymbol{B}_3\boldsymbol{V}_4+\boldsymbol{V}_3^{\mathrm{T}}\boldsymbol{B}_4^{\mathrm{T}}+\boldsymbol{B}_4\boldsymbol{V}_3<0\end{aligned}\tag{5.21}$$

其中，$\boldsymbol{K}_1=\boldsymbol{V}_1\boldsymbol{P}$，$\boldsymbol{K}_2=\boldsymbol{V}_2\boldsymbol{P}$，$\boldsymbol{K}_3=\boldsymbol{V}_3\boldsymbol{P}$，$\boldsymbol{K}_4=\boldsymbol{V}_4\boldsymbol{P}$，$i=1,2,3,4$。

写成 MATLAB 程序如下：

```
L1 = Q * A1' + A1 * Q + V1' * B1' + B1 * V1;
L2 = Q * A2' + A2 * Q + V2' * B2' + B2 * V2;
L3 = Q * A3' + A3 * Q + V3' * B3' + B3 * V3;
L4 = Q * A4' + A4 * Q + V4' * B4' + B4 * V4;
L5 = Q * A1' + A1 * Q + Q * A2' + A2 * Q + V2' * B1' + B1 * V2 + V1' * B2' + B2 * V1;
L6 = Q * A3' + A3 * Q + Q * A4' + A4 * Q + V4' * B3' + B3 * V4 + V3' * B4' + B4 * V3;
F = set(L1 < 0) + set(L2 < 0) + set(L3 < 0) + set(L4 < 0) + set(L5 < 0) + set(L6 < 0) + set(Q > 0);
```

采用 PDC 方法，根据式(5.11)，基于 T-S 型的模糊控制器为

$$u=h_1(x_1)\boldsymbol{K}_1\boldsymbol{x}(t)+h_2(x_1)\boldsymbol{K}_2\boldsymbol{x}(t)+h_3(x_1)\boldsymbol{K}_3\boldsymbol{x}(t)+h_4(x_1)\boldsymbol{K}_4\boldsymbol{x}(t)\tag{5.22}$$

5.4.4 仿真实例

考虑摆角为(−π,π)时的运动情况(即实例 2)。隶属函数应按图 5.3 进行设计。仿真中采用三角形隶属函数实现摆角 $x_1(t)$的模糊化，隶属函数设计程序为 chap5_4.m。

被控对象为式(5.12)，摆角初始状态为[π 0]。采用 LMI 求解工具箱——YALMIP 工具箱(见附加资料介绍)，针对倒立摆的 4 条 T-S 模糊模型规则，求解线性矩阵不等式(5.20)和(5.21)，控制器增益的 LMI 求解程序为 chap5_5LMI_design.m，求得 $\boldsymbol{Q}$，$\boldsymbol{V}_1$，$\boldsymbol{V}_2$，$\boldsymbol{V}_3$，$\boldsymbol{V}_4$，从而得到状态反馈增益：$\boldsymbol{K}_1=[3301.3\quad 969.9]$，$\boldsymbol{K}_2=[6366.3\quad 1879.7]$，$\boldsymbol{K}_3=[-6189.6\quad -1883.7]$，$\boldsymbol{K}_4=[-3105.2\quad -969.9]$，采用控制律式(5.22)，运行 Simulink 主程序 chap5_5sim.mdl，仿真结果如图 5.6～图 5.8 所示。

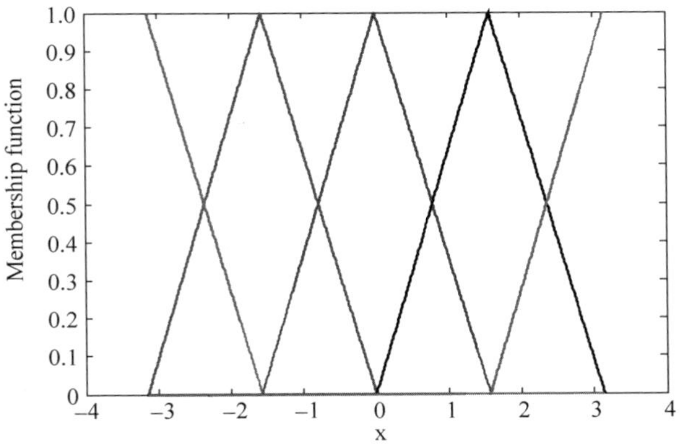

图 5.6 模糊隶属函数

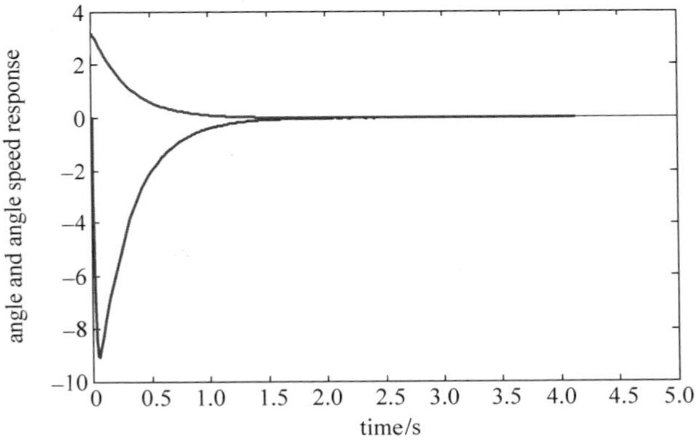

图 5.7 角度和速度响应

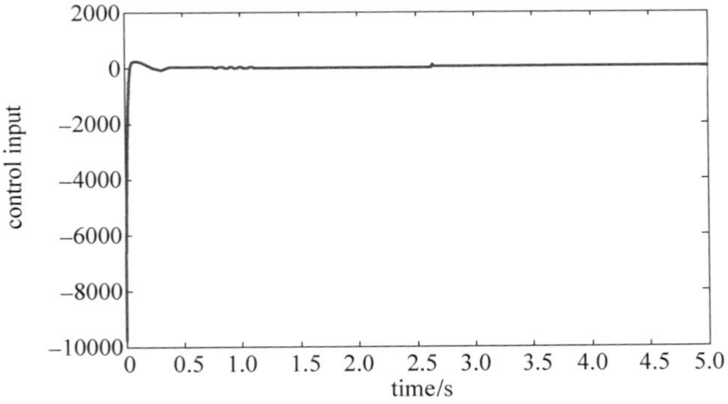

图 5.8 控制输入

仿真程序：

(1) 基于 LMI 的控制器增益求解程序：chap5_5LMI_design.m。

(2) Simulink 主程序：chap5_5sim.mdl，如图 5.9 所示。

(3) 模糊控制 S 函数：chap5_5ctrl.m。

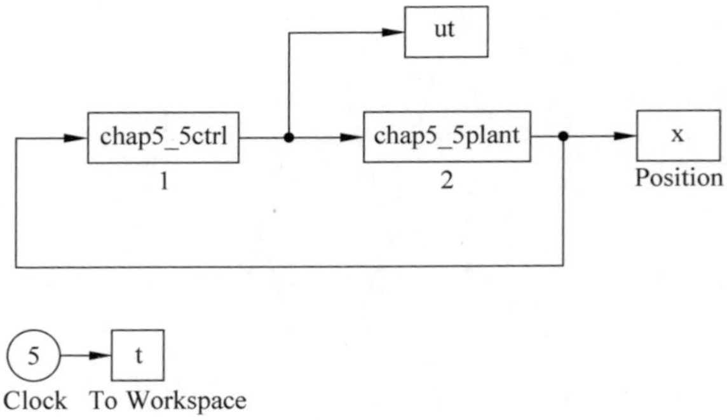

图 5.9　Simulink 主程序

(4) 被控对象 S 函数：chap5_5plant.m。

(5) 作图程序：chap5_5plot.m。

附加资料：新的 LMI 求解工具箱——YALMIP 工具箱

线性矩阵不等式(Linear Matrix Inequality,LMI)是控制领域的一个强有力的设计工具。许多控制理论及分析与综合问题都可简化为相应的 LMI 问题,通过构造有效的计算机算法求解。

随着控制技术的迅速发展,在反馈控制系统的设计中,常需要考虑许多系统的约束条件,如系统的不确定性约束等。在处理系统鲁棒控制问题以及其他控制理论引起的许多控制问题时,都可将所控制问题转化为一个线性矩阵不等式或带有线性矩阵不等式约束的最优化问题。目前线性矩阵不等式(LMI)技术已成为控制工程、系统辨识和结构设计等领域的有效工具。利用线性矩阵不等式技术来求解一些控制问题,是目前和今后控制理论发展的一个重要方向。

YALMIP 工具箱是 MATLAB 的一个独立的工具箱,具有很强的优化求解能力,该工具箱具有以下几个特点[4]：

(1) YALMIP 工具箱是基于符号运算工具箱编写的工具箱。

(2) YALMIP 工具箱是一种定义和求解高级优化问题的模化语言。

(3) YALMIP 工具箱用于求解线性规划、整数规划、非线性规划、混合规划等标准优化问题以及 LMI 问题。

采用 YALMIP 工具箱求解 LMI 问题,通过 set 指令可以很容易地描述 LMI 约束条件,不需要具体地说明不等式中各项的位置和内容,运行的结果可以用 double 语句查看。

使用工具箱中的集成命令,只需直接写出不等式的表达式,就可很容易地求解不等式了。YALMIP 工具箱的关键集成命令为[4]：

(1) 实型变量 sdpvar 是 YALMIP 工具箱的一种核心对象,它所代表的是优化问题中的实型决策变量。

(2) 约束条件 set 是 YALMIP 工具箱的另外一种关键对象,用它来囊括优化问题的所有约束条件。

(3) 求解函数 solvesdp 用来求解优化问题。

(4) 求解未知量 x 完成后,用 x=double(x)提取解矩阵。

YALMIP 工具箱可从网络上免费下载,工具箱名字为 yalmip. rar。YALMIP 工具箱安装方法为:先把 rar 文件解压到 MATLAB 安装目录下的 Toolbox 子文件夹;然后在 MATLAB 界面下选择 File→set path→add with subfolders 命令,找到解压文件目录,这样 MATLAB 就能自动找到工具箱里的命令了。

例如,求解下列 LMI 问题,LMI 不等式为

$$\boldsymbol{A}^{\mathrm{T}}\boldsymbol{P}+\boldsymbol{F}^{\mathrm{T}}\boldsymbol{B}^{\mathrm{T}}\boldsymbol{P}+\boldsymbol{P}\boldsymbol{A}+\boldsymbol{P}\boldsymbol{B}\boldsymbol{F}<0$$

已知矩阵 $\boldsymbol{A}$,$\boldsymbol{B}$,$\boldsymbol{P}$,求矩阵 $\boldsymbol{F}$。

具体的一个求解实例如下:

取 $\boldsymbol{A}=\begin{bmatrix}-2.548 & 9.1 & 0\\ 1 & -1 & 0\\ 0 & -14.2 & 0\end{bmatrix}$, $\boldsymbol{B}=\begin{bmatrix}1 & 0 & 0\\ 0 & 1 & 0\\ 0 & 0 & 1\end{bmatrix}$, $\boldsymbol{P}=\begin{bmatrix}1000000 & 0 & 0\\ 0 & 1000000 & 0\\ 0 & 0 & 1000000\end{bmatrix}$,

解该 LMI 式,可得 $\boldsymbol{F}=\begin{bmatrix}-492.4768 & -5.05 & 0\\ -5.05 & -494.0248 & 6.6\\ 0 & 6.6 & -495.0248\end{bmatrix}$。

仿真程序为 chap5_6. m。

思考题

1. 针对 5.1.2 节的仿真实例,采用三角形隶属函数对输入进行模糊化,并作出模糊推理系统的输入隶属函数曲线及输入/输出曲线。

2. 在 5.3 节中,如果考虑模型式(5.12)中存在控制输入扰动,如何设计相应的 LMI,实现倒立摆的镇定。

参考文献

[1] Tanaka K, Wang H O, Wang H. Fuzzy Control Systems Design and Analysis, A Linear Matrix Inequality Approach[M]. New York: Wiley, 2001.

[2] Sugeno M, Kang G T. Fuzzy modeling and control of multilayer incinerator[J]. Fuzzy Sets Systems, 1986, 18: 329-346.

[3] Wang H O, Tanaka K, Griffin M F. Parallel distributed compensation of nonlinear systems by Takagi-Sugeno fuzzy model[J]. Proc. Fuzz-IEEE/IFES'95, 1995: 531-538.

[4] 王琪. YALMIP 工具箱使用范例. 东北大学数学系,百度文库.

第 6 章 机械手自适应模糊控制

CHAPTER 6

6.1 简单的自适应模糊滑模控制

6.1.1 问题描述

简单的机械系统动力学方程为

$$\ddot{\theta}=f(\theta,\dot{\theta})+u \tag{6.1}$$

其中，θ 为角度，u 为控制输入。

取 $f(\boldsymbol{x})=f(x_1,x_2)=f(\theta,\dot{\theta})$，写成状态方程形式为

$$\begin{aligned}\dot{x}_1&=x_2\\ \dot{x}_2&=f(\boldsymbol{x})+u\end{aligned} \tag{6.2}$$

其中，$f(\boldsymbol{x})$为未知函数。

位置指令为 x_{d}，则误差及其变化率为

$$e=x_1-x_{\mathrm{d}},\quad \dot{e}=x_2-\dot{x}_{\mathrm{d}}$$

定义滑模函数为

$$s=ce+\dot{e},\quad c>0 \tag{6.3}$$

则

$$\dot{s}=c\dot{e}+\ddot{e}=c\dot{e}+\dot{x}_2-\ddot{x}_d=c\dot{e}+f(\boldsymbol{x})+u-\ddot{x}_{\mathrm{d}}$$

由式(6.3)可见，如果 $s\to0$，则 $e\to0$ 且 $\dot{e}\to0$。

6.1.2 模糊逼近原理

由于模糊系统具有万能逼近特性[1]，以 $\hat{f}(\boldsymbol{x}|\boldsymbol{\theta})$来逼近 $f(\boldsymbol{x})$。针对模糊系统输入 x_1 和 x_2，分别设计 5 个模糊集，即取 $n=2,i=1,2,p_1=p_2=5$，则共有 $p_1p_2=25$ 条模糊规则。

采用以下两步构造模糊系统 $\hat{f}(\boldsymbol{x}|\boldsymbol{\theta})$。

① 对变量 $x_i(i=1,2)$，定义 p_i 个模糊集合 $A_i^{l_i}(l_i=1,2,3,4,5)$。

② 采用 $\prod_{i=1}^{n}p_i=p_1p_2=25$ 条模糊规则来构造模糊系统$\hat{f}(\boldsymbol{x}\mid\boldsymbol{\theta})$，则第 j 条模糊规则为

$$R^{(j)}: \text{If } x_1 \text{ is } A_1^{l_1} \text{ and } x_2 \text{ is } A_1^{l_2} \text{ then } \hat{f} \text{ is } B^{l_1 l_2} \tag{6.4}$$

其中，$l_i=1,2,3,4,5$，$i=1,2$，$j=1,2,\cdots,25$，$B^{l_1 l_2}$ 为结论的模糊集。

则第 1 条、第 i 条和第 25 条模糊规则表示如下。

$$R^{(1)}: \text{If } x_1 \text{ is } A_1^1 \text{ and } x_2 \text{ is } A_2^1 \text{ then } \hat{f} \text{ is } B^1$$

$$R^{(i)}: \text{If } x_1 \text{ is } A_1^i \text{ and } x_2 \text{ is } A_2^i \text{ then } \hat{f} \text{ is } B^i$$

$$R^{(25)}: \text{If } x_1 \text{ is } A_1^5 \text{ and } x_2 \text{ is } A_1^5 \text{ then } \hat{f} \text{ is } B^{25}$$

模糊推理过程采用如下 4 个步骤。

(1) 采用乘积推理机实现规则的前提推理，推理结果为 $\prod_{i=1}^{2}\mu_{A_i^{l_i}}(x_i)$。

(2) 采用单值模糊器求 $\bar{y}_f^{l_1 l_2}$，即隶属函数最大值(1.0)所对应的横坐标值(x_1,x_2)的函数值 $f(x_1,x_2)$。

(3) 采用乘积推理机实现规则前提与规则结论的推理，推理结果为 $\bar{y}_f^{l_1 l_2}\left(\prod_{i=1}^{2}\mu_{A_i^{l_i}}(x_i)\right)$。对所有的模糊规则进行并运算，则模糊系统的输出为 $\sum_{l_1=1}^{5}\sum_{l_2=1}^{5}\bar{y}_f^{l_1 l_2}\left(\prod_{i=1}^{2}\mu_{A_i^{l_i}}(x_i)\right)$。

(4) 采用平均解模糊器，得到模糊系统的输出为

$$\hat{f}(\boldsymbol{x}\mid\boldsymbol{\theta})=\frac{\sum_{l_1=1}^{5}\sum_{l_2=1}^{5}\bar{y}_f^{l_1 l_2}\left(\prod_{i=1}^{2}\mu_{A_i^{l_i}}(x_i)\right)}{\sum_{l_1=1}^{5}\sum_{l_2=1}^{5}\left(\prod_{i=1}^{2}\mu_{A_i^{l_i}}(x_i)\right)} \tag{6.5}$$

其中，$\mu_{A_i^{l_i}}(x_i)$为 x_i 的隶属函数。

令 $\bar{y}_f^{l_1 l_2}$ 是自由参数，放在集合$\boldsymbol{\theta}\in R^{(25)}$中，则可引入模糊基向量$\boldsymbol{\xi}(\boldsymbol{x})$[1]，式(6.5)变为

$$\hat{f}(\boldsymbol{x}\mid\boldsymbol{\theta})=\hat{\boldsymbol{\theta}}^{\mathrm{T}}\boldsymbol{\xi}(\boldsymbol{x}) \tag{6.6}$$

其中，$\boldsymbol{\xi}(\boldsymbol{x})$为 $\prod_{i=1}^{2}p_i=p_1\times p_2=25$ 维模糊基向量，其第 $l_1 l_2$ 个元素为

$$\boldsymbol{\xi}_{l_1 l_2}(\boldsymbol{x})=\frac{\prod_{i=1}^{2}\mu_{A_i^{l_i}}(x_i)}{\sum_{l_1=1}^{5}\sum_{l_2=1}^{5}\left(\prod_{i=1}^{2}\mu_{A_i^{l_i}}(x_i)\right)} \tag{6.7}$$

6.1.3 控制算法设计与分析

设最优参数为

$$\boldsymbol{\theta}^*=\arg\min_{\boldsymbol{\theta}\in\Omega}\left[\sup_{x\in R^2}\left|\hat{f}(\boldsymbol{x}\mid\boldsymbol{\theta})-f(\boldsymbol{x})\right|\right] \tag{6.8}$$

其中，Ω 为$\boldsymbol{\theta}$ 的集合。

则

$$f(\boldsymbol{x})=\boldsymbol{\theta}^{*\mathrm{T}}\boldsymbol{\xi}(\boldsymbol{x})+\varepsilon$$

其中，ε 为模糊系统的逼近误差。

$$f(\boldsymbol{x})-\hat{f}(\boldsymbol{x})=\boldsymbol{\theta}^{*\mathrm{T}}\boldsymbol{\xi}(\boldsymbol{x})+\varepsilon-\hat{\boldsymbol{\theta}}\boldsymbol{\xi}(\boldsymbol{x})=-\tilde{\boldsymbol{\theta}}^{\mathrm{T}}\boldsymbol{\xi}(\boldsymbol{x})+\varepsilon$$

定义 Lyapunov 函数为

$$V=\frac{1}{2}s^2+\frac{1}{2\gamma}\tilde{\boldsymbol{\theta}}^{\mathrm{T}}\tilde{\boldsymbol{\theta}} \tag{6.9}$$

其中，$\gamma>0$，$\tilde{\boldsymbol{\theta}}=\hat{\boldsymbol{\theta}}-\boldsymbol{\theta}^*$，则

$$\dot{V}=s\dot{s}+\frac{1}{\gamma}\tilde{\boldsymbol{\theta}}^{\mathrm{T}}\dot{\hat{\boldsymbol{\theta}}}=s(c\dot{e}+f(x)+u-\ddot{x}_{\mathrm{d}})+\frac{1}{\gamma}\tilde{\boldsymbol{\theta}}^{\mathrm{T}}\dot{\hat{\boldsymbol{\theta}}}$$

设计控制律为

$$u=-c\dot{e}-\hat{f}(x)+\ddot{x}_{\mathrm{d}}-\eta\operatorname{sgn}(s) \tag{6.10}$$

则

$$\begin{aligned}\dot{V}&=s(f(x)-\hat{f}(x)-\eta\operatorname{sgn}(s))+\frac{1}{\gamma}\tilde{\boldsymbol{\theta}}^{\mathrm{T}}\dot{\hat{\boldsymbol{\theta}}}\\&=s(-\tilde{\boldsymbol{\theta}}^{\mathrm{T}}\xi(\boldsymbol{x})+\varepsilon-\eta\operatorname{sgn}(s))+\frac{1}{\gamma}\tilde{\boldsymbol{\theta}}^{\mathrm{T}}\dot{\hat{\boldsymbol{\theta}}}\\&=\varepsilon s-\eta|s|+\tilde{\boldsymbol{\theta}}^{\mathrm{T}}\left(\frac{1}{\gamma}\dot{\hat{\boldsymbol{\theta}}}-s\boldsymbol{\xi}(\boldsymbol{x})\right)\end{aligned}$$

取 $\eta>|\varepsilon|_{\max}$，自适应律为

$$\dot{\hat{\boldsymbol{\theta}}}=\gamma s\boldsymbol{\xi}(\boldsymbol{x}) \tag{6.11}$$

则

$$\dot{V}=\varepsilon s-\eta|s|\leqslant 0$$

当 $\dot{V}\equiv 0$ 时，$s\equiv 0$，根据 LaSalle 不变性原理，$t\to\infty$ 时，$s\to 0$，从而 $e\to 0$，$\dot{e}\to 0$。系统的收敛速度取决于 η。由于 $V\geqslant 0$，$\dot{V}\leqslant 0$，则 V 有界，因此 $\tilde{\boldsymbol{\theta}}$ 有界，但无法保证 $\tilde{\boldsymbol{\theta}}$ 收敛于 0。

6.1.4 仿真实例

考虑如下被控对象

$$\begin{aligned}\dot{x}_1&=x_2\\\dot{x}_2&=f(\boldsymbol{x})+u\end{aligned}$$

其中，$f(\boldsymbol{x})=x_1x_2$。

位置指令为 $x_{\mathrm{d}}(t)=\sin t$，取 5 种隶属函数对模糊系统输入 x_i 进行模糊化，分别为 $\mu_{\mathrm{NM}}(x_i)=\exp[-((x_i+\pi/3)/(\pi/12))^2]$，$\mu_{\mathrm{NS}}(x_i)=\exp[-((x_i+\pi/6)/(\pi/12))^2]$，$\mu_{\mathrm{Z}}(x_i)=\exp[-(x_i/(\pi/12))^2]$，$\mu_{\mathrm{PS}}(x_i)=\exp[-((x_i-\pi/6)/(\pi/12))^2]$，$\mu_{\mathrm{PM}}(x_i)=\exp[-((x_i-\pi/3)/(\pi/12))^2]$。则用于逼近 f 的模糊规则有 25 条。

根据隶属函数设计程序，可得到隶属函数图，如图 6.1 所示。

在控制器程序中，分别用 $\mathrm{FS_2}$、$\mathrm{FS_1}$ 和 FS 表示模糊系统 $\boldsymbol{\xi}(\boldsymbol{x})$ 的分子、分母及 $\boldsymbol{\xi}(\boldsymbol{x})$。被控对象初始值取[0.15,0]，控制律采用式(6.10)，自适应律采用式(6.11)，向量 $\hat{\boldsymbol{\theta}}$ 中各个元素的初值取 0.10，取 $\gamma=5000$，$\eta=0.50$。仿真结果如图 6.2～图 6.4 所示。

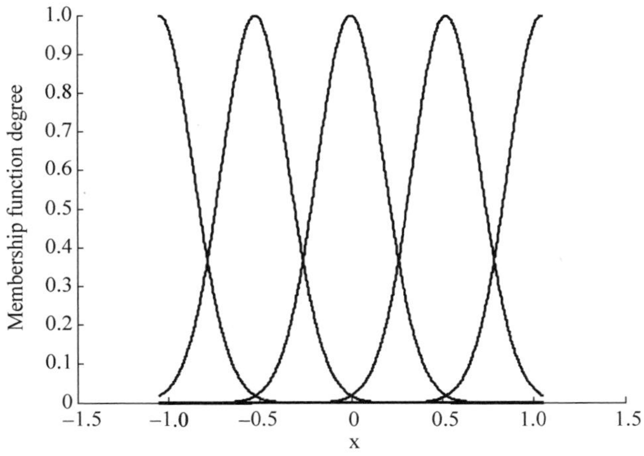

图 6.1　x_i 的隶属函数

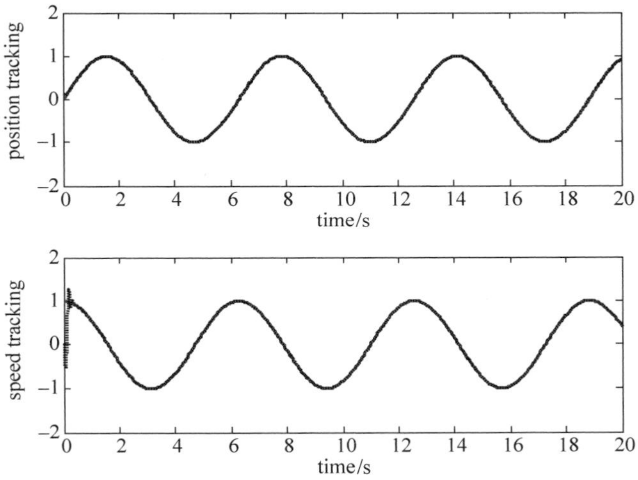

图 6.2　位置和速度跟踪

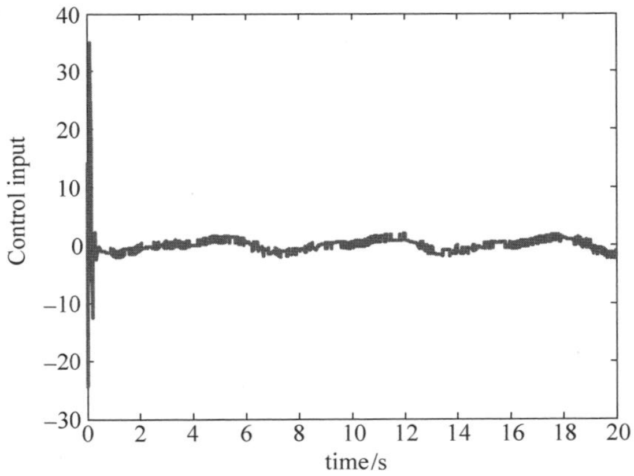

图 6.3　控制输入信号

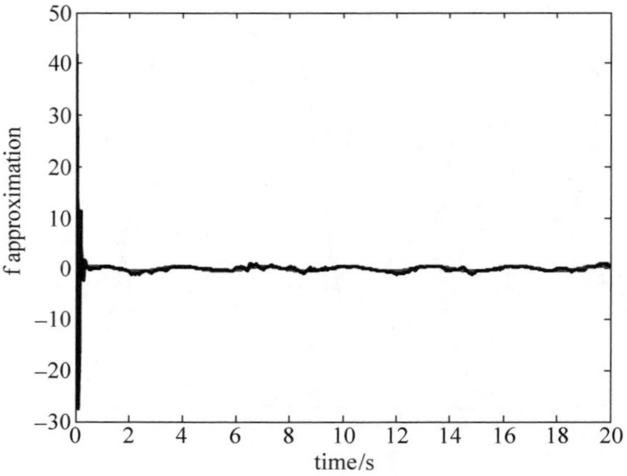

图 6.4　$f(\boldsymbol{x})$及其模糊逼近

仿真程序：

(1) 隶属函数设计：chap6_1mf.m。

(2) Simulink 主程序：chap6_1sim.mdl，如图 6.5 所示。

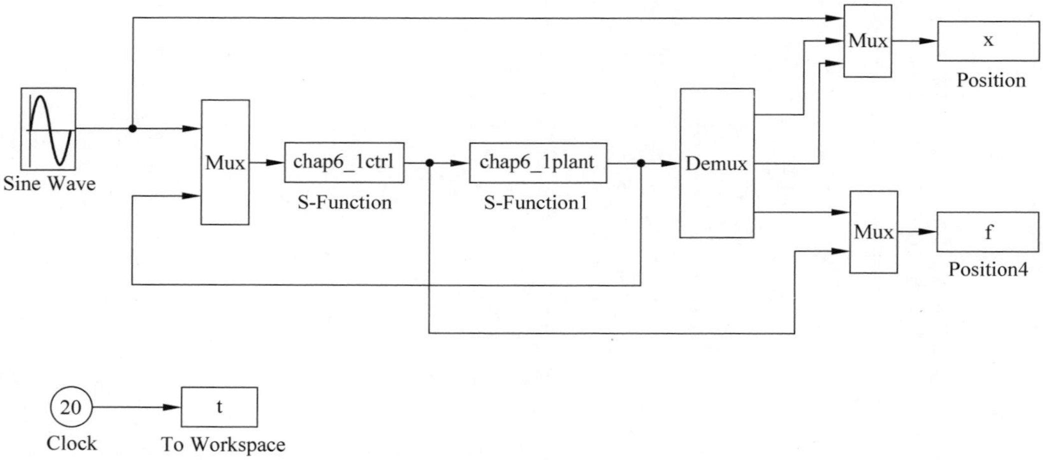

图 6.5　Simulink 主程序

(3) 被控对象 S 函数：chap6_1plant.m。

(4) 控制器 S 函数：chap6_1ctrl.m。

(5) 作图程序：chap6_1plot.m。

6.2　基于模糊补偿的机械手模糊自适应滑模控制

由于传统的模糊自适应控制方法对于存在较大扰动等外界因素时，控制效果较差。为了减弱这些外界干扰因素的影响，可以采用模糊补偿器。仿真试验表明带模糊补偿器的自适应模糊控制方法可以很好地抑制摩擦、扰动和负载变化等因素的影响[2]。

6.2.1 系统描述

机械手的动态方程为

$$\boldsymbol{D}(\boldsymbol{q})\ddot{\boldsymbol{q}}+\boldsymbol{C}(\boldsymbol{q},\dot{\boldsymbol{q}})\dot{\boldsymbol{q}}+\boldsymbol{G}(\boldsymbol{q})+\boldsymbol{F}(\boldsymbol{q},\dot{\boldsymbol{q}},\ddot{\boldsymbol{q}})=\boldsymbol{\tau} \tag{6.12}$$

其中，$\boldsymbol{D}(\boldsymbol{q})$为惯性力矩，$\boldsymbol{C}(\boldsymbol{q},\dot{\boldsymbol{q}})$是向心力和哥氏力矩，$\boldsymbol{G}(\boldsymbol{q})$是重力项，$\boldsymbol{F}(\boldsymbol{q},\dot{\boldsymbol{q}},\ddot{\boldsymbol{q}})$是由摩擦、扰动、负载变化的不确定项组成。

6.2.2 基于传统模糊补偿的控制

假设，$\boldsymbol{D}(\boldsymbol{q})$、$\boldsymbol{C}(\boldsymbol{q},\dot{\boldsymbol{q}})$和$\boldsymbol{G}(\boldsymbol{q})$为已知，且所有状态变量可测得。

定义滑模函数为

$$\boldsymbol{s}=\dot{\tilde{\boldsymbol{q}}}+\boldsymbol{\Lambda}\tilde{\boldsymbol{q}} \tag{6.13}$$

其中，$\boldsymbol{\Lambda}$为正定阵，$\tilde{\boldsymbol{q}}$为跟踪误差，$\tilde{\boldsymbol{q}}=\boldsymbol{q}-\boldsymbol{q}_{\mathrm{d}}$，$\boldsymbol{q}_{\mathrm{d}}$为指令。

定义

$$\dot{\boldsymbol{q}}_{\mathrm{r}}=\dot{\boldsymbol{q}}_{\mathrm{d}}-\boldsymbol{\Lambda}\tilde{\boldsymbol{q}} \tag{6.14}$$

定义 Lyapunov 函数

$$V(t)=\frac{1}{2}\left(\boldsymbol{s}^{\mathrm{T}}\boldsymbol{D}\boldsymbol{s}+\sum_{i=1}^{n}\tilde{\boldsymbol{\Theta}}_i^{\mathrm{T}}\Gamma_i\tilde{\boldsymbol{\Theta}}_i\right)$$

其中，$\tilde{\boldsymbol{\Theta}}_i=\boldsymbol{\Theta}_i^*-\boldsymbol{\Theta}_i$，$\boldsymbol{\Theta}_i^*$为理想参数，$\Gamma_i>0$。

由于$\boldsymbol{s}=\dot{\tilde{\boldsymbol{q}}}+\boldsymbol{\Lambda}\tilde{\boldsymbol{q}}=\dot{\boldsymbol{q}}-\dot{\boldsymbol{q}}_{\mathrm{d}}+\boldsymbol{\Lambda}\tilde{\boldsymbol{q}}=\dot{\boldsymbol{q}}-\dot{\boldsymbol{q}}_{\mathrm{r}}$，则

$$\boldsymbol{D}\dot{\boldsymbol{s}}=\boldsymbol{D}\ddot{\boldsymbol{q}}-\boldsymbol{D}\ddot{\boldsymbol{q}}_{\mathrm{r}}=\boldsymbol{\tau}-\boldsymbol{C}\dot{\boldsymbol{q}}-\boldsymbol{G}-\boldsymbol{F}-\boldsymbol{D}\ddot{\boldsymbol{q}}_{\mathrm{r}} \tag{6.15}$$

则

$$\begin{aligned}\dot{V}(t)&=\boldsymbol{s}^{\mathrm{T}}\boldsymbol{D}\dot{\boldsymbol{s}}+\frac{1}{2}\boldsymbol{s}^{\mathrm{T}}\dot{\boldsymbol{D}}\boldsymbol{s}+\sum_{i=1}^{n}\tilde{\boldsymbol{\Theta}}_i^{\mathrm{T}}\Gamma_i\dot{\tilde{\boldsymbol{\Theta}}}_i\\&=-\boldsymbol{s}^{\mathrm{T}}(-\boldsymbol{\tau}+\boldsymbol{C}\dot{\boldsymbol{q}}+\boldsymbol{G}+\boldsymbol{F}+\boldsymbol{D}\ddot{\boldsymbol{q}}_{\mathrm{r}}-\boldsymbol{C}\boldsymbol{s})+\sum_{i=1}^{n}\tilde{\boldsymbol{\Theta}}_i^{\mathrm{T}}\Gamma_i\dot{\tilde{\boldsymbol{\Theta}}}_i\\&=-\boldsymbol{s}^{\mathrm{T}}(\boldsymbol{D}\ddot{\boldsymbol{q}}_{\mathrm{r}}+\boldsymbol{C}\dot{\boldsymbol{q}}_{\mathrm{r}}+\boldsymbol{G}+\boldsymbol{F}-\boldsymbol{\tau})+\sum_{i=1}^{n}\tilde{\boldsymbol{\Theta}}_i^{\mathrm{T}}\Gamma_i\dot{\tilde{\boldsymbol{\Theta}}}_i\end{aligned} \tag{6.16}$$

其中，$\boldsymbol{F}(\boldsymbol{q},\dot{\boldsymbol{q}},\ddot{\boldsymbol{q}})$为未知非线性函数，采用基于 MIMO 的模糊系统 $\hat{\boldsymbol{F}}(\boldsymbol{q},\dot{\boldsymbol{q}},\ddot{\boldsymbol{q}}|\boldsymbol{\Theta})$来逼近$\boldsymbol{F}(\boldsymbol{q},\dot{\boldsymbol{q}},\ddot{\boldsymbol{q}})$。

6.2.3 自适应控制律的设计

设计控制律为

$$\boldsymbol{\tau}=\boldsymbol{D}(\boldsymbol{q})\ddot{\boldsymbol{q}}_{\mathrm{r}}+\boldsymbol{C}(\boldsymbol{q},\dot{\boldsymbol{q}})\dot{\boldsymbol{q}}_{\mathrm{r}}+\boldsymbol{G}(\boldsymbol{q})+\hat{\boldsymbol{F}}(\boldsymbol{q},\dot{\boldsymbol{q}},\ddot{\boldsymbol{q}}\mid\boldsymbol{\Theta})-\boldsymbol{K}_{\mathrm{D}}\boldsymbol{s}-\boldsymbol{W}\mathrm{sgn}(\boldsymbol{s}) \tag{6.17}$$

其中$\boldsymbol{K}_{\mathrm{D}}=\mathrm{diag}(K_i)$，$K_i>0$，$i=1,2,\cdots,n$，$\boldsymbol{W}=\mathrm{diag}[w_{\mathrm{M}_1},\cdots,w_{\mathrm{M}_n}]$，$w_{\mathrm{M}_i}\geqslant|w_i|$，$i=1,2,\cdots,n$。且

$$\hat{\boldsymbol{F}}(\boldsymbol{q},\dot{\boldsymbol{q}},\ddot{\boldsymbol{q}} \mid \boldsymbol{\Theta}) = \begin{bmatrix} \hat{F}_1(\boldsymbol{q},\dot{\boldsymbol{q}},\ddot{\boldsymbol{q}} \mid \boldsymbol{\Theta}_1) \\ \hat{F}_2(\boldsymbol{q},\dot{\boldsymbol{q}},\ddot{\boldsymbol{q}} \mid \boldsymbol{\Theta}_2) \\ \vdots \\ \hat{F}_n(\boldsymbol{q},\dot{\boldsymbol{q}},\ddot{\boldsymbol{q}} \mid \boldsymbol{\Theta}_n) \end{bmatrix} = \begin{bmatrix} \boldsymbol{\Theta}_1^{\mathrm{T}} \boldsymbol{\xi}(\boldsymbol{q},\dot{\boldsymbol{q}},\ddot{\boldsymbol{q}}) \\ \boldsymbol{\Theta}_2^{\mathrm{T}} \boldsymbol{\xi}(\boldsymbol{q},\dot{\boldsymbol{q}},\ddot{\boldsymbol{q}}) \\ \vdots \\ \boldsymbol{\Theta}_n^{\mathrm{T}} \xi(\boldsymbol{q},\dot{\boldsymbol{q}},\ddot{\boldsymbol{q}}) \end{bmatrix} \tag{6.18}$$

模糊逼近误差为

$$\boldsymbol{w} = \boldsymbol{F}(\boldsymbol{q},\dot{\boldsymbol{q}},\ddot{\boldsymbol{q}}) - \hat{\boldsymbol{F}}(\boldsymbol{q},\dot{\boldsymbol{q}},\ddot{\boldsymbol{q}} \mid \boldsymbol{\Theta}^*) \tag{6.19}$$

将控制律式(6.17)代入式(6.16),得

$$\begin{aligned} \dot{V}(t) &= -\boldsymbol{s}^{\mathrm{T}}(\boldsymbol{F}(\boldsymbol{q},\dot{\boldsymbol{q}},\ddot{\boldsymbol{q}}) - \hat{\boldsymbol{F}}(\boldsymbol{q},\dot{\boldsymbol{q}},\ddot{\boldsymbol{q}} \mid \boldsymbol{\Theta}) + \boldsymbol{K}_{\mathrm{D}}\boldsymbol{s} - \boldsymbol{W}\mathrm{sgn}(\boldsymbol{s})) + \sum_{i=1}^{n} \tilde{\boldsymbol{\Theta}}_i^{\mathrm{T}} \Gamma_i \dot{\tilde{\boldsymbol{\Theta}}}_i \\ &= -\boldsymbol{s}^{\mathrm{T}}(\boldsymbol{F}(\boldsymbol{q},\dot{\boldsymbol{q}},\ddot{\boldsymbol{q}}) - \hat{\boldsymbol{F}}(\boldsymbol{q},\dot{\boldsymbol{q}},\ddot{\boldsymbol{q}} \mid \boldsymbol{\Theta}) + \hat{\boldsymbol{F}}(\boldsymbol{q},\dot{\boldsymbol{q}},\ddot{\boldsymbol{q}} \mid \boldsymbol{\Theta}^*) - \hat{\boldsymbol{F}}(\boldsymbol{q},\dot{\boldsymbol{q}},\ddot{\boldsymbol{q}} \mid \boldsymbol{\Theta}^*) + \\ &\quad \boldsymbol{K}_{\mathrm{D}}\boldsymbol{s} - \boldsymbol{W}\mathrm{sgn}(\boldsymbol{s})) + \sum_{i=1}^{n} \tilde{\boldsymbol{\Theta}}_i^{\mathrm{T}} \Gamma_i \dot{\tilde{\boldsymbol{\Theta}}}_i \\ &= -\boldsymbol{s}^{\mathrm{T}}(\tilde{\boldsymbol{\Theta}}^{\mathrm{T}} \boldsymbol{\xi}(\boldsymbol{q},\dot{\boldsymbol{q}},\ddot{\boldsymbol{q}}) + \boldsymbol{w} + \boldsymbol{K}_{\mathrm{D}}\boldsymbol{s} - \boldsymbol{W}\mathrm{sgn}(\boldsymbol{s})) + \sum_{i=1}^{n} \tilde{\boldsymbol{\Theta}}_i^{\mathrm{T}} \Gamma_i \dot{\tilde{\boldsymbol{\Theta}}}_i \\ &= -\boldsymbol{s}^{\mathrm{T}}\boldsymbol{K}_{\mathrm{D}}\boldsymbol{s} - \boldsymbol{s}^{\mathrm{T}}\boldsymbol{w} - \boldsymbol{W}\|\boldsymbol{s}\| + \sum_{i=1}^{n} (\tilde{\boldsymbol{\Theta}}_i^{\mathrm{T}} \Gamma_i \dot{\tilde{\boldsymbol{\Theta}}}_i - s_i \tilde{\boldsymbol{\Theta}}_i^{\mathrm{T}} \boldsymbol{\xi}(\boldsymbol{q},\dot{\boldsymbol{q}},\ddot{\boldsymbol{q}})) \end{aligned}$$

其中$\tilde{\boldsymbol{\Theta}} = \boldsymbol{\Theta}^* - \boldsymbol{\Theta}$,$\boldsymbol{\xi}(\boldsymbol{q},\dot{\boldsymbol{q}},\ddot{\boldsymbol{q}})$为模糊系统。

自适应律为

$$\dot{\boldsymbol{\Theta}} = -\Gamma_i^{-1} s_i \boldsymbol{\xi}(\boldsymbol{q},\dot{\boldsymbol{q}},\ddot{\boldsymbol{q}}), \quad i = 1,2,\cdots,n \tag{6.20}$$

则

$$\dot{V}(t) \leqslant -\boldsymbol{s}^{\mathrm{T}}\boldsymbol{K}_{\mathrm{D}}\boldsymbol{s}$$

当$\dot{V} \equiv 0$时,$\boldsymbol{s} \equiv 0$,根据 LaSalle 不变性原理,$t \to \infty$时,$\boldsymbol{s} \to 0$,从而$\tilde{\boldsymbol{q}} \to 0$,$\dot{\tilde{\boldsymbol{q}}} \to 0$。系统的收敛速度取决于$\boldsymbol{K}_{\mathrm{D}}$。由于$V \geqslant 0$,$\dot{V} \leqslant 0$,则$V$有界,因此$\tilde{\boldsymbol{\Theta}}_i$有界,但无法保证$\tilde{\boldsymbol{\Theta}}_i$收敛于0,即无法保证$\tilde{\boldsymbol{F}}(\boldsymbol{q},\dot{\boldsymbol{q}},\ddot{\boldsymbol{q}})$的收敛精度。

假设机械手关节个数为n,如果采用基于 MIMO 的模糊系统$\hat{\boldsymbol{F}}(\boldsymbol{q},\dot{\boldsymbol{q}},\ddot{\boldsymbol{q}} \mid \boldsymbol{\Theta})$来逼近$\boldsymbol{F}(\boldsymbol{q},\dot{\boldsymbol{q}},\ddot{\boldsymbol{q}})$,则对每个关节来说,输入变量个数为 3。如果针对$n$个关节机械手,对每个输入变量设计$k$个隶属函数,则规则总数为$k^{3n}$。

例如,机械手关节个数为 2,每个关节输入变量个数为 3,每个输入变量设计 5 个隶属函数,则规则总数为$5^{3\times 2} = 5^6 = 15\ 625$,如此多的模糊规则会导致计算量过大。为了减少模糊规则的个数,应针对$\boldsymbol{F}(\boldsymbol{q},\dot{\boldsymbol{q}},\ddot{\boldsymbol{q}},t)$的具体表达形式分别进行设计。

6.2.4 基于摩擦模糊逼近的模糊补偿控制

只考虑针对摩擦进行模糊逼近的模糊补偿控制,由于摩擦力只与速度信号有关,则

$\boldsymbol{F}(\boldsymbol{q},\dot{\boldsymbol{q}},\ddot{\boldsymbol{q}})=\boldsymbol{F}(\dot{\boldsymbol{q}})$用于逼近摩擦的模糊系统可表示为$\hat{\boldsymbol{F}}(\dot{\boldsymbol{q}}\mid\boldsymbol{\theta})$，此时模糊系统的输入只有一个，可根据基于传统模糊补偿的控制器设计方法，即式(6.17)来设计控制律。

鲁棒模糊自适应控制律设计为

$$\boldsymbol{\tau}=\boldsymbol{D}(\boldsymbol{q})\ddot{\boldsymbol{q}}_{\mathrm{r}}+\boldsymbol{C}(\boldsymbol{q},\dot{\boldsymbol{q}})\dot{\boldsymbol{q}}_{\mathrm{r}}+\boldsymbol{G}(\boldsymbol{q})+\hat{\boldsymbol{F}}(\dot{\boldsymbol{q}}\mid\boldsymbol{\theta})-\boldsymbol{K}_{\mathrm{D}}\boldsymbol{s}-\boldsymbol{W}\mathrm{sgn}(\boldsymbol{s}) \tag{6.21}$$

自适应律设计为

$$\dot{\boldsymbol{\theta}}_i=-\Gamma_i^{-1}s_i\xi(\dot{\boldsymbol{q}}),\quad i=1,2,\cdots,n \tag{6.22}$$

模糊系统设计为

$$\hat{\boldsymbol{F}}(\dot{\boldsymbol{q}}\mid\boldsymbol{\theta})=\begin{bmatrix}\hat{F}_1(\dot{q}_1)\\\hat{F}_2(\dot{q}_2)\\\vdots\\\hat{F}_n(\dot{q}_n)\end{bmatrix}=\begin{bmatrix}\boldsymbol{\theta}_1^{\mathrm{T}}\boldsymbol{\xi}^1(\dot{q}_1)\\\boldsymbol{\theta}_2^{\mathrm{T}}\boldsymbol{\xi}^2(\dot{q}_2)\\\vdots\\\boldsymbol{\theta}_n^{\mathrm{T}}\boldsymbol{\xi}^n(\dot{q}_n)\end{bmatrix}$$

6.2.5 仿真实例

针对双关节刚性机械手，其动力学方程为式(6.12)，具体表达如下

$$\begin{bmatrix}D_{11}(q_2) & D_{12}(q_2)\\D_{21}(q_2) & D_{22}(q_2)\end{bmatrix}\begin{bmatrix}\ddot{q}_1\\\ddot{q}_2\end{bmatrix}+\begin{bmatrix}-C_{12}(q_2)\dot{q}_2 & -C_{12}(q_2)(\dot{q}_1+\dot{q}_2)\\C_{12}(q_2)\dot{q}_1 & 0\end{bmatrix}\begin{bmatrix}g_1(q_1+q_2)g\\g_2(q_1+q_2)g\end{bmatrix}+$$
$$\boldsymbol{F}(\boldsymbol{q},\dot{\boldsymbol{q}},\ddot{\boldsymbol{q}})=\begin{bmatrix}\tau_1\\\tau_2\end{bmatrix}$$

其中

$$D_{11}(q_2)=(m_1+m_2)r_1^2+m_2r_2^2+2m_2r_1r_2\cos(q_2)$$
$$D_{12}(q_2)=D_{21}(q_2)=m_2r_2^2+m_2r_1r_2\cos(q_2)$$
$$D_{22}(q_2)=m_2r_2^2$$
$$C_{12}(q_2)=m_2r_1r_2\sin(q_2)$$

令$\boldsymbol{q}=[q_1,q_2]^{\mathrm{T}}$，$\boldsymbol{\tau}=[\tau_1,\tau_2]^{\mathrm{T}}$，$\boldsymbol{x}=[q_1,\dot{q}_1,q_2,\dot{q}_2]^{\mathrm{T}}$。取系统参数为$r_1=1.0$，$r_2=0.80$，$m_1=1.0$，$m_2=1.5$。

控制目标是使双关节的角度输出q_1、q_2分别跟踪期望轨迹$q_{\mathrm{d1}}=0.3\sin t$和$q_{\mathrm{d2}}=0.3\sin t$。

定义隶属函数为

$$\mu_{A_i^{l_i}}(x_i)=\exp\left(-\left(\frac{x_i-\bar{x}_i^l}{\pi/24}\right)^2\right)$$

其中，$\bar{x}_i^l$分别为$-\pi/6,-\pi/12,0,\pi/12$和$\pi/6$，$i=1,2,3,4,5$，A_i分别为NB，NS，ZO，PS，PB。

针对带有摩擦的情况，采用基于摩擦模糊补偿的机械手控制，取控制器设计参数为$\lambda_1=10$，$\lambda_2=10$，$\boldsymbol{K}_{\mathrm{D}}=20\boldsymbol{I}$，$\Gamma_1=\Gamma_2=0.0001$。取系统初始状态为$q_1(0)=q_2(0)=\dot{q}_1(0)=\dot{q}_2(0)=0$，取摩擦项为$\boldsymbol{F}(\dot{\boldsymbol{q}})=\begin{bmatrix}10\dot{q}_1\\10\dot{q}_2\end{bmatrix}$，在鲁棒控制律中，取$\boldsymbol{W}=\mathrm{diag}[2,2]$。采用鲁棒控制律式(6.21)及自适应律式(6.22)，仿真结果如图6.6～图6.9所示。

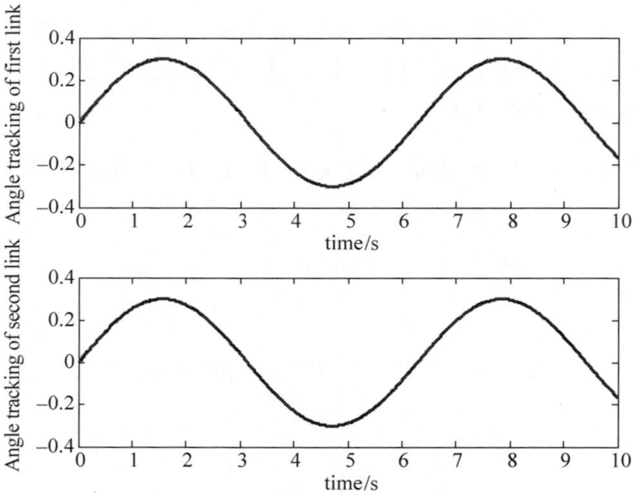

图 6.6　双关节角度跟踪

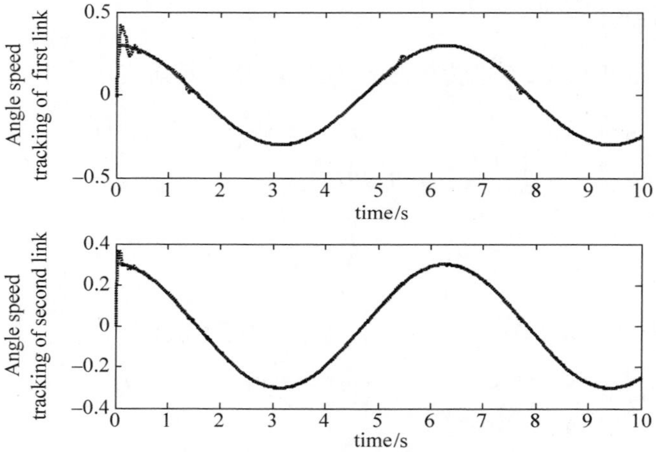

图 6.7　双关节角速度跟踪

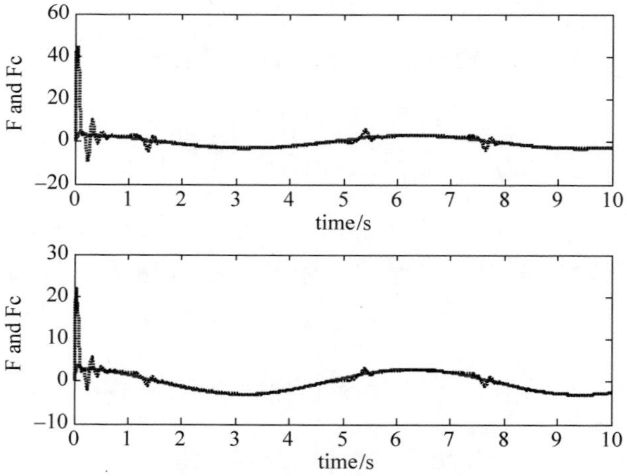

图 6.8　双关节摩擦及其补偿

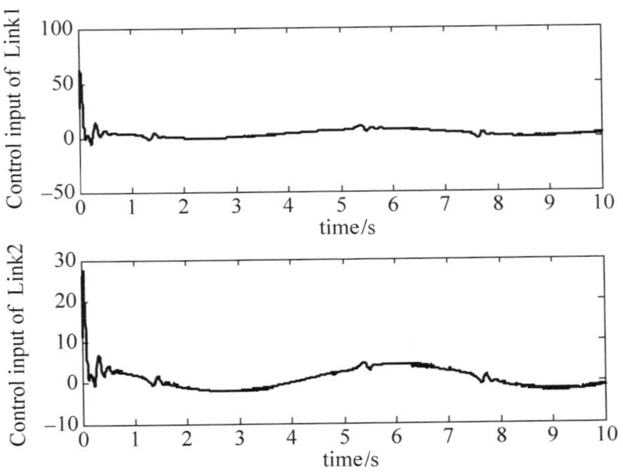

图 6.9 双关节控制输入

仿真程序：

(1) Simulink 主程序：chap6_2sim. mdl，如图 6.10 所示。

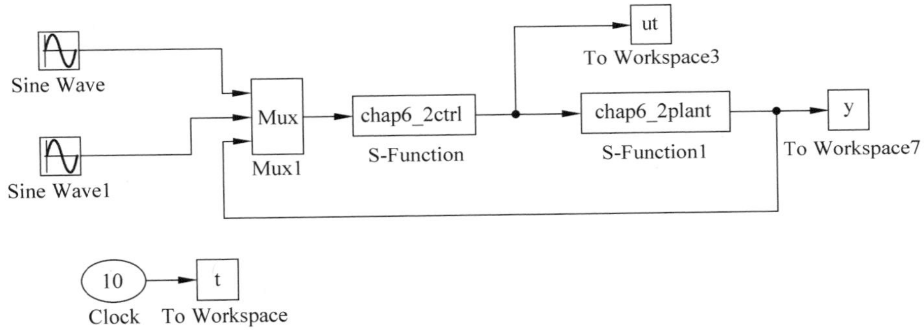

图 6.10 Simulink 主程序

(2) 控制器 S 函数：chap6_2ctrl. m。

(3) 被控对象 S 函数：chap6_2plant. m。

(4) 作图程序：chap6_2plot. m。

6.3 模糊系统逼近的最小参数学习法

6.3.1 问题描述

考虑如下二阶非线性系统

$$\ddot{\theta} = f(\theta, \dot{\theta}) + u \tag{6.23}$$

其中，f 为未知非线性函数，$u \in \mathbf{R}$ 和 $y = \theta \in \mathbf{R}$ 分别为系统的输入和输出。

设角度指令为 θ_{d}，令 $e = \theta - \theta_{\mathrm{d}}$，设计滑模函数为

$$s = \dot{e} + ce$$

其中，$c>0$，则

$$\dot{s}=\ddot{e}+c\dot{e}=\ddot{\theta}+c\dot{e}-\ddot{\theta}_{\mathrm{d}}=f+u-\ddot{\theta}_{\mathrm{d}}+c\dot{e} \tag{6.24}$$

在实际工程中，模型不确定项 f 为未知，为此，控制律无法实现，需要对 f 进行逼近。

6.3.2 模糊系统最小参数逼近

由于模糊系统具有万能逼近特性，以 $\hat{f}(\boldsymbol{x}|\boldsymbol{\theta})$ 来逼近 $f(\boldsymbol{x})$。针对模糊系统输入 x_1 和 x_2 分别设计 5 个模糊集，即取 $n=2, i=1,2, p_1=p_2=5$，则共有 $p_1\times p_2=25$ 条模糊规则。

采用以下两步构造模糊系统 $\hat{f}(\boldsymbol{x}|\boldsymbol{\theta})$：

(1) 对变量 $x_i(i=1,2)$，定义 p_i 个模糊集合 $A_i^{l_i}(l_i=1,2,3,4,5)$。

(2) 采用 $\prod\limits_{i=1}^{2}p_i=p_1\times p_2=25$ 条模糊规则来构造模糊系统 $\hat{f}(\boldsymbol{x}\mid\boldsymbol{\theta})$，则第 j 条模糊规则为

$$\mathrm{R}^{(j)}: \text{If } x_1 \text{ is } A_1^{l_1} \text{ and } x_2 \text{ is } A_1^{l_2} \text{ then } \hat{f} \text{ is } B^{l_1l_2} \tag{6.25}$$

其中，$l_i=1,2,3,4,5, i=1,2, j=1,2,\cdots,25, B^{l_1l_2}$ 为结论的模糊集。

则第 1 条、第 i 条和第 25 条模糊规则表示为

$$\mathrm{R}^{(1)}: \text{If } x_1 \text{ is } A_1^{1} \text{ and } x_2 \text{ is } A_2^{1} \text{ then } \hat{f} \text{ is } B^{1}$$

$$\mathrm{R}^{(i)}: \text{If } x_1 \text{ is } A_1^{i} \text{ and } x_2 \text{ is } A_2^{i} \text{ then } \hat{f} \text{ is } B^{i}$$

$$\mathrm{R}^{(25)}: \text{If } x_1 \text{ is } A_1^{5} \text{ and } x_2 \text{ is } A_2^{5} \text{ then } \hat{f} \text{ is } B^{25}$$

模糊推理过程采用如下 4 个步骤。

(1) 采用乘积推理机实现规则的前提推理，推理结果为 $\prod\limits_{i=1}^{2}\mu_{A_i^{l_i}}(x_i)$。

(2) 采用单值模糊器求 $\bar{y}_f^{l_1l_2}$，即隶属函数最大值(1.0)所对应的横坐标值(x_1,x_2)的函数值 $f(x_1,x_2)$。

(3) 采用乘积推理机实现规则前提与规则结论的推理，推理结果为 $\bar{y}_f^{l_1l_2}\left(\prod\limits_{i=1}^{2}\mu_{A_i^{l_i}}(x_i)\right)$；对所有的模糊规则进行并运算，则模糊系统的输出为 $\sum\limits_{l_1=1}^{5}\sum\limits_{l_2=1}^{5}\bar{y}_f^{l_1l_2}\left(\prod\limits_{i=1}^{2}\mu_{A_i^{l_i}}(x_i)\right)$。

(4) 采用平均解模糊器，得到模糊系统的输出为

$$\hat{f}(x\mid\theta)=\frac{\sum\limits_{l_1=1}^{5}\sum\limits_{l_2=1}^{5}\bar{y}_f^{l_1l_2}\left(\prod\limits_{i=1}^{2}\mu_{A_i^{l_i}}(x_i)\right)}{\sum\limits_{l_1=1}^{5}\sum\limits_{l_2=1}^{5}\left(\prod\limits_{i=1}^{2}\mu_{A_i^{l_i}}(x_i)\right)} \tag{6.26}$$

其中，$\mu_{A_i^{l_i}}(x_i)$ 为 x_i 的隶属函数。

令 $\bar{y}_f^{l_1l_2}$ 是自由参数，放在集合 $\boldsymbol{\theta}\in\mathbf{R}^{(25)}$ 中，则可引入模糊基向量 $\boldsymbol{\xi}(\boldsymbol{x})$，式(6.26)变为

$$\hat{f}(\boldsymbol{x}\mid\boldsymbol{\theta})=\hat{\boldsymbol{\theta}}^{\mathrm{T}}\boldsymbol{\xi}(\boldsymbol{x}) \tag{6.27}$$

其中，$\boldsymbol{\xi}(\boldsymbol{x})$为 $\prod_{i=1}^{2} p_i = p_1 \times p_2 = 25$ 维模糊基向量，其第 $l_1 l_2$ 个元素为

$$\boldsymbol{\xi}_{l_1 l_2}(\boldsymbol{x}) = \frac{\prod_{i=1}^{2} m_{A_i^{l_i}}(x_i)}{\sum_{l_1=1}^{5}\sum_{l_2=1}^{5}\left(\prod_{i=1}^{2} m_{A_i^{l_i}}(x_i)\right)}$$

设最优逼近参数为

$$\boldsymbol{\theta}^* = \arg\min_{\boldsymbol{\theta}\in\boldsymbol{\Omega}}\left[\sup_{x\in\mathbf{R}^2}\left|\hat{f}(\boldsymbol{x}\mid\boldsymbol{\theta}) - f(\boldsymbol{x})\right|\right]$$

其中$\boldsymbol{\Omega}$为$\boldsymbol{\theta}$的集合。则

$$f(x) = \boldsymbol{\theta}^{*\mathrm{T}}\boldsymbol{\xi}(\boldsymbol{x}) + \varepsilon \tag{6.28}$$

其中，ε 为模糊系统的逼近误差，$|\varepsilon| \leqslant \varepsilon_{\max}$。则

$$f(\boldsymbol{x}) - \hat{f}(\boldsymbol{x}) = \boldsymbol{\theta}^{*\mathrm{T}}\boldsymbol{\xi}(\boldsymbol{x}) + \varepsilon - \hat{\boldsymbol{\theta}}\boldsymbol{\xi}(\boldsymbol{x}) = -\tilde{\boldsymbol{\theta}}^{\mathrm{T}}\boldsymbol{\xi}(\boldsymbol{x}) + \varepsilon$$

6.3.3 基于模糊系统逼近的最小参数自适应控制

采用模糊系统逼近 f，根据 f 的表达式，$x_1 = \theta, x_2 = \dot{\theta}$。网络输入取 $\boldsymbol{x} = [x_1 \quad x_2]^{\mathrm{T}}$，模糊系统的输出为

$$\hat{f}(\boldsymbol{x}\mid\boldsymbol{\theta}) = \hat{\boldsymbol{\theta}}^{\mathrm{T}}\boldsymbol{\xi}(\boldsymbol{x}) \tag{6.29}$$

采用基于模糊系统逼近的最小参数方法[3]，令 $\phi = \|\boldsymbol{\theta}^*\|^2$，$\phi$ 为正常数，$\hat{\phi}$ 为 ϕ 的估计，$\tilde{\phi} = \hat{\phi} - \phi$，设计控制律为

$$u = -\frac{1}{2}s\hat{\phi}\boldsymbol{\xi}^{\mathrm{T}}\boldsymbol{\xi} + \ddot{\theta}_{\mathrm{d}} - c\dot{e} - \eta\,\mathrm{sgn}(s) - \mu s \tag{6.30}$$

其中，$\eta \geqslant \varepsilon_{\max}$，$\mu > 0$。

将式(6.28)和控制律式(6.30)代入式(6.24)，得

$$\dot{s} = \boldsymbol{\theta}^{*\mathrm{T}}\boldsymbol{\xi}(\boldsymbol{x}) + \varepsilon - \frac{1}{2}s\hat{\phi}\boldsymbol{\xi}^{\mathrm{T}}\boldsymbol{\xi} - \eta\,\mathrm{sgn}(s) - \mu s \tag{6.31}$$

定义 Lyapunov 函数

$$V = \frac{1}{2}s^2 + \frac{1}{2\gamma}\tilde{\phi}^2$$

其中，$\gamma > 0$。

对 V 求导，并将式(6.31)代入，得

$$\dot{V} = s\dot{s} + \frac{1}{\gamma}\tilde{\phi}\dot{\hat{\phi}} = s\left(\boldsymbol{\theta}^{*\mathrm{T}}\boldsymbol{\xi}(\boldsymbol{x}) + \varepsilon - \frac{1}{2}s\hat{\phi}\boldsymbol{\xi}^{\mathrm{T}}\boldsymbol{\xi} - \eta\,\mathrm{sgn}(s) - \mu s\right) + \frac{1}{\gamma}\tilde{\phi}\dot{\hat{\phi}}$$

由于 $s^2\phi\boldsymbol{\xi}^{\mathrm{T}}\boldsymbol{\xi} + 1 = s^2\|\boldsymbol{\theta}^*\|^2\boldsymbol{\xi}^{\mathrm{T}}\boldsymbol{\xi} + 1 = s^2\|\boldsymbol{\theta}^*\|^2\|\boldsymbol{\xi}\|^2 + 1 \geqslant s^2\|\boldsymbol{\theta}^{*\mathrm{T}}\boldsymbol{\xi}\|^2 + 1 \geqslant 2s\boldsymbol{\theta}^{*\mathrm{T}}\boldsymbol{\xi}$，则

$$s\boldsymbol{\theta}^{*\mathrm{T}}\boldsymbol{\xi} \leqslant \frac{1}{2}s^2\phi\boldsymbol{\xi}^{\mathrm{T}}\boldsymbol{\xi} + \frac{1}{2}$$

则

$$\begin{aligned}\dot{V} &\leqslant \frac{1}{2}s^2\phi\boldsymbol{\xi}^{\mathrm{T}}\boldsymbol{\xi}+\frac{1}{2}-\frac{1}{2}s^2\hat{\phi}\boldsymbol{\xi}^{\mathrm{T}}\boldsymbol{\xi}+\varepsilon s-\eta|s|+\frac{1}{\gamma}\tilde{\phi}\dot{\hat{\phi}}-\mu s^2\\ &=-\frac{1}{2}s^2\tilde{\phi}\boldsymbol{\xi}^{\mathrm{T}}\boldsymbol{\xi}+\frac{1}{2}+\varepsilon s-\eta|s|+\frac{1}{\gamma}\tilde{\phi}\dot{\hat{\phi}}-\mu s^2\\ &=\tilde{\phi}\left(-\frac{1}{2}s^2\boldsymbol{\xi}^{\mathrm{T}}\boldsymbol{\xi}+\frac{1}{\gamma}\dot{\hat{\phi}}\right)+\frac{1}{2}+\varepsilon s-\eta|s|-\mu s^2\leqslant\tilde{\phi}\left(-\frac{1}{2}s^2\boldsymbol{\xi}^{\mathrm{T}}\boldsymbol{\xi}+\frac{1}{\gamma}\dot{\hat{\phi}}\right)+\frac{1}{2}-\mu s^2\end{aligned}$$

设计自适应律为

$$\dot{\hat{\phi}}=\frac{\gamma}{2}s^2\boldsymbol{\xi}^{\mathrm{T}}\boldsymbol{\xi}-\kappa\gamma\hat{\phi} \tag{6.32}$$

其中,$\kappa>0$。

由于 $(\tilde{\phi}+\phi)^2\geqslant 0$,则 $\tilde{\phi}^2+2\tilde{\phi}\phi+\phi^2\geqslant 0$,$\tilde{\phi}^2+2\tilde{\phi}(\hat{\phi}-\tilde{\phi})+\phi^2\geqslant 0$,即 $\tilde{\phi}\hat{\phi}\geqslant\frac{1}{2}(\tilde{\phi}^2-\phi^2)$,则

$$\dot{V}\leqslant-\kappa\tilde{\phi}\hat{\phi}+\frac{1}{2}-\mu s^2\leqslant-\frac{\kappa}{2}(\tilde{\phi}^2-\phi^2)+\frac{1}{2}-\mu s^2=-\frac{\kappa}{2}\tilde{\phi}^2+\left(\frac{\kappa}{2}\phi^2+\frac{1}{2}\right)-\mu s^2 \tag{6.33}$$

取 $\kappa=\frac{2\mu}{\gamma}$,则

$$\begin{aligned}\dot{V}&\leqslant-\frac{\mu}{\gamma}\tilde{\phi}^2-\mu s^2+\left(\frac{\kappa}{2}\phi^2+\frac{1}{2}\right)\\ &=-2\mu\left(\frac{1}{2\gamma}\tilde{\phi}^2+\frac{1}{2}s^2\right)+\left(\frac{\kappa}{2}\phi^2+\frac{1}{2}\right)=-2\mu V+Q\end{aligned}$$

其中,$Q=\frac{\kappa}{2}\phi^2+\frac{1}{2}$。

根据不等式求解引理,解不等式 $\dot{V}\leqslant-2\mu V+Q$,得

$$V\leqslant\frac{Q}{2\mu}+\left(V(0)-\frac{Q}{2\mu}\right)\mathrm{e}^{-2\mu t}$$

即

$$\lim_{t\to\infty}V=\frac{Q}{2\mu}=\frac{\frac{\kappa}{2}\phi^2+\frac{1}{2}}{2\mu}=\frac{\kappa\phi^2+1}{4\mu}=\frac{\frac{2\mu}{\gamma}\phi^2+1}{4\mu}=\frac{\phi^2}{2\gamma}+\frac{1}{4\mu}$$

可见,V 有界,从而 s 和 $\tilde{\phi}$ 有界。s 和 $\tilde{\phi}$ 的收敛精度取决于 γ 和 μ。由式(6.33)可见,取足够大的 μ 时,可保证 $t\to\infty$ 时,s 有界且足够小,从而可实现 $e\to 0$,$\dot{e}\to 0$。

6.3.4 仿真实例

考虑如下2阶非线性系统

$$\begin{aligned}\dot{x}_1&=x_2\\ \dot{x}_2&=f(x)+bu\end{aligned}$$

其中，$f(x)=x_1x_2$ 为未知非线性函数，$b=10$，$u\in\mathbf{R}$ 和 $y=\theta\in\mathbf{R}$ 分别为系统的输入和输出。

取 $x_1=\theta$，角度指令为 $\theta_{\mathrm{d}}(t)=\sin t$。初始状态为[0.15,0]，控制律取式(6.30)，自适应律取式(6.32)，自适应参数取 $\gamma=150$，$\mu=30$。在滑模函数中，取 $c=15$，针对初始阶段 f 逼近误差 ε 比较大的情况，取 $\eta=0.50$。

取 5 种隶属函数对模糊系统输入 x_i 进行模糊化分别为 $\mu_{\mathrm{NM}}(x_i)=\exp[-((x_i+\pi/3)/(\pi/12))^2]$，$\mu_{\mathrm{NS}}(x_i)=\exp[-((x_i+\pi/6)/(\pi/12))^2]$，$\mu_{\mathrm{Z}}(x_i)=\exp[-(x_i/(\pi/12))^2]$，$\mu_{\mathrm{PS}}(x_i)=\exp[-((x_i-\pi/6)/(\pi/12))^2]$，$\mu_{\mathrm{PM}}(x_i)=\exp[-((x_i-\pi/3)/(\pi/12))^2]$，则用于逼近 f 的模糊规则有 25 条。

分别用 FS_2、FS_1 和 FS 表示模糊系统 $\boldsymbol{\xi}(\boldsymbol{x})$ 的分子、分母及 $\boldsymbol{\xi}(\boldsymbol{x})$。仿真结果如图 6.11 和图 6.12 所示。

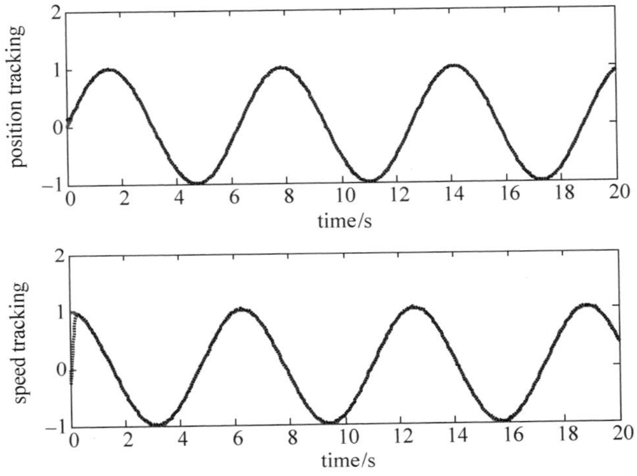

图 6.11 角度和角速度跟踪

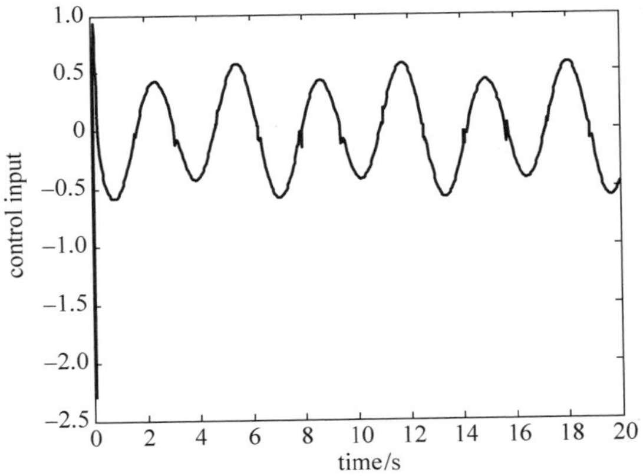

图 6.12 控制输入

仿真程序：

(1) 隶属函数程序：chap6_3mf.m。

(2) Simulink 主程序：chap6_3sim.mdl，如图 6.13 所示。

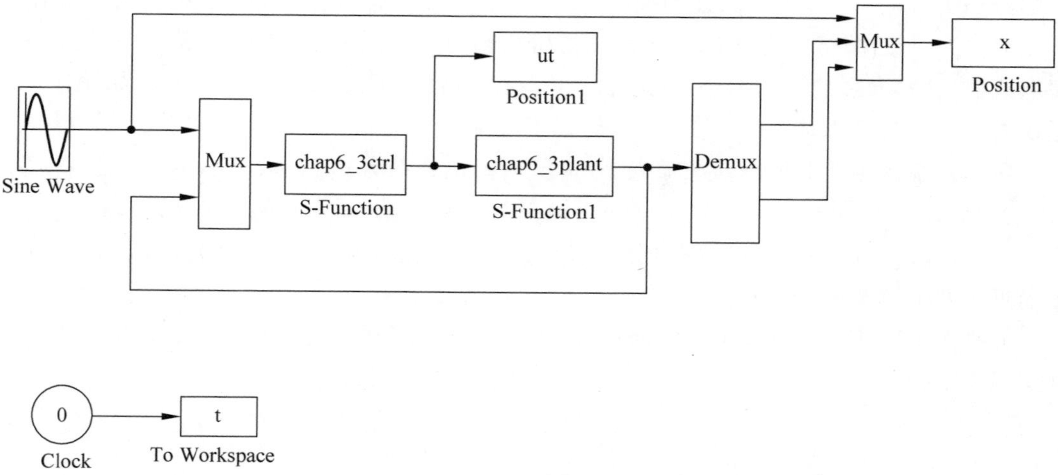

图 6.13　Simulink 主程序

(3) 控制器 S 函数：chap6_3ctrl.m。

(4) 被控对象 S 函数：chap6_3plant.m。

(5) 作图程序：chap6_3plot.m。

6.4　基于模糊补偿的机械手单参数自适应控制

6.4.1　系统描述

仍考虑机械手的动态方程式(6.12)，即

$$\boldsymbol{D}(\boldsymbol{q})\ddot{\boldsymbol{q}}+\boldsymbol{C}(\boldsymbol{q},\dot{\boldsymbol{q}})\dot{\boldsymbol{q}}+\boldsymbol{G}(\boldsymbol{q})=\boldsymbol{\tau}+\boldsymbol{F}(\boldsymbol{q},\dot{\boldsymbol{q}},\ddot{\boldsymbol{q}}) \tag{6.34}$$

其中，$\boldsymbol{D}(\boldsymbol{q})$为惯性力矩，$\boldsymbol{C}(\boldsymbol{q},\dot{\boldsymbol{q}})$是向心力和哥氏力矩，$\boldsymbol{G}(\boldsymbol{q})$是重力项，$\boldsymbol{F}(\boldsymbol{q},\dot{\boldsymbol{q}},\ddot{\boldsymbol{q}})$是由摩擦$\boldsymbol{F}_{\mathrm{r}}$、扰动$\boldsymbol{\tau}_{\mathrm{d}}$、负载变化的不确定项组成。

6.4.2　基于模糊系统逼近的最小参数自适应控制

采用模糊系统逼近 $\boldsymbol{F}(\boldsymbol{q},\dot{\boldsymbol{q}},\ddot{\boldsymbol{q}}|\boldsymbol{\Theta}^*)$，模糊系统的输出为

$$\boldsymbol{F}(\boldsymbol{q},\dot{\boldsymbol{q}},\ddot{\boldsymbol{q}})=\boldsymbol{F}(\boldsymbol{q},\dot{\boldsymbol{q}},\ddot{\boldsymbol{q}}\mid\boldsymbol{\Theta}^*)+\boldsymbol{w}=\boldsymbol{\Theta}^{*\mathrm{T}}\boldsymbol{\xi}+\boldsymbol{w} \tag{6.35}$$

令 $\phi=\max\limits_{1\leqslant i\leqslant n}\{\|\boldsymbol{\Theta}_i^*\|^2\}$，$\hat{\phi}$ 为 ϕ 的估计，$\tilde{\phi}=\hat{\phi}-\phi$，设计控制律为

$$\boldsymbol{\tau}=\boldsymbol{D}(\boldsymbol{q})\ddot{\boldsymbol{q}}_{\mathrm{r}}+\boldsymbol{C}(\boldsymbol{q},\dot{\boldsymbol{q}})\dot{\boldsymbol{q}}_{\mathrm{r}}+\boldsymbol{G}(\boldsymbol{q})-\frac{1}{2}\boldsymbol{s}\hat{\phi}\boldsymbol{\xi}^{\mathrm{T}}\boldsymbol{\xi}-\boldsymbol{K}_{\mathrm{D}}\boldsymbol{s}-\boldsymbol{W}\mathrm{sgn}(\boldsymbol{s}) \tag{6.36}$$

其中，$\eta\geqslant\varepsilon_{\max}$，$\mu>0$，其中 $\boldsymbol{s}$ 和 $\dot{\boldsymbol{q}}_{\mathrm{r}}$ 的定义见式(6.13)和式(6.14)。

将控制律式(6.36)代入式(6.15)，得

$$\boldsymbol{D}\dot{\boldsymbol{s}}=\boldsymbol{D}\ddot{\boldsymbol{q}}-\boldsymbol{D}\ddot{\boldsymbol{q}}_{\mathrm{r}}=\boldsymbol{C}(\boldsymbol{q},\dot{\boldsymbol{q}})\dot{\boldsymbol{q}}_{\mathrm{r}}-\frac{1}{2}\boldsymbol{s}\hat{\phi}\boldsymbol{\xi}^{\mathrm{T}}\boldsymbol{\xi}-\boldsymbol{K}_{\mathrm{D}}\boldsymbol{s}-\boldsymbol{W}\mathrm{sgn}(\boldsymbol{s})-\boldsymbol{C}\dot{\boldsymbol{q}}-\boldsymbol{F}$$

定义 Lyapunov 函数

$$V(t)=\frac{1}{2}\left(\boldsymbol{s}^{\mathrm{T}}\boldsymbol{D}\boldsymbol{s}+\frac{1}{\gamma}\tilde{\phi}^{2}\right) \tag{6.37}$$

其中，$\gamma>0$。

$$\begin{aligned}\dot{V}(t)&=\boldsymbol{s}^{\mathrm{T}}\boldsymbol{D}\dot{\boldsymbol{s}}+\frac{1}{2}\boldsymbol{s}^{\mathrm{T}}\dot{\boldsymbol{D}}\boldsymbol{s}+\frac{1}{\gamma}\tilde{\phi}\dot{\hat{\phi}}\\&=\boldsymbol{s}^{\mathrm{T}}\left(\boldsymbol{C}\dot{\boldsymbol{q}}_{\mathrm{r}}-\frac{1}{2}\boldsymbol{s}\hat{\phi}\boldsymbol{\xi}^{\mathrm{T}}\boldsymbol{\xi}-\boldsymbol{K}_{\mathrm{D}}\boldsymbol{s}-\boldsymbol{W}\mathrm{sgn}(\boldsymbol{s})-\boldsymbol{C}\dot{\boldsymbol{q}}+\boldsymbol{F}+\frac{1}{2}\dot{\boldsymbol{D}}\boldsymbol{s}\right)+\frac{1}{\gamma}\tilde{\phi}\dot{\hat{\phi}}\\&=\boldsymbol{s}^{\mathrm{T}}\left(-\boldsymbol{C}\boldsymbol{s}-\frac{1}{2}\boldsymbol{s}\hat{\phi}\boldsymbol{\xi}^{\mathrm{T}}\boldsymbol{\xi}-\boldsymbol{K}_{\mathrm{D}}\boldsymbol{s}-\boldsymbol{W}\mathrm{sgn}(\boldsymbol{s})+\boldsymbol{F}+\dot{\boldsymbol{D}}\boldsymbol{s}\right)+\frac{1}{\gamma}\tilde{\phi}\dot{\hat{\phi}}\\&=\boldsymbol{s}^{\mathrm{T}}\left(-\frac{1}{2}\boldsymbol{s}\hat{\phi}\boldsymbol{\xi}^{\mathrm{T}}\boldsymbol{\xi}-\boldsymbol{K}_{\mathrm{D}}\boldsymbol{s}-\boldsymbol{W}\mathrm{sgn}(\boldsymbol{s})+\boldsymbol{\Theta}^{*\mathrm{T}}\boldsymbol{\xi}+\boldsymbol{w}\right)+\frac{1}{\gamma}\tilde{\phi}\dot{\hat{\phi}}\end{aligned}$$

由于

$$\|\boldsymbol{s}\|^{2}\phi\boldsymbol{\xi}^{\mathrm{T}}\boldsymbol{\xi}+1=\|\boldsymbol{s}\|^{2}\|\boldsymbol{\Theta}^{*}\|^{2}\boldsymbol{\xi}^{\mathrm{T}}\boldsymbol{\xi}+1=\|\boldsymbol{s}\|^{2}\|\boldsymbol{\Theta}^{*}\|^{2}\|\boldsymbol{\xi}\|^{2}+1=\|\boldsymbol{s}\|^{2}\|\boldsymbol{\Theta}^{*}\boldsymbol{\xi}\|^{2}+1\geqslant 2\boldsymbol{s}\boldsymbol{\Theta}^{*\mathrm{T}}\boldsymbol{\xi}$$

则

$$\boldsymbol{s}\boldsymbol{\Theta}^{*\mathrm{T}}\boldsymbol{\xi}\leqslant\frac{1}{2}\|\boldsymbol{s}\|^{2}\phi\boldsymbol{\xi}^{\mathrm{T}}\boldsymbol{\xi}+\frac{1}{2}$$

则

$$\begin{aligned}\dot{V}&\leqslant\frac{1}{2}\|\boldsymbol{s}\|^{2}\phi\boldsymbol{\xi}^{\mathrm{T}}\boldsymbol{\xi}+\frac{1}{2}-\frac{1}{2}\|\boldsymbol{s}\|^{2}\hat{\phi}\boldsymbol{\xi}^{\mathrm{T}}\boldsymbol{\xi}-\boldsymbol{K}_{\mathrm{D}}\|\boldsymbol{s}\|^{2}-\boldsymbol{W}\|\boldsymbol{s}\|+\boldsymbol{s}^{\mathrm{T}}\boldsymbol{w}+\frac{1}{\gamma}\tilde{\phi}\dot{\hat{\phi}}\\&=-\frac{1}{2}\|\boldsymbol{s}\|^{2}\tilde{\phi}\boldsymbol{\xi}^{\mathrm{T}}\boldsymbol{\xi}+\frac{1}{2}-\boldsymbol{K}_{\mathrm{D}}\|\boldsymbol{s}\|^{2}-\boldsymbol{W}\|\boldsymbol{s}\|+\boldsymbol{s}^{\mathrm{T}}\boldsymbol{w}+\frac{1}{\gamma}\tilde{\phi}\dot{\hat{\phi}}\\&=\tilde{\phi}\left(-\frac{1}{2}\|\boldsymbol{s}\|^{2}\boldsymbol{\xi}^{\mathrm{T}}\boldsymbol{\xi}+\frac{1}{\gamma}\dot{\hat{\phi}}\right)+\frac{1}{2}-\boldsymbol{K}_{\mathrm{D}}\|\boldsymbol{s}\|^{2}-\boldsymbol{W}\|\boldsymbol{s}\|+\boldsymbol{s}^{\mathrm{T}}\boldsymbol{w}\leqslant\frac{1}{2}-\boldsymbol{K}_{\mathrm{D}}\|\boldsymbol{s}\|^{2}\end{aligned}$$

设计自适应律为

$$\dot{\hat{\phi}}=\frac{\gamma}{2}\|\boldsymbol{s}\|^{2}\boldsymbol{\xi}^{\mathrm{T}}\boldsymbol{\xi}-\kappa\gamma\hat{\phi} \tag{6.38}$$

其中，$\kappa>0$。

由于$(\tilde{\phi}+\phi)^{2}\geqslant 0$，则 $\tilde{\phi}^{2}+2\tilde{\phi}\phi+\phi^{2}\geqslant 0$，$\tilde{\phi}^{2}+2\tilde{\phi}(\hat{\phi}-\tilde{\phi})+\phi^{2}\geqslant 0$，即 $\tilde{\phi}\hat{\phi}\geqslant\frac{1}{2}(\tilde{\phi}^{2}-\phi^{2})$，则

$$\begin{aligned}\dot{V}&\leqslant-\kappa\tilde{\phi}\hat{\phi}+\frac{1}{2}-\boldsymbol{K}_{\mathrm{D}}\|\boldsymbol{s}\|^{2}\leqslant-\frac{\kappa}{2}(\tilde{\phi}^{2}-\phi^{2})+\frac{1}{2}-\boldsymbol{K}_{\mathrm{D}}\|\boldsymbol{s}\|^{2}\\&=-\frac{\kappa}{2}\tilde{\phi}^{2}+\left(\frac{\kappa}{2}\phi^{2}+\frac{1}{2}\right)-\boldsymbol{K}_{\mathrm{D}}\|\boldsymbol{s}\|^{2}\end{aligned} \tag{6.39}$$

取 $\kappa=\frac{2\mu}{\gamma}$，则

$$\dot{V}=-\frac{\kappa}{2}\tilde{\phi}^{2}-\boldsymbol{K}_{\mathrm{D}}\|\boldsymbol{s}\|^{2}+\left(\frac{\kappa}{2}\phi^{2}+\frac{1}{2}\right)\leqslant-2\mu\left(\frac{1}{2\gamma}\tilde{\phi}^{2}+\frac{1}{2}\boldsymbol{s}^{\mathrm{T}}\boldsymbol{D}\boldsymbol{s}\right)+\left(\frac{\kappa}{2}\phi^{2}+\frac{1}{2}\right)\leqslant-2\mu V+Q$$

其中，$Q=\frac{\kappa}{2}\phi^{2}+\frac{1}{2}$，$\boldsymbol{K}_{\mathrm{D}}\geqslant\mu\lambda_{\max}\{\boldsymbol{D}\}$。

根据不等式求解引理，解不等式 $\dot{V}\leqslant-2\mu V+Q$，得

$$V \leqslant \frac{Q}{2\mu} + \left(V(0) - \frac{Q}{2\mu}\right)\mathrm{e}^{-2\mu t}$$

即

$$\lim_{t\to\infty} V = \frac{Q}{2\mu} = \frac{\frac{\kappa}{2}\phi^2 + \frac{1}{2}}{2\mu} = \frac{\kappa\phi^2 + 1}{4\mu} = \frac{\frac{2\mu}{\gamma}\phi^2 + 1}{4\mu} = \frac{\phi^2}{2\gamma} + \frac{1}{4\mu} \tag{6.40}$$

可见，V 有界，从而 s 和 $\tilde{\phi}$ 有界。$\boldsymbol{s}$ 和 $\tilde{\phi}$ 的收敛精度取决于 γ 和 μ。由式(6.39)可见，取足够大的 K_{D} 值，可保证 $t\to\infty$ 时，s 有界且足够小，从而可实现 $e\to 0, \dot{e}\to 0$。

6.4.3 仿真实例

针对双关节刚性机械手，其动力学方程为(6.34)，具体表达如下

$$\begin{bmatrix} D_{11}(q_2) & D_{12}(q_2) \\ D_{21}(q_2) & D_{22}(q_2) \end{bmatrix} \begin{bmatrix} \ddot{q}_1 \\ \ddot{q}_2 \end{bmatrix} + \begin{bmatrix} -C_{12}(q_2)\dot{q}_2 & -C_{12}(q_2)(\dot{q}_1 + \dot{q}_2) \\ C_{12}(q_2)\dot{q}_1 & 0 \end{bmatrix} \begin{bmatrix} g_1(q_1 + q_2)g \\ g_2(q_1 + q_2)g \end{bmatrix} +$$

$$\boldsymbol{F}(\boldsymbol{q}, \dot{\boldsymbol{q}}, \ddot{\boldsymbol{q}}) = \begin{bmatrix} \tau_1 \\ \tau_2 \end{bmatrix}$$

其中

$$D_{11}(q_2) = (m_1 + m_2)r_1^2 + m_2 r_2^2 + 2m_2 r_1 r_2 \cos q_2$$
$$D_{12}(q_2) = D_{21}(q_2) = m_2 r_2^2 + m_2 r_1 r_2 \cos q_2$$
$$D_{22}(q_2) = m_2 r_2^2$$
$$C_{12}(q_2) = m_2 r_1 r_2 \sin q_2$$

令 $\boldsymbol{q} = [q_1, q_2]^{\mathrm{T}}, \boldsymbol{\tau} = [\tau_1, \tau_2]^{\mathrm{T}}, \boldsymbol{x} = [q_1, \dot{q}_1, q_2, \dot{q}_2]^{\mathrm{T}}$。取系统参数为 $r_1 = 1\mathrm{m}, r_2 = 0.8\mathrm{m}, m_1 = 1\mathrm{kg}, m_2 = 1.5\mathrm{kg}$。

控制目标是使双关节的输出 q_1、q_2 分别跟踪期望轨迹 $q_{\mathrm{d1}} = 0.3\sin t$ 和 $q_{\mathrm{d2}} = 0.3\sin t$。

定义隶属函数为

$$\mu_{A_i^l}(x_i) = \exp\left(-\left(\frac{x_i - \bar{x}_i^l}{\pi/24}\right)^2\right)$$

其中，$\bar{x}_i^l$ 分别为 $-\pi/6, -\pi/12, 0, \pi/12$ 和 $\pi/6$，$i = 1,2,3,4,5$，A_i 分别为 NB,NS,ZO,PS,PB。

取系统初始状态为 $q_1(0) = q_2(0) = \dot{q}_1(0) = \dot{q}_2(0) = 0$，取摩擦项为 $\boldsymbol{F}(\dot{\boldsymbol{q}}) = \begin{bmatrix} 10\dot{q}_1 \\ 10\dot{q}_2 \end{bmatrix}$。采用基于单参数模糊系统模糊补偿控制方法，采用鲁棒控制律式(6.36)及自适应律式(6.38)，取控制器参数为 $\lambda_1 = 10, \lambda_2 = 10, \boldsymbol{K}_{\mathrm{D}} = 20\boldsymbol{I}, \gamma = 150, \mu = 30$，在鲁棒控制律中，取 $\boldsymbol{W} = \mathrm{diag}[2,2]$。分别用 FS_2、FS_1 和 FS 表示模糊系统 $\boldsymbol{\xi}(\boldsymbol{x})$ 的分子、分母及 $\boldsymbol{\xi}(\boldsymbol{x})$。仿真结果如图 6.14～图 6.16 所示。

仿真程序：

(1) 隶属函数程序：chap6_4mf.m。

(2) Simulink 主程序：chap6_4sim.mdl，如图 6.17 所示。

(3) 控制器 S 函数：chap6_4ctrl.m。

(4) 被控对象 S 函数：chap6_4plant.m。

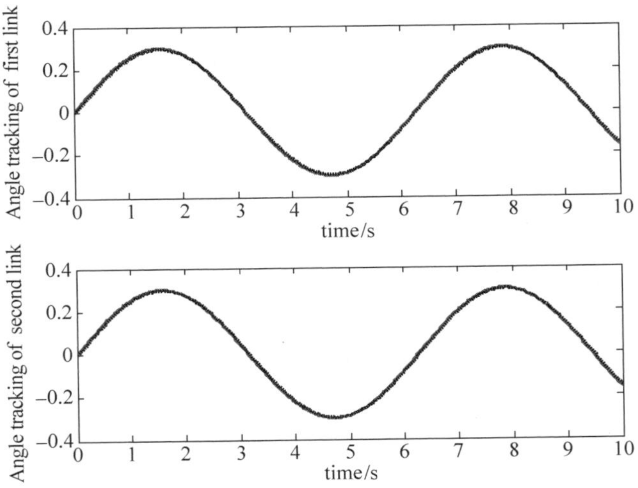

图 6.14　两个关节的角度跟踪

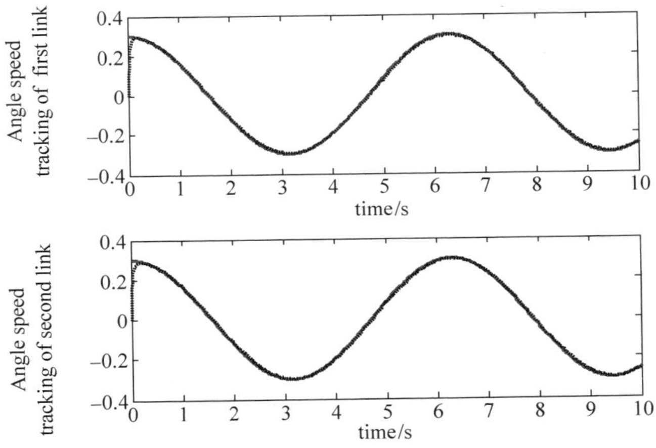

图 6.15　两个关节的角速度跟踪

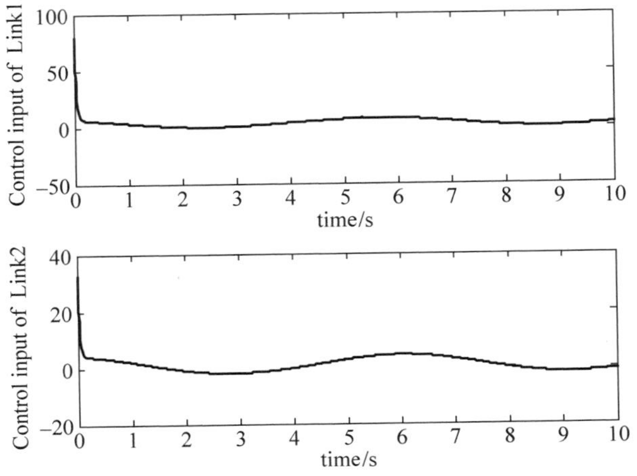

图 6.16　控制输入

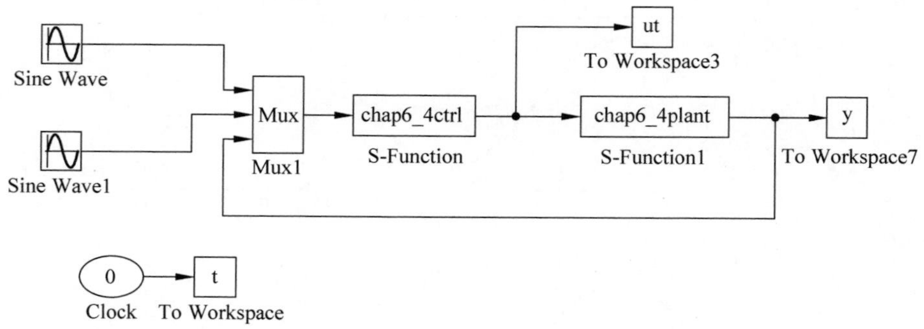

图 6.17　Simulink 主程序

(5) 作图程序：chap6_4plot.m。

附加资料

不等式求解引理[4]：针对 $V[0,\infty)\in \mathbf{R}$，不等式方程 $\dot{V}\leqslant -\alpha V+f$，$\forall t\geqslant t_0\geqslant 0$ 的解为

$$V(t)\leqslant \mathrm{e}^{-\alpha(t-t_0)}V(t_0)+\int_{t_0}^{t}\mathrm{e}^{-\alpha(t-\tau)}f(\tau)\mathrm{d}\tau$$

其中，α 为任意常数。

思考题

1. 针对 6.1 节简单的自适应模糊滑模控制，如果式(6.1)中存在控制输入扰动，如何设计控制算法？

2. 针对 6.3 节的模糊系统逼近的最小参数学习法，如果式(6.23)中存在控制输入扰动，如何设计控制算法？

参考文献

[1] 王立新. 模糊系统与模糊控制教程[M]. 北京：清华大学出版社，2003.

[2] Yoo B K，Ham W C. Adaptive Control of Robot Manipulator Using Fuzzy Compensator[J]. IEEE Transactions on Fuzzy Systems，2000，8(2)：186-199.

[3] Chen B，Liu X，Liu K，et al. Direct adaptive fuzzy control of nonlinear strict-feedback systems[J]. Automatica，2009，45：1530-1535.

[4] Ioannou P A，Sun J. Robust Adaptive Control[M]. London：Prentice-Hall PTR，1996.

第 7 章 神经网络理论基础

CHAPTER 7

模糊控制从人的经验出发，解决了智能控制中人类语言的描述和推理问题，尤其是一些不确定性语言的描述和推理问题，从而在机器模拟人脑的感知、推理等智能行为方面迈出了重大的一步。然而，模糊控制在处理数值数据、自学习能力等方面还远没有达到人脑的境界。人工神经网络从另一个角度出发，即从人脑的生理学和心理学着手，通过人工模拟人脑的工作机理来实现机器的部分智能行为。

人工神经网络（简称神经网络，Neural Network）是模拟人脑思维方式的数学模型。神经网络是在现代生物学研究人脑组织成果的基础上提出的，用来模拟人类大脑神经网络的结构和行为，它从微观结构和功能上对人脑进行抽象和简化，是模拟人类智能的一条重要途径，反映了人脑功能若干基本特征，如并行信息处理、学习、联想、模式分类和记忆等。

人工神经网络是 20 世纪 80 年代以来人工智能领域兴起的研究热点，它从信息处理角度对人脑神经元网络进行抽象，建立某种简单模型，按不同的连接方式组成不同的网络。神经网络是一种运算模型，由大量的节点（或称神经元）之间相互连接构成。每个节点代表一种特定的输出函数，称为激励函数（Activation Function）。每两个节点间的连接都代表一个对于通过该连接信号的加权值，称为权重，相当于人工神经网络的记忆。网络的输出则依网络的连接方式、权重值和激励函数的不同而不同。而网络自身通常都是对自然界某种算法或者函数的逼近，也可能是对一种逻辑策略的表达。

随着神经网络的研究不断深入，其在模式识别、智能机器人、自动控制、预测估计、生物、医学和经济等领域已成功地解决了许多现代计算机难以解决的实际问题，表现出了良好的智能特性。

神经网络控制是将神经网络与控制理论相结合而发展起来的智能控制方法，它已成为智能控制的一个新的分支，为解决复杂的非线性、不确定和不确知系统的控制问题开辟了新途径。

7.1 神经网络发展简史

神经网络的发展经过以下四个阶段。

（1）启蒙期（1890—1969 年）。

1890 年，W. James 发表专著《心理学》，讨论了脑的结构和功能。1943 年，心理学家

W. S. McCulloch 和数学家 W. Pitts 提出了描述脑神经细胞动作的数学模型,即 M-P 模型(第一个神经网络模型),他们通过 M-P 模型提出了神经元的形式化数学描述和网络结构方法,证明了单个神经元能执行逻辑功能,从而开创了人工神经网络研究的时代。1949 年,心理学家 Hebb 实现了对脑细胞之间相互影响的数学描述,从心理学的角度提出了至今仍对神经网络理论有着重要影响的 Hebb 学习法则。1958 年,E. Rosenblatt 提出了描述信息在人脑中存储和记忆的数学模型,即著名的感知机(Perceptron)模型。1962 年,Widrow 和 Hoff 提出了自适应线性神经网络,即 Adaline 网络,并提出了网络学习新知识的方法,即 Widrow 和 Hoff 学习规则(即 δ 学习规则),并用电路进行了硬件设计。

(2) 低潮期(1969—1982 年)。

受当时神经网络理论研究水平的限制,简单的线性感知器无法解决线性不可分的两类样本的分类问题,如简单的线性感知器不可能实现"异或"的逻辑关系等,加之受到冯·诺依曼式计算机发展的冲击等因素的影响,神经网络的研究陷入低谷。但在美国、日本等国家,仍有少数学者继续着网络模型和学习算法的研究,提出了许多有意义的理论和方法。例如,1969 年,Grossberg 提出了至今为止最复杂的 ART 神经网络;1972 年,Kohonen 提出了自组织映射的 SOM 模型。

(3) 复兴期(1982—1986 年)。

1982 年,美国物理学家 Hoppield 提出了 Hoppield 神经网络模型,该模型通过引入能量函数,给出了网络稳定性判断,实现了问题优化求解,1984 年,他用此模型成功地解决了旅行商路径优化问题(TSP),这一成果的取得使神经网络的研究取得了突破性进展。

在 1986 年,在 Rumelhart 和 McCelland 等出版的 *Parallel Distributed Processing* 一书中,提出了一种著名的多层神经网络模型,即 BP 神经网络,该网络是迄今为止应用最普遍的神经网络,已被用于解决大量实际问题。

(4) 新连接机制时期(1986 年至今)。

1988 年,Broomhead 和 Lowe 在所发表的论文 *Multivariable functional interpolation and adaptive networks* 中初步探讨了 RBF 用于神经网络设计与应用于传统插值领域的不同特点,进而提出了一种三层结构的 RBF 神经网络。

深度学习的概念由 Hinton 等于 2006 年提出,其概念源于人工神经网络的研究。含多隐含层的多层感知器就是一种深度学习结构。深度学习通过组合低层特征形成更加抽象的高层表示属性类别或特征,以发现数据的分布式特征表示。深度学习是机器学习研究中的一个新的领域,其动机在于建立、模拟人脑进行分析学习的神经网络,它模仿人脑的机制来解释数据,如图像、声音和文本。

神经网络从理论走向应用领域,出现了神经网络芯片和神经计算机。神经网络的主要应用领域有模式识别与图像处理(语音、指纹、故障检测和图像压缩等)、控制与优化、预测与管理(市场预测、风险分析)及通信等。

7.2 神经网络原理

神经生理学和神经解剖学的研究表明,人脑极其复杂,由一千多亿个神经元交织在一起的网状结构构成,其中大脑皮层约 140 亿个神经元,小脑皮层约 1000 亿个神经元。

人脑能完成智能和思维等高级活动，为了能利用数学模型模拟人脑的活动，引出了神经网络的研究。

单个神经元的解剖图如图 7.1 所示，神经系统的基本构造是神经元（神经细胞），它是处理人体内各部分之间相互信息传递的基本单元。每个神经元都由一个细胞体，一个连接其他神经元的轴突和一些向外伸出的其他较短分支——树突组成。轴突的功能是将本神经元的输出信号（兴奋）传递给别的神经元，其末端的许多神经末梢使得兴奋可以同时传送给多个神经元。树突的功能是接受来自其他神经元的兴奋。神经元细胞体将接收到的所有信号进行简单处理后，由轴突输出。神经元的轴突与另外神经元神经末梢相连的部分称为突触。

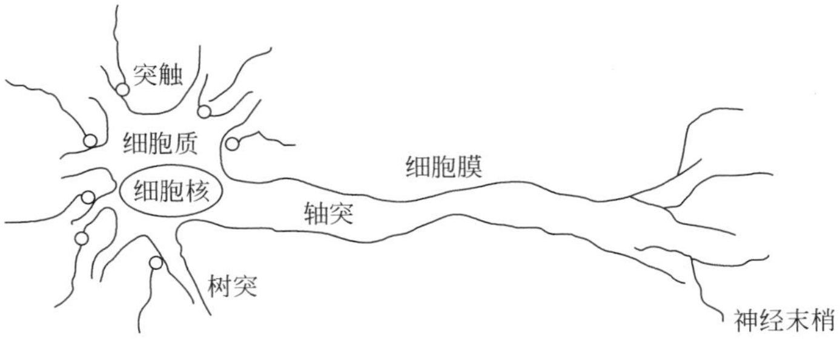

图 7.1 单个神经元的解剖图

神经元由下面 4 部分构成。

（1）细胞体（主体部分）：包括细胞质、细胞膜和细胞核。

（2）树突：用于为细胞体传入信息。

（3）轴突：为细胞体传出信息，其末端是轴突末梢，含传递信息的化学物质。

（4）突触：是神经元之间的接口（$10^4 \sim 10^5$ 个/神经元）。

通过树突和轴突，神经元之间实现了信息的传递。

神经网络的研究主要分为 3 个方面的内容，即神经元模型、神经网络结构和神经网络学习算法。

7.3 神经网络的分类

人工神经网络是以数学手段来模拟人脑神经网络的结构和特征的系统。利用人工神经元可以构成各种不同拓扑结构的神经网络，从而实现对生物神经网络的模拟和近似。

目前神经网络模型的种类相当丰富，已有近 40 余种，其中典型的有多层前向传播网络（BOP 网络）、Hopfield 网络、CMAC 小脑模型、ART 自适应共振理论、BAM 双向联想记忆、SOM 自组织网络、Blotzman 机网络和 Madaline 网络等。

根据神经网络的连接方式，神经网络可分为下面 3 种形式。

（1）前馈型神经网络。

如图 7.2 所示，神经元分层排列，组成输入层、隐含层和输出层。每一层的神经元只接收前一层神经元的输入。输入模式经过各层的顺次变换后，由输出层输出。在各神经元之间不存在反馈。感知器和误差反向传播网络采用前向网络形式。这种网络实现信号从输入空间到输出空间的变换，它的信息处理能力来自于简单非线性函数的多次复合。网络结构简单,易于实现。BP 神经网络是一种典型的前向网络。

(2) 反馈型神经网络。

网络结构如图 7.3 所示,该网络结构在输出层到输入层存在反馈,即每一个输入节点都有可能接收来自外部的输入和来自输出神经元的反馈。这种神经网络是一种反馈动力学系统,它需要工作一段时间才能达到稳定。Hopfield 神经网络是反馈网络中最简单且应用最广泛的模型,它具有联想记忆的功能,如果将 Lyapunov 函数定义为寻优函数,Hopfield 神经网络还可以解决寻优问题。

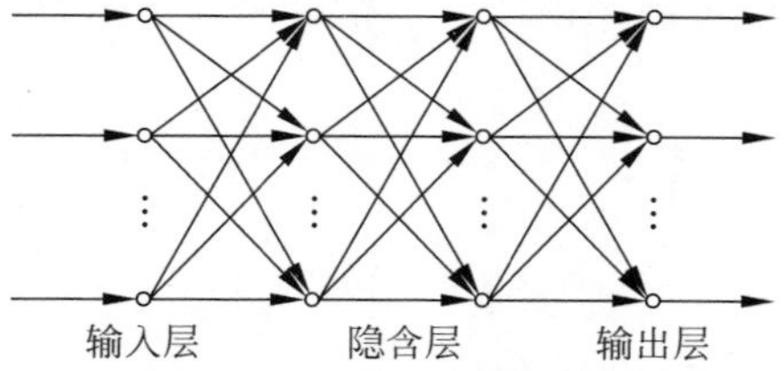

图 7.2　前馈型神经网络

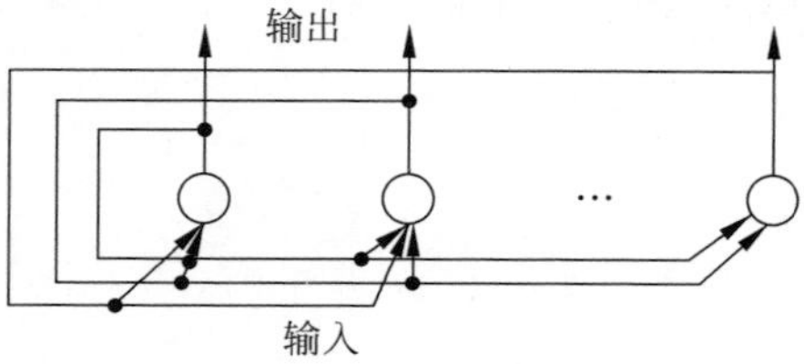

图 7.3　反馈型神经网络

(3) 自组织神经网络。

网络结构如图 7.4 所示。Kohonen 网络是最典型的自组织网络。Kohonen 认为,当神经网络在接受外界输入时,网络将会分成不同的区域,不同区域具有不同的响应特征,即不同的神经元以最佳方式响应不同性质的信号激励,从而形成一种拓扑意义上的特征图,该图实际上是一种非线性映射。这种映射是通过无监督的自适应过程完成的,所以也称为自组织特征图。

Kohonen 网络通过无导师的学习方式进行权值的学习,稳定后的网络输出就对输入模式生成自然的特征映射,从而达到自动聚类的目的。

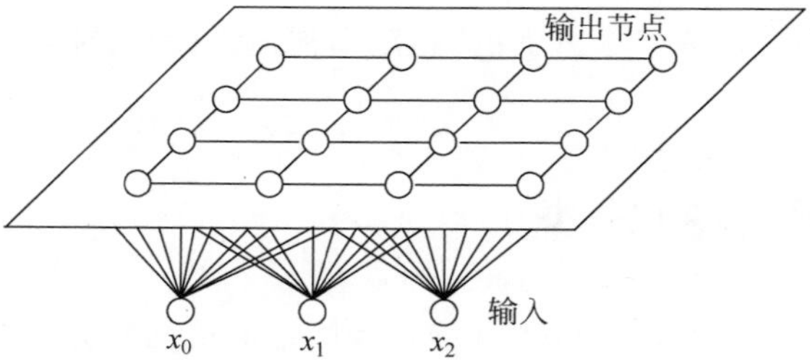

图 7.4　自组织神经网络

7.4　神经网络学习算法

神经网络学习算法是神经网络智能特性的重要标志,神经网络通过学习算法,实现了自适应、自组织和自学习的能力。

目前神经网络的学习算法有多种,按有无导师分类,可分为有教师学习(Supervised Learning)、无教师学习(Unsupervised Learning)和再励学习(Reinforcement Learning)等。在有教师学习方式中,网络的输出和期望的输出(教师信号)进行比较,然后根据两者之间的差异调整网络的权值，最终使差异变小，如图 7.5 所示。在无教师学习方式中，输入模式进入网络后，网络按照一预先设定的规则（如竞争规则）自动调整权值，使网络最终具有模式分类等功能，如图 7.6 所示。再励学习是介于上述两者之间的一种学习方式。

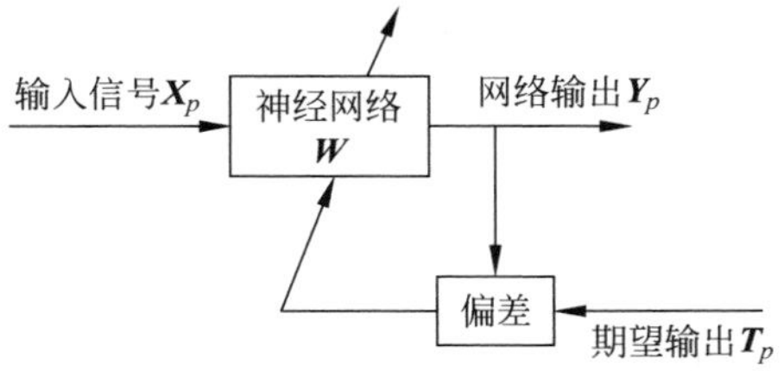

图 7.5　有导师指导的神经网络学习

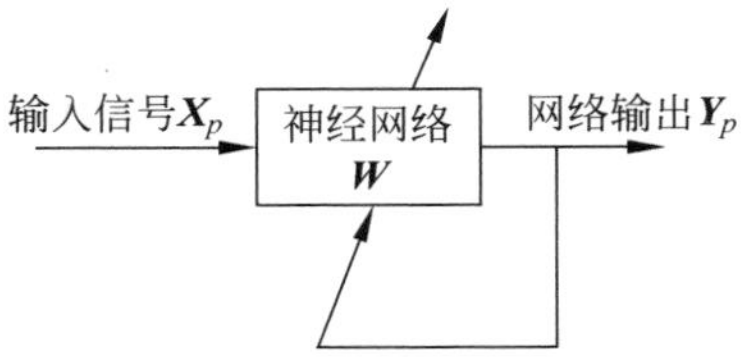

图 7.6　无导师指导的神经网络学习

下面介绍两个基本的神经网络学习算法。

7.4.1　Hebb 学习规则

Hebb 学习规则是一种联想式学习算法。生物学家 D. O. Hebbian 基于对生物学和心理学的研究，认为两个神经元同时处于激发状态时，它们之间的连接强度将得到加强，这一论述的数学描述被称为 Hebb 学习规则，即

$$w_{ij}(k+1)=w_{ij}(k)+I_iI_j \tag{7.1}$$

其中，$w_{ij}(k)$为连接从神经元 i 到神经元 j 的当前权值，I_i 和 I_j 为神经元的激活水平。

Hebb 学习规则是一种无教师学习方式，它只根据神经元连接间的激活水平改变权值，因此，这种方式又称为相关学习或并联学习。

7.4.2　Delta(δ)学习规则

考虑网络输入为 $\boldsymbol{X}_p$，输出为 $\boldsymbol{Y}_p$，共有 n 个样本，误差准则函数为

$$E=\frac{1}{2}\sum_{p=1}^{P}(d_p-y_p)^2=\sum_{p=1}^{P}E_p \tag{7.2}$$

其中，d_p 代表期望的输出（教师信号）；y_p 为网络的实际输出，$y_p=f(\boldsymbol{W}\boldsymbol{X}_p)$；$\boldsymbol{W}$ 为网络所有权值组成的向量

$$\boldsymbol{W}=(w_0,\quad w_1,\quad \cdots,\quad w_n)^{\mathrm{T}} \tag{7.3}$$

$\boldsymbol{X}_p$ 为输入

$$\boldsymbol{X}_p=(x_{p0},\quad x_{p1},\quad \cdots,\quad x_{pn})^{\mathrm{T}} \tag{7.4}$$

其中，训练样本数为 $p=1,2,\cdots,P$。

神经网络学习的目的是通过调整权值 $\boldsymbol{W}$，使误差准则函数最小。可采用梯度下降法来实现权值的调整，其基本思想是沿着 E 的负梯度方向不断修正 $\boldsymbol{W}$ 值，直到 E 达到最小，这种方法的数学表达式为

$$\Delta\boldsymbol{W}=\eta\left(-\frac{\partial E}{\partial \boldsymbol{W}_i}\right) \tag{7.5}$$

$$\frac{\partial E}{\partial \boldsymbol{W}_i}=\sum_{p=1}^{P}\frac{\partial E_p}{\partial \boldsymbol{W}_i} \tag{7.6}$$

其中

$$E_p = \frac{1}{2}(d_p - y_p)^2 \tag{7.7}$$

令 $\theta_p = \boldsymbol{W}x_p$，则

$$\frac{\partial E_p}{\partial \boldsymbol{W}_i} = \frac{\partial E_p}{\partial \theta_p}\frac{\partial \theta_p}{\partial \boldsymbol{W}_i} = \frac{\partial E_p}{\partial y_p}\frac{\partial y_p}{\partial \theta_p}\boldsymbol{X}_{ip} = -(d_p - y_p)f'(\theta_p)\boldsymbol{X}_{ip} \tag{7.8}$$

$\boldsymbol{W}$ 的修正规则为

$$\Delta \boldsymbol{W}_i = \eta \sum_{p=1}^{P}(d_p - y_p)f'(\theta_p)\boldsymbol{X}_{ip} \tag{7.9}$$

上式称为 δ 学习规则，又称误差修正规则。

7.5 神经网络的特征及要素

7.5.1 神经网络特征

神经网络具有以下几个特征。

(1) 能逼近任意非线性函数。

(2) 信息的并行分布式处理与存储。

(3) 可以多输入、多输出。

(4) 便于用超大规模集成电路(VISI)或光学集成电路系统实现，或用现有的计算机技术实现。

(5) 能进行学习，以适应环境的变化。

7.5.2 神经网络三要素

神经网络具有以下 3 个要素。

(1) 神经元(信息处理单元)的特性。

(2) 神经元之间相互连接的拓扑结构。

(3) 为适应环境而改善性能的学习规则。

7.6 神经网络控制的研究领域

(1) 基于神经网络的系统辨识。

① 将神经网络作为被辨识系统的模型，可在已知常规模型结构的情况下，估计模型的参数。

② 利用神经网络的线性、非线性特性，可建立线性、非线性系统的静态、动态、逆动态及预测模型，实现非线性系统的建模和辨识。

(2) 神经网络控制器。

神经网络作为实时控制系统的控制器，对不确定、不确知系统及扰动进行有效的控制，使控制系统达到所要求的动态、静态特性。

(3) 神经网络与其他算法相结合。

将神经网络与专家系统、模糊逻辑、遗传算法等相结合,可设计新型智能控制系统。

(4) 优化计算。

在常规的控制系统中,常遇到求解约束优化问题,神经网络为这类问题的解决提供了有效的途径。

目前,神经网络控制已经在多种控制结构中得到应用,如 PID 控制、模型参考自适应控制、前馈反馈控制、内模控制、预测控制和模糊控制等。

思考题

1. 神经网络的发展分为哪几个阶段?每个阶段都有哪些特点?
2. 神经网络按连接方式分有哪几类?每一类有哪些特点?
3. 分别描述 Hebb 学习规则和 Delta 学习规则。

第 8 章 典型神经网络及非线性建模

CHAPTER 8

根据神经网络的连接方式，神经网络可分为 3 种形式，即前馈型神经网络、反馈型神经网络和自组织神经网络，其中前两种可用于控制系统的设计。典型的前馈型神经网络主要有单神经元网络、BP 神经网络和 RBF 神经网络，反馈型神经网络主要有 Hopfield 神经网络。

8.1 单神经元网络

如图 8.1 所示，θ_i 为阈值，x_j 为输入信号，$j=1,2,\cdots,n$，w_j 为表示连接权系数，s_i 为外部输入信号，图 8.1 中的模型可描述为

$$\mathrm{Net}_i=\sum_j w_j x_j+s_i-\theta_i \tag{8.1}$$

$$y_i=f(\mathrm{Net}_i) \tag{8.2}$$

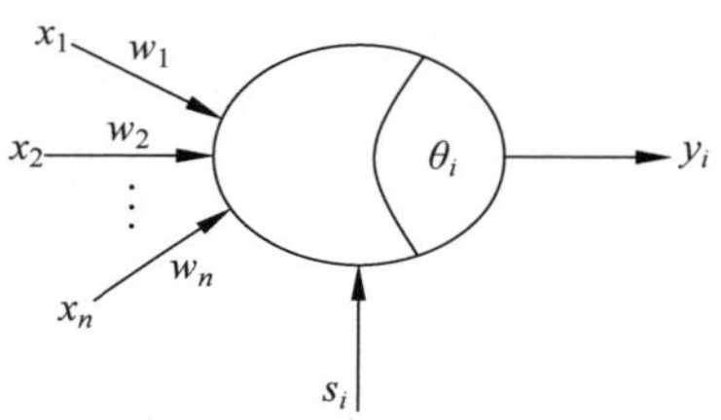

图 8.1 单神经元结构模型

常用的神经元非线性特性有以下 4 种。

1. 阈值型

$$f(\mathrm{Net}_i)=\begin{cases}1 & \mathrm{Net}_i>0\\ 0 & \mathrm{Net}_i\leqslant 0\end{cases} \tag{8.3}$$

阈值型函数如图 8.2 所示。

2. 分段线性型

分段线性型函数表达式为

$$f(\mathrm{Net}_i)=\begin{cases}0 & \mathrm{Net}_i>\mathrm{Net}_{i0}\\ k\,\mathrm{Net}_i & \mathrm{Net}_{i0}<\mathrm{Net}_i<\mathrm{Net}_{il}\\ f_{\max} & \mathrm{Net}_i\geqslant \mathrm{Net}_{il}\end{cases} \tag{8.4}$$

分段线性型函数如图 8.3 所示。

3. 函数型

有代表性的有 Sigmoid 型和高斯型函数。Sigmoid 型函数表达式为

$$f(\mathrm{Net}_i)=\frac{1}{1+\mathrm{e}^{-\frac{\mathrm{Net}_i}{T}}} \tag{8.5}$$

Sigmoid 型函数如图 8.4 所示。

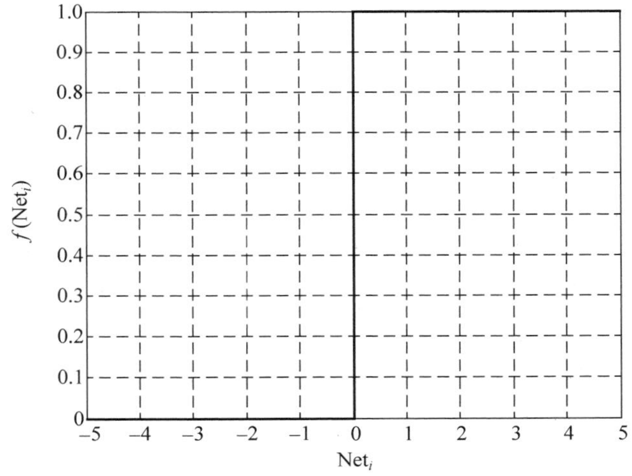

图 8.2 阈值型函数

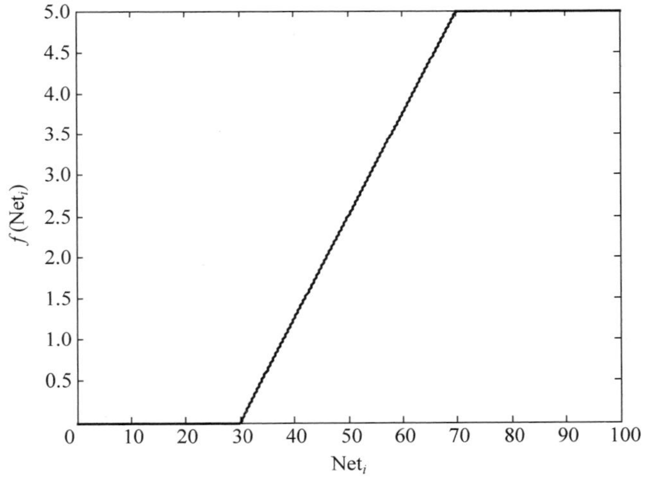

图 8.3 分段线性函数

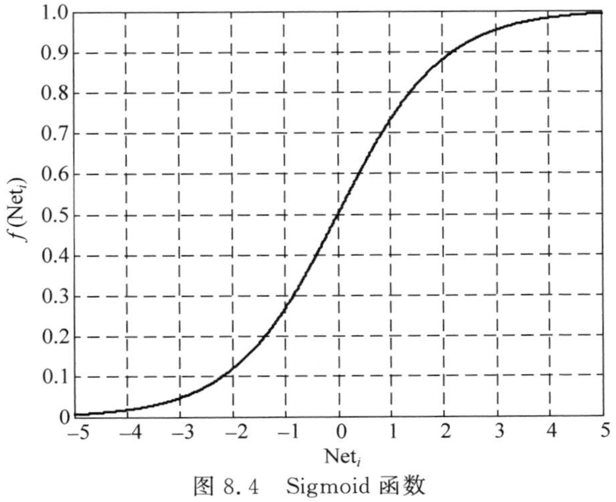

图 8.4 Sigmoid 函数

由于单神经元网络结构简单,不具有非线性映射的能力,因此无法应用于函数逼近和控制系统设计中。

8.2 BP神经网络

8.2.1 BP神经网络特点

1986年,Rumelhart等提出了误差反向传播神经网络,简称BP(Back Propagation)神经网络,该网络是一种单向传播的多层前向网络。

误差反向传播的BP算法简称BP算法,其基本思想是最小二乘法。它采用梯度搜索技术,以期使网络的实际输出值与期望输出值的误差均方值为最小。

BP神经网络具有以下几个特点。

(1) BP神经网络是一种多层网络,包括输入层、隐含层和输出层。

(2) 层与层之间采用全互连方式,同一层神经元之间不连接。

(3) 权值通过 δ 学习算法进行调节。

(4) 神经元激发函数为 S 函数。

(5) 学习算法由正向传播和反向传播组成。

(6) 层与层的连接是单向的,信息的传播是双向的。

8.2.2 BP神经网络结构与算法

含一个隐含层的BP神经网络结构如图8.5所示,图中 i 为输入层神经元,j 为隐含层神经元,k 为输出层神经元。

二输入单输出的BP神经网络如图8.6所示。

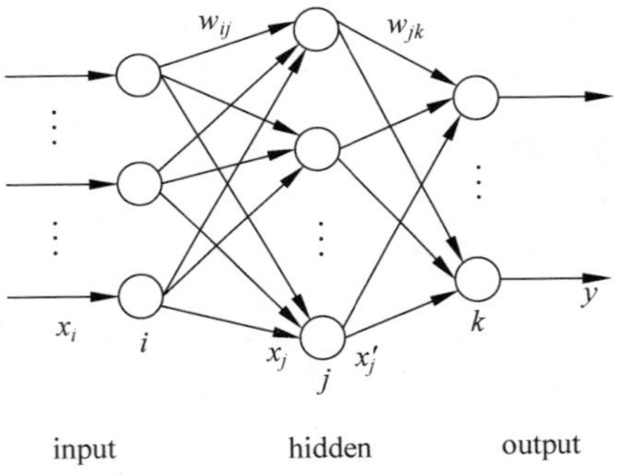

图8.5 BP神经网络结构

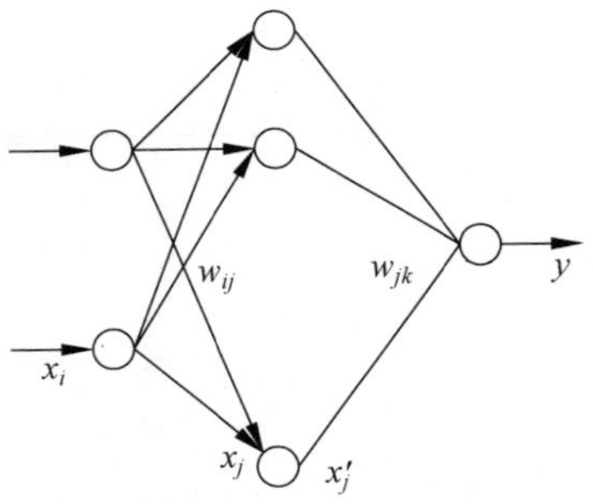

图8.6 二输入单输出的BP神经网络

BP算法输入信息从输入层经隐含层逐层处理,并传向输出层,每层神经元(节点)的状态只影响下一层神经元的状态。

隐含层神经元的输入为所有输入的加权之和

$$x_j = \sum_i w_{ij} x_i \tag{8.6}$$

隐含层神经元的输出 x_j' 采用S函数激发 x_j

$$x_j' = f(x_j) = \frac{1}{1+e^{-x_j}} \tag{8.7}$$

则

$$\frac{\partial x'_j}{\partial x_j}=x'_j(1-x'_j)$$

输出层神经元的输出

$$y=\sum_j w_{jk}x'_j \tag{8.8}$$

BP 神经网络的优点如下。

(1) 只要有足够多的隐含层和隐含层节点,BP 神经网络可以逼近任意的非线性映射关系。

(2) BP 神经网络的学习算法属于全局逼近算法,具有较强的泛化能力。

(3) BP 神经网络输入输出之间的关联信息分布地存储在网络的连接权中,个别神经元的损坏只对输入输出关系有较小的影响,因而 BP 神经网络具有较好的容错性。

BP 神经网络的主要缺点如下。

(1) 待寻优的参数多,收敛速度慢。

(2) 目标函数存在多个极值点,按梯度下降法进行学习,很容易陷入局部极小值。

(3) 难以确定隐含层及隐含层节点的数目。目前,如何根据特定的问题来确定具体的网络结构尚无很好的方法,仍需根据经验试凑。

由于 BP 神经网络具有很好的逼近非线性映射的能力,在控制系统设计中,可采用 BP 神经网络实现未知函数的逼近。理论上,3 层 BP 神经网络能够逼近任何一个非线性函数[1],但由于 BP 神经网络是全局逼近网络,具有双层权值,收敛速度慢,易于陷入局部极小,很难满足控制系统的高度实时性要求。

8.2.3 BP 神经网络的训练

神经网络具有自学习、自组织和并行处理等特征,具有很强的容错能力和联想能力,对输入输出具有很强的建模能力。

在神经网络建模中,采用神经网络学习算法对学习样本进行训练,通过学习调整神经网络的连接权值。当训练满足要求后,得到的神经网络权值就构成了输入输出的非线性建模能力。

BP 神经网络的训练过程如下:正向传播是输入信号从输入层经隐含层传向输出层,若输出层得到期望的输出,则学习算法结束;否则,转至反向传播。

以第 p 个样本为例,网络的学习算法如下:

(1) 前向传播:计算网络的输出。

隐含层神经元的输入为所有输入的加权之和

$$x_j=\sum_i w_{ij}x_i \tag{8.9}$$

隐含层神经元的输出 x'_j 采用 S 函数激发 x_j

$$x'_j=f(x_j)=\frac{1}{1+e^{-x_j}} \tag{8.10}$$

则

$$\frac{\partial x'_j}{\partial x_j}=x'_j(1-x'_j)$$

输出层神经元的输出

$$x_l = \sum_j w_{jl} x'_j \tag{8.11}$$

网络第 l 个输出与相应理想输出 x_l^0 的误差为

$$e_l = x_l^0 - x_l$$

第 p 个样本的误差性能指标函数为

$$E_p = \frac{1}{2}\sum_{l=1}^{N} e_l^2 \tag{8.12}$$

其中,N 为网络输出层的个数。

(2) 反向传播:采用梯度下降法,调整各层间的权值。权值的学习算法如下:

输出层及隐含层的连接权值 w_{jl} 学习算法为

$$\Delta w_{jl} = -\eta \frac{\partial E_p}{\partial w_{jl}} = \eta e_l \frac{\partial x_l}{\partial w_{jl}} = \eta e_l x'_j$$

$k+1$ 时刻网络的权值为

$$w_{jl}(k+1) = w_{jl}(k) + \Delta w_{jl}$$

隐含层及输入层连接权值 w_{ij} 学习算法为

$$\Delta w_{ij} = -\eta \frac{\partial E_p}{\partial w_{ij}} = \eta \sum_{l=1}^{N} e_l \frac{\partial x_l}{\partial w_{ij}}$$

其中,$\frac{\partial x_l}{\partial w_{ij}} = \frac{\partial x_l}{\partial x'_j}\frac{\partial x'_j}{\partial x_j}\frac{\partial x_j}{\partial w_{ij}} = w_{jl}\frac{\partial x'_j}{\partial x_j}x_i = w_{jl}x'_j(1-x'_j)x_i$。

$k+1$ 时刻网络的权值为

$$w_{ij}(k+1) = w_{ij}(k) + \Delta w_{ij}$$

如果考虑上次权值对本次权值变化的影响,需要加入动量因子 α,此时的权值为

$$w_{jl}(k+1) = w_{jl}(k) + \Delta w_{jl} + \alpha(w_{jl}(k) - w_{jl}(k-1)) \tag{8.13}$$

$$w_{ij}(k+1) = w_{ij}(k) + \Delta w_{ij} + \alpha(w_{ij}(k) - w_{ij}(k-1)) \tag{8.14}$$

其中,η 为学习速率,α 为动量因子,$\eta\in[0,1]$,$\alpha\in[0,1]$。

如果是多个样本,每次迭代时,分别依次对各个样本进行训练,更新权值,直到所有样本训练完毕,再进行下一次迭代,直到满足要求为止。

8.2.4 仿真实例

取标准样本为 3 输入 2 输出样本,共 3 组,如表 8.1 所示。

表 8.1 训练样本

输入			输出	
1	0	0	1	0
0	1	0	0	0.5
0	0	1	0	1

BP 神经网络为 3-6-2 结构,权值 W_{ij}、W_{jl} 的初始值取[-1,$+1$]之间的随机值,学习参数取 $\eta=0.50$,$\alpha=0.05$。

BP 神经网络程序包括网络训练程序 chap8_1a.m 和网络测试程序 chap8_1b.m。运行

程序 chap8_1a. m，取网络训练的最终指标为 $E=10^{-20}$，样本训练的收敛过程如图 8.7 所示。将网络训练的最终权值用于模型的建模知识库，将其保存在文件 BP_wfile. mat。

仿真程序中，用 W_1 和 W_2 表示 W_{ij} 和 W_{jl}，用 Iout 表示 x_j'。运行程序 chap8_1b. m，调用文件 BP_wfile. mat，取一组实际样本进行测试，测试样本及测试结果如表 8.2 所示。由仿真结果可见，BP 神经网络具有很好的非线性映射能力。

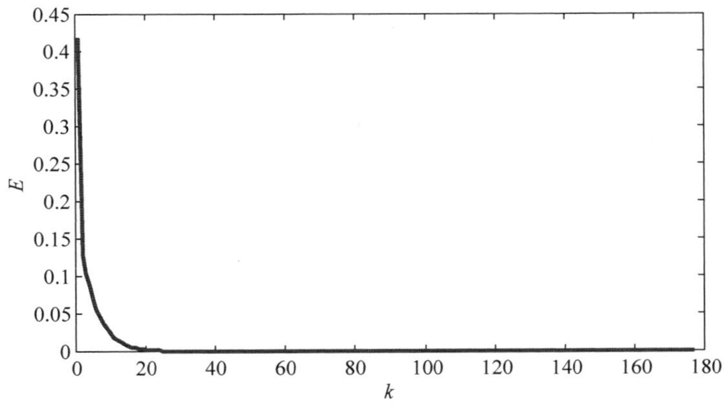

图 8.7 样本训练的收敛过程

表 8.2 BP 神经网络测试样本及结果

输入			输出	
0.970	0.001	0.001	0.9862	0.0094
0.000	0.980	0.000	0.0080	0.4972
0.002	0.000	1.040	−0.0145	1.0202
1.000	0.000	0.000	1.0000	−0.0000
0.000	1.000	0.000	0.0000	0.5000
0.000	0.000	1.000	−0.0000	1.0000

仿真程序：

(1) 训练程序：chap8_1a. m。

(2) 测试程序：chap8_1b. m。

8.3 RBF 神经网络

径向基函数(Radial Basis Function，RBF)神经网络是由 J. Moody 和 C. Darken 在 20 世纪 80 年代末提出的一种神经网络，它是具有单隐含层的 3 层前馈网络。RBF 神经网络模拟了人脑中局部调整、相互覆盖接收域(或称感受野——Receptive Field)的神经网络结构，已证明 RBF 神经网络能任意精度逼近任意连续函数[2]。

RBF 神经网络的学习过程与 BP 神经网络的学习过程类似，两者的主要区别在于各使用不同的作用函数。BP 神经网络中隐含层使用的是 Sigmoid 函数，其值在输入空间中无限大的范围内为非零值，因而是一种全局逼近的神经网络；而 RBF 神经网络中的作用函数是高斯函数，其值在输入空间中有限范围内为非零值，因而 RBF 神经网络是局部逼近的神经网络。

RBF 神经网络是一种 3 层前向网络,由输入到输出的映射是非线性的,而隐含层空间到输出空间的映射是线性的,而且 RBF 神经网络是局部逼近的神经网络,因而采用 RBF 神经网络可大大加快学习速度并避免局部极小问题,适合于实时控制的要求。采用 RBF 神经网络构成神经网络控制方案,可有效提高系统的精度、鲁棒性和自适应性。

8.3.1 网络结构

多输入单输出的 RBF 神经网络结构如图 8.8 所示。

在 RBF 神经网络中,$\boldsymbol{x}=[x_1 \quad x_2 \quad \cdots \quad x_n]^{\mathrm{T}}$ 为网络输入,h_j 为隐含层第 j 个神经元的输出,即

$$h_j=\exp\left(-\frac{\|\boldsymbol{x}-\boldsymbol{c}_j\|^2}{2b_j^2}\right), \quad j=1,2,\cdots,m \tag{8.15}$$

其中,$\boldsymbol{c}_j=[c_{j1},c_{j2},\cdots,c_{jn}]$为第 j 个隐层神经元的中心点矢量值,高斯函数的宽度矢量为 $\boldsymbol{b}=[b_1,b_2,\cdots,b_m]^{\mathrm{T}}$,$b_j>0$ 为隐含层神经元 j 的高斯函数的宽度。

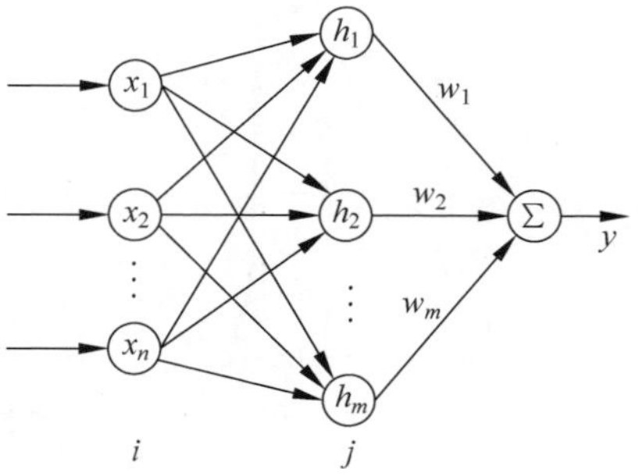

图 8.8 RBF 神经网络结构

网络的权值为

$$\boldsymbol{w}=[w_1,w_2,\cdots,w_m]^{\mathrm{T}} \tag{8.16}$$

RBF 神经网络的输出为

$$y=w_1h_1+w_2h_2+\cdots+w_mh_m \tag{8.17}$$

由于 RBF 神经网络只调节权值,因此,RBF 神经网络较 BP 神经网络有算法简单、运行时间快的优点。但由于 RBF 神经网络中,输入空间到输出空间是非线性的,而隐含空间到输出空间是线性的,因而其非线性能力不如 BP 神经网络。

8.3.2 控制系统设计中 RBF 神经网络的逼近

RBF 神经网络可对任意未知非线性函数进行任意精度的逼近[2]。在控制系统设计中,采用 RBF 神经网络可实现对未知函数的逼近。

例如,为了估计未知函数 $f(\boldsymbol{x})$,可采用如下 RBF 神经网络算法进行逼近

$$h_j=g(\|\boldsymbol{x}-\boldsymbol{c}_{ij}\|^2/b_j^2)$$
$$f=\boldsymbol{W}^{*\mathrm{T}}\boldsymbol{h}(\boldsymbol{x})+\varepsilon \tag{8.18}$$

其中,$\boldsymbol{x}$ 为网络输入,i 为输入层节点,j 为隐含层节点,$\boldsymbol{h}=[h_1,h_2,\cdots,h_n]^{\mathrm{T}}$ 为隐含层的输出,$\boldsymbol{W}^*$ 为理想权值,ε 为网络的逼近误差,$|\varepsilon|\leqslant\varepsilon_{\mathrm{N}}$,$g(\cdot)$为高斯基函数。

在控制系统设计中,可采用 RBF 神经网络对未知函数 f 进行逼近。一般可采用系统状态作为网络的输入,网络输出为

$$\hat{f}(\boldsymbol{x})=\hat{\boldsymbol{W}}^{\mathrm{T}}\boldsymbol{h}(\boldsymbol{x}) \tag{8.19}$$

其中,$\hat{\boldsymbol{W}}$ 为估计权值。

在控制系统设计中,定义 $\tilde{\boldsymbol{W}}=\hat{\boldsymbol{W}}-\boldsymbol{W}^*$,$\hat{\boldsymbol{W}}$ 的调节可在闭环的 Lyapunov 函数的稳定性

分析中进行设计。

在实际的控制系统设计中，为了保证网络的输入值处于高斯函数的有效范围，应根据网络的输入值实际范围确定高斯函数中心点坐标向量 $\boldsymbol{c}$ 值，为了保证高斯函数的有效映射，需要将高斯函数的宽度 b_j 取适当的值。

8.3.3 RBF 神经网络的训练

针对一组输入输出样本，RBF 神经网络的训练过程如下：正向传播是输入信号从输入层经隐含层传向输出层，若输出层得到了期望的输出，则学习算法结束；否则，转至反向传播。

以第 p 个样本为例，网络的学习算法如下：

(1) 前向传播：计算网络的输出。

$\boldsymbol{x}$ 为网络输入，隐含层神经元输出为

$$h_j = \exp\left(-\frac{\|\boldsymbol{x}-\boldsymbol{c}_j\|^2}{2b_j^2}\right), \quad j=1,2,\cdots,m \tag{8.20}$$

网络输出为

$$x_l = \sum_j w_j h_j \tag{8.21}$$

网络第 l 个输出与相应理想输出 x_l^0 的误差为

$$e_l = x_l^0 - x_l$$

第 p 个样本的误差性能指标函数为

$$E_p = \frac{1}{2}\sum_{l=1}^{N} e_l^2 \tag{8.22}$$

其中，N 为网络输出层的个数。

(2) 反向传播：采用梯度下降法，输出层连接权值 w_j 学习算法为

$$\Delta w_j = -\eta \frac{\partial E_p}{\partial w_j} = \eta e_l \frac{\partial x_l}{\partial w_j} = \eta e_l h_j$$

$k+1$ 时刻网络的权值为

$$w_j(k+1) = w_j(k) + \Delta w_j + \alpha[w_j(k) - w_j(k-1)] \tag{8.23}$$

其中，η 为学习速率，α 为动量因子，$\eta\in[0,1]$，$\alpha\in[0,1]$。

如果是多个样本，每次迭代时，分别依次对各个样本进行训练，更新权值，直到所有样本训练完毕，再进行下一次迭代，直到满足要求为止。

8.3.4 仿真实例

取标准样本为 3 输入 2 输出样本，共 3 组，如表 8.1 所示。RBF 神经网络为 3-7-2 结构，权值 W_{jl} 的初始值取[−1，+1]之间的随机值，学习参数取 $\eta=0.50$，$\alpha=0.05$。

根据网络输入的实际范围设计高斯基函数的参数，参数 $\boldsymbol{c}_j$ 和 b_j 取值分别为[−1 −0.5 0 0.5 1 1.5 2]和 0.50，网络权值中各个元素的初始值取[−1 +1]的随机值。

RBF 神经网络程序包括网络训练程序 chap8_2a.m 和网络测试程序 chap8_2b.m。运行程序 chap8_2a.m，取网络训练的次数为 2000，最终训练误差指标为 $E=0.5511$，网络训练指标的变化如图 8.9 所示。将网络训练的最终权值为用于建模的知识库，将其保存在文件 RBF_wfile.mat 中。运行程序 chap8_2b.m，调用文件 RBF_wfile.mat，取一组标准的训练

样本进行测试,测试样本及测试结果如表 8.3 所示。由仿真结果可见,与 BP 网络相比,RBF 神经网络的样本逼近能力较差,这是因为 RBF 神经网络只有一层输出层权值。

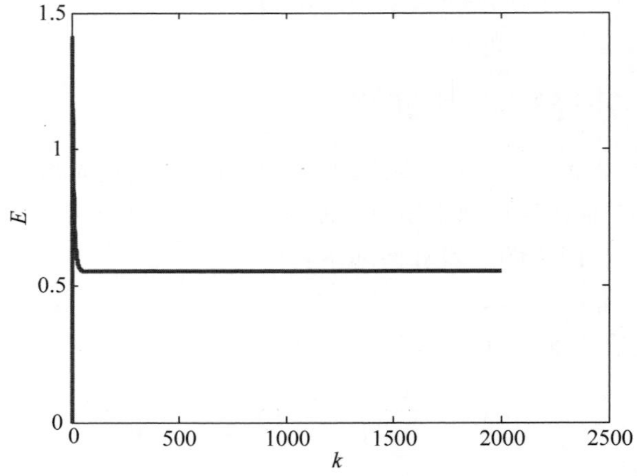

图 8.9 样本训练的收敛过程

表 8.3 测试样本及结果

输入			输出	
1.000	0.000	0.000	0.3218	0.5113
0.000	1.000	0.000	0.3218	0.5113
0.000	0.000	1.000	0.3218	0.5113

仿真程序:

(1) 训练程序: chap8_2a. m。

(2) 测试程序: chap8_2b. m。

8.4 模糊 RBF 神经网络

神经网络与模糊系统相结合,构成模糊神经网络[3],该网络是建立在 RBF 神经网络基础上的一种多层神经网络。模糊神经网络在本质上是将常规的神经网络赋予模糊输入信号和模糊权值。模糊神经网络的设计步骤如下:

(1) 定义模糊神经网络结构;

(2) 设计输入隶属函数进行模糊化;

(3) 设计模糊控制规则;

(4) 设计模糊推理算法;

(5) 设计网络权值的学习算法。

8.4.1 模糊 RBF 神经网络结构与算法

以两个输入一个输出的模糊神经网络为例,图 8.10 为模糊神经网络结构图,该网络由输入层、模糊化层、模糊推理层和输出层构成。

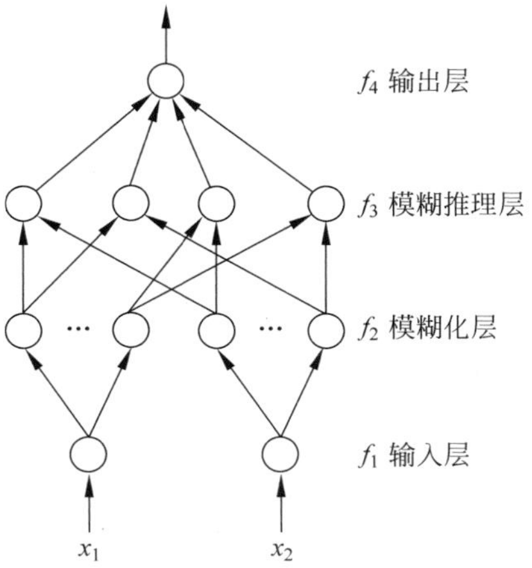

图 8.10 二输入单输出的模糊神经网络结构

模糊神经网络中信号传播及各层的功能表示如下：

第一层：输入层

该层的各个节点直接与输入层的各个输入连接，将输入量传到下一层。对该层的每个节点 i 的输入输出表示为

$$f_1(i)=\boldsymbol{x}=[x_1,x_2] \tag{8.24}$$

第二层：模糊化层

图 8.10 中，针对每个输入采用 5 个隶属函数进行模糊化。采用高斯型函数作为隶属函数，c_{ij} 和 b_j 分别是第 i 个输入变量第 j 个模糊集合隶属函数的中心点位置和宽度。

$$f_2(i,j)=\exp\left\{-\frac{[f_1(i)-c_{ij}]^2}{b_j^2}\right\} \tag{8.25}$$

其中，$i=1,2$，$j=1,2,3,4,5$。

模糊化是模糊神经网络的关键。为了使输入得到有效的映射，需要根据网络输入值的范围设计隶属函数参数。以单个输入 $x=3\sin(2\pi t)$ 为例，输入值范围为$[-3,3]$，设计 5 个高斯基隶属函数进行模糊化，取 $\boldsymbol{c}=[-1.5\quad -1\quad 0\quad 1\quad 1.5]$，$b_j=0.50$，仿真程序为 chap8_3.m，仿真结果如图 8.11 所示。显然，该程序适合范围为$[-3,3]$的网络输入的模糊化。

第三层：模糊推理层

该层通过与模糊化层的连接来完成模糊规则的匹配，各个节点之间通过模糊与的运算，即通过各个模糊节点的组合得到相应的输出。

由于第 1 个输入经模糊化后输出为 5 个，第 2 个输入经模糊化后输出为 5 个，具有相同输入的输出之间不进行组合，通过两两组合后，构成 25 条模糊规则，每条模糊规则的输出为

$$f_3(l)=f_2(1,j_1)f_2(2,j_2) \tag{8.26}$$

其中，$j_1=1,2,3,4,5$，$j_2=1,2,3,4,5$，$l=1,2,\cdots,25$。

第四层：输出层

输出层为 f_4，采用加权得到最后的输出，即

$$f_4=\sum_{l=1}^{25}w(l)f_3(l) \tag{8.27}$$

其中，$\boldsymbol{w}$ 为输出节点与第三层各节点的连接权矩阵。

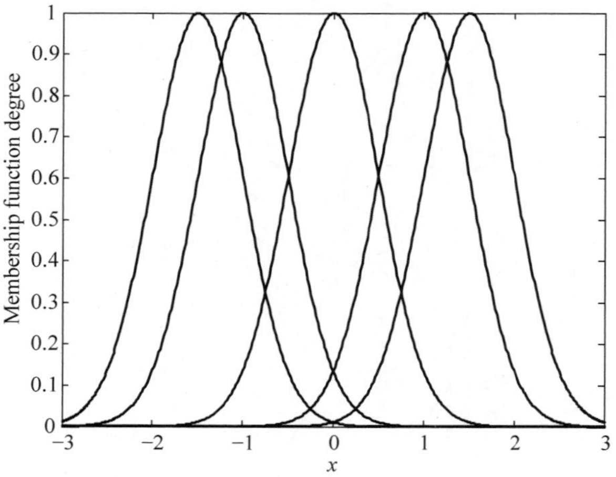

图 8.11 5 个高斯基隶属函数

取网络输出 $y=f_4$，网络输入 x 与输出 y 之间的非线性映射关系需要通过下面的学习算法进行学习。

8.4.2 模糊 RBF 神经网络学习算法

模糊神经网络的训练过程如下：正向传播采用算法式(8.24)～式(8.27)，输入信号从输入层经模糊化层和模糊推理层传向输出层，若输出层得到了期望的输出，则学习算法结束；否则，转至反向传播。反向传播采用梯度下降法，调整神经网络的输出层权值。

理想的输入输出为$[x^s, y^s]$，网络第 l 个输出与相应理想输出 y_l^s 的误差为

$$e_l = y_l^s - y_l$$

第 p 个样本的误差性能指标函数为

$$E_p = \frac{1}{2}\sum_{l=1}^{N} e_l^2 \tag{8.28}$$

其中，N 为网络输出层神经元的个数。

输出层的权值通过如下方式来调整

$$\Delta w(k) = -\eta\frac{\partial E_p}{\partial w} = -\eta\frac{\partial E_p}{\partial e}\frac{\partial e}{\partial y}\frac{\partial y}{\partial w} = \eta e(k) f_3 \tag{8.29}$$

则输出层的权值学习算法为

$$w(k) = w(k-1) + \Delta w(k) + \alpha[w(k-1) - w(k-2)] \tag{8.30}$$

其中，η 为学习速率，α 为动量因子。

针对多个样本，在每次迭代中，分别依次对各个样本进行训练，更新权值，待所有样本训练完毕，再进行下一次迭代，直到满足误差性能指标的要求为止。

8.4.3 仿真实例

取标准样本为 3 输入 2 输出样本，共 3 组，如表 8.1 所示。针对所要解决的问题，首先选择模糊 RBF 神经网络的结构，然后设计神经网络算法。

设计训练算法，采用3输入2输出的模糊神经网络结构，针对每个输入采用5个隶属函数进行模糊化，则模糊神经网络的输入输出结构为3-15-125-2，权值 $\boldsymbol{W}$ 的初始值取[−1　+1]之间的随机值，学习参数取 $\eta=0.50$，$\alpha=0.05$。针对表8.1中输入的范围，高斯基参数取为

$$\boldsymbol{c}=[\boldsymbol{c}(i,j)]=\begin{bmatrix}-1.5 & -1 & 0 & 1 & 1.5\\ -1.5 & -1 & 0 & 1 & 1.5\\ -1.5 & -1 & 0 & 1 & 1.5\end{bmatrix}\text{ 和 } b_j=0.50, i=1,2,3, j=1,2,3,4,5$$

采用学习算法式(8.29)和式(8.30)，运行网络训练程序 chap8_4a.m，取网络训练的最终误差指标为 $E=10^{-20}$，经过27次迭代，误差指标的变化如图8.12所示。将网络训练的最终权值保存在文件 FRBF_wfile.mat 中。

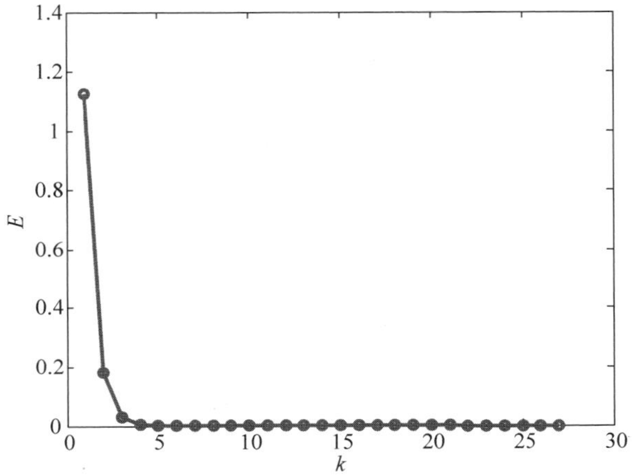

图8.12　样本训练的收敛过程

采用训练后的神经网络权值进行测试，取6个3输入2输出样本进行测试，其中3个样本为训练过的标准输入，3个样本与训练过的标准输入样本近似。运行测试程序 chap8_4b.m，调用文件 FRBF_wfile.mat，测试样本及测试结果如表8.4所示。由仿真结果可见，模糊RBF神经网络具有很好的非线性映射能力。

对BP神经网络和模糊RBF神经网络进行比较，训练指标取 $E=10^{-20}$，采用BP神经网络进行学习，需要近141次的迭代次数，而采用模糊RBF神经网络进行学习，只需要27次的迭代次数。可见，在非线性映射能力方面，模糊RBF神经网络比BP神经网络更好。

表8.4　测试样本及测试结果

输　入			输　出	
0.970	0.001	0.001	0.9862	0.0094
0.000	0.980	0.000	0.0080	0.4972
0.002	0.000	1.040	−0.0145	1.0202
1.000	0.000	0.000	1.0000	−0.0000
0.000	1.000	0.000	0.0000	0.5000
0.000	0.000	1.000	−0.0000	1.0000

仿真程序：

(1) 训练程序：chap8_4a.m。

(2) 测试程序：chap8_4b.m。

8.5 Pi-Sigma 模糊神经网络

采用高木-关野模糊系统，用一种混合型的 Pi-Sigma 神经网络，可以建立一种自适应能力很强的模糊模型。这种模型实现了模糊模型的自动更新，使模糊建模更具合理性。

8.5.1 高木-关野模糊系统

在高木-关野模糊系统中，高木和关野用以下规则的形式来定义模糊系统的规则

$$R^k: \text{If } x_1 \text{ is } A_1^j, x_2 \text{ is } A_2^j, \cdots, x_n \text{ is } A_n^j, \text{then } h_k^l = p_{0k}^l + p_{1k}^l x_1 + \cdots + p_{nk}^l x_n \tag{8.31}$$

式中，A_i 为模糊集，p_{ij} 为真值参数，h_k 为系统根据规则 R^k 所得的输出，$i=1,2,\cdots,n$。"If"部分是模糊的，"then"部分是确定的，即输出为各输入变量的线性组合。对于输入向量 $\boldsymbol{x}=[x_1,x_2,\cdots,x_n]^{\mathrm{T}}$，高木-关野模糊系统的各规则输出 y 等于各 h_k 的加权平均

$$y_l = \frac{\sum_{k=1}^{m} w_k h_k^l}{\sum_{k=1}^{m} w_k} \tag{8.32}$$

式中，$k=1,2,\cdots,m$ 为规则的数量，l 为网络输出个数，加权系数 w_k 包括规则 R^k 作用于输入所取得的值，表示为

$$w_k = \prod_{i}^{n} \mu_{A_i^j}(x_i) \tag{8.33}$$

8.5.2 混合型 Pi-Sigma 模糊神经网络

常规的前向型神经网络含有求和节点，这给处理某些复杂问题带来了困难。混合型 Pi-Sigma 模糊神经网络如图 8.13 所示，该网络包括 4 层，即输入层、模糊化层、模糊推理层和输出层，其中输入层为 3 个神经元，每个输入采用 5 个隶属函数模糊化，输出层为 2 个神经元，图 8.13 中 S、P 分别表示相加和相乘运算。

针对网络输入，采用高斯型隶属函数进行模糊化

$$\mu_{A_i^j} = \exp[-(x_i - c_i^j)^2 / b_j] \tag{8.34}$$

其中，$i=1,2,3$，$j=1,2,3,4,5$。

针对每个输入，采用式(8.34)进行模糊化，则构成 $m=5^3=125$ 条模糊规则。

根据 4.1 节中的模糊系统设计方法，模糊系统的设计步骤如下：

(1) 每条规则前提的推理

$$w_k = \mu_{A_1^j}(x_1)\mu_{A_2^j}(x_2)\mu_{A_3^j}(x_3)$$

(2) 每条规则的输出为 $h_k^l = p_{0k}^l + p_{1k}^l x_1 + p_{2k}^l x_2 + p_{3k}^l x_3$，则每条规则结论的推理为 $w_k h_k^l$，其中 $l=1,2$，$k=1,2,\cdots,125$。

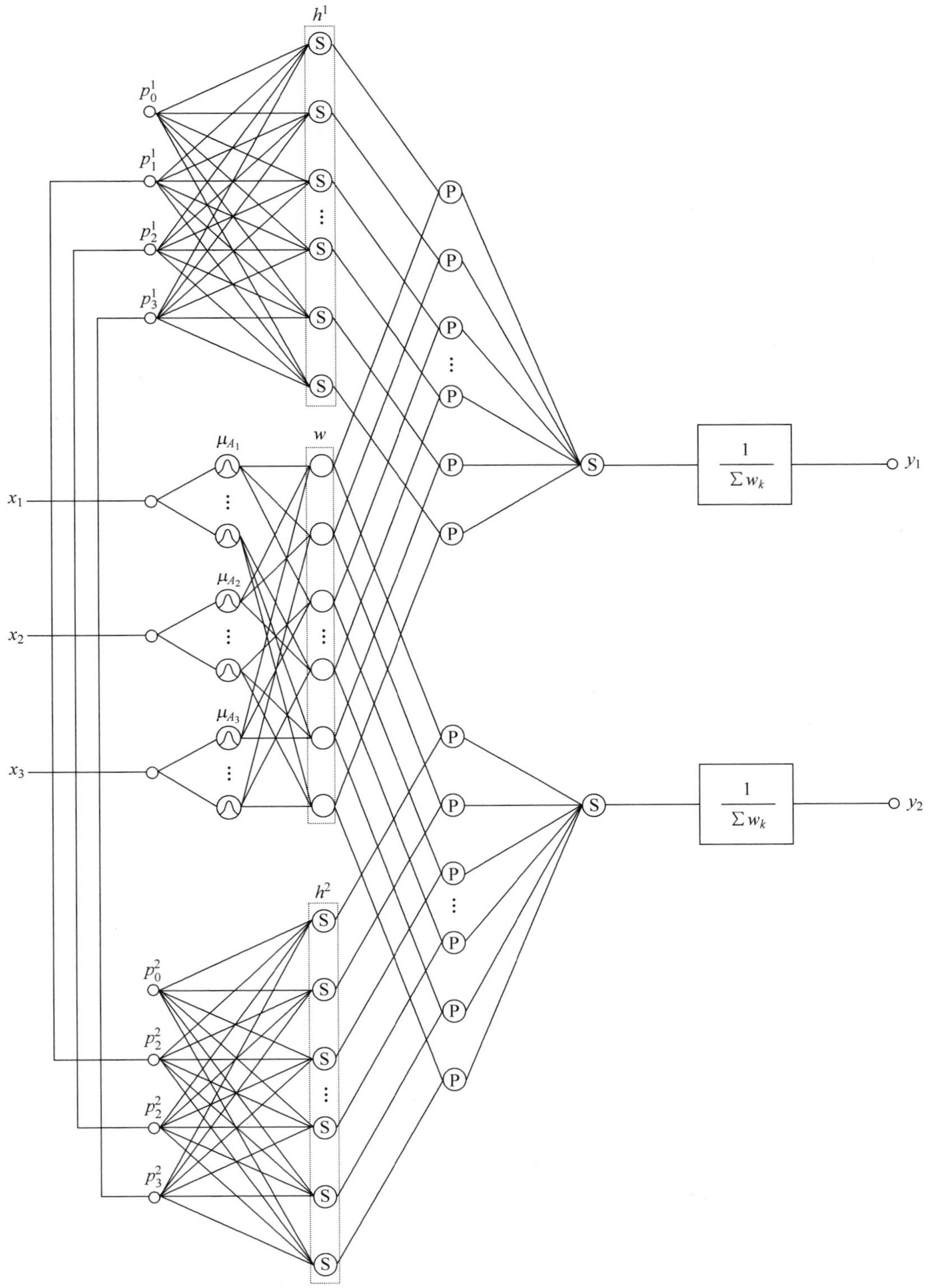

图 8.13　Pi-Sigma 模糊神经网络(3 输入 2 输出)

(3) 规则总的推理输出为

$$\sum_{k=1}^{125} w_k h_k^l$$

(4) 通过反模糊化,网络的最后输出为

$$y_l = \frac{\sum_{k=1}^{125} w_k h_k^l}{\sum_{k=1}^{125} w_k} = \frac{\sum_{k=1}^{125} [\mu_{A_1^j}(x_1)\mu_{A_2^j}(x_2)\mu_{A_3^j}(x_3)(p_{0k}^l + p_{1k}^l x_1 + p_{2k}^l x_2 + p_{3k}^l x_3)]}{\sum_{k=1}^{125} [\mu_{A_1^j}(x_1)\mu_{A_2^j}(x_2)\mu_{A_3^j}(x_3)]} \tag{8.35}$$

8.5.3 Pi-Sigma 模糊神经网络学习算法

针对图 8.13 的 Pi-Sigma 模糊神经网络结构,网络的训练过程如下:正向传播采用算法式(8.35),输入信号从输入层经模糊化层和模糊推理层传向输出层,若输出层得到了期望的输出,则学习算法结束;否则,转至反向传播。反向传播采用梯度下降法,调整各层间的权值。网络第 l 个输出与相应理想输出的误差为

$$e_l = y_l^{\mathrm{d}} - y_l$$

第 p 个样本的误差性能指标函数为

$$E_p = \frac{1}{2}\sum_{l=1}^{N} e_l^2 \tag{8.36}$$

其中,$l=1,2$,$N=2$ 为网络输出层的个数。

输出层的权值通过如下方式来调整

$$\Delta p_{ik}^l = -\eta \frac{\partial E_p}{\partial p_{ik}^l} \tag{8.37}$$

$$\frac{\partial E}{\partial p_{ik}^l} = \frac{\partial E}{\partial y_l}\frac{\partial y_l}{\partial p_{ik}^l} = -(y_l^{\mathrm{d}} - y_l)\,\partial\left[\frac{\sum_{k=1}^{125} w_k h_k^l}{\sum_{k=1}^{125} w_k}\right]\Bigg/\partial p_{ik}^l = -(y_l^{\mathrm{d}} - y_l)\frac{w_k x_i}{\sum_{k=1}^{125} w_k} \tag{8.38}$$

其中,$i=0,1,2,3$,$j=1,2,3,4,5$,$l=1,2$,取 $x_0=1$ 为固定偏置。

则输出层的权值学习算法为

$$p_{ik}^l(t) = p_{ik}^l(t-1) + \Delta p_{ik}^l(t) + \alpha[p_{ik}^l(t-1) - p_{ik}^l(t-2)] \tag{8.39}$$

其中,η 为学习速率,α 为动量因子。

针对多个样本,每次迭代时,分别依次对各个样本进行训练,更新权值,待所有样本训练完毕,再进行下一次迭代,直到满足要求为止。

8.5.4 仿真实例

取标准样本为 3 输入 2 输出样本,共 3 组,如表 8.1 所示。

由图 8.13 可知,从网络的输入、模糊化、模糊推理和输出的角度上看,网络结构为 3-15-125-2 结构,根据网络输入的实际范围来设计高斯基函数的参数,参数 $\boldsymbol{c}_i$ 和 b_j 取值分别为 $[-1.5\quad -1\quad 0\quad 1\quad 1.5]$ 和 0.50。将幅值为 2.0 的正弦信号作为输入,隶属函数模糊化

如图 8.14 所示，仿真程序 chap8_5mf. m。

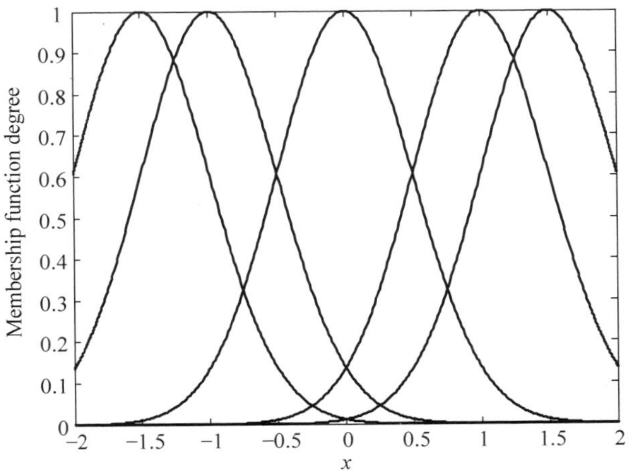

图 8.14 输入的隶属函数模糊化

网络程序包括网络训练程序 chap8_5a. m 和网络测试程序 chap8_5b. m。运行网络训练程序 chap8_5a. m，用于训练的网络初始权值矩阵 $\boldsymbol{P}$ 取[0,1]之间的随机值，学习参数 $\eta=0.50$，$\alpha=0.05$，取网络训练的最终指标为 $E=10^{-20}$，只需要训练 13 次便可以达到要求，网络训练指标的变化如图 8.15 所示。将网络训练的最终权值保存在文件 Pi_Sg_wfile. mat 中。运行网络测试程序 chap8_5b. m，调用文件 Pi_Sg_wfile. mat，取 6 个实际样本进行测试，测试样本及测试结果见表 8.5。由仿真结果可见，Pi-Sigma 模糊神经网络逼近能力较强。

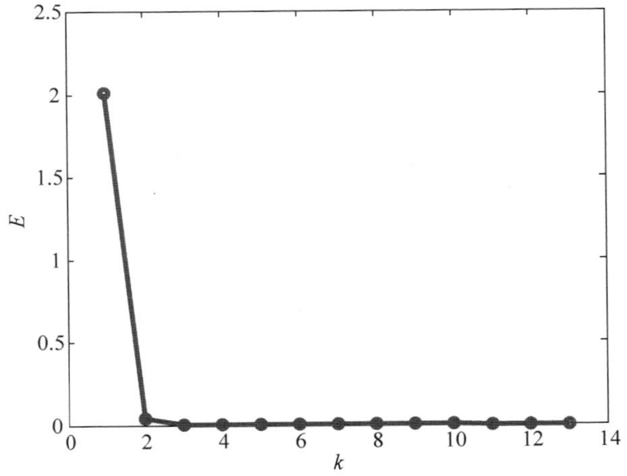

图 8.15 样本训练的收敛过程

表 8.5 测试样本及测试结果

输入			输出	
0.970	0.001	0.001	0.9590	−0.0059
0.000	0.980	0.000	−0.0043	0.4905

续表

输入			输出	
0.002	0.000	1.040	0.0143	1.0285
1.000	0.000	0.000	1.0000	0.0000
0.000	1.000	0.000	0.0000	0.5000
0.000	0.000	1.000	0.0000	1.0000

仿真程序：

(1) 隶属函数设计程序：chap8_5mf.m。

(2) 训练及测试程序：

① 训练程序：chap8_5a.m。

② 测试程序：chap8_5b.m。

8.6 ELM 神经网络

极限学习机(Extreme Learning Machine,ELM)自 2004 被提出以来，其理论和应用被广泛研究[4]。ELM 是当前一类非常热门的机器学习算法，被用来训练单隐层前馈神经网络。

8.6.1 ELM 神经网络的特点

传统的单隐层前馈神经网络(SLFN)以其良好的学习能力在许多领域得到了应用，但传统的学习算法(如 BP 算法等)具有固有的一些缺点，成为制约其发展的主要瓶颈。传统的学习算法大多采用梯度下降方法，存在以下几方面的不足。

(1) 需要多次迭代，训练速度慢。

(2) 容易陷入局部极小点，无法达到全局最优。

(3) 对学习速率敏感。

极限学习机随机是一个新的学习算法，其随机产生输入层与隐层间的连接权值及隐层神经元的阈值，且在训练过程中无须调整，只需要设置隐层神经元的个数，输出层权值通过最小化训练误差指标，并依据广义逆矩阵理论求出，便可以获得唯一的全局最优解。理论研究表明，ELM 神经网络仍保持很好的逼近能力[5]。

8.6.2 ELM 神经网络结构与算法

ELM 神经网络结构与单隐层前馈神经网络一样，但在训练阶段不再是传统的梯度算法(后向传播)，而是采用随机的输入层权值和偏差，对于输出层权重则通过广义逆矩阵理论计算得到。无须迭代，网络节点上的权值和偏差得到后极限学习机的训练就完成，针对新的测试数据，利用输出层权重便可计算出网络输出。

ELM 神经网络结构如图 8.16 所示，$\boldsymbol{x}$ 为网络输入，$\boldsymbol{x}\in\mathbf{R}^D$，$\boldsymbol{y}$ 为网络输出，ELM 隐藏层节点数为 L，$h_j(\boldsymbol{x})$为隐含层第 j 个节点的输出，即

$$h_j(\boldsymbol{x})=g(\boldsymbol{w}_j\boldsymbol{x}+\boldsymbol{b}_j) \tag{8.40}$$

其中，w_{ij} 和 b_j 为第 j 个隐层神经元的输入层权值和偏差，$w_{ij} \in \mathbf{R}^{D \times L}$，$y \in \mathbf{R}^m$，$g(\cdot)$是激活函数，即满足 ELM 通用逼近能力定理的非线性分段连续函数，常用的有 Sigmoid 函数、Gaussian 函数等。

ELM 输出为

$$y_k = \sum_{i=1}^{L} \boldsymbol{\beta}_i h_i(\boldsymbol{x}) = \boldsymbol{H}(\boldsymbol{x})\boldsymbol{\beta} \tag{8.41}$$

其中，$k=1,2,\cdots,m$，$\boldsymbol{\beta}$ 为隐层节点与输出层节点之间的权值向量。

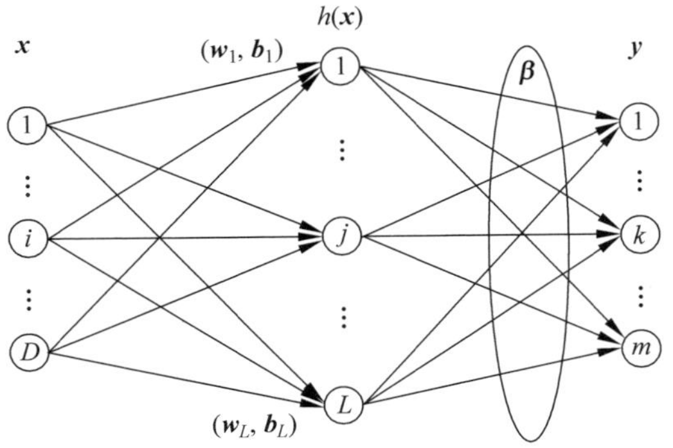

图 8.16 ELM 神经网络结构

8.6.3 ELM 神经网络的训练

ELM 神经网络的训练分以下两步。

第一步，隐藏层参数随机进行初始化。通过激活函数将输入数据映射到一个新的特征空间，隐藏层节点参数（$\boldsymbol{w}$ 和 $\boldsymbol{b}$）根据任意连续的概率分布随机生成，而不是经过训练确定的，从而致使与传统 BP 神经网络相比在效率方面占很大优势。

经过第一步 $\boldsymbol{w}$ 和 $\boldsymbol{b}$ 已随机产生而确定下来，然后根据式(8.40)和式(8.41)计算隐藏层输出 $\boldsymbol{H}(\boldsymbol{x})$。

第二步，求解输出层的权值$\boldsymbol{\beta}$。用于求解权值$\boldsymbol{\beta}$ 的目标函数如下：

$$\min \|\boldsymbol{H\beta} - \boldsymbol{T}\|^2, \quad \boldsymbol{\beta} \in \mathbf{R}^{L \times m} \tag{8.42}$$

其中，$\boldsymbol{H}$ 是隐藏层的输出矩阵，$\boldsymbol{T}$ 是训练数据的目标矩阵。

该目标函数最小的解就是最优解，即通过最小化近似平方差的方法对连接隐藏层和输出层的权重$\boldsymbol{\beta}$ 进行求解，式(8.42)的最优解为

$$\boldsymbol{\beta}^* = \boldsymbol{H}^{-1}\boldsymbol{T} \tag{8.43}$$

其中，$\boldsymbol{H}^{-1}$ 为矩阵 $\boldsymbol{H}$ 的 Moore-Penrose 广义逆矩阵。

由于 ELM 神经网络只需要一次迭代，训练速度得到大大提升。

8.6.4 仿真实例

取标准样本为 3 输入 2 输出样本，如表 8.1 所示。在仿真测试中，取隐层节点数为 7 个，隐层神经元的输入层权值和偏差取[−1,1]之间的随机值。采用 Pinv(H)求 $\boldsymbol{H}$ 的 Moore-Penrose 广义逆矩阵，Pinv()的定义见 MATLAB 下帮助的参考页，该函数不仅可以

实现非满秩矩阵的逆，而且可以实现满足式(8.42)的优化目标。

运行网络训练程序 chap8_6a.m，将网络训练的最终权值用于模型的知识库，将其保存在文件 ELM_wfile.mat 中。运行网络测试程序 chap8_6b.m，调用文件 ELM_wfile.mat，取一组实际样本进行测试，测试样本及测试结果见表 8.6。

表 8.6 ELM 神经网络测试样本及测试结果

输入			输出	
0.970	0.001	0.001	0.9757	0.0144
0.000	0.980	0.000	0.0030	0.4990
0.002	0.000	1.040	−0.0064	1.0215
1.000	0.000	0.000	1.0000	−0.0000
0.000	1.000	0.000	0.0000	0.5000
0.000	0.000	1.000	−0.0000	1.0000

可见，采用 ELM 算法，只需训练一次，误差指标就可达到 $E=2.82\times10^{-30}$，因此无须采用基于梯度下降算法，可以达到较高的精度。

仿真程序：

(1) 训练程序：chap8_6a.m。

(2) 测试程序：chap8_6b.m。

思考题

1. BP 神经网络和 RBF 神经网络有何区别？各有何优缺点？
2. RBF 神经网络和模糊 RBF 神经网络有何区别？各有何优缺点？
3. ELM 神经网络与传统神经网络(BP 神经网络、RBF 神经网络)有何区别？

参考文献

[1] Barro A R. Universal approximation bounds for superpositions for a sigmoidal function[J]. IEEE Transactions on Information Theory,1993,39(3): 930-945.

[2] Park J,Sandberg I W. Universal approximation using radial-basis-function networks[J]. Neural computation,1991,3(2): 246-257.

[3] Takagi T,Sugeno M. Fuzzy identification of systems and its application to modeling and control[J]. IEEE Transaction on Systems,Man and Cybernetics,1985,15(1): 116-132.

[4] Huang G B,Zhu Q Y,Siew C K. Extreme learning machine: a new learning scheme of feedforward neural networks[C]. 2004 IEEE International Joint Conference,2004.

[5] Huang G B, Zhu, Q Y, Siew C K. Extreme learning machine: theory and applications [J]. Neurocomputing,2006,70(1-3),489-501.

第9章 自适应RBF神经网络控制

CHAPTER 9

采用梯度下降法调整神经网络权值，易陷入局部最优，且不能保证闭环系统的稳定性。基于Lyapunov稳定性分析的在线自适应神经网络控制可有效解决这一难题。

9.1 一阶系统神经网络自适应控制

9.1.1 系统描述

针对简单的动力学系统，如只考虑速度控制，可设计一阶系统来描述。考虑如下被控对象

$$\dot{x}=bu(t)+f(x)+d(t) \tag{9.1}$$

其中，$u(t)$为控制输入，$d(t)$为外加干扰，$|d(t)|\leqslant D$。

9.1.2 滑模控制器设计

针对一阶系统，需要引入积分设计滑模函数，即

$$s(t)=e(t)+c\int_0^t e\mathrm{d}t \tag{9.2}$$

其中，$c>0$。

跟踪误差为$e=x-x_{\mathrm{d}}$，其中x_{d}为理想信号。定义Lyapunov函数为

$$V=\frac{1}{2}s^2$$

则

$$\dot{s}(t)=\dot{e}+ce=\dot{x}-\dot{x}_{\mathrm{d}}+ce=bu+f(x)+d-\dot{x}_{\mathrm{d}}+ce$$

为了保证$s\dot{s}\leqslant 0$，设计滑模控制律为

$$u(t)=\frac{1}{b}(-ce+\dot{x}_{\mathrm{d}}-f(x)-ks-D\mathrm{sgn}(s)) \tag{9.3}$$

其中，$k>0$。

则

$$\dot{s}(t)=ce+(-ce+\dot{x}_{\mathrm{d}}-ks-D\mathrm{sgn}(s))+d-\dot{x}_{\mathrm{d}}=-ks-D\mathrm{sgn}(s)+d$$

从而

$$\dot{V}=s\dot{s}=-ks^2-D\mid s\mid+ds\leqslant -ks^2=-\frac{k}{2}V$$

不等式方程 $\dot{V}\leqslant -\frac{k}{2}V$ 的解为

$$V(t)\leqslant \mathrm{e}^{-\frac{k}{2}(t-t_0)}V(t_0)$$

可见,$V(t)$ 指数收敛至 0,则 $s(t)$ 指数收敛至 0,从而 $\int_0^t e\,\mathrm{d}t$ 和 $e(t)$ 指数收敛至 0,收敛速度取决于 k。指数项 $-ks$ 能保证当 s 较大时,系统状态能以较大的速度趋近于滑动模态。因此,指数趋近律尤其适合解决具有大阶跃的响应控制问题。

从控制律的表达式可知,当干扰 $d(t)$ 较大时,为了保证鲁棒性,必须保证足够大的干扰上界,而较大的上界 D 会造成抖振。

9.1.3 仿真实例

被控对象取式(9.1),$b=10$,取角度指令为 $x_{\mathrm{d}}(t)=\sin t$,$d(t)=0.5\sin t$,对象的初始状态为 $[1\quad 0]$,取 $c=5.0$,$k=3.0$,$D=0.50$,采用控制律式(9.3),仿真结果如图 9.1~图 9.3 所示。

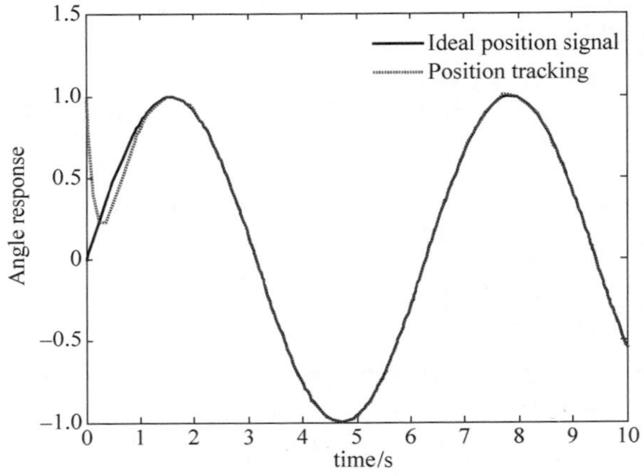

图 9.1 位置跟踪

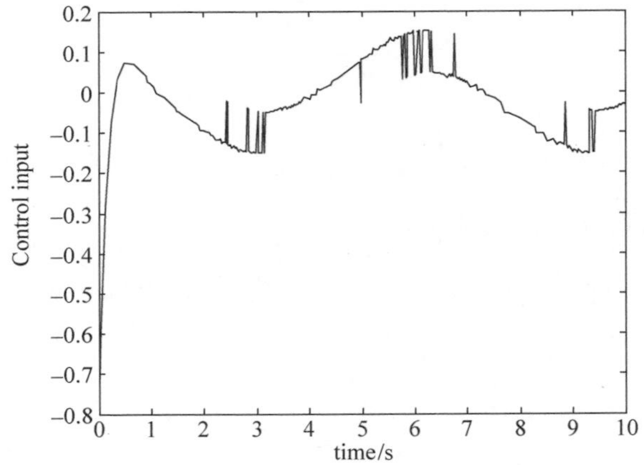

图 9.2 控制输入信号

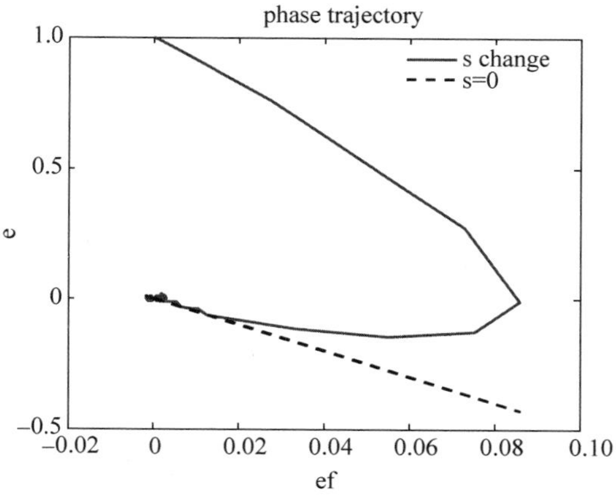

图 9.3 相轨迹

仿真程序：

(1) Simulink 主程序：chap9_1sim.mdl，如图 9.4 所示。

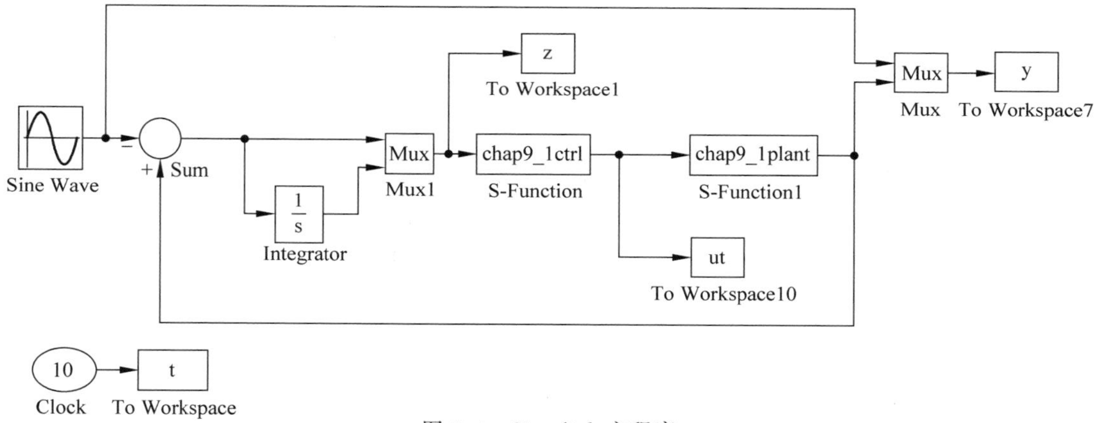

图 9.4 Simulink 主程序

(2) 控制器 S 函数：chap9_1ctrl.m。

(3) 被控对象 S 函数：chap9_1plant.m。

(4) 作图程序：chap9_1plot.m。

9.1.4 一阶系统自适应 RBF 控制

如果式(9.3)中的函数 $f(\boldsymbol{x})$为未知，则控制器式(9.3)无法实现。为此，需要采用神经网络逼近的方法。

采用 RBF 神经网络可实现未知函数 $f(\boldsymbol{x})$的逼近，RBF 神经网络算法为

$$h_j = g(\|\boldsymbol{x} - \boldsymbol{c}_{ij}\|^2 / b_j^2)$$

$$f(\boldsymbol{x}) = \boldsymbol{W}^{*\mathrm{T}} \boldsymbol{h}(\boldsymbol{x}) + \varepsilon$$

其中，$\boldsymbol{x}$ 为网络的输入，i 为网络的输入个数，j 为网络隐含层第 j 个节点，$\boldsymbol{h} = [h_1, h_2, \cdots, h_n]^{\mathrm{T}}$ 为高斯函数的输出，$\boldsymbol{W}^*$ 为网络的权值，ε 为网络的逼近误差，$|\varepsilon| \leqslant \varepsilon_{\mathrm{N}}$，$g(\cdot)$为高斯基函数。

采用 RBF 逼近未知函数 $f(\boldsymbol{x})$网络的输入取 $\boldsymbol{x}$,则 RBF 神经网络的输出为

$$\hat{f}(\boldsymbol{x})=\hat{\boldsymbol{W}}^{\mathrm{T}}\boldsymbol{h}(\boldsymbol{x}) \tag{9.4}$$

则 $f(\boldsymbol{x})-\hat{f}(\boldsymbol{x})=\boldsymbol{W}^{*\mathrm{T}}\boldsymbol{h}(\boldsymbol{x})+\varepsilon-\hat{\boldsymbol{W}}^{\mathrm{T}}\boldsymbol{h}(\boldsymbol{x})=-\tilde{\boldsymbol{W}}^{\mathrm{T}}\boldsymbol{h}(\boldsymbol{x})+\varepsilon$。

定义 Lyapunov 函数为

$$V=\frac{1}{2}s^2+\frac{1}{2\gamma}\tilde{\boldsymbol{W}}^{\mathrm{T}}\tilde{\boldsymbol{W}}$$

其中,$\gamma>0,\tilde{\boldsymbol{W}}=\tilde{\boldsymbol{W}}-\boldsymbol{W}^*$。

由于

$$\dot{s}(t)=\dot{e}+ce=\dot{x}-\dot{x}_{\mathrm{d}}+ce=bu+f(x)+d-\dot{x}_{\mathrm{d}}+ce$$

为了保证 $s\dot{s}\leqslant 0$,将 RBF 神经网络的输出代替式(9.3)中的未知函数 f,设计控制器为

$$u(t)=\frac{1}{b}(-ce+\dot{x}_{\mathrm{d}}-\hat{f}(x)-ks-D\operatorname{sgn}(s)) \tag{9.5}$$

$$\hat{f}(\boldsymbol{x})=\hat{\boldsymbol{W}}^{\mathrm{T}}\boldsymbol{h}(\boldsymbol{x}) \tag{9.6}$$

其中 $k>0,D\geqslant|d(t)|_{\max}+\varepsilon_{\mathrm{N}}$,$\boldsymbol{h}(\boldsymbol{x})$为高斯函数,$\hat{\boldsymbol{W}}$ 为理想权值 $\boldsymbol{W}$ 的估计。则

$$\begin{aligned}\dot{s}(t)&=(-ce+\dot{x}_{\mathrm{d}}-\hat{f}(x)-ks-D\operatorname{sgn}(s))+f(x)+d-\dot{x}_{\mathrm{d}}+ce\\&=-\tilde{\boldsymbol{W}}^{\mathrm{T}}\boldsymbol{h}(\boldsymbol{x})+\varepsilon-ks-D\operatorname{sgn}(s)+d\end{aligned}$$

从而

$$\begin{aligned}\dot{V}&=s\dot{s}+\frac{1}{\gamma}\tilde{\boldsymbol{W}}^{\mathrm{T}}\dot{\hat{\boldsymbol{W}}}=s(-\tilde{\boldsymbol{W}}^{\mathrm{T}}\boldsymbol{h}(\boldsymbol{x})+\varepsilon-ks-D\operatorname{sgn}(s)+d)+\frac{1}{\gamma}\tilde{\boldsymbol{W}}^{\mathrm{T}}\dot{\hat{\boldsymbol{W}}}\\&=-s\tilde{\boldsymbol{W}}^{\mathrm{T}}\boldsymbol{h}(\boldsymbol{x})+\varepsilon s-ks^2-D\mid s\mid+ds+\frac{1}{\gamma}\tilde{\boldsymbol{W}}^{\mathrm{T}}\dot{\hat{\boldsymbol{W}}}\\&=\tilde{\boldsymbol{W}}^{\mathrm{T}}\left(-s\boldsymbol{h}(\boldsymbol{x})+\frac{1}{\gamma}\dot{\hat{\boldsymbol{W}}}\right)-ks^2+(\varepsilon+d)s-D\mid s\mid\end{aligned}$$

设计自适应律为

$$\dot{\hat{\boldsymbol{W}}}=\gamma s\boldsymbol{h}(\boldsymbol{x}) \tag{9.7}$$

$$\dot{V}=-ks^2+(\varepsilon+d)s-D\mid s\mid\leqslant -ks^2$$

由于且当且仅当 $s=0$ 时,$\dot{V}=0$。即当 $\dot{V}\equiv 0$ 时,$s\equiv 0$。根据 LaSalle 不变性原理,闭环系统为渐近稳定,即当 $t\to\infty$时,$s\to 0$, 从而 $e\to 0,\int_0^t e\,\mathrm{d}t\to 0$。系统的收敛速度取决于 k。

由于 $V\geqslant 0,\dot{V}\leqslant 0$,则当 $t\to\infty$时,V 有界,因此,可以证明 $\hat{\boldsymbol{W}}$ 有界,但无法保证 $\hat{\boldsymbol{W}}$ 收敛于 $\boldsymbol{W}$,即无法保证 $\hat{f}$ 收敛。

9.1.5 仿真实例

被控对象取式(9.1),$b=10,f(x)=10x_1,d(t)=0.5\sin t$,对象的初始状态为[0 10]。取角度指令为 $x_{\mathrm{d}}(t)=\sin t$。

控制器采用式(9.5),自适应律采用式(9.7),取 $\gamma=100,D=1.50$。根据网络输入 x_1 的实际范围来设计高斯函数的参数,参数 $\boldsymbol{c}_j$ 和 b_j 取值分别为[−2 −1 0 1 2]和 3.0。网络权值中各个元素的初始值取 0.10。仿真结果如图 9.5~图 9.7 所示。

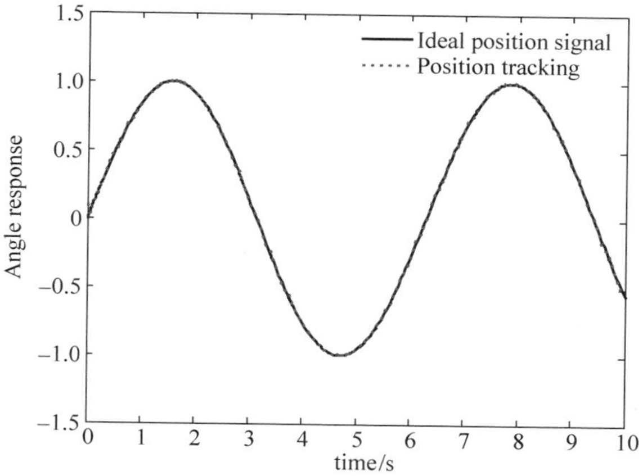

图 9.5　位置跟踪(图中实线与虚线重合)

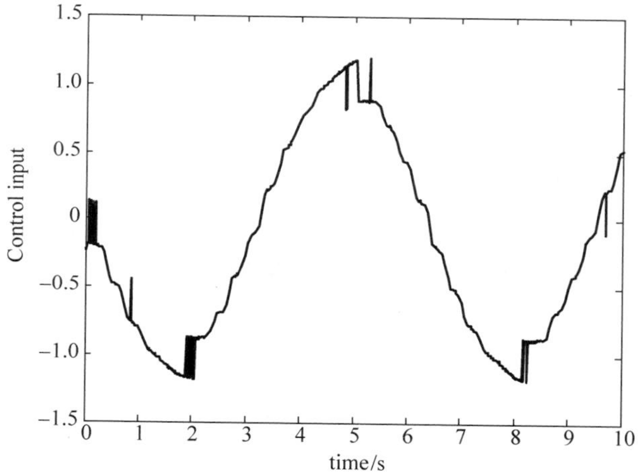

图 9.6　控制输入信号

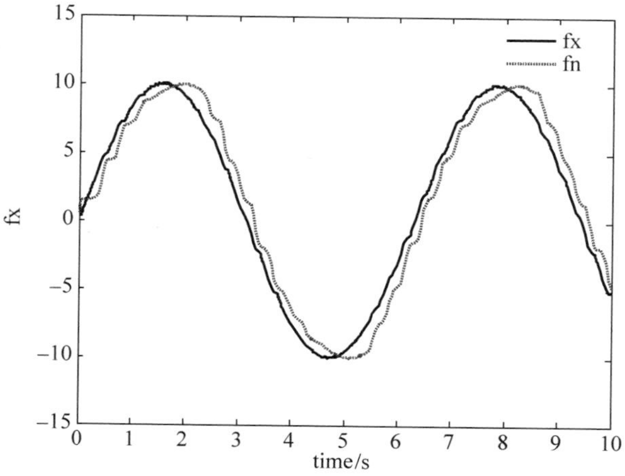

图 9.7　$f(x)$及其逼近$\hat{f}(x)$

仿真程序：

(1) Simulink 主程序：chap9_2sim.mdl，如图 9.8 所示。

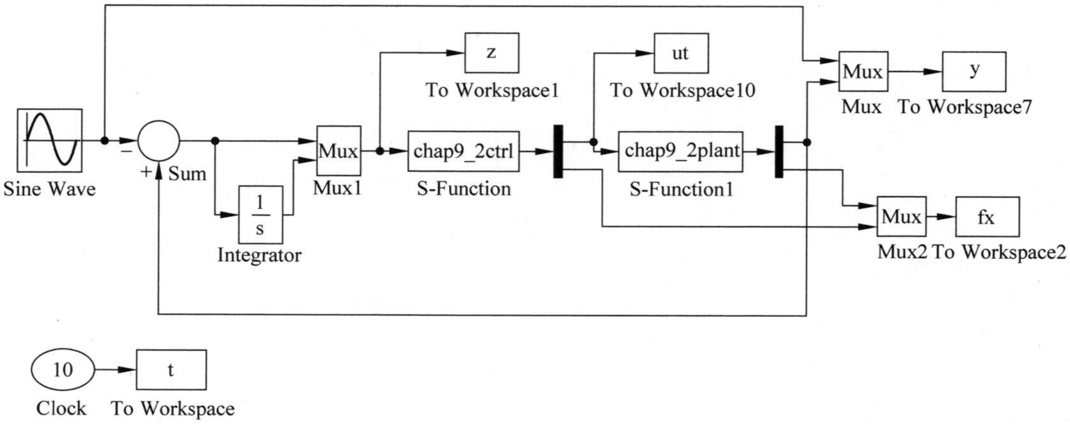

图 9.8 Simulink 主程序

(2) 控制器 S 函数：chap9_2ctrl.m。

(3) 被控对象 S 函数：chap9_2plant.m。

(4) 作图程序：chap9_2plot.m。

9.2 二阶系统自适应 RBF 神经网络控制

9.2.1 系统描述

考虑如下二阶被控对象

$$\begin{aligned}\dot{x}_1 &= x_2 \\ \dot{x}_2 &= f(x) + bu + d(t)\end{aligned} \tag{9.8}$$

其中，$f(x)$为非线性函数，$b\neq 0$，$u\in\mathbf{R}$ 和 $y\in\mathbf{R}$ 分别为控制输入和系统输出，$d(t)$为外界干扰，且满足$|d(t)|\leqslant D$。

理想跟踪指令为 x_{1d}，定义跟踪误差为

$$e = x_{1d} - x_1$$

设计滑模面为 $s=\dot{e}+ce$，$c>0$，则

$$\dot{s} = \ddot{e} + c\dot{e} = \ddot{x}_{1d} - \ddot{x}_1 + c\dot{e} = \ddot{x}_{1d} - f - bu - d(t) + c\dot{e} \tag{9.9}$$

如果 f 和 b 是已知的，可设计控制律为

$$u = \frac{1}{b}(-f + \ddot{x}_{1d} + c\dot{e} + \eta\,\mathrm{sgn}(s)) \tag{9.10}$$

将式(9.10)代入式(9.9)，可得

$$\dot{s} = \ddot{e} + c\dot{e} = \ddot{x}_{1d} - \ddot{x}_1 + c\dot{e} = \ddot{x}_{1d} - f - bu - d(t) + c\dot{e} = -\eta\,\mathrm{sgn}(s) - d(t)$$

如果选择 $\eta\geqslant D$，可得

$$s\dot{s} = -\eta\,|s| - s\cdot d(t) \leqslant 0$$

如果 $f(x)$未知,可通过逼近 $f(x)$来实现稳定控制设计。下面介绍 RBF 神经网络对未知项 $f(x)$的逼近算法。

9.2.2 基于 RBF 神经网络逼近 $f(x)$的滑模控制

采用 RBF 神经网络逼近 $f(x)$,RBF 神经网络算法为

$$h_j=\exp\left(\frac{\|\boldsymbol{x}-\boldsymbol{c}_i\|^2}{2b_j^2}\right)$$

$$f=\boldsymbol{W}^{*\mathrm{T}}\boldsymbol{h}(\boldsymbol{x})+\varepsilon$$

其中,$\boldsymbol{x}$ 为网络的输入,i 为网络的输入个数,j 为网络隐含层第 j 个节点,$\boldsymbol{h}=[h_1,h_2,\cdots,h_n]^{\mathrm{T}}$ 为高斯函数的输出,$\boldsymbol{W}^*$ 为网络的理想权值,ε 为网络的逼近误差,且$|\varepsilon|\leqslant\varepsilon_{\mathrm{N}}$。

网络的输入取 $\boldsymbol{x}$,则 RBF 神经网络的输出为

$$\hat{f}(\boldsymbol{x})=\hat{\boldsymbol{W}}^{\mathrm{T}}\boldsymbol{h}(\boldsymbol{x}) \tag{9.11}$$

其中,$\boldsymbol{h}(\boldsymbol{x})$为 RBF 神经网络的高斯函数。

则控制输入式(9.10)可写为

$$u=\frac{1}{b}(-\hat{f}+\ddot{x}_{1\mathrm{d}}+c\dot{e}+\eta\operatorname{sgn}(s)) \tag{9.12}$$

将控制律式(9.12)代入式(9.9)中,可得

$$\begin{aligned}\dot{s}&=\ddot{x}_{1\mathrm{d}}-f-bu-d(t)+c\dot{e}=\ddot{x}_{1\mathrm{d}}-f-(-\hat{f}+\ddot{x}_{1\mathrm{d}}+c\dot{e}+\eta\operatorname{sgn}(s))-d(t)+c\dot{e}\\&=-f+\hat{f}-\eta\operatorname{sgn}(s)-d(t)=-\tilde{f}-d(t)-\eta\operatorname{sgn}(s)\end{aligned} \tag{9.13}$$

其中

$$\tilde{f}=f-\hat{f}=\boldsymbol{W}^{*\mathrm{T}}\boldsymbol{h}(\boldsymbol{x})+\varepsilon-\hat{\boldsymbol{W}}^{\mathrm{T}}\boldsymbol{h}(\boldsymbol{x})=\tilde{\boldsymbol{W}}^{\mathrm{T}}\boldsymbol{h}(\boldsymbol{x})+\varepsilon \tag{9.14}$$

并定义 $\tilde{\boldsymbol{W}}=\boldsymbol{W}^*-\hat{\boldsymbol{W}}$。

定义 Lyapunov 函数为

$$V=\frac{1}{2}s^2+\frac{1}{2}\gamma\tilde{\boldsymbol{W}}^{\mathrm{T}}\tilde{\boldsymbol{W}}$$

其中,$\gamma>0$。

对 Lyapunov 函数 L 求导,综合式(9.13)和式(9.14),可得

$$\begin{aligned}\dot{V}&=s\dot{s}+\gamma\tilde{\boldsymbol{W}}^{\mathrm{T}}\dot{\tilde{\boldsymbol{W}}}=s(-\tilde{f}-d(t)-\eta\operatorname{sgn}(s))-\gamma\tilde{\boldsymbol{W}}^{\mathrm{T}}\dot{\hat{\boldsymbol{W}}}\\&=s(-\tilde{\boldsymbol{W}}^{\mathrm{T}}\boldsymbol{h}(\boldsymbol{x})-\varepsilon-d(t)-\eta\operatorname{sgn}(s))-\gamma\tilde{\boldsymbol{W}}^{\mathrm{T}}\dot{\hat{\boldsymbol{W}}}\\&=-\tilde{\boldsymbol{W}}^{\mathrm{T}}(s\boldsymbol{h}(\boldsymbol{x})+\gamma\dot{\hat{\boldsymbol{W}}})-s(\varepsilon+d(t)+\eta\operatorname{sgn}(s))\end{aligned}$$

设计自适应律为

$$\dot{\hat{\boldsymbol{W}}}=-\frac{1}{\gamma}s\boldsymbol{h}(\boldsymbol{x}) \tag{9.15}$$

则

$$\dot{V}=-s(\varepsilon+d(t)+\eta\operatorname{sgn}(s))=-s(\varepsilon+d(t))-\eta|s|$$

由于逼近误差 ε 可以限制的足够小,取 $\eta\geqslant\varepsilon_{\mathrm{N}}+D$,可得 $\dot{V}\leqslant0$。

由于当且仅当 $s=0$ 时，$\dot{V}=0$。即当 $\dot{V}\equiv 0$ 时，$s\equiv 0$。根据 LaSalle 不变性原理，闭环系统为渐近稳定，即当 $t\to\infty$ 时，$s\to 0$，从而 $e\to 0$，$\dot{e}\to 0$。系统的收敛速度取决于 η。由于 $V\geqslant 0$，$\dot{V}\leqslant 0$，则当 $t\to\infty$ 时，V 有界，因此，可以证明 $\hat{\boldsymbol{W}}$ 有界，但无法保证 $\hat{\boldsymbol{W}}$ 收敛于 $\boldsymbol{W}$，即无法保证 $\tilde{f}$ 收敛。

当建模不确定性和干扰较大时，需要切换项增益 η 较大，这就会造成较大的抖振。为了防止抖振，控制器中采用饱和函数 sat(s)代替符号函数 sgn(s)，即

$$\text{sat}(s)=\begin{cases}1 & s>\Delta \\ ks & |s|\leqslant\Delta,\quad k=1/\Delta \\ -1 & s<-\Delta\end{cases} \tag{9.16}$$

其中，Δ 为边界层厚度。

9.2.3 仿真实例

考虑如下动力学方程

$$\dot{x}_1=x_2$$
$$\dot{x}_2=f(x)+133u$$

其中，x_1 和 x_2 分别为位置和速度，u 为控制输入。

取期望轨迹为 $x_{1\text{d}}(t)=\sin t$，$f(x)=x_1x_2$，系统的初始状态为[0.2　0]。采用控制律式(9.12)和自适应律式(9.15)，控制参数取 $c=15$，$\eta=1.1$，自适应参数取 $\gamma=0.015$。神经网络的结构取为 2-5-1，$\boldsymbol{c}_i$ 和 b_j 分别设置为[−1.0　−0.5　0　0.5　1.0]和 1.0，网络的初始权值为 0.0，网络输入为 x_1 和 x_2。为了降低抖振，采用饱和函数代替符号函数，取 $\Delta=0.05$，仿真结果如图 9.9～图 9.11 所示。

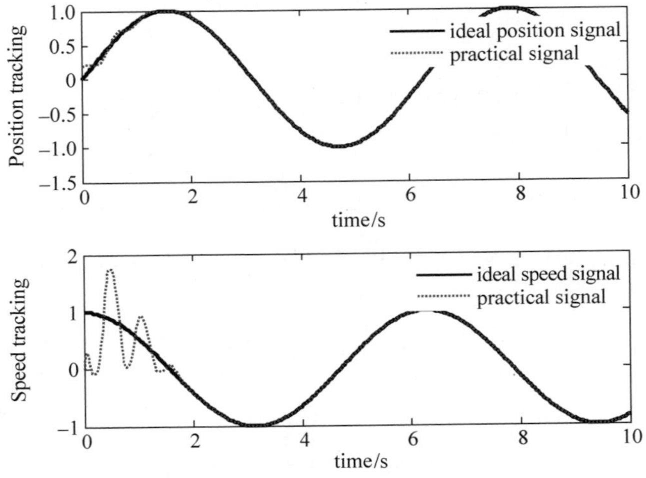

图 9.9　位置和速度跟踪

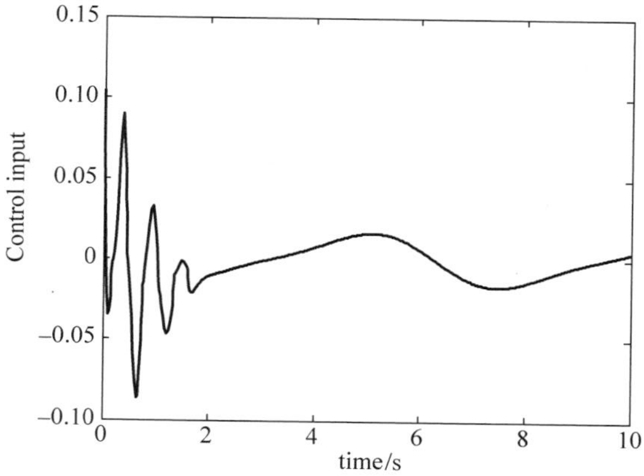

图 9.10 控制输入信号

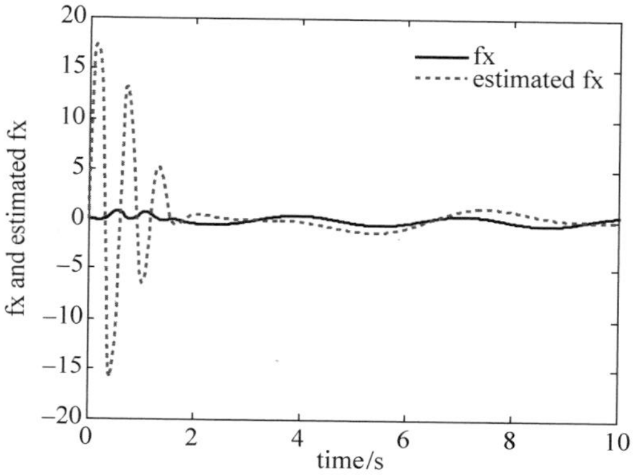

图 9.11 $f(x)$和$\hat{f}(x)$

仿真程序：

(1) Simulink 主程序：chap9_3sim.mdl，如图 9.12 所示。

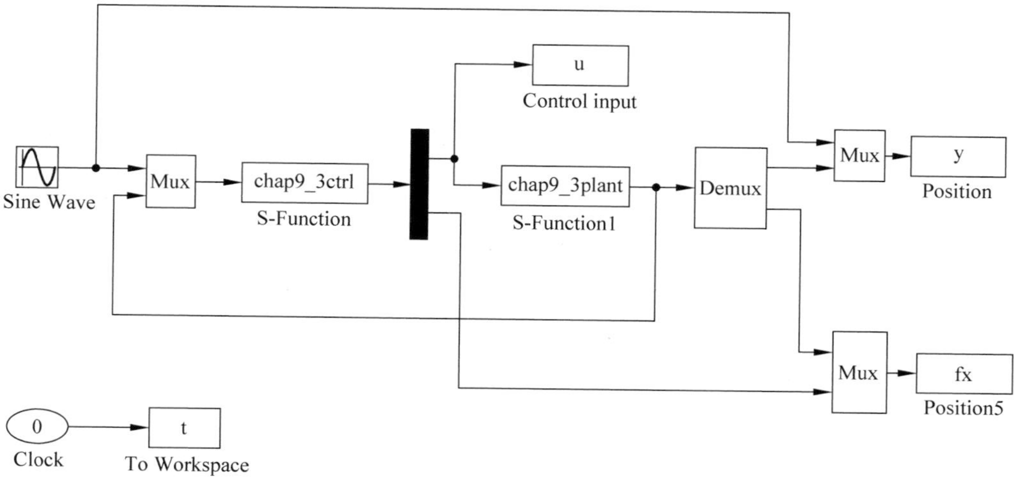

图 9.12 Simulink 主程序

(2) 控制器 S 函数：chap9_3ctrl.m。
(3) 被控对象 S 函数：chap9_3plant.m。
(4) 作图程序：chap9_3plot.m。

9.3 基于 RBF 神经网络的单参数直接鲁棒自适应控制

采用神经网络最小参数学习法[1-3]，取神经网络权值的上界估计值作为神经网络权值的估计值，通过设计参数估计自适应律代替神经网络权值的调整，自适应算法简单，便于实际工程应用。

9.3.1 系统描述

二阶 SISO 非线性系统为

$$\begin{aligned}\dot{x}_1 &= x_2\\ \dot{x}_2 &= \alpha(x)+\beta(x)u+d(t)\\ y &= x_1\end{aligned} \tag{9.17}$$

其中，$\boldsymbol{x}\in\mathbf{R}$、$u\in\mathbf{R}$ 和 $y\in\mathbf{R}$ 分别为系统的状态、控制输入和输出，$\alpha(x)$和 $\beta(x)$为未知非线性函数，$d(t)$为外界扰动且有 $d_0>0$，$|d(t)|\leqslant d_0$，$\beta(x)>0$，$\beta(x)>\beta_0$。

定义理想跟踪指令向量$\boldsymbol{x}_{\mathrm{d}}$，跟踪误差 $\boldsymbol{e}$ 和误差函数 s 为

$$\boldsymbol{x}_{\mathrm{d}}=[x_{1\mathrm{d}}\quad \dot{x}_{1\mathrm{d}}]^{\mathrm{T}},\quad \boldsymbol{e}=\boldsymbol{x}-\boldsymbol{x}_{\mathrm{d}}=[e\quad \dot{e}]^{\mathrm{T}},\quad s=[\lambda\quad 1]\boldsymbol{e}=\lambda e+\dot{e}$$

其中，$\lambda>0$。

对 s 求导可得

$$\begin{aligned}\dot{s}&=\lambda\dot{e}+\ddot{e}=\lambda\dot{e}+\ddot{x}_1-\ddot{x}_{1\mathrm{d}}=\lambda\dot{e}+\alpha(x)+\beta(x)u+d(t)-\ddot{x}_{1\mathrm{d}}\\ &=\alpha(x)+v+\beta(x)u+d(t)\end{aligned} \tag{9.18}$$

其中，$v=-\ddot{x}_{1\mathrm{d}}+\lambda\dot{e}$ 。

取 $d(t)=0$，理想控制律为

$$u^{*}=-\frac{1}{\beta(x)}\left\{\alpha(x)+v+\left[\frac{1}{\delta}+\frac{1}{\delta\beta(x)}-\frac{\dot{\beta}(x)}{2\beta(x)}\right]s\right\} \tag{9.19}$$

其中，$\delta>0$。

采用 RBF 神经网络，可直接设计非线性系的控制律[4,5]。采用 RBF 神经网络逼近 u^{*}，RBF 神经网络算法为

$$h_j=\exp\left(\frac{\|\boldsymbol{x}-\boldsymbol{c}_i\|^2}{2b_j^2}\right)$$

其中，$\boldsymbol{x}$ 为网络的输入，i 为网络的输入个数，j 为网络隐含层第 j 个节点，$\boldsymbol{h}=[h_1,h_2,\cdots,h_n]^{\mathrm{T}}$ 为高斯函数的输出，$\boldsymbol{W}^{*}$ 为网络的理想权值。

存在理想神经网络权值向量 $\boldsymbol{W}^{*}$，使

$$u^{*}(\boldsymbol{z})=\boldsymbol{W}^{*\mathrm{T}}\boldsymbol{h}(\boldsymbol{z})+\mu_l,\quad \forall z\in\Omega_z \tag{9.20}$$

其中，$\boldsymbol{h}(z)$为径向基函数向量，μ_l 为网络的逼近误差，满足$|\mu_l|\leqslant\mu_0$，且

$$\boldsymbol{W}^{*}=\arg\min_{W\in R^l}\{\sup_{z\in\Omega_z}|\boldsymbol{W}^{\mathrm{T}}\boldsymbol{h}(z)-u^{*}(z)|\}$$

取 $u=u^*$，代入式(9.18)，可得

$$\dot{s}=-\left(\frac{1}{\delta}+\frac{1}{\delta\beta(x)}\right)s+\frac{\dot{\beta}(x)}{2\beta(x)}s \tag{9.21}$$

取 $V=\frac{1}{2\beta(x)}s^2$，则

$$\dot{V}=-\left(\frac{1}{\delta\beta(x)}+\frac{1}{\delta\beta^2(x)}\right)s^2\leqslant 0 \tag{9.22}$$

9.3.2 控制律和自适应律设计

为了实现基于单参数 RBF 神经网络的直接鲁棒自适应控制，取 $\|\boldsymbol{W}^*\|_F\leqslant w_{\max}$，定义

$$\phi=\|\boldsymbol{W}^*\|_F^2 \tag{9.23}$$

取 $\hat{\phi}$ 为 ϕ 的估计值，定义 $\tilde{\phi}=\hat{\phi}-\phi$，设计控制律为

$$u=-\frac{1}{2}s\hat{\phi}\boldsymbol{h}^{\mathrm{T}}\boldsymbol{h} \tag{9.24}$$

将上式代入式(9.18)，可得

$$\dot{s}=\alpha(x)+v+\beta(x)\left(-\frac{1}{2}s\hat{\phi}\boldsymbol{h}^{\mathrm{T}}\boldsymbol{h}\right)+d(t)$$

将上式的右边加减 $\beta(x)u^*$，代入式(9.20)，可得

$$\begin{aligned}\dot{s}&=\alpha(x)+v+\beta(x)\left(-\frac{1}{2}s\hat{\phi}\boldsymbol{h}^{\mathrm{T}}\boldsymbol{h}-u^*\right)+\beta(x)u^*+d(t)\\&=\alpha(x)+v+\beta(x)\left(-\frac{1}{2}s\hat{\phi}\boldsymbol{h}^{\mathrm{T}}\boldsymbol{h}-\boldsymbol{W}^{*\mathrm{T}}\boldsymbol{h}-\mu_l\right)+\beta(x)u^*+d(t)\end{aligned} \tag{9.25}$$

将理想控制律式(9.19)代入式(19.25)，可得

$$\dot{s}=\beta(x)\left(-\frac{1}{2}s\hat{\phi}\boldsymbol{h}^{\mathrm{T}}\boldsymbol{h}-\boldsymbol{W}^{*\mathrm{T}}\boldsymbol{h}-\mu_l\right)-\left(\frac{1}{\delta}+\frac{1}{\delta\beta(x)}-\frac{\dot{\beta}(x)}{2\beta(x)}\right)s+d(t)$$

自适应律设计为

$$\dot{\hat{\phi}}=\frac{\gamma}{2}s^2\boldsymbol{h}^{\mathrm{T}}\boldsymbol{h}-\kappa\gamma\hat{\phi} \tag{9.26}$$

其中，$\gamma,\kappa>0$。

设计 Lyapunov 函数为

$$V=\frac{1}{2}\left(\frac{s^2}{\beta(x)}+\frac{1}{\gamma}\tilde{\phi}^2\right)$$

则

$$\begin{aligned}\dot{V}&=\frac{s\dot{s}}{\beta(x)}-\frac{\dot{\beta}(x)}{2\beta^2(x)}s^2+\frac{1}{\gamma}\tilde{\phi}\dot{\hat{\phi}}=\frac{s}{\beta(x)}\left[\beta(x)\left(-\frac{1}{2}s\hat{\phi}\boldsymbol{h}^{\mathrm{T}}\boldsymbol{h}-\boldsymbol{W}^{*\mathrm{T}}\boldsymbol{h}-\mu_l\right)\right]-\frac{\dot{\beta}(x)}{2\beta^2(x)}s^2\\&\quad-\frac{s}{\beta(x)}\left[\left(\frac{1}{\delta}+\frac{1}{\delta\beta(x)}-\frac{\dot{\beta}(x)}{2\beta(x)}\right)s+d(t)\right]+\frac{1}{\gamma}\tilde{\phi}\dot{\hat{\phi}}\\&=-\frac{1}{2}s^2(\tilde{\phi}+\phi)\boldsymbol{h}^{\mathrm{T}}\boldsymbol{h}-s\boldsymbol{W}^{*\mathrm{T}}\boldsymbol{h}-\left(\frac{1}{\delta\beta(x)}+\frac{1}{\delta\beta^2(x)}\right)s^2+\frac{d(t)}{\beta(x)}s-\mu_l s+\frac{1}{\gamma}\tilde{\phi}\dot{\hat{\phi}}\end{aligned}$$

由于

$$s^2\phi\boldsymbol{h}^{\mathrm{T}}\boldsymbol{h}+1=s^2\|\boldsymbol{W}^*\|^2\boldsymbol{h}^{\mathrm{T}}\boldsymbol{h}+1\geqslant-2s\boldsymbol{W}^{*\mathrm{T}}\boldsymbol{h}$$

$$\frac{d(t)}{\beta(x)}s \leqslant \frac{s^2}{\delta\beta^2(x)} + \frac{\delta}{4}d^2(t)$$

$$|\mu_l s| \leqslant \frac{s^2}{2\delta\beta(x)} + \frac{\delta}{2}\mu_l^2\beta(x)$$

考虑$|\mu_l| \leqslant \mu_0$，$|d(t)| \leqslant d_0$，则

$$\begin{aligned}\dot{V} &\leqslant \tilde{\phi}\left(-\frac{1}{2}s^2\boldsymbol{h}^{\mathrm{T}}\boldsymbol{h} + \frac{1}{\gamma}\dot{\hat{\phi}}\right) - \left(\frac{1}{\delta\beta(x)} + \frac{1}{\delta\beta^2(x)}\right)s^2 + \frac{d(t)}{\beta(x)}s - \mu_l s + \frac{1}{2} \\ &\leqslant \tilde{\phi}\left(-\frac{1}{2}s^2\boldsymbol{h}^{\mathrm{T}}\boldsymbol{h} + \frac{1}{\gamma}\dot{\hat{\phi}}\right) - \frac{s^2}{2\delta\beta(x)} + \frac{\delta}{2}\mu_0^2\bar{\beta} + \frac{\delta}{4}d_0^2 + \frac{1}{2}\end{aligned}$$

代入自适应律式(9.26)，可得

$$\begin{aligned}\dot{V} &\leqslant -\kappa\tilde{\phi}\hat{\phi} - \frac{s^2}{2\delta\beta(x)} + \frac{\delta}{2}\mu_0^2\bar{\beta} + \frac{\delta}{4}d_0^2 + \frac{1}{2} \\ &\leqslant -\frac{\kappa}{2}(\tilde{\phi}^2 - \phi^2) - \frac{s^2}{2\delta\beta(x)} + \frac{\delta}{2}\mu_0^2\bar{\beta} + \frac{\delta}{4}d_0^2 + \frac{1}{2} \\ &\leqslant -\frac{\kappa}{2}\tilde{\phi}^2 - \frac{s^2}{2\delta\beta(x)} + \frac{\delta}{2}\mu_0^2\bar{\beta} + \frac{\delta}{4}d_0^2 + \left(\frac{1}{2} + \frac{\kappa}{2}\phi^2\right)\end{aligned}$$

取$\kappa = \frac{\eta}{\gamma}$，$\eta > 0$，可得

$$\dot{V} \leqslant -\frac{\eta}{2\gamma}\tilde{\phi}^2 - \frac{s^2}{2\delta\beta(x)} + \frac{\delta}{2}\mu_0^2\bar{\beta} + \frac{\delta}{4}d_0^2 + \frac{1}{2} + \frac{\eta}{2\gamma}\phi^2 \leqslant -c_1 V + c_2$$

其中，$c_1 = \min\left\{\eta, \frac{1}{\delta}\right\}$，$c_2 = \frac{\delta}{2}\mu_0^2\bar{\beta} + \frac{\delta}{4}d_0^2 + \frac{1}{2} + \frac{\eta}{2\gamma}\phi^2$。

解上面的不等式，可得

$$V(t) \leqslant \mathrm{e}^{-c_1 t}V(0) + c_2\int_0^t \mathrm{e}^{-c_1(t-\tau)}\mathrm{d}\tau \leqslant \mathrm{e}^{-c_1 t}\left[V(0) - \frac{c_2}{c_1}\right] + \frac{c_2}{c_1}, \quad \forall t \geqslant 0$$

根据V的定义，有$V \geqslant \frac{1}{2}\frac{s^2}{\beta(x)}$，则

$$s \leqslant \sqrt{2\beta(x)V} \leqslant \sqrt{2\bar{\beta}V}$$

针对上式，由$\sqrt{a+b} \leqslant \sqrt{a} + \sqrt{b}\ (a>0, b>0)$，可得

$$|s| \leqslant \sqrt{2\bar{\beta}}\left(\mathrm{e}^{-\alpha t/2}\sqrt{V(0)} + \sqrt{\frac{\beta}{\alpha}}\right), \quad \forall t \geqslant 0 \tag{9.27}$$

由于$V(0)$有界，则上式表明$\lim\limits_{t\to 0}|s| \leqslant \sqrt{\frac{2\bar{\beta}c_2}{c_1}}$，$\forall t \geqslant 0$。从而根据滑模函数的定义，可知$e(t)$和$\dot{e}(t)$有界，从而可以保证位置和速度的跟踪。

9.3.3 仿真实例

被控对象为

$$\begin{aligned}\dot{x}_1 &= x_2 \\ \dot{x}_2 &= -25x_2 + 133u + d(t) \\ y &= x_1\end{aligned}$$

其中，$\alpha(x)=-25x_2$，$\beta(x)=133$，$d(t)=10\sin t$，$\boldsymbol{x}=[x_1 \quad x_2]^{\mathrm{T}}$。

系统的初始状态为 $\boldsymbol{x}=[0.5 \quad 0]^{\mathrm{T}}$，理想跟踪指令为 $x_{1\mathrm{d}}=\sin t$。根据式(9.19)，RBF 神经网络的输入向量为 $\boldsymbol{z}=[x_1 \quad x_2 \quad s \quad s/\delta \quad v]^{\mathrm{T}}$，选取网络结构为 5-9-1，高斯函数中心点矢量值按输入值的有效映射范围来选取，根据实际 x_1、x_2、s、s/ε 和 v 的取值范围，参数 $\boldsymbol{c}_i$ 和 b_j 可以选为$[-2 \quad -1.5 \quad -1 \quad -0.5 \quad 0 \quad 0.5 \quad 1 \quad 1.5 \quad 2]$和 1.5，单参数 $\hat{\phi}$ 的初始权值设置为 0。采用控制律式(9.24)和自适应律式(9.26)，取 $\lambda=5.0$，$\delta=0.25$，$\gamma=0.05$，$k=0.10$，由 $\beta(x)$ 的表达式取 $\bar{\beta}=150$。仿真结果如图 9.13 和图 9.14 所示。

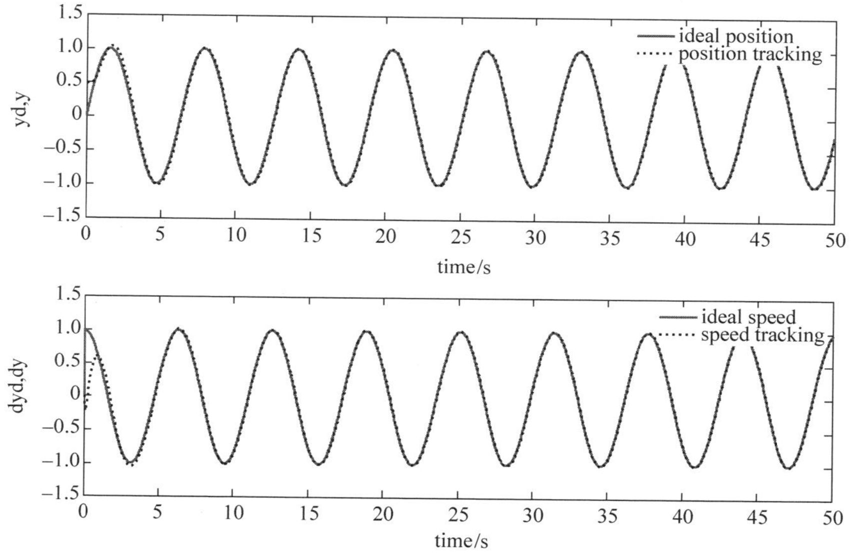

图 9.13 位置和速度跟踪

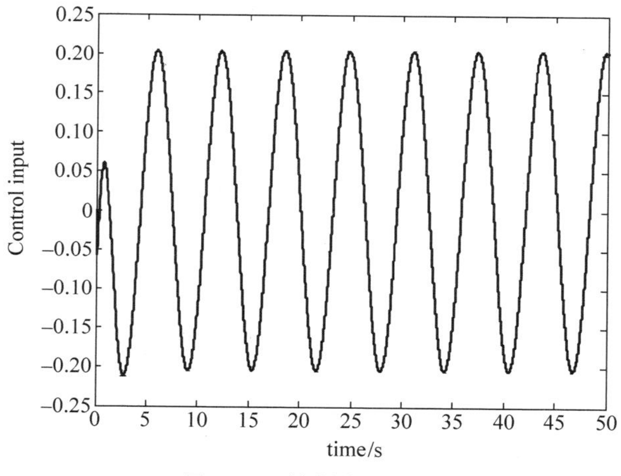

图 9.14 控制输入信号

仿真程序：

(1) Simulink 主程序：chap9_4sim.mdl，如图 9.15 所示。

(2) 控制律设计程序：chap9_4ctrl.m。

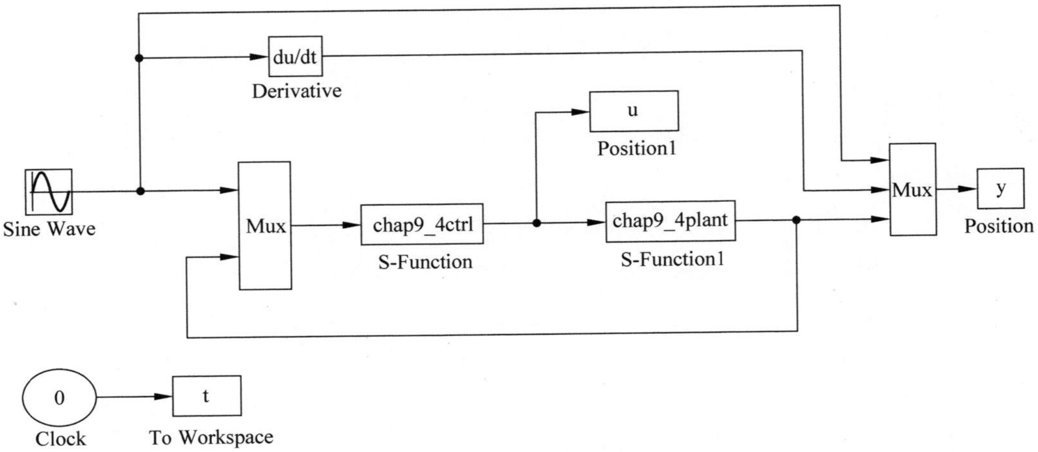

图 9.15 Simulink 主程序

(3) 被控对象程序：chap9_4plant. m。

(4) 作图程序：chap9_4plot. m。

思考题

1. 如果式(9.8)中 b 的值未知，如何设计二阶系统自适应 RBF 神经网络控制方法？

2. 针对 9.2 节的二阶系统自适应 RBF 神经网络控制，如何通过设计自适应律，实现神经网络最小参数学习法？

参考文献

[1] Yang Y S, Ren J S. Adaptive Fuzzy Robust Tracking Controller Design via Small Gain Approach and Its Application[J]. IEEE Transactions on Fuzzy Systems, 2003, 11(6): 783-795.

[2] Chen B, Liu X P, Liu K F, et al. Direct adaptive fuzzy control of nonlinear strict-feedback systems[J]. Automatica, 2009, 45: 1530-1535.

[3] Yang H J, Liu J K. An adaptive RBF neural network control method for a class of nonlinear systems [J]. IEEE/CAA Journal of Automatica Sinica, 2018, 5(2): 1-6.

[4] Ge S S, Hang C C. Zhang T. A direct method for robust adaptive nonlinear control with guaranteed transient performance[J]. System and Control Letters, 1999, 37(5): 275-284.

[5] 刘金琨. RBF 神经网络自适应控制 MATLAB 仿真[M]. 2 版. 北京：清华大学出版社，2018.

第 10 章

CHAPTER 10

基于 RBF 神经网络的输入输出受限控制

10.1 控制系统位置输出受限控制

受限系统的控制问题一直是控制理论界和工程应用中备受关注的领域之一。实际控制系统中，为保证系统的安全性，通常会对系统输出值的上下界做出严格限制，或要求系统输出超调量在一定范围内，超调量过大往往意味着系统处于不理想的运行状态，某些情况下会对该系统本身产生不可预知的影响。

10.1.1 输出受限引理

引理 10.1[1] 针对误差系统

$$\dot{\boldsymbol{z}}=\boldsymbol{f}(t,\boldsymbol{z}) \tag{10.1}$$

其中，$\boldsymbol{z}=[z_1 \quad z_2]^{\mathrm{T}}$。

存在连续可微并正定的函数 V_1 和 V_2，$k_{\mathrm{b}}>0$，位置输出为 x_1，定义位置误差 $z_1=x_1-y_{\mathrm{d}}$，满足当 $z_1\rightarrow -k_{\mathrm{b}}$ 或 $z_1\rightarrow k_{\mathrm{b}}$ 时，有 $V_1(z_1)\rightarrow\infty$；$\gamma_1(\|z_2\|)\leqslant V_2(z_2)\leqslant\gamma_2(\|z_2\|)$，$\gamma_1$ 和 γ_2 为 K_∞ 类函数。

假设 $|z_1(0)|<k_{\mathrm{b}}$，取 $V(z)=V_1(z_1)+V_2(z_2)$，如果满足

$$\dot{V}=\frac{\partial V}{\partial \boldsymbol{x}}\boldsymbol{f}\leqslant 0$$

则 $|z_1(t)|<k_{\mathrm{b}}$，$\forall t\in[0,\infty)$。

考虑如下对称 Barrier Lyapunov 函数

$$V=\frac{1}{2}\log\frac{k_{\mathrm{b}}^2}{k_{\mathrm{b}}^2-z_1^2} \tag{10.2}$$

其中，log(·)为自然对数。

可见，该 Lyapunov 函数满足 $V(0)=0$，$V(x)>0(x\neq 0)$的 Lyapunov 设计原理。

取 $z_1(0)=0.5$，由 $|z_1(0)|<k_{\mathrm{b}}$，可取 $k_{\mathrm{b}}=0.51$，对称 Barrier Lyapunov 函数的输入输出结果如图 10.1 所示。

仿真程序：chap10_1.m。

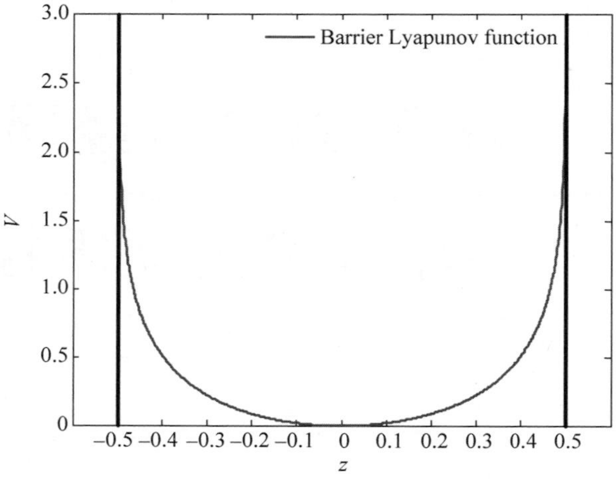

图 10.1 对称 Barrier Lyapunov 函数

引理 10.2[2] 针对误差系统

$$\dot{\boldsymbol{z}}=\boldsymbol{f}(t,\boldsymbol{z}) \tag{10.3}$$

其中，$\boldsymbol{z}=[z_1 \quad z_2]^{\mathrm{T}}$。

存在连续可微并正定的函数 V_1 和 V_2，$k_{\mathrm{b}}>0$，位置输出为 x_1，定义位置误差 $z_1=x_1-y_{\mathrm{d}}$，满足当 $z_1\to -k_{\mathrm{b}}$ 或 $z_1\to k_{\mathrm{b}}$ 时，有 $V_1(z_1)\to\infty$；$\gamma_1(\|z_2\|)\leqslant V_2(z_2)\leqslant\gamma_2(\|z_2\|)$，$\gamma_1$ 和 γ_2 为 K_∞ 类函数。

假设 $|z_1(0)|<k_{\mathrm{b}}$，取 $V(z)=V_1(z_1)+V_2(z_2)$，如果满足

$$\dot{V}=\frac{\partial V}{\partial \boldsymbol{x}}\boldsymbol{f}\leqslant -\mu V+\lambda \tag{10.4}$$

其中，$\lambda>0$ 且有界。

考虑如下对称 Barrier Lyapunov 函数

$$V(z_1)=\frac{1}{2}\log\frac{k_{\mathrm{b}}^2}{k_{\mathrm{b}}^2-z_1^2} \tag{10.5}$$

其中，log(・)为自然对数。

可见，该 Lyapunov 函数满足 $V(0)=0$，$V(x)>0(x\neq 0)$的 Lyapunov 设计原理。

对该引理的说明：由 $\dot{V}\leqslant -\mu V+\lambda$ 可知，V 有界，由于 V 是连续函数，$V(z_1)=\frac{1}{2}\log\frac{k_{\mathrm{b}}^2}{k_{\mathrm{b}}^2-z_1^2}$，且初始状态满足 $|z_1(0)|<k_{\mathrm{b}}$，说明 $z_1^2\neq k_{\mathrm{b}}^2$，即 $\forall t\in[0,\infty)$，$|z_1(t)|<k_{\mathrm{b}}$ 成立。

引理 10.3[2] 对于 $k_{\mathrm{b}}>0$，如果满足 $|z_1(t)|<k_{\mathrm{b}}$，$\forall t\in[0,\infty)$，则有

$$\log\frac{k_{\mathrm{b}}^2}{k_{\mathrm{b}}^2-z_1^2}<\frac{z_1^2}{k_{\mathrm{b}}^2-z_1^2}$$

10.1.2 系统描述

被控对象为

$$\begin{aligned}\dot{x}_1&=x_2\\ \dot{x}_2&=f(x)+bu\end{aligned} \tag{10.6}$$

其中，$f(x)$为已知，$b\neq 0$。

控制任务为通过控制律的设计，实现$|x_1(t)|<k_c$，$\forall t\geqslant 0$。

10.1.3　控制器的设计

定义位置误差为

$$z_1=x_1-y_d \tag{10.7}$$

其中，y_d为位置信号x_1的指令。

当$|z_1(t)|<k_b$时，有$-k_b<x_1-y_d<k_b$，即

$$-k_b+y_{dmin}<x_1<k_b+y_{dmax}$$

则可通过k_b的设定，实现$|x_1(t)|<k_c$，$\forall t\geqslant 0$。

首先证明$|z_1(0)|<k_b$时，需要通过控制律设计实现$|z_1(t)|<k_b$，$\forall t\geqslant 0$。采用反演控制方法，设计步骤如下。

第一步：由定义可得$\dot{z}_1=x_2-\dot{y}_d$，定义$z_2=x_2-\alpha$，其中α为待设计的稳定函数。为了实现$|z_1|<k_b$，$\forall t>0$，定义如下对称Barrier Lyapunov函数[1]

$$V_1=\frac{1}{2}\log\frac{k_b^2}{k_b^2-z_1^2} \tag{10.8}$$

其中，log(·)为自然对数。

则

$$\dot{V}_1=\frac{z_1\dot{z}_1}{k_b^2-z_1^2}=\frac{z_1(x_2-\dot{y}_d)}{k_b^2-z_1^2}=\frac{z_1(z_2+\alpha-\dot{y}_d)}{k_b^2-z_1^2}$$

设计稳定函数α为

$$\alpha=-(k_b^2-z_1^2)k_1z_1+\dot{y}_d \tag{10.9}$$

其中，$k_1>0$。

则

$$\dot{\alpha}=2k_1\dot{z}_1z_1^2-(k_b^2-z_1^2)k_1\dot{z}_1+\ddot{y}_d$$

将上式代入$\dot{V}_1$中，可得

$$\dot{V}_1=-k_1z_1^2+\frac{z_1z_2}{k_b^2-z_1^2}$$

如果$z_2=0$，则$\dot{V}_1\leqslant -k_1z_1^2$。为此，需要进行下一步设计。

第二步：由于x_2不需要受限，则可定义Lyapunov函数

$$V=V_1+V_2 \tag{10.10}$$

其中$V_2=\dfrac{1}{2}z_2^2$。

由于

$$\dot{z}_2=\dot{x}_2-\dot{\alpha}=f(x)+bu-\dot{\alpha}$$

则

$$\dot{V}=\dot{V}_1+z_2\dot{z}_2=-k_1z_1^2+\frac{z_1z_2}{k_b^2-z_1^2}+z_2(f(x)+bu-\dot{\alpha})$$

设计控制律为

$$u=\frac{1}{b}\left(-f(x)+\dot{\alpha}-k_2z_2-\frac{z_1}{k_b^2-z_1^2}\right) \tag{10.11}$$

其中 $k_2>0$。

则

$$\dot{V}=-k_1z_1^2-k_2z_2^2\leqslant 0$$

根据引理 10.1[1]，可得 $|z_1|<k_b$，$\forall t>0$。$t\to\infty$ 时，$z_1\to 0$，$z_2\to 0$，即 $x_1\to y_d$，$x_2\to y_d$。

10.1.4 仿真实例

被控对象取

$$\dot{x}_1=x_2$$

$$\dot{x}_2=-25x_2+133u$$

其中初始状态为[0.50 0]。

位置指令为 $y_d(t)=\sin t$，则 $z_1(0)=x_1(0)-y_d(0)=0.5$，由 $|z_1(0)|<k_b$，可取 $k_b=0.51$，即将 x_1 限制在[−1.51 1.51]之内。按式(10.8)设计 V_1。采用控制律式(10.11)，取 $k_1=k_2=10$，仿真结果如图 10.2～图 10.5 所示。

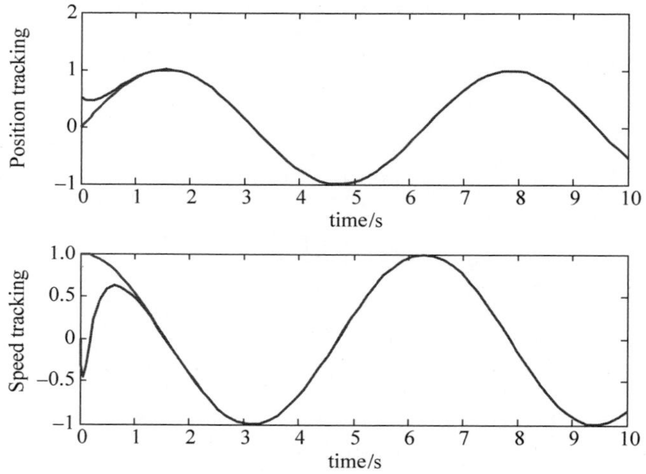

图 10.2 位置和速度跟踪

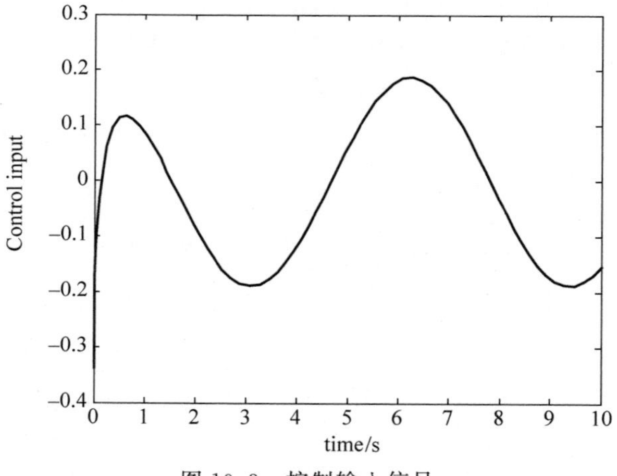

图 10.3 控制输入信号

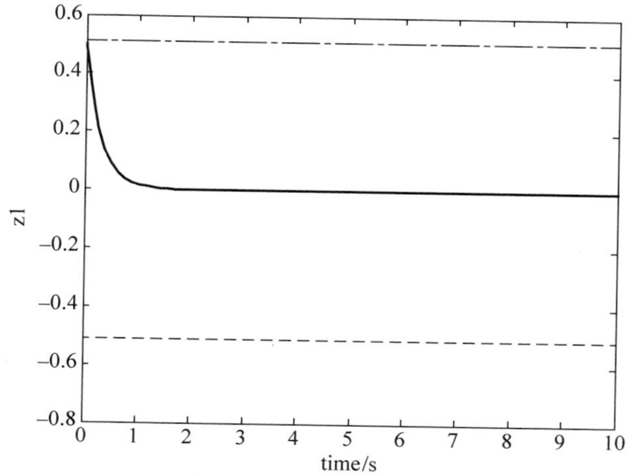

图 10.4 $z_1(t)$的变化

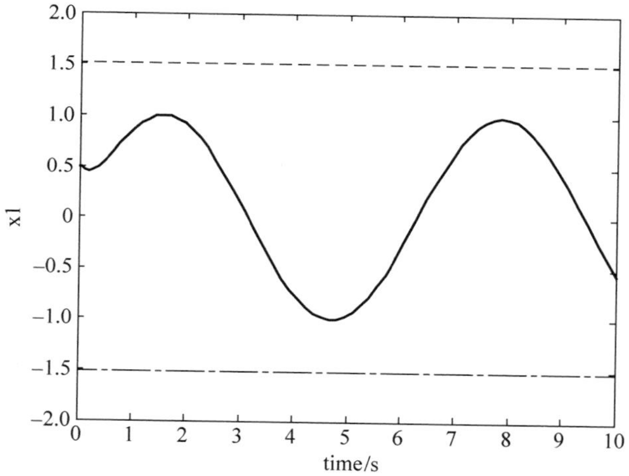

图 10.5 $x_1(t)$的变化

仿真程序：

(1) Simulink 主程序：chap10_2sim.mdl，如图 10.6 所示。

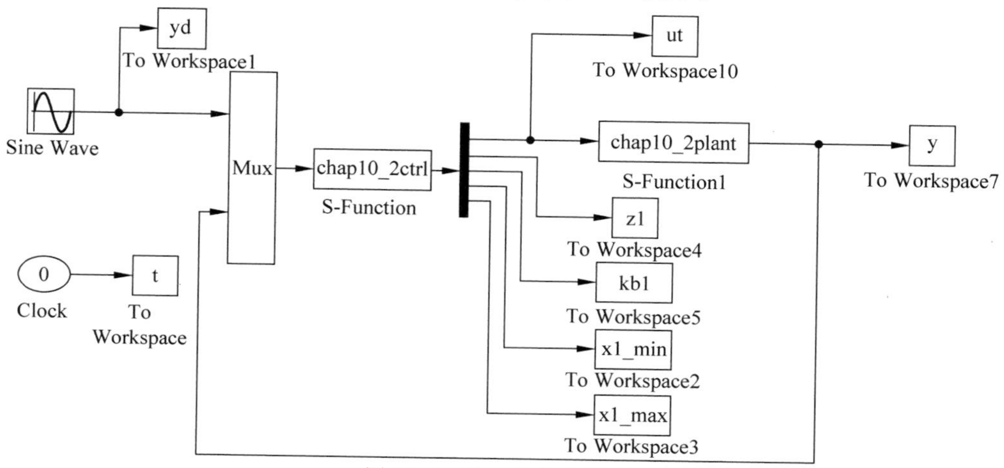

图 10.6 Simulink 主程序

(2) 控制器子程序：chap10_2ctrl. m。

(3) 被控对象程序：chap10_2plant. m。

(4) 作图程序：chap10_2plot. m。

10.2 基于 RBF 神经网络的状态输出受限控制

10.2.1 系统描述

被控对象为

$$\dot{x}_1 = x_2$$
$$\dot{x}_2 = f(x) + bu \tag{10.12}$$

假设 $f(x)$未知,控制任务为通过控制律的设计,实现$|x_1(t)| < k_c$,$\forall t \geqslant 0$,当 $t \to \infty$ 时,$x_1 \to y_d$,$x_2 \to \dot{y}_d$。

10.2.2 RBF 神经网络原理

由于 RBF 神经网络具有万能逼近特性,采用 RBF 神经网络逼近 $f(x)$,网络算法为

$$h_j = \exp\left(\frac{\| \boldsymbol{x} - c_j \|^2}{2b_j^2}\right)$$
$$f = \boldsymbol{W}^{*\mathrm{T}} \boldsymbol{h}(\boldsymbol{x}) + \varepsilon$$

其中,$\boldsymbol{x}$ 为网络的输入,j 为网络隐含层第 j 个节点,$\boldsymbol{h} = [h_1, h_2, \cdots, h_n]^{\mathrm{T}}$ 为网络的高斯函数输出,$\boldsymbol{W}^*$ 为网络的理想权值,ε 为网络的逼近误差,$|\varepsilon| \leqslant \varepsilon_{\mathrm{N}}$。

网络输入取 $\boldsymbol{x} = [x_1 \quad x_2]^{\mathrm{T}}$,则网络输出为

$$\hat{f}(\boldsymbol{x}) = \hat{\boldsymbol{W}}^{\mathrm{T}} \boldsymbol{h}(\boldsymbol{x})$$

则 $f(\boldsymbol{x}) - \hat{f}(\boldsymbol{x}) = \boldsymbol{W}^{*\mathrm{T}} \boldsymbol{h}(\boldsymbol{x}) + \varepsilon - \hat{\boldsymbol{W}}^{\mathrm{T}} \boldsymbol{h}(\boldsymbol{x}) = -\tilde{\boldsymbol{W}}^{\mathrm{T}} \boldsymbol{h}(\boldsymbol{x}) + \varepsilon$。

10.2.3 控制器的设计

定义位置误差为

$$z_1 = x_1 - y_d \tag{10.13}$$

其中,y_d 为位置信号 x_1 的指令。

当$|z_1(t)| < k_b$ 时,有$-k_b < x_1 - y_d < k_b$,即

$$-k_b + y_{\mathrm{dmin}} < x_1 < k_b + y_{\mathrm{dmax}}$$

取 $k_c = \max\{|-k_b + y_{\mathrm{dmin}}|, |k_b + y_{\mathrm{dmax}}|\}$,则可通过 k_b 的设定,实现$|x_1(t)| < k_c$,$\forall t \geqslant 0$。

首先证明$|z_1(0)| < k_b$ 时,需要通过控制律设计实现$|z_1(t)| < k_b$,$\forall t \geqslant 0$。采用反演控制方法,设计步骤如下。

第一步：由定义可得 $\dot{z}_1 = x_2 - \dot{y}_d$,定义 $z_2 = x_2 - \alpha$,其中 α 为待设计的稳定函数。为了实现$|z_1| < k_b$,$\forall t > 0$,定义如下对称 Barrier Lyapunov 函数[1]

$$V_1 = \frac{1}{2}\log \frac{k_b^2}{k_b^2 - z_1^2} \tag{10.14}$$

其中，log(·)为自然对数。
则

$$\dot{V}_1=\frac{z_1\dot{z}_1}{k_b^2-z_1^2}=\frac{z_1(x_2-\dot{y}_d)}{k_b^2-z_1^2}=\frac{z_1(z_2+\alpha-\dot{y}_d)}{k_b^2-z_1^2}$$

设计稳定函数 α 为

$$\alpha=-k_1z_1+\dot{y}_d \tag{10.15}$$

其中，$k_1>0$。
则

$$\dot{\alpha}=-k_1\dot{z}_1+\ddot{y}_d$$

将上式代入 $\dot{V}_1$ 中，可得

$$\dot{V}_1=-\frac{k_1z_1^2}{k_b^2-z_1^2}+\frac{z_1z_2}{k_b^2-z_1^2}$$

如果 $z_2=0$，则 $\dot{V}_1\leqslant 0$。为此，需要进行下一步设计。

第二步：由于 x_2 不需要受限，则可定义 Lyapunov 函数

$$V_2=V_1+\frac{1}{2}z_2^2 \tag{10.16}$$

由于

$$\dot{z}_2=\dot{x}_2-\dot{\alpha}=f(\boldsymbol{x})+bu-\dot{\alpha}$$

则

$$\dot{V}_2=\dot{V}_1+z_2\dot{z}_2=-\frac{k_1z_1^2}{k_b^2-z_1^2}+\frac{z_1z_2}{k_b^2-z_1^2}+z_2(f(\boldsymbol{x})+bu-\dot{\alpha})$$

设计 Lyapunov 函数如下

$$V=V_2+\frac{1}{2\gamma}\tilde{\boldsymbol{W}}^{\mathrm{T}}\tilde{\boldsymbol{W}}=\frac{1}{2}\log\frac{k_b^2}{k_b^2-z_1^2}+\frac{1}{2}z_2^2+\frac{1}{2\gamma}\tilde{\boldsymbol{W}}^{\mathrm{T}}\tilde{\boldsymbol{W}} \tag{10.17}$$

其中，$\gamma>0$，$\tilde{\boldsymbol{W}}=\hat{\boldsymbol{W}}-\boldsymbol{W}^*$。

由式(10.17)可见

$$\dot{V}=-\frac{k_1z_1^2}{k_b^2-z_1^2}+\frac{z_1z_2}{k_b^2-z_1^2}+z_2(f(\boldsymbol{x})+bu-\dot{\alpha})+\frac{1}{\gamma}\tilde{\boldsymbol{W}}^{\mathrm{T}}\dot{\hat{\boldsymbol{W}}}$$

设计控制律为

$$u=\frac{1}{b}(-\hat{f}(\boldsymbol{x})+\dot{\alpha}-k_2z_2) \tag{10.18}$$

其中，$k_2>0$。
则

$$\dot{V}=-\frac{k_1z_1^2}{k_b^2-z_1^2}-k_2z_2^2+z_2(f(\boldsymbol{x})-\hat{f}(\boldsymbol{x}))+\frac{1}{\gamma}\tilde{\boldsymbol{W}}^{\mathrm{T}}\dot{\hat{\boldsymbol{W}}}$$

则

$$\dot{V}=-\frac{k_1z_1^2}{k_b^2-z_1^2}-k_2z_2^2+z_2(-\tilde{\boldsymbol{W}}^{\mathrm{T}}\boldsymbol{h}(\boldsymbol{x})+\varepsilon)+\frac{1}{\gamma}\tilde{\boldsymbol{W}}^{\mathrm{T}}\dot{\hat{\boldsymbol{W}}}$$

$$=-\frac{k_1 z_1^2}{k_b^2-z_1^2}-k_2 z_2^2+\tilde{\boldsymbol{W}}^{\mathrm{T}}\left(\frac{1}{\gamma}\dot{\hat{\boldsymbol{W}}}-z_2\boldsymbol{h}(\boldsymbol{x})\right)+\varepsilon z_2$$

设计自适应律为

$$\dot{\hat{\boldsymbol{W}}}=\gamma z_2\boldsymbol{h}(\boldsymbol{x})-\gamma\hat{\boldsymbol{W}} \tag{10.19}$$

则

$$\dot{V}=-\frac{k_1 z_1^2}{k_b^2-z_1^2}-k_2 z_2^2-\tilde{\boldsymbol{W}}^{\mathrm{T}}\hat{\boldsymbol{W}}+\varepsilon z_2$$

由于

$$\begin{aligned}\tilde{\boldsymbol{W}}^{\mathrm{T}}\hat{\boldsymbol{W}}&=\tilde{\boldsymbol{W}}^{\mathrm{T}}(\tilde{\boldsymbol{W}}+\boldsymbol{W}^*)=\tilde{\boldsymbol{W}}^{\mathrm{T}}\tilde{\boldsymbol{W}}+\tilde{\boldsymbol{W}}^{\mathrm{T}}\boldsymbol{W}^*\\&=\frac{3}{4}\tilde{\boldsymbol{W}}^{\mathrm{T}}\tilde{\boldsymbol{W}}+\frac{1}{4}\tilde{\boldsymbol{W}}^{\mathrm{T}}\tilde{\boldsymbol{W}}+\tilde{\boldsymbol{W}}^{\mathrm{T}}\boldsymbol{W}^*\geqslant\frac{3}{4}\tilde{\boldsymbol{W}}^{\mathrm{T}}\tilde{\boldsymbol{W}}-\boldsymbol{W}^{*\mathrm{T}}\boldsymbol{W}^*\end{aligned}$$

则

$$-\tilde{\boldsymbol{W}}^{\mathrm{T}}\hat{\boldsymbol{W}}\leqslant-\frac{3}{4}\tilde{\boldsymbol{W}}^{\mathrm{T}}\tilde{\boldsymbol{W}}+\|\boldsymbol{W}^*\|^2$$

根据引理10.3，有$-\frac{k_1 z_1^2}{k_b^2-z_1^2}<-k_1\log\frac{k_b^2}{k_b^2-z_1^2}$，由于$\varepsilon z_2\leqslant\frac{1}{4}\varepsilon^2+z_2^2$，从而

$$\dot{V}\leqslant-k_1\log\frac{k_b^2}{k_b^2-z_1^2}-(k_2-1)z_2^2-\frac{3}{4}\tilde{\boldsymbol{W}}^{\mathrm{T}}\tilde{\boldsymbol{W}}+\|\boldsymbol{W}^*\|^2+\frac{1}{4}\varepsilon^2$$

取$\lambda=\|\boldsymbol{W}^*\|^2+\frac{1}{4}\varepsilon_{\mathrm{N}}^2$，$\eta=\min\left(2k_1,2(k_2-1),\frac{3}{2}\gamma\right)$，则

$$\dot{V}\leqslant-\eta V+\lambda$$

则根据引理10.2[2]，可得V有界，从而z_1，z_2和$\tilde{\boldsymbol{W}}$有界，且

$$V(t)\leqslant\mathrm{e}^{-\eta t}V(0)+\frac{\lambda}{\eta}(1-\mathrm{e}^{-\eta t})$$

且满足$|z_1|<k_b$，$\forall t>0$。

当$t\to\infty$时，$V(t)\to\frac{\lambda}{\eta}$，$V(t)$渐近收敛，收敛精度取决于$\eta$，当$\eta\gg\lambda$时，$V(t)\to0$，$z_1\to0$，$z_2\to0$，即$x_1\to y_d$，$x_2\to\dot{y}_d$。

10.2.4 仿真实例

被控对象取

$$\begin{aligned}\dot{x}_1&=x_2\\\dot{x}_2&=f(x)+133u\end{aligned}$$

其中，初始状态为[0.50 0]，$f(x)=-25x_1x_2$。

位置指令为$y_d(t)=\sin t$，则$z_1(0)=x_1(0)-y_d(0)=0.5$，由$|z_1(0)|<k_b$，可取$k_b=0.51$，即将x_1限制在[−1.51 1.51]之内，采用控制律式(10.18)和自适应律式(10.19)，取$k_1=k_2=50$，$\gamma=0.10$。

根据网络输入x_1和x_2的实际范围来设计高斯函数的参数，参数$\boldsymbol{c}_i$和b_i取值分别为

[−2　−1　0　1　2]和 3.0。网络权值中各个元素的初始值取 0.10。仿真结果如图 10.7～图 10.10 所示。

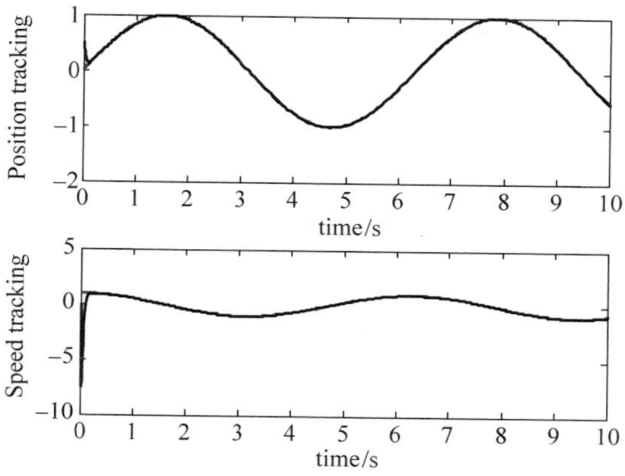

图 10.7　位置和速度跟踪

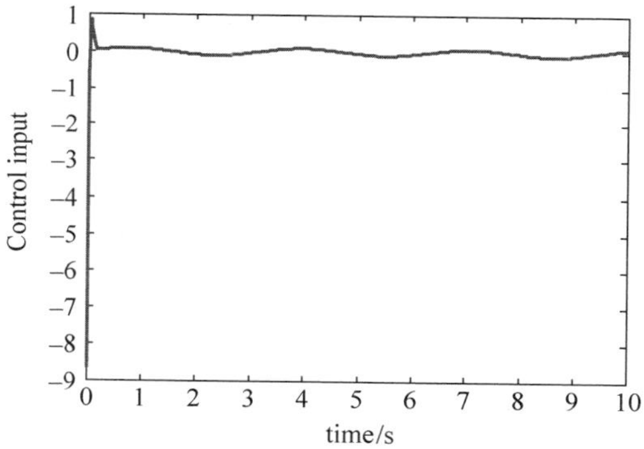

图 10.8　控制输入信号

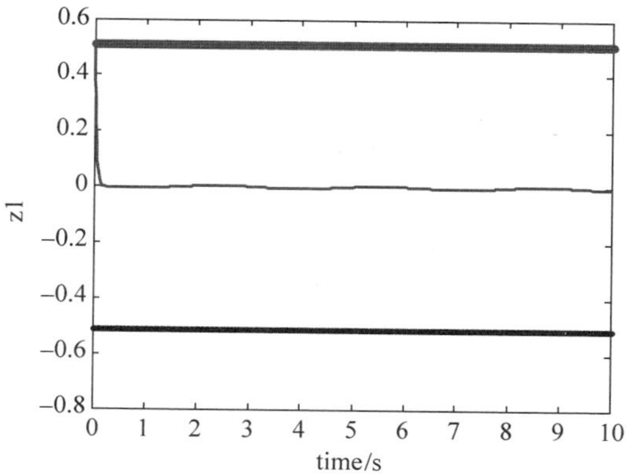

图 10.9　$z_1(t)$的变化

仿真程序：

(1) Simulink 主程序：chap10_3sim.mdl，如图 10.11 所示。

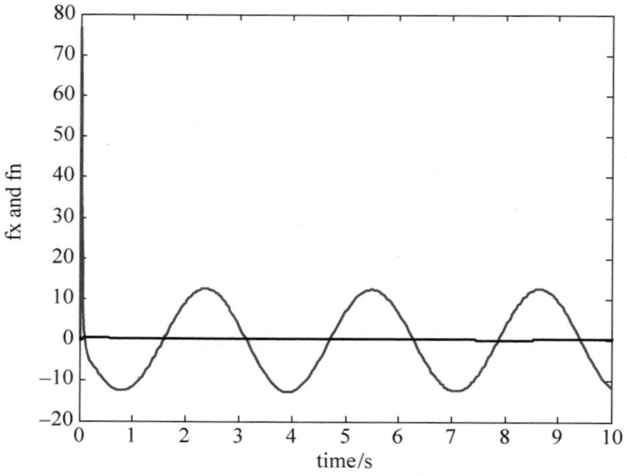

图 10.10　$f(x)$及其逼近

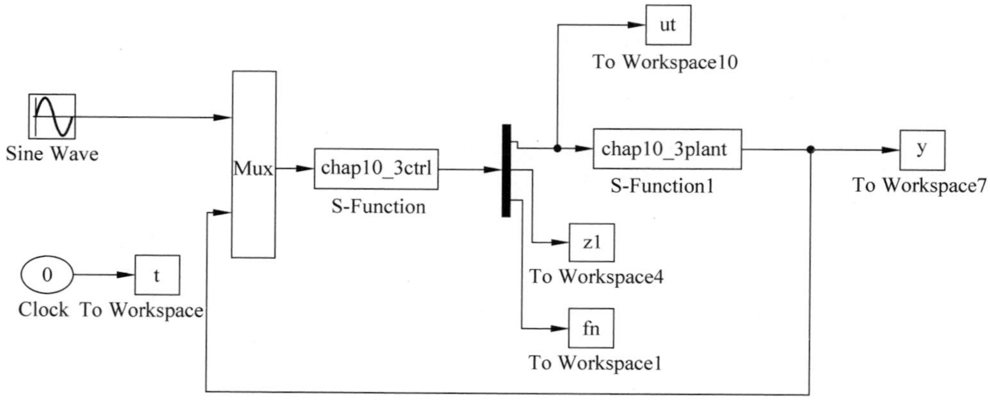

图 10.11　Simulink 主程序

(2) 控制器子程序：chap10_3ctrl.m。

(3) 被控对象程序：chap10_3plant.m。

(4) 作图程序：chap10_3plot.m。

10.3　基于 RBF 神经网络的输入受限滑模控制

实际的控制系统中，由于其自身的物理特性而引起的执行机构输出幅值是有限的，即输入受限问题，该问题是目前控制系统中最为常见的一种非线性问题。由于控制输入受限的存在，可能导致整个控制系统发散，进而导致整个控制系统失控。即使系统不发散，长时间高强度的振荡也会导致控制系统的结构损坏，从而导致故障。所以，输入受限控制是多年来研究的热门课题。利用双曲正切函数的性质，可实现有界控制律设计[3]。本节给出一种通过双曲正切函数直接设计有界控制输入的方法。

10.3.1 系统描述

针对如下系统

$$\begin{aligned}\dot{x}_1 &= x_2 \\ \dot{x}_2 &= u + f_0(x) + d(t)\end{aligned} \tag{10.20}$$

其中，x_1 和 x_2 为状态，控制输入为 u，$f_0(x)$ 为未知连续有界函数，$|d(t)| \leqslant D$ 为扰动。

控制目标为：在受限的控制输入下，实现 $t \to \infty$ 时，$x_1 \to 0$，$x_2 \to 0$。

10.3.2 RBF 神经网络逼近及双曲正切函数特点

采用 RBF 神经网络可实现未知函数 $f(\boldsymbol{x})$ 的逼近，RBF 神经网络算法为

$$f = \boldsymbol{W}^{\mathrm{T}} \boldsymbol{h}(\boldsymbol{x}) + \varepsilon$$

其中，$\boldsymbol{x}$ 为网络的输入，$\boldsymbol{h}(\boldsymbol{x})$ 为高斯函数的输出，$\boldsymbol{W}$ 为网络的理想权值，ε 为网络的逼近误差，$|\varepsilon| \leqslant \varepsilon_{\mathrm{N}}$，$\boldsymbol{W} = [W_1, W_2, \cdots, W_n]^{\mathrm{T}}$，$W_{\min} \leqslant |W_j| \leqslant W_{\max}$，$j = 1, 2, \cdots, n$。

采用 RBF 逼近未知函数 f，网络的输入取 $\boldsymbol{x} = [x_1 \quad x_2]^{\mathrm{T}}$，则 RBF 神经网络的输出为

$$\hat{f}(\boldsymbol{x}) = \hat{\boldsymbol{W}}^{\mathrm{T}} \boldsymbol{h}(\boldsymbol{x}) \tag{10.21}$$

则

$$\tilde{f}(x) = f(x) - \hat{f}(x) = \boldsymbol{W}^{\mathrm{T}} \boldsymbol{h}(x) + \varepsilon - \hat{\boldsymbol{W}}^{\mathrm{T}} \boldsymbol{h}(\boldsymbol{x}) = \tilde{\boldsymbol{W}}^{\mathrm{T}} \boldsymbol{h}(\boldsymbol{x}) + \varepsilon$$

并定义 $\tilde{\boldsymbol{W}} = \boldsymbol{W} - \hat{\boldsymbol{W}}$。

由于未知函数 $f(x)$ 有界，则 $\hat{f}(x)$ 有界，可令 $|\hat{f}(x)| \leqslant \hat{f}_{\max}$。

双曲正切函数的定义为

$$\tanh x = \frac{\mathrm{e}^{x} - \mathrm{e}^{-x}}{\mathrm{e}^{x} + \mathrm{e}^{-x}}$$

双曲正切函数具有两个性质：① $|\tanh(x)| \leqslant 1$；② $x\tanh(x) \geqslant 0$。

控制输入幅值为 5.0 的双曲正切函数如图 10.12 所示。

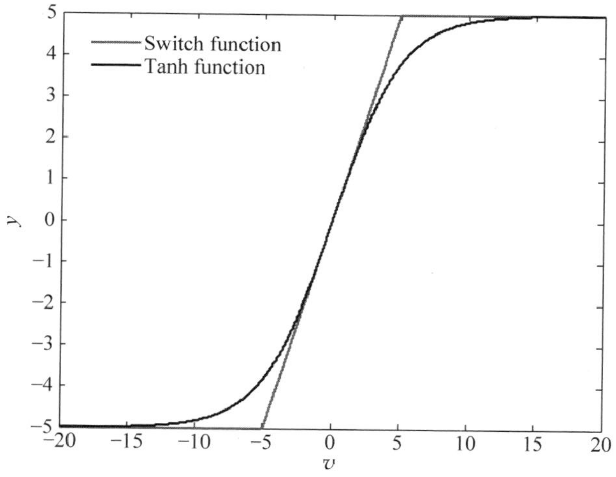

图 10.12 双曲正切函数

双曲函数仿真程序：chap10_4.m。

10.3.3 控制器的设计及分析

取滑模函数为

$$s=cx_1+x_2$$

其中，$c>0$。

定义 Lyapunov 函数为

$$V=\frac{1}{2}s^2+\frac{1}{2\gamma}\tilde{\boldsymbol{W}}^{\mathrm{T}}\tilde{\boldsymbol{W}} \tag{10.22}$$

其中，$\gamma>0$。

则

$$\begin{aligned}\dot{V}&=s\dot{s}-\frac{1}{\gamma}\tilde{\boldsymbol{W}}^{\mathrm{T}}\dot{\hat{\boldsymbol{W}}}\\&=s(cx_2+u+f_0(x)+d(t))-\frac{1}{\gamma}\tilde{\boldsymbol{W}}^{\mathrm{T}}\dot{\hat{\boldsymbol{W}}}\\&=s(u+f(x)+d(t))-\frac{1}{\gamma}\tilde{\boldsymbol{W}}^{\mathrm{T}}\dot{\hat{\boldsymbol{W}}}\end{aligned}$$

其中，$f(x)=cx_2+f_0(x)$。

设计控制律为

$$u=-\eta\tanh(\eta s)-\hat{f}(x)-\lambda\operatorname{sgn}(s) \tag{10.23}$$

其中，$\eta>0$，$\lambda\geqslant D+\varepsilon_N+\lambda_0$，$\lambda_0>0$。则

$$\begin{aligned}\dot{V}&=s(-\eta\tanh(\eta s)-\hat{f}(x)+f(x)+d(t))-\frac{1}{\gamma}\tilde{\boldsymbol{W}}^{\mathrm{T}}\dot{\hat{\boldsymbol{W}}}\\&=s(-\eta\tanh(\eta s)+\tilde{\boldsymbol{W}}^{\mathrm{T}}\boldsymbol{h}(\boldsymbol{x})+\varepsilon+d-\lambda\operatorname{sgn}(s))-\frac{1}{\gamma}\tilde{\boldsymbol{W}}^{\mathrm{T}}\dot{\hat{\boldsymbol{W}}}\\&=-\eta s\tanh(\eta s)+\tilde{\boldsymbol{W}}^{\mathrm{T}}\left(\boldsymbol{h}(\boldsymbol{x})s-\frac{1}{\gamma}\dot{\hat{\boldsymbol{W}}}\right)+\varepsilon s+ds-\lambda|s|\end{aligned}$$

如果按照传统方法，设计自适应律为

$$\dot{\hat{\boldsymbol{W}}}=\gamma\boldsymbol{h}(\boldsymbol{x})s \tag{10.24}$$

按上式设计自适应律，$\hat{\boldsymbol{W}}$ 的界无法设定，从而无法得到 $\hat{f}(x)$ 的界。

由于 $f(x)$ 有界，为了实现该函数的有界逼近，采用神经网络有界映射自适应律[4]。首先设计投影映射算子，考虑 $\tilde{\boldsymbol{W}}=\boldsymbol{W}-\hat{\boldsymbol{W}}$，定义 $\boldsymbol{\xi}=\boldsymbol{h}(\boldsymbol{x})s$，为了保证 $\tilde{\boldsymbol{W}}^{\mathrm{T}}\left(\boldsymbol{h}(\boldsymbol{x})s-\frac{1}{\gamma}\dot{\hat{\boldsymbol{W}}}\right)\leqslant 0$，且 $\boldsymbol{W}_{\min}\leqslant|\hat{\boldsymbol{W}}_j|\leqslant\boldsymbol{W}_{\max}$，取

$$\dot{\hat{\boldsymbol{W}}}_j=\gamma\mathbf{Proj}_{\hat{W}}(\boldsymbol{\xi}_j)$$

其中

$$\mathbf{Proj}_{\hat{W}}(\boldsymbol{\xi}_j)=\begin{cases}0, & \hat{\boldsymbol{W}}_j\geqslant\boldsymbol{W}_{\max}\ 且\ \boldsymbol{\xi}_j>0\\0, & \hat{\boldsymbol{W}}_j\leqslant\boldsymbol{W}_{\min}\ 且\ \boldsymbol{\xi}_j<0\\\boldsymbol{\xi}_j, & 其他\end{cases} \tag{10.25}$$

取 $\mathbf{Proj}_{\hat{W}}(\boldsymbol{\xi})=\{\mathrm{Proj}_{\hat{W}}(\boldsymbol{\xi}_j)\}$，则有界映射自适应律为

$$\dot{\hat{\boldsymbol{W}}}=\gamma\mathbf{Proj}_{\hat{W}}(\boldsymbol{\xi}) \tag{10.26}$$

采用自适应律式(10.26)，可保证

$$\tilde{\boldsymbol{W}}^{\mathrm{T}}\left(\boldsymbol{h}(\boldsymbol{x})s-\frac{1}{\gamma}\dot{\hat{\boldsymbol{W}}}\right)\leqslant 0$$

由于 $\eta s\tanh(\eta s)>0$，$\varepsilon s+ds-\lambda|s|\leqslant\lambda_0|s|$，则

$$\dot{V}\leqslant-\lambda_0|s|$$

从而实现 V 的渐进收敛，当 $t\to\infty$ 时，$s\to 0$，即 $x_1\to 0$，$x_2\to 0$ 且渐进收敛。

由于 $\tanh x=\dfrac{\mathrm{e}^x-\mathrm{e}^{-x}}{\mathrm{e}^x+\mathrm{e}^{-x}}\in[-1\quad +1]$，则由式(10.23)可得控制输入幅值为

$$|u|\leqslant\eta+\hat{f}_{\max}+\lambda$$

因此，如果针对模型式(10.20)的结构，按式(10.23)设计控制律，并按式(10.26)设计自适应律，便可以实现控制输入的受限。

10.3.4 仿真实例

考虑被控对象为式(10.20)，初始状态为 $[0.5\quad 0]$，取 $f(\boldsymbol{x})=5\tanh x_2$。RBF 神经网络采用 5 个隐含层节点，即 $n=5$，则 $\hat{f}_{\max}(\boldsymbol{x})=\hat{\boldsymbol{W}}^{\mathrm{T}}\boldsymbol{h}(\boldsymbol{x})\leqslant\|\hat{\boldsymbol{W}}\|\ \|\boldsymbol{h}(\boldsymbol{x})\|\leqslant 5\boldsymbol{W}_{\max}$。根据网络输入 x_2 的实际范围来设计高斯基函数的参数，参数 $\boldsymbol{c}_i$ 和 b_i 的取值分别为 $[-1\quad -0.5\quad 0\quad 0.5\quad 1]$ 和 3.0。网络权值中各个元素的初始值取 0.10。

取 $c=30$，按式(10.23)设计控制律中，采用饱和函数方法，取边界层厚度 Δ 为 0.10。按式(10.26)设计自适应律，取 $\hat{\boldsymbol{W}}$ 的初始值为 0.1，取 $\boldsymbol{W}_{\min}=-1.0$，$\boldsymbol{W}_{\max}=1.0$，$\gamma=10$，$\lambda=1.0$，$\eta=10$，则

$$|u|\leqslant\eta+\hat{f}_{\max}+\lambda\leqslant 10+5+1=16$$

仿真结果如图 10.13～图 10.15 所示。

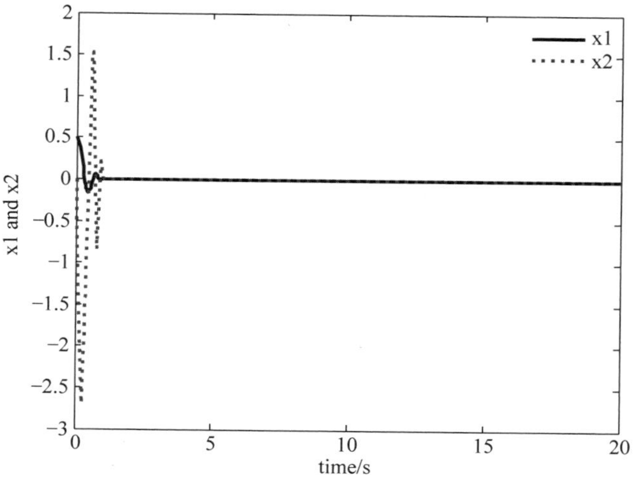

图 10.13 状态相应

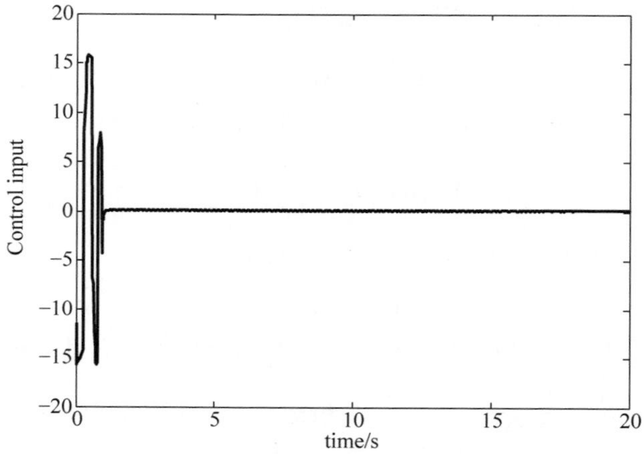

图 10.14 控制输入

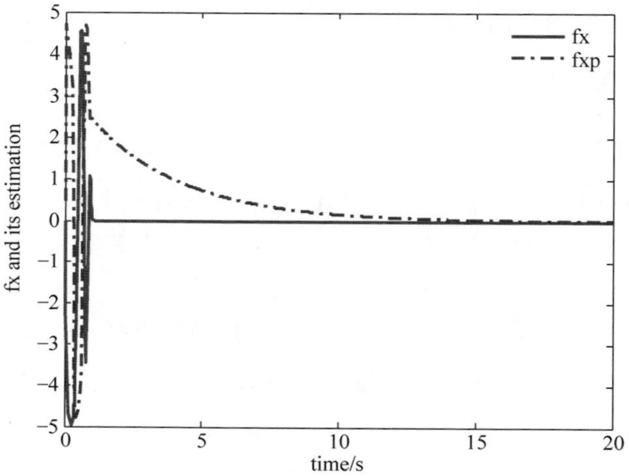

图 10.15 $f(x)$及其逼近效果

仿真程序：

(1) Simulink 主程序：chap10_5sim.mdl，如图 10.16 所示。

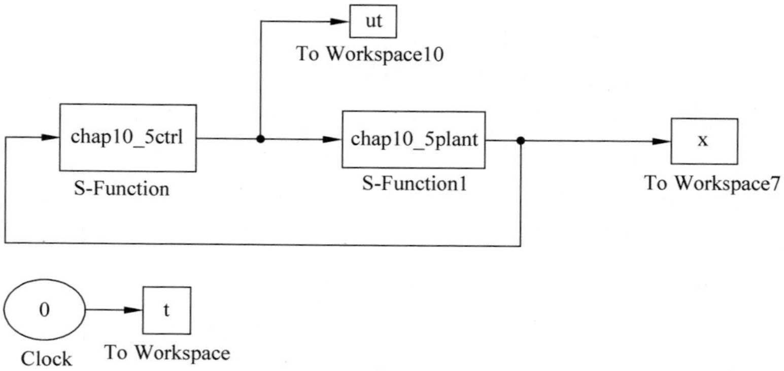

图 10.16 Simulink 主程序

（2）控制器程序：chap10_5ctrl.m。

（3）被控对象程序：chap10_5plant.m。

（4）作图程序：chap10_5plot.m。

思考题

1. 如果式(10.12)中存在控制输入扰动，如何设计基于RBF神经网络的状态输出受限控制算法？

2. 如果式(10.12)中 b 的值未知，如何设计基于RBF神经网络的状态输出受限控制算法？

3. 针对模型式(10.26)，如果考虑转动惯量 J，则模型变为

$$\dot{x}_1 = x_2$$

$$J\dot{x}_2 = u + f(x_2)$$

如果转动惯量 J 未知，如何设计控制律，实现基于RBF神经网络逼近的控制输入受限控制？

参考文献

[1] Tee K P, Ge S S, Tay E H. Barrier Lyapunov functions for the control of output-constrained nonlinear systems[J]. Automatica, 2009, 45: 918-927.

[2] Tee K P, Ge S S. Control of Nonlinear Systems with Full State Constraint Using A Barrier Lyapunov Function[C]. Joint 48th IEEE Conference on Decision and Control and 28th Chinese Control Conference Shanghai, P. R. China, December 16-18, 2009.

[3] Ailon A. Simple Tracking Controllers for Autonomous VTOL Aircraft With Bounded Inputs[J]. IEEE Transactions on Automatic Control, 2010, 55(3): 737-743.

[4] Gong J Q, Yao B. Neural network adaptive robust control of nonlinear systems in semi-strict feedback form[J]. Automatica, 2001, 37(8): 1149-1160.

第 11 章 基于 RBF 神经网络的执行器自适应容错控制

CHAPTER 11

容错控制研究的是当系统发生故障时的控制问题,故障可定义为"系统至少一个特性或参数出现较大偏差,超出了可以接受的范围,此时系统性能明显低于正常水平,难以完成系统预期的功能"。所谓容错控制是指当控制系统中的某些部件发生故障时,系统仍能按期望的性能指标或在性能指标略有降低的情况下,安全地完成控制任务。容错控制的研究,使得提高复杂系统的安全性和可靠性成为可能。容错控制是一门新兴的交叉学科,其理论基础包括统计数学、现代控制理论、信号处理、模式识别、最优化方法和决策论等,与其息息相关的学科有故障检测与诊断、鲁棒控制、自适应控制和能控制等。

容错控制方法一般可以分成两大类,即被动容错控制和主动容错控制。被动容错控制通常利用鲁棒控制技术使得整个闭环系统对某些确定的故障具有不敏感性,其设计不需要故障诊断,也不必进行控制重组,其一般具有固定形式的控制器结构和参数。主动容错控制可以对发生的故障进行主动处理,其利用获知的各种故障信息,在故障发生后重新调整控制器参数,甚至在某些情况下需要改变控制器结构。

随着现代工业的快速发展,人们对机器人的要求越来越高。为保证机器人在复杂的未知环境下顺利完成任务,必然要求具有容错控制能力。容错控制方法是机器人控制系统中的一种重要方法。

控制系统中的各个部分,如执行器、传感器和被控对象等,都有可能发生故障。在实际系统中,由于执行器工作繁复,所以执行器是控制系统中最容易发生故障的部分。一般的执行器故障类型包括卡死故障、部分/完全失效故障、饱和故障和浮动故障。

对于非线性系统执行器故障的容错控制问题已经有很多有效的方法,其中,自适应补偿控制是一种行之有效的方法[1-3]。执行器故障自适应补偿控制是根据系统执行器的冗余情况,设计自适应补偿控制律,利用有效的执行器,达到跟踪参考模型运动的控制目的,同时保持较好的动态和稳态性能。在容错控制过程中,控制律随系统故障的发生而变动,且可以自适应重组。

本章通过几个简单的实例,针对执行器卡死故障、部分/完全失效故障的控制问题,介绍神经网络自适应主动容错控制的设计与分析方法。

11.1 执行器容错控制描述

针对如下 MIMO 系统

$$\dot{x} = Ax + Bu$$

第 i 个执行器故障形式为

$$u_i = \sigma_i u_{ci} + \bar{u}_i$$

其中，u_i 是第 i 个执行器的实际输出，u_{ci} 是第 i 个执行器的理想控制输入，$0 \leqslant \sigma_i \leqslant 1$ 代表执行器部分或全部失效的程度，$\bar{u}_i$ 为第 i 个执行器卡死故障的卡死位置。

针对 $u_i = \sigma_i u_{ci} + \bar{u}_i$，分为以下几种情况进行设计[1]。

(1) $\sigma_i = 1, \bar{u}_i = 0$，表明第 i 个执行器无故障。

(2) $0 < \sigma_i < 1, \bar{u}_i = 0$，表明第 i 个执行器发生部分失效故障。

(3) $\sigma_i = 0, \bar{u}_i \neq 0$，表明第 i 个执行器发生卡死故障。

(4) $\sigma_i = 0, \bar{u}_i = 0$，表明第 i 个执行器发生完全失效故障。

11.2　SISO 系统执行器自适应容错控制

11.2.1　控制问题描述

考虑如下 SISO 系统

$$\begin{aligned} \dot{x}_1 &= x_2 \\ \dot{x}_2 &= bu + f(\boldsymbol{x}) \end{aligned} \tag{11.1}$$

其中，u 为控制输入，x_1 和 x_2 分别为位置和速度信号，$\boldsymbol{x} = [x_1 \quad x_2]$，$b$ 为常数且符号已知。

针对 SISO 系统，由于只有一个执行器，故控制输入 u 不能恒为 0，取

$$u = \sigma u_c \tag{11.2}$$

其中，$0 < \sigma < 1$。

取位置指令为 x_d，跟踪误差为 $e = x_1 - x_d$，则 $\dot{e} = x_2 - \dot{x}_d$。控制任务为：在执行器出现故障时，通过设计控制律，实现 $t \to \infty$ 时，$e \to 0, \dot{e} \to 0$。

11.2.2　控制律的设计与分析

设计滑模函数为

$$s = ce + \dot{e}$$

其中，$c > 0$。

则

$$\dot{s} = c\dot{e} + \ddot{e} = c\dot{e} + \dot{x}_2 - \ddot{x}_d = c\dot{e} + b\sigma u_c + f(\boldsymbol{x}) - \ddot{x}_d = c\dot{e} + \theta u_c + f(\boldsymbol{x}) - \ddot{x}_d$$

其中，$\theta = b\sigma$。

取 $p = \dfrac{1}{\theta}$，设计 Lyapunov 函数为

$$V = \frac{1}{2}s^2 + \frac{|\theta|}{2\gamma}\tilde{p}^2$$

其中，$\tilde{p} = \hat{p} - p, \gamma > 0$。

则

$$\dot{V} = s\dot{s} + \frac{|\theta|}{\gamma}\tilde{p}\dot{\hat{p}} = s(c\dot{e} + \theta u_c + f(x) - \ddot{x}_d) + \frac{|\theta|}{\gamma}\tilde{p}\dot{\hat{p}}$$

取

$$\alpha = ks + c\dot{e} + f(\boldsymbol{x}) - \ddot{x}_{\mathrm{d}}, \quad k > 0 \tag{11.3}$$

则

$$\dot{V} = s(\alpha - ks + \theta u_{\mathrm{c}}) + \frac{|\theta|}{\gamma}\tilde{p}\dot{\hat{p}}$$

设计控制律和自适应律为

$$u_{\mathrm{c}} = -\hat{p}\alpha \tag{11.4}$$

$$\dot{\hat{p}} = \gamma s\alpha\,\mathrm{sgn}(b) \tag{11.5}$$

其中，$\mathrm{sgn}(b)=\mathrm{sgn}(\theta)$。则

$$\begin{aligned}\dot{V} &= s(\alpha - ks - \theta\hat{p}\alpha) + \frac{|\theta|}{\gamma}\tilde{p}\gamma s\alpha\,\mathrm{sgn}(\theta) = s(\alpha - ks - \theta\hat{p}\alpha) + \theta s\alpha\tilde{p} \\ &= s(\alpha - ks - \theta\hat{p}\alpha + \theta\alpha\tilde{p}) = s(\alpha - ks - \theta\alpha p) = -ks^2 \leqslant 0\end{aligned}$$

由于 $V\geqslant 0$，$\dot{V}\leqslant 0$，则 V 有界。

由 $\dot{V}=-ks^2$ 可得

$$\int_0^t \dot{V}\mathrm{d}t = -k\int_0^t s^2\mathrm{d}t$$

即

$$V(\infty) - V(0) = -k\int_0^\infty s^2\mathrm{d}t$$

当 $t\rightarrow\infty$ 时，由于 $V(\infty)$ 有界，则 $\int_0^\infty s^2\mathrm{d}t$ 有界，则根据参考文献[4]中的引理 3.2.5，当 $t\rightarrow\infty$ 时，$s\rightarrow 0$，从而 $e\rightarrow 0$，$\dot{e}\rightarrow 0$。

11.2.3 仿真实例

被控对象取式(11.1)，$b=0.10$，取位置指令为 $x_{\mathrm{d}}=\sin t$，对象的初始状态为$[0.5 \quad 0]$，取 $c=15$，采用控制律式(11.4)和式(11.5)，$k=5$，$\gamma=10$。当仿真时间 $t=5$ 时，取 $\sigma=0.50$，仿真结果如图 11.1 和图 11.2 所示。

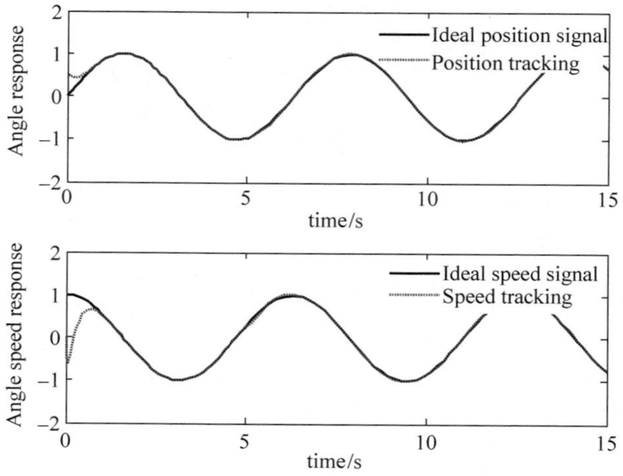

图 11.1 位置和速度跟踪

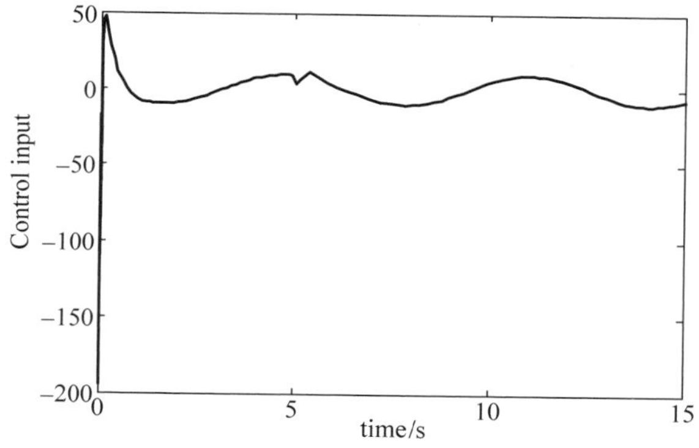

图 11.2 控制输入信号

仿真程序:

(1) Simulink 主程序: chap11_1sim. mdl,如图 11.3 所示。

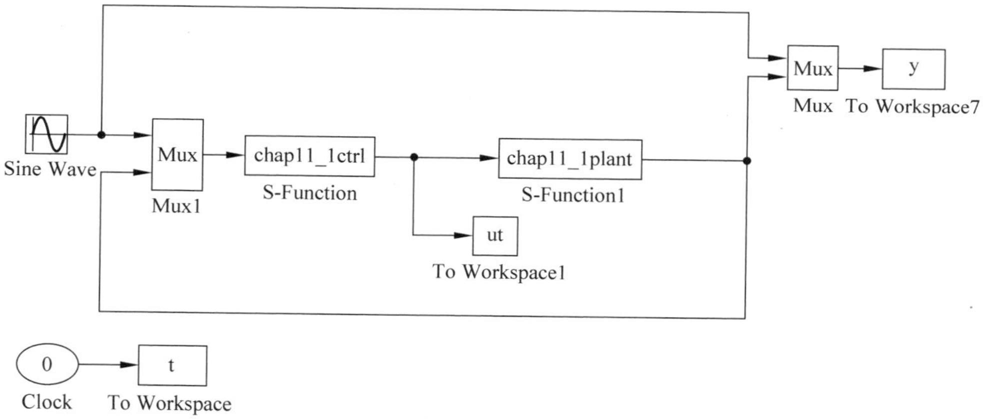

图 11.3 Simulink 主程序

(2) 控制器 S 函数: chap11_1ctrl. m。

(3) 被控对象 S 函数: chap11_1plant. m。

(4) 作图程序: chap11_1plot. m。

11.3 基于 RBF 神经网络的 SISO 系统执行器自适应容错控制

11.3.1 控制问题描述

考虑如下 SISO 系统

$$\dot{x}_1 = x_2$$

$$\dot{x}_2 = bu + f(\boldsymbol{x}) \tag{11.6}$$

其中,u 为控制输入,x_1 和 x_2 分别为位置和速度信号,$\boldsymbol{x}=[x_1 \quad x_2]$,$b$ 为常数且符号已知。

针对 SISO 系统，由于只有一个执行器，故控制输入 u 不能恒为 0，取

$$u=\sigma u_c \tag{11.7}$$

其中，$0<\sigma<1$。

取位置指令为 x_d，跟踪误差为 $e=x_1-x_d$，则 $\dot{e}=x_2-\dot{x}_d$。控制任务为：$f(\boldsymbol{x})$为未知，在执行器出现故障时，通过设计控制律，实现 $t\to\infty$时，$e\to 0$，$\dot{e}\to 0$。

11.3.2 RBF 神经网络设计

采用 RBF 神经网络可实现未知函数 $f(\boldsymbol{x})$的逼近，RBF 神经网络算法为

$$h_j=g(\|\boldsymbol{x}-\boldsymbol{c}_{ij}\|^2/b_j^2)$$

$$f=\boldsymbol{W}^{*\mathrm{T}}\boldsymbol{h}(\boldsymbol{x})+\varepsilon$$

其中，$\boldsymbol{x}$ 为网络的输入，i 为网络的输入个数，j 为网络隐含层第 j 个节点，$\boldsymbol{h}=[h_1,h_2,\cdots,h_n]^{\mathrm{T}}$ 为高斯函数的输出，$\boldsymbol{W}^*$ 为网络的理想权值，ε 为网络的逼近误差，$|\varepsilon|\leqslant\varepsilon_N$。

采用 RBF 逼近未知函数 f，网络的输入取 $\boldsymbol{x}=[x_1\quad x_2]^{\mathrm{T}}$，则 RBF 神经网络的输出为

$$\hat{f}(\boldsymbol{x})=\hat{\boldsymbol{W}}^{\mathrm{T}}\boldsymbol{h}(\boldsymbol{x})$$

则

$$\tilde{f}(\boldsymbol{x})=f(\boldsymbol{x})-\hat{f}(\boldsymbol{x})=\boldsymbol{W}^{*\mathrm{T}}\boldsymbol{h}(\boldsymbol{x})+\varepsilon-\hat{\boldsymbol{W}}^{\mathrm{T}}\boldsymbol{h}(\boldsymbol{x})=\tilde{\boldsymbol{W}}^{\mathrm{T}}\boldsymbol{h}(\boldsymbol{x})+\varepsilon$$

并定义 $\tilde{\boldsymbol{W}}=\boldsymbol{W}^*-\hat{\boldsymbol{W}}$。

11.3.3 控制律的设计与分析

设计滑模函数为

$$s=ce+\dot{e}$$

其中，$c>0$。

则

$$\dot{s}=c\dot{e}+\ddot{e}=c\dot{e}+\dot{x}_2-\ddot{x}_d=c\dot{e}+b\sigma u_c+f(\boldsymbol{x})-\ddot{x}_d=c\dot{e}+\theta u_c+f(\boldsymbol{x})-\ddot{x}_d \tag{11.8}$$

其中，$\theta=b\sigma$。

取 $p=\dfrac{1}{\theta}$，设计 Lyapunov 函数为

$$V=\frac{1}{2}s^2+\frac{|\theta|}{2\gamma}\tilde{p}^2+\frac{1}{2\gamma}\tilde{\boldsymbol{W}}^{\mathrm{T}}\tilde{\boldsymbol{W}}$$

其中，$\tilde{p}=\hat{p}-p$，$\gamma>0$。

则

$$\dot{V}=s\dot{s}+\frac{|\theta|}{\gamma}\tilde{p}\dot{\hat{p}}-\frac{1}{\gamma}\tilde{\boldsymbol{W}}^{\mathrm{T}}\dot{\hat{\boldsymbol{W}}}=s(c\dot{e}+\theta u_c+f(\boldsymbol{x})-\ddot{x}_d)+\frac{|\theta|}{\gamma}\tilde{p}\dot{\hat{p}}-\frac{1}{\gamma}\tilde{\boldsymbol{W}}^{\mathrm{T}}\dot{\hat{\boldsymbol{W}}}$$

取

$$\alpha=ks+c\dot{e}+\hat{f}(\boldsymbol{x})-\ddot{x}_d+\eta\,\mathrm{sgn}(s),\quad k>0,\eta\geqslant\varepsilon_N \tag{11.9}$$

则

$$\dot{V}=s(\alpha-ks+\theta u_c+\tilde{f}(\boldsymbol{x})-\eta\operatorname{sgn}(s))+\frac{|\theta|}{\gamma}\tilde{p}\dot{\hat{p}}-\frac{1}{\gamma}\tilde{\boldsymbol{W}}^{\mathrm{T}}\dot{\hat{\boldsymbol{W}}}$$

$$=s(\alpha-ks+\theta u_c+\tilde{\boldsymbol{W}}^{\mathrm{T}}\boldsymbol{h}(\boldsymbol{x})+\varepsilon-\eta\operatorname{sgn}(s))+\frac{|\theta|}{\gamma}\tilde{p}\dot{\hat{p}}-\frac{1}{\gamma}\tilde{\boldsymbol{W}}^{\mathrm{T}}\dot{\hat{\boldsymbol{W}}}$$

$$=s(\alpha-ks+\theta u_c+\varepsilon-\eta\operatorname{sgn}(s))+\frac{|\theta|}{\gamma}\tilde{p}\dot{\hat{p}}+\tilde{\boldsymbol{W}}^{\mathrm{T}}\left(s\boldsymbol{h}(\boldsymbol{x})-\frac{1}{\gamma}\dot{\hat{\boldsymbol{W}}}\right)$$

设计控制律和自适应律为

$$u_c=-\hat{p}\alpha \tag{11.10}$$

$$\dot{\hat{\boldsymbol{W}}}=\gamma s\boldsymbol{h}(\boldsymbol{x}),\quad \dot{\hat{p}}=\gamma s\alpha\operatorname{sgn}(b) \tag{11.11}$$

其中，$\operatorname{sgn}(b)=\operatorname{sgn}(\theta)$。

则

$$\dot{V}=s(\alpha-ks-\theta\hat{p}\alpha+\varepsilon-\eta\operatorname{sgn}(s))+\frac{|\theta|}{\gamma}\tilde{p}\gamma s\alpha\operatorname{sgn}(\theta)$$

$$=s(\alpha-ks-\theta\hat{p}\alpha+\theta\alpha\tilde{p}+\varepsilon-\eta\operatorname{sgn}(s))=s(\alpha-ks-\theta\alpha p+\varepsilon)-\eta|s|$$

$$=-ks^2+s\varepsilon-\eta|s|\leqslant -ks^2\leqslant 0$$

由于 $V\geqslant 0$，$\dot{V}\leqslant 0$，则 V 有界，从而 s，$\tilde{\boldsymbol{W}}$ 和 $\tilde{p}$ 有界。由式(11.8)可知，$\dot{s}$ 有界。

由 $\dot{V}\leqslant -ks^2$ 可得

$$\int_0^t \dot{V}\mathrm{d}t\leqslant -k\int_0^t s^2\mathrm{d}t$$

即

$$V(\infty)-V(0)\leqslant -k\int_0^\infty s^2\mathrm{d}t$$

当 $t\rightarrow\infty$ 时，由于 $V(\infty)$ 有界，则 $\int_0^\infty s^2\mathrm{d}t$ 有界，则根据附加资料中的Barbalat引理[4]，当 $t\rightarrow\infty$ 时，$s\rightarrow 0$，从而 $e\rightarrow 0$，$\dot{e}\rightarrow 0$。

11.3.4 仿真实例

被控对象取式(11.6)，$f(\boldsymbol{x})=10x_1x_2$，$b=0.10$，取位置指令为 $x_{\mathrm{d}}=\sin t$，对象的初始状态为[0.5　0]，取 $c_1=10$，采用控制律式(11.7)、式(11.10)和自适应律式(11.11)，$k=5$，$\gamma=10$，$\eta=0.10$。根据网络输入 x_1 和 x_2 的实际范围来设计高斯函数的参数，参数 $\boldsymbol{c}_i$ 和 b_i 取值分别为[−2　−1　0　1　2]和3.0。网络权值中各个元素的初始值取0.10，取 $\hat{p}(0)=1.0$。当仿真时间 $t=5$ 时，取 $\sigma=0.20$，仿真结果如图11.4和图11.5所示。

仿真程序：

(1) Simulink主程序：chap11_2sim.mdl，如图11.6所示。

(2) 控制器S函数：chap11_2ctrl.m。

(3) 被控对象S函数：chap11_2plant.m。

(4) 作图程序：chap11_2plot.m。

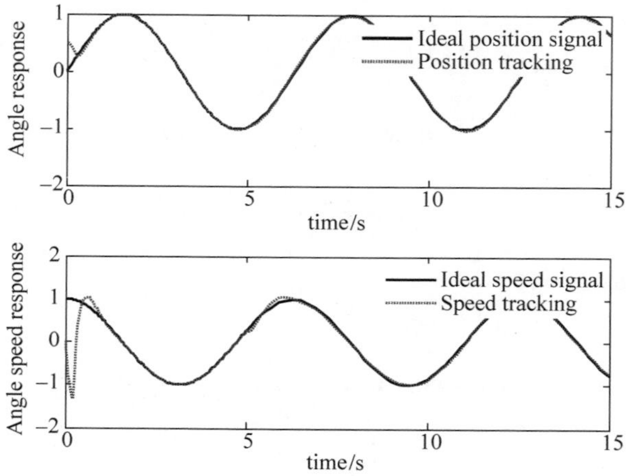

图 11.4 位置和速度跟踪

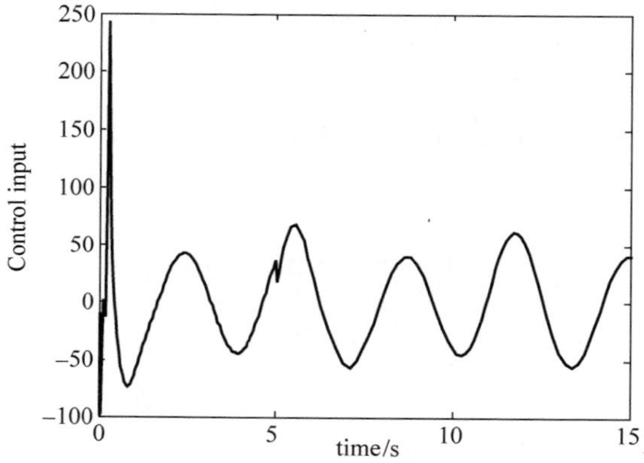

图 11.5 控制输入信号

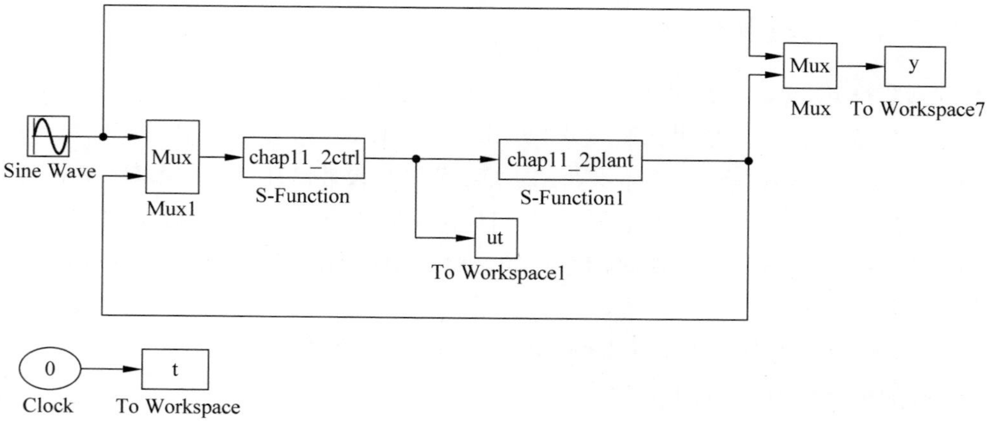

图 11.6 Simulink 主程序

11.4 MISO 系统执行器自适应容错控制

11.4.1 控制问题描述

考虑如下二输入单输出系统

$$\dot{x}_1 = x_2$$
$$\dot{x}_2 = b_1 u_1 + b_2 u_2 \tag{11.12}$$

其中,u_1 和 u_2 为同一方向的控制输入,x_1 和 x_2 分别为位置和速度信号,b_1 与 b_2 为未知常数且符号相同。

针对上述二输入单输出系统,采用冗余控制方式,即两个执行器其中的一个控制输入可以为 0。考虑故障形式为

$$u_1 = \sigma_1 u_c,\quad u_2 = \sigma_2 u_c \tag{11.13}$$

其中,$\sigma_1 \geqslant 0$,$\sigma_2 \geqslant 0$,且 σ_1 和 σ_2 不同时为 0,即 $\max(\sigma_1,\sigma_2) > 0$。

则 $\dot{x}_2 = b_1\sigma_1 u_c + b_2(\sigma_2 u_c + \bar{u}_2) = (b_1\sigma_1 + b_2\sigma_2)u_c$。

取位置指令为 x_d,跟踪误差为 $e = x_1 - x_d$,则 $\dot{e} = x_2 - \dot{x}_d$。控制任务为:在执行器出现故障时,通过设计控制律,实现 $t \to \infty$ 时,$e \to 0$,$\dot{e} \to 0$。

11.4.2 控制律的设计与分析

设计滑模函数为

$$s = ce + \dot{e}$$

其中,$c > 0$。

则

$$\dot{s} = c\dot{e} + \ddot{e} = c\dot{e} + \dot{x}_2 - \ddot{x}_d = c\dot{e} + (b_1\sigma_1 + b_2\sigma_2)u_c - \ddot{x}_d = c\dot{e} + \theta u_c - \ddot{x}_d$$

其中,$\theta = b_1\sigma_1 + b_2\sigma_2$。

取 $p = \dfrac{1}{\theta}$,设计 Lyapunov 函数为

$$V = \frac{1}{2}s^2 + \frac{|\theta|}{2\gamma}\tilde{p}^2$$

其中,$\tilde{p} = \hat{p} - p$,$\gamma > 0$。

则

$$\dot{V} = s\dot{s} + \frac{|\theta|}{\gamma}\tilde{p}\dot{\hat{p}} = s(c\dot{e} + \theta u_c - \ddot{x}_d) + \frac{|\theta|}{\gamma}\tilde{p}\dot{\hat{p}}$$

取

$$\alpha = ks + c\dot{e} - \ddot{x}_d,\quad k > 0 \tag{11.14}$$

则

$$\dot{V} = s(-ks + \alpha + \theta u_c) + \frac{|\theta|}{\gamma}\tilde{p}\dot{\hat{p}}$$

设计控制律和自适应律为

$$u_c = -\hat{p}\alpha \tag{11.15}$$

$$\dot{\hat{p}} = \gamma s\alpha \operatorname{sgn}(\theta) \tag{11.16}$$

则

$$\dot{V} = s(\alpha - ks - \theta\hat{p}\alpha) + \frac{|\theta|}{\gamma}\tilde{p}\gamma s\alpha \operatorname{sgn}(\theta) = s(\alpha - ks - \theta\hat{p}\alpha) + \theta s\alpha\tilde{p}$$
$$= s(\alpha - ks - \theta\hat{p}\alpha + \theta\alpha\tilde{p}) = s(\alpha - ks - \theta\alpha p) = -ks^2 \leqslant 0$$

由于 $V \geqslant 0, \dot{V} \leqslant 0$，则 V 有界。由 $\dot{V} = -ks^2$ 可得

$$\int_0^t \dot{V}\mathrm{d}t = -k\int_0^t s^2\mathrm{d}t$$

即

$$V(\infty) - V(0) = -k\int_0^\infty s^2\mathrm{d}t$$

则 V 有界，s 和 $\tilde{p}$ 有界，而 s 有界又意味着 e 和 $\dot{e}$ 有界。由 $\alpha = ks + c\dot{e} - \ddot{x}_{\mathrm{d}}$ 可知 α 有界，由 $u_{\mathrm{c}} = -\hat{p}\alpha$ 可知 u_{c} 有界，则由式 $\dot{s} = c\dot{e} + \theta u_{\mathrm{c}} - \ddot{x}_{\mathrm{d}}$ 可知 $\dot{s}$ 有界。

当 $t \to \infty$ 时，由于 $V(\infty)$ 有界，则 $\int_0^\infty s^2\mathrm{d}t$ 有界，则根据附加资料中的 Barbalat 引理[4]，当 $t \to \infty$ 时，$s \to 0$，从而 $e \to 0, \dot{e} \to 0$。

11.4.3 仿真实例

被控对象取式(11.12)，$b_1 = 3, b_2 = 10$，取位置指令为 $x_{\mathrm{d}} = \sin t$，对象的初始状态为 [0.5　0]，取 $c = 15$，采用控制律式(11.15)、自适应律式(11.16)，$k = 5, \gamma = 10$。

取 $\sigma_1 = 1.0, \sigma_2 = 1.0$。当仿真时间 $t \geqslant 5$ 时，$\sigma_1 = 0.20$，仿真时间 $t \geqslant 10$ 时，$\sigma_2 = 0$，仿真结果如图 11.7 和图 11.8 所示。

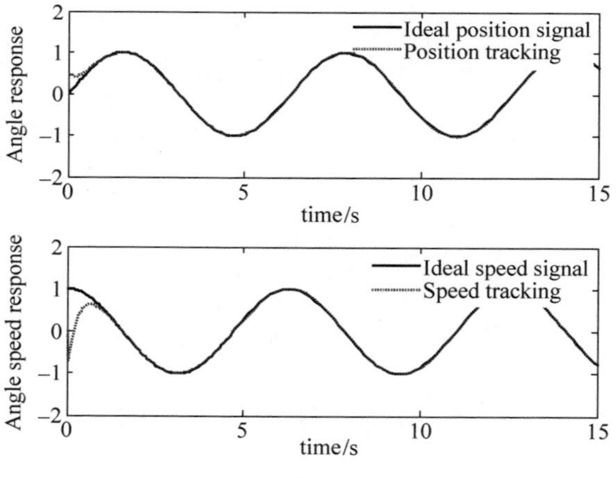

图 11.7　位置和速度跟踪

仿真程序：

(1) Simulink 主程序：chap11_3sim.mdl，如图 11.9 所示。

(2) 控制器 S 函数：chap11_3ctrl.m。

(3) 被控对象 S 函数：chap11_3plant.m。

(4) 作图程序：chap11_3plot.m。

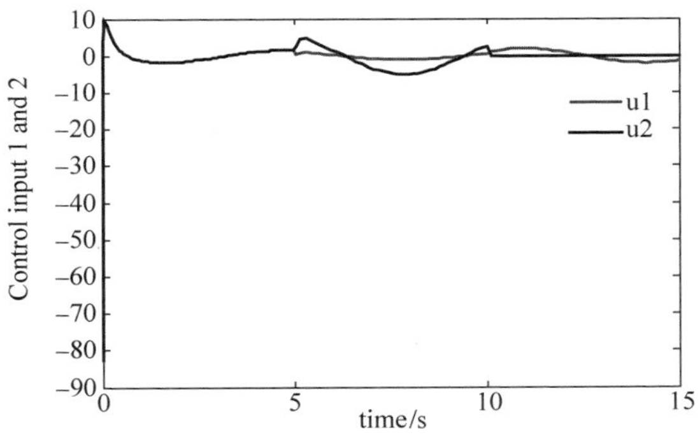

图 11.8　控制输入信号

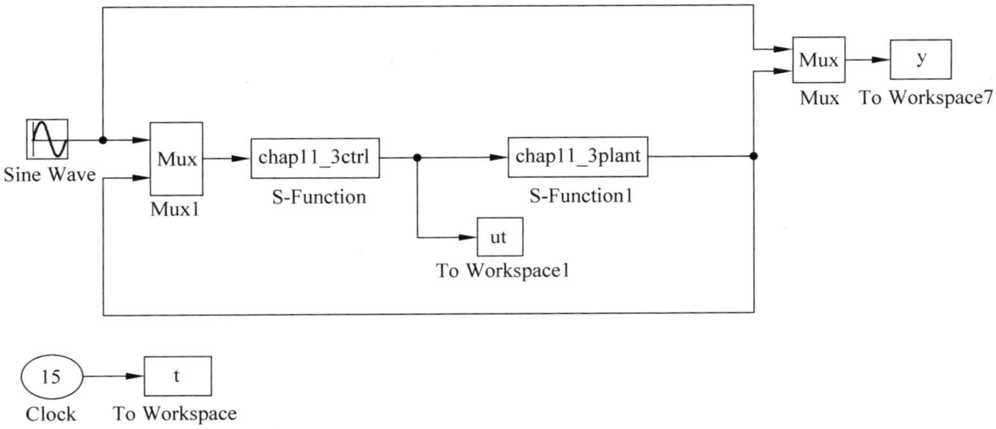

图 11.9　Simulink 主程序

11.5　MISO 系统执行器自适应神经网络容错控制

11.5.1　控制问题描述

考虑如下二输入单输出系统

$$\dot{x}_1 = x_2$$

$$\dot{x}_2 = b_1 u_1 + b_2 u_2 + f(\boldsymbol{x}) \tag{11.17}$$

其中，u_1 和 u_2 为同一方向的控制输入，x_1 和 x_2 分别为位置和速度信号，b_1 与 b_2 为未知常数且符号相同，$f(\boldsymbol{x})$为未知函数。

针对上述二输入单输出系统，采用冗余控制方式，即两个执行器其中的一个控制输入可以为 0。考虑第(2)种故障形式，即

$$u_1 = \sigma_1 u_c, \quad u_2 = \sigma_2 u_c \tag{11.18}$$

其中，$\sigma_1 \geqslant 0$，$\sigma_2 \geqslant 0$，且 σ_1 和 σ_2 不同时为 0，即 $\max(\sigma_1, \sigma_2) > 0$，则 $\dot{x}_2 = (b_1\sigma_1 + b_2\sigma_2)u_c + f(\boldsymbol{x})$。

取位置指令为 x_d，跟踪误差为 $e = x_1 - x_d$，则 $\dot{e} = x_2 - \dot{x}_d$。控制任务为：$f(\boldsymbol{x})$为未知，在执行器出现故障时，通过设计控制律，实现 $t \to \infty$时，$e \to 0$，$\dot{e} \to 0$。

11.5.2 RBF 神经网络设计

采用 RBF 神经网络可实现未知函数 $f(\boldsymbol{x})$的逼近,RBF 神经网络算法为

$$h_j = g(\|\boldsymbol{x}-\boldsymbol{c}_{ij}\|^2/b_j^2)$$

$$f = \boldsymbol{W}^{*\mathrm{T}}\boldsymbol{h}(\boldsymbol{x})+\varepsilon$$

其中,$\boldsymbol{x}$ 为网络的输入,i 为网络的输入个数,j 为网络隐含层第 j 个节点,$\boldsymbol{h}=[h_1,h_2,\cdots,h_n]^{\mathrm{T}}$为高斯函数的输出,$\boldsymbol{W}^*$ 为网络的理想权值,ε 为网络的逼近误差,$|\varepsilon|\leqslant\varepsilon_{\mathrm{N}}$。

采用 RBF 神经网络逼近未知函数 f,网络的输入取 $\boldsymbol{x}=[x_1 \quad x_2]^{\mathrm{T}}$,则 RBF 神经网络的输出为

$$\hat{f}(\boldsymbol{x}) = \hat{\boldsymbol{W}}^{\mathrm{T}}\boldsymbol{h}(\boldsymbol{x}) \tag{11.19}$$

则

$$\tilde{f}(\boldsymbol{x}) = f(\boldsymbol{x})-\hat{f}(\boldsymbol{x}) = \boldsymbol{W}^{*\mathrm{T}}\boldsymbol{h}(\boldsymbol{x})+\varepsilon-\hat{\boldsymbol{W}}^{\mathrm{T}}\boldsymbol{h}(\boldsymbol{x}) = \tilde{\boldsymbol{W}}^{\mathrm{T}}\boldsymbol{h}(\boldsymbol{x})+\varepsilon$$

并定义 $\tilde{\boldsymbol{W}}=\boldsymbol{W}^*-\hat{\boldsymbol{W}}$。

11.5.3 控制律的设计与分析

设计滑模函数为

$$s = ce+\dot{e}$$

其中,$c>0$。则

$$\begin{aligned}\dot{s} &= c\dot{e}+\ddot{e} = c\dot{e}+\dot{x}_2-\ddot{x}_{\mathrm{d}} = c\dot{e}+(b_1\sigma_1+b_2\sigma_2)u_{\mathrm{c}}+f(\boldsymbol{x})-\ddot{x}_{\mathrm{d}}\\ &= c\dot{e}+\theta u_{\mathrm{c}}+f(\boldsymbol{x})-\ddot{x}_{\mathrm{d}}\end{aligned}$$

其中,$\theta=b_1\sigma_1+b_2\sigma_2$。

取 $p=\dfrac{1}{\theta}$,设计 Lyapunov 函数为

$$V = \frac{1}{2}s^2+\frac{|\theta|}{2\gamma}\tilde{p}^2+\frac{1}{2\gamma}\tilde{\boldsymbol{W}}^{\mathrm{T}}\tilde{\boldsymbol{W}}$$

其中,$\tilde{p}=\hat{p}-p$,$\gamma>0$。则

$$\dot{V} = s\dot{s}+\frac{|\theta|}{\gamma}\tilde{p}\dot{\hat{p}} = s(c\dot{e}+\theta u_{\mathrm{c}}+f(\boldsymbol{x})-\ddot{x}_{\mathrm{d}})+\frac{|\theta|}{\gamma}\tilde{p}\dot{\hat{p}}-\frac{1}{\gamma}\tilde{\boldsymbol{W}}^{\mathrm{T}}\dot{\hat{\boldsymbol{W}}}$$

取

$$\alpha = ks+c\dot{e}-\ddot{x}_{\mathrm{d}}+\hat{f}(\boldsymbol{x})+\eta\,\mathrm{sgn}(s) \tag{11.20}$$

其中,$k>0$,$\eta>0$。则

$$\begin{aligned}\dot{V} &= s(-ks+\alpha+\theta u_{\mathrm{c}}+\tilde{f}(x)-\eta\,\mathrm{sgn}(s))+\frac{|\theta|}{\gamma}\tilde{p}\dot{\hat{p}}-\frac{1}{\gamma}\tilde{\boldsymbol{W}}^{\mathrm{T}}\dot{\hat{\boldsymbol{W}}}\\ &= s(-ks+\alpha+\theta u_{\mathrm{c}}+\tilde{\boldsymbol{W}}^{\mathrm{T}}\boldsymbol{h}(\boldsymbol{x})+\varepsilon-\eta\,\mathrm{sgn}(s))+\frac{|\theta|}{\gamma}\tilde{p}\dot{\hat{p}}-\frac{1}{\gamma}\tilde{\boldsymbol{W}}^{\mathrm{T}}\dot{\hat{\boldsymbol{W}}}\\ &= s(-ks+\alpha+\theta u_{\mathrm{c}}+\varepsilon)+\frac{|\theta|}{\gamma}\tilde{p}\dot{\hat{p}}+\tilde{\boldsymbol{W}}^{\mathrm{T}}\left(s\boldsymbol{h}(\boldsymbol{x})-\frac{1}{\gamma}\dot{\hat{\boldsymbol{W}}}\right)+\varepsilon s-\eta|s|\end{aligned}$$

设计控制律和自适应律为

$$u_{\mathrm{c}} = -\hat{p}\alpha \tag{11.21}$$

$$\dot{\hat{\boldsymbol{W}}}=\gamma s\boldsymbol{h}(\boldsymbol{x}),\quad \dot{\hat{p}}=\gamma s\alpha\,\mathrm{sgn}(\theta) \tag{11.22}$$

则

$$\begin{aligned}\dot{V}&\leqslant s(\alpha-ks-\theta\hat{p}\alpha)+\frac{|\theta|}{\gamma}\tilde{p}\gamma s\alpha\,\mathrm{sgn}(\theta)=s(\alpha-ks-\theta\hat{p}\alpha)+\theta s\alpha\tilde{p}\\&=s(\alpha-ks-\theta\alpha p)=-ks^2\leqslant 0\end{aligned}$$

由于 $V\geqslant 0$，$\dot{V}\leqslant 0$，则 V 有界。由 $\dot{V}=-ks^2$ 可得

$$\int_0^t \dot{V}\mathrm{d}t=-k\int_0^t s^2\mathrm{d}t$$

即

$$V(\infty)-V(0)=-k\int_0^\infty s^2\mathrm{d}t$$

则 V 有界，s、$\tilde{\boldsymbol{W}}$ 和 $\tilde{p}$ 有界，而 s 有界又意味着 e 和 $\dot{e}$ 有界。由 $\alpha=ks+c\dot{e}-\ddot{x}_{\mathrm{d}}$ 可知 α 有界，由 $u_{\mathrm{c}}=-\hat{p}\alpha$ 可知 u_{c} 有界，则由式 $\dot{s}=c\dot{e}+\theta u_{\mathrm{c}}-\ddot{x}_{\mathrm{d}}$ 可知 $\dot{s}$ 有界。

当 $t\to\infty$ 时，由于 $V(\infty)$ 有界，则 $\int_0^\infty s^2\mathrm{d}t$ 有界，则根据附加资料中的 Barbalat 引理[4]，当 $t\to\infty$ 时，$s\to 0$，从而 $e\to 0$，$\dot{e}\to 0$。

11.5.4　仿真实例

被控对象取式(11.17)，$f(\boldsymbol{x})=10x_1x_2$，$b=0.10$，取位置指令为 $x_{\mathrm{d}}=\sin t$，对象的初始状态为[0.5　0]，取 $c_1=10$，采用控制律式(11.18)、式(11.21)和自适应律式(11.22)，$k=5$，$\gamma=10$，$\eta=0.10$。根据网络输入 x_1 和 x_2 的实际范围来设计高斯函数的参数，参数 $\boldsymbol{c}_i$ 和 b_i 取值分别为[−2　−1　0　1　2]和 3.0。网络权值中各个元素的初始值取 0.10，取 $\hat{p}(0)=1.0$。当仿真时间 $t=5$ 时，取 $\sigma=0.20$，仿真结果如图 11.10 和图 11.11 所示。

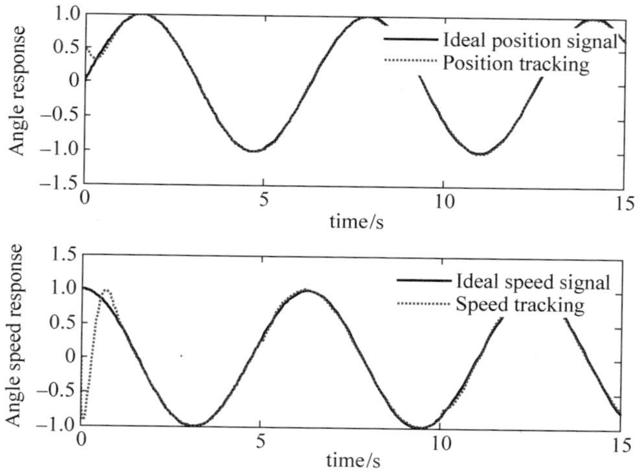

图 11.10　位置和速度跟踪

仿真程序：

(1) Simulink 主程序：chap11_4sim.mdl，如图 11.12 所示。

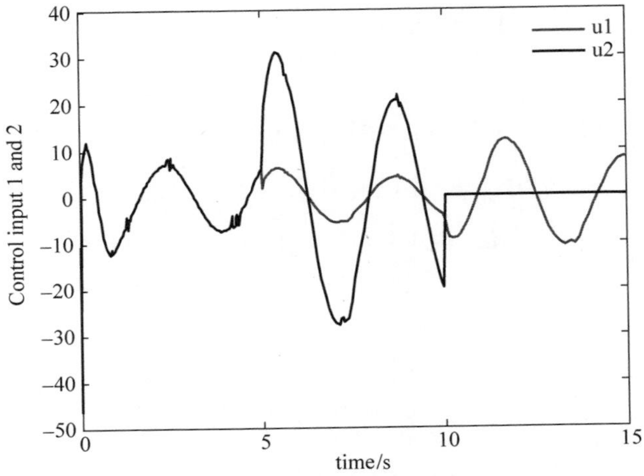

图 11.11　控制输入信号

(2) 控制器 S 函数：chap11_4ctrl. m。

(3) 被控对象 S 函数：chap11_4plant. m。

(4) 作图程序：chap11_4plot. m。

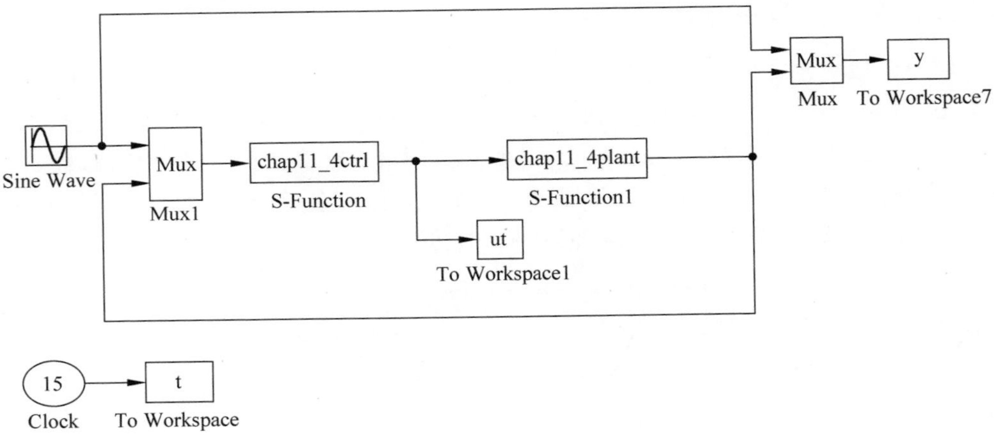

图 11.12　Simulink 主程序

11.6　带执行器卡死的 MISO 系统自适应容错控制

11.6.1　控制问题描述

考虑如下二输入单输出系统

$$
\begin{aligned}
\dot{x}_1 &= x_2 \\
\dot{x}_2 &= b_1 u_1 + b_2 u_2
\end{aligned}
\tag{11.23}
$$

其中，u_1 和 u_2 为控制输入，x_1 和 x_2 分别为位置和速度信号，b_i 为未知常数且 b_1 与 b_2 符号已知。

针对二输入单输出系统，由于有两个执行器，故其中的一个控制输入可以为0。考虑故障形式为

$$u_1=\sigma_1 u_{c_1}+\bar{u}_1,\quad u_2=\sigma_2 u_{c_2}+\bar{u}_2 \tag{11.24}$$

其中，$1\geqslant\sigma_1\geqslant 0$，$1\geqslant\sigma_2\geqslant 0$，$\sigma_1$ 和 σ_2 为未知常值但不能同时为0，$\bar{u}_1$ 和 $\bar{u}_2$ 为两个执行器卡死故障的卡死位置，$\bar{u}_1$ 和 $\bar{u}_2$ 为未知常值。

考虑如下3种故障形式。

(1) $\sigma_1=0,\bar{u}_2=0$，即 $u_1=\bar{u}_1, u_2=\sigma_2 u_{c_2}$。

(2) $\sigma_2=0,\bar{u}_1=0$，即 $u_1=\sigma_1 u_{c_1}, u_2=\bar{u}_2$。

(3) $\bar{u}_1=0,\bar{u}_2=0$，即 $u_1=\sigma_1 u_{c_1}, u_2=\sigma_2 u_{c_2}$。

则 $\dot{x}_2=b_1(\sigma_1 u_{c1}+\bar{u}_1)+b_2(\sigma_2 u_{c2}+\bar{u}_2)$。

取位置指令为 x_d，跟踪误差为 $e=x_1-x_d$，则 $\dot{e}=x_2-\dot{x}_d$。控制任务为：在执行器出现故障时，通过设计控制律，实现 $t\to\infty$ 时，$e\to 0$，$\dot{e}\to 0$。

11.6.2 控制律的设计与分析

设计滑模函数为

$$s=ce+\dot{e}$$

其中，$c>0$。则

$$\dot{s}=c\dot{e}+\ddot{e}=c\dot{e}+\dot{x}_2-\ddot{x}_d=c\dot{e}+b_1(\sigma_1 u_{c1}+\bar{u}_1)+b_2(\sigma_2 u_{c2}+\bar{u}_2)-\ddot{x}_d$$

取 $\boldsymbol{\sigma}=\begin{bmatrix}\sigma_1 & \\ & \sigma_2\end{bmatrix}$，$\bar{\boldsymbol{u}}=\begin{bmatrix}\bar{u}_1\\ \bar{u}_2\end{bmatrix}$，$\boldsymbol{u}_c=\begin{bmatrix}u_{c_1}\\ u_{c_2}\end{bmatrix}$，$\boldsymbol{\beta}=[b_1\quad b_2]$，并取

$$\alpha=ks+c\dot{e}-\ddot{x}_d,\quad k>0 \tag{11.25}$$

则

$$\dot{s}=-ks+\alpha+\boldsymbol{\beta}\bar{\boldsymbol{u}}+\boldsymbol{\beta\sigma u}_c \tag{11.26}$$

假设 $\boldsymbol{\sigma}$、$\bar{\boldsymbol{u}}$ 和 $\boldsymbol{\beta}$ 都已知，取

$$u_{c_1}=-k_{11}\alpha-k_{21}$$

$$u_{c_2}=-k_{12}\alpha-k_{22}$$

则

$$\begin{aligned}\dot{s}&=-ks+\alpha+(b_1\bar{u}_1+b_2\bar{u}_2)-(b_1\sigma_1 k_{11}\alpha+b_1\sigma_1 k_{21})-(b_2\sigma_2 k_{12}\alpha+b_2\sigma_2 k_{22})\\&=-ks+\alpha+(b_1\bar{u}_1+b_2\bar{u}_2)-(b_1\sigma_1 k_{11}+b_2\sigma_2 k_{12})\alpha-b_1\sigma_1 k_{21}-b_2\sigma_2 k_{22}\end{aligned}$$

客观上存在 $k_{11},k_{12},k_{21},k_{22}$，使式(11.27)成立

$$b_1\sigma_1 k_{11}+b_2\sigma_2 k_{12}=1,\quad b_1\bar{u}_1+b_2\bar{u}_2=b_1\sigma_1 k_{21}+b_2\sigma_2 k_{22} \tag{11.27}$$

则

$$\dot{s}=-ks,\quad \dot{V}=-ks^2\leqslant 0$$

当 $\boldsymbol{\sigma}$、$\bar{\boldsymbol{u}}$ 和 $\boldsymbol{\beta}$ 均未知时，k_{11}、k_{12}、k_{21} 和 k_{22} 均未知，取

$$u_{c_1}=-\hat{k}_{11}\alpha-\hat{k}_{21}$$

$$u_{c_2}=-\hat{k}_{12}\alpha-\hat{k}_{22} \tag{11.28}$$

则

$$\dot{s}=-ks+\alpha+(b_1\bar{u}_1+b_2\bar{u}_2)-(b_1\sigma_1\hat{k}_{11}\alpha+b_1\sigma_1\hat{k}_{21})-(b_2\sigma_2\hat{k}_{12}\alpha+b_2\sigma_2\hat{k}_{22})$$

将式(11.27)代入上式,可得

$$\begin{aligned}\dot{s}=&\ \alpha(b_1\sigma_1k_{11}+b_2\sigma_2k_{12}-1)+\alpha+b_1\sigma_1k_{21}+b_2\sigma_2k_{22}\\&-ks-(b_1\sigma_1\hat{k}_{11}\alpha+b_1\sigma_1\hat{k}_{21})-(b_2\sigma_2\hat{k}_{12}\alpha+b_2\sigma_2\hat{k}_{22})\\=&\ \alpha b_1\sigma_1k_{11}+\alpha b_2\sigma_2k_{12}+b_1\sigma_1k_{21}+b_2\sigma_2k_{22}-ks-b_1\sigma_1\hat{k}_{11}\alpha-b_1\sigma_1\hat{k}_{21}-b_2\sigma_2\hat{k}_{12}\alpha-b_2\sigma_2\hat{k}_{22}\\=&\ -ks-\alpha b_1\sigma_1\tilde{k}_{11}-\alpha b_2\sigma_2\tilde{k}_{12}-b_1\sigma_1\tilde{k}_{21}-b_2\sigma_2\tilde{k}_{22}\end{aligned}$$

其中,$\tilde{k}_{11}=\hat{k}_{11}-k_{11}$,$\tilde{k}_{12}=\hat{k}_{12}-k_{12}$,$\tilde{k}_{21}=\hat{k}_{21}-k_{21}$,$\tilde{k}_{22}=\hat{k}_{22}-k_{22}$。

设计 Lyapunov 函数为

$$V=\frac{1}{2}s^2+\frac{|b_1|\sigma_1}{2\gamma_1}(\tilde{k}_{11}^2+\tilde{k}_{21}^2)+\frac{|b_2|\sigma_2}{2\gamma_2}(\tilde{k}_{12}^2+\tilde{k}_{22}^2)$$

其中,$\gamma_i>0$,$i=1,2$。则

$$\begin{aligned}\dot{V}=&\ s\dot{s}+\frac{|b_1|\sigma_1}{\gamma_1}(\tilde{k}_{11}\dot{\hat{k}}_{11}+\tilde{k}_{21}\dot{\hat{k}}_{21})+\frac{|b_2|\sigma_2}{\gamma_2}(\tilde{k}_{12}\dot{\hat{k}}_{12}+\tilde{k}_{22}\dot{\hat{k}}_{22})\\=&\ s(-ks-\alpha b_1\sigma_1\tilde{k}_{11}-\alpha b_2\sigma_2\tilde{k}_{12}-b_1\sigma_1\tilde{k}_{21}-b_2\sigma_2\tilde{k}_{22})+\\&\ \frac{|b_1|\sigma_1}{\gamma_1}(\tilde{k}_{11}\dot{\hat{k}}_{11}+\tilde{k}_{21}\dot{\hat{k}}_{21})+\frac{|b_2|\sigma_2}{\gamma_2}(\tilde{k}_{12}\dot{\hat{k}}_{12}+\tilde{k}_{22}\dot{\hat{k}}_{22})\end{aligned}$$

设计自适应律为

$$\begin{aligned}&\dot{\hat{k}}_{11}=\gamma_1 s\alpha\,\mathrm{sgn}(b_1)\\&\dot{\hat{k}}_{21}=\gamma_1 s\,\mathrm{sgn}(b_1)\\&\dot{\hat{k}}_{12}=\gamma_2 s\alpha\,\mathrm{sgn}(b_2)\\&\dot{\hat{k}}_{22}=\gamma_2 s\,\mathrm{sgn}(b_2)\end{aligned}\tag{11.29}$$

$$\begin{aligned}\dot{V}=&\ s(-ks-\alpha b_1\sigma_1\tilde{k}_{11}-\alpha b_2\sigma_2\tilde{k}_{12}-b_1\sigma_1\tilde{k}_{21}-b_2\sigma_2\tilde{k}_{22})+\\&\ \frac{|b_1|\sigma_1}{\gamma_1}(\tilde{k}_{11}\gamma_1s\alpha\,\mathrm{sgn}(b_1)+\tilde{k}_{21}\gamma_1s\,\mathrm{sgn}(b_1))+\frac{|b_2|\sigma_2}{\gamma_2}(\tilde{k}_{12}\gamma_2s\alpha\,\mathrm{sgn}(b_2)+\tilde{k}_{22}\gamma_2s\,\mathrm{sgn}(b_2))\\=&\ s(-ks-\alpha b_1\sigma_1\tilde{k}_{11}-\alpha b_2\sigma_2\tilde{k}_{12}-b_1\sigma_1\tilde{k}_{21}-b_2\sigma_2\tilde{k}_{22})+\\&\ (b_1\sigma_1\tilde{k}_{11}s\alpha+b_1\sigma_1\tilde{k}_{21}s)+(b_2\sigma_2\tilde{k}_{12}s\alpha+b_2\sigma_2\tilde{k}_{22}s)\\=&\ -ks^2\leqslant 0\end{aligned}$$

考虑上述3种故障形式,出现故障时,V 中的 $\tilde{k}_{ij}$ 及其前面系数会发生变化,$\tilde{k}_{ij}$ 也可能会发生跳变,从而导致 V 变为分段函数,造成 V 不连续,但在故障不变的区间内,V 是连续可导的,且 $\dot{V}\leqslant 0$,由于故障的次数是有限的,故可考虑最后故障发生后,仍可保持 $\dot{V}\leqslant 0$[2]。

由于 $V\geqslant 0$,$\dot{V}\leqslant 0$,则 V 有界。由 $\dot{V}=-ks^2$ 可得

$$\int_0^t\dot{V}\mathrm{d}t=-k\int_0^t s^2\mathrm{d}t$$

即

$$V(\infty)-V(0)=-k\int_0^\infty s^2\mathrm{d}t$$

则 V 有界，s 和 $\tilde{k}_{ij}$ 有界，而 s 有界又意味着 e 和 $\dot{e}$ 有界。由 $\alpha = ks + c\dot{e} - \ddot{x}_d$ 可知 α 有界，由 $u_{c_1} = -\hat{k}_{11}\alpha - \hat{k}_{21}$ 和 $u_{c_2} = -\hat{k}_{12}\alpha - \hat{k}_{22}$ 可知 u_{c_1} 和 u_{c_2} 有界，则由式(11.26)可知 $\dot{s}$ 有界。

当 $t \to \infty$ 时，由于 $V(\infty)$ 有界，则 $\int_0^\infty s^2 \mathrm{d}t$ 有界，则根据附加资料中的 Barbalat 引理[4]，当 $t \to \infty$ 时，$s \to 0$，从而 $e \to 0$，$\dot{e} \to 0$。

11.6.3 仿真实例

被控对象取式(11.23)，$b_1 = 0.50$，$b_2 = -0.50$，取位置指令为 $x_d = \sin t$，对象的初始状态为[0.1　0]，取 $c = 15$，采用控制律式(11.28)、自适应律式(11.29)，$k = 5$，$\gamma_1 = \gamma_2 = 10$。

取 $\sigma_1 = 1.0$，$\sigma_2 = 1.0$，$\bar{u}_1 = 0$，$\bar{u}_2 = 0$，当仿真时间 $t \geqslant 8$ 时，第 1 个执行器部分失效，第 2 个执行器完全失效且处于卡死状态，取 $\sigma_1 = 0.20$，$\bar{u}_1 = 0$，$\sigma_2 = 0$，$\bar{u}_2 = 0.2$，仿真结果分别如图 11.13 和图 11.14 所示。

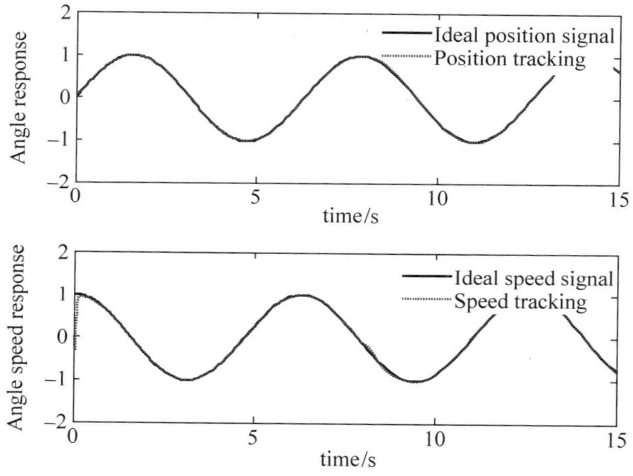

图 11.13　位置和速度跟踪

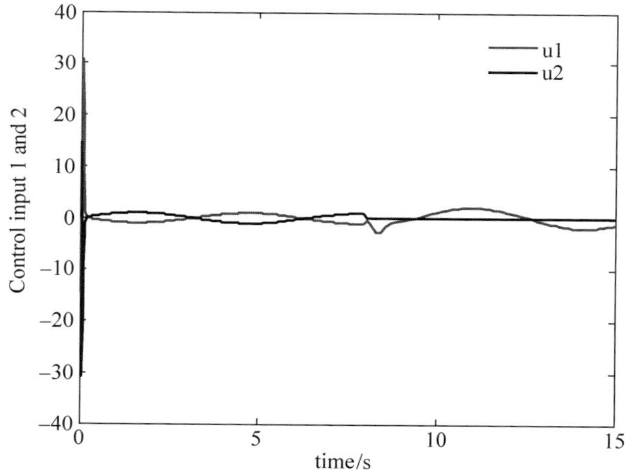

图 11.14　控制输入信号

仿真程序：

(1) Simulink 主程序：chap11_5sim.mdl，如图 11.15 所示。

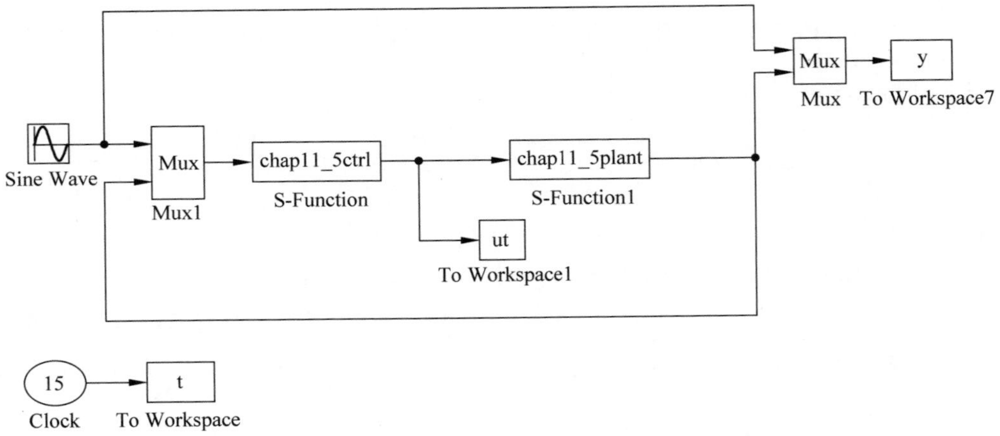

图 11.15　Simulink 主程序

(2) 控制器 S 函数：chap11_5ctrl.m。

(3) 被控对象 S 函数：chap11_5plant.m。

(4) 作图程序：chap11_5plot.m。

11.7　带执行器卡死的 MISO 系统神经网络自适应容错控制

11.7.1　控制问题描述

考虑如下二输入单输出系统

$$\begin{aligned}\dot{x}_1&=x_2\\ \dot{x}_2&=b_1u_1+b_2u_2+f(\boldsymbol{x})\end{aligned}\tag{11.30}$$

其中，u_1 和 u_2 为控制输入，x_1 和 x_2 分别为位置和速度信号，b_i 为未知常数，且 b_1 与 b_2 符号已知，$f(\boldsymbol{x})$为未知函数。

针对二输入单输出系统，由于有两个执行器，故其中的一个控制输入可以为 0。考虑上面第 2 种故障形式，即

$$u_1=\sigma_1u_{c_1}+\bar{u}_1,\quad u_2=\sigma_2u_{c_2}+\bar{u}_2\tag{11.31}$$

其中，$1\geqslant\sigma_1\geqslant0$，$1\geqslant\sigma_2\geqslant0$，$\sigma_1$ 和 σ_2 为未知常值但不能同时为 0，$\bar{u}_1$ 和 $\bar{u}_2$ 为 2 个执行器卡死故障的卡死位置，$\bar{u}_1$ 和 $\bar{u}_2$ 为未知常值。

考虑如下 3 种故障形式。

(1) $\sigma_1=0$，$\bar{u}_2=0$，即 $u_1=\bar{u}_1$，$u_2=\sigma_2u_{c_2}$

(2) $\sigma_2=0$，$\bar{u}_1=0$，即 $u_1=\sigma_1u_{c_1}$，$u_2=\bar{u}_2$

(3) $\sigma_1\neq0$，$\sigma_2\neq0$，$\bar{u}_1=0$，$\bar{u}_2=0$，即 $u_1=\sigma_1u_{c_1}$，$u_2=\sigma_2u_{c_2}$

则 $\dot{x}_2=b_1(\sigma_1u_{c_1}+\bar{u}_1)+b_2(\sigma_2u_{c_2}+\bar{u}_2)$。

取位置指令为 x_d，跟踪误差为 $e=x_1-x_d$，则 $\dot{e}=x_2-\dot{x}_d$。控制任务为：$f(x)$为未知，在执行器出现故障时，通过设计控制律和自适应律，实现 $t\to\infty$时，$e\to 0$，$\dot{e}\to 0$。

11.7.2　RBF 神经网络设计

采用 RBF 神经网络可实现未知函数 $f(\boldsymbol{x})$的逼近，RBF 神经网络算法为

$$h_j=g(\|\boldsymbol{x}-c_{ij}\|^2/b_j^2)$$

$$f=\boldsymbol{W}^{*\mathrm{T}}\boldsymbol{h}(\boldsymbol{x})+\varepsilon$$

其中，$\boldsymbol{x}$ 为网络的输入，i 为网络的输入个数，j 为网络隐含层第 j 个节点，$\boldsymbol{h}=[h_1,h_2,\cdots,h_n]^{\mathrm{T}}$ 为高斯函数的输出，$\boldsymbol{W}^*$ 为网络的理想权值，ε 为网络的逼近误差，$|\varepsilon|\leqslant\varepsilon_{\mathrm{N}}$。

采用 RBF 逼近未知函数 f，网络的输入取 $\boldsymbol{x}=[x_1\quad x_2]^{\mathrm{T}}$，则 RBF 神经网络的输出为

$$\hat{f}(\boldsymbol{x})=\hat{\boldsymbol{W}}^{\mathrm{T}}\boldsymbol{h}(\boldsymbol{x})\tag{11.32}$$

则

$$\tilde{f}(\boldsymbol{x})=f(\boldsymbol{x})-\hat{f}(\boldsymbol{x})=\boldsymbol{W}^{*\mathrm{T}}\boldsymbol{h}(\boldsymbol{x})+\varepsilon-\hat{\boldsymbol{W}}^{\mathrm{T}}\boldsymbol{h}(\boldsymbol{x})=\tilde{\boldsymbol{W}}^{\mathrm{T}}\boldsymbol{h}(\boldsymbol{x})+\varepsilon$$

并定义 $\tilde{\boldsymbol{W}}=\boldsymbol{W}^*-\hat{\boldsymbol{W}}$。

11.7.3　控制律的设计与分析

设计滑模函数为

$$s=ce+\dot{e}$$

其中，$c>0$。

则

$$\dot{s}=c\dot{e}+\ddot{e}=c\dot{e}+\dot{x}_2-\ddot{x}_d=c\dot{e}+b_1(\sigma_1u_{c_1}+\bar{u}_1)+b_2(\sigma_2u_{c_2}+\bar{u}_2)+f(x)-\ddot{x}_d$$

取$\boldsymbol{\sigma}=\begin{bmatrix}\sigma_1 & \\ & \sigma_2\end{bmatrix}$，$\bar{\boldsymbol{u}}=\begin{bmatrix}\bar{u}_1\\ \bar{u}_2\end{bmatrix}$，$\boldsymbol{u}_c=\begin{bmatrix}u_{c_1}\\ u_{c_2}\end{bmatrix}$，$\boldsymbol{\beta}=[b_1\quad b_2]$，并取

$$\alpha=ks+c\dot{e}-\ddot{x}_d+\hat{f}(\boldsymbol{x})+\eta\operatorname{sgn}(s)\tag{11.33}$$

其中，$k>0$，$\eta>0$。

则

$$\dot{s}=-ks+\alpha+\boldsymbol{\beta}\bar{\boldsymbol{u}}+\boldsymbol{\beta}\boldsymbol{\sigma}\boldsymbol{u}_c+\tilde{f}(x)-\eta\operatorname{sgn}(s)\tag{11.34}$$

假设$\boldsymbol{\sigma}$、$\bar{\boldsymbol{u}}$ 和$\boldsymbol{\beta}$ 都已知，取

$$u_{c_1}=-k_{11}\alpha-k_{21}$$

$$u_{c_2}=-k_{12}\alpha-k_{22}$$

则

$$\begin{aligned}\dot{s}&=-ks+\alpha+(b_1\bar{u}_1+b_2\bar{u}_2)-(b_1\sigma_1k_{11}\alpha+b_1\sigma_1k_{21})-(b_2\sigma_2k_{12}\alpha+b_2\sigma_2k_{22})+\tilde{f}(\boldsymbol{x})-\eta\operatorname{sgn}(s)\\&=-ks+\alpha+(b_1\bar{u}_1+b_2\bar{u}_2)-(b_1\sigma_1k_{11}+b_2\sigma_2k_{12})\alpha-b_1\sigma_1k_{21}-b_2\sigma_2k_{22}+\tilde{f}(\boldsymbol{x})-\eta\operatorname{sgn}(s)\end{aligned}$$

存在 k_{11}，k_{12} 和 k_{21}，k_{22}，使得下式成立

$$b_1\sigma_1k_{11}+b_2\sigma_2k_{12}=1,\quad b_1\bar{u}_1+b_2\bar{u}_2=b_1\sigma_1k_{21}+b_2\sigma_2k_{22}\tag{11.35}$$

取 $\eta > |\tilde{f}(\boldsymbol{x})|$，则

$$\dot{s} = -ks + \tilde{f}(\boldsymbol{x}) - \eta \operatorname{sgn}(s), \quad \dot{V} = -ks^2 + s\tilde{f}(\boldsymbol{x}) - \eta |s| \leqslant 0$$

当 σ、$\bar{u}$ 和 β 均未知时，k_{11}、k_{12}、k_{21} 和 k_{22} 均未知，取

$$\begin{aligned} u_{c_1} &= -\hat{k}_{11}\alpha - \hat{k}_{21} \\ u_{c_2} &= -\hat{k}_{12}\alpha - \hat{k}_{22} \end{aligned} \tag{11.36}$$

则

$$\dot{s} = -ks + \alpha + (b_1\bar{u}_1 + b_2\bar{u}_2) - (b_1\sigma_1\hat{k}_{11}\alpha + b_1\sigma_1\hat{k}_{21}) - (b_2\sigma_2\hat{k}_{12}\alpha + b_2\sigma_2\hat{k}_{22}) + \tilde{f}(\boldsymbol{x}) - \eta \operatorname{sgn}(s)$$

将式(11.35)代入上式，可得

$$\begin{aligned} \dot{s} = {} & \alpha(b_1\sigma_1k_{11} + b_2\sigma_2k_{12} - 1) + \alpha + b_1\sigma_1k_{21} + b_2\sigma_2k_{22} - \\ & ks - (b_1\sigma_1\hat{k}_{11}\alpha + b_1\sigma_1\hat{k}_{21}) - (b_2\sigma_2\hat{k}_{12}\alpha + b_2\sigma_2\hat{k}_{22}) + \tilde{f}(\boldsymbol{x}) - \eta \operatorname{sgn}(s) \\ = {} & \alpha b_1\sigma_1k_{11} + \alpha b_2\sigma_2k_{12} + b_1\sigma_1k_{21} + b_2\sigma_2k_{22} - ks - b_1\sigma_1\hat{k}_{11}\alpha - b_1\sigma_1\hat{k}_{21} - b_2\sigma_2\hat{k}_{12}\alpha - b_2\sigma_2\hat{k}_{22} + \\ & \tilde{f}(\boldsymbol{x}) - \eta \operatorname{sgn}(s) \\ = {} & -ks - \alpha b_1\sigma_1\tilde{k}_{11} - \alpha b_2\sigma_2\tilde{k}_{12} - b_1\sigma_1\tilde{k}_{21} - b_2\sigma_2\tilde{k}_{22} + \tilde{\boldsymbol{W}}^{\mathrm{T}}\boldsymbol{h}(\boldsymbol{x}) + \varepsilon - \eta \operatorname{sgn}(s) \end{aligned}$$

其中，$\tilde{k}_{11} = \hat{k}_{11} - k_{11}$，$\tilde{k}_{12} = \hat{k}_{12} - k_{12}$，$\tilde{k}_{21} = \hat{k}_{21} - k_{21}$，$\tilde{k}_{22} = \hat{k}_{22} - k_{22}$。

设计 Lyapunov 函数为

$$V = \frac{1}{2}s^2 + \frac{|b_1|\sigma_1}{2\gamma_1}(\tilde{k}_{11}^2 + \tilde{k}_{21}^2) + \frac{|b_2|\sigma_2}{2\gamma_2}(\tilde{k}_{12}^2 + \tilde{k}_{22}^2) + \frac{1}{2\gamma_3}\tilde{\boldsymbol{W}}^{\mathrm{T}}\tilde{\boldsymbol{W}}$$

其中 $\gamma_i > 0$，$i = 1, 2, 3$。则

$$\begin{aligned} \dot{V} = {} & s\dot{s} + \frac{|b_1|\sigma_1}{\gamma_1}(\tilde{k}_{11}\dot{\hat{k}}_{11} + \tilde{k}_{21}\dot{\hat{k}}_{21}) + \frac{|b_2|\sigma_2}{\gamma_2}(\tilde{k}_{12}\dot{\hat{k}}_{12} + \tilde{k}_{22}\dot{\hat{k}}_{22}) - \frac{1}{\gamma_3}\tilde{\boldsymbol{W}}^{\mathrm{T}}\dot{\hat{\boldsymbol{W}}} \\ = {} & s(-ks - \alpha b_1\sigma_1\tilde{k}_{11} - \alpha b_2\sigma_2\tilde{k}_{12} - b_1\sigma_1\tilde{k}_{21} - b_2\sigma_2\tilde{k}_{22} + \tilde{\boldsymbol{W}}^{\mathrm{T}}\boldsymbol{h}(\boldsymbol{x}) + \varepsilon - \eta \operatorname{sgn}(s)) + \\ & \frac{|b_1|\sigma_1}{\gamma_1}(\tilde{k}_{11}\dot{\hat{k}}_{11} + \tilde{k}_{21}\dot{\hat{k}}_{21}) + \frac{|b_2|\sigma_2}{\gamma_2}(\tilde{k}_{12}\dot{\hat{k}}_{12} + \tilde{k}_{22}\dot{\hat{k}}_{22}) - \frac{1}{\gamma_3}\tilde{\boldsymbol{W}}^{\mathrm{T}}\dot{\hat{\boldsymbol{W}}} \end{aligned}$$

设计自适应律为

$$\begin{aligned} \dot{\hat{k}}_{11} &= \gamma_1 s\alpha \operatorname{sgn}(b_1) \\ \dot{\hat{k}}_{21} &= \gamma_1 s \operatorname{sgn}(b_1) \\ \dot{\hat{k}}_{12} &= \gamma_2 s\alpha \operatorname{sgn}(b_2) \\ \dot{\hat{k}}_{22} &= \gamma_2 s \operatorname{sgn}(b_2) \end{aligned} \tag{11.37}$$

设计神经网络自适应律为

$$\dot{\hat{\boldsymbol{W}}} = \gamma_3 s\boldsymbol{h}(\boldsymbol{x}) \tag{11.38}$$

$$\begin{aligned} \dot{V} \leqslant {} & s(-ks - \alpha b_1\sigma_1\tilde{k}_{11} - \alpha b_2\sigma_2\tilde{k}_{12} - b_1\sigma_1\tilde{k}_{21} - b_2\sigma_2\tilde{k}_{22}) + s\tilde{\boldsymbol{W}}^{\mathrm{T}}\boldsymbol{h}(x) + \\ & \frac{|b_1|\sigma_1}{\gamma_1}(\tilde{k}_{11}\gamma_1 s\alpha \operatorname{sgn}(b_1) + \tilde{k}_{21}\gamma_1 s\ \operatorname{sgn}(b_1)) + \frac{|b_2|\sigma_2}{\gamma_2}(\tilde{k}_{12}\gamma_2 s\alpha \operatorname{sgn}(b_2) + \tilde{k}_{22}\gamma_2 s\ \operatorname{sgn}(b_2)) - \frac{1}{\gamma}\tilde{\boldsymbol{W}}^{\mathrm{T}}\dot{\hat{\boldsymbol{W}}} \\ = {} & s(-ks - \alpha b_1\sigma_1\tilde{k}_{11} - \alpha b_2\sigma_2\tilde{k}_{12} - b_1\sigma_1\tilde{k}_{21} - b_2\sigma_2\tilde{k}_{22}) + \end{aligned}$$

$$(b_1\sigma_1\tilde{k}_{11}s\alpha+b_1\sigma_1\tilde{k}_{21}s)+(b_2\sigma_2\tilde{k}_{12}s\alpha+b_2\sigma_2\tilde{k}_{22}s)+\tilde{\boldsymbol{W}}^{\mathrm{T}}\left(s\boldsymbol{h}(\boldsymbol{x})-\frac{1}{\gamma}\dot{\hat{\boldsymbol{W}}}\right)$$

$$=-ks^2\leqslant 0$$

考虑上述3种故障形式，出现故障时，V 中的 $\tilde{k}_{ij}$ 及其前面系数会发生变化，$\tilde{k}_{ij}$ 也可能会发生跳变，从而导致 V 变为分段函数，造成 V 不连续，但在故障不变的区间内，V 是连续可导的，且 $\dot{V}\leqslant 0$，由于故障的次数是有限的，故可考虑最后故障发生后，仍可保持 $\dot{V}\leqslant 0$[2]。

由于 $V\geqslant 0,\dot{V}\leqslant 0$，则 V 有界。由 $\dot{V}=-ks^2$ 可得

$$\int_0^t\dot{V}\mathrm{d}t=-k\int_0^t s^2\mathrm{d}t$$

即

$$V(\infty)-V(0)=-k\int_0^\infty s^2\mathrm{d}t$$

则 V 有界，s、$\tilde{k}_{ij}$ 和 $\tilde{\boldsymbol{W}}$ 有界，而 s 有界又意味着 e 和 $\dot{e}$ 有界。由 $\alpha=ks+c\dot{e}-\ddot{x}_{\mathrm{d}}$ 可知 α 有界，由 $u_{c_1}=-\hat{k}_{11}\alpha-\hat{k}_{21}$ 和 $u_{c_2}=-\hat{k}_{12}\alpha-\hat{k}_{22}$ 可知 u_{c_1} 和 u_{c_2} 有界，则由式(11.34)可知 $\dot{s}$ 有界。

当 $t\rightarrow\infty$ 时，由于 $V(\infty)$ 有界，则 $\int_0^\infty s^2\mathrm{d}t$ 有界，则根据附加资料中的Barbalat[4] 引理，当 $t\rightarrow\infty$ 时，$s\rightarrow 0$，从而 $e\rightarrow 0$，$\dot{e}\rightarrow 0$。

11.7.4 仿真实例

被控对象取式(11.30)，$f(x=10x_1x_2)$，$b_1=0.50$，$b_2=-0.50$，取位置指令为 $x_{\mathrm{d}}=\sin t$，对象的初始状态为[0.1 0]，取 $c=15$，采用控制律式(11.36)、自适应律式(11.37)和式(11.38)，$k=5$，$\gamma_1=\gamma_2=10$。

取 $\sigma_1=1.0$，$\sigma_2=1.0$，$\bar{u}_1=0$，$\bar{u}_2=0$，当仿真时间 $t\geqslant 8$ 时，第1个执行器部分失效，第2个执行器完全失效且处于卡死状态，取 $\sigma_1=0.20$，$\bar{u}_1=0$，$\sigma_2=0$，$\bar{u}_2=0.2$，根据网络输入 x_1 和 x_2 的实际范围来设计高斯函数的参数，参数 $\boldsymbol{c}_i$ 和 b_i 取值分别为[−2 −1 0 1 2]和3.0。网络权值中各个元素的初始值取0.10，仿真结果如图11.16和图11.17所示。

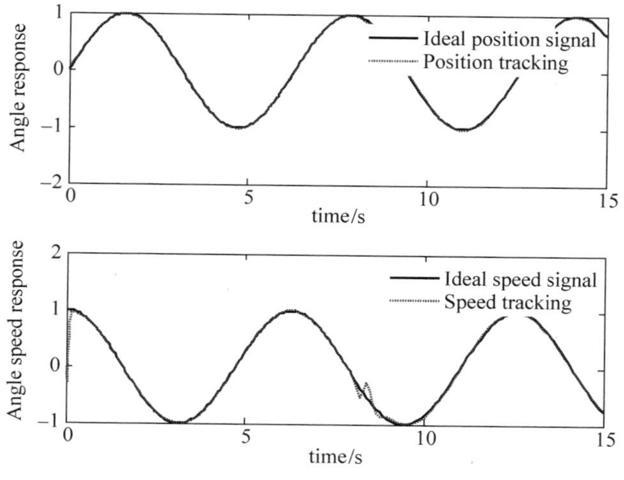

图11.16 位置和速度跟踪

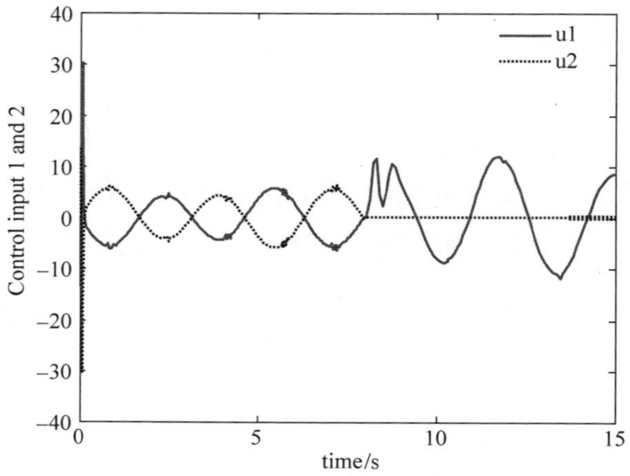

图 11.17 控制输入信号

仿真程序:

(1) Simulink 主程序:chap11_6sim.mdl,如图 11.18 所示。

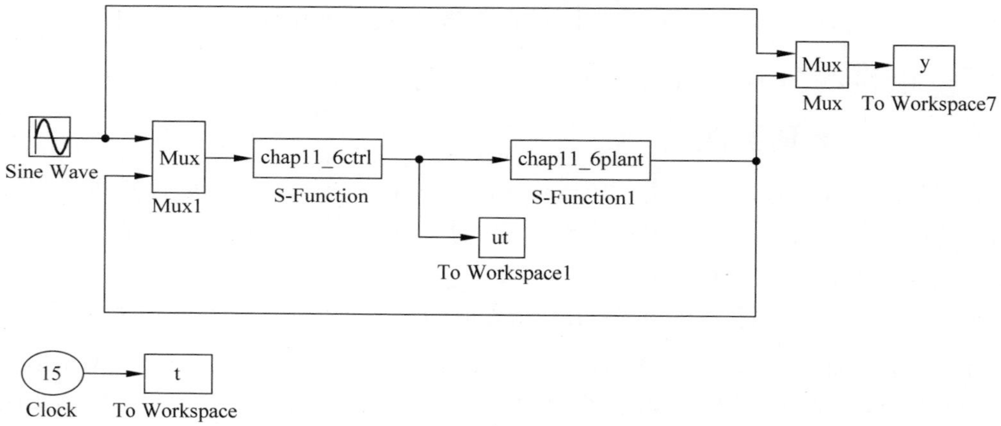

图 11.18 Simulink 主程序

(2) 控制器 S 函数:chap11_6ctrl.m。

(3) 被控对象 S 函数:chap11_6plant.m。

(4) 作图程序:chap11_6plot.m。

11.8 基于传感器和执行器容错的自适应控制

在控制系统设计中,有时系统的传感器和执行器会同时发生故障,传统的反馈控制设计会导致不满意的性能,甚至整个闭环系统失去稳定性[5]。因此,需要考虑基于传感器和执行器同时容错的自适应控制方法。

11.8.1 系统描述

考虑如下二阶模型

$$\dot{x}_1 = x_2$$

$$\dot{x}_2 = u + d(t) \tag{11.39}$$

传感器和执行器的容错分别取

$$x_i^{\mathrm{F}} = \rho_i x_i, \quad i = 1,2 \tag{11.40}$$

$$u = \rho_0 v \tag{11.41}$$

其中，$d(t)$为加在控制输入上的扰动，$|d(t)| \leqslant D$，ρ_0 和 ρ_i 为未知常数，$0 < \rho_{i0} \leqslant \rho_i \leqslant 1$，$0 < \rho_{00} \leqslant \rho_0 \leqslant 1$。

传感器实测输出为 x_1^{F} 和 x_2^{F}。控制目标为：

(1) 设计控制律 v，使得闭环系统内所有信号有界；

(2) $t \to \infty$时，$x_1 \to 0$，$x_2 \to 0$。

11.8.2 控制器设计与分析

采用滑模控制算法设计控制律，定义滑模函数为

$$s = c x_1^{\mathrm{F}} + x_2^{\mathrm{F}}, \quad c > 0 \tag{11.42}$$

则

$$s = c(\rho_1 x_1) + \rho_2 x_2 = c\rho_1 x_1 + \rho_2 \dot{x}_1 = \rho_2 \left(c \frac{\rho_1}{\rho_2} x_1 + \dot{x}_1 \right)$$

显然，$s \to 0$ 时，$x_1 \to 0$，$x_2 \to 0$ 且指数收敛。

由于 $\dot{x}_2^{\mathrm{F}} = \rho_2 \dot{x}_2 = \rho_2 (u + d) = \rho_2 \rho_0 v + \rho_2 d$，$\dot{x}_1^{\mathrm{F}} = \rho_1 x_2 = \frac{\rho_1}{\rho_2} x_2^{\mathrm{F}}$，则

$$\dot{s} = c\dot{x}_1^{\mathrm{F}} + \dot{x}_2^{\mathrm{F}} = c\dot{x}_1^{\mathrm{F}} + \rho_2 \rho_0 v + \rho_2 d = c \frac{\rho_1}{\rho_2} x_2^{\mathrm{F}} + \rho_2 \rho_0 v + \rho_2 d$$

取 $\phi = c \frac{\rho_1}{\rho_2}$，$\mu = \rho_2 \rho_0$，则

$$\dot{s} = \phi x_2^{\mathrm{F}} + \mu v + \rho_2 d$$

由于 ϕ 未知，采用参数自适应估计方法，设计如下 Lyapunov 函数

$$V = \frac{1}{2} s^2 + \frac{1}{2\gamma_1} \tilde{\phi}^2$$

其中，$\tilde{\phi} = \hat{\phi} - \phi$，$\gamma_1 > 0$。

则

$$\dot{V} = s\dot{s} + \frac{1}{\gamma_1} \dot{\hat{\phi}} \tilde{\phi} = s(\phi x_2^{\mathrm{F}} + \mu v + \rho_2 d) + \frac{1}{\gamma_1} \dot{\hat{\phi}} \tilde{\phi}$$

由于 μ 未知，设计控制律为

$$\alpha = k_1 s + \hat{\phi} x_2^{\mathrm{F}} + \eta \operatorname{sgn}(s), \quad k_1 > 0, \eta \geqslant D \tag{11.43}$$

$$\bar{v} = -k_2 s + \alpha, \quad k_2 > 0 \tag{11.44}$$

$$v = N(k) \bar{v} \tag{11.45}$$

$$\dot{k} = \gamma_2 s \bar{v}, \quad \gamma_2 > 0 \tag{11.46}$$

其中 $N(k)$表达式见附加资料中的定义 11.1。

$$\dot{V} = s[\alpha - (k_1 s + \hat{\phi} x_2^{\mathrm{F}} + \eta \operatorname{sgn}(s)) + \phi x_2^{\mathrm{F}} + \mu N(k) \bar{v} + \rho_2 d] +$$

$$\frac{1}{\gamma_1}\dot{\hat{\phi}}\tilde{\phi}+\frac{1}{\gamma_2}\dot{k}-\frac{1}{\gamma_2}\dot{k}$$

$$=s\left[\alpha-(k_1 s+\hat{\phi}x_2^{\mathrm{F}}+\eta\operatorname{sgn}(s))+\phi x_2^{\mathrm{F}}+\mu N(k)\bar{v}+\rho_2 d\right]+$$

$$\frac{1}{\gamma_1}\dot{\hat{\phi}}\tilde{\phi}+\frac{1}{\gamma_2}\dot{k}-s(-k_2 s+\alpha)$$

$$=s(-k_1 s-\eta\operatorname{sgn}(s)-\tilde{\phi}x_2^{\mathrm{F}}+\mu N(k)\bar{v}+\rho_2 d)+\frac{1}{\gamma_1}\dot{\hat{\phi}}\tilde{\phi}+\frac{1}{\gamma_2}\dot{k}+k_2 s^2$$

设计自适应律为

$$\dot{\hat{\phi}}=\gamma_1 s x_2^{\mathrm{F}} \tag{11.47}$$

由$\frac{1}{\gamma_2}\dot{k}=s\bar{v}$,则

$$\dot{V}=s(-k_1 s-\eta\operatorname{sgn}(s)+\mu N(k)\bar{v}+\rho_2 d)+\frac{1}{\gamma_2}\dot{k}+k_2 s^2$$

$$\leqslant -k_1 s^2+\mu N(k)\frac{1}{\gamma_2}\dot{k}+\frac{1}{\gamma_2}\dot{k}+k_2 s^2=-(k_1-k_2)s^2+\mu N(k)\frac{1}{\gamma_2}\dot{k}+\frac{1}{\gamma_2}\dot{k}$$

两边积分可得

$$V(t)-V(0)+(k_1-k_2)\int_0^t s^2(\tau)\,\mathrm{d}\tau$$

$$\leqslant\int_0^t\frac{1}{\gamma_2}\mu N\left[k(\tau)\right]\dot{k}(\tau)\,\mathrm{d}\tau+\int_0^t\frac{1}{\gamma_2}\dot{k}(\tau)\,\mathrm{d}\tau$$

取足够大的k_1,使得下式成立

$$k_1-k_2>0 \tag{11.48}$$

则根据附加资料中的引理11.2[6],$V(t)-V(0)+(k_1-k_2)\int_0^t s^2(\tau)\mathrm{d}\tau$ 有界,则s^2、$\int_0^t s^2\mathrm{d}t$ 和$\tilde{\phi}$有界,则由附加资料中的引理11.1[4],当$t\to\infty$时,$s\to 0$,即$x_1\to 0$,$x_2\to 0$且指数收敛。

需要说明的是,由于无法设计带有跟踪误差的滑模函数,故本方法无法解决跟踪控制问题,具体说明如下:取位置指令为y_{d},滑模函数为

$$s=c(x_1^{\mathrm{F}}-y_{\mathrm{d}})+(x_2^{\mathrm{F}}-\dot{y}_{\mathrm{d}})=c\rho_1 x_1+\rho_2\dot{x}_1-cy_{\mathrm{d}}-\dot{y}_{\mathrm{d}}$$

上式中,当$s\to 0$时,无法保证$x_1\to y_{\mathrm{d}}$,$x_2\to\dot{y}_{\mathrm{d}}$。

11.8.3 仿真实例

考虑模型式(11.39),取$d=\sin\pi t$,$\rho_0=0.50$,$\rho_1=0.95$,$\rho_1=0.95$,参数设计为:取$c=20$,为满足不等式(11.48),取$k_1=4$,$k_2=1$,采用控制律式(11.43)~式(11.46)和自适应律式(11.47),自适应律式(11.46)中的初值取1.0,$\gamma_1=1.0$,自适应律式(11.47)中取$\gamma_1=1.0$,控制律式(11.43)中,取$\eta=D+0.10=1.1$。

为了防止抖振,控制器中采用饱和函数sat(s)代替符号函数sgn(s),即

$$\operatorname{sat}(s)=\begin{cases}1 & s>\Delta\\ Ms & |s|\leqslant\Delta,M=1/\Delta,\\ -1 & s<-\Delta\end{cases}$$

其中，Δ 为边界层厚度，取 $\Delta=0.05$。

仿真结果如图 11.19 和图 11.20 所示。

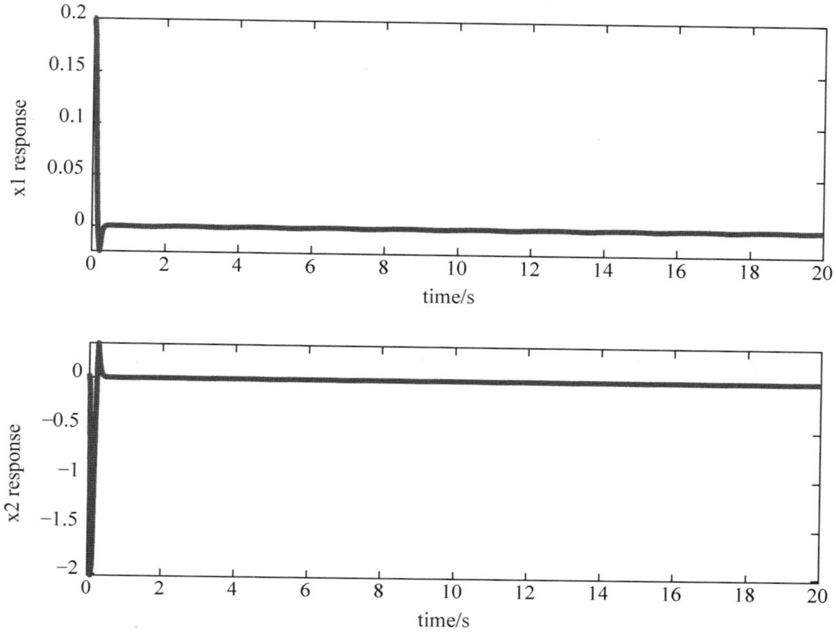

图 11.19　状态响应

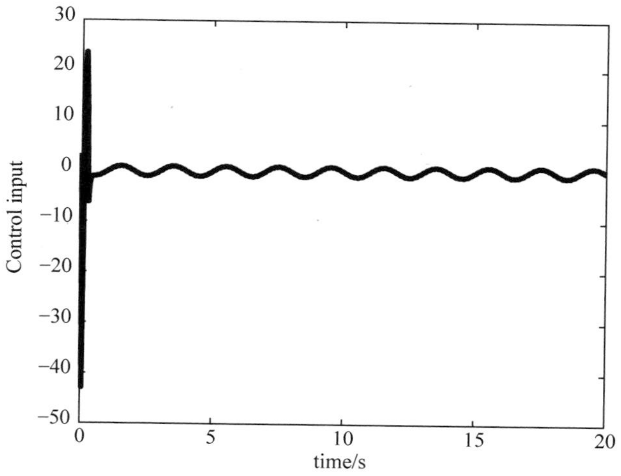

图 11.20　控制输入

仿真程序：

(1) Simulink 主程序：chap11_7sim.mdl，如图 11.21 所示。

(2) 控制器 S 函数：chap11_7ctrl.m。

(3) 被控对象 S 函数：chap11_7plant.m。

(4) 作图程序：chap11_7plot.m。

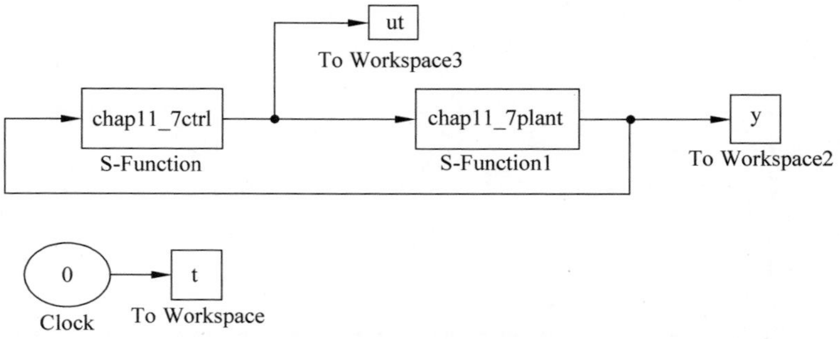

图 11.21 Simulink 主程序

11.9 基于传感器和执行器容错的神经网络自适应控制

11.9.1 系统描述

考虑如下系统

$$\begin{aligned}\dot{x}_1 &= x_2 \\ \dot{x}_2 &= u + d(t)\end{aligned} \tag{11.49}$$

传感器和执行器的容错分别取

$$x_i^{\mathrm{F}} = \rho_i x_i, \quad i = 1,2 \tag{11.50}$$

$$u = \rho_0 v \tag{11.51}$$

其中，$d(t)$为加在输入上的扰动，$|d(t)| \leqslant D$，ρ_0 和 ρ_i 为未知常数，$0 < \rho_{i0} \leqslant \rho_i \leqslant 1$，$0 < \rho_{00} \leqslant \rho_0 \leqslant 1$。

传感器实测输出为 x_1^{F} 和 x_2^{F}。控制目标为：

(1) 设计控制律 v，使得闭环系统内所有信号有界；

(2) $t \to \infty$时，$x_1 \to 0$，$x_2 \to 0$。

11.9.2 控制器设计与分析

采用滑模控制算法设计控制律，定义滑模函数为

$$s = c x_1^{\mathrm{F}} + x_2^{\mathrm{F}}, \quad c > 0 \tag{11.52}$$

则

$$s = c(\rho_1 x_1) + \rho_2 x_2 = c\rho_1 x_1 + \rho_2 \dot{x}_1 = \rho_2 \left(\frac{c\rho_1}{\rho_2} x_1 + \dot{x}_1\right)$$

显然，$s \to 0$ 时，$x_1 \to 0$，$x_2 \to 0$ 且指数收敛。

由于 $\dot{x}_2^{\mathrm{F}} = \rho_2 \dot{x}_2 = \rho_2(u+d) = \rho_2\rho_0 v + \rho_2 d$，$\dot{x}_1^{\mathrm{F}} = \rho_1 x_2 = \dfrac{\rho_1}{\rho_2} x_2^{\mathrm{F}}$，则

$$\dot{s} = c\dot{x}_1^{\mathrm{F}} + \dot{x}_2^{\mathrm{F}} = c\dot{x}_1^{\mathrm{F}} + \rho_2\rho_0 v + \rho_2 d = c\left(\frac{\rho_1}{\rho_2} x_2^{\mathrm{F}}\right) + \rho_2\rho_0 v + \rho_2 d$$

取 $\mu = \rho_2\rho_0$，$f(x_2^{\mathrm{F}}) = c\,\dfrac{\rho_1}{\rho_2} x_2^{\mathrm{F}}$，则

$$\dot{s}=f(x_2^{\mathrm{F}})+\mu v+\rho_2 d$$

设计如下 Lyapunov 函数

$$V_1=\frac{1}{2}s^2$$

则

$$\dot{V}_1=s\dot{s}=s\left[f(x_2^{\mathrm{F}})+\mu v+\rho_2 d\right]$$

由于 $\mu=\rho_2\rho_0$ 和 $c\dfrac{\rho_1}{\rho_2}$ 为未知常数，$f(x_2^{\mathrm{F}})$ 为未知函数，采用 RBF 神经网络逼近该函数。

11.9.3 神经网络逼近

采用 RBF 神经网络可实现未知函数 $f(\boldsymbol{x})$ 的逼近，RBF 神经网络算法为

$$h_j=g(\|\boldsymbol{x}-\boldsymbol{c}_{ij}\|^2/b_j^2)$$

$$f(\boldsymbol{x})=\boldsymbol{W}^{*\mathrm{T}}\boldsymbol{h}(\boldsymbol{x})+\varepsilon$$

其中，$\boldsymbol{x}$ 为网络的输入，i 为网络的输入个数，j 为网络隐含层第 j 个节点，$\boldsymbol{h}=[h_1,h_2,\cdots,h_n]^{\mathrm{T}}$ 为高斯函数的输出，$\boldsymbol{W}^*$ 为网络的理想权值，ε 为网络的逼近误差，$|\varepsilon|\leqslant\varepsilon_N$。

采用 RBF 神经网络逼近未知函数 $f(x_2^{\mathrm{F}})$，网络的输入取 x_2^{F}，则 RBF 神经网络的输出为

$$\hat{f}(x_2^{\mathrm{F}})=\hat{\boldsymbol{W}}^{\mathrm{T}}\boldsymbol{h}(x_2^{\mathrm{F}}) \tag{11.53}$$

则

$$\tilde{f}(x_2^{\mathrm{F}})=f(x_2^{\mathrm{F}})-\hat{f}(x_2^{\mathrm{F}})=\hat{\boldsymbol{W}}^{*\mathrm{T}}\boldsymbol{h}(x_2^{\mathrm{F}})+\varepsilon-\hat{\boldsymbol{W}}^{\mathrm{T}}\boldsymbol{h}(x_2^{\mathrm{F}})=\tilde{\boldsymbol{W}}^{\mathrm{T}}\boldsymbol{h}(x_2^{\mathrm{F}})+\varepsilon$$

其中，$\tilde{\boldsymbol{W}}=\boldsymbol{W}^*-\hat{\boldsymbol{W}}$。

设计 Lyapunov 函数如下

$$V=V_1+\frac{1}{2\gamma_1}\tilde{\boldsymbol{W}}^{\mathrm{T}}\tilde{\boldsymbol{W}}$$

其中，$\gamma_1>0$。则

$$\dot{V}=s\left[f(x_2^{\mathrm{F}})+\mu v+\rho_2 d\right]-\frac{1}{\gamma_1}\tilde{\boldsymbol{W}}^{\mathrm{T}}\dot{\hat{\boldsymbol{W}}}$$

由于 μ 未知，设计控制律为

$$\alpha=k_1 s+\hat{f}(x_2^{\mathrm{F}})+\eta\operatorname{sgn}(s),\quad k_1>0,\quad \eta\geqslant\varepsilon_N+D \tag{11.54}$$

$$\bar{v}=-k_2 s+\alpha \tag{11.55}$$

$$v=N(k)\bar{v} \tag{11.56}$$

$$\dot{k}=\gamma_2 s\bar{v},\quad \gamma_2>0 \tag{11.57}$$

其中 $N(k)$ 见附加资料中的定义 11.1。

$$\begin{aligned}\dot{V}=&s\{\alpha-[k_1 s+\hat{f}(x_2^{\mathrm{F}})+\eta\operatorname{sgn}(s)]+f(x_2^{\mathrm{F}})+\mu N(k)\bar{v}+\rho_2 d\}-\\&\frac{1}{\gamma_1}\tilde{\boldsymbol{W}}^{\mathrm{T}}\dot{\hat{\boldsymbol{W}}}+\frac{1}{\gamma_2}\dot{k}-\frac{1}{\gamma_2}\dot{k}\\=&s\{\alpha-[k_1 s+\tilde{\boldsymbol{W}}^{\mathrm{T}}\boldsymbol{h}(x_2^{\mathrm{F}})+\eta\operatorname{sgn}(s)]+\tilde{\boldsymbol{W}}^{*\mathrm{T}}\boldsymbol{h}(x_2^{\mathrm{F}})+\varepsilon+\mu N(k)\bar{v}+\rho_2 d\}-\\&\frac{1}{\gamma_1}\tilde{\boldsymbol{W}}^{\mathrm{T}}\dot{\hat{\boldsymbol{W}}}+\frac{1}{\gamma_2}\dot{k}-s(-k_2 s+\alpha)\end{aligned}$$

$$=s\left[-k_1 s-\eta\operatorname{sgn}(s)+\widetilde{\boldsymbol{W}}^{\mathrm{T}}\boldsymbol{h}(x_2^{\mathrm{F}})+\varepsilon+\mu N(k)\bar{v}+\rho_2 d\right]-\frac{1}{\gamma_1}\widetilde{\boldsymbol{W}}^{\mathrm{T}}\dot{\hat{\boldsymbol{W}}}+\frac{1}{\gamma_2}\dot{k}+k_2 s^2$$

设计权值自适应律为

$$\dot{\hat{\boldsymbol{W}}}=\gamma_1 s\boldsymbol{h}(x_2^{\mathrm{F}}) \tag{11.58}$$

由$\frac{1}{\gamma_2}\dot{k}=s\bar{v}$，则

$$\dot{V}=s\left[-k_1 s-\eta\operatorname{sgn}(s)+\mu N(k)\bar{v}+\rho_2 d+\varepsilon\right]+\frac{1}{\gamma_2}\dot{k}+k_2 s^2$$

$$\leqslant -k_1 s^2+\mu N(k)\frac{1}{\gamma_2}\dot{k}+\frac{1}{\gamma_2}\dot{k}+k_2 s^2=-(k_1-k_2)s^2+\mu N(k)\frac{1}{\gamma_2}\dot{k}+\frac{1}{\gamma_2}\dot{k}$$

两边积分可得

$$V(t)-V(0)+(k_1-k_2)\int_0^t s^2(\tau)\mathrm{d}\tau$$

$$\leqslant\int_0^t\frac{1}{\gamma_2}\mu N(k(\tau))\dot{k}(\tau)\mathrm{d}\tau+\int_0^t\frac{1}{\gamma_2}\dot{k}(\tau)\mathrm{d}\tau$$

取足够大的 k_1，使得下式成立

$$k_1-k_2>0 \tag{11.59}$$

则根据附加资料中的引理 11.2[6]，$V(t)-V(0)+(k_1-k_2)\int_0^t s^2(\tau)\mathrm{d}\tau$ 有界，则 s^2、$\int_0^t s^2\mathrm{d}t$ 和 $\widetilde{\boldsymbol{W}}$ 有界，则由附加资料中的引理 11.1[4]，当 $t\to\infty$ 时，$s\to 0$，即 $x_1\to 0$，$x_2\to 0$。

11.9.4 仿真实例

考虑模型式(11.49)，取 $d=\sin(\pi t)$，$\rho_0=0.50$，$\rho_1=0.95$，$\rho_1=0.95$，参数设计为：取 $c=20$，为满足不等式(11.59)，取 $k_1=4$，$k_2=1$，采用控制律式(11.54)～式(11.57)和自适应律式(11.58)，自适应律式(11.57)中的初值取 1.0，$\gamma_2=1.0$，自适应律式(11.58)中权值矩阵中各元素初值取 0.10，$\gamma_1=1.0$，控制律式(11.54)中，取 $\varepsilon_N=0.10$，则 $\eta=D+0.10=1.1$。

为了防止抖振，控制器中采用饱和函数 sat(s)代替符号函数 sgn(s)，即

$$\operatorname{sat}(s)=\begin{cases}1 & s>\Delta\\ Ms & |s|\leqslant\Delta, M=1/\Delta\\ -1 & s<-\Delta\end{cases}$$

其中，Δ 为边界层厚度，取 $\Delta=0.05$。

采用 RBF 神经网络，网络结构为 1-5-1，根据网络输入 $\boldsymbol{x}_2^{\mathrm{F}}$ 的实际范围来设计高斯基函数的参数，参数 $\boldsymbol{c}_i$ 和 b_i 取值分别为 $[-2\quad -1\quad 0\quad 1\quad 2]$ 和 3.0。网络权值中各个元素的初始值取 0.10，仿真结果如图 11.22 和图 11.23 所示。

仿真程序：

(1) Simulink 主程序：chap11_8sim.mdl，如图 11.24 所示。

(2) 控制器 S 函数：chap11_8ctrl.m。

(3) 被控对象 S 函数：chap11_8plant.m。

(4) 作图程序：chap11_8plot.m。

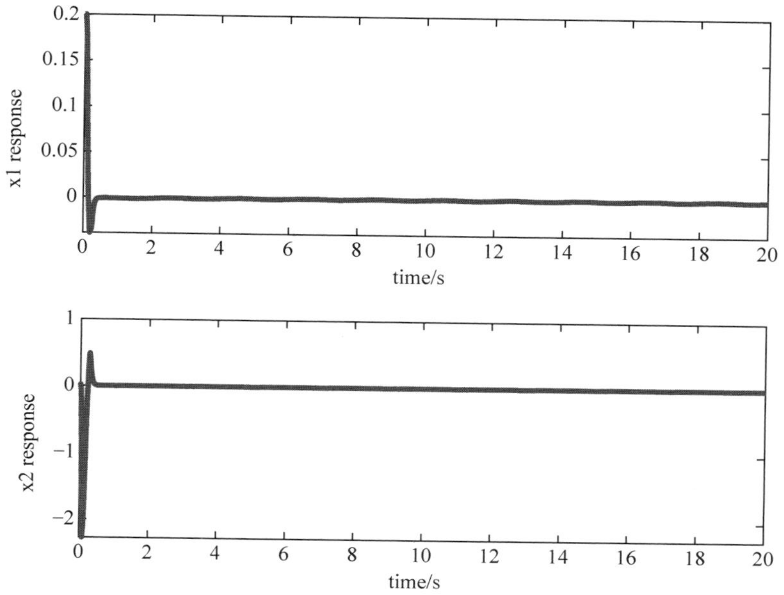

图 11.22 状态响应

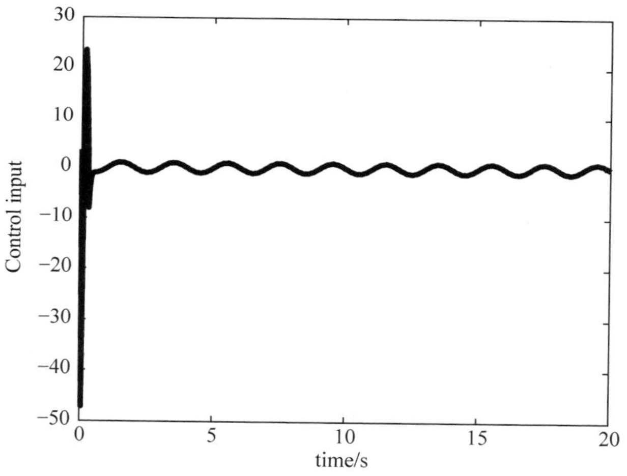

图 11.23 控制输入

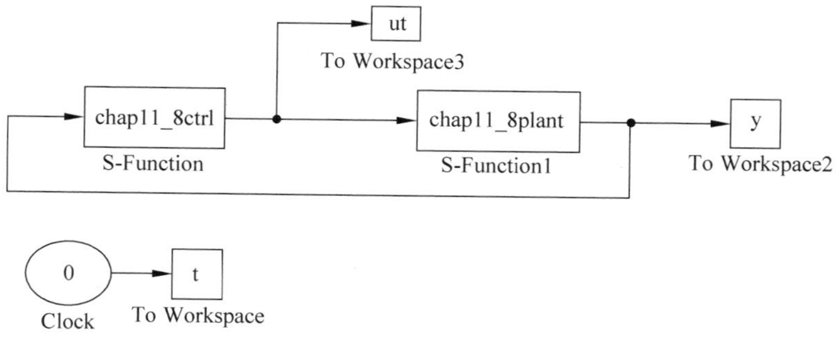

图 11.24 Simulink 主程序

附加资料

定义 11.1[7] 如果函数 $N(\chi)$满足如下双边特征,则 $N(\chi)$为 Nussbaum 函数

$$\lim_{k\to\pm\infty}\sup\frac{1}{k}\int_0^k N(s)\mathrm{d}s=\infty$$

$$\lim_{k\to\pm\infty}\inf\frac{1}{k}\int_0^k N(s)\mathrm{d}s=-\infty$$

根据 Nussbaum 函数定义,有

$$N(k)=k^2\cos k$$

其中,k 为实数。

引理 11.1[4] Barbalat 引理,即如果 f、$\dot{f}\in L_\infty$ 且 $f\in L_{\mathrm{p}}$,$p\in[1,\infty)$,则当 $t\to\infty$时,$f(t)\to 0$。

引理 11.2[6] 如果 $V(t)$和 $k(\cdot)$在$\forall t\in[0,t_f)$上为光滑函数,$V(t)\geqslant 0$,$N(\cdot)$为光滑的函数,θ_0 为非零常数,如果满足

$$V(t)\leqslant\int_0^t\{\theta_0 N[k(\tau)]+1\}\dot{k}(\tau)\mathrm{d}\tau+\mathrm{cons}(t),\quad\forall t\in[0,t_f)$$

则 $V(t)$、$k(t)$和 $\int_0^t\{\theta_0 N[k(\tau)]+1\}\dot{k}(\tau)\mathrm{d}\tau$ 在 $\forall t\in[0,t_f)$上有界。

思考题

1. 如果式(11.6)中存在控制输入扰动,如何设计基于 RBF 神经网络的 SISO 系统执行器自适应容错控制?

2. 如果式(11.6)中 b 的值未知,如何设计基于 RBF 神经网络的 SISO 系统执行器自适应容错控制?

参考文献

[1] Tang X D, Tao G, Joshi S M. Adaptive actuator failure compensation for parametric strict feedback systems and an aircraft application[J]. Automatica, 2003, 39: 1975-1982.

[2] Wang W, Wen C Y. Adaptive actuator failure compensation control of uncertain nonlinear systems with guaranteed transient performance[J], Automatica, 2010, 46: 2082-2091.

[3] Wang C L, Wen C Y, Lin Y. Adaptive Actuator Failure Compensation for a Class of Nonlinear Systems With Unknown Control Direction[J]. IEEE Transactions on Automatic Control, 2017, 62(1): 385-392.

[4] Ioannou P A, Sun J. Robust Adaptive Control[M]. PTR Prentice-Hall, 1996.

[5] Xya B, Tong W A, Hg A. Adaptive neural fault-tolerant control for a class of strict-feedback nonlinear systems with actuator and sensor faults-ScienceDirect[J]. Neurocomputing, 2020, 380: 87-94.

[6] Ye X, Jiang J. Adaptive nonlinear design without a priori knowledge of control directions[J]. IEEE Transactions on Automatic Control, 1998, 43(11): 1617-1621.

[7] Nussbaum R D. Some remarks on a conjecture in parameter adaptive control[J]. Systems & control letters, 1983, 3(5): 243-246.

第 12 章 机械系统神经网络自适应控制

CHAPTER 12

如果被控对象的数学模型已知，滑模控制器可以使系统输出直接跟踪期望指令，但较大的建模不确定性需要较大的切换增益，这就会造成抖振，抖振是滑模控制中难以避免的问题。

将滑模控制结合神经网络逼近用于非线性系统的控制中，采用神经网络实现模型未知部分的自适应逼近，神经网络自适应律通过 Lyapunov 方法导出，通过自适应权重的调节保证整个闭环系统的稳定性和收敛性。

12.1 一种简单的 RBF 神经网络自适应滑模控制

12.1.1 问题描述

考虑一种简单的动力学机械系统

$$\ddot{\theta}=f(\theta,\dot{\theta})+u \tag{12.1}$$

其中，θ 为位置，u 为控制输入。

写成状态方程形式为

$$\begin{aligned}\dot{x}_1&=x_2\\ \dot{x}_2&=f(x)+u\end{aligned} \tag{12.2}$$

其中，$f(x)$为未知。

位置指令为 x_{d}，则误差及其导数为

$$e=x_1-x_{\mathrm{d}},\quad \dot{e}=x_2-\dot{x}_{\mathrm{d}}$$

定义滑模函数为

$$s=ce+\dot{e},\quad c>0 \tag{12.3}$$

则

$$\dot{s}=c\dot{e}+\ddot{e}=c\dot{e}+\dot{x}_2-\ddot{x}_{\mathrm{d}}=c\dot{e}+f(x)+u-\ddot{x}_{\mathrm{d}}$$

由式(12.3)可见，如果 $s\to0$，则 $e\to0$ 且 $\dot{e}\to0$。

12.1.2 RBF 神经网络原理

由于 RBF 神经网络具有万能逼近特性[1]，采用 RBF 神经网络逼近 $f(\boldsymbol{x})$，网络算法为

$$h_j=\exp\left(\frac{\|\boldsymbol{x}-c_j\|^2}{2b_j^2}\right) \tag{12.4}$$

$$f=\boldsymbol{W}^{*\mathrm{T}}\boldsymbol{h}(\boldsymbol{x})+\varepsilon \tag{12.5}$$

其中，$\boldsymbol{x}$ 为网络的输入，j 为网络隐含层第 j 个节点，$\boldsymbol{h}=[h_1,h_2,\cdots,h_n]^{\mathrm{T}}$ 为网络的高斯函数输出，$\boldsymbol{W}^*$ 为网络的理想权值，ε 为网络的逼近误差，$|\varepsilon|\leqslant\varepsilon_{\mathrm{N}}$。

网络输入取 $\boldsymbol{x}=[x_1\quad x_2]^{\mathrm{T}}$，则网络输出为

$$\hat{f}(\boldsymbol{x})=\hat{\boldsymbol{W}}^{\mathrm{T}}\boldsymbol{h}(\boldsymbol{x}) \tag{12.6}$$

12.1.3 控制算法设计与分析

由于 $f(\boldsymbol{x})-\hat{f}(\boldsymbol{x})=\boldsymbol{W}^{*\mathrm{T}}\boldsymbol{h}(\boldsymbol{x})+\varepsilon-\hat{\boldsymbol{W}}^{\mathrm{T}}\boldsymbol{h}(\boldsymbol{x})=-\tilde{\boldsymbol{W}}^{\mathrm{T}}\boldsymbol{h}(\boldsymbol{x})+\varepsilon$。

定义 Lyapunov 函数为

$$V=\frac{1}{2}s^2+\frac{1}{2\gamma}\tilde{\boldsymbol{W}}^{\mathrm{T}}\tilde{\boldsymbol{W}} \tag{12.7}$$

其中，$\gamma>0$，$\tilde{\boldsymbol{W}}=\hat{\boldsymbol{W}}-\boldsymbol{W}^*$。

则

$$\dot{V}=s\dot{s}+\frac{1}{\gamma}\tilde{\boldsymbol{W}}^{\mathrm{T}}\dot{\hat{\boldsymbol{W}}}=s(c\dot{e}+f(\boldsymbol{x})+u-\ddot{x}_{\mathrm{d}})+\frac{1}{\gamma}\tilde{\boldsymbol{W}}^{\mathrm{T}}\dot{\hat{\boldsymbol{W}}}$$

设计控制律为

$$u=-c\dot{e}-\hat{f}(\boldsymbol{x})+\ddot{x}_{\mathrm{d}}-\eta\operatorname{sgn}(s) \tag{12.8}$$

则

$$\begin{aligned}\dot{V}&=s(f(\boldsymbol{x})-\hat{f}(\boldsymbol{x})-\eta\operatorname{sgn}(s))+\frac{1}{\gamma}\tilde{\boldsymbol{W}}^{\mathrm{T}}\dot{\hat{\boldsymbol{W}}}\\&=s(-\tilde{\boldsymbol{W}}^{\mathrm{T}}\boldsymbol{h}(\boldsymbol{x})+\varepsilon-\eta\operatorname{sgn}(s))+\frac{1}{\gamma}\tilde{\boldsymbol{W}}^{\mathrm{T}}\dot{\hat{\boldsymbol{W}}}\\&=\varepsilon s-\eta|s|+\tilde{\boldsymbol{W}}^{\mathrm{T}}\left(\frac{1}{\gamma}\dot{\hat{\boldsymbol{W}}}-s\boldsymbol{h}(\boldsymbol{x})\right)\end{aligned}$$

取 $\eta>\varepsilon_{\mathrm{N}}$，自适应律为

$$\dot{\hat{\boldsymbol{W}}}=\gamma s\boldsymbol{h}(\boldsymbol{x}) \tag{12.9}$$

则 $\dot{V}=\varepsilon s-\eta|s|\leqslant 0$。

可见，控制律中的鲁棒项 $\eta\operatorname{sgn}(s)$ 的作用是克服神经网络的逼近误差，以保证系统稳定。

由于当且仅当 $s=0$ 时，$\dot{V}=0$。即当 $\dot{V}\equiv 0$ 时，$s\equiv 0$。根据 LaSalle 不变性原理，闭环系

统为渐近稳定，即当 $t\to\infty$ 时，$s\to 0$，$e\to 0$，$\dot{e}\to 0$。系统的收敛速度取决于 η。

由于 $V\geqslant 0$，$\dot{V}\leqslant 0$，则当 $t\to\infty$ 时，V 有界，因此，可以证明 $\hat{\boldsymbol{W}}$ 有界，但无法保证 $\hat{\boldsymbol{W}}$ 收敛于 $\boldsymbol{W}^*$，即 $\hat{f}(x)$ 只能有界逼近。

12.1.4 仿真实例

考虑如下被控对象

$$\dot{x}_1 = x_2$$
$$\dot{x}_2 = f(x) + u$$

其中，$f(x)=10x_1x_2$。

位置指令为 $x_d=\sin t$，控制律采用式(12.8)，自适应律采用式(12.9)，取 $\gamma=500$，$\eta=0.50$。根据网络输入 x_1 和 x_2 的实际范围来设计高斯函数的参数[2]，参数 $\boldsymbol{c}_i$ 和 b_i 取值分别为[−2 −1 0 1 2]和 11。网络权值中各个元素的初始值取 0.10。仿真结果如图 12.1 和图 12.2 所示。

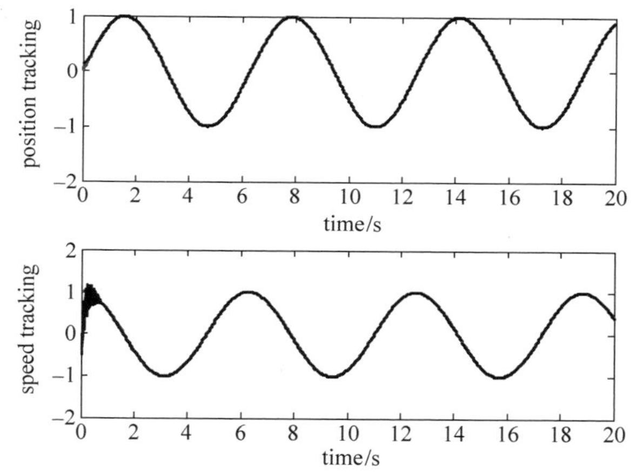

图 12.1 位置和速度跟踪

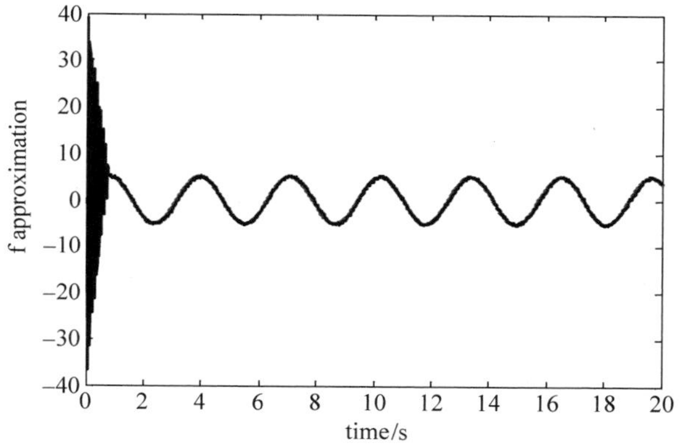

图 12.2 $f(x)$ 及逼近

仿真程序：

(1) Simulink 主程序：chap12_1sim. mdl，如图 12. 3 所示。

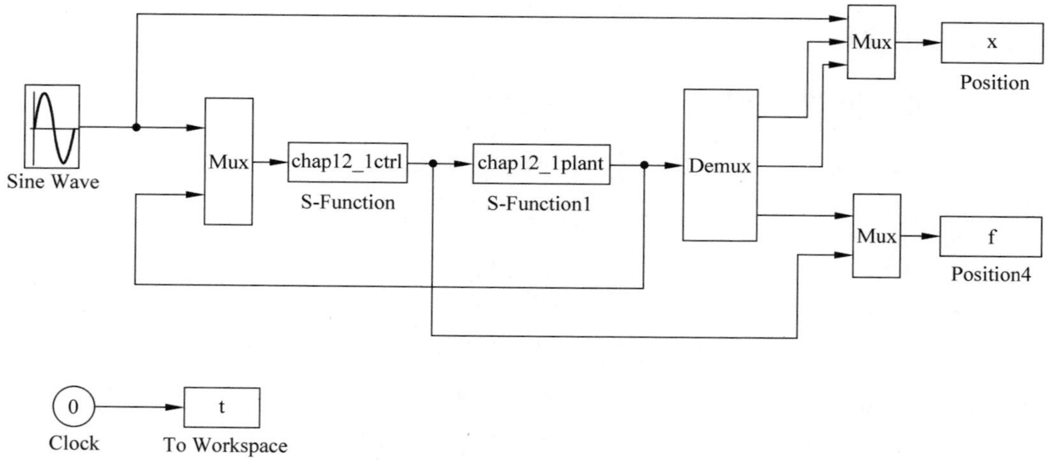

图 12. 3　Simulink 主程序

(2) 控制律及自适应律 S 函数：chap12_1ctrl. m。

(3) 被控对象 S 函数：chap12_1plant. m。

(4) 作图程序：chap12_1plot. m。

12.2　基于 RBF 神经网络逼近的机械手自适应控制

12.2.1　问题的提出

设 n 关节机械手方程为

$$\boldsymbol{M}(\boldsymbol{q})\ddot{\boldsymbol{q}}+\boldsymbol{C}(\boldsymbol{q},\dot{\boldsymbol{q}})\dot{\boldsymbol{q}}+\boldsymbol{G}(\boldsymbol{q})+\boldsymbol{F}(\dot{\boldsymbol{q}})+\boldsymbol{\tau}_{\mathrm{d}}=\boldsymbol{\tau} \tag{12.10}$$

其中，$\boldsymbol{M}(\boldsymbol{q})$为 $n\times n$ 阶正定惯性矩阵，$\boldsymbol{C}(\boldsymbol{q},\dot{\boldsymbol{q}})$为 $n\times n$ 阶惯性矩阵，$\boldsymbol{G}(\boldsymbol{q})$为 $n\times 1$ 阶惯性向量，$\boldsymbol{F}(\dot{\boldsymbol{q}})$为摩擦力，$\boldsymbol{\tau}_{\mathrm{d}}$ 为未知外加干扰，$\boldsymbol{\tau}$ 为控制输入，$\|\tau_{\mathrm{d}}\|<b_{\mathrm{d}}$。

跟踪误差为

$$\boldsymbol{e}(t)=\boldsymbol{q}_{\mathrm{d}}(t)-\boldsymbol{q}(t)$$

定义滑模函数为

$$\boldsymbol{r}=\dot{\boldsymbol{e}}+\boldsymbol{\Lambda}\boldsymbol{e} \tag{12.11}$$

其中，$\boldsymbol{\Lambda}=\boldsymbol{\Lambda}^{\mathrm{T}}>0$，则

$$\begin{aligned}
\dot{\boldsymbol{q}}&=-\boldsymbol{r}+\dot{\boldsymbol{q}}_{\mathrm{d}}+\boldsymbol{\Lambda}\boldsymbol{e}\\
\boldsymbol{M}\dot{\boldsymbol{r}}&=\boldsymbol{M}(\ddot{\boldsymbol{q}}_{\mathrm{d}}-\ddot{\boldsymbol{q}}+\boldsymbol{\Lambda}\dot{\boldsymbol{e}})=\boldsymbol{M}(\ddot{\boldsymbol{q}}_{\mathrm{d}}+\boldsymbol{\Lambda}\dot{\boldsymbol{e}})-\boldsymbol{M}\ddot{\boldsymbol{q}}\\
&=\boldsymbol{M}(\ddot{\boldsymbol{q}}_{\mathrm{d}}+\boldsymbol{\Lambda}\dot{\boldsymbol{e}})+\boldsymbol{C}\dot{\boldsymbol{q}}+\boldsymbol{G}+\boldsymbol{F}+\boldsymbol{\tau}_{\mathrm{d}}-\boldsymbol{\tau}\\
&=\boldsymbol{M}(\ddot{\boldsymbol{q}}_{\mathrm{d}}+\boldsymbol{\Lambda}\dot{\boldsymbol{e}})-\boldsymbol{C}\boldsymbol{r}+\boldsymbol{C}(\dot{\boldsymbol{q}}_{\mathrm{d}}+\boldsymbol{\Lambda}\boldsymbol{e})+\boldsymbol{G}+\boldsymbol{F}+\boldsymbol{\tau}_{\mathrm{d}}-\boldsymbol{\tau}\\
&=-\boldsymbol{C}\boldsymbol{r}-\boldsymbol{\tau}+\boldsymbol{f}+\boldsymbol{\tau}_{\mathrm{d}}
\end{aligned} \tag{12.12}$$

其中，$\boldsymbol{f}(\boldsymbol{x})=\boldsymbol{M}(\ddot{\boldsymbol{q}}_{\mathrm{d}}+\boldsymbol{\Lambda}\dot{\boldsymbol{e}})+\boldsymbol{C}(\boldsymbol{q}_{\mathrm{d}}+\boldsymbol{\Lambda}\boldsymbol{e})+\boldsymbol{G}+\boldsymbol{F}$。

在实际工程中，模型不确定项 $\boldsymbol{f}$ 为未知，为此，需要对不确定项 $\boldsymbol{f}$ 进行逼近。

采用 RBF 神经网络可逼近 $\boldsymbol{f}$，根据 $\boldsymbol{f}(\boldsymbol{x})$ 的表达式，网络输入取

$$\boldsymbol{x}=[\boldsymbol{e}^{\mathrm{T}} \quad \dot{\boldsymbol{e}}^{\mathrm{T}} \quad \boldsymbol{q}_{\mathrm{d}}^{\mathrm{T}} \quad \dot{\boldsymbol{q}}_{\mathrm{d}}^{\mathrm{T}} \quad \ddot{\boldsymbol{q}}_{\mathrm{d}}^{\mathrm{T}}]$$

设计控制律为

$$\boldsymbol{\tau}=\hat{\boldsymbol{f}}+\boldsymbol{K}_{\mathrm{v}}\boldsymbol{r} \tag{12.13}$$

其中，$\hat{\boldsymbol{f}}(\boldsymbol{x})$为 RBF 神经网络的输出。

将控制律式(12.13)代入式(12.12)，得

$$\begin{aligned}\boldsymbol{M}\dot{\boldsymbol{r}} &= -\boldsymbol{C}\boldsymbol{r}-\hat{\boldsymbol{f}}-\boldsymbol{K}_{\mathrm{v}}\boldsymbol{r}+\boldsymbol{f}+\boldsymbol{\tau}_{\mathrm{d}} \\ &= -(\boldsymbol{K}_{\mathrm{v}}+\boldsymbol{C})\boldsymbol{r}+\tilde{\boldsymbol{f}}+\boldsymbol{\tau}_{\mathrm{d}}=-(\boldsymbol{K}_{\mathrm{v}}+\boldsymbol{C})\boldsymbol{r}+\boldsymbol{\zeta}_0\end{aligned} \tag{12.14}$$

其中，$\tilde{\boldsymbol{f}}=\boldsymbol{f}-\hat{\boldsymbol{f}}$，$\boldsymbol{\zeta}_0=\tilde{\boldsymbol{f}}+\boldsymbol{\tau}_{\mathrm{d}}$。

如果定义 Lyapunov 函数

$$L=\frac{1}{2}\boldsymbol{r}^{\mathrm{T}}\boldsymbol{M}\boldsymbol{r}$$

则

$$\dot{L}=\boldsymbol{r}^{\mathrm{T}}\boldsymbol{M}\dot{\boldsymbol{r}}+\frac{1}{2}\boldsymbol{r}^{\mathrm{T}}\dot{\boldsymbol{M}}\boldsymbol{r}=-\boldsymbol{r}^{\mathrm{T}}\boldsymbol{K}_{\mathrm{v}}\boldsymbol{r}+\frac{1}{2}\boldsymbol{r}^{\mathrm{T}}(\dot{\boldsymbol{M}}-2\boldsymbol{C})\boldsymbol{r}+\boldsymbol{r}^{\mathrm{T}}\boldsymbol{\zeta}_0$$

$$\dot{L}=\boldsymbol{r}^{\mathrm{T}}\boldsymbol{\zeta}_0-\boldsymbol{r}^{\mathrm{T}}\boldsymbol{K}_{\mathrm{v}}\boldsymbol{r}$$

这说明在 $\boldsymbol{K}_{\mathrm{v}}$ 固定条件下，控制系统的稳定依赖于$\boldsymbol{\zeta}_0$，即 $\hat{\boldsymbol{f}}$ 对 $\boldsymbol{f}$ 的逼近精度及干扰$\boldsymbol{\tau}_{\mathrm{d}}$ 的大小。

采用 RBF 神经网络对不确定项 $\boldsymbol{f}$ 进行逼近。理想的 RBF 神经网络算法为

$$\phi_i=g(\|\boldsymbol{x}-\boldsymbol{c}_i\|^2/\sigma_i^2), \quad i=1,2,\cdots,n$$

$$f(x)=\boldsymbol{W}\boldsymbol{\varphi}(\boldsymbol{x})+\varepsilon$$

其中，$\boldsymbol{x}$ 为网络的输入信号，$\boldsymbol{\varphi}=[\phi_1 \quad \phi_2 \quad \cdots \quad \phi_n]$，$\|\varepsilon\|\leqslant\varepsilon_{\mathrm{N}}$。

12.2.2 基于 RBF 神经网络逼近的控制器

1. 控制器的设计

采用 RBF 神经网络逼近 $\boldsymbol{f}$，则 RBF 神经网络的输出为

$$\hat{\boldsymbol{f}}(\boldsymbol{x})=\hat{\boldsymbol{W}}^{\mathrm{T}}\boldsymbol{\varphi}(\boldsymbol{x}) \tag{12.15}$$

取

$$\tilde{\boldsymbol{W}}=\boldsymbol{W}-\hat{\boldsymbol{W}}, \quad \|\boldsymbol{W}\|_{\mathrm{F}}\leqslant W_{\max}$$

设计控制律为

$$\boldsymbol{\tau}=\hat{\boldsymbol{W}}^{\mathrm{T}}\boldsymbol{\varphi}(\boldsymbol{x})+\boldsymbol{K}_{\mathrm{v}}\boldsymbol{r}-\boldsymbol{v} \tag{12.16}$$

其中，$\boldsymbol{v}$ 为用于克服神经网络逼近误差$\boldsymbol{\varepsilon}$ 的鲁棒项，$\boldsymbol{K}_{\mathrm{v}}>0$。

将控制律式(12.16)代入式(12.12)，得

$$\boldsymbol{M}\dot{\boldsymbol{r}}=-(\boldsymbol{K}_{\mathrm{v}}+\boldsymbol{C})\boldsymbol{r}+\tilde{\boldsymbol{W}}^{\mathrm{T}}\boldsymbol{\varphi}(\boldsymbol{x})+(\boldsymbol{\varepsilon}+\boldsymbol{\tau}_{\mathrm{d}})+\boldsymbol{v}=-(\boldsymbol{K}_{\mathrm{v}}+\boldsymbol{C})\boldsymbol{r}+\boldsymbol{\zeta}_1 \tag{12.17}$$

其中，$\boldsymbol{\zeta}_1=\tilde{\boldsymbol{W}}^{\mathrm{T}}\boldsymbol{\varphi}(\boldsymbol{x})+(\boldsymbol{\varepsilon}+\boldsymbol{\tau}_{\mathrm{d}})+\boldsymbol{v}$。

2. 稳定性及收敛性分析

将鲁棒项设计为

$$\boldsymbol{v} = -(\boldsymbol{\varepsilon}_{\mathrm{N}} + b_{\mathrm{d}})\mathrm{sgn}(\boldsymbol{r}) \tag{12.18}$$

定义 Lyapunov 函数

$$L = \frac{1}{2}\boldsymbol{r}^{\mathrm{T}}\boldsymbol{M}\boldsymbol{r} + \frac{1}{2}\mathrm{tr}(\widetilde{\boldsymbol{W}}^{\mathrm{T}}\boldsymbol{F}^{-1}\widetilde{\boldsymbol{W}})$$

其中 tr(·)为矩阵的迹，$\mathrm{tr}(\boldsymbol{X}) = \sum_{i=1}^{n} x_{ii}$，$x_{ii}$ 为 $n\times n$ 阶方阵 $\boldsymbol{X}$ 主对角线元素。则

$$\dot{L} = \boldsymbol{r}^{\mathrm{T}}\boldsymbol{M}\dot{\boldsymbol{r}} + \frac{1}{2}\boldsymbol{r}^{\mathrm{T}}\dot{\boldsymbol{M}}\boldsymbol{r} + \mathrm{tr}(\widetilde{\boldsymbol{W}}^{\mathrm{T}}\boldsymbol{F}^{-1}\dot{\widetilde{\boldsymbol{W}}})$$

将式(12.17)代入上式，得

$$\dot{L} = -\boldsymbol{r}^{\mathrm{T}}\boldsymbol{K}_{\mathrm{v}}\boldsymbol{r} + \frac{1}{2}\boldsymbol{r}^{\mathrm{T}}(\dot{\boldsymbol{M}} - 2\boldsymbol{C})\boldsymbol{r} + \mathrm{tr}\widetilde{\boldsymbol{W}}^{\mathrm{T}}(\boldsymbol{F}^{-1}\dot{\widetilde{\boldsymbol{W}}} + \boldsymbol{\varphi}\boldsymbol{r}^{\mathrm{T}}) + \boldsymbol{r}^{\mathrm{T}}(\boldsymbol{\varepsilon} + \boldsymbol{\tau}_{\mathrm{d}} + \boldsymbol{v})$$

神经网络自适应律为

$$\dot{\hat{\boldsymbol{W}}} = \boldsymbol{F}\boldsymbol{\varphi}\boldsymbol{r}^{\mathrm{T}} \tag{12.19}$$

其中 $F>0$。由于 $\boldsymbol{r}^{\mathrm{T}}(\dot{\boldsymbol{M}}-2\boldsymbol{C})\boldsymbol{r}=0$，$\widetilde{\boldsymbol{W}}=\boldsymbol{W}-\hat{\boldsymbol{W}}$，$\dot{\widetilde{\boldsymbol{W}}}=-\dot{\hat{\boldsymbol{W}}}=-\boldsymbol{F}\boldsymbol{\varphi}\boldsymbol{r}^{\mathrm{T}}$，则

$$\dot{L} = -\boldsymbol{r}^{\mathrm{T}}\boldsymbol{K}_{\mathrm{v}}\boldsymbol{r} + \boldsymbol{r}^{\mathrm{T}}(\boldsymbol{\varepsilon} + \boldsymbol{\tau}_{\mathrm{d}} + \boldsymbol{v})$$

由于

$$\boldsymbol{r}^{\mathrm{T}}(\boldsymbol{\varepsilon} + \boldsymbol{\tau}_{\mathrm{d}} + \boldsymbol{v}) = \boldsymbol{r}^{\mathrm{T}}(\boldsymbol{\varepsilon} + \boldsymbol{\tau}_{\mathrm{d}}) + \boldsymbol{r}^{\mathrm{T}}\boldsymbol{v} = \boldsymbol{r}^{\mathrm{T}}(\boldsymbol{\varepsilon} + \boldsymbol{\tau}_{\mathrm{d}}) - \|\boldsymbol{r}\|(\boldsymbol{\varepsilon}_{\mathrm{N}} + \boldsymbol{b}_{\mathrm{d}}) \leqslant 0$$

则

$$\dot{L} \leqslant -\boldsymbol{r}^{\mathrm{T}}\boldsymbol{K}_{\mathrm{v}}\boldsymbol{r} \leqslant 0$$

当 $\dot{L}\equiv 0$ 时，$\boldsymbol{r}\equiv 0$，根据 LaSalle 不变性原理，$t\to\infty$时，$\boldsymbol{r}\to 0$，从而 $e\to 0$，$\dot{e}\to 0$，系统的收敛速度取决于 $\boldsymbol{K}_{\mathrm{v}}$。由于 $L\geqslant 0$，$\dot{L}\leqslant 0$，则 L 有界，因此 $\widetilde{\boldsymbol{W}}$ 有界，但无法保证 $\widetilde{\boldsymbol{W}}$ 收敛于 0。

12.2.3 仿真实例

选二关节机械臂系统，其动力学模型为

$$\boldsymbol{M}(\boldsymbol{q})\ddot{\boldsymbol{q}} + \boldsymbol{V}(\boldsymbol{q},\dot{\boldsymbol{q}})\dot{\boldsymbol{q}} + \boldsymbol{G}(\boldsymbol{q}) + \boldsymbol{F}(\dot{\boldsymbol{q}}) + \boldsymbol{\tau}_{\mathrm{d}} = \boldsymbol{\tau}$$

其中

$$\boldsymbol{M}(\boldsymbol{q}) = \begin{bmatrix} p_1 + p_2 + 2p_3\cos q_2 & p_2 + p_3\cos q_2 \\ p_2 + p_3\cos q_2 & p_2 \end{bmatrix},\quad \boldsymbol{V}(\boldsymbol{q},\dot{\boldsymbol{q}}) = \begin{bmatrix} -p_3\dot{q}_2\sin q_2 & -p_3(\dot{q}_1 + \dot{q}_2)\sin q_2 \\ p_3\dot{q}_1\sin q_2 & 0 \end{bmatrix}$$

$$\boldsymbol{G}(\boldsymbol{q}) = \begin{bmatrix} p_4 g\cos q_1 + p_5 g\cos(q_1 + q_2) \\ p_5 g\cos(q_1 + q_2) \end{bmatrix},\quad \boldsymbol{F}(\dot{\boldsymbol{q}}) = 0.02\mathrm{sgn}(\dot{q}),\quad \boldsymbol{\tau}_{\mathrm{d}} = [0.2\sin t \quad 0.2\sin t]^{\mathrm{T}}$$

取 $\boldsymbol{p}=[p_1,p_2,p_3,p_4,p_5]=[2.9,0.76,0.87,3.04,0.87]$。RBF 神经网络高斯函数参数的取值对神经网络控制的作用很重要，如果参数取值不合适，将使高斯函数无法得到有效的映射，从而导致 RBF 神经网络无效。故 $\boldsymbol{c}_i$ 按网络输入值的范围取值，取 $\sigma_i=0.20$，网络的初始权值取零，网络输入取 $\boldsymbol{z}=[\boldsymbol{e} \quad \dot{\boldsymbol{e}} \quad \boldsymbol{q}_{\mathrm{d}} \quad \dot{\boldsymbol{q}}_{\mathrm{d}} \quad \ddot{\boldsymbol{q}}_{\mathrm{d}}]$。

系统的初始状态为$[0.09 \quad 0 \quad -0.09 \quad 0]$，两个关节的角度指令分别为 $q_{1\mathrm{d}}=0.1\sin t$，$q_{2\mathrm{d}}=0.1\sin t$，控制参数取 $\boldsymbol{K}_{\mathrm{v}}=\mathrm{diag}\{50,50\}$，$\boldsymbol{F}=\mathrm{diag}\{25,25\}$，$\boldsymbol{\Lambda}=\mathrm{diag}\{5,5\}$，在鲁棒项中，取$\boldsymbol{\varepsilon}_{\mathrm{N}}=0.20$，$b_{\mathrm{d}}=0.10$。

采用 Simulink 和 S 函数进行控制系统的设计。控制器子程序 chap12_2ctrl.m，控制律取式(12.16)，自适应律取式(12.19)，仿真结果如图 12.4～图 12.7 所示。

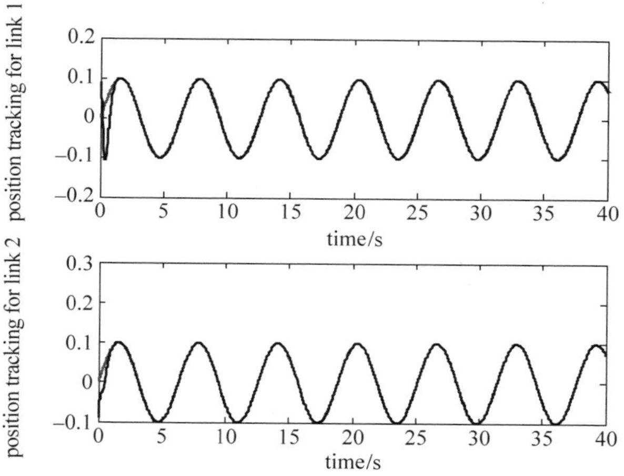

图 12.4　关节 1 及关节 2 的角度跟踪

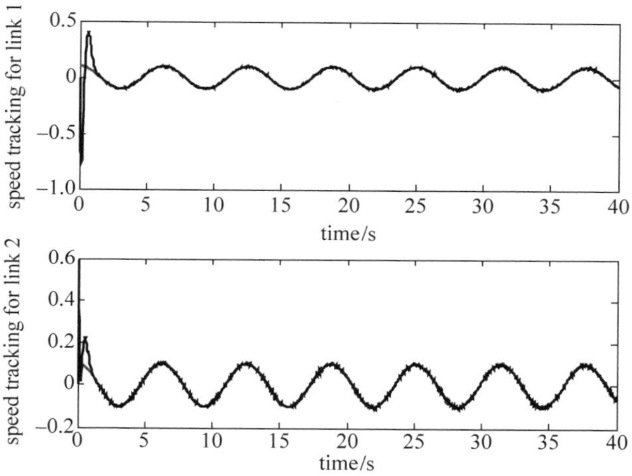

图 12.5　关节 1 及关节 2 的角速度跟踪

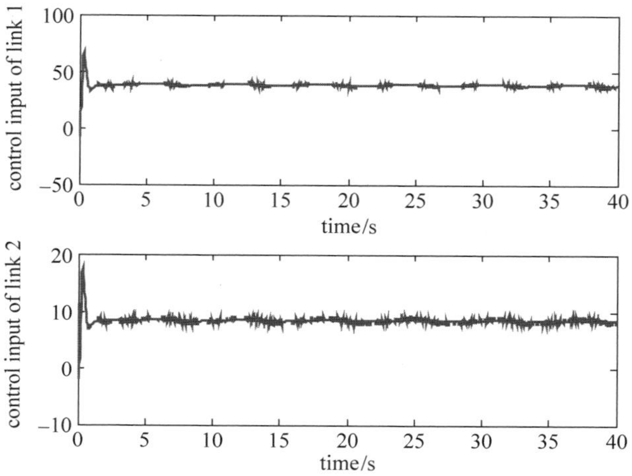

图 12.6　关节 1 及关节 2 的控制输入信号

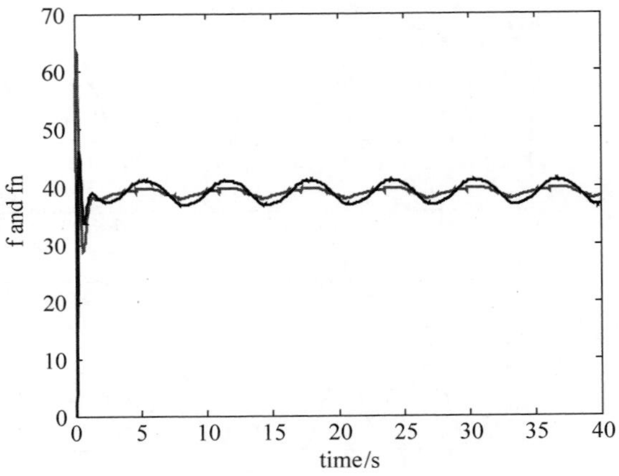

图 12.7 关节 1 及关节 2 的 $\|f(x)\|$ 及其逼近 $\|\hat{f}(x)\|$

仿真程序：

(1) Simulink 主程序：chap12_2sim. mdl，如图 12.8 所示。

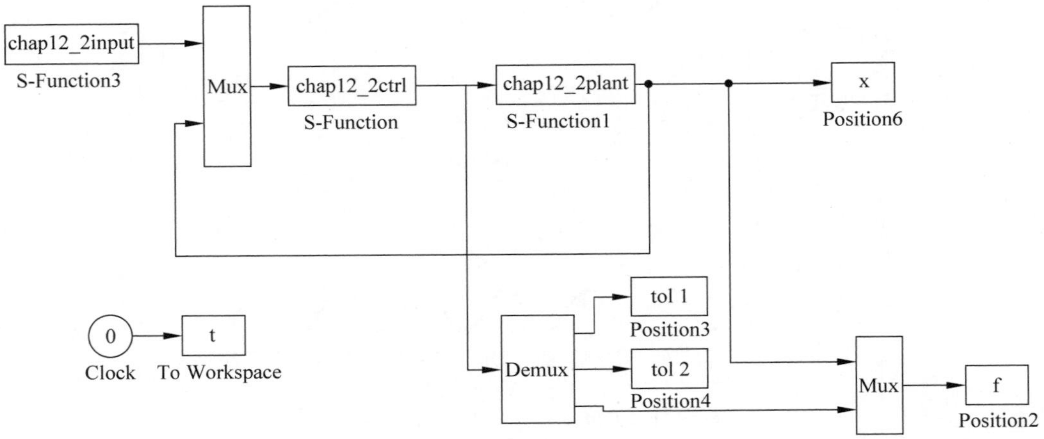

图 12.8 Simulink 主程序

(2) 位置指令子程序：chap12_2input. m。

(3) 控制器子程序：chap12_2ctrl. m。

(4) 被控对象子程序：chap12_2plant. m。

(5) 绘图子程序：chap12_2plot. m。

12.3 基于 RBF 神经网络的最小参数自适应控制

12.3.1 问题描述

考虑一种简单的动力学机械系统

$$\begin{aligned}\dot{x}_1 &= x_2 \\ \dot{x}_2 &= f(x) + bu\end{aligned} \tag{12.20}$$

其中，$f(x)$为未知非线性函数，b 为已知实数，$u \in \mathbf{R}$ 为控制输入。

设位置指令为 x_{1d}，令 $e=x_1-x_{1d}$，设计滑模函数为

$$s=\dot{e}+ce \tag{12.21}$$

其中，$c>0$，则

$$\dot{s}=\ddot{e}+c\dot{e}=\ddot{x}_1+c\dot{e}-\ddot{x}_{1d}=f+bu-\ddot{x}_{1d}+c\dot{e} \tag{12.22}$$

在实际工程中，模型不确定项 $\boldsymbol{f}$ 为未知，为此，控制律无法实现，需要对 $\boldsymbol{f}$ 进行逼近。

12.3.2　基于 RBF 神经网络逼近的最小参数自适应控制

采用 RBF 神经网络对不确定项 $\boldsymbol{f}$ 进行自适应逼近。RBF 神经网络算法为

$$h_j=\exp\left(-\frac{\|\boldsymbol{x}-\boldsymbol{c}_j\|^2}{2b_j^2}\right),\quad j=1,2,\cdots,m$$

$$\boldsymbol{f}=\boldsymbol{W}^{\mathrm{T}}\boldsymbol{h}(\boldsymbol{x})+\varepsilon \tag{12.23}$$

其中，$\boldsymbol{x}$ 为网络的输入，j 为网络隐含层节点个数，$\boldsymbol{h}=[h_1,h_2,\cdots,h_m]^{\mathrm{T}}$ 为高斯函数输出，$\boldsymbol{W}$ 为理想神经网络权值，ε 为神经网络逼近误差，$|\varepsilon|\leqslant\varepsilon_{\max}$。

采用 RBF 神经网络逼近 $\boldsymbol{f}$，根据 $\boldsymbol{f}$ 的表达式，网络输入取 $\boldsymbol{x}$，RBF 神经网络的输出为

$$\hat{f}(\boldsymbol{x})=\hat{\boldsymbol{W}}^{\mathrm{T}}\boldsymbol{h}(\boldsymbol{x}) \tag{12.24}$$

令 $\phi=\|\boldsymbol{W}\|^2$，$\phi$ 为正常数，$\hat{\phi}$ 为 ϕ 的估计，$\tilde{\phi}=\hat{\phi}-\phi$，设计控制律为

$$u=\frac{1}{b}\left(-\frac{1}{2}s\hat{\phi}\boldsymbol{h}^{\mathrm{T}}\boldsymbol{h}+\ddot{x}_{1d}-c\dot{e}-\eta\operatorname{sgn}(s)-\mu s\right) \tag{12.25}$$

其中，$\eta\geqslant\varepsilon_{\max}$，$\mu>0$。

将式(12.23)和控制律式(12.25)代入式(12.22)，得

$$\dot{s}=\boldsymbol{W}^{\mathrm{T}}\boldsymbol{h}+\varepsilon-\frac{1}{2}s\hat{\phi}\boldsymbol{h}^{\mathrm{T}}\boldsymbol{h}-\eta\operatorname{sgn}(s)-\mu s \tag{12.26}$$

定义 Lyapunov 函数

$$L=\frac{1}{2}s^2+\frac{1}{2\gamma}\tilde{\phi}^2$$

其中，$\gamma>0$。

对 L 求导，并将式(12.26)代入，得

$$\dot{L}=s\dot{s}+\frac{1}{\gamma}\tilde{\phi}\dot{\hat{\phi}}=s\left(\boldsymbol{W}^{\mathrm{T}}\boldsymbol{h}+\varepsilon-\frac{1}{2}s\hat{\phi}\boldsymbol{h}^{\mathrm{T}}\boldsymbol{h}-\eta\operatorname{sgn}(s)-\mu s\right)+\frac{1}{\gamma}\tilde{\phi}\dot{\hat{\phi}}$$

由于 $s^2\phi\boldsymbol{h}^{\mathrm{T}}\boldsymbol{h}+1=s^2\|\boldsymbol{W}\|^2\boldsymbol{h}^{\mathrm{T}}\boldsymbol{h}+1=s^2\|\boldsymbol{W}\|^2\|\boldsymbol{h}\|^2+1=s^2\|\boldsymbol{W}^{\mathrm{T}}\boldsymbol{h}\|^2+1\geqslant 2s\boldsymbol{W}^{\mathrm{T}}\boldsymbol{h}$，则 $s\boldsymbol{W}^{\mathrm{T}}\boldsymbol{h}\leqslant\frac{1}{2}s^2\phi\boldsymbol{h}^{\mathrm{T}}\boldsymbol{h}+\frac{1}{2}$

则

$$\begin{aligned}\dot{L}&\leqslant\frac{1}{2}s^2\phi\boldsymbol{h}^{\mathrm{T}}\boldsymbol{h}+\frac{1}{2}-\frac{1}{2}s^2\hat{\phi}\boldsymbol{h}^{\mathrm{T}}\boldsymbol{h}+\varepsilon s-\eta|s|+\frac{1}{\gamma}\tilde{\phi}\dot{\hat{\phi}}-\mu s^2\\&=-\frac{1}{2}s^2\tilde{\phi}\boldsymbol{h}^{\mathrm{T}}\boldsymbol{h}+\frac{1}{2}+\varepsilon s-\eta|s|+\frac{1}{\gamma}\tilde{\phi}\dot{\hat{\phi}}-\mu s^2\end{aligned}$$

$$=\tilde{\phi}\left(-\frac{1}{2}s^2\boldsymbol{h}^{\mathrm{T}}\boldsymbol{h}+\frac{1}{\gamma}\dot{\hat{\phi}}\right)+\frac{1}{2}+\varepsilon s-\eta\mid s\mid-\mu s^2\leqslant\tilde{\phi}\left(-\frac{1}{2}s^2\boldsymbol{h}^{\mathrm{T}}\boldsymbol{h}+\frac{1}{\gamma}\dot{\hat{\phi}}\right)+\frac{1}{2}-\mu s^2$$

设计自适应律为

$$\dot{\hat{\phi}}=\frac{\gamma}{2}s^2\boldsymbol{h}^{\mathrm{T}}\boldsymbol{h}-\kappa\gamma\hat{\phi} \tag{12.27}$$

其中,$\kappa>0$。

由于$(\tilde{\phi}+\phi)^2\geqslant 0$,则 $\tilde{\phi}^2+2\tilde{\phi}\phi+\phi^2\geqslant 0$,$\tilde{\phi}^2+2\tilde{\phi}(\hat{\phi}-\tilde{\phi})+\phi^2\geqslant 0$,即 $\tilde{\phi}\hat{\phi}\geqslant\frac{1}{2}(\tilde{\phi}^2-\phi^2)$,则

$$\dot{L}\leqslant-\kappa\tilde{\phi}\hat{\phi}+\frac{1}{2}-\mu s^2\leqslant-\frac{\kappa}{2}(\tilde{\phi}^2-\phi^2)+\frac{1}{2}-\mu s^2=-\frac{\kappa}{2}\tilde{\phi}^2+\left(\frac{\kappa}{2}\phi^2+\frac{1}{2}\right)-\mu s^2 \tag{12.28}$$

取 $\kappa=\frac{2\mu}{\gamma}$,则

$$\dot{L}\leqslant-\frac{\mu}{\gamma}\tilde{\phi}^2-\mu s^2+\left(\frac{\kappa}{2}\phi^2+\frac{1}{2}\right)=-2\mu\left(\frac{1}{2\gamma}\tilde{\phi}^2+\frac{1}{2}s^2\right)+\left(\frac{\kappa}{2}\phi^2+\frac{1}{2}\right)=-2\mu L+Q$$

其中,$Q=\frac{\kappa}{2}\phi^2+\frac{1}{2}$。

根据附加资料中的不等式求解引理1,解不等式 $\dot{L}\leqslant-2\mu L+Q$,得

$$L\leqslant\frac{Q}{2\mu}+\left(L(0)-\frac{Q}{2\mu}\right)\mathrm{e}^{-2\mu t}$$

即

$$\lim_{t\to\infty}L=\frac{Q}{2\mu}=\frac{\frac{\kappa}{2}\phi^2+\frac{1}{2}}{2\mu}=\frac{\kappa\phi^2+1}{4\mu}=\frac{\frac{2\mu}{\gamma}\phi^2+1}{4\mu}=\frac{\phi^2}{2\gamma}+\frac{1}{4\mu} \tag{12.29}$$

可见,L 有界,从而 s 和 $\tilde{\phi}$ 有界。由式(12.28)可见,当 μ 足够大时,$s\to 0$,从而 $e\to 0$,$\dot{e}\to 0$。

12.3.3 仿真实例

考虑如下二阶非线性系统

$$\dot{x}_1=x_2$$

$$\dot{x}_2=f(x)+bu$$

其中,$f(x)=10x_1x_2$ 为未知非线性函数,$b=10$,$u\in\mathbf{R}$ 为控制输入。

取位置指令为 $x_{1\mathrm{d}}(t)=\sin t$。初始状态为[0.15,0],控制律取式(12.25),自适应律取式(12.27),自适应参数取 $\gamma=150$,$\mu=30$。

在滑模函数中,取 $c=200$,针对初始阶段 $\boldsymbol{f}$ 逼近误差 ε 比较大的情况,为了保证稳定性,取 $\eta=0.50$。根据网络输入 x_1 和 x_2 的实际范围来设计高斯函数的参数,参数 $\boldsymbol{c}_i$ 和 b_i 取值分别为[$-2\quad -1\quad 0\quad 1\quad 2$]和1.0,$\hat{\phi}(0)=0$。仿真结果如图12.9和图12.10所示。

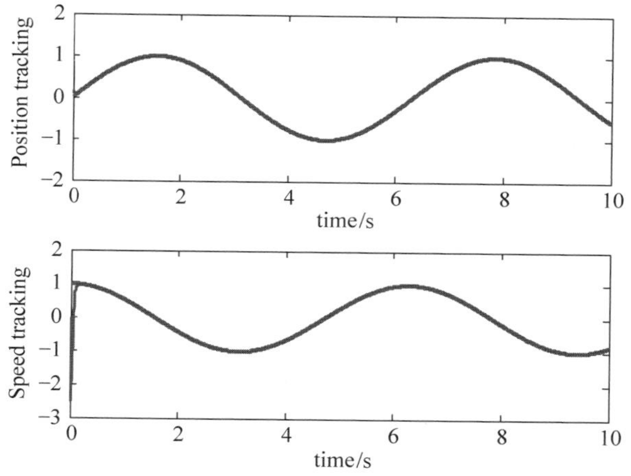

图 12.9 位置和速度跟踪

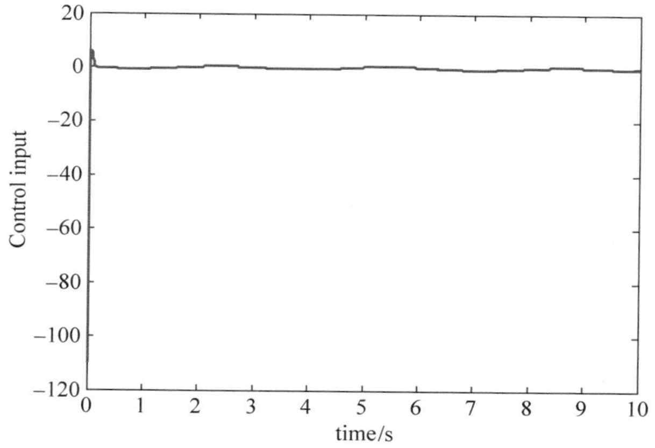

图 12.10 控制输入信号

仿真程序：

(1) Simulink 主程序：chap12_3sim.mdl，如图 12.11 所示。

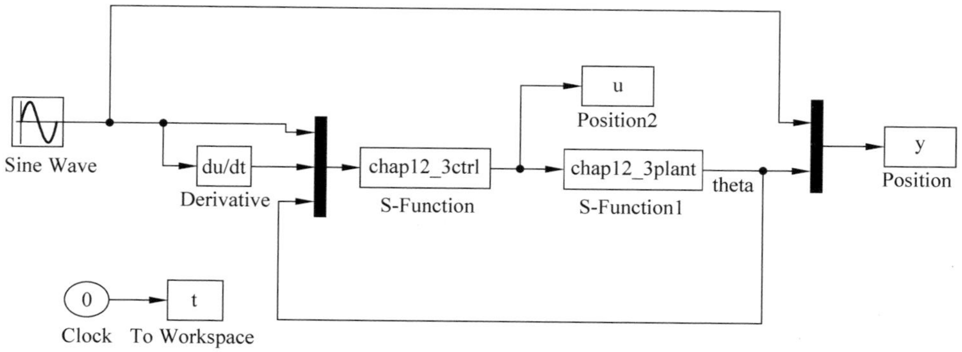

图 12.11 Simulink 主程序

(2) 控制器 S 函数：chap12_3ctrl.m。

(3) 被控对象 S 函数：chap12_3plant.m。

(4) 作图程序：chap12_3plot.m。

12.4 机械手神经网络单参数自适应控制

12.4.1 问题的提出

设 n 关节机械手方程为

$$\boldsymbol{M}(\boldsymbol{q})\ddot{\boldsymbol{q}}+\boldsymbol{C}(\boldsymbol{q},\dot{\boldsymbol{q}})\dot{\boldsymbol{q}}+\boldsymbol{G}(\boldsymbol{q})+\boldsymbol{F}(\dot{\boldsymbol{q}})=\boldsymbol{\tau} \tag{12.30}$$

其中,$\boldsymbol{M}(\boldsymbol{q})$为 $n\times n$ 阶正定惯性矩阵,$\boldsymbol{C}(\boldsymbol{q},\dot{\boldsymbol{q}})$为 $n\times n$ 阶惯性矩阵,$\boldsymbol{G}(\boldsymbol{q})$为 $n\times 1$ 阶惯性向量,$\boldsymbol{F}(\dot{\boldsymbol{q}})$为摩擦力,$\boldsymbol{\tau}_{\mathrm{d}}$ 为未知外加干扰,$\boldsymbol{\tau}$ 为控制输入。

跟踪误差为

$$\boldsymbol{e}(t)=\boldsymbol{q}_{\mathrm{d}}(t)-\boldsymbol{q}(t)$$

定义滑模函数为

$$\boldsymbol{r}=\dot{\boldsymbol{e}}+\boldsymbol{\Lambda}\boldsymbol{e} \tag{12.31}$$

其中,$\boldsymbol{\Lambda}=\boldsymbol{\Lambda}^{\mathrm{T}}>0$,则

$$\begin{aligned}
\dot{\boldsymbol{q}}&=-\boldsymbol{r}+\dot{\boldsymbol{q}}_{\mathrm{d}}+\boldsymbol{\Lambda}\boldsymbol{e}\\
\boldsymbol{M}\dot{\boldsymbol{r}}&=\boldsymbol{M}(\ddot{\boldsymbol{q}}_{\mathrm{d}}-\ddot{\boldsymbol{q}}+\boldsymbol{\Lambda}\dot{\boldsymbol{e}})=\boldsymbol{M}(\ddot{\boldsymbol{q}}_{\mathrm{d}}+\boldsymbol{\Lambda}\dot{\boldsymbol{e}})-\boldsymbol{M}\ddot{\boldsymbol{q}}\\
&=\boldsymbol{M}(\ddot{\boldsymbol{q}}_{\mathrm{d}}+\boldsymbol{\Lambda}\dot{\boldsymbol{e}})+\boldsymbol{C}\dot{\boldsymbol{q}}+\boldsymbol{G}+\boldsymbol{F}-\boldsymbol{\tau}\\
&=\boldsymbol{M}(\ddot{\boldsymbol{q}}_{\mathrm{d}}+\boldsymbol{\Lambda}\dot{\boldsymbol{e}})-\boldsymbol{C}\boldsymbol{r}+\boldsymbol{C}(\dot{\boldsymbol{q}}_{\mathrm{d}}+\boldsymbol{\Lambda}\boldsymbol{e})+\boldsymbol{G}+\boldsymbol{F}-\boldsymbol{\tau}\\
&=-\boldsymbol{C}\boldsymbol{r}-\boldsymbol{\tau}+\boldsymbol{f}
\end{aligned} \tag{12.32}$$

其中,$\boldsymbol{f}(\boldsymbol{x})=\boldsymbol{M}(\ddot{\boldsymbol{q}}_{\mathrm{d}}+\boldsymbol{\Lambda}\dot{\boldsymbol{e}})+\boldsymbol{C}(\boldsymbol{q}_{\mathrm{d}}+\boldsymbol{\Lambda}\boldsymbol{e})+\boldsymbol{G}+\boldsymbol{F}$。

机器人系统的动力学特性如下。

- $\boldsymbol{M}(\boldsymbol{q})-2\boldsymbol{C}(\boldsymbol{q},\dot{\boldsymbol{q}})$是一个斜对称矩阵,$\boldsymbol{x}^{\mathrm{T}}(\boldsymbol{M}(\boldsymbol{q})-2\boldsymbol{C}(\boldsymbol{q},\dot{\boldsymbol{q}}))\boldsymbol{x}=0$。
- 惯性矩阵 $\boldsymbol{M}(\boldsymbol{q})$是对称正定矩阵,存在正数 m_1,m_2,满足不等式 $m_1\|\boldsymbol{x}\|^2\leqslant\boldsymbol{x}^{\mathrm{T}}\boldsymbol{M}(\boldsymbol{q})\boldsymbol{x}\leqslant m_2\|\boldsymbol{x}\|^2$。

12.4.2 神经网络设计

针对 n 关节机械臂,有

$$\boldsymbol{f}=[f_1\cdots\ f_i\ \cdots\ f_n]^{\mathrm{T}},\quad i=1,2,\cdots,n \tag{12.33}$$

由于函数 f 连续,则针对第 n 个关节,有

$$f_i=\boldsymbol{w}_i^{\mathrm{T}}\boldsymbol{h}_i+\boldsymbol{\varepsilon}_i \tag{12.34}$$

其中

$$\boldsymbol{h}_i=[h_{i1}\quad h_{i2}\quad\cdots\quad h_{im}]^{\mathrm{T}} \tag{12.35}$$

$$h_{ij}=\exp(-\|\boldsymbol{z}-\boldsymbol{c}_{ij}\|^2/2b_j^2),\quad j=1,2,\cdots,m \tag{12.36}$$

其中,$z\in\mathbf{R}^m$ 为 RBF 神经网络的输入。

矩阵乘积算法定义如下

$$\boldsymbol{k}\circ\boldsymbol{l}=[k_1l_1\quad k_2l_2\quad\cdots\quad k_nl_n]^{\mathrm{T}}$$

其中,$\boldsymbol{k}=[k_1\quad k_2\quad\cdots\quad k_n]^{\mathrm{T}}$,$\boldsymbol{l}=[l_1\quad l_2\quad\cdots\quad l_n]^{\mathrm{T}}$。

则式(12.34)可写为

$$\boldsymbol{f}=\boldsymbol{w}^*\circ\boldsymbol{h}+\boldsymbol{\varepsilon} \tag{12.37}$$

其中,$\boldsymbol{w}^*=[w_1^{\mathrm{T}}\quad w_2^{\mathrm{T}}\quad\cdots\quad w_n^{\mathrm{T}}]^{\mathrm{T}}$,$\boldsymbol{h}=[h_1\quad h_2\quad\cdots\quad h_n]^{\mathrm{T}}$,$\boldsymbol{\varepsilon}=[\varepsilon_1\cdots\varepsilon_i\cdots\varepsilon_n]^{\mathrm{T}}$为神经网络

逼近误差，$\|\boldsymbol{\varepsilon}\| \leqslant \varepsilon_N$。

理想的神经网络权值满足

$$\|\boldsymbol{w}_i^*\| \leqslant w_{i\max}, \quad i=1,2,\cdots,n \tag{12.38}$$

其中，$w_{i\max}>0$。

令 $\phi=\max\limits_{1\leqslant i\leqslant n}\{\|\boldsymbol{w}_i^*\|^2\}$，$\hat{\phi}$ 为 ϕ 的估计，定义

$$\tilde{\phi}=\hat{\phi}-\phi \tag{12.39}$$

12.4.3 控制器设计

设计控制律为

$$\boldsymbol{\tau}=\frac{1}{2}\hat{\phi}\boldsymbol{r}\circ(\boldsymbol{h}\circ\boldsymbol{h})+\boldsymbol{K}_{\mathrm{p}}\boldsymbol{r}-\boldsymbol{v} \tag{12.40}$$

$$\dot{\hat{\phi}}=\frac{\gamma}{2}\sum_{i=1}^{n}r_i^2\|\boldsymbol{h}\|_i^2-\gamma\hat{\phi} \tag{12.41}$$

其中，$\boldsymbol{K}_{\mathrm{p}}$ 待设定，$\boldsymbol{v}=-\varepsilon_N\mathrm{sgn}(\boldsymbol{r})$，$\varepsilon_N>0$，$\gamma>0$。

设计 Lyapunov 函数为

$$V=\frac{1}{2}\boldsymbol{r}^{\mathrm{T}}\boldsymbol{M}\boldsymbol{r}+\frac{1}{2\gamma}\tilde{\phi}^2$$

将式(12.40)代入式(12.32)，有

$$\boldsymbol{M}\dot{\boldsymbol{r}}=-(\boldsymbol{K}_{\mathrm{p}}+\boldsymbol{C})\boldsymbol{r}-\frac{1}{2}\hat{\phi}\boldsymbol{r}\circ(\boldsymbol{h}\circ\boldsymbol{h})+\boldsymbol{f}+\boldsymbol{v} \tag{12.42}$$

则

$$\begin{aligned}
\dot{V}&=\boldsymbol{r}^{\mathrm{T}}\boldsymbol{M}\dot{\boldsymbol{r}}+\frac{1}{2}\boldsymbol{r}^{\mathrm{T}}\dot{\boldsymbol{M}}\boldsymbol{r}+\frac{1}{\gamma}\tilde{\phi}\dot{\hat{\phi}}\\
&=\boldsymbol{r}^{\mathrm{T}}\left[-(\boldsymbol{K}_{\mathrm{p}}+\boldsymbol{C})\boldsymbol{r}-\frac{1}{2}\hat{\phi}\boldsymbol{r}\circ(\boldsymbol{h}\circ\boldsymbol{h})+\boldsymbol{f}+\boldsymbol{v}\right]+\frac{1}{2}\boldsymbol{r}^{\mathrm{T}}\dot{\boldsymbol{M}}\boldsymbol{r}+\frac{1}{\gamma}\tilde{\phi}\dot{\hat{\phi}}\\
&=\boldsymbol{r}^{\mathrm{T}}\left[-\boldsymbol{K}_{\mathrm{p}}\boldsymbol{r}-\frac{1}{2}\hat{\phi}\boldsymbol{r}\circ(\boldsymbol{h}\circ\boldsymbol{h})+\boldsymbol{w}^*\circ\boldsymbol{h}+(\boldsymbol{\varepsilon}+\boldsymbol{v})\right]+\frac{1}{2}\boldsymbol{r}^{\mathrm{T}}(\dot{\boldsymbol{M}}-2\boldsymbol{C})\boldsymbol{r}+\frac{1}{\gamma}\tilde{\phi}\dot{\hat{\phi}}\\
&=\boldsymbol{r}^{\mathrm{T}}\left[-\frac{1}{2}\hat{\phi}\boldsymbol{r}\circ(\boldsymbol{h}\circ\boldsymbol{h})+\boldsymbol{w}^*\circ\boldsymbol{h}\right]-\boldsymbol{r}^{\mathrm{T}}\boldsymbol{K}_{\mathrm{p}}\boldsymbol{r}+\boldsymbol{r}^{\mathrm{T}}(\boldsymbol{\varepsilon}+\boldsymbol{v})+\frac{1}{\gamma}\tilde{\phi}\dot{\hat{\phi}}
\end{aligned}$$

由于

$$\boldsymbol{r}^{\mathrm{T}}(\boldsymbol{\varepsilon}+\boldsymbol{v})=\boldsymbol{r}^{\mathrm{T}}\boldsymbol{\varepsilon}-\|\boldsymbol{r}\|\varepsilon_N\leqslant 0$$

$$r_i^2\phi\boldsymbol{h}_i^{\mathrm{T}}\boldsymbol{h}_i+1\geqslant\|r_i\|^2\|\boldsymbol{w}_i\|^2\|\boldsymbol{h}_i\|^2+1\geqslant 2r_i\boldsymbol{w}_i^{\mathrm{T}}\boldsymbol{h}_i$$

$$r_i\boldsymbol{w}_i^{\mathrm{T}}\boldsymbol{h}_i\leqslant\frac{1}{2}r_i^2\phi\boldsymbol{h}_i^{\mathrm{T}}\boldsymbol{h}_i+\frac{1}{2}$$

$$\boldsymbol{r}^{\mathrm{T}}[\boldsymbol{w}\circ\boldsymbol{h}]=\sum_{i=1}^{n}r_i\boldsymbol{w}_i^{\mathrm{T}}\boldsymbol{h}_i\leqslant\frac{1}{2}\phi\sum_{i=1}^{n}r_i^2\boldsymbol{h}_i^{\mathrm{T}}\boldsymbol{h}_i+\frac{n}{2}$$

$$\begin{aligned}
\boldsymbol{r}^{\mathrm{T}}\left[-\frac{1}{2}\hat{\phi}\boldsymbol{r}\circ(\boldsymbol{h}\circ\boldsymbol{h})\right]&=-\frac{1}{2}\hat{\phi}[r_1\ \ \cdots\ \ r_n]\left(\begin{bmatrix}r_1\\ \vdots\\ r_n\end{bmatrix}\circ\begin{bmatrix}\boldsymbol{h}_1^{\mathrm{T}}\boldsymbol{h}_1\\ \vdots\\ \boldsymbol{h}_n^{\mathrm{T}}\boldsymbol{h}_n\end{bmatrix}\right)\\
&=-\frac{1}{2}\hat{\phi}(r_1^2\boldsymbol{h}_1^{\mathrm{T}}\boldsymbol{h}_1+\cdots+r_n^2\boldsymbol{h}_n^{\mathrm{T}}\boldsymbol{h}_n)=-\frac{1}{2}\hat{\phi}\sum_{i=1}^{n}r_i^2\boldsymbol{h}_i^{\mathrm{T}}\boldsymbol{h}_i
\end{aligned}$$

则

$$\dot{V} \leqslant -\frac{1}{2}\hat{\phi}\sum_{i=1}^{n} r_i^2 \boldsymbol{h}_i^{\mathrm{T}}\boldsymbol{h}_i + \frac{1}{2}\phi\sum_{i=1}^{n} r_i^2 \boldsymbol{h}_i^{\mathrm{T}}\boldsymbol{h}_i + \frac{n}{2} + \frac{1}{\gamma}\tilde{\phi}\dot{\hat{\phi}} - \boldsymbol{r}^{\mathrm{T}}\boldsymbol{K}_{\mathrm{p}}\boldsymbol{r}$$

$$= \tilde{\phi}\left(-\frac{1}{2}\sum_{i=1}^{n} r_i^2 \|\boldsymbol{h}\|_i^2 + \frac{1}{\gamma}\dot{\hat{\phi}}\right) + \frac{n}{2} - \boldsymbol{r}^{\mathrm{T}}\boldsymbol{K}_{\mathrm{p}}\boldsymbol{r}$$

将式(12.41)代入上式,可得

$$\dot{V} \leqslant -\tilde{\phi}\hat{\phi} + \frac{n}{2} - \boldsymbol{r}^{\mathrm{T}}\boldsymbol{K}_{\mathrm{p}}\boldsymbol{r} \leqslant -\tilde{\phi}^2 - \tilde{\phi}\phi + \frac{n}{2} - \boldsymbol{r}^{\mathrm{T}}\boldsymbol{K}_{\mathrm{p}}\boldsymbol{r} + \frac{1}{2}\|\boldsymbol{r}\|^2$$

$$\leqslant -\frac{1}{2}\tilde{\phi}^2 + \frac{1}{2}\phi^2 - \boldsymbol{r}^{\mathrm{T}}\boldsymbol{K}_{\mathrm{p}}\boldsymbol{r} + \frac{1}{2}\boldsymbol{r}^2 + \frac{n}{2}$$

$$\leqslant -\boldsymbol{r}^{\mathrm{T}}\left(\boldsymbol{K}_{\mathrm{p}} - \frac{1}{2}\boldsymbol{I}\right)\boldsymbol{r} - \frac{1}{2}\tilde{\phi}^2 + \frac{1}{2}\phi^2 + \frac{n}{2}$$

$$\leqslant -\alpha V + \beta$$

其中,$\alpha = \min\{\lambda_K, \gamma, \lambda_\Lambda\}$,$0 < \beta = \frac{1}{2}\phi^2 + \frac{n}{2} \leqslant \frac{1}{2}\max\limits_{1\leqslant i\leqslant n}\{\|\boldsymbol{w}_i\|^4\} + \frac{n}{2}$,$\lambda_K > 0$,$\lambda_\Lambda > 0$ 分别为 $(2\boldsymbol{K}_{\mathrm{p}} - \boldsymbol{I})\boldsymbol{D}^{-1}$ 的特征值,$\boldsymbol{K}_{\mathrm{p}} > \frac{1}{2}\boldsymbol{I}$。

根据附加资料中的不等式求解引理1,可得

$$V(t) \leqslant \mathrm{e}^{-\alpha t}\left[V(0) - \frac{\beta}{\alpha}\right] + \frac{\beta}{\alpha}, \quad t > 0 \tag{12.43}$$

则 $\lim\limits_{t\to\infty} V(t) \leqslant \frac{\beta}{\alpha}$,从而 r 和 $\tilde{\phi}$ 一致最终有界,取足够大的 α 值,可使 $t\to\infty$ 时,$r\to 0$,从而 $e\to 0$,$\dot{e}\to 0$。根据 $V \geqslant \frac{1}{2\gamma}\tilde{\phi}^2$,可得

$$\tilde{\phi} \leqslant \sqrt{2\gamma \mathrm{e}^{-\alpha t}\left[V(0) - \frac{\beta}{\alpha}\right] + \frac{2\gamma\beta}{\alpha}}, \quad t > 0 \tag{12.44}$$

则

$$|\hat{\phi}| = |\phi + \tilde{\phi}| \leqslant |\phi| + |\tilde{\phi}| = \max_{1\leqslant i\leqslant n}\{w_{i\max}^2\} + \sqrt{2\gamma \mathrm{e}^{-\alpha t}\left[V(0) - \frac{\beta}{\alpha}\right] + \frac{2\gamma\beta}{\alpha}}, \quad t > 0 \tag{12.45}$$

12.4.4 仿真实例

被控对象取

$$\boldsymbol{M}(\boldsymbol{q})\ddot{\boldsymbol{q}} + \boldsymbol{C}(\boldsymbol{q}, \dot{\boldsymbol{q}})\dot{\boldsymbol{q}} + \boldsymbol{G}(\boldsymbol{q}) + \boldsymbol{F}(\dot{\boldsymbol{q}}) = \boldsymbol{\tau}$$

其中,$\boldsymbol{D}(\boldsymbol{q}) = \begin{bmatrix} p_1 + p_2 + 2p_3\cos q_2 & p_2 + p_3\cos q_2 \\ p_2 + p_3\cos q_2 & p_2 \end{bmatrix}$,$\boldsymbol{C}(\boldsymbol{q}, \dot{\boldsymbol{q}}) = \begin{bmatrix} -p_3\dot{q}_2\sin q_2 & -p_3(\dot{q}_1 + \dot{q}_2)\sin q_2 \\ p_3\dot{q}_1\sin q_2 & 0 \end{bmatrix}$,$\boldsymbol{G}(\boldsymbol{q}) = \begin{bmatrix} p_4 g\cos q_1 + p_5 g\cos(q_1 + q_2) \\ p_5 g\cos(q_1 + q_2) \end{bmatrix}$,$\boldsymbol{F}(\dot{\boldsymbol{q}}) = 0.2\mathrm{sgn}(\dot{q})$,$\boldsymbol{p} = [p_1, p_2, p_3, p_4, p_5] = [2.9, 0.76, 0.87, 3.04, 0.87]$。

被控对象初始值为 $[0.10 \quad 0 \quad 0 \quad 0]^{\mathrm{T}}$,指令为 $q_{1\mathrm{d}} = 0.1\sin t$,$q_{2\mathrm{d}} = 0.1\sin t$,控制律取式(12.40),自适应律取式(12.41),$\boldsymbol{K}_{\mathrm{p}} = \mathrm{diag}\{100, 100\}$,$\varepsilon_{\mathrm{N}} = 1$,$\gamma = 5.0$,$\hat{\phi}(0) = 0$。根据网络

输入 $\boldsymbol{z}=[e \quad \dot{e} \quad q_{\mathrm{d}} \quad \dot{q}_{\mathrm{d}} \quad \ddot{q}_{\mathrm{d}}]^{\mathrm{T}}$ 和的实际范围来设计高斯函数的参数，参数 $\boldsymbol{c}_j$ 和 b_j 取值分别为$[-1.5 \quad -1 \quad -0.5 \quad 0 \quad 0.5 \quad 1 \quad 1.5]$和 0.10。仿真结果如图 12.12～图 12.14 所示。

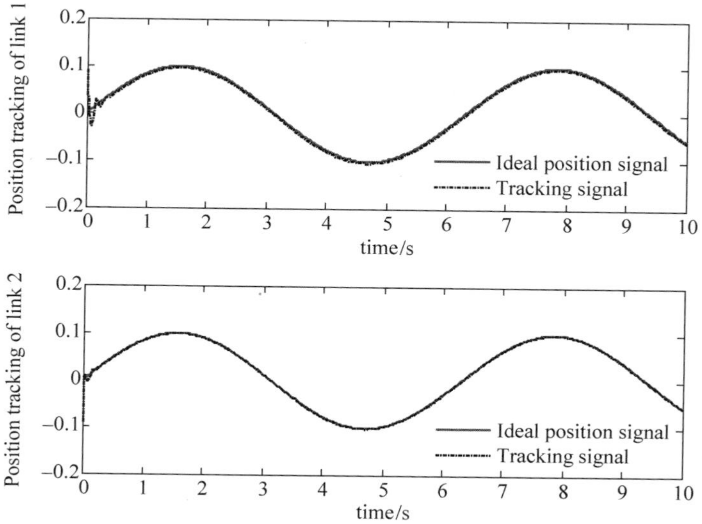

图 12.12 机械臂的角度跟踪

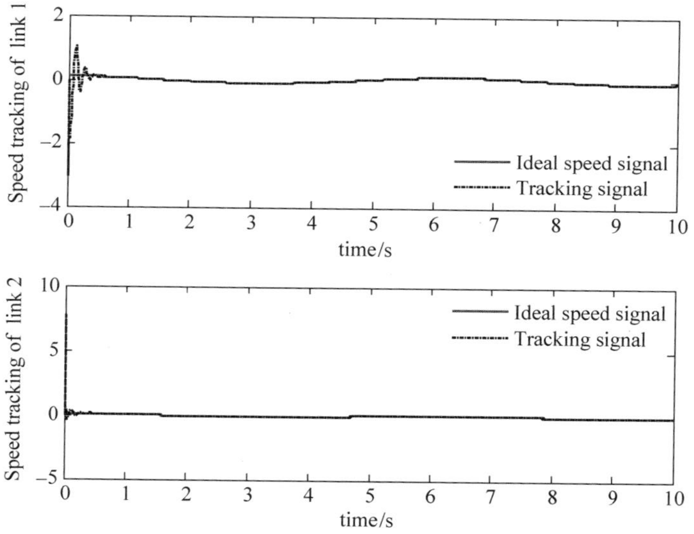

图 12.13 机械臂的角速度跟踪

仿真程序：

(1) Simulink 主程序：chap12_4sim. mdl，如图 12.15 所示。

(2) 控制器 S 函数：chap12_4ctrl. m。

(3) 被控对象 S 函数：chap12_4plant. m。

(4) 作图程序：chap12_4plot. m。

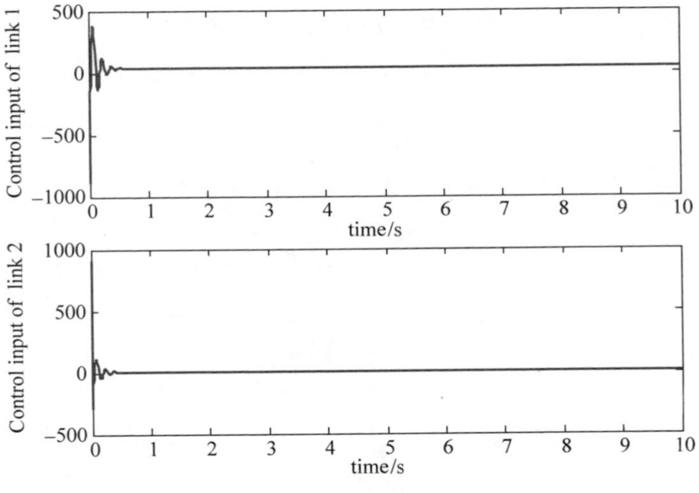

图 12.14 控制输入信号

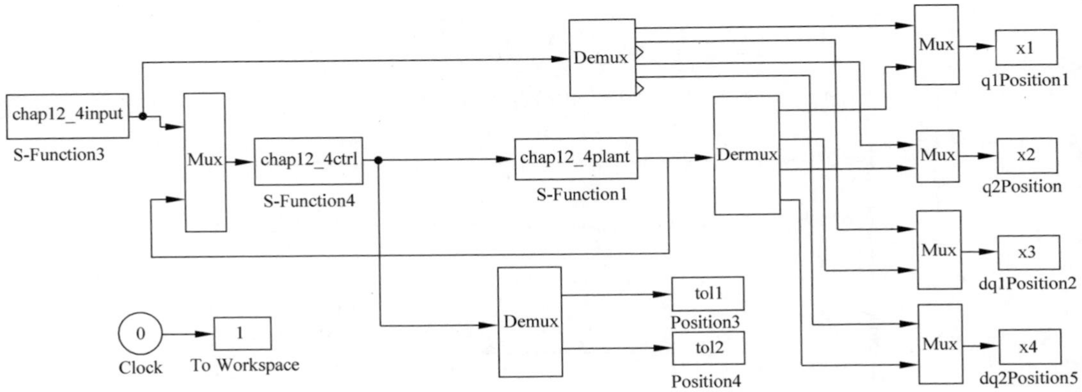

图 12.15 Simulink 主程序

12.5 一类欠驱动机械系统神经网络滑模控制

12.5.1 系统描述

针对欠驱动系统

$$\begin{aligned}\dot{x}_1 &= x_2 \\ \dot{x}_2 &= x_1 + x_3 \\ \dot{x}_3 &= x_4 \\ \dot{x}_4 &= u + f(x)\end{aligned} \tag{12.46}$$

其中，$f(x)$为未知连续函数。

控制目标为 $t \to \infty$ 时，$x_i \to 0, i=1,2,3,4$。

12.5.2 RBF 神经网络原理

由于 RBF 神经网络具有万能逼近特性[1]，采用 RBF 神经网络逼近 $f(x)$，网络算法为

$$h_j=\exp\left(\frac{\|\boldsymbol{x}-\boldsymbol{c}_j\|^2}{2b_j^2}\right)$$

$$f=\boldsymbol{W}^{*\mathrm{T}}\boldsymbol{h}(\boldsymbol{x})+\boldsymbol{\varepsilon}$$

其中，$\boldsymbol{x}$ 为网络的输入，j 为网络隐含层第 j 个节点，$\boldsymbol{h}=[h_j]^{\mathrm{T}}$ 为网络的高斯函数输出，$\boldsymbol{W}^*$ 为网络的理想权值，$\boldsymbol{\varepsilon}$ 为网络的逼近误差，$|\boldsymbol{\varepsilon}|\leqslant\varepsilon_{\mathrm{N}}$。

网络输入取 $\boldsymbol{x}$，则网络输出为

$$\hat{f}(\boldsymbol{x})=\hat{\boldsymbol{W}}^{\mathrm{T}}\boldsymbol{h}(\boldsymbol{x})$$

则

$$f(\boldsymbol{x})-\hat{f}(\boldsymbol{x})=\boldsymbol{W}^{*\mathrm{T}}\boldsymbol{h}(\boldsymbol{x})+\boldsymbol{\varepsilon}-\hat{\boldsymbol{W}}^{\mathrm{T}}\boldsymbol{h}(\boldsymbol{x})=-\tilde{\boldsymbol{W}}^{\mathrm{T}}\boldsymbol{h}(\boldsymbol{x})+\boldsymbol{\varepsilon}$$

其中，$\tilde{\boldsymbol{W}}=\hat{\boldsymbol{W}}-\boldsymbol{W}^*$。

12.5.3 滑模控制律的设计

模型式(12.46)是一个典型的欠驱动系统形式，可采用滑模控制方法设计控制律。定义滑模面为

$$s=c_1x_1+c_1x_2+c_3x_3+x_4 \tag{12.47}$$

其中，c_1,c_2,c_3 为待定实数，通过下面的 Hurwitz 稳定性分析求得。则

$$\dot{s}=c_1\dot{x}_1+c_2\dot{x}_2+c_3\dot{x}_3+\dot{x}_4=c_1x_2+c_2(x_1+x_3)+c_3x_4+u+f(x)$$

设计控制律为

$$u=-c_1x_2-c_2(x_1+x_3)-c_3x_4-ks-\hat{f}(x)-\eta\operatorname{sgn}(s) \tag{12.48}$$

其中，$k>0$，$\eta>\varepsilon_{\mathrm{N}}$。

定义 $\tilde{f}(x)=f(x)-\hat{f}(x)$，将控制律式(12.48)代入 $\dot{s}$ 中，得

$$\dot{s}=-ks-\eta\operatorname{sgn}(s)+\tilde{f}(x)=-ks-\eta\operatorname{sgn}(s)-\tilde{\boldsymbol{W}}^{\mathrm{T}}\boldsymbol{h}(\boldsymbol{x})+\boldsymbol{\varepsilon}$$

取闭环系统 Lyapunov 函数

$$V=\frac{1}{2}s^2+\frac{1}{2\gamma}\tilde{\boldsymbol{W}}^{\mathrm{T}}\tilde{\boldsymbol{W}}$$

其中，$\gamma>0$。

$$\begin{aligned}\dot{V}&=s\dot{s}+\frac{1}{\gamma}\tilde{\boldsymbol{W}}^{\mathrm{T}}\dot{\hat{\boldsymbol{W}}}=s(-ks-\eta\operatorname{sgn}(s)-\tilde{\boldsymbol{W}}^{\mathrm{T}}\boldsymbol{h}(\boldsymbol{x})+\boldsymbol{\varepsilon})+\frac{1}{\gamma}\tilde{\boldsymbol{W}}^{\mathrm{T}}\dot{\hat{\boldsymbol{W}}}\\&=-ks^2-\eta|s|-s\tilde{\boldsymbol{W}}^{\mathrm{T}}\boldsymbol{h}(\boldsymbol{x})+s\boldsymbol{\varepsilon}+\frac{1}{\gamma}\tilde{\boldsymbol{W}}^{\mathrm{T}}\dot{\hat{\boldsymbol{W}}}\\&=-ks^2-\eta|s|+\tilde{\boldsymbol{W}}^{\mathrm{T}}\left(-s\boldsymbol{h}(\boldsymbol{x})+\frac{1}{\gamma}\dot{\hat{\boldsymbol{W}}}\right)+s\boldsymbol{\varepsilon}\end{aligned}$$

取自适应律

$$\dot{\hat{\boldsymbol{W}}}=\gamma s\boldsymbol{h}(\boldsymbol{x}) \tag{12.49}$$

则

$$\dot{V}=-ks^2-\eta\mid s\mid+s\boldsymbol{\varepsilon}\leqslant -ks^2\leqslant 0$$

则闭环系统稳定，s 和 $\widetilde{\boldsymbol{W}}$ 有界。当 $t\rightarrow\infty$ 时，$s\rightarrow 0$。

12.5.4 收敛性分析

由于

$$s\dot{s}=-ks^2-\eta\mid s\mid-\widetilde{\boldsymbol{W}}^{\mathrm{T}}\boldsymbol{h}(\boldsymbol{x})s+\boldsymbol{\varepsilon}s$$

由于 $\widetilde{\boldsymbol{W}}$ 和 $\boldsymbol{h}(\boldsymbol{x})$ 有界，取 η 足够大，可保证 $s\dot{s}\leqslant 0$。存在时间 t_s，当 $t\geqslant t_s$ 时，在滑模面上有 $s=0$，即

$$s=c_1x_1+c_1x_2+c_3x_3+x_4=0$$

则

$$x_4=-c_1x_1-c_2x_2-c_3x_3 \tag{12.50}$$

下面需要证明当 $s=0$ 时，通过滑模面参数 c_1,c_2,c_3 的选取，使 $x_i\rightarrow 0, i=1,2,3,4$ 成立。由式(12.46)和式(12.50)可得状态方程为

$$\begin{aligned}&\dot{x}_1=x_2\\&\dot{x}_2=x_1+x_3\\&\dot{x}_3=-c_1x_1-c_2x_2-c_3x_3\end{aligned}$$

则

$$\dot{\boldsymbol{x}}=\boldsymbol{A}\boldsymbol{x},\quad \boldsymbol{A}=\begin{bmatrix}0&1&0\\1&0&1\\-c_1&-c_2&-c_3\end{bmatrix} \tag{12.51}$$

其中，$\boldsymbol{x}=[x_1\quad x_2\quad x_3]^{\mathrm{T}}$。

当 $\boldsymbol{A}$ 的特征值在负半平面远离原点的位置就可满足系统 Hurwitz 渐近稳定。

由 $|\boldsymbol{A}-\lambda\boldsymbol{I}|=0$ 得 $\begin{vmatrix}-\lambda&1&0\\1&-\lambda&1\\-c_1&-c_2&-c_3-\lambda\end{vmatrix}=0$，则

$$-\lambda^2(\lambda+c_3)-c_1-c_2\lambda+(\lambda+c_3)=0$$

从而得

$$-\lambda^3-c_3\lambda^2+(-c_2+1)\lambda-c_1+c_3=0$$

即

$$\lambda^3+c_3\lambda^2+(c_2-1)\lambda+c_1-c_3=0$$

取特征值为 -3，由 $(\lambda+3)^3=0$ 可得 $\lambda^3+9\lambda^2+27\lambda+27=0$，对应 c_1,c_2,c_3 为

$$\begin{cases}c_3=9\\c_2=28\\c_1=c_3+27\end{cases} \tag{12.52}$$

对于 $\dot{\boldsymbol{x}}=\boldsymbol{A}\boldsymbol{x}$，通过使 $\boldsymbol{A}$ 的特征值满足 Hurwitz 条件，可使 $t\rightarrow\infty$ 时，$\boldsymbol{x}\rightarrow 0$，即 $[x_1\quad x_2\quad x_3]\rightarrow 0$，又由于 $s\rightarrow 0$，则 $x_4\rightarrow 0$。

12.5.5　仿真实例

考虑如下模型

$$
\begin{aligned}
\dot{x}_1 &= x_2 \\
\dot{x}_2 &= x_1 + x_3 \\
\dot{x}_3 &= x_4 \\
\dot{x}_4 &= u + f(x_1, x_3)
\end{aligned}
$$

取 $f(x_1, x_3)=10(x_1^2+x_3^2)$，被控对象初始状态取$[0.5\quad 0\quad 0\quad 0]$，采用控制律式(12.48)和自适应律式(12.49)，滑模参数按式(12.52)选取，$\eta=0.10$，$k=10$。

采用 RBF 神经网络逼近 $f(x_1, x_3)$，根据网络输入 x_1 和 x_3 的实际范围来设计高斯函数的参数，参数 $\boldsymbol{c}_j$ 和 b_j 取值分别为$[-1\quad -0.5\quad 0\quad 0.5\quad 1]$和 3.0。网络权值中各个元素的初始值取 0.10。仿真结果如图 12.16～图 12.18 所示。

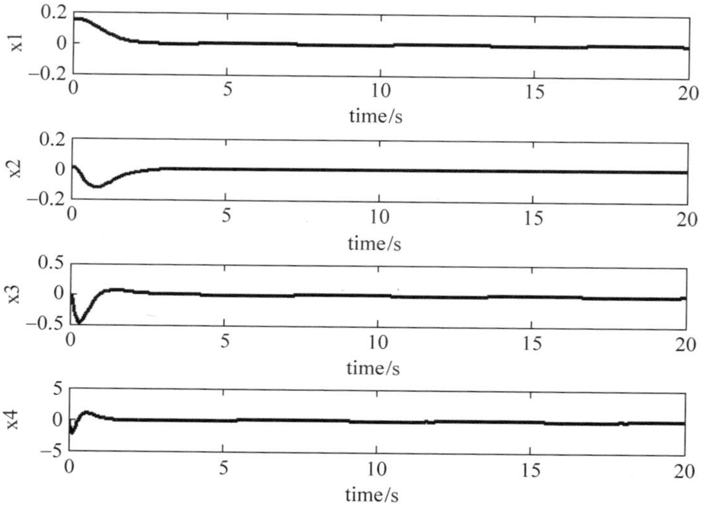

图 12.16　系统状态的响应

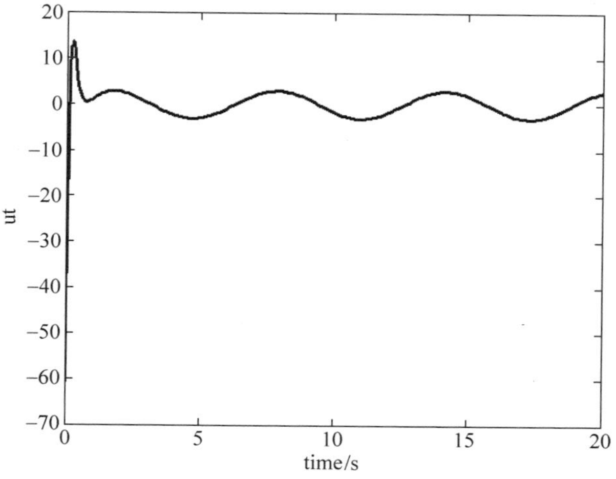

图 12.17　控制输入信号

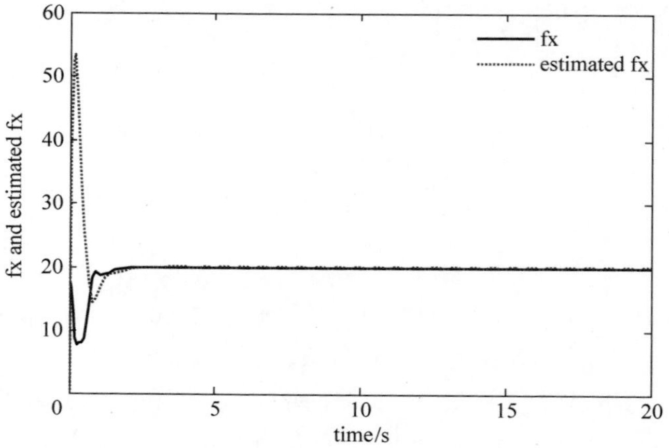

图 12.18 $f(x_1,x_3)$及其逼近

仿真程序：

(1) Simulink 主程序：chap12_5sim. mdl，如图 12.19 所示。

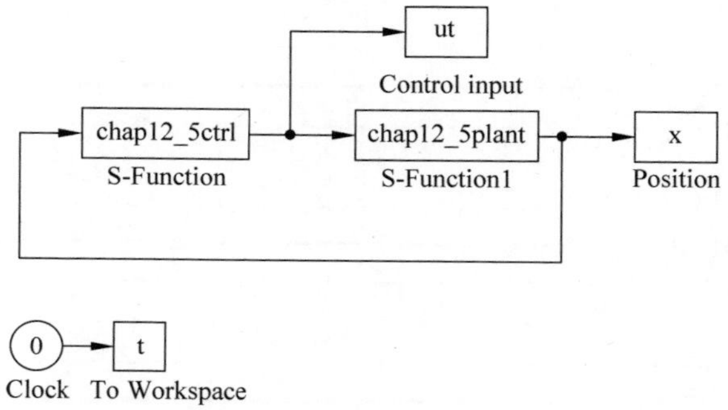

图 12.19 Simulink 主程序

(2) 被控对象程序：chap12_5plant. m。

(3) 控制器程序：chap12_5ctrl. m。

(4) 作图程序：chap12_5plot. m。

附加资料

不等式求解引理 1[5]：针对 $V[0,\infty)\in\mathbf{R}$，不等式方程 $\dot{V}\leqslant-\alpha V+f$，$\forall t\geqslant t_0\geqslant 0$ 的解为

$$V(t)\leqslant \mathrm{e}^{-\alpha(t-t_0)}V(t_0)+\int_{t_0}^{t}\mathrm{e}^{-\alpha(t-\tau)}f(\tau)\mathrm{d}\tau$$

其中，α 为任意常数。

思考题

1. 如果式(12.1)中存在控制输入扰动，如何设计 RBF 神经网络自适应控制算法？

2. 如果式(12.30)中存在控制输入扰动，如何设计 RBF 神经网络自适应控制算法？

3. 如果式(12.46)中存在控制输入扰动，如何设计 RBF 神经网络自适应控制算法？

参考文献

[1] Park J, Sandberg I W. Universal Approximation Using Radial Basis Function Networks[J]. Neural Computation, 1991, 3(2): 246-257.

[2] 刘金琨. RBF 神经网络自适应控制 MATLAB 仿真[M]. 2 版. 北京：清华大学出版社，2018.

[3] Lewis F L, Liu K, Yesildirek A. Neural Net Robot Controller with Guaranteed Tracking Performance [J]. IEEE Transactions on Neural Networks, 1995, 6(3): 703-715.

[4] Wang C L, Lin Y. Multivariable adaptive backstepping control: A norm estimation approach. IEEE Transactions on Automatic Control, 2012, 57(4): 989-995.

[5] Ioannou P A, Sun J. Robust Adaptive Control[M]. Chicago: Courier Corporation, 2012.

第13章 基于RBF神经网络的反演自适应控制

CHAPTER 13

反演设计方法的基本思想是将复杂的非线性系统分解成不超过系统阶数的子系统，然后为每个子系统分别设计李雅普诺夫函数和中间虚拟控制量，一直"后退"到整个系统，直到完成整个控制律的设计。通过设计控制律和自适应律，使整个闭环系统满足期望的动静态性能指标。

13.1 一种三阶非线性系统的反演控制

13.1.1 系统描述

被控对象为

$$\begin{aligned}
\dot{x}_1 &= x_2 \\
\dot{x}_2 &= a_1 x_2 + a_2(x) + a_3 x_3 \\
\dot{x}_3 &= b_1 x_3 + b_2 x_2 + b_3 u \\
y &= x_1
\end{aligned} \tag{13.1}$$

其中，$a_1=-\dfrac{B}{M_t}$，$a_2=\dfrac{N}{M_t}f(x_1,x_2)$，$a_3=\dfrac{K_t}{M_t}$，$b_1=-\dfrac{R}{L}$，$b_2=-\dfrac{K_b}{L}$，$b_3=\dfrac{1}{L}$。

控制目标是使系统的位置输出 x_1 跟踪期望轨迹 z_{d}，速度 x_2 跟踪期望速度轨迹 $\dot{z}_{\mathrm{d}}$，并且所有的信号有界。

13.1.2 反演控制器设计

上述模型属于非匹配系统，适合采用反演控制方法进行设计。定义角度误差 $z_1=x_1-z_{\mathrm{d}}$，则

$$\dot{z}_1=\dot{x}_1-\dot{z}_{\mathrm{d}}=x_2-\dot{z}_{\mathrm{d}}$$

反演控制的设计过程是通过逐步构造中间量完成的，最后的虚拟控制量是施加于系统实际控制量的一部分。针对模型式(13.1)的反演控制方法设计步骤如下。

第一步：定义 Lyapunov 函数。

$$V_1=\frac{1}{2}z_1^2$$

则

$$\dot{V}_1=z_1\dot{z}_1=z_1(x_2-\dot{z}_d)$$

取 $x_2=-c_1z_1+\dot{z}_d+z_2$，其中 $c_1>0$，z_2 为虚拟控制量，即

$$z_2=x_2+c_1z_1-\dot{z}_d \tag{13.2}$$

则

$$\dot{V}_1=-c_1z_1^2+z_1z_2$$

如果 $z_2=0$，则 $\dot{V}_1\leqslant 0$。则需要进行下一步设计。

第二步：定义 Lyapunov 函数。

$$V_2=V_1+\frac{1}{2}z_2^2$$

由于 $\dot{z}_2=a_1x_2+a_2(x)+a_3x_3+c_1\dot{z}_1-\ddot{z}_d$，则

$$\dot{V}_2=\dot{V}_1+z_2\dot{z}_2=-c_1z_1^2+z_1z_2+z_2[a_1x_2+a_2(x)+a_3x_3+c_1\dot{z}_1-\ddot{z}_d]$$

取 $a_3x_3=-a_1x_2-a_2(x)-c_1\dot{z}_1+\ddot{z}_d-c_2z_2-z_1+z_3$，其中，$c_2>0$，$z_3$ 为虚拟控制量，即

$$z_3=a_3x_3+a_1x_2+a_2(x)+c_1\dot{z}_1-\ddot{z}_d+c_2z_2+z_1 \tag{13.3}$$

则

$$\dot{V}_2=\dot{V}_1+z_2\dot{z}_2=-c_1z_1^2-c_2z_2^2+z_2z_3$$

如果 $z_3=0$，则 $\dot{V}_2\leqslant 0$。则需要进行下一步设计。

第三步：定义 Lyapunov 函数。

$$V_3=V_2+\frac{1}{2}z_2^3$$

由于 $\dot{z}_3=a_3\dot{x}_3+a_1\dot{x}_2+\dot{a}_2(x)+c_1\ddot{z}_1-\dddot{z}_d+c_2\dot{z}_2+\dot{z}_1$，则

$$\begin{aligned}\dot{V}_3=\dot{V}_2+z_3\dot{z}_3&=-c_1z_1^2-c_2z_2^2+z_2z_3\\&\quad+z_3[a_3(b_1x_3+b_2x_2+b_3u)+a_1\dot{x}_2+\dot{a}_2(x)+c_1\ddot{z}_1-\dddot{z}_d+c_2\dot{z}_2+\dot{z}_1]\end{aligned}$$

令 $T=a_3(b_1x_3+b_2x_2+b_3u)$，则 $\dot{V}_3=-c_1z_1^2-c_2z_2^2+z_2z_3+z_3[T+a_1\dot{x}_2+\dot{a}_2(x)+c_1\ddot{z}_1-\dddot{z}_d+c_2\dot{z}_2+\dot{z}_1]$，为使 $\dot{V}_3\leqslant 0$，设计控制器为

$$T=-a_1\dot{x}_2-\dot{a}_2(x)-c_1\ddot{z}_1+\dddot{z}_d-c_2\dot{z}_2-\dot{z}_1-z_2-c_3z_3 \tag{13.4}$$

其中，$c_3>0$。

则实际的控制律为

$$u=L\left(\frac{1}{a_3}T-b_1x_3-b_2x_2\right) \tag{13.5}$$

则

$$\dot{V}_3=-c_1z_1^2-c_2z_2^2-c_3z_2^3\leqslant 0$$

即

$$\dot{V}_3\leqslant -\eta V_3$$

其中，$\eta=2\min(c_1,c_2,c_3)$。

引理 13.1[1]：针对 $V:[0,\infty)\in\mathbf{R}$，不等式方程 $\dot{V}\leqslant-\alpha V+f$，$\forall t\geqslant t_0\geqslant 0$ 的解为

$$V(t)\leqslant \mathrm{e}^{-\alpha(t-t_0)}V(t_0)+\int_{t_0}^{t}\mathrm{e}^{-\alpha(t-\tau)}f(\tau)\mathrm{d}\tau$$

其中 α 为任意常数。

采用引理 13.1，针对不等式方程 $\dot{V}_3\leqslant-\eta V_3$，有 $\alpha=\eta$，$f=0$，解为

$$V_3(t)\leqslant \mathrm{e}^{-\eta(t-t_0)}V_3(t_0)$$

可见，V_3 指数收敛至 0，收敛速度取决于 η。

由于 $V_3=\frac{1}{2}z_1^2+\frac{1}{2}z_2^2+\frac{1}{2}z_2^3$，则 z_1、z_2 和 z_3 指数收敛，且当 $t\to\infty$ 时，$z_1\to 0$，$z_2\to 0$，$z_3\to 0$，从而 $x_1\to z_\mathrm{d}$，$x_2\to\dot{z}_\mathrm{d}$。

又由于 $z_2=x_2+c_1z_1-\dot{z}_\mathrm{d}$，$z_3=a_3x_3+a_1x_2+a_2(x)+c_1\dot{z}_1-\ddot{z}_\mathrm{d}+c_2z_2+z_1$，$\dot{z}_1=x_2-\dot{z}_\mathrm{d}$，则 x_3 有界。

13.1.3 仿真实例

针对被控对象式(13.1)，取期望轨迹 $z_\mathrm{d}=\sin t$，非线性函数为 $g(x)=x_1^2+x_2^2$。单机械臂的参数为 $B=0.015$，$L=0.0008$，$D=0.05$，$R=0.075$，$m=0.01$，$J=0.05$，$l=0.6$，$K_b=0.085$，$M=0.05$，$K_t=1$，$g=9.8$。

系统的初始状态为 $\boldsymbol{x}(0)=[0.5,0,0]^\mathrm{T}$，控制器参数取 $c_1=100$，$c_2=c_3=10$，控制律采用虚拟控制式(13.2)和虚拟控制式(13.3)及实际控制律式(13.5)，仿真结果如图 13.1 和图 13.2 所示。

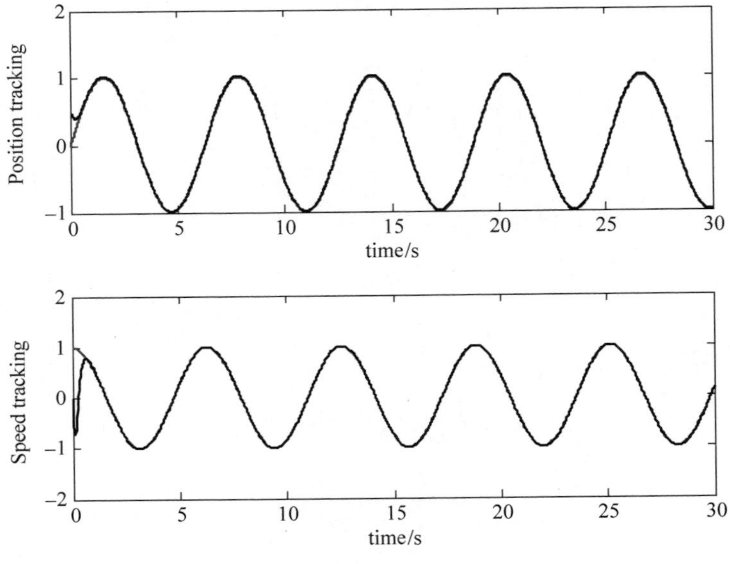

图 13.1 位置和速度跟踪

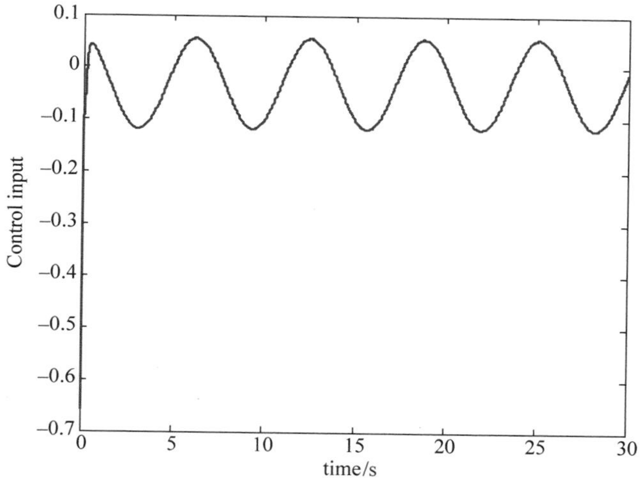

图 13.2　控制输入信号

仿真程序：

(1) Simulink 主程序：chap13_1sim.mdl，如图 13.3 所示。

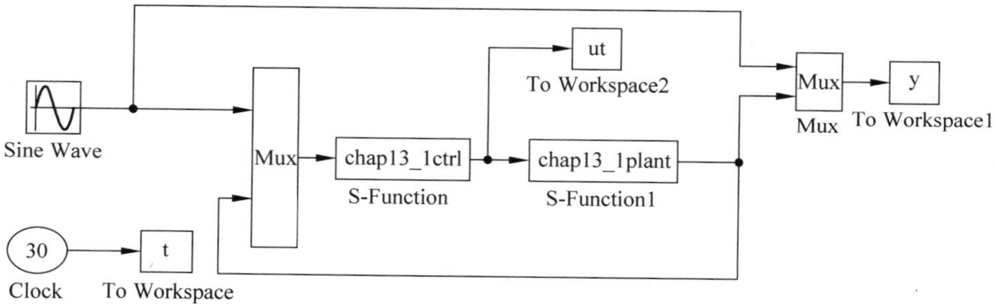

图 13.3　Simulink 主程序

(2) 控制器 S 函数：chap13_1ctrl.m。

(3) 被控对象 S 函数：chap13_1plant.m。

(4) 作图程序：chap13_1plot.m。

13.2　基于 RBF 神经网络的三阶非线性系统反演控制

13.2.1　系统描述

仍考虑 13.1 节中的被控对象，即

$$\begin{aligned}
\dot{x}_1 &= x_2 \\
\dot{x}_2 &= a_1 x_2 + a_2(x) + a_3 x_3 \\
\dot{x}_3 &= f(x) + b_3 u \\
y &= x_1
\end{aligned} \tag{13.6}$$

其中，$f(x)=b_1x_3+b_2x_2$，$f(x)$为未知，$a_1=-\frac{B}{M_t}$，$a_2=\frac{N}{M_t}g(x_1,x_2)$，$a_3=\frac{K_t}{M_t}$，$b_1=-\frac{R}{L}$，$b_2=-\frac{K_b}{L}$，$b_3=\frac{1}{L}$。

控制目标是使系统的角度输出 x_1 跟踪期望轨迹 z_d，角速度 x_2 跟踪期望速度轨迹 $\dot{z}_d$，并且所有的信号有界。

13.2.2 RBF 神经网络原理

由于 RBF 神经网络具有万能逼近特性[2]，采用 RBF 神经网络逼近 $f(x)$，网络算法为

$$h_j=\exp\left(\frac{\|\boldsymbol{x}-\boldsymbol{c}_j\|^2}{2b_j^2}\right)$$

$$f=\boldsymbol{W}^{*\mathrm{T}}\boldsymbol{h}(\boldsymbol{x})+\boldsymbol{\varepsilon}$$

其中，$\boldsymbol{x}$ 为网络的输入，j 为网络隐含层第 j 个节点，$\boldsymbol{h}=[h_j]^{\mathrm{T}}$ 为网络的高斯函数输出，$\boldsymbol{W}^*$ 为网络的理想权值，$\boldsymbol{\varepsilon}$ 为网络的逼近误差，$|\boldsymbol{\varepsilon}|\leqslant\varepsilon_{\mathrm{N}}$。

网络输入取 $\boldsymbol{x}=[x_2\quad x_3]^{\mathrm{T}}$，则网络输出为

$$\hat{f}(\boldsymbol{x})=\hat{\boldsymbol{W}}^{\mathrm{T}}\boldsymbol{h}(\boldsymbol{x})$$

则 $f(\boldsymbol{x})-\hat{f}(\boldsymbol{x})=\boldsymbol{W}^{*\mathrm{T}}\boldsymbol{h}(\boldsymbol{x})+\boldsymbol{\varepsilon}-\hat{\boldsymbol{W}}^{\mathrm{T}}\boldsymbol{h}(\boldsymbol{x})=-\tilde{\boldsymbol{W}}^{\mathrm{T}}\boldsymbol{h}(\boldsymbol{x})+\boldsymbol{\varepsilon}$。

13.2.3 神经网络反演控制器设计

上述模型属于非匹配系统，适合采用反演控制方法进行设计。定义角度误差 $z_1=x_1-z_d$，则

$$\dot{z}_1=\dot{x}_1-\dot{z}_{\mathrm{d}}=x_2-\dot{z}_{\mathrm{d}}$$

反演控制的设计过程是通过逐步构造中间量完成的，最后的虚拟控制量是施加于系统实际控制量的一部分。针对模型式(13.6)的反演控制方法设计步骤如下。

第一步：定义 Lyapunov 函数。

$$V_1=\frac{1}{2}z_1^2$$

则

$$\dot{V}_1=z_1\dot{z}_1=z_1(x_2-\dot{z}_{\mathrm{d}})$$

取 $x_2=-c_1z_1+\dot{z}_{\mathrm{d}}+z_2$，其中，$c_1>0$，$z_2$ 为虚拟控制量，即

$$z_2=x_2+c_1z_1-\dot{z}_{\mathrm{d}}\tag{13.7}$$

则

$$\dot{V}_1=-c_1z_1^2+z_1z_2$$

如果 $z_2=0$，则 $\dot{V}_1\leqslant0$。则需要进行下一步设计。

第二步：定义 Lyapunov 函数。

$$V_2=V_1+\frac{1}{2}z_2^2$$

由于 $\dot{z}_2 = a_1 x_2 + a_2(x) + a_3 x_3 + c_1 \dot{z}_1 - \ddot{z}_d$，则

$$\dot{V}_2 = \dot{V}_1 + z_2\dot{z}_2 = -c_1 z_1^2 + z_1 z_2 + z_2[a_1 x_2 + a_2(x) + a_3 x_3 + c_1\dot{z}_1 - \ddot{z}_d]$$

取 $a_3 x_3 = -a_1 x_2 - a_2(x) - c_1\dot{z}_1 + \ddot{z}_d - c_2 z_2 - z_1 + z_3$，其中，$c_2 > 0$，$z_3$ 为虚拟控制量，即

$$z_3 = a_3 x_3 + a_1 x_2 + a_2(x) + c_1\dot{z}_1 - \ddot{z}_d + c_2 z_2 + z_1 \tag{13.8}$$

则

$$\dot{V}_2 = \dot{V}_1 + z_2\dot{z}_2 = -c_1 z_1^2 - c_2 z_2^2 + z_2 z_3$$

如果 $z_3 = 0$，则 $\dot{V}_2 \leqslant 0$。则需要进行下一步设计。

第三步：定义 Lyapunov 函数。

模型中 $f(x,t)$ 未知，需要采用神经网络逼近方法，取

$$V_3 = V_2 + \frac{1}{2}z_2^3 + \frac{1}{2\gamma}\tilde{\boldsymbol{W}}^T\tilde{\boldsymbol{W}}$$

其中，$\gamma > 0$，$\tilde{\boldsymbol{W}} = \hat{\boldsymbol{W}} - \boldsymbol{W}^*$。

由于 $\dot{z}_3 = a_3\dot{x}_3 + a_1\dot{x}_2 + \dot{a}_2(x) + c_1\ddot{z}_1 - \dddot{z}_d + c_2\dot{z}_2 + \dot{z}_1$，则

$$\dot{V}_3 = \dot{V}_2 + z_3\dot{z}_3 = -c_1 z_1^2 - c_2 z_2^2 + z_2 z_3 +$$
$$z_3\{a_3[f(x) + b_3 u] + a_1\dot{x}_2 + \dot{a}_2(x) + c_1\ddot{z}_1 - \dddot{z}_d + c_2\dot{z}_2 + \dot{z}_1\} + \frac{1}{\gamma}\tilde{\boldsymbol{W}}^T\dot{\hat{\boldsymbol{W}}}$$

设计控制律为

$$u = \frac{1}{b_3}\left(\frac{1}{a_3}T - \hat{f}(x)\right) \tag{13.9}$$

其中，$T = -a_1\dot{x}_2 - \dot{a}_2(x) - c_1\ddot{z}_1 + \dddot{z}_d - c_2\dot{z}_2 - \dot{z}_1 - z_2 - c_3 z_3$，$c_3 > 0$。则

$$\begin{aligned}
\dot{V}_3 = & -c_1 z_1^2 - c_2 z_2^2 + z_2 z_3 + \\
& z_3\left\{a_3\left[\left(f(x) + \frac{1}{a_3}T - \hat{f}(x)\right] + a_1\dot{x}_2 + \dot{a}_2(x) + c_1\ddot{z}_1 - \dddot{z}_d + c_2\dot{z}_2 + \dot{z}_1\right\} + \frac{1}{\gamma}\tilde{\boldsymbol{W}}^T\dot{\hat{\boldsymbol{W}}}\right. \\
= & -c_1 z_1^2 - c_2 z_2^2 + z_2 z_3 + z_3[a_3\tilde{\boldsymbol{f}}(x) + T + a_1\dot{x}_2 + \dot{a}_2(x) + c_1\ddot{z}_1 - \dddot{z}_d + c_2\dot{z}_2 + \dot{z}_1] + \frac{1}{\gamma}\tilde{\boldsymbol{W}}^T\dot{\hat{\boldsymbol{W}}} \\
= & -c_1 z_1^2 - c_2 z_2^2 - c_3 z_2^3 + a_3 z_3[-\tilde{\boldsymbol{W}}^T\boldsymbol{h}(\boldsymbol{x}) + \boldsymbol{\varepsilon}] + \frac{1}{\gamma}\tilde{\boldsymbol{W}}^T\dot{\hat{\boldsymbol{W}}} \\
= & -c_1 z_1^2 - c_2 z_2^2 - c_3 z_2^3 + \tilde{\boldsymbol{W}}^T\left[-a_3 z_3\boldsymbol{h}(\boldsymbol{x}) + \frac{1}{\gamma}\dot{\hat{\boldsymbol{W}}}\right] + \varepsilon a_3 z_3
\end{aligned}$$

取自适应律为

$$\dot{\hat{\boldsymbol{W}}} = \gamma a_3 z_3 \boldsymbol{h}(\boldsymbol{x}) \tag{13.10}$$

则

$$\begin{aligned}
\dot{V}_3 &= -c_1 z_1^2 - c_2 z_2^2 - c_3 z_2^3 + \varepsilon a_3 z_3 \\
&\leqslant -c_1 z_1^2 - c_2 z_2^2 - \left(c_3 - \frac{1}{2}\right)z_3^2 + \frac{1}{2}(\varepsilon a_3)^2 \leqslant -\eta V_3 + \varepsilon_0
\end{aligned}$$

其中，$\eta=2\min\left(c_1,c_2,c_3-\dfrac{1}{2}\right)$，$\varepsilon_0=\dfrac{1}{2}(\varepsilon_N a_3)^2$。

采用引理 13.1，针对不等式方程 $\dot{V}_3\leqslant-\eta V_3+\varepsilon_0$，有 $\alpha=\eta$，$f=\varepsilon_0$，解该不等式，得

$$V_3\leqslant\frac{\varepsilon_0}{\eta}+\left(V_3(0)-\frac{\varepsilon_0}{\eta}\right)\mathrm{e}^{-\eta t}$$

显然，闭环系统中的所有误差信号在下面的紧集内半全局一致有界

$$\Theta=\left\{(z_1,z_2,z_3,\widetilde{\boldsymbol{W}}):V_3\leqslant\frac{\varepsilon_0}{\eta}\right\}\tag{13.11}$$

这意味着通过调整 c_i，$i=1,2,3$，使 η 足够大，紧集 Θ 可以变得任意小。

由于 $V_3=V_2+\dfrac{1}{2}z_2^3+\dfrac{1}{2\gamma}\widetilde{\boldsymbol{W}}^{\mathrm{T}}\widetilde{\boldsymbol{W}}$，如果取 η 足够大，当 $t\to\infty$ 时，$z_1\to0$，$z_2\to0$，$z_3\to0$，从而 $x_1\to z_d$，$x_2\to\dot{z}_d$。

13.2.4 仿真实例

针对被控对象式(13.6)，取期望轨迹 $z_d=\sin t$，非线性函数为 $g(x)=x_1^2+x_2^2$。参数为 $B=0.015$，$L=0.0008$，$D=0.05$，$R=0.075$，$m=0.01$，$J=0.05$，$l=0.6$，$K_b=0.085$，$M=0.05$，$K_t=1$，$g=9.8$。

设计控制器时，R 和 K_b 为未知，即 $f(x)$为未知。系统的初始状态为 $\boldsymbol{x}(0)=[0.5,0,0]^{\mathrm{T}}$，控制器参数取 $c_1=100$，$c_2=c_3=10$，控制律采用虚拟控制式(13.7)和虚拟控制式(13.8)及实际控制律式(13.9)，采用自适应律式(13.10)，取 $\gamma=0.50$，根据网络输入 x_2 和 x_3 的实际范围来设计高斯函数的参数 $\boldsymbol{c}_i$，参数 $\boldsymbol{c}_j$ 和 b_j 取值分别为$[-2\quad -1\quad 0\quad 1\quad 2]$和 5.0，网络权值中各个元素的初始值取 0.10。仿真结果如图 13.4～图 13.6 所示。

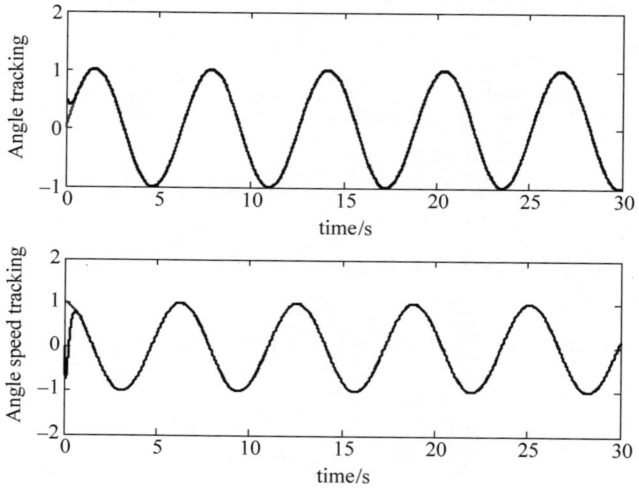

图 13.4 角度和角速度跟踪

仿真程序：

(1) Simulink 主程序：chap13_2sim.mdl，如图 13.7 所示。

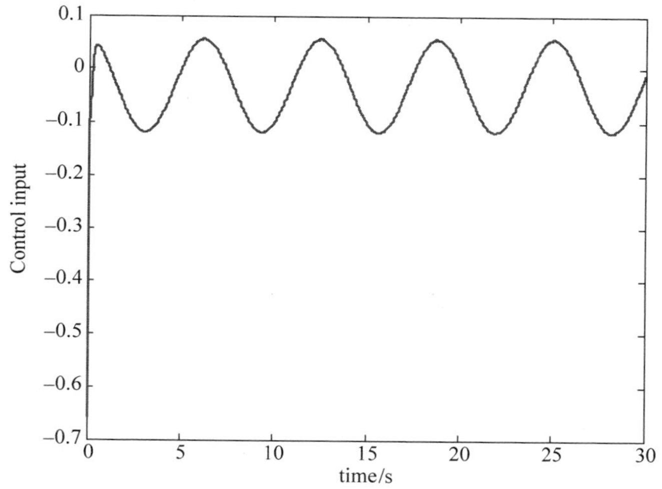

图 13.5 控制输入信号

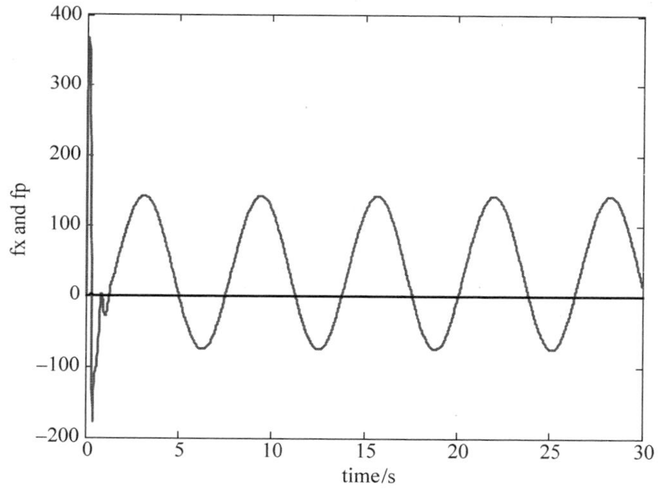

图 13.6 $f(x)$及其逼近

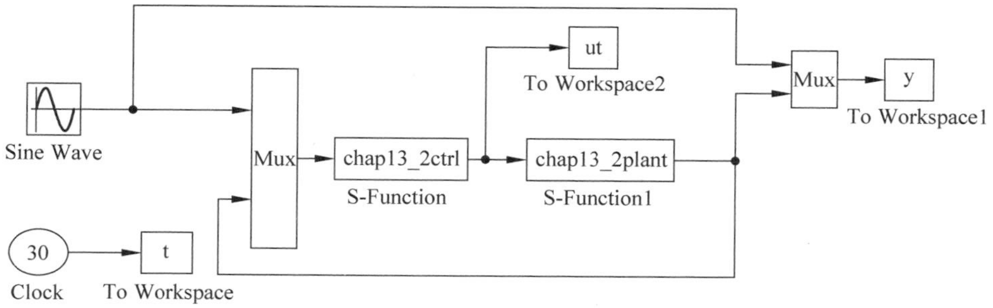

图 13.7 Simulink 主程序

(2) 控制器 S 函数：chap13_2ctrl.m。

(3) 被控对象 S 函数：chap13_2plant.m。

(4) 作图程序：chap13_2plot.m。

思考题

1. 如果式(13.1)中存在控制输入扰动，如何设计基于 RBF 神经网络的反演自适应控制算法？

2. 考虑式(13.1)中 a_i，b_i 为未知，如何通过参数自适应设计基于 RBF 神经网络的反演自适应控制算法？

参考文献

[1] Ioannou P A, Sun Jing. Robust Adaptive Control[M]. PTR Prentice-Hall, 1996.

[2] Park J, Sandberg I W. Universal Approximation Using Radial Basis Function Networks[J]. Neural Computation, 1991, 3(2): 246-257.

第 14 章 基于 LMI 的神经网络自适应控制

CHAPTER 14

在处理控制理论问题时，都可将所控制问题转化为一个线性矩阵不等式或带有线性矩阵不等式约束的最优化问题。利用线性矩阵不等式技术来求解一些控制问题，是目前和今后控制理论发展的一个重要方向。YALMIP 是 MATLAB 的一个独立的工具箱，具有很强的优化求解能力。本章介绍一种基于 LMI 的神经网络自适应控制器设计和仿真方法，其中 LMI 是在 MATLAB 下采用 YALMIP 工具箱进行仿真。

14.1 基于 LMI 的控制

14.1.1 系统描述

考虑如下对象

$$\dot{x}_1 = x_2$$
$$\dot{x}_2 = u + f(\boldsymbol{x})$$

写成状态方程为

$$\dot{x} = \boldsymbol{A}\boldsymbol{x} + \boldsymbol{B}[u + f(\boldsymbol{x})] \tag{14.1}$$

其中，$\boldsymbol{A} = \begin{bmatrix} 0 & 1 \\ 0 & 0 \end{bmatrix}$，$\boldsymbol{x} = [x_1 \quad x_2]^{\mathrm{T}}$，$u$ 为控制输入，$f(\boldsymbol{x})$为已知函数，$\boldsymbol{B} = [0 \quad 1]^{\mathrm{T}}$。

控制目标为通过设计控制器，实现 $\boldsymbol{x} \to 0$。

14.1.2 控制器的设计与分析

控制器设计为

$$u = \boldsymbol{K}\boldsymbol{x} - f(\boldsymbol{x}) \tag{14.2}$$

其中，$\boldsymbol{K} = [k_1 \quad k_2]$。

控制目标为通过设计 LMI 求解 $\boldsymbol{K}$，实现 $t \to \infty$时，$\boldsymbol{x} \to 0$。

设计 Lyapunov 函数如下

$$V = \boldsymbol{x}^{\mathrm{T}}\boldsymbol{P}\boldsymbol{x}$$

其中，$\boldsymbol{P} > 0$，$\boldsymbol{P} = \boldsymbol{P}^{\mathrm{T}}$。

通过 $\boldsymbol{P}$ 的设计可有效地调节 $\boldsymbol{x}$ 的收敛效果，并有利于 LMI 的求解。则

$$\begin{aligned}\dot{V} &= \dot{\boldsymbol{x}}^{\mathrm{T}}\boldsymbol{P}\boldsymbol{x} + \boldsymbol{x}^{\mathrm{T}}\boldsymbol{P}\dot{\boldsymbol{x}} = \{\boldsymbol{A}\boldsymbol{x} + \boldsymbol{B}[u + f(\boldsymbol{x})]\}^{\mathrm{T}}\boldsymbol{P}\boldsymbol{x} + \boldsymbol{x}^{\mathrm{T}}\boldsymbol{P}\{\boldsymbol{A}\boldsymbol{x} + \boldsymbol{B}[u + f(\boldsymbol{x})]\} \\ &= \boldsymbol{x}^{\mathrm{T}}\boldsymbol{A}^{\mathrm{T}}\boldsymbol{P}\boldsymbol{x} + \boldsymbol{x}^{\mathrm{T}}\boldsymbol{K}^{\mathrm{T}}\boldsymbol{B}^{\mathrm{T}}\boldsymbol{P}\boldsymbol{x} + \boldsymbol{x}^{\mathrm{T}}\boldsymbol{P}\boldsymbol{A}\boldsymbol{x} + \boldsymbol{x}^{\mathrm{T}}\boldsymbol{P}\boldsymbol{B}\boldsymbol{K}\boldsymbol{x}\end{aligned}$$

$$=\boldsymbol{x}^{\mathrm{T}}(\boldsymbol{A}^{\mathrm{T}}\boldsymbol{P}+\boldsymbol{K}^{\mathrm{T}}\boldsymbol{B}^{\mathrm{T}}\boldsymbol{P})\boldsymbol{x}+\boldsymbol{x}^{\mathrm{T}}(\boldsymbol{PA}+\boldsymbol{PBK})\boldsymbol{x}$$
$$=\boldsymbol{x}^{\mathrm{T}}[\boldsymbol{P}(\boldsymbol{A}+\boldsymbol{BK})]^{\mathrm{T}}\boldsymbol{x}+\boldsymbol{x}^{\mathrm{T}}\boldsymbol{P}(\boldsymbol{A}+\boldsymbol{BK})\boldsymbol{x}$$

令

$$\boldsymbol{\Phi}=\boldsymbol{P}(\boldsymbol{A}+\boldsymbol{BK})+[\boldsymbol{P}(\boldsymbol{A}+\boldsymbol{BK})]^{\mathrm{T}}$$

则

$$\dot{V}=\boldsymbol{x}^{\mathrm{T}}\boldsymbol{\Phi}\boldsymbol{x}$$

为使 $\phi<-\alpha P,\alpha>0$,则

$$[\boldsymbol{P}(\boldsymbol{A}+\boldsymbol{BK})+*]+\alpha\boldsymbol{P}<0$$

左右同乘 diag$\boldsymbol{P}^{-1}$,可得

$$[(\boldsymbol{A}+\boldsymbol{BK})\boldsymbol{P}^{-1}+*]+\alpha\boldsymbol{P}^{-1}<0$$

令 $\boldsymbol{Q}=\boldsymbol{P}^{-1}$,$\boldsymbol{R}=\boldsymbol{KQ}$,则可得第 1 个 LMI

$$\boldsymbol{\Psi}=[\boldsymbol{AQ}+\boldsymbol{BR}+*]+\alpha\boldsymbol{Q}<0 \tag{14.3}$$

根据 $\boldsymbol{Q}=\boldsymbol{P}^{-1}$,$\boldsymbol{P}>0$,可得第 2 个 LMI

$$\boldsymbol{Q}>0 \tag{14.4}$$

根据以上两个 LMI 可求 $\boldsymbol{R}$ 和 $\boldsymbol{Q}$,由 $\boldsymbol{R}=\boldsymbol{KQ}$ 可得

$$\boldsymbol{K}=\boldsymbol{RQ}^{-1},\quad \boldsymbol{P}=\boldsymbol{Q}^{-1} \tag{14.5}$$

根据上述分析可知收敛性分析如下

$$\dot{V}\leqslant\boldsymbol{x}^{\mathrm{T}}\boldsymbol{\Phi}\boldsymbol{x}=-\alpha\boldsymbol{x}^{\mathrm{T}}\boldsymbol{P}\boldsymbol{x}=-\alpha V$$

采用不等式求解定理,由 $\dot{V}\leqslant-\alpha V$ 可得解为

$$V(t)\leqslant V(0)\exp(-\alpha t)$$

如果 $t\to\infty$,则 $V(t)\to 0$,$x\to 0$ 且指数收敛。

14.1.3 仿真实例

被控对象取式(14.1),$f(\boldsymbol{x})=10x_1x_2$,初始状态值为 $\boldsymbol{x}(0)=[1\quad 0]$。

在 MATLAB 下采用 YALMIP 工具箱进行仿真。先运行 LMI 程序 chap14_1LMI. m,取 $\alpha=3$,求解 LMI 式(14.3)和式(14.4),MATLAB 运行后显示有可行解,解为 $\boldsymbol{K}=[-10.6726\quad -4.7917]$,将求得的 $\boldsymbol{K}$ 代入控制器程序 chap14_1ctrl. m 中,控制律采用式(14.2),仿真结果如图 14.1 和图 14.2 所示。

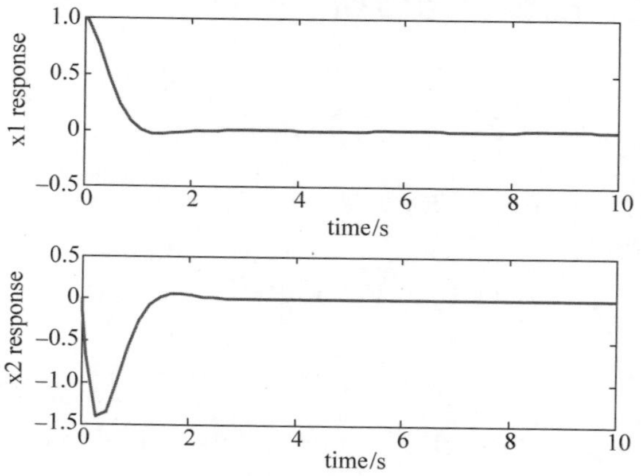

图 14.1 状态响应

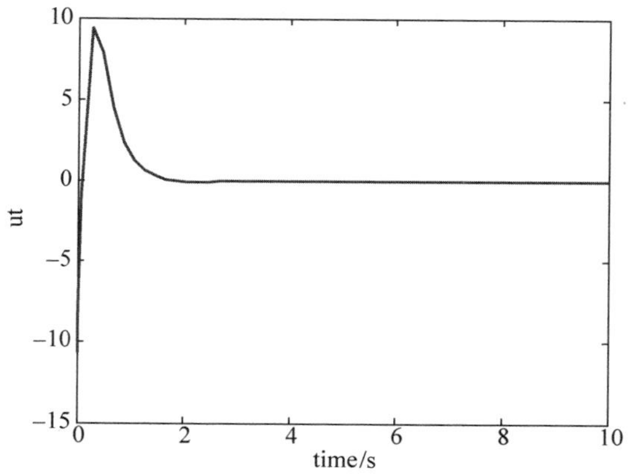

图 14.2 控制输入信号

仿真程序：

(1) LMI 不等式求 $\boldsymbol{K}$ 程序：chap14_1LMI. m。

(2) Simulink 主程序：chap14_1sim. mdl，如图 14.3 所示。

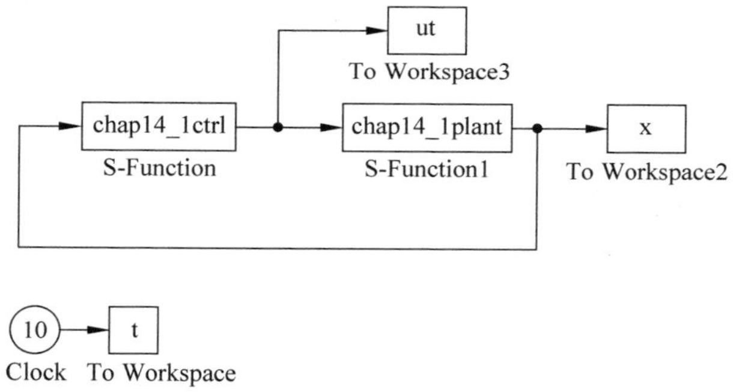

图 14.3 Simulink 主程序

(3) 被控对象 S 函数：chap14_1plant. m。

(4) 控制器 S 函数：chap14_1ctrl. m。

(5) 作图程序：chap14_1plot. m。

14.2 基于 LMI 的神经网络自适应控制

14.2.1 系统描述

考虑如下对象

$$\dot{x}_1 = x_2$$

$$\dot{x}_2 = u + f(\boldsymbol{x})$$

写成状态方程为

$$\dot{\boldsymbol{x}} = \boldsymbol{A}\boldsymbol{x} + \boldsymbol{B}[u + f(\boldsymbol{x})] \tag{14.6}$$

其中，$\boldsymbol{A} = \begin{bmatrix} 0 & 1 \\ 0 & 0 \end{bmatrix}$，$\boldsymbol{x} = [x_1 \quad x_2]^{\mathrm{T}}$，$u$ 为控制输入，$f(\boldsymbol{x})$为未知函数，$\boldsymbol{B} = [0 \quad 1]^{\mathrm{T}}$。

控制目标为通过设计控制器,实现 $\boldsymbol{x}\to 0$。

14.2.2 RBF 神经网络设计

采用 RBF 神经网络可实现未知函数 $f(\boldsymbol{x})$的逼近,RBF 神经网络算法为

$$h_j = g(\|\boldsymbol{x}-\boldsymbol{c}_{ij}\|^2/b_j^2)$$

$$f(\boldsymbol{x}) = \boldsymbol{W}^{*\mathrm{T}}\boldsymbol{h}(\boldsymbol{x})+\varepsilon$$

其中,$\boldsymbol{x}$ 为网络的输入,i 为网络的输入个数,j 为网络隐含层第 j 个节点,$\boldsymbol{h}=[h_1,h_2,\cdots,h_n]^{\mathrm{T}}$ 为高斯函数的输出,$\boldsymbol{W}^*$ 为网络的理想权值,ε 为网络的逼近误差,$|\varepsilon|\leqslant\varepsilon_{\mathrm{N}}$。

采用 RBF 逼近未知函数 $f(\boldsymbol{x})$,网络的输入取 $\boldsymbol{x}=[x_1\quad x_2]^{\mathrm{T}}$,则 RBF 神经网络的输出为

$$\hat{f}(\boldsymbol{x}) = \hat{\boldsymbol{W}}^{\mathrm{T}}\boldsymbol{h}(\boldsymbol{x}) \tag{14.7}$$

则

$$\tilde{f}(\boldsymbol{x}) = f(\boldsymbol{x})-\hat{f}(\boldsymbol{x}) = \boldsymbol{W}^{*\mathrm{T}}\boldsymbol{h}(\boldsymbol{x})+\varepsilon-\hat{\boldsymbol{W}}^{\mathrm{T}}\boldsymbol{h}(\boldsymbol{x}) = \tilde{\boldsymbol{W}}^{\mathrm{T}}\boldsymbol{h}(\boldsymbol{x})+\varepsilon$$

其中,$\tilde{\boldsymbol{W}}=\boldsymbol{W}^*-\hat{\boldsymbol{W}}$。

14.2.3 控制器的设计与分析

控制器设计为

$$u = \boldsymbol{K}\boldsymbol{x}-\hat{f}(\boldsymbol{x}) \tag{14.8}$$

其中,$\boldsymbol{K}=[k_1\quad k_2]$。

控制目标为通过设计 LMI 求解 $\boldsymbol{K}$,实现 $t\to\infty$时,$\boldsymbol{x}\to 0$。

设计 Lyapunov 函数如下

$$V = \boldsymbol{x}^{\mathrm{T}}\boldsymbol{P}\boldsymbol{x}+\frac{1}{\gamma}\tilde{\boldsymbol{W}}^{\mathrm{T}}\tilde{\boldsymbol{W}}$$

其中,$\boldsymbol{P}>0$,$\boldsymbol{P}=\boldsymbol{P}^{\mathrm{T}}$,$\gamma>0$。

通过 $\boldsymbol{P}$ 的设计可有效地调节 $\boldsymbol{x}$ 的收敛效果,并有利于 LMI 的求解。则

$$\begin{aligned}
\dot{V} &= 2\boldsymbol{x}^{\mathrm{T}}\boldsymbol{P}\dot{\boldsymbol{x}}-\frac{2}{\gamma}\tilde{\boldsymbol{W}}^{\mathrm{T}}\dot{\hat{\boldsymbol{W}}} = 2\boldsymbol{x}^{\mathrm{T}}\boldsymbol{P}\{\boldsymbol{A}\boldsymbol{x}+\boldsymbol{B}[u+f(\boldsymbol{x})]\}-\frac{2}{\gamma}\tilde{\boldsymbol{W}}^{\mathrm{T}}\dot{\hat{\boldsymbol{W}}}\\
&= 2\boldsymbol{x}^{\mathrm{T}}\boldsymbol{P}\{\boldsymbol{A}\boldsymbol{x}+\boldsymbol{B}[\boldsymbol{K}\boldsymbol{x}-\hat{f}(\boldsymbol{x})+f(\boldsymbol{x})]\}-\frac{2}{\gamma}\tilde{\boldsymbol{W}}^{\mathrm{T}}\dot{\hat{\boldsymbol{W}}}\\
&= 2\boldsymbol{x}^{\mathrm{T}}\boldsymbol{P}\{\boldsymbol{A}\boldsymbol{x}+\boldsymbol{B}[\boldsymbol{K}\boldsymbol{x}+\tilde{\boldsymbol{W}}^{\mathrm{T}}\boldsymbol{h}(\boldsymbol{x})+\varepsilon]\}-\frac{2}{\gamma}\tilde{\boldsymbol{W}}^{\mathrm{T}}\dot{\hat{\boldsymbol{W}}}\\
&= 2\boldsymbol{x}^{\mathrm{T}}\boldsymbol{P}(\boldsymbol{A}+\boldsymbol{B}\boldsymbol{K})\boldsymbol{x}+2\tilde{\boldsymbol{W}}^{\mathrm{T}}\left\{\boldsymbol{x}^{\mathrm{T}}\boldsymbol{P}\boldsymbol{B}\boldsymbol{h}(\boldsymbol{x})-\frac{1}{\gamma}\dot{\hat{\boldsymbol{W}}}\right\}+2\boldsymbol{x}^{\mathrm{T}}\boldsymbol{P}\boldsymbol{B}\varepsilon
\end{aligned}$$

设计神经网络自适应律为

$$\dot{\hat{\boldsymbol{W}}} = \gamma\boldsymbol{x}^{\mathrm{T}}\boldsymbol{P}\boldsymbol{B}\boldsymbol{h}(\boldsymbol{x}) \tag{14.9}$$

则

$$\dot{V} = 2\boldsymbol{x}^{\mathrm{T}}\boldsymbol{P}(\boldsymbol{A}+\boldsymbol{B}\boldsymbol{K})\boldsymbol{x}+2\boldsymbol{x}^{\mathrm{T}}\boldsymbol{P}\boldsymbol{B}\varepsilon \leqslant 2\boldsymbol{x}^{\mathrm{T}}\boldsymbol{P}(\boldsymbol{A}+\boldsymbol{B}\boldsymbol{K})\boldsymbol{x}+\delta\boldsymbol{x}^{\mathrm{T}}\boldsymbol{P}\boldsymbol{B}(\boldsymbol{x}^{\mathrm{T}}\boldsymbol{P}\boldsymbol{B})^{\mathrm{T}}+\frac{1}{\delta}\varepsilon_{\mathrm{N}}^2$$

$$=\boldsymbol{x}^{\mathrm{T}}\{\boldsymbol{P}(\boldsymbol{A}+\boldsymbol{BK})+[\boldsymbol{P}(\boldsymbol{A}+\boldsymbol{BK})]^{\mathrm{T}}+\delta\boldsymbol{PBB}^{\mathrm{T}}P\}\boldsymbol{x}+\frac{1}{\delta}\varepsilon_{\mathrm{N}}^{2}$$

其中，$\delta>0$。

令

$$\boldsymbol{\Phi}=\boldsymbol{P}(\boldsymbol{A}+\boldsymbol{BK})+[\boldsymbol{P}(\boldsymbol{A}+\boldsymbol{BK})]^{\mathrm{T}}+\delta\boldsymbol{PBB}^{\mathrm{T}}\boldsymbol{P}$$

则

$$\dot{V}=\boldsymbol{x}^{\mathrm{T}}\boldsymbol{\Phi}\boldsymbol{x}+\frac{1}{\delta}\varepsilon_{\mathrm{N}}^{2}$$

为使$\boldsymbol{\Phi}+\alpha\boldsymbol{P}<0,\alpha>0$，则

$$[\boldsymbol{P}(\boldsymbol{A}+\boldsymbol{BK})+*]+\delta\boldsymbol{PBB}^{\mathrm{T}}\boldsymbol{P}+\alpha\boldsymbol{P}<0$$

左右同乘 diag$\boldsymbol{P}^{-1}$，可得

$$[(\boldsymbol{A}+\boldsymbol{BK})\boldsymbol{P}^{-1}+*]+\delta\boldsymbol{BB}^{\mathrm{T}}+\alpha\boldsymbol{P}^{-1}<0$$

令 $\boldsymbol{Q}=\boldsymbol{P}^{-1}$，$\boldsymbol{R}=\boldsymbol{KQ}$，则可得第 1 个 LMI

$$\boldsymbol{\Psi}=[\boldsymbol{AQ}+\boldsymbol{BR}+*]+\delta\boldsymbol{BB}^{\mathrm{T}}+\alpha\boldsymbol{Q}<0 \tag{14.10}$$

根据 $\boldsymbol{Q}=\boldsymbol{P}^{-1}$，$\boldsymbol{P}>0$，可得第 2 个 LMI

$$\boldsymbol{Q}>0 \tag{14.11}$$

根据以上两个 LMI 可求 $\boldsymbol{R}$ 和 $\boldsymbol{Q}$，由 $\boldsymbol{R}=\boldsymbol{KQ}$ 可得

$$\boldsymbol{K}=\boldsymbol{RQ}^{-1},\quad \boldsymbol{P}=\boldsymbol{Q}^{-1} \tag{14.12}$$

根据上述分析可知，收敛性分析如下

$$\dot{V}\leqslant\boldsymbol{x}^{\mathrm{T}}\boldsymbol{\Phi}\boldsymbol{x}+\frac{1}{\delta}\varepsilon_{\mathrm{N}}^{2}=-\alpha\boldsymbol{x}^{\mathrm{T}}\boldsymbol{P}\boldsymbol{x}+\frac{1}{\delta}\varepsilon_{\mathrm{N}}^{2}\leqslant-\alpha\lambda_{\min}(\boldsymbol{P})\|\boldsymbol{x}\|_{2}^{2}+\frac{1}{\delta}\varepsilon_{\mathrm{N}}^{2}$$

为了保证 $\dot{V}\leqslant 0$，要满足以下条件

$$\alpha\lambda_{\min}(\boldsymbol{P})\|\boldsymbol{x}\|_{2}^{2}\geqslant\frac{1}{\delta}\varepsilon_{\mathrm{N}}^{2}$$

从而可得闭环系统的收敛结果

$$t\rightarrow\infty\text{ 时}，\|\boldsymbol{x}\|_{2}^{2}\rightarrow\frac{1}{\delta\alpha\lambda_{\min}(\boldsymbol{P})}\varepsilon_{\mathrm{N}}^{2}$$

可以得到结论：增大 $\boldsymbol{P}$ 的特征值，或增大 δ 或 α 的值，都可以减小 $\boldsymbol{x}$ 的收敛值。

14.2.4 仿真实例

被控对象取式(14.6)，$f(\boldsymbol{x})=10x_1x_2$，初始状态值为 $\boldsymbol{x}(0)=[1\quad 0]$。

采用 LMI 程序 chap14_2LMI.m，取 $\alpha=3$，$\delta=10$，求解 LMI 式(14.10)和式(14.11)，MATLAB 运行后显示有可行解，解为 $\boldsymbol{K}=[-23.4116\quad -11.4062]$，$\boldsymbol{P}=\begin{bmatrix}0.1226 & 0.0351\\ 0.0351 & 0.0174\end{bmatrix}$，将求得的 $\boldsymbol{K}$ 和 $\boldsymbol{P}$ 代入控制器程序 chap14_2ctrl.m 中，控制律采用式(14.8)，自适应律采用式(14.9)，$r=100$。

根据网络输入 x_1 和 x_2 的实际范围来设计高斯函数的参数，参数 $\boldsymbol{c}_j$ 和 b_j 取值分别为 $[-1\quad -0.5\quad 0\quad 0.5\quad 1]$和 3.0。网络权值中各个元素的初始值取 0.10。仿真结果如图 14.4～图 14.6 所示。

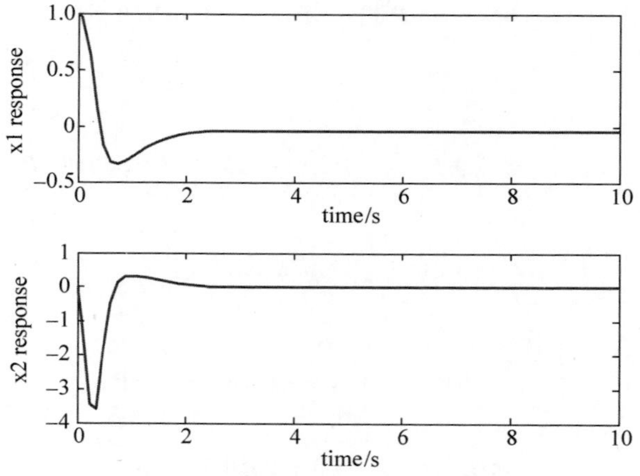

图 14.4 状态响应

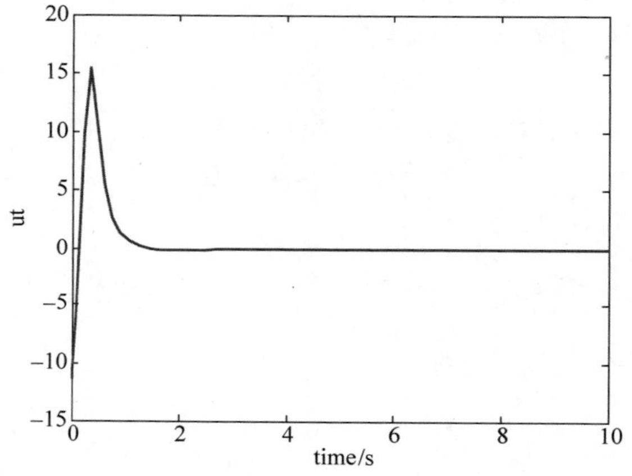

图 14.5 控制输入信号

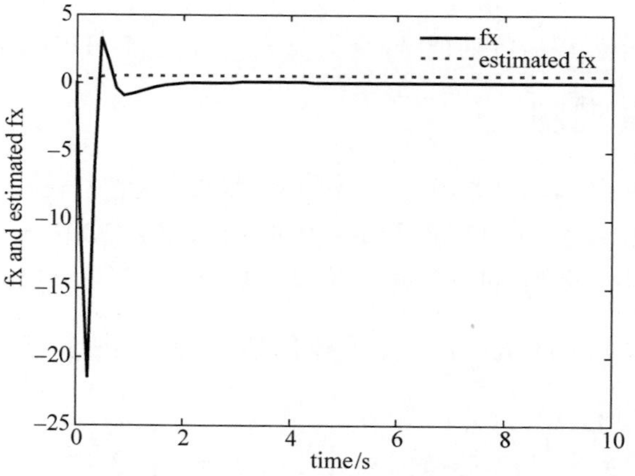

图 14.6 $f(\boldsymbol{x})$及其逼近

仿真程序：

(1) LMI 不等式求 $\boldsymbol{K}$ 程序：chap14_2LMI.m。

(2) Simulink 主程序：chap14_2sim.mdl，如图 14.7 所示。

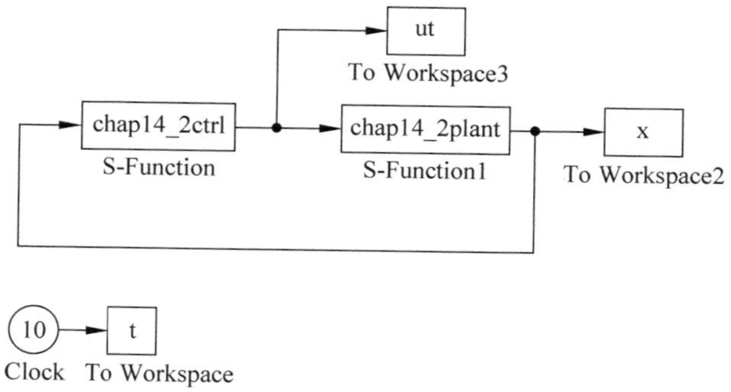

图 14.7 Simulink 主程序

(3) 被控对象 S 函数：chap14_2plant.m。

(4) 控制器 S 函数：chap14_2ctrl.m。

(5) 作图程序：chap14_2plot.m。

14.3 基于 LMI 的神经网络自适应跟踪控制

14.3.1 系统描述

考虑如下对象

$$\ddot{\theta}=u+f(\theta,\dot{\theta}) \tag{14.13}$$

取角度指令为 θ_{d}，则角度跟踪误差为 $x_1=\theta-\theta_{\mathrm{d}}$，角速度跟踪误差为 $x_2=\dot{\theta}-\dot{\theta}_{\mathrm{d}}$，则控制目标为角度和角速度的跟踪，即 $t\rightarrow\infty$ 时，$x_1\rightarrow 0$，$x_2\rightarrow 0$。

由于

$$\dot{x}_2=u+f(\theta,\dot{\theta})-\ddot{\theta}_{\mathrm{d}}$$

取 $\tau=u-\ddot{\theta}_{\mathrm{d}}$，即 $u=\tau+\ddot{\theta}_{\mathrm{d}}$，可得

$$\dot{x}_1=x_2$$

$$\dot{x}_2=\tau+f(\theta,\dot{\theta})$$

则误差状态方程为

$$\dot{\boldsymbol{x}}=\boldsymbol{A}\boldsymbol{x}+\boldsymbol{B}(\tau+f(\theta,\dot{\theta})) \tag{14.14}$$

其中，$\boldsymbol{x}=[x_1 \quad x_2]^{\mathrm{T}}$，$\boldsymbol{A}=\begin{bmatrix}0 & 1\\ 0 & 0\end{bmatrix}$，$\boldsymbol{B}=\begin{bmatrix}0\\ 1\end{bmatrix}$。

采用 RBF 神经网络逼近 $f(\theta,\dot{\theta})$，控制器设计为

$$\tau=\boldsymbol{K}\boldsymbol{x}-\hat{f}(\theta,\dot{\theta}),\quad u=\tau+\ddot{\theta}_{\mathrm{d}} \tag{14.15}$$

其中，$\boldsymbol{K}=[k_1 \quad k_2]$，$\hat{f}(\theta,\dot{\theta})$ 为 RBF 神经网络输出。

控制目标转化为通过设计 LMI 求 $\boldsymbol{K}$,实现 $t\to\infty$ 时,$\boldsymbol{x}\to 0$。

可见,式(14.14)与式(14.6)结构相同。因此,针对模型式(14.14)进行控制器的设计、收敛性分析及 LMI 的设计,与 14.2 节"基于 LMI 的神经网络自适应控制"相同。

14.3.2 仿真实例

实际模型为(14.13),取 $f(\theta,\dot{\theta})=0.1\theta\dot{\theta}$,初始状态值为 $[1.0\quad 0]^{\mathrm{T}}$。取角度指令为 $\theta_{\mathrm{d}}=\sin t$,则 $\dot{\theta}_{\mathrm{d}}=\cos t$,角度跟踪误差为 $x_1(0)=\theta(0)-\theta_{\mathrm{d}}(0)=1.0$,角速度跟踪误差为 $x_2(0)=\dot{\theta}(0)-\dot{\theta}_{\mathrm{d}}(0)=-1.0$,$\boldsymbol{x}(0)=[1\quad -1]$。

采用 LMI 程序 chap14_3LMI.m,取 $\alpha=3$,$\delta=10$,求解 LMI 式(14.10)和式(14.11),MATLAB 运行后显示有可行解,解为 $\boldsymbol{K}=[-23.4116\quad -11.4062]$,$\boldsymbol{P}=\begin{bmatrix}0.1226 & 0.0351\\ 0.0351 & 0.0174\end{bmatrix}$,将求得的 $\boldsymbol{K}$ 和 $\boldsymbol{P}$ 代入控制器程序 chap14_3ctrl.m 中,控制律采用式(14.15),自适应律采用式(14.9),$r=100$。

根据网络输入 θ 和 $\dot{\theta}$ 的实际范围来设计高斯函数的参数,参数 $\boldsymbol{c}_j$ 和 b_j 取值分别为 $[-2\quad -1\quad 0\quad 1\quad 2]$ 和 1.0。网络权值中各个元素的初始值取 0.10。仿真结果如图 14.8～图 14.10 所示。

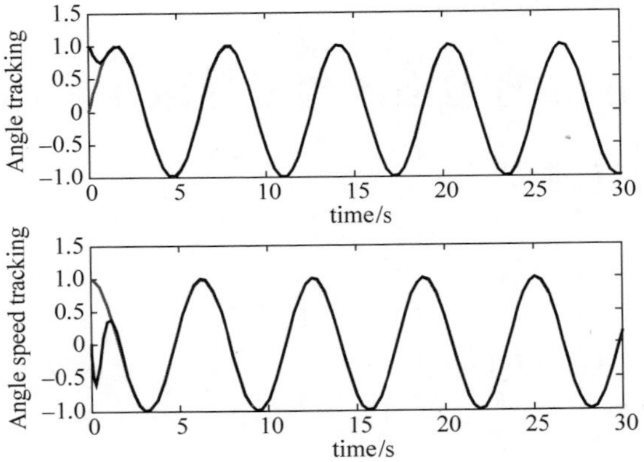

图 14.8 位置和速度跟踪

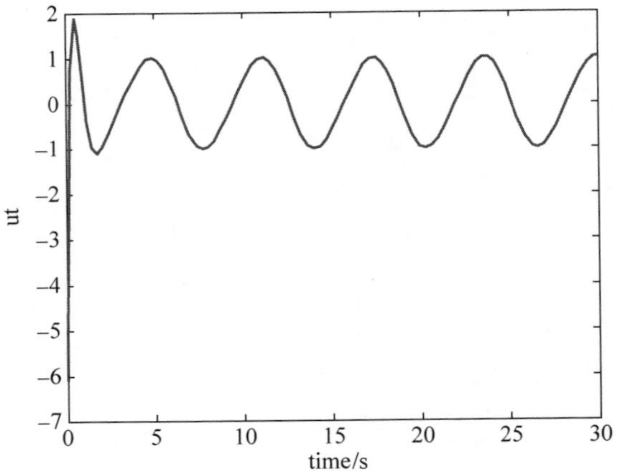

图 14.9 控制输入信号

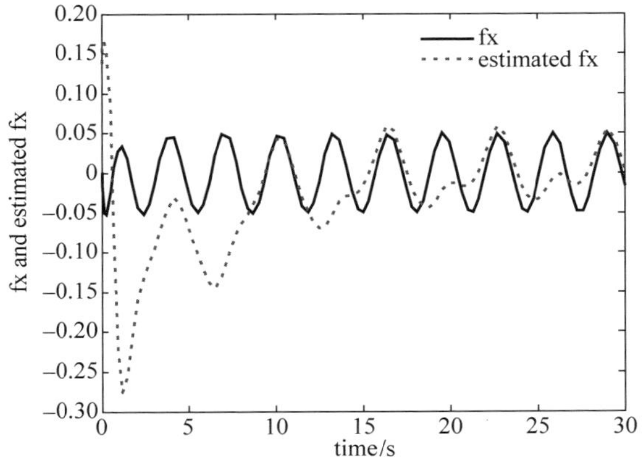

图 14.10 $f(\boldsymbol{x})$及其逼近

仿真程序：

(1) LMI 不等式求 $\boldsymbol{K}$ 程序：chap14_3LMI. m。

(2) Simulink 主程序：chap14_3sim. mdl，如图 14.11 所示。

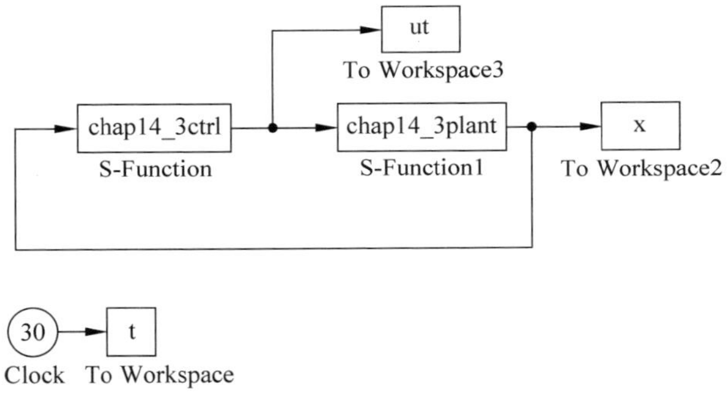

图 14.11 Simulink 主程序

(3) 被控对象 S 函数：chap14_3plant. m。

(4) 控制器 S 函数：chap14_3ctrl. m。

(5) 作图程序：chap14_3plot. m。

思考题

1. 如果式(14.6)中存在控制输入扰动，如何设计基于 LMI 的神经网络自适应控制算法？

2. 考虑未知转动惯量 J，则模型为$\begin{cases}\dot{x}_1=x_2\\J\dot{x}_2=u+f(\boldsymbol{x})\end{cases}$，通过参数自适应设计基于 LMI 的神经网络自适应控制算法。

第 15 章 智能优化算法

CHAPTER 15

随着优化理论的发展，一些新的智能算法得到了迅速发展和广泛应用，成为解决传统优化问题的新方法，如遗传算法、蚁群算法、粒子群算法和差分进化算法等。这些算法丰富了优化技术，并且都是通过模拟揭示自然现象和过程来实现，其优点和机制的独特性，为既有优化问题提供了切实可行的解决方案。

15.1 TSP 优化

旅行商问题(Traveling Salesman Problem，TSP)可描述为：已知 N 个城市之间的相互距离，现有一推销员必须遍访这 N 个城市，并且每个城市只能访问一次，最后又必须返回出发城市。设 $\boldsymbol{D}=\{d_{ij}\}$是由城市 i 和城市 j 之间的距离组成的距离矩阵，旅行商问题就是求出一条通过所有城市且每个城市只通过一次的最短距离的回路。

TSP 是一个典型的组合优化问题，其可能的路径数目与城市数目 N 呈指数型增长，一般很难精确求出其最优解，因而寻找其有效的近似求解算法具有重要的理论意义。很多实际应用问题经过简化处理后，均可化为 TSP，因而对 TSP 求解方法的研究具有重要的应用价值。TSP 是很多问题的基石，TSP 理论方广泛应用于解决规划、调度等的优化问题，这些问题包括数字化时代的送货取货、基因组图谱的绘制、搜寻行星、激光方向瞄准、印刷电路板钻孔、微处理器测试、生产作业任务调度等。

目前针对 TSP 的研究成果已经十分丰富，但实际问题中，还存在很多不确定因素，比如路径的成本问题、路径的时间问题等，都需要与其他知识理论相结合。

一般求解 TSP 的算法分为两大类：精确算法和启发式算法。精确算法主要有定界法、规划法等；启发式算法有遗传算法、模拟退火算法、粒子群算法、蚁群算法、差分进化算法等。TSP 优化中的几个关键问题如下。

(1) 生成初始群体。

在 n 维空间里随机产生满足约束条件的所有个体，采用对访问城市序列进行排列组合的方法编码，即某个巡回路径的个体是该巡回路径的城市序列，种群中每个个体的维数为城市数量。在 TSP 中，每个城市必须且仅可到达一次，不能重复，可采用 MATLAB 中的 randperm 函数初始化种群。randperm(n)为正整数随机排列命令，P＝randperm(N)返回随机排列最大值为 N 的 N 个正整数，例如 randperm(6)可生成[2　4　5　6　1　3]。

(2) 保证城市序号不重不漏。

针对TSP,需要保证所走访的城市不重不漏。为此,在初始化中,一般采用randperm函数初始化种群。在优化过程中,采用设计禁忌表或城市查重算法记录待访问的城市,从而实现所访问的城市不重不漏。

(3) 距离函数的计算。

在TSP中,距离函数为路径距离的总和。两个城市i和j的位置分别为$[x_i,y_i]$和$[x_j,y_j]$,则求解两个城市之间距离的公式为$d_{ij}=\sqrt{(x_i-x_j)^2+(y_i-y_j)^2}$。巡回路径中两两城市组合数共有$n$组,首先计算城市$i$和城市$j$路径长度,在此基础上可得到整个城市路径长度。

15.2 遗传算法

15.2.1 遗传算法的基本原理

遗传算法(Genetic Algorithm,GA),是1962年由美国Michigan大学的Holland教授提出的模拟自然界遗传机制和生物进化论而成的一种并行随机搜索最优化方法。

遗传算法是以达尔文的自然选择学说为基础发展起来的。自然选择学说包括以下3方面。

(1) 遗传:这是生物的普遍特征,亲代把生物信息交给子代,子代按照所得信息而发育、分化,因而子代总是和亲代具有相同或相似的性状。生物有了这个特征,物种才能稳定存在。

(2) 变异:亲代和子代之间以及子代的不同个体之间总是有些差异,这种现象,称为变异。变异是随机发生的,变异的选择和积累是生命多样性的根源。

(3) 生存斗争和适者生存:自然选择来自繁殖过剩和生存斗争。由于弱肉强食的生存斗争不断进行,其结果是适者生存,即具有适应性变异的个体被保留下来,不具有适应性变异的个体被淘汰,通过一代代的生存环境的选择作用,性状逐渐与祖先有所不同,演变为新的物种。这种自然选择过程是一个长期的、缓慢的、连续的过程。

遗传算法将"优胜劣汰,适者生存"的生物进化原理引入优化参数形成的编码串联群体中,按所选择的适配值函数并通过遗传中的复制、交叉及变异对个体进行筛选,使适配值高的个体被保留下来,组成新的群体,新的群体既继承了上一代的信息,又优于上一代。这样周而复始,群体中个体适应度不断提高,直到满足一定的条件。遗传算法的算法简单,可并行处理,并能到全局最优解。

遗传算法的基本操作如下。

(1) 复制(Reproduction Operator)。

复制是从一个旧种群中选择生命力强的个体位串产生新种群的过程。根据位串的适配值复制,也就是指具有高适配值的位串更有可能在下一代中产生一个或多个子孙。它模仿了自然现象,应用了达尔文的适者生存理论。复制操作可以通过随机方法来实现。若用计算机程序来实现,可考虑首先产生0～1均匀分布的随机数,若某串的复制概率为40%,则当产生的随机数在 0.40～1.0 时，该串被复制，否则被淘汰。此外，还可以通过计算方法实现，其中较典型的有适应度比例法、期望值法和排位次法等，适应度比例法较常用。

(2) 交叉(Crossover Operator)。

复制操作能从旧种群中选择出优秀者，但不能创造新的染色体。而交叉模拟了生物进化过程中的繁殖现象，通过两个染色体的交换组合来产生新的优良品种。它的过程为：在匹配池中任选两个染色体，随机选择一点或多点交换点位置；交换双亲染色体交换点右边的部分，即可得到两个新的染色体数字串。交换体现了自然界中信息交换的思想。交叉有一点交叉、多点交叉，还有一致交叉、顺序交叉和周期交叉。一点交叉是最基本的方法，应用较广，它是指染色体切断点有一处，例如：

$$A: 101100\ 1110 \rightarrow 101100\ 0101$$

$$B: 001010\ 0101 \rightarrow 001010\ 1110$$

(3) 变异(Mutation Operato)。

变异运算用来模拟生物在自然的遗传环境中由于各种偶然因素引起的基因突变，它以很小的概率随机地改变遗传基因(表示染色体的符号串的某一位)的值。在染色体以二进制编码的系统中，它随机地将染色体的某一个基因由 1 变为 0，或由 0 变为 1。若只有选择和交叉，而没有变异，则无法在初始基因组合以外的空间进行搜索，使进化过程在早期就陷入局部解而进入终止过程，从而影响解的质量。为了在尽可能大的空间中获得质量较高的优化解，必须采用变异操作。

15.2.2 遗传算法的特点

遗传算法的主要特点如下。

(1) 遗传算法是对参数的编码进行操作，而非对参数本身，这就是使得我们在优化计算过程中可以借鉴生物学中染色体和基因等概念，模仿自然界中生物的遗传和进化等机理。

(2) 遗传算法同时使用多个搜索点的搜索信息。传统的优化方法往往是从解空间的一个初始点开始最优解的迭代搜索过程，单个搜索点所提供的信息不多，搜索效率不高，有时甚至使搜索过程局限于局部最优解而停滞不前。遗传算法从由很多个体组成的一个初始群体开始最优解的搜索过程，而不是从一个单一的个体开始搜索，这是遗传算法所特有的一种隐含并行性，因此遗传算法的搜索效率较高。

(3) 遗传算法直接以目标函数作为搜索信息。传统的优化算法不仅需要利用目标函数值，而且需要目标函数的导数值等辅助信息才能确定搜索方向。而遗传算法仅使用由目标函数值变换来的适应度函数值，就可以确定进一步的搜索方向和搜索范围，无须目标函数的导数值等其他一些辅助信息。因此，遗传算法可应用于目标函数无法求导数或导数不存在的函数的优化问题，以及组合优化问题等。而且，直接利用目标函数值或个体适应度，也可将搜索范围集中到适应度较高的部分搜索空间中，从而提高搜索效率。

(4) 遗传算法使用概率搜索技术。许多传统的优化算法使用的是确定性搜索算法，一个搜索点到另一个搜索点的转移有确定的转移方法和转移关系，这种确定性的搜索方法有可能使得搜索无法达到最优点，因而限制了算法的使用范围。遗传算法的选择、交叉和变异等运算都是以一种概率的方式来进行的，因而遗传算法的搜索过程具有很好的灵活性。随着进化过程的进行，遗传算法新的群体会更多地产生出许多新的优良的个体。理论已经证明,遗传算法在一定条件下以概率 1 收敛于问题的最优解。

(5) 遗传算法在解空间进行高效启发式搜索,而非盲目地穷举或完全随机搜索。

(6) 遗传算法对于待寻优的函数基本无限制,它既不要求函数连续,也不要求函数可微,既可以是数学解析式所表示的显函数,又可以是映射矩阵甚至是神经网络的隐函数,因而应用范围较广。

(7) 遗传算法具有并行计算的特点,因而可通过大规模并行计算来提高计算速度,适合大规模复杂问题的优化。

15.2.3 遗传算法的应用领域

(1) 函数优化。

函数优化是遗传算法的经典应用领域,也是遗传算法进行性能评价的常用算例。尤其是对非线性、多模型、多目标的函数优化问题,采用其他优化方法较难求解,而遗传算法却可以得到较好的结果。

(2) 组合优化。

随着问题的增大,组合优化问题的搜索空间也急剧扩大,采用传统的优化方法很难得到最优解。遗传算法是寻求这种满意解的最佳工具。例如,遗传算法已经在求解旅行商问题、背包问题、装箱问题和图形划分问题等方面得到成功的应用。

(3) 生产调度问题。

在很多情况下,采用建立数学模型的方法难以对生产调度问题进行精确求解。在现实生产中多采用一些经验进行调度。遗传算法是解决复杂调度问题的有效工具,在单件生产车间调度、流水线生产车间调度、生产规划和任务分配等方面遗传算法都得到了有效的应用。

(4) 自动控制。

在自动控制领域中有很多与优化相关的问题需要求解,遗传算法已经在其中得到了初步的应用。例如,利用遗传算法进行控制器参数的优化,基于遗传算法的模糊控制规则的学习,基于遗传算法的参数辨识,以及基于遗传算法的神经网络结构的优化和权值学习等。

(5) 机器人。

例如,遗传算法已经在移动机器人路径规划、关节机器人运动轨迹规划以及机器人结构优化和行为协调等方面得到研究和应用。

(6) 图像处理。

遗传算法可用于图像处理过程中的扫描、特征提取、图像分割等的优化计算。目前遗传算法已经在模式识别、图像恢复和图像边缘特征提取等方面得到了应用。

15.2.4 遗传算法的优化设计

下面介绍遗传算法的构成要素。

(1) 染色体编码方法。

基本遗传算法使用固定长度的二进制符号来表示群体中的个体,其等位基因是由二值符号集{0,1}所组成。初始个体的基因值可用均匀分布的随机值来生成。例如,$x=100111001000101101$ 就可表示一个个体,该个体的染色体长度是 $n=18$。

(2) 个体适应度评价。

基本遗传算法与个体适应度成正比的概率来决定当前群体中每个个体遗传到下一代群体中的概率。为正确计算这个概率,要求所有个体的适应度必须为正数或0。因此,必须先确定由目标函数值到个体适应度之间的转换规则。

(3) 遗传算子。

基本遗传算法使用如下3种遗传算子。

① 选择运算使用比例选择算子。

② 交叉运算使用单点交叉算子。

③ 变异运算使用基本位变异算子或均匀变异算子。

(4) 基本遗传算法的运行参数。

有下面4个运行参数需要提前设定。

M：群体大小,即群体中所含个体的数量,一般取为20～100。

G：遗传算法的终止进化代数,一般取为100～500。

P_c：交叉概率,一般取为0.4～0.99。

P_m：变异概率,一般取为0.0001～0.1。

对于一个需要进行优化的实际问题,一般可按下述步骤构造遗传算法。

第一步：确定决策变量及各种约束条件,即确定出个体的表现型 X 和问题的解空间。

第二步：建立优化模型,即确定出目标函数的类型及数学描述形式或量化方法。

第三步：确定表示可行解的染色体编码方法,即确定出个体的基因型 x 及遗传算法的搜索空间。

第四步：确定个体适应度的量化评价方法,即确定出由目标函数值 $J(x)$到个体适应度函数 $F(x)$的转换规则。

第五步：设计遗传算子,即确定选择运算、交叉运算和变异运算等遗传算子的具体操作方法。

第六步：确定遗传算法的有关运行参数,即 M、G、P_c、P_m 等参数。

第七步：确定解码方法,即确定出由个体表现型 X 到个体基因型 x 的对应关系或转换方法。

以上操作过程可以用图15.1表示。

15.2.5 基于遗传算法的函数优化

利用遗传算法求Rosenbrock函数的极大值

$$\begin{cases} f(x_1,x_2)=100(x_1^2-x_2)^2+(1-x_1)^2 \\ -2.048 \leqslant x_i \leqslant 2.048 \quad (i=1,2) \end{cases}$$

该函数有两个局部极大点,分别是 $f(2.048,-2.048)=3897.7342$ 和 $f(-2.048,-2.048)=3905.9262$,其中后者为全局最大点。

函数 $f(x_1,x_2)$的三维图如图15.2所示,可以发现该函数在指定的定义域上有两个接近的极点,即一个全局极大值和一个局部极大值。因此,采用寻优算法求极大值时,需要避免陷入局部最优解。$f(x_1,x_2)$的三维图仿真程序为function_plot.m。

求解该问题遗传算法的构造过程如下。

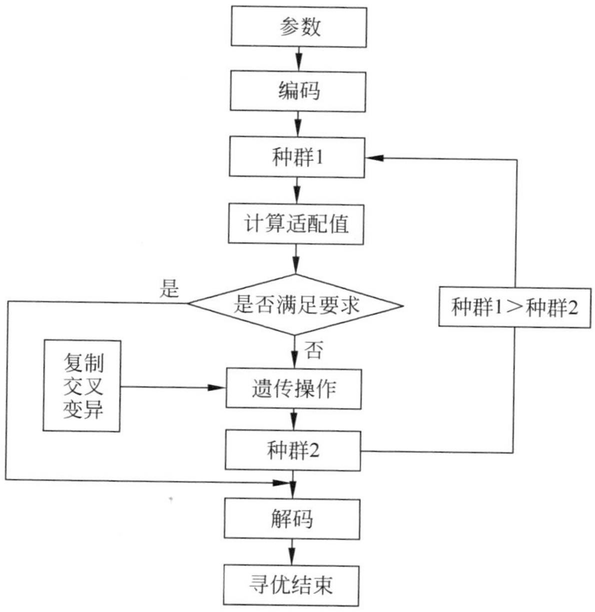

图 15.1　遗传算法流程图

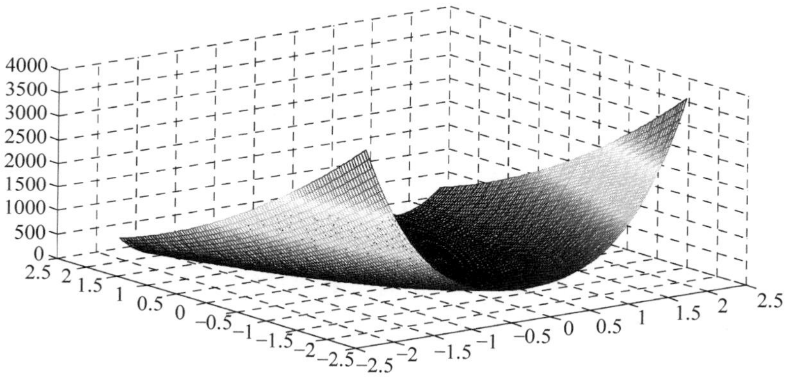

图 15.2　$f(x_1,x_2)$的三维图

第一步：确定决策变量和约束条件。

第二步：建立优化模型。

第三步：确定编码方法。用长度为 10 位的二进制编码串来分别表示两个决策变量 x_1 和 x_2。10 位二进制编码串可以表示 0～1023 的 1024 个不同的数，故将 x_1 和 x_2 的定义域离散化为 1023 个均等的区域，包括两个端点在内共有 1024 个不同的离散点。从离散点 −2.048 到离散点 2.048，依次让它们分别对应于 0000000000(0)～1111111111(1023)的二进制编码。再将分别表示 x_1 和 x_2 的两个 10 位长的二进制编码串连在一起，组成一个 20 位长的二进制编码串，它就构成了这个函数优化问题的染色体编码方法。使用这种编码方法，解空间和遗传算法的搜索空间就具有一一对应的关系。例如，x：0000110111 1101110001 就表示一个个体的基因型，其中前 10 位表示 x_1，后 10 位表示 x_2。

第四步：确定解码方法。解码时需要将 20 位长的二进制编码串切断为两个 10 位长的二进制编码串，然后分别将它们转换为对应的十进制整数代码，分别记为 y_1 和 y_2。依据个体编码方法和对定义域的离散化方法可知，将代码 y_i 转换为变量 x_i 的解码公式为

$$x_i = 4.096 \times \frac{y_i}{1023} - 2.048 \quad (i = 1,2) \tag{15.1}$$

例如，对个体 x：0000110111 1101110001，它由两个代码所组成

$$y_1 = 55, \quad y_2 = 881$$

上述两个代码经过解码后，可得到两个实际的值

$$x_1 = -1.828, \quad x_2 = 1.476$$

第五步：确定个体评价方法。由于 Rosenbrock 函数的值域总是非负的，并且优化目标是求函数的最大值，故可将个体的适应度直接取为对应的目标函数值，即

$$F(x) = f(x_1, x_2) \tag{15.2}$$

选个体适应度的倒数作为目标函数

$$J(x) = \frac{1}{F(x)} \tag{15.3}$$

第六步：设计遗传算子。选择运算使用比例选择算子，交叉运算使用单点交叉算子，变异运算使用基本位变异算子。

第七步：确定遗传算法的运行参数。群体大小 $M=80$，终止进化代数 $G=100$，交叉概率 $P_c=0.60$，变异概率 $P_m=0.10$。

上述 7 个步骤构成了求 Rosenbrock 函数极大值优化计算的二进制编码遗传算法。

二进制编码求函数极大值仿真程序见 chap15_1.m。仿真程序经过 100 步迭代，最佳样本如下

$$\text{BestS} = [0\ 0\ 0\ 0\ 0\ 0\ 0\ 0\ 0\ 0\ 0\ 0\ 0\ 0\ 0\ 0\ 0\ 0\ 0\ 0]$$

即当 $x_1=-2.0480$，$x_2=-2.0480$ 时，Rosenbrock 函数具有极大值，极大值为 3905.9。

遗传算法的优化过程中，目标函数 J 和适应度函数 F 的优化过程如图 15.3(a)和 15.3(b)所示。由仿真结果可知，随着进化过程的进行，群体中适应度较低的一些个体被逐渐淘汰掉，而适应度较高的一些个体会越来越多，并且它们都集中在所求问题的最优点附近，从而搜索到问题的最优解。

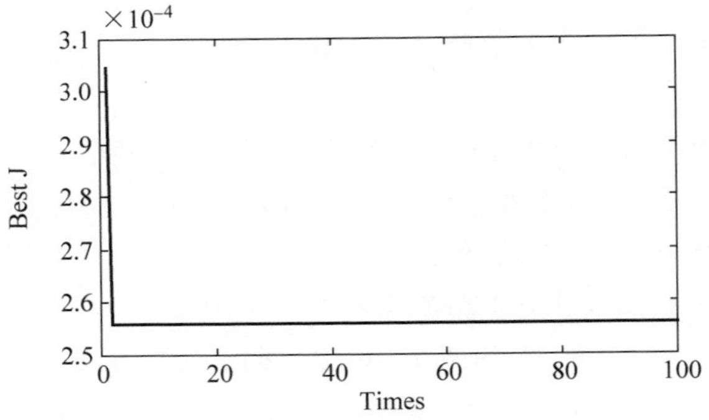

(a) 目标函数 J 的优化过程

图 15.3 目标函数 J 和适应函数 F 的优化过程

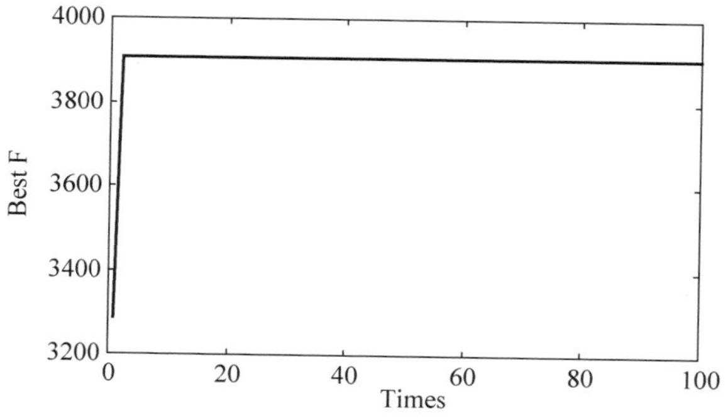

(b) 适应函数 F 的优化过程

图 15.3 （续）

遗传算法优化程序：chap15_1.m。

15.3 基于遗传算法的 TSP 优化

15.3.1 TSP 的编码

设 $\boldsymbol{D}=\{d_{ij}\}$ 是由城市 i 和城市 j 之间的距离组成的距离矩阵，旅行商问题就是求出一条通过所有城市且每个城市只通过一次的具有最短距离的回路。

在旅行商问题的各种求解方法中，描述旅行路线的方法主要有两种：一是巡回旅行路线经过的连接两个城市的路线的顺序排列；二是巡回旅行路线所经过的各个城市的顺序排列。大多数求解旅行商问题的遗传算法是以后者为描述方法的，它们都采用所遍历城市的顺序来表示各个个体的编码串，其等位基因为 N 个整数值或 N 个记号。

以城市的遍历次序作为遗传算法的编码，目标函数取路径长度。在群体初始化、交叉操作和变异操作中考虑 TSP 的合法性约束条件（即对所有的城市做到不重不漏）。

15.3.2 TSP 的遗传算法设计

下面介绍采用遗传算法进行路径优化的步骤。

（1）参数编码和初始群体设定。

一般来说遗传算法对解空间的编码大多采用二进制编码形式，但对于 TSP 类排序问题，采用对访问城市序列进行排列组合的方法编码，即某个巡回路径的染色体个体是该巡回路径的城市序列。

针对 TSP，编码规则通常是取 N 进制编码，即每个基因仅从 1 到 N 的整数里面取一个值，每个个体的长度为 N，N 为城市总数。定义一个 s 行 t 列的 POP 矩阵来表示群体，t 为城市个数+1，即 $N+1$，s 为样本中个体数目。针对 30 个城市的 TSP，t 取值 31，即矩阵每一行的前 30 个元素表示经过的城市编号，最后一个元素表示经过这些城市要走的距离。

参数编码和初始群体设定程序为：

```
pop = zeros(s,t);
for i = 1:s
   pop(i,1:t-1) = randperm(t-1);
end
```

(2) 计算路径长度的函数设计。

在 TSP 的求解中,用距离的总和作为适应度函数,来衡量求解结果是否最优。将 POP 矩阵中每一行表示经过的距离的最后一个元素作为路径长度。

两个城市 m 和 n 间的距离为

$$d_{mn}=\sqrt{(x_m-x_n)^2+(y_m-y_n)^2} \tag{15.4}$$

用于计算路径长度的程序为 chap15_2dis.m。

通过样本的路径长度可以得到目标函数和自适应度函数。根据 t 的定义,两两城市组合数共有 $t-2$ 组,则目标函数为

$$J(t)=\sum_{j=1}^{t-2}d(j) \tag{15.5}$$

自适应度函数取目标函数的倒数,即

$$f(t)=\frac{1}{J(t)} \tag{15.6}$$

(3) 计算选择算子。

选择就是从群体中选择优胜个体、淘汰劣质个体的操作,它建立在群体中个体适应度评估基础上。仿真中采用最优保存方法,即将群体中适应度最大的 c 个个体直接替换适应度最小的 c 个个体。选择算子函数为 chap15_2select.m。

(4) 计算交叉算子。

交叉算子在遗传算法中起着核心的作用,它是指将个体进行两两配对,并以交叉概率 P_c 将配对的父代个体加以替换重组而生成新个体的操作。仿真中,取 $P_c=0.90$。

有序交叉法实现的步骤如下。

第一步:随机选取两个交叉点 crosspoint(1)和 crosspoint(2)。

第二步:两后代先分别按对应位置复制双亲 X_1 和 X_2 匹配段中的两个子串 A_1 和 B_1。

第三步:在对应位置交换双亲匹配段以外的城市,如果交换后,后代 X_1 中的某个城市 a 与子串 A_1 中的城市重复,则将该城市取代子串 B_1 与 A_1 中的城市 a 具有相同位置的新城市,直到与子串 A_1 中的城市均不重复为止,对后代 X_2 也采用同样方法,如图 15.4 所示。

X_1:	9	8	|	4	5	6	7	1	|	3	2	0
X_2:	8	7	|	1	4	0	3	2	|	9	6	5
						↓						
X_1':	8	3	|	4	5	6	7	1	|	9	0	2

图 15.4 有序交叉算子

从图 15.4 可知,有序交叉算子能够有效地继承双亲的部分基因成分,达到了进化过程中的遗传功能,使该算法并不是盲目搜索,而是趋向于使群体具有更多的优良基因,最后实现寻优的目的。交叉算子函数为 chap15_2cross.m。

(5) 计算变异算子。

变异操作是以变异概率 P_m 对群体中个体串某些基因位上的基因值做变动,若变异后子代的适应度值更加优异,则保留子代染色体,否则,仍保留父代染色体。仿真中,取 $P_m=0.20$。

这里采用倒置变异法：假设当前个体 X 为(1 3 7 4 8 0 5 9 6 2)，如果当前随机概率值$<P_m$，则随机选择来自同一个体的两个点 mutatepoint(1)和 mutatepoint(2)，然后倒置该两个点的中间部分，产生新的个体。

例如，假设随机选择个体 X 的两个点"7"和"9"，则倒置该两个点的中间部分，即将"4805"变为"5084"，产生新的个体 X 为(1 3 7 5 0 8 4 9 6 2)。变异算子函数为 chap15_2mutate. m。

15.3.3 仿真实例

以 8 个城市的路径优化为例，其城市路径坐标保存在当前路径程序 cities8. txt 中。遗传算法参数设定为：群体中个体数目 $s=30$，交叉概率 $P_c=0.10$，变异概率 $P_m=0.80$。仿真中，针对 8 个城市的选择运算，取 $c=10$。针对 30 个城市，取 $c=25$。

通过改变进化代数为 k，观察不同进化代数下路径的优化情况，仿真结果如图 15.5 所示，经过 50 次进化，城市组合路径达到最小。最短路程为 2.8937。仿真过程表明，在 20 次仿真实验中，有 15 次可收敛到最优解。

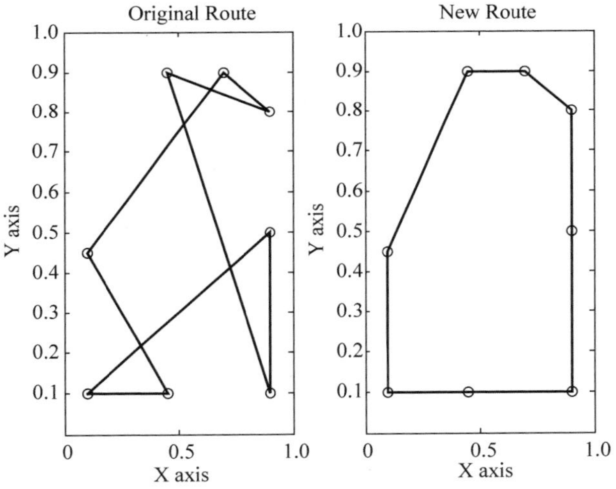

图 15.5 8 个城市进化代次数为 50 时的轨迹优化，距离 $L=3.4173$

以 30 个城市的路径优化为例，其城市路径坐标保存在当前路径程序 cities30. txt 中。遗传算法参数设定为：群体中个体数目 $s=1500$，交叉概率 $P_c=0.10$，变异概率 $P_m=0.80$。针对 30 个城市的选择运算，取 $c=25$。通过改变进化代数为 k，观察不同进化代数下路径的优化情况，仿真结果如图 15.6 所示，经过 300 次进化，城市组合路径达到最小。最短路程为 424.8693。

仿真程序：

(1) 主程序：chap15_2. m。

(2) 距离计算函数(求适应度函数)：chap15_2dis. m。

(3) 选择算子函数：chap15_2select. m。

(4) 交叉算子函数：chap15_2cross. m。

(5) 变异算子函数：chap15_2mutate. m。

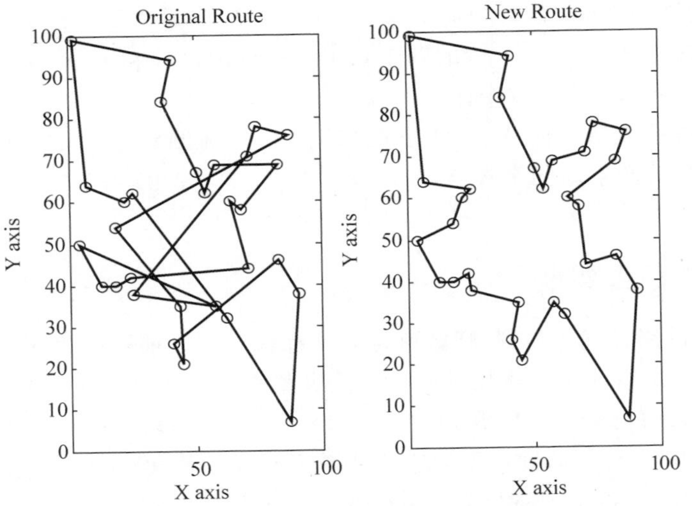

图 15.6 30 个城市进化代次数为 300 时的轨迹优化

15.4 粒子群优化算法

粒子群算法,也称粒子群优化(Particle Swarm Optimization,PSO)算法。粒子群优化算法是一种进化计算技术,1995 年由 Eberhart 博士和 Kennedy 博士提出[1]。该算法源于对鸟群捕食的行为研究,是近年来迅速发展的一种新的进化算法。

最早的 PSO 算法是模拟鸟群觅食行为而发展起来的一种基于群体协作的随机搜索算法,让一群鸟在空间里自由飞翔觅食,每个鸟都能记住它曾经飞过最高的位置,然后就随机地靠近那个位置,不同的鸟之间可以互相交流,它们都尽量靠近整个鸟群中曾经飞过的最高点,这样,经过一段时间就可以找到近似的最高点。

PSO 算法属于进化算法的一种,和遗传算法相似,也是从随机解出发,通过迭代寻找最优解,通过适应度来评价解的品质,但它比遗传算法规则更为简单,没有遗传算法的交叉和变异操作,通过追随当前搜索到的最优值来寻找全局最优。这种算法以其实现容易、精度高、收敛快等优点引起了学术界的重视,并且在解决实际问题中展示了其优越性,目前已广泛应用于函数优化、系统辨识和模糊控制等应用领域。

15.4.1 粒子群算法基本原理

PSO 算法模拟鸟群的捕食行为。设想这样一个场景:一群鸟在随机搜索食物。在这个区域里只有一块食物,所有的鸟都不知道食物在哪里,但是它们知道当前的位置离食物还有多远。那么,找到食物的最优策略就是搜寻目前离食物最近的鸟的周围区域。

PSO 算法从这种模型中得到启示并用于解决优化问题。PSO 算法中,每个优化问题的解都是搜索空间中的一只鸟,称之为“粒子”。所有的粒子都有一个由被优化的函数决定的适应度值,适应度值越大越好。每个粒子还有一个速度决定它们飞行的方向和距离,粒子们追随当前的最优粒子在解空间中搜索。

PSO 算法首先将鸟群初始化为一群随机粒子(随机解),然后通过迭代找到最优解。在每一次迭代中，粒子通过跟踪两个“极值”来更新自己的位置。第一个极值是粒子本身所找到的最优解，这个解叫作个体极值。另一个极值是整个种群目前找到的最优解，这个极值称为全局极值。另外，也可以不用整个种群而只是用其中一部分作为粒子的邻居，那么在所有邻居中的极值就是全局极值。

应用PSO算法解决优化问题的过程中有两个重要的步骤，即问题解的编码和适应度函数。

(1) 编码。

PSO算法的一个优势就是采用实数编码。例如，对于问题 $f(x)=x_1^2+x_2^2+x_3^2$ 求最大值，粒子可以直接编码为 (x_1,x_2,x_3)，而适应度函数就是 $f(x)$。

(2) 适应度函数。

PSO算法中需要调节的参数如下：

- 粒子数：一般取20～40，对于比较难的问题，粒子数可以取到100或200。
- 最大速度 $V_{\max}$：决定粒子在一个循环中最大的移动距离，通常小于粒子的范围宽度。如果是较大的 $V_{\max}$，可以保证粒子种群的全局搜索能力，如果是较小的 $V_{\max}$，则粒子种群的局部搜索能力加强。
- 学习因子：c_1 和 c_2 通常可设定为2.0。c_1 为局部学习因子，c_2 为全局学习因子，一般取 c_2 大些。
- 惯性权重：一个大的惯性权值有利于展开全局寻优，而一个小的惯性权值有利于局部寻优。当粒子的最大速度 $V_{\max}$ 很小时，应使用接近于1的惯性权重。当 $V_{\max}$ 不是很小时，使用权重 $\omega=0.8$ 较好。还可使用时变权重。如果在迭代过程中采用线性递减惯性权值，则粒子群算法在开始时具有良好的全局搜索性能，能够迅速定位到接近全局最优点的区域，而在后期具有良好的局部搜索性能，能够精确地得到全局最优解。经验表明，惯性权重采用从0.90线性递减到0.10的策略，会获得比较好的算法性能。
- 中止条件：最大循环数或最小误差要求。

15.4.2 算法流程

下面介绍算法编程。

第一步：初始化。

设定参数运动范围，设定学习因子 c_1、c_2，最大进化代数 G，kg 表示当前的进化代数。在一个 D 维参数的搜索解空间中，粒子组成的种群规模大小为Size，每个粒子代表解空间的一个候选解，其中第 $i(1\leqslant i\leqslant \text{Size})$ 个粒子在整个解空间的位置表示为 X_i，速度表示为 V_i。第 i 个粒子从初始到当前迭代次数搜索产生的最优解，个体极值 P_i，整个种群目前的最优解为BestS。随机产生Size个粒子，随机产生初始种群的位置矩阵和速度矩阵。

第二步：个体评价(适应度评价)：将各个粒子初始位置作为个体极值，计算群体中各个粒子的初始适应值 $f(X_i)$，并求出种群最优位置。

第三步：更新粒子的速度和位置，产生新种群，并对粒子的速度和位置进行越界检查，为避免算法陷入局部最优解，加入一个局部自适应变异算子进行调整

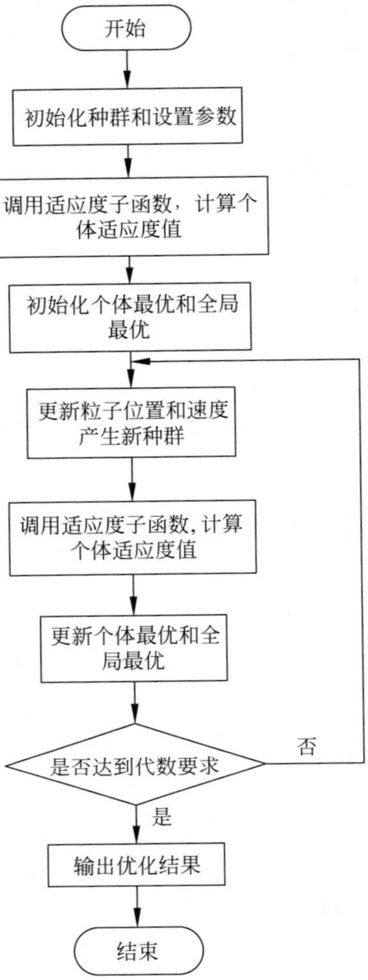

图 15.7　PSO 的算法流程图

$$V_i^{kg+1} = w(t) \times V_i^{kg} + c_1 r_1 (p_i^{kg} - X_i^{kg}) + c_2 r_2 (\mathrm{Best}S_i^{kg} - X_i^{kg}) \tag{15.7}$$

$$X_i^{kg+1} = X_i^{kg} + V_i^{kg+1} \tag{15.8}$$

其中，$kg=1,2,\cdots,G$，$i=1,2,\cdots,\mathrm{Size}$，$r_1$ 和 r_2 为 0 到 1 的随机数，c_1 为局部学习因子，c_2 为全局学习因子，一般取 c_2 大些。

第四步：比较粒子的当前适应值 $f(X_i)$ 和自身历史最优值 p_i，如果 $f(X_i)$ 优于 p_i，则置 p_i 为当前值 $f(X_i)$，并更新粒子位置。

第五步：比较粒子当前适应值 $f(X_i)$ 与种群最优值 Best$S$，如果 $f(X_i)$ 优于 Best$S$，则置 Best$S$ 为当前值 $f(X_i)$，更新种群全局最优值。

第六步：检查结束条件，若满足，则结束寻优；否则 $kg=kg+1$，转至第三步。结束条件为寻优达到最大进化代数，或评价值小于给定精度。

PSO 的算法流程图如图 15.7 所示。

15.4.3　基于粒子群算法的函数优化

利用粒子群算法求 Rosenbrock 函数的极大值

$$\begin{cases} f(x_1,x_2) = 100(x_1^2 - x_2)^2 + (1-x_1)^2 \\ -2.048 \leqslant x_i \leqslant 2.048 \quad (i=1,2) \end{cases}$$

该函数有两个局部极大点，分别是 $f(2.048,-2.048)=3897.7342$ 和 $f(-2.048,-2.048)=3905.9262$，其中后者为全局最大点。

全局粒子群算法中，粒子 i 的邻域随着迭代次数的增加而逐渐增加，开始第一次迭代，它的邻域粒子的个数为 0，随着迭代次数邻域线性变大，最后邻域扩展到整个粒子群。全局粒子群算法收敛速度快，但容易陷入局部最优。而局部粒子群算法收敛速度慢，但可有效避免局部最优。

全局粒子群算法中，每个粒子的速度的更新取决于粒子自己历史最优值 p_i 和粒子群体全局最优值 p_g。为了避免陷入局部极小，可采用局部粒子群算法，每个粒子速度更新取决于粒子自己历史最优值 p_i 和粒子邻域内粒子的最优值 p_{local}。

根据取邻域的方式的不同，局部粒子群算法有很多不同的实现方法。本节采用最简单的环形邻域法，如图 15.8 所示。

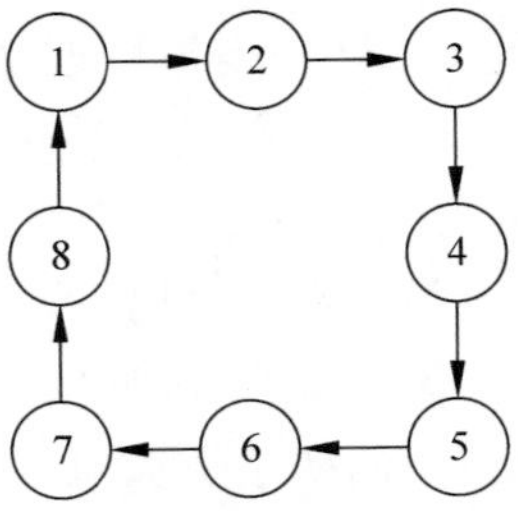

图 15.8　环形邻域法

以 8 个粒子为例说明局部粒子群算法，如图 15.8 所示。在每次进行速度和位置更新时，粒子 1 追踪 1、2、8 三个粒子中的最优个体，粒子 2 追踪 1、2、3 三个粒子中的最优个体，依次类推。仿真中，求解某个粒子邻域中的最优个体是由函数 chap15_3lbest.m 来完成的。

局部粒子群算法中，按如下两个式子更新粒子的速度和位置

$$V_i^{kg+1}=w(t)\times V_i^{kg}+c_1r_1(p_i^{kg}-X_i^{kg})+c_2r_2(p_{i\text{local}}^{kg}-X_i^{kg}) \tag{15.9}$$

$$X_i^{kg+1}=X_i^{kg}+V_i^{kg+1} \tag{15.10}$$

其中，$p_{i\text{local}}^{kg}$ 为局部寻优的粒子。

同样，对粒子的速度和位置要进行越界检查，为避免算法陷入局部最优解，加入一个局部自适应变异算子进行调整。

采用实数编码求函数极大值，用两个实数分别表示两个决策变量 x_1,x_2，分别将 x_1,x_2 的定义域离散化为从离散点−2.048 到离散点 2.048 的 Size 个实数。个体的适应度直接取为对应的目标函数值，越大越好。即取适应度函数为 $F(x)=f(x_1,x_2)$。

在粒子群算法仿真中，取粒子群个数为 Size=50，最大迭代次数 $G=100$，粒子运动最大速度为 $V_{\max}=1.0$，即速度范围为[−1,1]。学习因子取 $c_1=1.3$，$c_2=1.7$，采用线性递减的惯性权重，惯性权重采用从 0.90 线性递减到 0.10 的策略。

根据 M 的不同可采用不同的粒子群算法。取 $M=2$，采用局部粒子群算法。按式(15.7)和式(15.8)更新粒子的速度和位置，产生新种群。经过 100 步迭代，最佳样本为 BestS = [−2.048　−2.048]，即当 $x_1=-2.048$，$x_2=-2.048$ 时，Rosenbrock 函数具有极大值，极大值为 3905.9。

适应度函数 F 的变化过程如图 15.9 所示，由仿真可见，随着迭代过程的进行，粒子群通过追踪自身极值和局部极值，不断更新自身的速度和位置，从而找到全局最优解。通过采用局部粒子群算法，增强了算法的局部搜索能力，有效地避免了陷入局部最优解，仿真结果表明正确率在 95%以上。

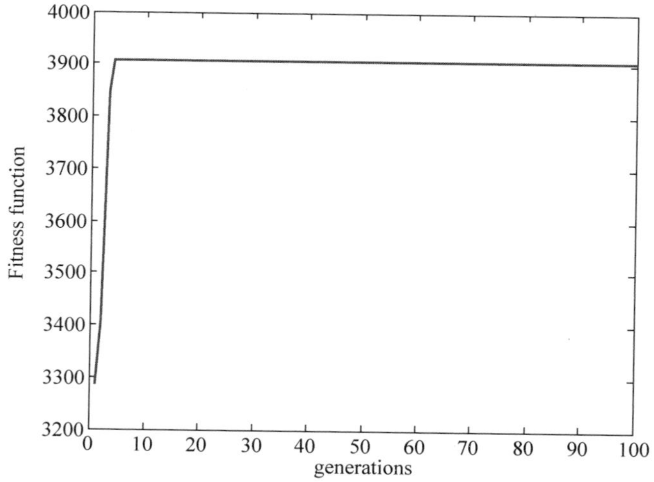

图 15.9　适应度函数 F 的优化过程

粒子群优化程序：

(1) 主程序：chap15_3.m。

(2) 局部最优排序函数：chap15_3lbest.m。

(3) 函数计算程序：chap15_3func.m。

15.4.4 基于粒子群算法的 TSP 优化

采用粒子群算法进行城市的路径优化，初始化中，为了防止城市重复及个体间重复，采用 randperm 函数初始化种群。为了保证在优化过程中城市序号不重不漏，设计城市查重算法。首先采用 find()指令确定有重复城市的编码位置，然后判断在该样本中漏掉的城市序号，采用 ismember()指令确定遗漏的城市编号，再用漏掉的城市序号替代城市重复的位置，该功能通过主程序 chap15_4. m 实现。用于计算整个城市路径长度的子程序为 chap15_4dis. m。采用环形邻域法确定局部最优个体，仿真程序采用 chap15_4best. m。

仿真中，城市数量为 CodeL，取粒子群个数为 Size=50，最大迭代次数 $G=100$，粒子运动最大速度为 $V_{max}=1.0$，即速度范围为[−1,1]，粒子群算法采用式(15.9)和式(15.10)，学习因子取 $c_1=1.3$，$c_2=1.7$，采用线性递减的惯性权重，惯性权重采用从 0.90 线性递减到 0.10 的策略。取 8 个城市进行路径优化，取迭代次数为 100 次，路径优化前后如图 15.10 所示，优化后最短路程为 2.8937，路径优化的收敛过程如图 15.11 所示。由仿真结果可见，粒子群算法收敛速度快，经过 3 次进化，城市组合路径就已经达到最小。

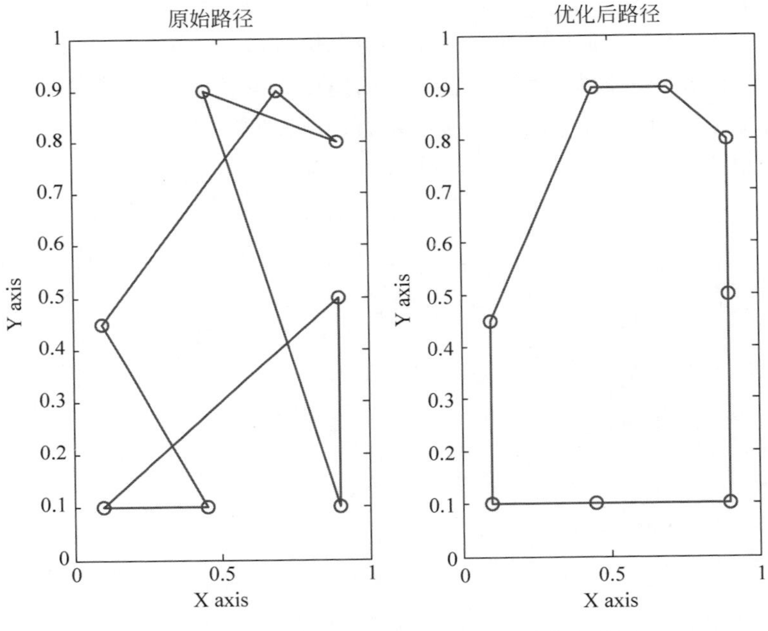

图 15.10 8 个城市进化次数为 50 次时优化效果

仿真程序：

(1) 城市位置分布：City8. txt。

(2) 主程序：chap15_4. m。

(3) 计算城市距离子程序：chap15_4dis. m。

(4) 求解粒子环形邻域中的局部最优个体子程序：chap15_4best. m。

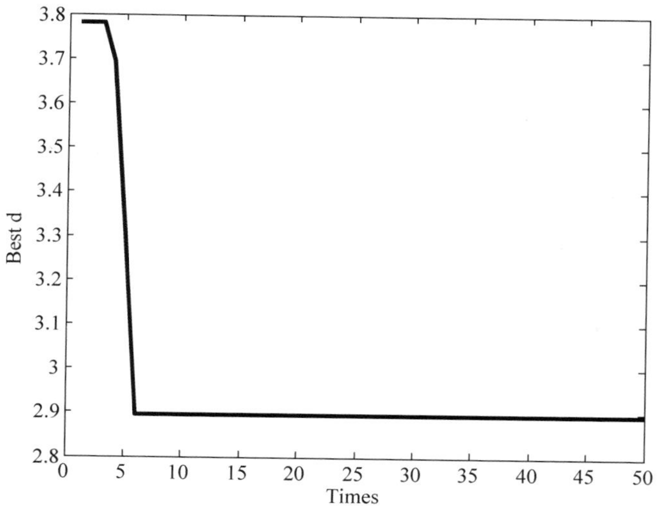

图 15.11 路径优化的收敛过程

15.5 标准差分进化算法

差分进化(Differential Evolution,DE)算法是模拟自然界生物种群以“优胜劣汰、适者生存”为原则的进化发展规律而形成的一种随机启发式搜索算法,是一种新兴的进化计算技术。它于1995年由Rainer Storn和Kenneth Price提出[2]。由于其简单易用、稳健性好以及强大的全局搜索能力,使得差分进化算法已在多个领域取得成功。

差分进化算法保留了基于种群的全局搜索策略,采用实数编码、基于差分的简单变异操作和一对一的竞争生存策略,降低了遗传操作的复杂性。同时,差分进化算法特有的记忆能力使其可以动态跟踪当前的搜索情况,以调整其搜索策略,具有较强的全局收敛能力和鲁棒性,且不需要借助问题的特征信息,适于求解一些利用常规的数学规划方法无法求解的复杂环境中的优化问题,采用差分进化算法可实现复杂问题的优化。

实验结果表明,差分进化算法的性能优于粒子群算法和其他进化算法,该算法已成为一种求解非线性、不可微、多极值和高维的复杂函数的一种有效和鲁棒的方法。

差分进化算法是基于群体智能理论的优化算法,通过群体内个体间的合作与竞争产生的群体智能指导优化搜索。它保留了基于种群的全局搜索策略,采用实数编码、基于差分的简单变异操作和一对一的竞争生存策略,降低了遗传操作的复杂性,同时它特有的记忆能力使其可以动态跟踪当前的搜索情况以调整其搜索策略,具有较强的全局收敛能力和鲁棒性。差分进化算法的主要优点为待定参数少、不易陷入局部最优以及收敛速度快。

差分进化算法根据父代个体间的差分矢量进行变异、交叉和选择操作,其基本思想是从某一随机产生的初始群体开始,通过把种群中任意两个个体的向量差加权后按一定的规则与第三个个体求和来产生新个体,然后将新个体与当代种群中某个预先决定的个体相比较,如果新个体的适应度值优于与之相比较的个体的适应度值,则在下一代中就用新个体取代旧个体,否则旧个体仍保存下来,通过不断地迭代运算,保留优良个体,淘汰劣质个体,引导搜索过程向最优解逼近。

在优化设计中,差分进化算法与传统的优化方法相比,具有以下主要特点。

(1) 差分进化算法从一个群体,即多个点而不是从一个点开始搜索,这是它能以较大的概率找到整体最优解的主要原因。

(2) 差分进化算法的进化准则是基于适应性信息的,无须借助其他辅助性信息(如要求函数可导或连续),大大地扩展了其应用范围。

(3) 差分进化算法具有内在的并行性,这使得它非常适用于大规模并行分布处理,减小时间成本开销。

(4) 差分进化算法采用概率转移规则,不需要确定性的规则。

15.5.1 差分进化算法的基本流程

差分进化算法是基于实数编码的进化算法,整体结构上与其他进化算法类似,由变异、交叉和选择3个基本操作构成。下面介绍标准差分进化算法的4个步骤。

(1) 生成初始群体。

在 n 维空间里随机产生满足约束条件的 M 个个体,实施措施如下

$$x_{ij}(0)=\mathrm{rand}_{ij}(0,1)(x_{ij}^{\mathrm{U}}-x_{ij}^{\mathrm{L}})+x_{ij}^{\mathrm{L}} \tag{15.11}$$

其中,x_{ij}^{U} 和 x_{ij}^{L} 分别是第 j 个染色体的上界和下界,$\mathrm{rand}_{ij}(0,1)$是[0,1]的随机小数。

初始化采用随机值,使个体丰富,避免陷入局部极值。

(2) 变异操作。

从群体中随机选择3个个体 x_{p1},x_{p2} 和 x_{p3},且($i\neq p_1\neq p_2\neq p_3$),则基本的变异操作为

$$h_{ij}(t+1)=x_{p1j}(t)+F(x_{p2j}(t)-x_{p3j}(t)) \tag{15.12}$$

如果无局部优化问题,变异操作可写为

$$h_{ij}(t+1)=x_{bj}(t)+F(x_{p2j}(t)-x_{p3j}(t)) \tag{15.13}$$

其中,$x_{p2j}(t)-x_{p3j}(t)$为差异化向量,此差分操作是差分进化算法的关键,F 为缩放因子,p_1,p_2,p_3 为随机整数,表示个体在种群中的序号,$x_{bj}(t)$为当前代中种群中最好的个体。

由于式(15.13)借鉴了当前种群中最好的个体信息,可加快收敛速度。

(3) 交叉操作。

交叉操作是为了增加群体的多样性,具体操作如下

$$v_{ij}(t+1)=\begin{cases}h_{ij}(t+1), & \mathrm{rand}\ l_{ij}\leqslant \mathrm{CR}\\ x_{ij}(t), & \mathrm{rand}\ l_{ij}>\mathrm{CR}\end{cases} \tag{15.14}$$

其中,$\mathrm{rand}\ l_{ij}$ 为[0,1]的随机小数,CR 为交叉概率,$\mathrm{CR}\in[0,1]$。

(4) 选择操作。

为了确定 $\boldsymbol{x}_i(t)$是否成为下一代的成员,试验向量 $\boldsymbol{v}_i(t+1)$和目标向量 $\boldsymbol{x}_i(t)$对评价函数进行比较

$$\boldsymbol{x}_i(t+1)=\begin{cases}\boldsymbol{v}_i(t+1), f(v_{i1}(t+1),\cdots,v_{in}(t+1))>f(x_{i1}(t),\cdots,x_{in}(t))\\ \boldsymbol{x}_{ij}(t), f(v_{i1}(t+1),\cdots,v_{in}(t+1))\leqslant f(x_{i1}(t),\cdots,x_{in}(t))\end{cases} \tag{15.15}$$

反复执行步骤(2)至步骤(4)操作,直至达到最大的进化代数 G,差分进化基本运算流程如图15.12所示。

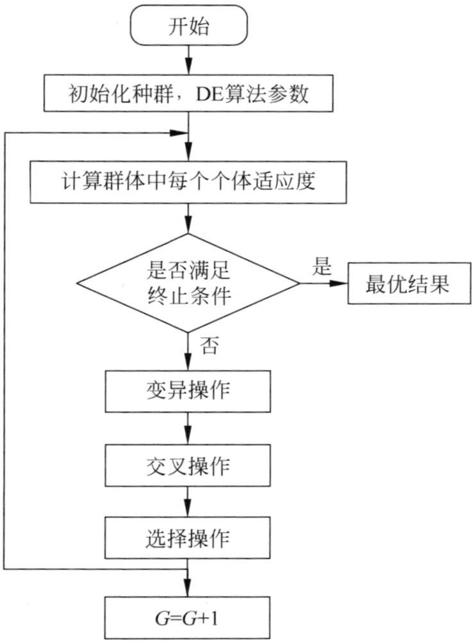

图 15.12　差分进化基本运算流程

15.5.2　差分进化算法的参数设置

对于进化算法而言，为了取得理想的结果，需要对差分进化算法的各参数进行合理的设置。针对不同的优化问题，参数的设置往往也是不同的。另外，为了使差分进化算法的收敛速度得到提高，学者们针对差分进化算法的核心部分——变异向量的构造形式提出了多种的扩展模式，以适应更广泛的优化问题。

差分进化算法的运行参数主要有缩放因子 F、交叉因子 CR、群体规模 M 和最大进化代数 G。

(1) 变异因子 F。

变异因子 F 是控制种群多样性和收敛性的重要参数。一般在[0,2]取值。变异因子 F 值较小时，群体的差异度减小，进化过程不容易跳出局部极值导致种群过早收敛。变异因子 F 值较大时，虽然容易跳出局部极值，但是收敛速度会减慢。一般可选在 $F=[0.3,0.6]$。

(2) 交叉因子 CR。

交叉因子 CR 可控制个体参数的各维对交叉的参与程度，以及全局与局部搜索能力的平衡，一般在[0,1]。交叉因子 CR 越小，种群多样性减小，容易受骗，过早收敛。CR 越大，收敛速度越大。但过大可能导致收敛变慢，因为扰动大于了群体差异度。根据文献一般应选在[0.6,0.9]。

CR 越大，F 越小，种群收敛逐渐加速，但随着交叉因子 CR 的增大，收敛对变异因子 F 的敏感度逐渐提高。

(3) 群体规模 M。

群体所含个体数量 M 一般介于 5D 与 10D(D 为问题空间的维度)之间，由于群体优化中，需要 3 个个体做变异操作，至少需要另一个个体做比较，因此群体数量不能少于 4，否则无法进行变异操作，M 越大，种群多样性越强，获得最优解概率越大，但是计算时间更长，一般取[20,50]。

(4) 最大迭代代数 G。

最大迭代代数 G 一般作为进化过程的终止条件。迭代次数越大，最优解更精确，但同时计算的时间会更长，需要根据具体问题设定。

以上 4 个参数对差分进化算法的求解结果和求解效率都有很大的影响，因此，要合理设定这些参数才能获得较好的效果。

15.5.3 基于差分进化算法的函数优化

利用差分进化算法求 Rosenbrock 函数的极大值

$$\begin{cases} f(x_1, x_2) = 100(x_1^2 - x_2)^2 + (1 - x_1)^2 \\ -2.048 \leqslant x_i \leqslant 2.048 \qquad (i = 1, 2) \end{cases}$$

该函数有两个局部极大点，分别是 $f(2.048, -2.048) = 3897.7342$ 和 $f(-2.048, -2.048) = 3905.9262$，其中后者为全局最大点。

采用实数编码求函数极大值，用两个实数分别表示两个决策变量 x_1, x_2，分别将 x_1, x_2 的定义域离散化为从离散点 -2.048 到离散点 2.048 的 Size 个实数。个体的适应度直接取为对应的目标函数值，越大越好。即取适应度函数为 $F(x) = f(x_1, x_2)$。

在差分进化算法仿真中，取 $F=1.2$，CR$=0.90$，样本个数为 Size$=30$，最大迭代次数 $G=50$。按式(15.11)～式(15.15)设计差分进化算法，经过 30 步迭代，最佳样本为 Best$S$=[-2.048 -2.048]，即当 $x_1=-2.048$，$x_2=-2.048$ 时，Rosenbrock 函数具有极大值，极大值为 3905.9。

适应度函数 F 的变化过程如图 15.13 所示，通过适当增大 F 值及增加样本数量，有效地避免了陷入局部最优解，仿真结果表明正确率接近 100%。

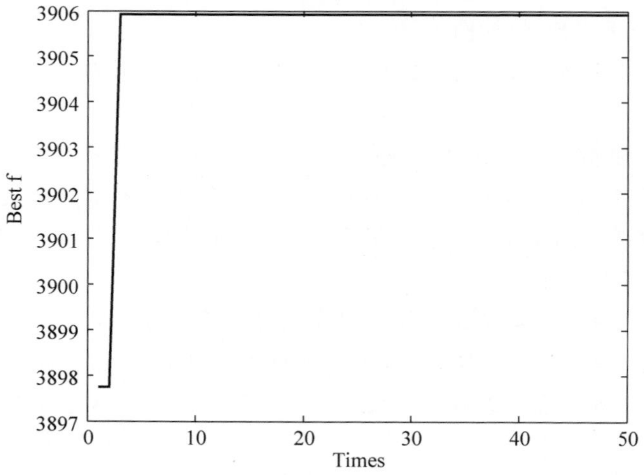

图 15.13 适应度函数 F 的优化过程

差分进化算法优化程序：

(1) 主程序：chap15_5.m。

（2）函数计算程序：chap15_5obj.m。

15.5.4 基于差分进化算法的 TSP 优化

采用差分进化算法进行城市的路径优化，初始化中，为了防止城市重复及个体之间重复，采用 randperm 函数初始化种群。为了保证在优化过程中城市序号不重不漏，设计城市查重算法。首先采用 find()指令确定有重复城市的编码位置，然后判断在该样本中漏掉的城市序号，采用 ismember()指令确定遗漏的城市编号，再用漏掉的城市序号替代城市重复的位置，该功能通过主程序 chap15_6.m 实现。用于计算整个城市路径长度的子程序为 chap15_6dis.m。

对 8 个城市进行路径规划，城市路径坐标保存在 city8.txt 中。取群体中个体数目 Size=40，差分进化算法采用式(15.11)～式(15.15)，$F=1$，CR=0.9。取迭代次数为 50 次，路径优化前后如图 15.14 所示，优化后最短路程为 2.8963，路径优化的收敛过程如图 15.15 所示。由仿真结果可见，经过 6 次进化，城市组合路径就已经达到最小。

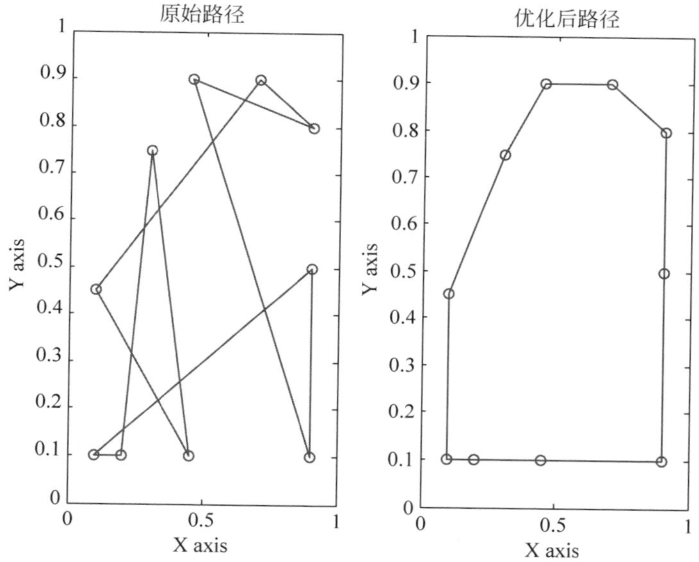

图 15.14　8 个城市进化次数为 50 次时优化效果

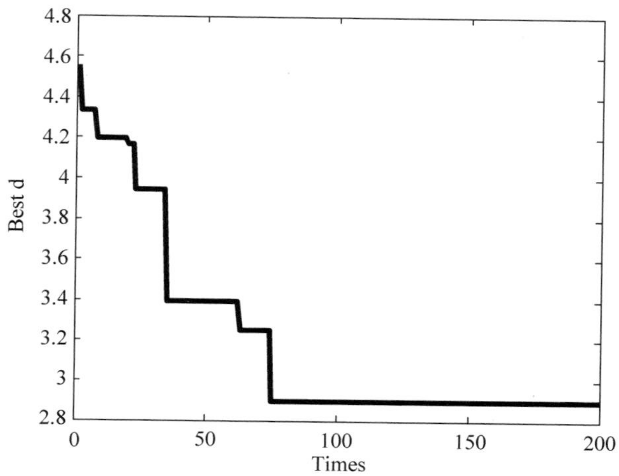

图 15.15　路径优化的收敛过程

仿真程序：

(1) 城市位置分布：city8. txt。

(2) 主程序：chap15_6. m。

(3) 计算城市距离子程序：chap15_6dis. m。

15.6 基于差分进化最优轨迹规划的 PD 控制

机械系统在运动过程中会产生明显的振荡，而振荡会造成额外的能量消耗。在阶跃响应的过程中，不同的运动轨迹会造成不同程度的振荡，因此有必要研究如何设计最优轨迹控制器使得机械系统在整个运动过程所消耗的能量最小。

为了使实际生成的轨迹平滑，在保持轨迹接近参考轨迹的同时，还应确保系统在运动过程中消耗的总能量尽量小，可采用三次样条函数插值并结合差分进化方法来进行轨迹规划。智能算法通过随机搜索获得最优路径，在最优轨迹方面具有较好的应用。

15.6.1 问题的提出

考虑一个简单的二阶线性系统

$$I\ddot{\theta}+b\dot{\theta}=\tau+d \tag{15.16}$$

其中，θ 为角度，I 为转动惯量，b 为黏性系数，τ 为控制输入，d 为加在控制输入上的扰动。

通过差分进化方法，沿着参考路径进行最优规划，从而保证运动系统在不偏离参考路径的基础上，采用 PD 控制方法，实现对最优轨迹的跟踪，使整个运动过程中消耗的能量最小。

15.6.2 一个简单的样条插值实例

采用三次样条插值来设计最优跟踪轨迹。三次样条插值(简称 Spline 插值)是通过一系列形值点的一条光滑曲线，数学上通过求解三弯矩方程组得出曲线函数组的过程。

定义：设$[a,b]$上有插值点，$a=x_1<x_2<\cdots<x_n=b$，对应的函数值为 $y_1,y_2,\cdots,y_n$。若函数 $S(x)$满足 $S(x_j)=y_j(j=1,2,\cdots,n)$上都是不高于三次的多项式。当 $S(x)$在$[a,b]$上具有二阶连续导数，则称 $S(x)$为三次样条插值函数，如图 15.16 所示。

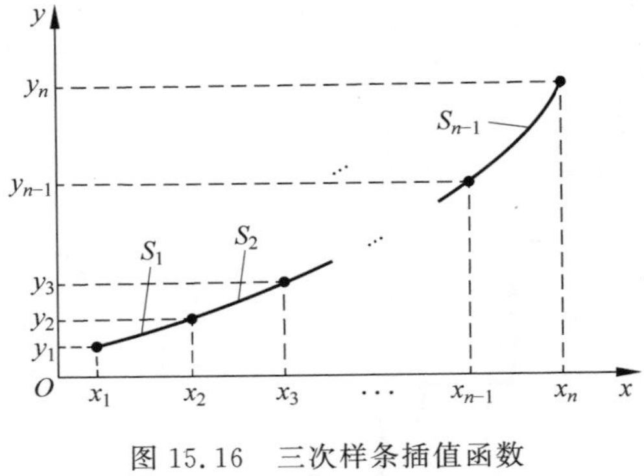

图 15.16 三次样条插值函数

要求 $S(x)$只需在$[x_j,x_{j+1}]$上确定 1 个三次多项式，设为

$$S_j(x)=a_jx^3+b_jx^2+c_jx+d_j \quad (j=1,2,\cdots,n-1)$$

其中，a_j, b_j, c_j, d_j 待定，并满足

$$S(x_j)=y_j,\quad S(x_j-0)=S(x_j+0),\quad (j=1,2,\cdots,n-1)$$
$$S'(x_j-0)=S'(x_j+0),\quad S''(x_j-0)=S''(x_j+0),\quad (j=1,2,\cdots,n-1)$$

以一个简单的三次样条插值为例，横坐标取 0 至 10 且间隔为 1 的 11 个插值点，纵坐标取正弦函数，以横坐标间距为 0.25 的点形成插值曲线，利用 MATLAB 提供的插值函数 spline 可实现三次样条插值，仿真结果如图 15.17 所示。正弦函数插值仿真程序见 chap15_7.m。

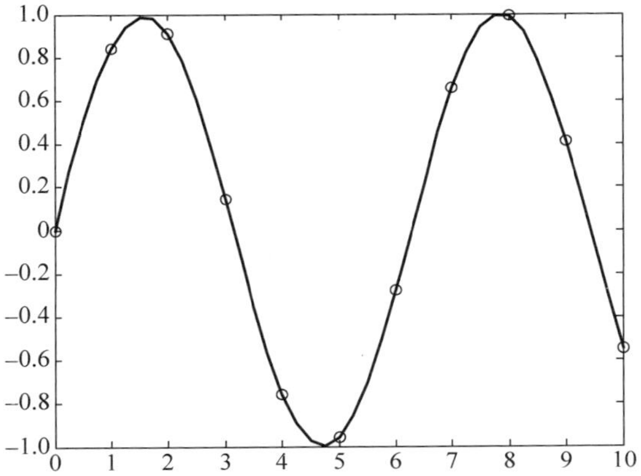

图 15.17 插值效果

正弦函数插值仿真程序：chap15_7.m。

15.6.3 最优轨迹的设计

不失一般性，最优轨迹可在定点运动——摆线运动轨迹的基础上进行优化。摆线运动的表达式如下

$$\theta_r=(\theta_d-\theta_0)\left[\frac{t}{T_E}-\frac{1}{2\pi}\sin\left(\frac{2\pi t}{T_E}\right)\right]+\theta_0 \tag{15.17}$$

其中，T_E 是摆线周期，θ_0 和 θ_d 分别为角的初始角度和目标角度。摆线运动路径如图 15.14 所示。

以式(15.17)构成的摆线为基准，结合优化目标，利用差分进化算法和三次样条差值设计最优轨迹。由于差分进化算法是一种离散型的算法，因此需要对连续型的参考轨迹式(15.17)进行等时间间隔采样，取时间间隔为 $\frac{T_E}{2n}$，则可得到离散化的参考轨迹为

$$\bar{\boldsymbol{\theta}}_r=[\bar{\theta}_{r,0},\bar{\theta}_{r,1},\cdots,\bar{\theta}_{r,2n-1},\bar{\theta}_{r,2n}] \tag{15.18}$$

其中，$\bar{\theta}_{r,j}$ 表示在时刻 $t=\frac{j}{2n}T_E$ 对于 θ_r 的采样值($j=0,1,\cdots,2n$)，$\bar{\boldsymbol{\theta}}_r$ 是离散的参考轨迹。

取 $\theta_0=0$，$\theta_d=0.50$，摆线周期 $T_E=1$，仿真时间为 $3T_E$，取摆线周期的一半离散点数为 $n=500$，则采样时间为 $ts=\frac{T_E}{2n}=0.001$。摆线运动路径如图 15.18 所示。摆线仿真程序见 chap15_8.m。

采用样条插值方法，取 $\theta_0=0$，$\theta_d=0.50$，在初始点 θ_0 至终止点 θ_d 之间分成 $D=4$ 段，即

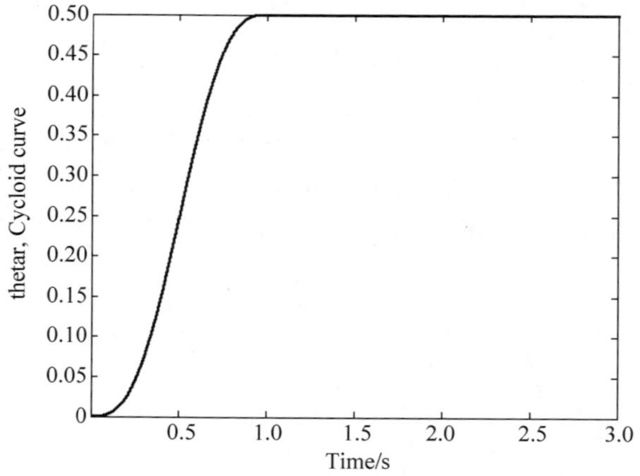

图 15.18　摆线运动路径

插值点个数为 $D=4$ 个。通过插值点的优化来初始化路径，具体方法为：插值点横坐标固定取第 200、第 400、第 600 和第 800 个点，纵坐标取初始点和终止点之间的 4 个随机值，第 i 个样本($i=1,2,\cdots,\text{Size}$)第 j 个插值点($j=1,2,3,D$)的值取

$$\theta_{\mathrm{op}}(i,j)=\mathrm{rand}\times(\theta_{\mathrm{d}}-\theta_0)+\theta_0$$

其中，rand 为 0 至 1 的随机值。

采用语句 Path(i,j)=rand×(thd−th0)+th0 生成初始路径，基于初始路径插值生成的路径及摆线对比仿真如图 15.19 所示。基于初始路径插值生成的路径仿真程序见 chap15_9. m。

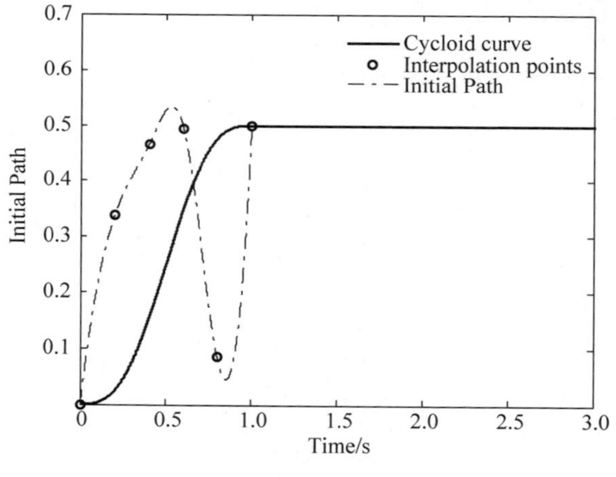

图 15.19　基于初始路径插值生成的路径

由图 15.19 可见，随机生成的路径无法满足控制系统性能，需要采用优化方法进行优化。

15.6.4　最优轨迹的优化

最优轨迹能够通过优化与参考轨迹的偏差间接地得到。假设系统达到稳态的最大允许时间为 $t=3T_{\mathrm{E}}$，考虑到能量守恒定理，用非保守力做功来表示系统在运动过程中消耗的总能量，目标函数选择为

$$J=\omega\int_{0}^{3T_{\mathrm{E}}}|\tau\dot{\theta}|\,\mathrm{d}t+(1-\omega)\int_{0}^{3T_{\mathrm{E}}}|\mathrm{dis}(t)|\,\mathrm{d}t \tag{15.19}$$

其中,ω 为权值,τ 为控制输入信号,$\mathrm{dis}(t)$为实际跟踪轨迹与理想轨迹之间的距离。

通过采用差分进化算法,使目标函数最小,从而获得最优轨迹。差分进化算法的设定参数为:最大迭代次数 G,种群数 Size,搜索空间的维数 D,放大因子 F,交叉因子 CR。经过差分进化算法可得到满足指标 J 最小的一组最优轨迹,进而得到最优的离散轨迹如下

$$\bar{\boldsymbol{\theta}}_{\mathrm{op}}=[\bar{\theta}_{\mathrm{op},0},\bar{\theta}_{\mathrm{op},1},\cdots,\bar{\theta}_{\mathrm{op},2n-1},\bar{\theta}_{\mathrm{op},2n}] \tag{15.20}$$

为了获得连续型的最优轨迹,采用三次样条插值进行轨迹规划,即利用三次样条插值的方法对离散轨迹进行插值。插值的边界条件如下

$$\begin{aligned}\theta_{\mathrm{op}}(0)&=\bar{\theta}_{\mathrm{op},0}=\theta_0\\ \theta_{\mathrm{op}}(T_E)&=\bar{\theta}_{\mathrm{op},2n}=\theta_d\end{aligned} \tag{15.21}$$

插值节点为

$$\theta_{\mathrm{op}}(t_j)=\bar{\theta}_{\mathrm{op},j},\quad t_j=\frac{j}{2n}T_{\mathrm{E}},\quad j=1,2,\cdots,2n-1$$

每次迭代时,将差分进化生成的路径进行插值,并计算相应的目标函数,与上一次所生成路径的插值对应的目标函数相比较,从而实现路径优化。

将插值得到的连续函数 $\theta_{\mathrm{op}}(k)$作为关节的最优轨迹。采用 PD 控制算法实现对最优轨迹的跟踪,控制律为

$$\tau=k_{\mathrm{p}}e+k_{\mathrm{d}}\dot{e} \tag{15.22}$$

其中,$k_{\mathrm{p}}>0$,$k_{\mathrm{d}}>0$。

15.6.5 仿真实例

考虑简单的被控对象

$$I\ddot{\theta}+b\dot{\theta}=\tau+d$$

其中,$I=\frac{1}{133}$,$b=\frac{25}{133}$,$d=\sin t$。

采样时间为 $ts=0.001$,采用 $\boldsymbol{Z}$ 变换进行离散化。仿真中,最大允许时间为 $3T_{\mathrm{E}}$,摆线周期 $T_{\mathrm{E}}=1$,取摆线周期的一半离散点数为 $n=500$,则采样时间为 $ts=\frac{T_{\mathrm{E}}}{2n}=0.001$。

采用样条插值方法,插值点选取 4 个点,即 $D=4$。通过插值点的优化来初始化路径,具体方法为:插值点横坐标固定取第 200、第 400、第 600 和第 800 个点,纵坐标取初始点和终止点之间的 4 个随机值,第 i 个样本($i=1,2,\cdots,\mathrm{Size}$)和第 j 个插值点($j=1,2,3,4$)的值取

$$\theta_{\mathrm{op}}(i,j)=\mathrm{rand}(\theta_{\mathrm{d}}-\theta_0)+\theta_0$$

其中,rand 为 0 至 1 的随机值。

采用差分进化算法设计最优轨迹 θ_{op},取权值 $\omega=0.60$,样本个数 Size$=50$,变异因子 $F=0.5$,交叉因子 CR$=0.9$,优化次数为 30 次。通过差分进化方法不断优化 4 个插值点的纵坐标值,直到达到满意的优化指标或优化次数为止。

跟踪指令为 $\theta_{\mathrm{d}}=0.5$,采用 PD 控制律式(15.22),取 $k_{\mathrm{p}}=300$,$k_{\mathrm{d}}=0.30$,仿真结果如图 15.20~图 15.23 所示。

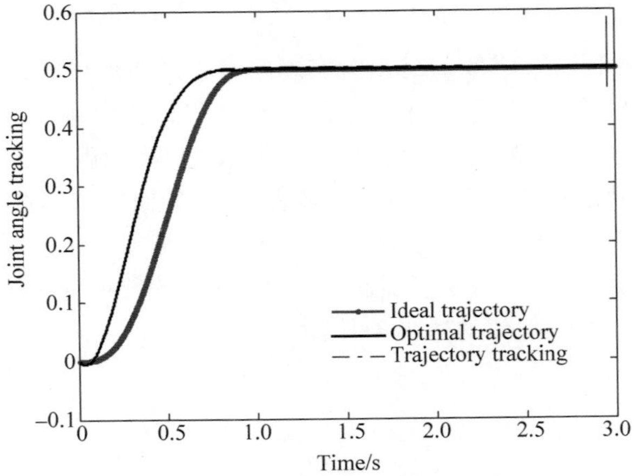

图 15.20 理想轨迹、最优轨迹及轨迹跟踪

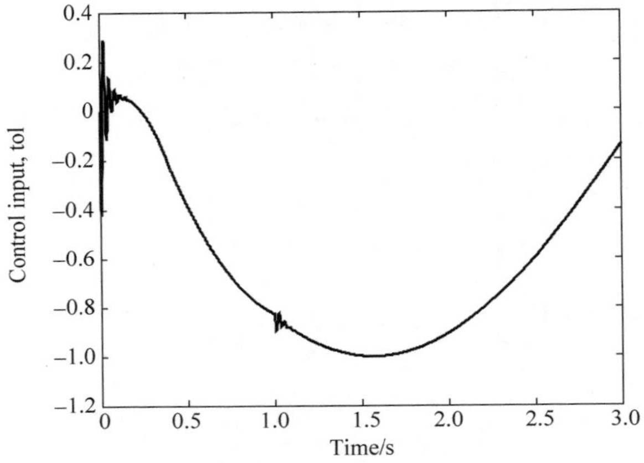

图 15.21 控制输入信号

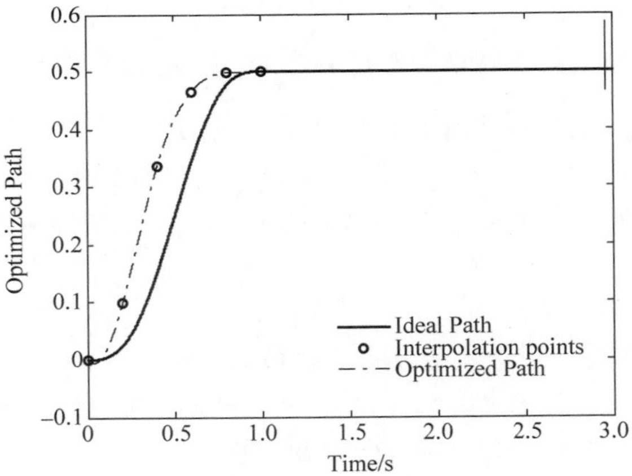

图 15.22 最优轨迹的优化效果

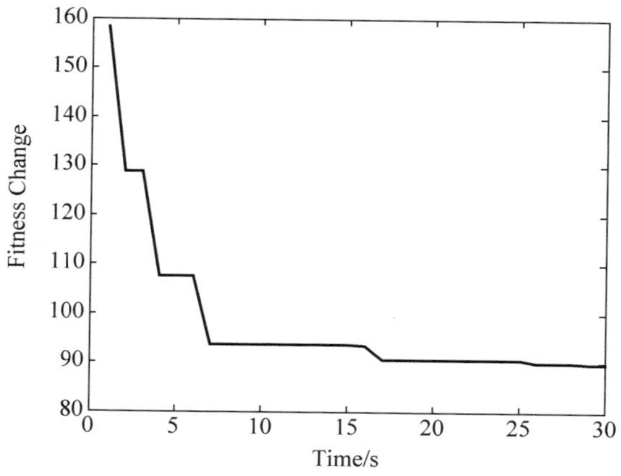

图 15.23 目标函数的优化过程

仿真程序：

(1) 优化主程序：chap15_10.m。

(2) 目标函数程序：chap15_10obj.m。

15.7 蚁群算法

15.7.1 蚁群算法的基本原理

蚁群算法(Ant Colony Optimization, ACO)是一种新型的优化算法，来源于模拟蚂蚁的觅食过程，该算法最早于20世纪90年代初由意大利学者Dorigo M等提出[5]。蚂蚁在寻找食物过程中会分泌信息素记录所走的路径，其他蚂蚁根据信息素的浓密程度，选择其中较短路径去寻觅食物。路径上的蚂蚁分布越多，该路径上的信息素也越多。更多的蚂蚁会选择信息素浓度大的路径去寻觅食物。

蚁群算法是一种随机的概率搜索算法，它是目前求解复杂组合优化问题较为有效的手段之一，该算法借助信息反馈机制，能够实现算法的快速进化，从而更加快速地找到最优解。蚁群算法具有自组织性、正负反馈性、鲁棒性、分布式计算等优点，该算法广泛应用于网络优化和路径寻优，是解决组合优化问题的有效算法之一。

15.7.2 基于TSP优化的蚁群算法

仿生进化思想的发展为TSP提供了新的思路，其中以蚁群算法的贡献最为显著。根据蚁群算法的生物学机理，可设计蚁群路径搜索算法，该算法的路径搜索机理如下：

(1) 蚂蚁在所经过的路径上释放信息素；

(2) 如果碰到没走过的路径，就随机挑选一条路走，同时释放与路径长度有关的信息素；

(3) 信息素浓度与路径长度成反比，后来的蚂蚁再次碰到该路径时，就选择信息素浓度较高路径；

(4) 最优路径上的信息素浓度越来越大；

(5) 蚁群找到最优寻食路径。

在 TSP 求解过程中，蚂蚁每次在其经过的路径(i,j)上都留下信息素，蚂蚁选择城市的概率与城市之间的距离和当前连接支路上所包含的信息素余量有关。为了强制蚂蚁进行合法的周游，直到一次周游完成后，才允许蚂蚁游走已访问过的城市，该功能可由禁忌表来实现。

假设蚁群中蚂蚁的数量为 m，城市个数取 n，城市 i 与城市 j 之间的距离为 $d_{ij}(i,j=1,2,\cdots,n)$，在 t 时刻处于城市 i 的蚂蚁个数为 $b_i(t)$，则 $m=\sum_{i=1}^{n} b_i(t)$，城市 i 和城市 j 之间残留的信息量为 $\tau_{ij}(t)$，取 $\tau_{ij}(0)=C$(C 为常数)。基本蚁群算法分为两个步骤。

(1) 状态转移。

蚂蚁 $k(k=1,2,\cdots,m)$在移动过程中，根据路径上的信息量，按概率进行路径选择，若计算的概率大于当前随机值，则选择该路线。t 时刻蚂蚁 k 从位置 i 至位置 j 的概率定义为

$$p_{ij}^{k}(t)=\frac{\tau_{ij}^{\alpha}(t)\eta_{ij}^{\beta}(t)}{\sum_{k=1}^{m}\tau_{ij}^{\alpha}(t)\eta_{ij}^{\beta}(t)} \tag{15.23}$$

其中，$\eta_{ij}=\frac{1}{d_{ij}}$为启发因子，取行走距离的倒数，表示从 i 位置运动到 j 位置的期望程度，α 和 β 分别表示残留信息和期望的重要程度。

由式(15.23)可见，当前路径的信息素浓度越大，行走的距离 d_{ij} 越短，选择该路径的概率越大。

为了避免残留信息素过多而淹没启发信息，在每只蚂蚁走完一步或走完所有 n 个城市后，对残留信息进行更新处理。在 $t+n$ 时刻路径(i,j)上的信息量按式(15.24)和式(15.25)更新

$$\tau_{ij}(t+n)=(1-\rho)\tau_{ij}(t)+\Delta\tau_{ij}(t) \tag{15.24}$$

$$\Delta\tau_{ij}(t)=\sum_{k=1}^{m}\Delta\tau_{ij}^{k}(t) \tag{15.25}$$

(2) 信息素更新。

如果蚂蚁在第 k 次循环中经过路径(i,j)，则

$$\Delta\tau_{ij}^{k}(t)=\frac{Q}{L_k} \tag{15.26}$$

其中，L_k 表示蚂蚁在第 k 次循环中经过路径的总长度，Q 为信息素强度。

由式(15.23)选择路径，由式(15.24)和式(15.25)进行路径上的信息素更新，不断重复迭代，最终生成的路径构成最优路径。蚁群算法的基本流程如图 15.24 所示，蚁群算法参数如表 15.1 所示。

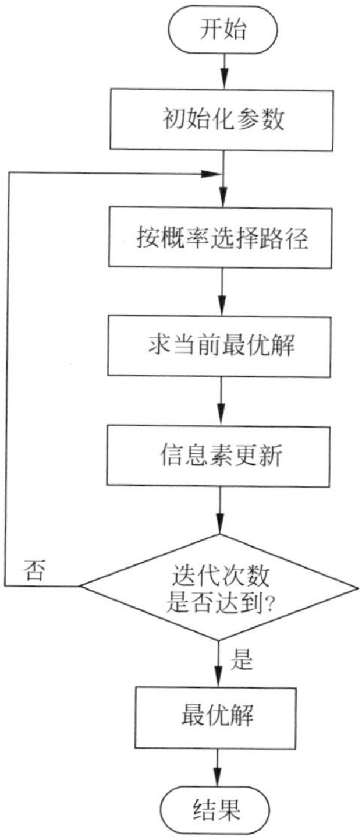

图 15.24 蚁群算法的基本流程

表 15.1 蚁群算法参数

参数	定义	取值范围	影响分析
α	信息素重要程度	[0 5]	反映残留信息的相对重要程度，α越大，蚂蚁选择之前走过的路径可能性越大，但搜索路径的随机性减弱，容易陷入局部最优
β	启发式因子重要程度	[0 5]	表示期望的相对重要程度，β越大，蚂蚁越容易选择较短路径，收敛速度加快，但随机性不高，容易得到局部的相对最优
Q	信息素因子	[10 10000]	表示信息素的强度
ρ	信息挥发因子	[0.1 0.99]	ρ过小时，在路径上残留的信息素过多，导致无效的路径被搜索，影响算法的收敛速度；ρ过大时，可排除无效的路径被搜索，但有效的路径也会被排除，影响最优值的搜索。$1-\rho$表示残留因子
$G_{\max}$	最大迭代次数	—	—
m	蚂蚁数	—	—

15.7.3 仿真实例

在蚁群算法路径优化中，采用 randperm 函数初始化种群，为了保证城市序号不重不漏，设计禁忌表 Tabu，以存储并记录已访问的路径，并记录待访问的城市，该功能通过子程序 chap15_11Nc.m 实现。用于计算城市 i 和城市 j 路径长度的子程序为 chap15_11D.m，用于计算整个城市路径长度的子程序为 chap15_11L.m。

仿真中采用如下 6 步：第 1 步初始化；第 2 步将 m 只蚂蚁放到 n 个城市上；第 3 步 m 只蚂蚁按概率函数选择下一座城市，完成各自的周游；第 4 步记录本次迭代最佳路线；第 5 步更新信息素；第 6 步禁忌表清零。

蚁群算法参数设定为：$m=50,\alpha=1,\beta=5,Q=100,\rho=0.1$。以 8 个城市的 TSP 路径优化为例，其城市路径坐标保存在当前路径程序 cities8.txt 中。通过改变进化代数，观察不同进化代数下路径的优化情况，经过 100 次进化的仿真结果如图 15.25 所示，此时城市组合路径达到最小，最短路径长度为 2.8937。通过仿真表明，在 20 次仿真实验中，有 18 次以上可收敛到最优解。以 20 个城市的路径优化为例，其城市路径坐标保存在当前路径程序 cities20.txt 中。通过改变进化代数，观察不同进化代数下路径的优化情况，仿真结果见图 15.26 所示，经过 300 次进化，城市组合路径达到最小，最短路程为 3.3486。通过仿真表明，在 20 次仿真实验中，有 15 次以上可收敛到最优解。

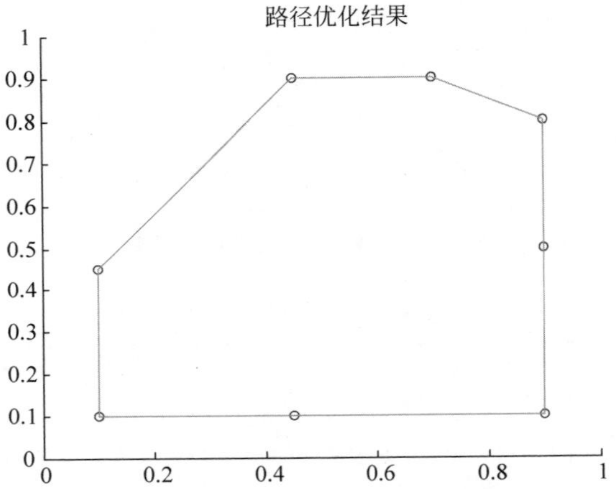

图 15.25　8 个城市进化代次数为 100 时的轨迹优化

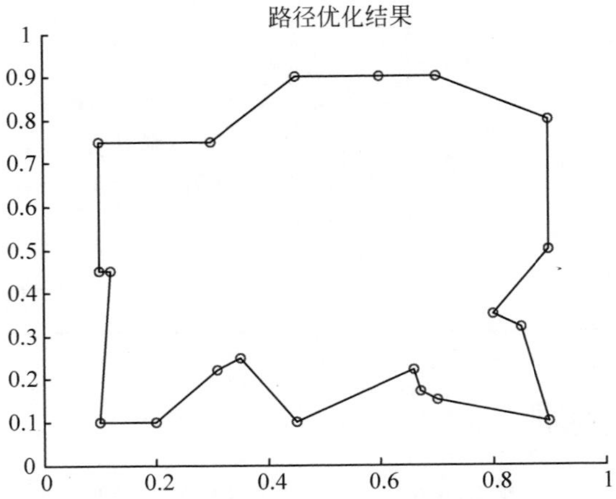

图 15.26　20 个城市进化代次数为 300 时的轨迹优化

仿真程序：

（1）主程序：chap15_11.m。

（2）距离计算子程序：chap15_11D.m。

（3）待访问的城市函数：chap15_11Nc.m。

（4）概率分布计算子程序：chap15_11P.m。

（5）当前走过的距离函数子程序：chap15_11L.m。

（6）信息素计算子程序：chap15_11Tol.m。

15.8　Hopfield 神经网络

15.8.1　Hopfield 神经网络原理

1986 年美国物理学家 J. J. Hopfield 利用非线性动力学系统理论中的能量函数方法研究反馈人工神经网络的稳定性，提出了 Hopfield 神经网络，并建立了求解优化计算问题的方程[3]。

基本的 Hopfield 神经网络是一个由非线性元件构成的全连接型单层反馈系统，Hopfield 神经网络中的每个神经元都将自己的输出通过连接权传送给所有其他神经元，同时又都接收所有其他神经元传递过来的信息。Hopfield 神经网络是一个反馈型神经网络，网络中的神经元在 t 时刻的输出状态实际上间接地与自己的 $t-1$ 时刻的输出状态有关，其状态变化可以用差分方程来描述。反馈型网络的一个重要特点就是它具有稳定状态，当网络达到稳定状态时，也就是它的能量函数达到最小的时刻。

Hopfield 神经网络的能量函数不是物理意义上的能量函数，而是在表达形式上与物理意义上的能量概念一致，表征网络状态的变化趋势，并可以依据 Hopfield 工作运行规则不断进行状态变化，最终能够达到的某个极小值的目标函数。网络收敛就是指能量函数达到极小值。如果把一个最优化问题的目标函数转换成网络的能量函数，把问题的变量对应于网络的状态，那么 Hopfield 神经网络就能够用于解决优化组合问题。

Hopfield 神经网络工作时，各个神经元的连接权值是固定的，更新的只是神经元的输出状态。Hopfield 神经网络的运行规则为：首先从网络中随机选取一个神经元 u_i 进行加权求和，再计算 u_i 的第 $t+1$ 时刻的输出值，除 u_i 外的所有神经元的输出值保持不变，直至网络进入稳定状态。

Hopfield 神经网络模型是由一系列互联的神经单元组成的反馈型网络，如图 15.27 所示。其中，虚线框内为一个神经元，u_i 为第 i 个神经元的状态输入，R_i 与 C_i 分别为输入电阻和输入电容，I_i 为输入电流，w_{ij} 为第 j 个神经元到第 i 个神经元的连接权值。v_i 为神经元的输出，是神经元状态变量 u_i 的非线性函数。

对于 Hopfield 神经网络第 i 个神经元，采用微分方程建立其输入输出关系，即

$$\begin{cases} C_i \dfrac{\mathrm{d}u_i}{\mathrm{d}t} = \sum_{j=1}^{n} w_{ij} v_j - \dfrac{u_i}{R_i} + I_i \\ v_i = g(u_i) \end{cases} \tag{15.27}$$

其中，$i=1,2,\cdots,n$。

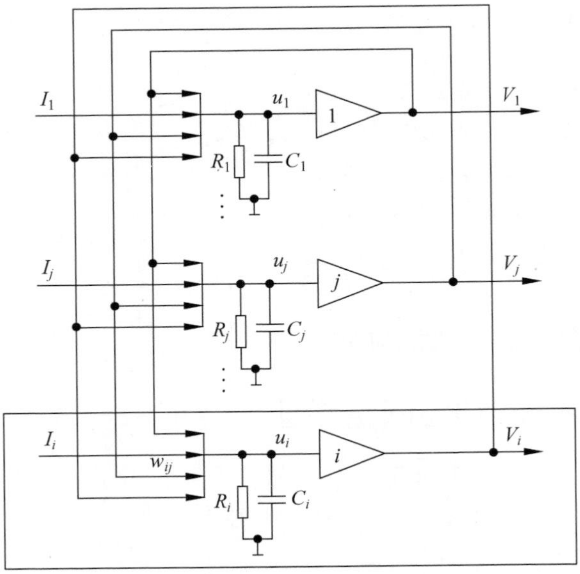

图 15.27 Hopfield 神经网络模型

函数 $g(\cdot)$为双曲函数,一般取为

$$g(x)=\rho\frac{1-\mathrm{e}^{-x}}{1+\mathrm{e}^{-x}} \tag{15.28}$$

Hopfield 神经网络的动态特性要在状态空间中考虑,分别令 $\boldsymbol{u}=[u_1,u_2,\cdots,u_n]^{\mathrm{T}}$ 为具有 n 个神经元的 Hopfield 神经网络的状态向量,$\boldsymbol{V}=[v_1,v_2,\cdots,v_n]^{\mathrm{T}}$ 为输出向量,$\boldsymbol{I}=[I_1,I_2,\cdots,I_n]^{\mathrm{T}}$ 为网络的输入向量。

为了描述 Hopfield 神经网络的动态稳定性,定义能量函数

$$E=-\frac{1}{2}\sum_i\sum_j w_{ij}v_iv_j+\sum_i\frac{1}{R_i}\int_0^{v_i}g_i^{-1}(v)\mathrm{d}v+\sum_i I_iv_i \tag{15.29}$$

若权值矩阵 $\boldsymbol{W}$ 是对称的($w_{ij}=w_{ji}$),则根据相关文献的分析[3]可得

$$\frac{\mathrm{d}E}{\mathrm{d}t}=-\sum_i\frac{\mathrm{d}v_i}{\mathrm{d}t}\left(\sum_j w_{ij}v_j-\frac{u_i}{R_i}+I_i\right)=-\sum_i\frac{\mathrm{d}v_i}{\mathrm{d}t}\left(C_i\frac{\mathrm{d}u_i}{\mathrm{d}t}\right) \tag{15.30}$$

由于 $v_i=g(u_i)$,则

$$\frac{\mathrm{d}E}{\mathrm{d}t}=-\sum_i C_i\frac{\mathrm{d}g^{-1}(v_i)}{\mathrm{d}v_i}\left(\frac{\mathrm{d}v_i}{\mathrm{d}t}\right)^2 \tag{15.31}$$

由于 $C_i>0$,且双曲函数是单调上升函数,显然它的反函数 $g^{-1}(v_i)$也为单调上升函数,即有$\frac{\mathrm{d}g^{-1}(v_i)}{\mathrm{d}v_i}>0$,则可得到$\frac{\mathrm{d}E}{\mathrm{d}t}\leqslant 0$,即能量函数 E 具有负的梯度,当且仅当$\frac{\mathrm{d}v_i}{\mathrm{d}t}=0$ 时,$\frac{\mathrm{d}E}{\mathrm{d}t}=0(i=1,2,\cdots,n)$。由此可见,随着时间的演化,网络的解在状态空间中总是朝着能量 $\boldsymbol{E}$ 减少的方向运动。网络最终输出向量 $\boldsymbol{V}$ 为网络的稳定平衡点,即 E 的极小点。

Hopfield 神经网络在优化计算中得到了成功应用,有效地解决了著名 TSP,另外,Hopfield 神经网络在智能控制中也有广泛的应用。

15.8.2 求解 TSP 的 Hopfield 神经网络设计

Hopfield 等[3]采用神经网络求得 TSP 的最优解，开创了优化问题求解的新方法。

TSP 是在一个城市集合$\{A_c, B_c, C_c\cdots\}$中找出一个最短且经过每个城市各一次并回到起点的路径。为了将 TSP 问题映射为一个神经网络的动态过程，Hopfield 采取了换位矩阵的表示方法，用 $N\times N$ 矩阵表示商人访问 N 个城市。例如，有 4 个城市$\{A_c, B_c, C_c, D_c\}$，访问路线是 $D_c\to A_c\to C_c\to B_c\to D_c$，则 Hopfield 网络输出所代表的有效解用下面的二维矩阵表示，如表 15.2 所示。

表 15.2 4 个城市的访问路线

城　　市	次　　序			
	1	2	3	4
A_c	0	1	0	0
B_c	0	0	0	1
C_c	0	0	1	0
D_c	1	0	0	0

表 15.2 构成了一个 4×4 的矩阵，该矩阵中，各行各列只有一个元素为 1，其余为 0，否则是一个无效的路径。采用 V_{xi} 表示神经元(x,i)的输出，相应的输入用 U_{xi} 表示。如果城市 x 在 i 位置上被访问，则 $V_{xi}=1$，否则 $V_{xi}=0$。

针对 TSP 问题，Hopfield 定义了如下形式的能量函数[3]

$$E=\frac{A}{2}\sum_{x=1}^{N}\sum_{i=1}^{N}\sum_{j=1}^{N}V_{xi}V_{xj}+\frac{B}{2}\sum_{i=1}^{N}\sum_{x=1}^{N}\sum_{y=x}^{N}V_{xi}V_{yj}+\frac{C}{2}\left(\sum_{x=1}^{N}\sum_{i=1}^{N}V_{xi}-N\right)^2+\frac{D}{2}\sum_{x=1}^{N}\sum_{y=1}^{N}\sum_{i=1}^{N}d_{xy}V_{xi}(V_{y,i+1}+V_{y,i-1}) \tag{15.32}$$

式中，A, B, C, D 是权值，d_{xy} 表示城市 x 到城市 y 的距离。

式(15.32)中，E 的前三项是问题的约束项，最后一项是优化目标项。E 的第一项保证矩阵 $\mathbf{V}$ 的每一行不多于一个 1 时 E 最小(即每个城市只去一次)，E 的第二项保证矩阵 $\mathbf{V}$ 的每一列不多于一个 1 时 E 最小(即每次只访问一城市)，E 的第三项保证矩阵 $\mathbf{V}$ 中 1 的个数恰好为 N 时 E 最小。

Hopfield 将能量函数的概念引入神经网络，开创了求解优化问题的新方法。但该方法在求解上存在局部极小、不稳定等问题。因此，将 TSP 的能量函数定义为[4]

$$E=\frac{A}{2}\sum_{x=1}^{N}\left(\sum_{i=1}^{N}V_{xi}-1\right)^2+\frac{A}{2}\sum_{i=1}^{N}\left(\sum_{x=1}^{N}V_{xi}-1\right)^2+\frac{D}{2}\sum_{x=1}^{N}\sum_{y=1}^{N}\sum_{i=1}^{N}V_{xi}d_{xy}V_{y,i+1} \tag{15.33}$$

取式(15.24)，Hopfield 网络的动态方程为

$$\frac{\mathrm{d}U_{xi}}{\mathrm{d}t}=-\frac{\partial E}{\partial V_{xi}},\quad x,i=1,2,\cdots,N-1$$

$$= -A\left(\sum_{i=1}^{N} V_{xi} - 1\right) - A\left(\sum_{y=1}^{N} V_{yi} - 1\right) - D\sum_{y=1}^{N} d_{xy} V_{y,i+1} \tag{15.34}$$

采用 Hopfield 网络求解 TSP 问题的算法描述如下。

第一步：置初值，$t=0$，$A=1.5$，$D=1.0$，$\mu=50$。

第二步：计算 N 个城市之间的距离 $d_{xy}(x, y=1,2,\cdots,N)$。

第三步：神经网络输入 $U_{xi}(t)$的初始化在 0 附近产生。

第四步：利用动态方程式(15.34)计算$\frac{\mathrm{d}U_{xi}}{\mathrm{d}t}$。

第五步：根据一阶欧拉法计算 $U_{xi}(t+1)$

$$U_{xi}(t+1) = U_{xi}(t) + \frac{\mathrm{d}U_{xi}}{\mathrm{d}t}\Delta T \tag{15.35}$$

第六步：为了保证收敛于正确解，即矩阵 $\boldsymbol{V}$ 各行各列只有一个元素为 1，其余为 0，采用 Sigmoid 函数计算 $V_{xi}(t)$

$$V_{xi}(t) = \frac{1}{1 + \mathrm{e}^{-\mu U_{xi}(t)}} \tag{15.36}$$

其中，$\mu>0$，μ 值的大小决定了 Sigmoid 函数的形状。

第七步：根据式(15.33)，计算能量函数 E。

第八步：检查路径的合法性，判断迭代次数是否结束，如果结束，则终止，否则返回到第(4)步。

第九步：显示输出迭代次数、最优路径、最优能量函数、路径长度的值，并作出能量函数随时间的变化的曲线图。

15.8.3 仿真实例

在 TSP 的 Hopfield 网络能量函数式(15.33)中，取 $A=B=1.5$，$D=1.0$。采样时间取 $\Delta T=0.01$，网络输入 $U_{xi}(t)$初始值选择在$[-1,+1]$间的随机值，在式(15.36)的 Sigmoid 函数中，取较大的 μ，以使 Sigmoid 函数比较陡峭，从而稳态时 $V_{xi}(t)$能够趋于 1 或趋于 0。

以 8 个城市的路径优化为例，其城市路径坐标保存在当前路径的程序 cities8.txt 中。如果初始化的寻优路径有效，即路径矩阵中各行各列只有一个元素为 1，其余为 0，则给出最后的优化路径，否则停止优化，需要重新运行优化程序。如果本次寻优路径有效，经过 2000 次迭代，最优能量函数为 Final_E=1.4468，初始路程为 Initial_Length=4.1419，最短路程为 Final_Length=2.8937。

由于网络输入 $U_{xi}(t)$初始选择的随机性，可能会导致初始化的寻优路径无效，即路径矩阵中各行各列不满足"只有一个元素为 1，其余为 0"的条件，此时寻优失败，停止优化，需要重新运行优化程序。仿真过程表明，在 20 次仿真实验中，有 16 次可收敛到最优解。

仿真结果如图 15.28 和图 15.29 所示，其中图 15.28 为初始路径及优化后的路径的比较，图 15.29 为能量函数随时间的变化过程。由仿真结果可见，能量函数 E 单调下降，E 的最小点对应问题的最优解。

仿真中所采用的关键命令如下。

(1) sumsqr($\boldsymbol{X}$)：求矩阵 $\boldsymbol{X}$ 中各元素的平方值之和。

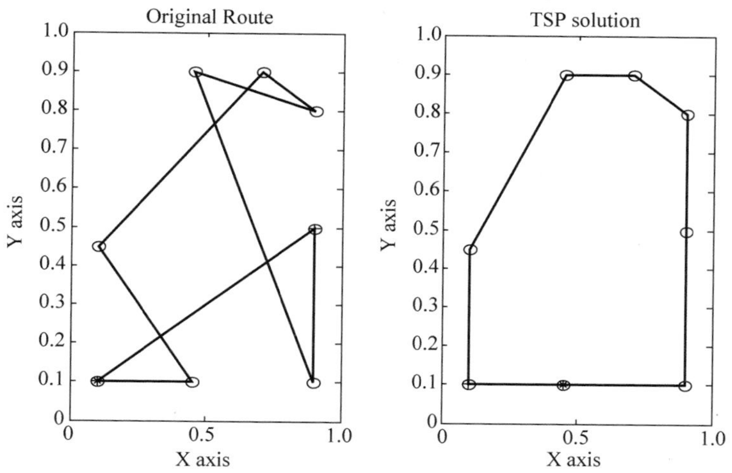

图 15.28 初始路径及优化后的路径

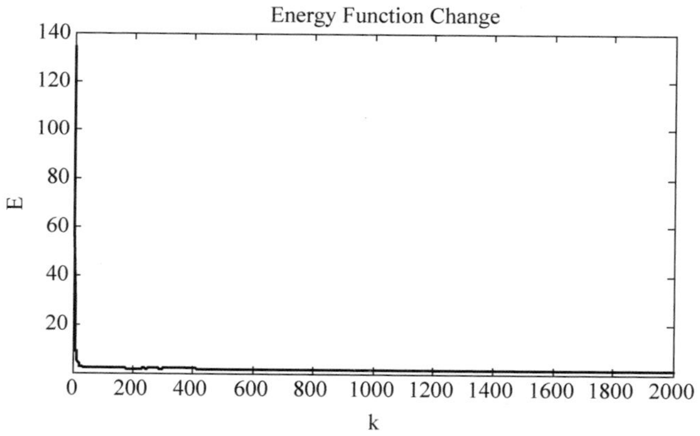

图 15.29 能量函数随迭代次数的变化

(2) Sum($\boldsymbol{X}$)或 Sum($\boldsymbol{X}$,1)：为矩阵 $\boldsymbol{X}$ 中各行相加，Sum($\boldsymbol{X}$,2)为矩阵中各列相加。

(3) repmat：用于矩阵复制，例如，$\boldsymbol{X}=\begin{bmatrix}1 & 2\\3 & 4\end{bmatrix}$，则 repmat($\boldsymbol{X}$,1,1)＝$\boldsymbol{X}$，repmat($\boldsymbol{X}$,1,2)＝$\begin{bmatrix}1 & 2 & 1 & 2\\3 & 4 & 3 & 4\end{bmatrix}$，repmat($\boldsymbol{X}$,2,1)＝$\begin{bmatrix}1 & 2\\3 & 4\\1 & 2\\3 & 4\end{bmatrix}$。

(4) dist($\boldsymbol{x}$,$\boldsymbol{y}$)：计算两点间的距离，例如，$\boldsymbol{x}=[1\quad 1]$，$\boldsymbol{y}=[2\quad 2]'$，则 dist($\boldsymbol{x}$,$\boldsymbol{y}$)＝$\sqrt{(2-1)^2+(2-1)^2}=\sqrt{2}$。

仿真程序：

(1) 主程序：chap15_12.m。

(2) 8 个城市路径坐标程序：8.txt。

思考题

1. 以求函数 $f(x_1,x_2)$ 的极大值为例，

$$\begin{cases} f(x_1,x_2)=100(x_1^2-x_2)^2+(x_2-x_1)^2 \\ -3\leqslant x_i\leqslant 3, \quad i=1,2 \end{cases}$$

(1) 写出用于遗传算法优化的 x_i 二进制编码和解码方法。

(2) 写出自适应度函数和目标函数。

(3) 分别给出一组遗传算法的运行参数。

(4) 分别写出函数极大值优化的遗传算法的设计步骤。

2. 说明遗传算法、粒子群算法和差分进化的区别。

3. 试与自己研究方向相结合，举例说明智能优化算法在实际工程中的应用。

4. Hopfield 神经网络的动态特性和反馈特性体现在何处？

参考文献

[1] Kennedy J, Eberhart R. Particle swarm optimization[C]. IEEE International Conference on Neural Networks, 1995.

[2] Storn R, Price K. Differential evolution—a simple and efficient heuristic for global optimization over continuous spaces[J]. Journal of Global Optimization, 1997, 11: 341-359.

[3] Hopfield J J, Tank D W. Neural computation of decision in optimization problems[J]. Biological Cybernrtics, 1985, 52: 141-152.

[4] 孙守宇，郑君里. Hopfield 网络求解 TSP 的一种改进算法和理论证明[J]. 电子学报，1995(1): 73-78.

[5] Dorigo M, Maniezzo V, Colorni A. Ant system: Optimization by a colony of cooperating agents[J]. IEEE Transactions on Systems Man and Cybernetics, 2002, 6(1): 29-41.

第 16 章

CHAPTER 16

智能优化算法的应用

对于有些模型,有时只知道数学模型一般形式,有时甚至连数学模型的一般形式都不知道,因此提出怎样确定系统的数学模型及参数的问题,这就是系统辨识问题。所谓参数辨识,就是在模型结构确定后,选择某种辨识算法,利用测量数据估计模型中的未知参数。

系统辨识方法包括 4 个方面,即信号激励、信号测量、辨识模型的建立和系统辨识方法。系统辨识方法指的是根据试验数据辨识出系统数学模型或参数的具体手段,最常用的方法为最小二乘方法、极大似然方法等。随着优化理论的发展,智能算法得到了迅速发展和广泛应用,成为解决传统系统辨识问题的新方法,如遗传算法、粒子群算法和差分进化算法等,这些算法丰富了系统辨识技术,为具有非线性系统的参数辨识问题提供了切实可行的解决方案。

调度问题是典型的 NP 问题,在早期主要通过运筹学中的线性规划来进行优化,随着智能优化算法的发展,调度问题的规模逐渐增大,数学规划方法很难给出 NP 问题的最优解。一些研究人员将智能优化算法应用到解决调度的问题上来,不再纠结去寻找问题的最优解,而是将目标转移到在合理的时间内寻找到一个可行的、接近最优解的近似解。

16.1 柔性机械手动力学模型参数辨识

16.1.1 柔性机械手模型描述

柔性机器人的动力学方程为

$$
\begin{aligned}
&I\ddot{q}_1 + MgL\sin q_1 + K(q_1 - q_2) = 0\\
&J\ddot{q}_2 + K(q_2 - q_1) = u
\end{aligned}
\tag{16.1}
$$

其中,$q_1 \in \mathbf{R}^n$ 和 $q_2 \in \mathbf{R}^n$ 分别为柔性力臂和电机的转动角度,K 为柔性力臂的刚度,$u \in \mathbf{R}^n$ 为控制输入,J 为电机的转动惯量,I 为柔性力臂的转动惯量,M 为柔性力臂的质量,L 为柔性力臂重心至关节点的长度,g 为重力加速度。

为了实现控制器的设计,模型中需要辨识的物理参数为 I、J、MgL 和 K。

考虑单关节柔性机械臂,式(16.1)可写为

$$\dot{x}_1 = x_2$$

$$\dot{x}_2 = -\frac{1}{I}(MgL\sin x_1 + K(x_1 - x_3))$$

$$\dot{x}_3 = x_4$$

$$\dot{x}_4 = \frac{1}{J}(u - K(x_3 - x_1)) \tag{16.2}$$

则 $K(x_3 - x_1) = u - J\ddot{x}_3$，从而

$$\ddot{x}_1 = -\frac{1}{I}(MgL\sin x_1 - u + J\ddot{x}_3)$$

$$\ddot{x}_3 = \frac{1}{J}(u - K(x_3 - x_1))$$

即

$$I\ddot{x}_1 + J\ddot{x}_3 + MgL\sin x_1 = u$$

$$J\ddot{x}_3 + K(x_3 - x_1) = u$$

上式可写为

$$\begin{bmatrix} I & J & MgL \end{bmatrix} \begin{bmatrix} \ddot{x}_1 \\ \ddot{x}_3 \\ \sin x_1 \end{bmatrix} = u$$

$$\begin{bmatrix} J & K \end{bmatrix} \begin{bmatrix} \ddot{x}_3 \\ x_3 - x_1 \end{bmatrix} = u$$

进一步整理，上式可写成

$$\begin{bmatrix} I & J & MgL & 0 \\ 0 & J & 0 & K \end{bmatrix} \begin{bmatrix} \ddot{x}_1 \\ \ddot{x}_3 \\ \sin x_1 \\ x_3 - x_1 \end{bmatrix} = \begin{bmatrix} u \\ u \end{bmatrix}$$

令 $\boldsymbol{\eta} = \begin{bmatrix} I & J & MgL & 0 \\ 0 & J & 0 & K \end{bmatrix}$，$\boldsymbol{Y} = \begin{bmatrix} \ddot{x}_1 \\ \ddot{x}_3 \\ \sin x_1 \\ x_3 - x_1 \end{bmatrix}$，$\boldsymbol{\tau} = \begin{bmatrix} u \\ u \end{bmatrix}$，则

$$\boldsymbol{\eta}\boldsymbol{Y} = \boldsymbol{\tau} \tag{16.3}$$

需要辨识的参数为 I、J、MgL 和 K，其真实值为 $I=1.0$、$J=1.0$、$MgL=5.0$ 和 $K=1200$。取 $\boldsymbol{\eta}$ 的估计为 $\hat{\boldsymbol{\eta}}$。

利用最小二乘法，可得

$$\boldsymbol{\eta} = \boldsymbol{\tau}(\boldsymbol{Y}^{\mathrm{T}}\boldsymbol{Y})^{-1}\boldsymbol{Y}^{\mathrm{T}} \tag{16.4}$$

由于 $\boldsymbol{Y}$ 具有很强的非线性，可保证 $\boldsymbol{Y}$ 中的 4 个参数之间线性无关，故可采用粒子群算法进行参数辨识。

由式(16.3)得

$$(\boldsymbol{\eta} - \hat{\eta})\boldsymbol{Y} = \boldsymbol{\tau} - \hat{\tau}$$

采用实数编码，辨识误差指标取

$$E=\sum_{i=1}^{N}\frac{1}{2}(\tau_i-\hat{\tau}_i)^{\mathrm{T}}(\tau_i-\hat{\tau}_i) \tag{16.5}$$

其中，N 为测试数据的数量，τ_i 为模型第 i 个测试样本的输入。

16.1.2 仿真实例

首先运行模型测试程序 chap16_1sim.mdl，对象的输入信号取 $u=\sin 2\pi t$，从而得到用于辨识的模型测试数据。

共有 4 个参数需要辨识，在粒子群算法仿真程序中，粒子群个数为 Size=200，最大迭代次数 $G=200$，采用实数编码，矩阵$\boldsymbol{\eta}$ 中 4 个参数的搜索范围为[0,5]，[0,5]，[0,10]，[1000,1500]，粒子运动最大速度为 $V_{\max}=1.0$，即速度范围为[−1,1]。学习因子取 $c_1=1.3$，$c_2=1.7$，采用线性递减的惯性权重，惯性权重采用从 0.90 线性递减到 0.10 的策略。将辨识误差指标直接作为粒子的目标函数，越小越好。

运行粒子群辨识程序 chap16_2.m，按粒子群算法式(15.7)和式(15.8)更新粒子的速度和位置，产生新种群，辨识误差函数 E 的优化过程如图 16.1 所示，结果 35 次迭代，辨识误差函数为 $E=7.3047\times10^{-6}$。

采用最小二乘进行辨识，仿真中出现($\boldsymbol{Y}^{\mathrm{T}}\boldsymbol{Y}$)的逆不存在。可见，采用粒子群算法的辨识可以克服最小二乘法的不足。实际值与辨识值比较如表 16.1 所示。

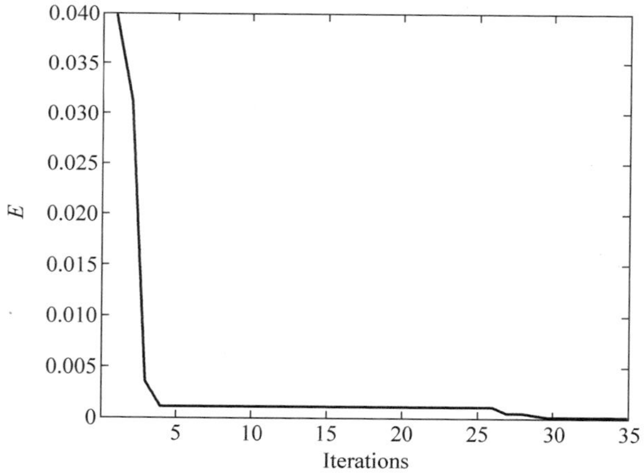

图 16.1 辨识误差函数 E 的优化过程

表 16.1 实际值与辨识值比较

参数及辨识算法	I	J	MgL	K
真实值	1	1	5	1200
粒子群算法辨识值	1.0	1.0	5.0	1200.5

仿真程序：

1. 输入输出测试程序

(1) 信号输入程序：chap16_1input.m。

(2) 模型 Simulink 测试程序：chap16_1sim.mdl，如图 16.2 所示。

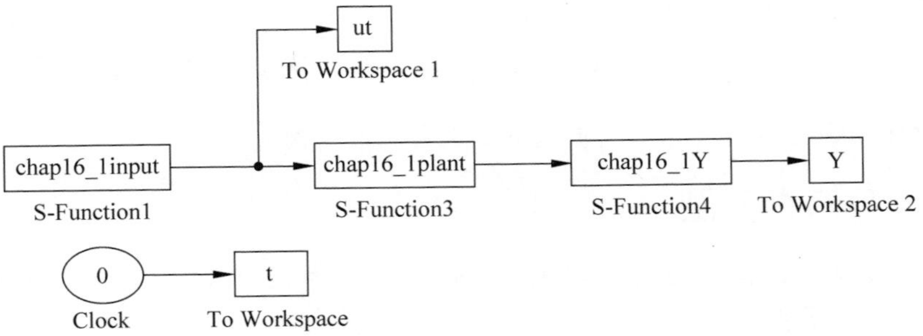

图 16.2 模型 Simulink 测试程序

(3) 模型程序：chap16_1plant.m。

(4) 模型状态输出：chap16_1Y.m。

2. 参数辨识程序

(1) 粒子群算法参数辨识程序：chap16_2pso.m。

(2) 目标函数计算程序：chap16_2obj.m。

16.2 飞行器纵向模型参数辨识

16.2.1 问题描述

仅考虑飞行器在俯仰平面上的运动，飞行器纵向模型如图 16.3 所示。

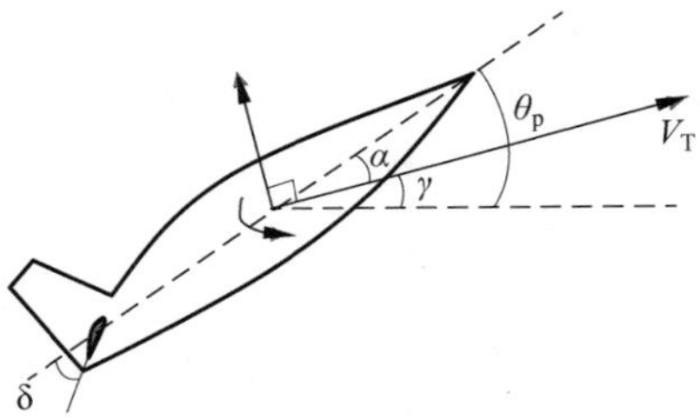

图 16.3 飞行器纵向模型示意图

飞行器的简化纵向模型可以表示为[1]

$$\dot{\gamma}=\bar{L}_o+\bar{L}_\alpha\alpha-\frac{g}{V_T}\cos\gamma$$

$$\dot{\alpha}=-\bar{L}_o-\bar{L}_\alpha\alpha+\frac{g}{V_T}\cos\gamma+q$$

$$\dot{\theta}_p=q$$

$$\dot{q}=M_o+M_\delta\delta \tag{16.6}$$

且有 $\bar{L}_o=\dfrac{L_o}{mV_T}$，$\bar{L}_\alpha=\dfrac{L_\alpha}{mV_T}$，$\gamma$、$\alpha$、$\theta_p$ 分别为飞行器航迹倾角、攻角和俯仰角，且有 $\gamma=\theta_p-\alpha$，q 为俯仰角变化率，V_T 为航速，m 和 g 分别为飞行器质量和重力加速度，L_α 为升力曲线斜率，L_o 为其他对升力的影响因素，M_δ 为控制俯仰力矩，M_o 为其他来源力矩，通常由公式 $M_o=M_{o1}+M_q q$ 近似，δ 为舵面偏角，作为控制输入。

在某一工作点，L_o、L_α、M_{o1}、M_δ 和 M_q 可被视为未知常量，航速 V_T 通过某线性控制器(如 PI 控制器)稳定在理想值的一个很小邻域内，可以被视为一个常量。

选取(γ,θ_p,q)作为状态变量，并定义状态 $x_1=\gamma$，$x_2=\theta_p$，$x_3=q$ 及控制输入 $u=\delta$，从而得到严格反馈形式下的三角型模型

$$\dot{x}_1=a_1x_2-a_1x_1+a_2-a_3\cos x_1$$

$$\dot{x}_2=x_3$$

$$\dot{x}_3=b_1u+b_2(x_2-x_1)+b_3x_3 \tag{16.7}$$

其中，$a_1=\bar{L}_\alpha>0, a_2=\bar{L}_o>0, a_3=\dfrac{g}{V_T}, b_1=M_\delta>0, b_2=M_\alpha, b_3=M_q$。

则

$$
\begin{aligned}
&a_1x_1+\dot{x}_1-a_1x_2+a_3\cos x_1-a_2=0\\
&\frac{b_2}{b_1}x_1-\frac{b_2}{b_1}x_2-\frac{b_3}{b_1}x_3+\frac{1}{b_1}\dot{x}_3=u
\end{aligned}
\tag{16.8}
$$

定义$\boldsymbol{\eta}=\begin{bmatrix} a_1 & 1 & -a_1 & 0 & 0 & a_3 & -a_2 \\ \dfrac{b_2}{b_1} & 0 & -\dfrac{b_2}{b_1} & -\dfrac{b_3}{b_1} & \dfrac{1}{b_1} & 0 & 0 \end{bmatrix}$，$\boldsymbol{Y}=\begin{bmatrix} x_1 \\ \dot{x}_1 \\ x_2 \\ x_3 \\ \dot{x}_3 \\ \cos x_1 \\ 1 \end{bmatrix}$，$\boldsymbol{\tau}=\begin{bmatrix} 0 \\ u \end{bmatrix}$，则式(16.8)可写为

$$\boldsymbol{\eta}\boldsymbol{Y}=\boldsymbol{\tau} \tag{16.9}$$

需要辨识的参数为$a_1, a_2, a_3, b_1, b_2, b_3$，利用最小二乘法，可得

$$\boldsymbol{\eta}=\boldsymbol{\tau}\,(\boldsymbol{Y}^{\mathrm{T}}\boldsymbol{Y})^{-1}\boldsymbol{Y}^{\mathrm{T}} \tag{16.10}$$

由于$\boldsymbol{Y}$具有很强的非线性，可保证$\boldsymbol{Y}$中6个参数之间线性无关，故可采用粒子群算法进行参数辨识。

采用实数编码，辨识误差指标取

$$J=\sum_{i=1}^{N}\frac{1}{2}(\tau_i-\hat{\tau}_i)^{\mathrm{T}}(\tau_i-\hat{\tau}_i) \tag{16.11}$$

其中，N为测试数据的数量，τ_i为模型第i个测试样本的输入。

16.2.2 仿真实例

首先运行模型测试程序 chap16_3sim.mdl，对象的输入信号取$u=\sin(2\pi t)$，从而得到用于辨识的模型测试数据。

共有6个参数需要辨识，在粒子群算法仿真程序中，粒子群个数为Size=200，最大迭代次数$G=200$，采用实数编码，矩阵$\boldsymbol{\eta}$中6个参数的搜索范围为[0,2]，[−1,0]，[0,1]，[0.1,2]，[0,2]，[−1,0]，粒子运动最大速度为$V_{\max}=1.0$，即速度范围为[−1,1]。学习因子取$c_1=1.3, c_2=1.7$，采用线性递减的惯性权重，惯性权重采用从0.90线性递减到0.10的策略。将辨识误差指标直接作为粒子的目标函数，越小越好。

运行粒子群辨识程序 chap16_4.m，按粒子群算法式(15.7)和式(15.8)更新粒子的速度和位置，产生新种群，参数辨识过程及辨识误差函数J的优化过程如图16.4和图16.5所示，经过91次迭代，辨识误差函数为$J=9.7034\times10^{-7}$。实际值与粒子群算法辨识值比较如表16.2所示。

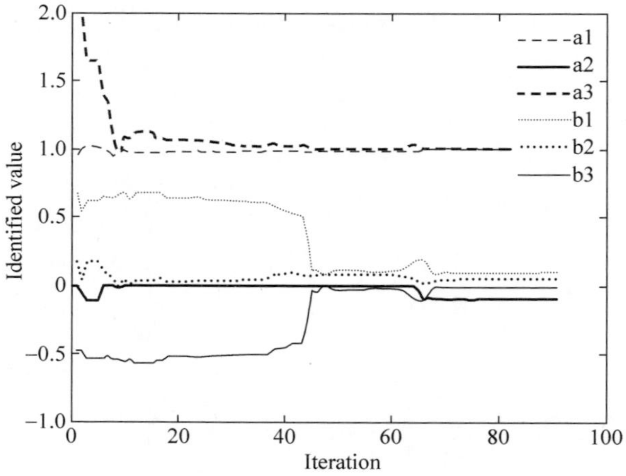

图 16.4 各个参数的辨识过程

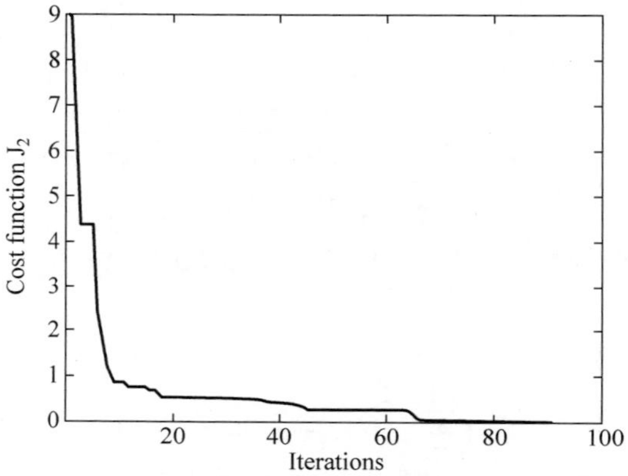

图 16.5 辨识误差函数 J 的优化过程

表 16.2 实际值与粒子群算法辨识值比较

参数	$a_1=\bar{L}_\alpha$	$a_2=\bar{L}_\delta$	$a_3=g/V_T$	$b_1=M_\delta$	$b_2=M_\alpha$	$b_3=M_q$
真实值	1	−0.10	0.049	1	0.10	−0.02
辨识值	1.0000	−0.1001	0.049	0.9999	0.0994	−0.0194

仿真程序：

1. 输入输出测试程序

(1) 信号输入程序：chap16_3input.m。

(2) 模型 Simulink 测试程序：chap16_3sim.mdl，如图 16.6 所示。

(3) 模型程序：chap16_3plant.m。

(4) 模型状态输出：chap16_3Y.m。

2. 参数辨识程序

(1) 粒子群算法参数辨识程序：chap16_4pso.m。

(2) 目标函数计算程序：chap16_4obj.m。

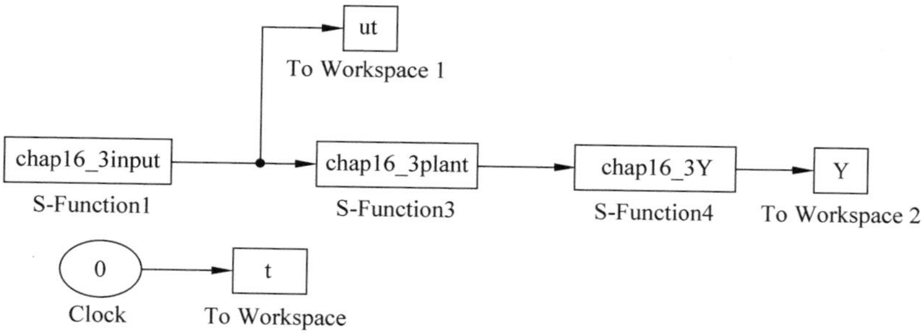

图 16.6 模型 Simulink 测试程序

16.3 VTOL 参数辨识

16.3.1 VTOL 参数辨识问题

VTOL(Vertical Take-Off and Landing,垂直起降飞行器),一般指战斗机或轰炸机。该飞行器可实现飞行器自由起落,从而突破跑道的限制,具有重要的军用价值。

如图 16.7 所示为 X-Y 平面上的 VTOL 受力图[2]。由于只考虑起飞过程,因此只考虑垂直方向 Y 轴和横向 X 轴,忽略了前后运动(即 Z 方向)。$\boldsymbol{X}$-$\boldsymbol{Y}$ 为惯性坐标系,$\boldsymbol{X}_{\mathrm{b}}$—$\boldsymbol{Y}_{\mathrm{b}}$ 为飞行器的机体坐标系。

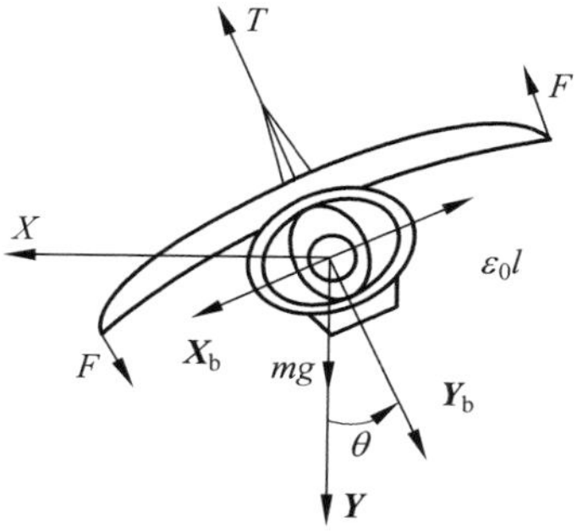

图 16.7 VTOL 示意图

根据图 16.7,可建立 VTOL 动力学平衡方程为

$$
\begin{aligned}
-m\ddot{X} &= -T\sin\theta + \varepsilon_0 l\cos\theta \\
-m\ddot{Y} &= T\cos\theta + \varepsilon_0 l\sin\theta - mg \\
I_x\ddot{\theta} &= l
\end{aligned}
\tag{16.12}
$$

其中,T 和 l 为控制输入,即飞行器底部推力力矩和滚动力矩,g 为重力加速度,ε_0 是描述 T 和 l 之间耦合关系的系数。

由式(16.12)可见,该模型为两个控制输入控制 3 个状态,为典型的欠驱动系统。模型中包括 3 个物理参数,即 m、ε_0 和 I_x。

令 $[X,\dot{X},Y,\dot{Y},\theta,\dot{\theta}]=[x_1,x_2,x_3,x_4,x_5,x_6]$,则式(16.12)可表示为

$$
\begin{aligned}
\dot{x}_1 &= x_2 \\
-m\dot{x}_2 &= -T\sin x_5 + \varepsilon_0 l\cos x_5 \\
\dot{x}_3 &= x_4 \\
-m\dot{x}_4 &= T\cos x_5 + \varepsilon_0 l\sin x_5 - mg \\
\dot{x}_5 &= x_6 \\
I_x\dot{x}_6 &= l
\end{aligned}
\tag{16.13}
$$

令 $a_1=\dfrac{1}{m}$,$a_2=\dfrac{\varepsilon_0}{m}$,$a_3=\dfrac{1}{I_x}$,$T=u_1$,$l=u_2$,则

$$
\begin{aligned}
&\dot{x}_1 = x_2\\
&\dot{x}_2 = a_1 \sin x_5 \cdot u_1 - a_2 \cos x_5 \cdot u_2\\
&\dot{x}_3 = x_4\\
&\dot{x}_4 = -a_1 \cos x_5 \cdot u_1 - a_2 \sin x_5 \cdot u_2 + g\\
&\dot{x}_5 = x_6\\
&\dot{x}_6 = a_3 u_2
\end{aligned} \tag{16.14}
$$

上式可表示为

$$
\begin{bmatrix} \dot{x}_2 \\ \dot{x}_4 \\ \dot{x}_6 \end{bmatrix} = \begin{bmatrix} a_1 \sin x_5 u_1 - a_2 \cos x_5 u_2 \\ -a_1 u_1 \cos x_5 - a_2 u_2 \sin x_5 \\ a_3 u_2 \end{bmatrix} + \begin{bmatrix} 0 \\ g \\ 0 \end{bmatrix}
$$

由于

$$
\begin{aligned}
\begin{bmatrix} a_1 \sin x_5 u_1 - a_2 \cos x_5 u_2 \\ -a_1 u_1 \cos x_5 - a_2 u_2 \sin x_5 \\ a_3 u_2 \end{bmatrix} &= \begin{bmatrix} \sin x_5 & -\cos x_5 & 0 \\ -\cos x_5 & -\sin x_5 & 0 \\ 0 & 0 & 1 \end{bmatrix} \begin{bmatrix} a_1 u_1 \\ a_2 u_2 \\ a_3 u_2 \end{bmatrix}\\
&= \begin{bmatrix} \sin x_5 & -\cos x_5 & 0 \\ -\cos x_5 & -\sin x_5 & 0 \\ 0 & 0 & 1 \end{bmatrix} \begin{bmatrix} a_1 & 0 \\ 0 & a_2 \\ 0 & a_3 \end{bmatrix} \begin{bmatrix} u_1 \\ u_2 \end{bmatrix}
\end{aligned}
$$

则得

$$
\begin{bmatrix} \dot{x}_2 \\ \dot{x}_4 \\ \dot{x}_6 \end{bmatrix} = \begin{bmatrix} \sin x_5 & -\cos x_5 & 0 \\ -\cos x_5 & -\sin x_5 & 0 \\ 0 & 0 & 1 \end{bmatrix} \begin{bmatrix} a_1 & 0 \\ 0 & a_2 \\ 0 & a_3 \end{bmatrix} \begin{bmatrix} u_1 \\ u_2 \end{bmatrix} + \begin{bmatrix} 0 \\ g \\ 0 \end{bmatrix}
$$

即

$$
\begin{bmatrix} \sin x_5 & -\cos x_5 & 0 \\ -\cos x_5 & -\sin x_5 & 0 \\ 0 & 0 & 1 \end{bmatrix}^{-1} \left(\begin{bmatrix} \dot{x}_2 \\ \dot{x}_4 \\ \dot{x}_6 \end{bmatrix} - \begin{bmatrix} 0 \\ g \\ 0 \end{bmatrix} \right) = \begin{bmatrix} a_1 & 0 \\ 0 & a_2 \\ 0 & a_3 \end{bmatrix} \begin{bmatrix} u_1 \\ u_2 \end{bmatrix} \tag{16.15}
$$

上式可写成下面的形式

$$
\boldsymbol{Y} = \boldsymbol{A}\boldsymbol{\tau} \tag{16.16}
$$

其中，$\boldsymbol{Y} = \begin{bmatrix} \sin x_5 & -\cos x_5 & 0 \\ -\cos x_5 & -\sin x_5 & 0 \\ 0 & 0 & 1 \end{bmatrix}^{-1} \left(\begin{bmatrix} \dot{x}_2 \\ \dot{x}_4 \\ \dot{x}_6 \end{bmatrix} - \begin{bmatrix} 0 \\ g \\ 0 \end{bmatrix} \right)$，$\boldsymbol{A} = \begin{bmatrix} a_1 & 0 \\ 0 & a_2 \\ 0 & a_3 \end{bmatrix}$，$\boldsymbol{\tau} = \begin{bmatrix} u_1 \\ u_2 \end{bmatrix}$。

由 $\boldsymbol{Y}(1) = a_1 u_1$、$\boldsymbol{Y}(2) = a_2 u_2$ 及 $\boldsymbol{Y}(3) = a_3 u_2$ 可知，$\boldsymbol{A}$ 中的参数 a_1、a_2 及 a_3 之间线性无关，因此，可采用智能搜索算法进行参数辨识。

采用实数编码，辨识误差指标取

$$
J = \sum_{i=1}^{N} \frac{1}{2} (y_i - \hat{y}_i)^{\mathrm{T}} (y_i - \hat{y}_i) \tag{16.17}
$$

其中，N 为测试数据的数量，$y_i = \boldsymbol{Y}(i)$。

16.3.2 基于粒子群算法的参数辨识

仿真中，取真实参数为 $\boldsymbol{P}=[m \quad \varepsilon_0 \quad I_x]=[68.6 \quad 0.5 \quad 123.1]$，辨识参数集为 $\hat{\boldsymbol{P}}=[\hat{m} \quad \hat{\varepsilon}_0 \quad \hat{I}_x]$。

首先运行模型测试程序 chap16_5sim. mdl，对象的输入信号取正弦和余弦信号，从而得到用于辨识的模型测试数据，并将数据保存在 para_file. mat 中。

在粒子群算法仿真程序中，将待辨识的参数向量记为 $\hat{\boldsymbol{P}}$，取粒子群个数为 Size=80，最大迭代次数 $G=100$，采用实数编码，待辨识参数 m、ε_0 和 I_x 分别分布在[0 100]、[0 10]和[0 200]。粒子运动最大速度为 $V_{\max}=1.0$，即速度范围为[−1 1]。学习因子取 $c_1=1.3$，$c_2=1.7$，采用线性递减的惯性权重，惯性权重采用从 0.90 线性递减到 0.10 的策略。将辨识误差直接作为粒子的目标函数，越小越好。

运行粒子群辨识程序 chap16_6. m，按粒子群算法式(15.7)和式(15.8)更新粒子的速度和位置，产生新种群，辨识误差函数 J 的优化过程如图 16.8 所示。辨识结果为 $\hat{\boldsymbol{P}}=[68.6 \quad 0.5 \quad 123.1]$，最终的辨识误差指标为 $J=7.5191\times10^{-30}$。

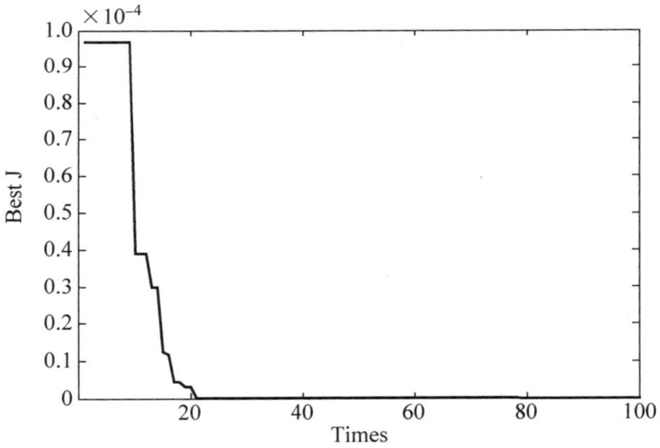

图 16.8 辨识误差函数 J 的优化过程

仿真程序：

1. 输入输出测试程序

(1) 信号产生程序：chap16_5input. m。

(2) 模型测试主程序：chap16_5sim. mdl，如图 16.9 所示。

(3) 模型程序：chap16_5plant. m。

2. 参数辨识程序

(1) 粒子群算法辨识程序：chap16_6pso. m。

(2) 目标函数计算程序：chap16_6obj. m。

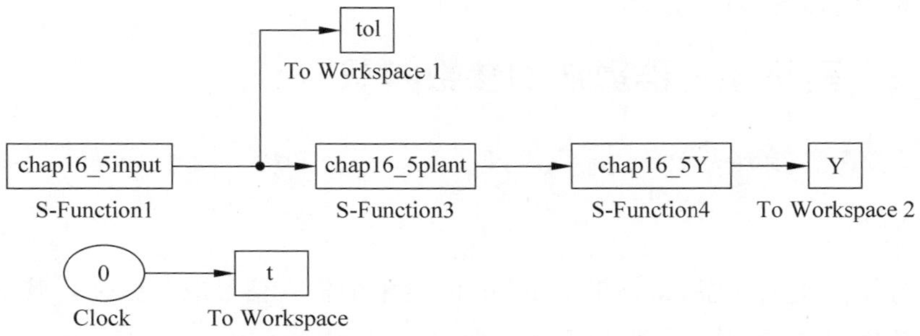

图 16.9 模型测试主程序

16.3.3 基于差分进化算法的 VTOL 参数辨识

仿真中,取真实参数为 $\boldsymbol{P}=[m \quad \varepsilon_0 \quad I_x]=[68.6 \quad 0.5 \quad 123.1]$,辨识参数集为 $\hat{\boldsymbol{P}}=[\hat{m} \quad \hat{\varepsilon}_0 \quad \hat{I}_x]$。

首先运行模型测试程序 chap16_7sim.mdl,对象的输入信号取正弦和余弦信号,从而得到用于辨识的模型测试数据,并将数据保存在 para_file.mat 中。

仿真中,将待辨识的参数向量记为 $\hat{\boldsymbol{P}}$,取种群规模为 Size=50,最大迭代次数 $G=200$,采用实数编码,待辨识参数 m、ε_0 和 I_x 分别分布在[0 100]、[0 10]和[0 200]。将辨识误差指标直接作为目标函数,越小越好。

按差分进化算法式(15.11)至式(15.15),运行差分进化辨识程序 chap16_8de.m,在差分进化算法仿真中,取变异因子 $F=0.70$,交叉因子 CR=0.60。经过 200 步迭代,辨识误差函数 J 的优化过程如图 16.10 所示。辨识结果为 $\hat{\boldsymbol{P}}=[68.6 \quad 0.5 \quad 123.1]$,最终的辨识误差指标为 $J=7.4194\times10^{-30}$。

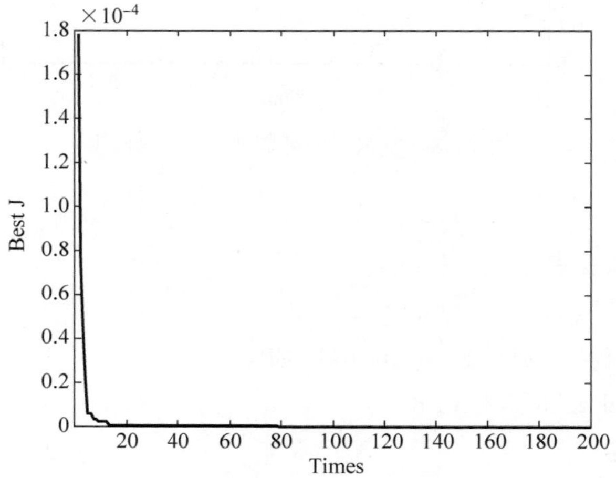

图 16.10 辨识误差函数 J 的优化过程

仿真程序：

1. 输入输出测试程序

（1）信号产生程序：chap16_7input.m。

（2）模型测试主程序：chap16_7sim.mdl，如图16.11所示。

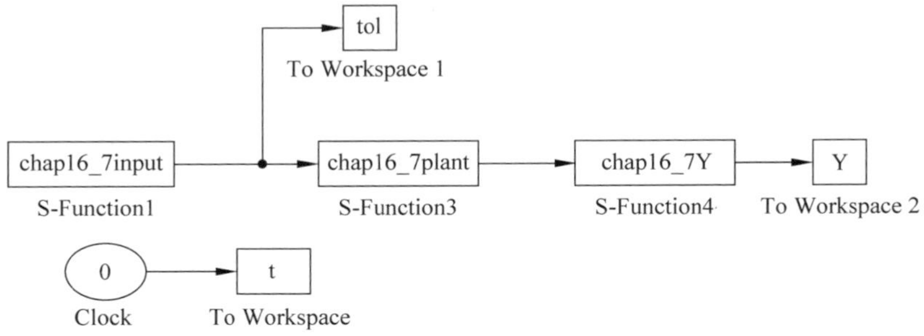

图16.11　模型测试主程序

（3）模型程序：chap16_7plant.m。

（4）Y计算程序：chap16_7Y.m。

2. 参数辨识程序

（1）差分进化算法辨识程序：chap16_8de.m。

（2）目标函数计算程序：chap16_8obj.m。

16.4　四旋翼飞行器建模与参数辨识

16.4.1　四旋翼飞行器动力学模型

四旋翼直升机，国外又称Quadrotor、Four-rotor、4 rotors helicopter和X4-flyer等，是一种具有4个螺旋桨的飞行器并且4个螺旋桨呈十字形交叉结构，相对的四旋翼具有相同的旋转方向，分两组，两组的旋转方向不同。与传统的直升机不同，四旋翼直升机只能通过改变螺旋桨的速度来实现各种动作。

四旋翼飞行器为6个自由度，带有4个执行器，如图16.12和图16.13所示，$F_i(i=1,2,3,4)$为推力。动力学模型表示为

$$\begin{cases}\ddot{x}=u_1(\cos\phi\sin\theta\cos\psi+\sin\phi\sin\psi)-K_1\dot{x}/m\\ \ddot{y}=u_1(\sin\phi\sin\theta\cos\psi-\cos\phi\sin\psi)-K_2\dot{y}/m\\ \ddot{z}=u_1\cos\phi\cos\psi-g-K_3\dot{z}/m\\ \ddot{\theta}=u_2-lK_4\dot{\theta}/I_1\\ \ddot{\psi}=u_3-lK_5\dot{\psi}/I_2\\ \ddot{\phi}=u_4-lK_6\dot{\phi}/I_3\end{cases}\tag{16.18}$$

其中，(x,y,z)为飞行器的坐标位置，(θ,ψ,ϕ)为飞行器的3个欧拉角，分别代表俯仰，滚转

和偏航，g 为重力加速度，m 为飞行器质量，I_i 为转动惯量，K_i 为阻力系数。并假设飞行器重心在原点。

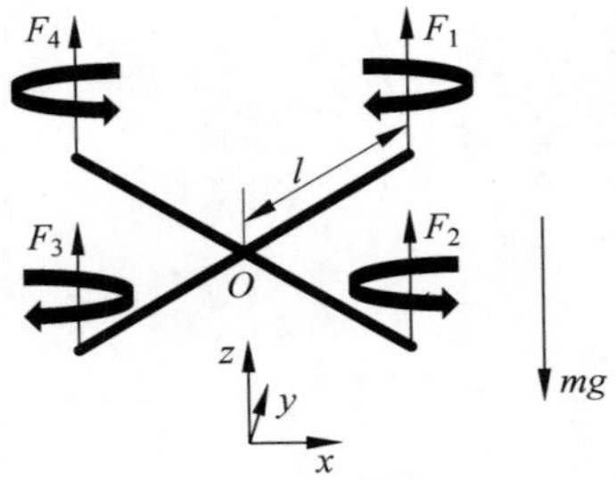

图 16.12　四旋翼飞行器示意图

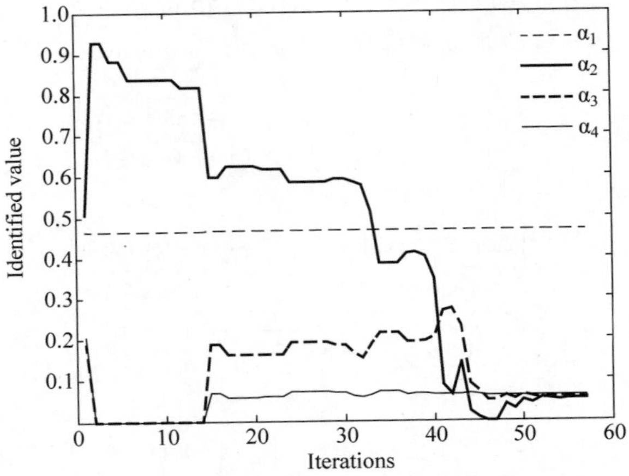

图 16.13　坐标变换子系统的参数辨识

控制输入与实际的控制力变换关系如下：

$$\begin{bmatrix} u_1 \\ u_2 \\ u_3 \\ u_4 \end{bmatrix} = \begin{bmatrix} 1/m & 1/m & 1/m & 1/m \\ -l/I_1 & -l/I_1 & l/I_1 & l/I_1 \\ -l/I_2 & l/I_2 & l/I_2 & -l/I_2 \\ C/I_3 & -C/I_3 & C/I_3 & -C/I_3 \end{bmatrix} \begin{bmatrix} F_1 \\ F_2 \\ F_3 \\ F_4 \end{bmatrix} \tag{16.19}$$

其中，u_i 为控制输入，F_i 为实际控制力，C 为力矩系数。则

$$\begin{aligned} u_1 &= \frac{1}{m}(F_1 + F_2 + F_3 + F_4) \\ u_2 &= \frac{l}{I_1}(-F_1 - F_2 + F_3 + F_4) \\ u_3 &= \frac{l}{I_2}(-F_1 + F_2 + F_3 - F_4) \\ u_4 &= \frac{C}{I_3}(F_1 - F_2 + F_3 - F_4) \end{aligned} \tag{16.20}$$

16.4.2　动力学模型的变换

由于 u_i 中包含了需要辨识的物理参数，为了辨识动力学模型式(16.18)中的物理参数，需要将模型加以变换[3]。定义

$$\begin{aligned} V_1 &= (F_1 + F_2 + F_3 + F_4) \\ V_2 &= (-F_1 - F_2 + F_3 + F_4) \\ V_3 &= (-F_1 + F_2 + F_3 - F_4) \\ V_4 &= (F_1 - F_2 + F_3 - F_4) \end{aligned} \tag{16.21}$$

则式(16.21)可写为 $u_1 = \frac{1}{m}V_1, u_2 = \frac{l}{I_1}V_2, u_3 = \frac{l}{I_2}V_3, u_4 = \frac{C}{I_3}V_4$，则式(16.18)变为如下两个

子系统，即坐标子系统和旋转子系统

$$\begin{cases}\ddot{x}=V_1\alpha_1(\cos\phi\sin\theta\cos\psi+\sin\phi\sin\psi)-\alpha_2\dot{x}\\ \ddot{y}=V_1\alpha_1(\sin\phi\sin\theta\cos\psi-\cos\phi\sin\psi)-\alpha_3\dot{y}\\ \ddot{z}=V_1\alpha_1\cos\phi\cos\psi-g-\alpha_4\dot{z}\end{cases}\tag{16.22}$$

$$\begin{cases}\ddot{\theta}=\alpha_5V_2-\alpha_6\dot{\theta}\\ \ddot{\psi}=\alpha_7V_3-\alpha_8\dot{\psi}\\ \ddot{\phi}=\alpha_9V_4-\alpha_{10}\dot{\phi}\end{cases}\tag{16.23}$$

其中，第一个子系统为坐标子系统，第二个子系统为旋转子系统。物理参数定义为 $\alpha=[\alpha_1,\alpha_2,\alpha_3,\alpha_4,\alpha_5,\alpha_6,\alpha_7,\alpha_8,\alpha_9,\alpha_{10}]$的形式，如表 16.3 所示。

表 16.3 待辨识参数

待辨识参数	表 达 式	单 位
α_1	$\frac{1}{m}$	1/kg
α_2	$\frac{K_1}{m}$	N s/(kg · m)
α_3	$\frac{K_2}{m}$	N s/(kg · m)
α_4	$\frac{K_3}{m}$	N s/(kg · m)
α_5	$\frac{l}{I_1}$	kg rad/(N · s^2)
α_6	$\frac{lK_4}{I_1}$	kg/s
α_7	$\frac{l}{I_2}$	kg rad/(N · s^2)
α_8	$\frac{lK_5}{I_2}$	kg/s
α_9	$\frac{C}{I_3}$	rad/(N · s^2)
α_{10}	$\frac{lK_6}{I_3}$	kg rad/(N · s^2)

子系统式(16.22)可写为

$$\begin{cases}\frac{1}{\alpha_1}(\ddot{x}+\alpha_2\dot{x})=V_1(\cos\phi\sin\theta\cos\psi+\sin\phi\sin\psi)\\ \frac{1}{\alpha_1}(\ddot{y}+\alpha_3\dot{y})=V_1(\sin\phi\sin\theta\cos\psi-\cos\phi\sin\psi)\\ \frac{1}{\alpha_1}(\ddot{z}+\alpha_4\dot{z}+g)=V_1\cos\phi\cos\psi\end{cases}$$

上式可写为

$$\boldsymbol{\eta}_1(\alpha_1,\alpha_2,\alpha_3,\alpha_4)\boldsymbol{Y}_1=\boldsymbol{\kappa\tau}_1\tag{16.24}$$

其中，$\boldsymbol{\eta}_1=\begin{bmatrix} \frac{1}{\alpha_1} & 0 & 0 & \frac{\alpha_2}{\alpha_1} & 0 & 0 \\ 0 & \frac{1}{\alpha_1} & 0 & 0 & \frac{\alpha_3}{\alpha_1} & 0 \\ 0 & 0 & \frac{1}{\alpha_1} & 0 & 0 & \frac{\alpha_4}{\alpha_1} \end{bmatrix}$，$\boldsymbol{Y}_1=\begin{bmatrix} \ddot{x} \\ \ddot{y} \\ \ddot{z}+g \\ \dot{x} \\ \dot{y} \\ \dot{z} \end{bmatrix}$，

$\boldsymbol{\kappa}=\begin{bmatrix} \cos\phi\sin\theta\cos\psi+\sin\phi\sin\psi & 0 & 0 \\ 0 & \sin\phi\sin\theta\cos\psi-\cos\phi\sin\psi & 0 \\ 0 & 0 & \cos\phi\cos\psi \end{bmatrix}$，$\boldsymbol{\tau}_1=\begin{bmatrix} V_1 \\ V_1 \\ V_1 \end{bmatrix}$，向量 $\boldsymbol{Y}_1$ 和矩阵$\boldsymbol{\kappa}$ 为可测。

子系统式(16.23)可写为

$$\begin{cases} \frac{1}{\alpha_5}(\ddot{\theta}+\alpha_6\dot{\theta})=V_2 \\ \frac{1}{\alpha_7}(\ddot{\psi}+\alpha_8\dot{\psi})=V_3 \\ \frac{1}{\alpha_9}(\ddot{\phi}+\alpha_{10}\dot{\phi})=V_4 \end{cases}$$

上式可写为

$$\boldsymbol{\eta}_2(\alpha_5,\alpha_6,\alpha_7,\alpha_8,\alpha_9,\alpha_{10})\boldsymbol{Y}_2=\boldsymbol{\tau}_2 \tag{16.25}$$

其中，$\boldsymbol{\eta}_2=\begin{bmatrix} \frac{1}{\alpha_5} & 0 & 0 & \frac{\alpha_6}{\alpha_5} & 0 & 0 \\ 0 & \frac{1}{\alpha_7} & 0 & 0 & \frac{\alpha_8}{\alpha_7} & 0 \\ 0 & 0 & \frac{1}{\alpha_9} & 0 & 0 & \frac{\alpha_{10}}{\alpha_9} \end{bmatrix}$，$\boldsymbol{Y}_2=\begin{bmatrix} \ddot{\theta} \\ \ddot{\psi} \\ \ddot{\phi} \\ \dot{\theta} \\ \dot{\psi} \\ \dot{\phi} \end{bmatrix}$，$\boldsymbol{\tau}_2=\begin{bmatrix} V_2 \\ V_3 \\ V_4 \end{bmatrix}$，向量 $\boldsymbol{Y}_2$ 为可测。

16.4.3 模型测试

辨识之前，首先要进行模型测试。针对模型式(16.18)，通过取 $\tau_i(i=1,2)$可得到实际的 $Y_i(i=1,2)$。然后，通过辨识算法，通过选取辨识指标，实现参数的辨识。

取辨识误差为

$$\begin{aligned} E_1&=\boldsymbol{\kappa}(\boldsymbol{\tau}_1-\hat{\boldsymbol{\tau}}_1)=\boldsymbol{\kappa}\boldsymbol{\tau}_1-\hat{\boldsymbol{\eta}}_1\boldsymbol{Y}_1 \\ E_2&=\boldsymbol{\tau}_2-\hat{\boldsymbol{\tau}}_2=\tau_2-\hat{\boldsymbol{\eta}}_2\boldsymbol{Y}_2 \end{aligned} \tag{16.26}$$

辨识策略为：采用$\hat{\boldsymbol{\eta}}_1\boldsymbol{Y}_1$ 逼近$\boldsymbol{\kappa}\boldsymbol{\tau}_1$，实现 $\alpha_1,\alpha_2,\alpha_3,\alpha_4$ 的辨识，采用$\hat{\boldsymbol{\eta}}_2\boldsymbol{Y}_2$ 逼近$\boldsymbol{\tau}_2$，实现 $\alpha_5,\alpha_6,\alpha_7,\alpha_8,\alpha_9,\alpha_{10}$ 的辨识。辨识指标为

$$J_i=\sum_{j=1}^{N}\boldsymbol{E}_i^{\mathrm{T}}\boldsymbol{E}_i,\quad i=1,2 \tag{16.27}$$

其中，N 为测试数据的个数。

需要说明的是，由于$(\boldsymbol{Y}_i\boldsymbol{Y}_i^{\mathrm{T}})^{-1}$ 可能产生奇异，故本问题最小二乘法不适用。

辨识时，首先进行模型测试，得到模型输入输出数据，然后利用这些数据，分别按坐标变换子系统和旋转子系统进行参数辨识。针对模型式(16.18)，取 $m=2.15$，$l=0.25$，$g=9.8$，$I_1=1.28$，$I_2=1.26$，$I_3=2.87$，$K_1=0.11$，$K_2=0.12$，$K_3=0.13\mathrm{Ns/m}$，$K_4=0.17$，$K_5=0.16$，$K_6=0.15$，$C=1.33$。

首先进行模型测试，运行模型测试程序 chap12_9sim.mdl，对象的输入信号取 $F_1=200\sin\left(t+\frac{\pi}{4}\right)$，$F_2=-100\sin(t)$，$F_3=200\sin\left(t+\frac{\pi}{4}\right)$，$F_4=-20\sin(t)$，从而得到用于辨识的模型测试数据，保存在 para_file.mat 文件中。

模型测试仿真程序：

(1) 模型 Simulink 测试主程序：chap16_9sim.mdl，如图 16.14 所示。

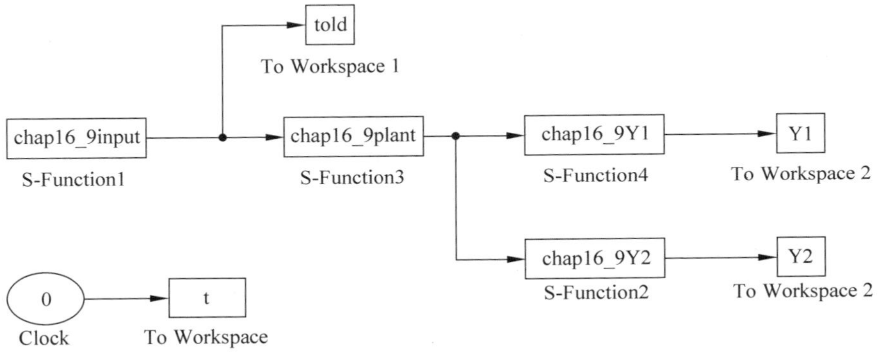

图 16.14　模型 Simulink 测试主程序

(2) 信号输入程序：chap16_9input.m。

(3) 模型描述程序：chap16_9plant.m。

(4) 模型输出：chap16_9Y1.m 和 chap16_9Y2.m。

16.4.4　基于粒子群算法的参数辨识

采用粒子群辨识时，首先设定参数范围，设定学习因子 c_1、c_2，最大进化代数 G。第 i 个粒子在整个解空间的位置表示为 X_i，速度表示为 V_i。第 i 个粒子从初始到当前迭代次数搜索产生的最优解，个体极值 P_i，整个种群目前的最优解为 BestS。

采用局部粒子群算法，按如下两式更新粒子的速度和位置：

$$V_i(i+1)=\omega V_i(i)+c_1r_1(P_i(i)-X_i(i))+c_2r_2(\mathrm{BestS}_g(i)-X_i(i))$$
$$X_i(i+1)=X_i(i)+V_i(i+1) \tag{16.28}$$

其中，$\mathrm{BestS}_g(i)$为全局寻优的粒子，r_1 和 r_2 为 0 到 1 的随机数，c_1 为局部学习因子，c_2 为全局学习因子，一般取 c_2 大些。

随着迭代次数的增加，逐渐降低权值，权值按如下方式进行更新

$$\omega(i)=\omega_{\max}-\frac{i(\omega_{\max}-\omega_{\min})}{G} \tag{16.29}$$

同样，对粒子的速度和位置要进行越界检查，为避免算法陷入局部最优解，加入一个局部自适应变异算子进行调整。

辨识时，先运行模型输入输出测试程序 chap16_9sim. mdl，然后分别按坐标变换子系统和旋转子系统进行参数辨识。共有 10 个参数 α_i 需要辨识。

在粒子群算法仿真程序中，粒子群个数为 Size=200，最大迭代次数 $G=200$，采用实数编码，10 个参数的搜索范围均为[0,1]，粒子运动最大速度为 $v_{\max}=1.0$，即速度范围均为[−1,1]。学习因子取 $c_1=1.3$，$c_2=1.7$，采用线性递减的惯性权重，惯性权重采用从 0.90 线性递减到 0.10 的策略。将辨识误差指标直接作为粒子的目标函数，越小越好。按粒子群算法更新粒子的速度和位置，产生新种群。

参数辨识的优化过程如图 16.15 所示，经过 91 次迭代，辨识误差函数分别为 $J_t=7.946\times10^{-5}$ 和 $J_r=7.9217\times10^{-5}$。实际值与粒子群算法辨识值的比较如表 16.4 所示。

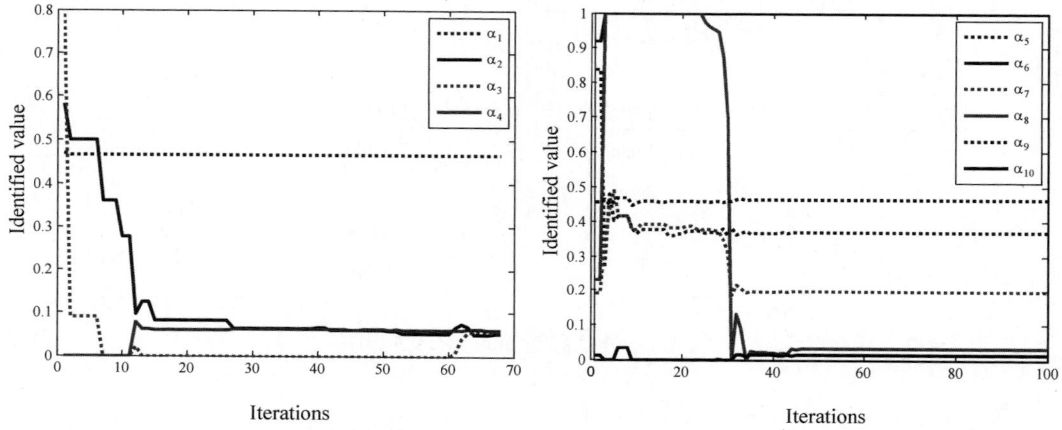

(a) 坐标子系统参数辨识　　(b) 旋转子系统参数辨识

图 16.15　旋转子系统的参数辨识

表 16.4　实际值与粒子群算法辨识值比较

参　数	α_1	α_2	α_3	α_4	α_5	α_6	α_7	α_8	α_9	α_{10}
真实值	0.4651	0.0512	0.0558	0.0605	0.1953	0.0332	0.1984	0.0317	0.4634	0.0131
辨识值	0.4651	0.0512	0.0547	0.0605	0.1953	0.0332	0.1984	0.0317	0.4634	0.0131

粒子群辨识程序：

(1) 坐标变换子系统辨识。

参数辨识程序：chap16_10transition. m。

目标函数计算程序：chap16_10obj. m。

(2) 旋转子系统辨识。

参数辨识程序：chap16_11rotation. m。

目标函数计算程序：chap16_11obj. m。

16.4.5 基于差分进化算法的参数辨识

辨识时，先运行模型输入输出测试程序 chap16_9sim.mdl，然后分别按坐标变换子系统和旋转子系统进行参数辨识。共有 10 个参数 α_i 需要辨识。

在差分进化算法仿真中，将待辨识的参数向量记为 $\hat{\boldsymbol{P}}$，取种群规模为 Size=50，最大迭代次数 $G=100$，采用实数编码，待辨识参数分布在[0 1]。将目标式(16.27)作为目标函数，越小越好。

在差分进化算法仿真中，取变异因子 $F=0.70$，交叉因子 CR=0.60。按标准的差分进化算法式(15.11)～式(15.15)，分别针对坐标子系统和旋转子系统进行辨识，经过 100 步迭代，参数辨识及辨识指标 J 的变化过程如图 16.16～图 16.19 所示。

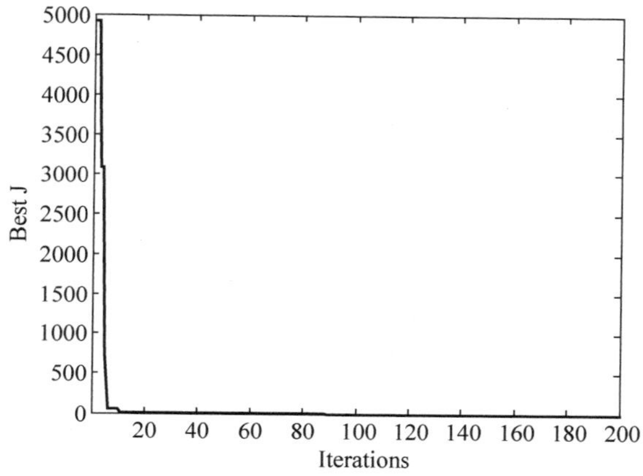

图 16.16 目标函数的变化(坐标子系统)

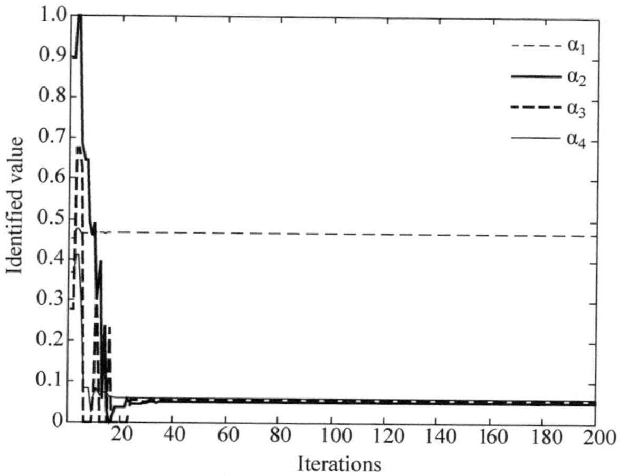

图 16.17 参数辨识过程（坐标子系统）

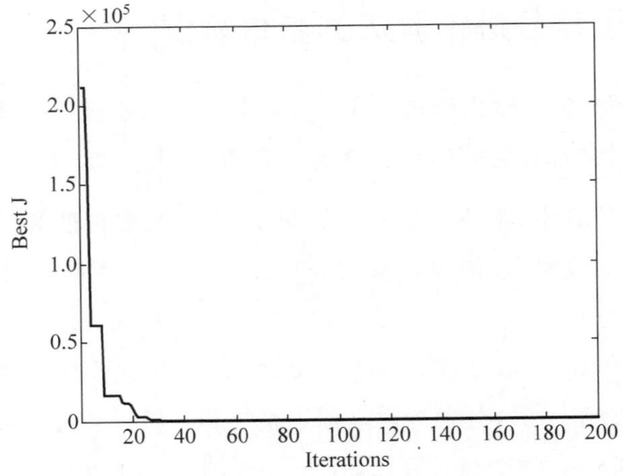

图 16.18　目标函数的变化(旋转子系统)

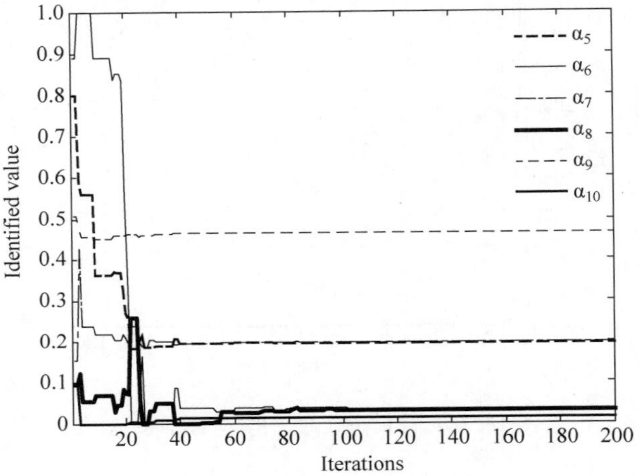

图 16.19　参数辨识过程(旋转子系统)

由仿真可见,随着迭代过程的进行,可找到最优解,辨识结果如表 16.5 所示。

表 16.5　实际值与差分进化算法辨识值比较

参　数	α_1	α_2	α_3	α_4	α_5	α_6	α_7	α_8	α_9	α_{10}
真实值	0.4651	0.0512	0.0558	0.0605	0.1953	0.0332	0.1984	0.0317	0.4634	0.0131
辨识值	0.4651	0.0512	0.0547	0.0605	0.1953	0.0332	0.1984	0.0317	0.4634	0.0131

差分进化算法辨识程序:

(1) 坐标变换子系统辨识。

参数辨识程序:chap16_12transition.m。

目标函数计算程序:chap16_12obj.m。

(2) 旋转子系统辨识。

参数辨识程序：chap16_13rotation. m。

目标函数计算程序：chap16_13obj. m。

16.5 基于粒子群算法的航班着陆调度

航班降落调度是机场管理的重要组成部分，旨在为待着陆的航班安排合理的降落调度方案，保证机场的秩序，减少早到或者晚到造成的经济损失。因此，研究航班的调度问题对提高机场的运行效率及飞行效益具有重大意义。

16.5.1 问题描述

在大型机场中，飞机的降落要受到很多安全约束条件的限制。如何对单条跑道上的飞机降落进行调度是一个重要的问题。

航班降落调度问题可描述为：机场在某一段时间内有 N 架需要降落的航班，每个航班都有一个最早到达时间和最晚到达时间，在这个时间窗口内，航空公司需要选择一个目标时间，并将它作为航班到达时间公布出去，如果比此时间迟到或早到，会带来额外的费用支出，每个航班都定义了早到每分钟的惩罚和晚到每分钟的惩罚，同时，在两个航班降落之间需要有一段安全时间间隔。

若一座机场短时间内抵达大量的飞机，由于机场本身的跑道数量及机场客运量等因素的限制，机场必须对抵达的飞机进行降落顺序及时间的安排。对于不同的机型，提前降落与延后降落都会造成一定的额外成本，相关的成本大致满足图 16.20 所示的关系。

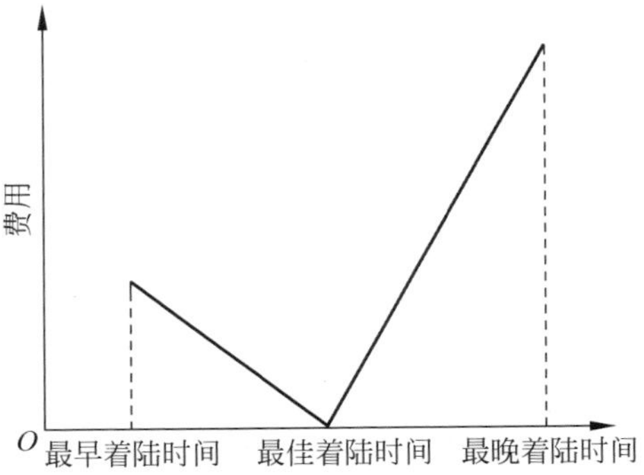

图 16.20 航班降落成本示意图

假设有 10 个航班需要降落，每个航班都有一个最早到达时间(飞机以最高速度到达降落区域的时间)和最晚到达时间(可能受其他因素如燃油量等的影响)。

以机场某一时间段内陆续抵达 10 班航班为例，表 16.6 列出了每个航班的时间窗口(以从当天零时起分钟数计)和惩罚值，其相关时刻已经转为整数形式，即不使用时分秒的格式，但依旧满足数值递增表示时间增加的基本要求。表 16.6 给出了 10 班飞机的最早、最佳、最迟降落时刻及提前和延后每分钟的成本参数。

表 16.6 航班的时间窗口和早到与晚到惩罚

航　　班	1	2	3	4	5	6	7	8	9	10
最早到达	129	195	89	96	110	120	124	126	135	160
目标时间	155	258	98	106	123	135	138	140	150	180
最晚到达	559	744	510	521	555	576	577	573	591	657
早到惩罚 Cearly_i	10	10	30	30	30	30	30	30	30	30
晚到惩罚 Clate_i	10	10	30	30	30	30	30	30	30	30

由于各个航班机型不同,每班航班降落之后都需要地面工作人员进行乘客分流等工作,因此需要在相邻航班之间预留时间窗口,表 16.7 给出了每班航班与其他航班相邻降落时需要的时间窗口。例如,航班 5 和航班 8 相邻降落时需要至少间隔 8 个时间单位。

表 16.7 航班降落时间间隔

	1	2	3	4	5	6	7	8	9	10
1	0	3	15	15	15	15	15	15	15	15
2	3	0	15	15	15	15	15	15	15	8
3	15	15	0	8	8	8	8	8	8	8
4	15	15	8	0	8	8	8	8	8	8
5	15	15	8	8	0	8	8	8	8	8
6	15	15	8	8	8	0	8	8	8	8
7	15	15	8	8	8	8	0	8	8	8
8	15	15	8	8	8	8	8	0	8	8
9	15	15	8	8	8	8	8	8	0	8
10	15	15	8	8	8	8	8	8	8	0

调度问题可以描述为:应采取何种降落调度方案才能够使总惩罚最小,同时航班又都在指定的时间窗口中降落,并且满足两个航班降落之间的时间间隔。

16.5.2 优化问题的设计

航班降落调度问题可以描述为:机场在某一段时间内有 D 架需要降落航班,每个航班都有一个最早到达时间 Start_i 和最晚到达时间 Stop_i,在这个时间窗口内,航空公司需要选择一个目标时间 Target_i,并将它作为航班到达时间公布出去,如果比此时间迟到或早到,会带来额外的费用支出,每个航班都定义了早到每分钟的惩罚 Cearly_i 和晚到每分钟的惩罚 Clate_i,同时,在两个航班降落之间需要有一段安全时间间隔 Dist_{ij},其中 i、j 为航班个数。

根据以上描述,设计优化策略为

(1) 定义降落方案变量。

$$\text{Land}=\{\text{Land}_1,\text{Land}_2,\cdots,\text{Land}_D\}$$

其中,Land_i 代表航班 i 的理想降落时间,应满足最早和最晚时间的约束,定义约束条件为

$$\text{Start}_i \leqslant \text{Land}_i \leqslant \text{Stop}_i$$

(2) 任意两个航班 i 和航班 j 之间的实际降落时间间隔要大于安全时间间隔 Dist_{ij},因此可定义约束为

$$|\text{Land}_i-\text{Land}_j|\geqslant \text{Dist}_{ij} \tag{16.30}$$

(3) 由于航班早到和晚到都会带来额外的惩罚，定义该降落方案的总惩罚函数为

$$f = \sum_i (\text{Target}_i - \text{Land}_i)\text{Cearly}_i + \sum_j (\text{Land}_j - \text{Target}_j)\text{Clate}_j \tag{16.31}$$

16.5.3 仿真实例

采用粒子群算法进行优化，每架飞机作为一个粒子，故每个个体共有 10 个粒子，个体的适应度为式(16.31)，即个体对应的成本值越小越好。任意两个航班 i 和航班 j 之间间隔时间需要满足式(16.30)。

在粒子群算法仿真中，取粒子群个数为 Size=10000，最大迭代次数 $G=1500$，粒子运动最大速度为 30，即速度范围为[−30,30]。学习因子取 $c_1=0.5$，$c_2=2.0$，采用线性递减的惯性权重，惯性权重采用从 0.90 线性递减到 0.10 的策略。

采用粒子群算法，对粒子的速度和位置进行越界检查。为避免算法陷入局部最优解，加入一个局部自适应变异算子进行调整。按式(15.7)和式(15.8)更新粒子的速度和位置，产生新种群。经过 1500 步迭代，得到的最优结果为 714.6141，对应的航班降落时间为

[165.3482 257.8698 98.0205 106.0514　118.1782 134.3329 126.2693 142.3405 150.3473 180.3483]

适应度函数的变化过程如图 16.21 所示，由仿真结果可见，随着迭代过程的进行，粒子群通过追踪自身极值和局部极值，不断更新自身的速度和位置，从而找到全局最优解。

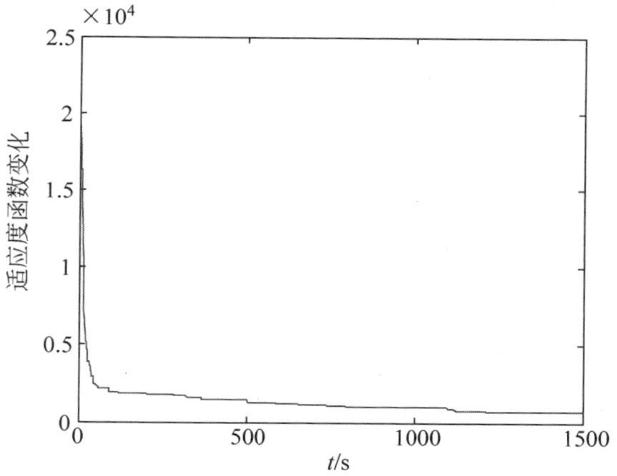

图 16.21　适应度函数的变化过程

仿真程序：

(1) 主程序：chap16_14.m。

(2) 适应度函数计算程序：chap16_14fun.m。

16.6 基于差分进化算法的产品加工生产调度

16.6.1 问题描述

某服装企业决定加工 9 批本企业品牌服装，因季节变化关系，每批产品都有一个交货期

限,如果在此期限之前完成,则产品可以较高的价格出售,超过期限则将面临更激烈的价格竞争而减少生产效益。假设各批次服装的加工时间、交货期限和利润如表16.8所示,设每批产品的加工过程不允许中断,即一批产品加工过程中不能插入其他批次产品的加工,求总利润最大的加工顺序。

表16.8 产品加工时间和交货期限表

产品批次	1	2	3	4	5	6	7	8	9
加工时间/天	3	4	1	2	6	1	4	7	5
交货期限/天	5	9	3	12	10	24	5	6	6
按期产品利润/百元	750	1200	800	900	2500	500	3000	5600	4500
逾期产品利润/百元	500	900	400	750	1800	300	1500	4000	2000

调度问题可以描述为:应采取何种调度方案设计服装加工顺序,使在满足交货时间的基础上实现总利润的最大化。

16.6.2 优化问题的设计

通过差分进化算法对加工顺序进行优化,每个加工顺序作为一个个体,所对应的总利润作为该个体的适应度函数,分别按交货时间满足期限和不满足期限进行设计,每个加工顺序所对应的总利润=按期产品利润+逾期产品利润,该功能通过程序chap16_15fit.m实现。通过差分进化算法的优化,最终可得到最佳的加工顺序,使总利润最大化。

在仿真中,为了避免加工顺序中出现重复的数字,采用如下几个MATLAB命令:

(1) setdiff命令,即取两个数组的差异部分;

(2) isempty命令,确定数组是否为空集;

(3) unique命令,保证在数组中具有唯一值。该功能通过程序chap16_15rep.m实现。

本次加工顺序的总加工时间计算采用chap16_15sum.m实现。

16.6.3 仿真实例

采用差分进化算法,取 $F=1.2$,Cr=0.9,取样本个数Size=10,最大迭代次数 $G=100$。按式(15.11)~式(15.15)设计差分进化算法,经过100步迭代,可实现利润最大化的服装加工顺序有多种,其中的三种顺序如下:

(1) 3 9 4 1 6 7 2 8 5,最大总利润为15400;

(2) 3 9 4 6 1 5 7 2 8,最大总利润为15400;

(3) 3 9 7 4 1 6 2 5 8,最大总利润为15400。

其中情况(1)对应的适应度函数变化过程如图16.22所示。

仿真程序:

(1) 主程序:chap16_15.m。

(2) 适应度函数:chap16_15fit.m。

(3) 去除重复数字函数:chap16_15rep.m。

(4) 求加工时长函数:chap16_15sum.m。

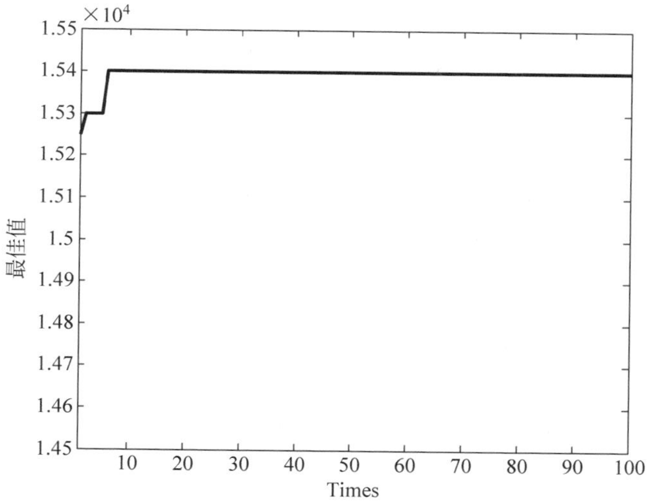

图 16.22 情况(1)对应的适应度函数变化过程

16.7 基于差分进化算法的无人机三维路径规划

无人机作为侦察和作战的重要手段,需要保证侦察目标的准确性。对任务/航迹规划是无人机实现自主飞行和自主攻击的关键技术[5]。利用差分进化算法将约束条件和搜索算法相结合,可有效减小搜索空间,得到一条全局最优路径。通过规划方法能够获得满意的航迹,满足无人机作战要求,具有重要的意义。

16.7.1 问题描述

首先给出三维路径规划用到的地形信息。在 MATLAB 环境下,可使用 peaks 命令产生山峰函数,设无人机路径规划的起点为 $O(-2,2,0.2)$,终点为 $Q(2,-2,0.2)$。路径生成仿真程序为 chap16_16. m,通过调整参数,使得山峰坐落在[−3,3]×[−3,3]×[0,0.3]的区域内,所生成的三维环境模型如图 16.23 所示,生成的图形数据文件为 peak_file. mat,对应的三维路径俯视图如图 16.24 所示,其中左上方的点为起点,右下方的点为终点。

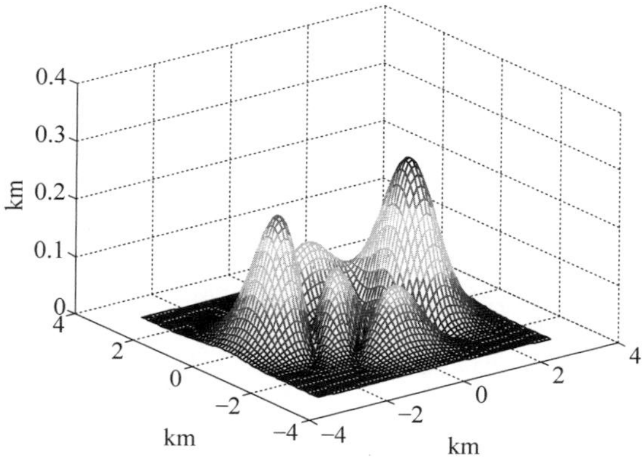

图 16.23 三维环境模型

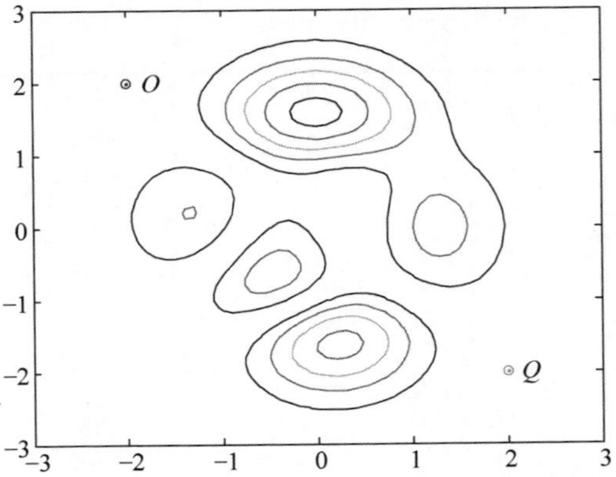

图 16.24　三维路径俯视图(左上方的点为起点,右下方的点为终点)

路径优化问题为:找到使得目标函数最小的从起点 O 到终点 Q 的三维路径。

16.7.2　目标函数设计

无人机飞行的综合代价考虑三个方面,分别是总航程、飞行高度和被雷达发现的概率。设目标函数为

$$\min J = f_1 + f_2 + f_3 + f_4 \tag{16.32}$$

对式(16.32)各项解释如下:f_1 为航程代价,将飞行路径分为 10 段,节点为 $O,P_1,\cdots,P_9,Q$。P_i 坐标设为$(x_i,y_i,z_i)(1=1,2,\cdots,9)$,则航程代价为

$$f_1 = \sum_{i=1}^{10} \sqrt{(x_i - x_{i-1})^2 + (y_i - y_{i-1})^2 + (z_i - z_{i-1})^2} \tag{16.33}$$

f_2 为高度代价,当无人机飞得过高或过低时,给予惩罚,中间每个节点 P_i 上的高度代价为

$$g_i = \begin{cases} 100 \times (H_i + 0.1 - z_i), & H_i \leqslant z_i < H_i + 0.1 \\ 0, & H_i + 0.1 \leqslant z_i < H_i + 0.3 \\ 50 \times (z_i - H_i - 0.3), & H_i + 0.3 \leqslant z_i \end{cases} \tag{16.34}$$

其中,H_i 表示山峰函数在(x_i,y_i)处的高度值,所有节点的代价和为 f_2,即

$$f_2 = \sum_{i=1}^{9} g_i \tag{16.35}$$

f_3 为威胁代价,表示在路径上各个节点被雷达发现的概率大小,雷达探测概率为

$$p_{\mathrm{d}} = \frac{1}{1 + (b_2 R^4 / \sigma)^{b_1}} \tag{16.36}$$

其中,R 为雷达和节点之间的距离,σ 为雷达截面半径,b_1 和 b_2 为与雷达相关的常数,此处均设为 1。当有多个雷达存在时,取所有雷达的探测概率中最大的为当前节点被发现的概率。威胁代价可表示为

$$f_3 = K \sum_{i=1}^{9} p_{d_i} \tag{16.37}$$

f_4 为路径长度代价,为了保证每段路径的长度相差不太大,引入每段路径之间的方差

作为代价,设每段路径长度为 d_i,则路径长度代价为

$$f_4 = 4\mathrm{var}(\boldsymbol{d}) \tag{16.38}$$

其中,var($\boldsymbol{d}$)表示距离向量 $\boldsymbol{d}$ 的方差。

16.7.3 基于差分进化算法的路径规划

(1) 个体描述。

种群中每个体 X_i 表示从起点到终点经过的 9 个节点,每个 X_i 中变量排布的规则为 $[x_1, x_2, \cdots, x_9, y_1, y_2, \cdots, y_9, z_1, z_2, \cdots, z_9]$。

(2) 决策变量约束条件。

由图 16.23 的地图信息,设置 $x_{\min}$、$x_{\max}$、$y_{\min}$、$y_{\max}$。对于高度的约束,首先考虑不能小于当前的山峰高度,其次由于无人机的能力限制,不能飞得过高。

(3) 差分进化算法参数设置。

种群数目为 Size,最大迭代次数为 G,设置变异因子 F 和交叉因子 CR。

(4) 生成初始群体。

在 27 维空间里随机产生满足约束条件的 Size 个个体,实施措施如下

$$X_{ij}(0) = \mathrm{rand}_{ij}(1)(X_{ij}^U - X_{ij}^L) + X_{ij}^L$$

其中,X_{ij}^U 和 X_{ij}^L 分别表示第 i 个个体第 j 个染色体的上界和下界。

(5) 变异操作。

从群体中随机选择 3 个个体 X_{p1}、X_{p2} 和 X_{p3},且 $i \neq p1 \neq p2 \neq p3$,则基本的变异操作为

$$h_i(t+1) = X_{p1}(t) + F[X_{p2}(t) - X_{p3}(t)]$$

如不考虑局部优化,设当前种群中最好的个体为 $X_b(t)$,变异操作变为

$$h_i(t+1) = X_b(t) + F[X_{p2}(t) - X_{p3}(t)]$$

(6) 交叉操作。

增加群体的多样性,具体操作如下

$$v_i(t+1) = \begin{cases} h_i(t+1), & \mathrm{rand}l_i \leqslant \mathrm{CR} \\ X_i(t), & \mathrm{rand}l_i > \mathrm{CR} \end{cases}$$

(7) 选择操作。

将个体 $v_i(t+1)$ 和个体 $X_i(t)$ 的评价函数进行比较,确定 $X_i(t)$ 是否为下一代的成员。

$$X_i(t+1) = \begin{cases} v_i(t+1), & f[v_i(t+1)] > f[X_i(t)] \\ X_i(t), & f[v_i(t+1)] \leqslant f[X_i(t)] \end{cases}$$

反复执行步骤(5)~步骤(7),直至达到最大的进化代数 G。

16.7.4 仿真实例

针对由 chap16_16.m 所生成的图形数据文件 peak_file.mat,取 $x_{\min} = -2.2$, $x_{\max} = 2.2$, $y_{\min} = -2.2$, $y_{\max} = 2.2$, $z_{\min} = H_i$, $z_{\max} = 3$。差分进化算法参数设置为:取种群数目

Size=2000，最大迭代次数 $G=2000$，变异因子 $F=0.8$，交叉因子 CR=0.6。采用基于差分进化的路径规划算法，反复执行步骤(5)～步骤(7)，目标函数的变化过程如图 16.25 所示，三维路径规划结果如图 16.26～图 16.28 所示。

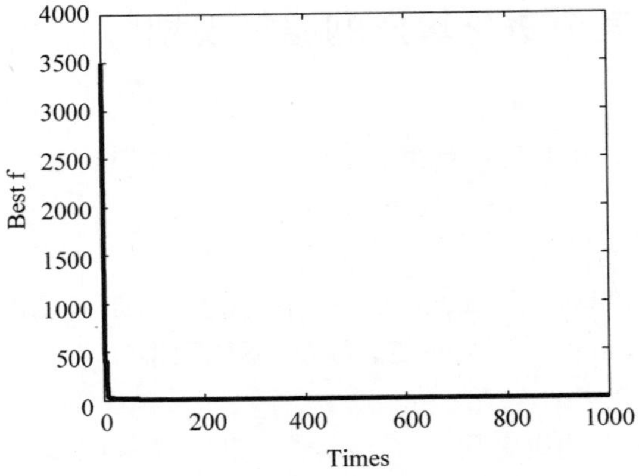

图 16.25　目标函数的变化

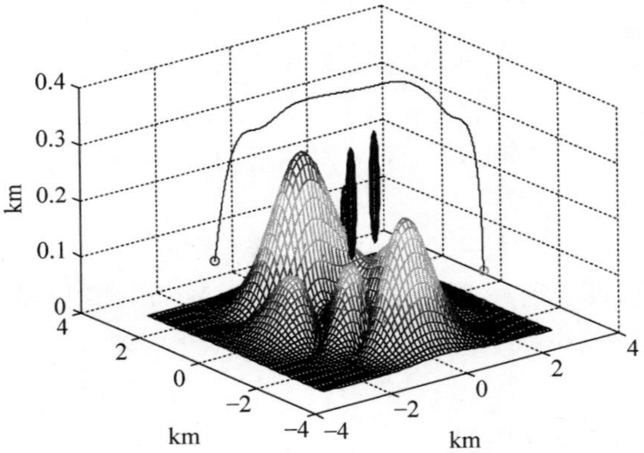

图 16.26　三维路径规划结果(左侧为起点，右侧为终点)

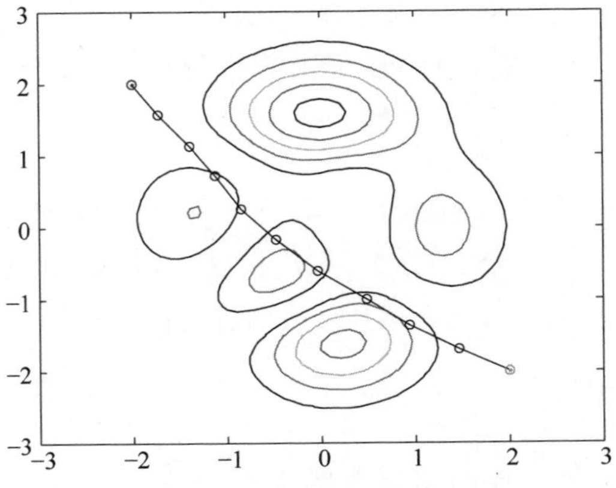

图 16.27　路径俯视图(左侧为起点，右侧为终点)

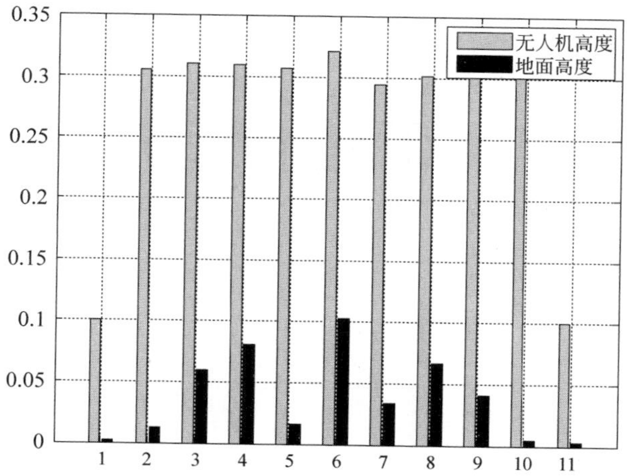

图 16.28 飞行高度与山峰高度对比

仿真程序：

（1）三维模型生成程序：chap16_16.m。

（2）路径优化程序：

① 优化主程序：chap16_17.m。

② 目标函数子程序：chap16_17func.m。

思考题

1. 分别说明粒子群算法和差分进化进行系统辨识的原理和方法。

2. 系统描述为

$$J\ddot{\theta}=u-F$$

其中，J 为转动惯量，F 为摩擦力，$F=k_1\mathrm{sgn}(\dot{\theta})+k_2\dot{\theta}$，$\theta$ 为角度信号。试分别用粒子群算法和差分进化算法辨识参数 k_1 和 k_2，并写出辨识步骤。

3. 针对 16.6 节和 16.7 节，如果改为粒子群算法进行优化，给出算法设计步骤、仿真分析及仿真程序。

4. 试与自己研究方向相结合，举例说明智能优化算法在实际工程中的应用。

参考文献

[1] Sharma M, Ward D G. Flight-path angle control via neuro-adaptive backstepping[R]. AIAA-02-3520, 2002.

[2] Wang Xinhua, Liu Jinkun, Cai Kai-Yuan. Tracking control for VTOL aircraft with disabled IMUs[J]. International Journal of Systems Science, 2010, 41(10): 1231-1239 (Q2).

[3] Yang Liu, Liu Jinkun. Parameter Identification for a Quadrotor Helicopter Using PSO[C]. 52nd IEEE Conference on Decision and Control December 10-13, 2015. Florence, Italy, 5828-5833.

[4] 刘金琨，沈晓蓉，赵龙. 系统辨识理论及 MATLAB 仿真[M]. 北京：电子工业出版社，2017.

[5] Qiang W, An Z, Qi L. Three-dimensional path planning for UAV based on improved PSO algorithm [C]. 中国控制与决策会议，2014.

第 17 章 神经网络自适应协调控制

CHAPTER 17

遥操作系统使操作者能够通过通信操作远程控制机器人，操作者也可以通过本地主机器人感受到远程环境的真实感，同时使操作者远离危险或无法接近的环境。遥操作系统可分为双边遥操作系统和多重遥操作系统两类。典型的双边遥操作系统通常由一个远程从机器人和一个本地主机器人组成。在网络化遥操作系统中，网络通信时延、数据包丢失、信号量化是阻碍遥操作系统稳定性的主要问题[1,2]。

17.1 主辅电机的协调控制

17.1.1 系统描述

主辅电机动力学方程为

$$\begin{aligned}\ddot{q}_{\mathrm{m}} &= \tau_{\mathrm{m}} - d_{\mathrm{m}} \\ \ddot{q}_{\mathrm{s}} &= \tau_{\mathrm{s}} - d_{\mathrm{s}}\end{aligned} \tag{17.1}$$

其中，q_{m} 和 q_{s} 分别为主辅电机转动的角度，τ_{m} 和 τ_{s} 分别为主辅电机的控制输入，d_{m} 和 d_{s} 分别为加在执行器上的扰动。

加在主电机上的指令为时变信号 q_{d}，控制目标为：主电机的转动角度和角速度分别跟踪理想的转动角度和角速度，辅电机的转动角度和角速度分别跟踪主电机的转动角度和角速度。即 $t\to\infty$时，

$$q_{\mathrm{m}} \to q_{\mathrm{d}},\quad \dot{q}_{\mathrm{m}} \to \dot{q}_{\mathrm{d}}, q_{\mathrm{s}} \to q_{\mathrm{m}},\quad \dot{q}_{\mathrm{s}} \to \dot{q}_{\mathrm{m}}$$

17.1.2 控制律设计与分析

定义

$$e_{\mathrm{m}} = q_{\mathrm{m}} - q_{\mathrm{d}},\quad e_{\mathrm{s}} = q_{\mathrm{s}} - q_{\mathrm{m}},\quad r_{\mathrm{m}} = \dot{e}_{\mathrm{m}} + \lambda_{\mathrm{m}} e_{\mathrm{m}},\quad r_{\mathrm{s}} = \dot{e}_{\mathrm{s}} + \lambda_{\mathrm{s}} e_{\mathrm{s}}$$

其中，$\lambda_{\mathrm{m}} > 0, \lambda_{\mathrm{s}} > 0$。

定义 Lyapunov 函数为

$$V = \frac{1}{2} r_{\mathrm{m}}^2 + \frac{1}{2} r_{\mathrm{s}}^2$$

由于

$$\dot{r}_{\mathrm{m}} = \ddot{e}_{\mathrm{m}} + \lambda_{\mathrm{m}} \dot{e}_{\mathrm{m}} = \ddot{q}_{\mathrm{m}} - \ddot{q}_{\mathrm{d}} + \lambda_{\mathrm{m}} \dot{e}_{\mathrm{m}} = \tau_{\mathrm{m}} - d_{\mathrm{m}} - \ddot{q}_{\mathrm{d}} + \lambda_{\mathrm{m}} \dot{e}_{\mathrm{m}}$$

$$\dot{r}_{\mathrm{s}} = \ddot{e}_{\mathrm{s}} + \lambda_{\mathrm{s}} \dot{e}_{\mathrm{s}} = \ddot{q}_{\mathrm{s}} - \ddot{q}_{\mathrm{m}} + \lambda_{\mathrm{s}} \dot{e}_{\mathrm{s}} = \tau_{\mathrm{s}} - d_{\mathrm{s}} - \tau_{\mathrm{m}} + d_{\mathrm{m}} + \lambda_{\mathrm{s}} \dot{e}_{\mathrm{s}}$$

则

$$
\begin{aligned}
\dot V &= r_{\mathrm m}\dot r_{\mathrm m} + r_{\mathrm s}\dot r_{\mathrm s} \\
&= r_{\mathrm m}(\tau_{\mathrm m} - d_{\mathrm m} - \ddot q_{\mathrm d} + \lambda_{\mathrm m}\dot e_{\mathrm m}) + r_{\mathrm s}(\tau_{\mathrm s} - d_{\mathrm s} - \tau_{\mathrm m} + d_{\mathrm m} + \lambda_{\mathrm s}\dot e_{\mathrm s})
\end{aligned}
\tag{17.2}
$$

设计控制律为

$$
\begin{aligned}
\tau_{\mathrm m} &= -k_{\mathrm m} r_{\mathrm m} + v_{\mathrm m} + \ddot q_{\mathrm d} - \lambda_{\mathrm m}\dot e_{\mathrm m} \\
\tau_{\mathrm s} &= \tau_{\mathrm m} - k_{\mathrm s} r_{\mathrm s} + v_{\mathrm s} - \lambda_{\mathrm s}\dot e_{\mathrm s}
\end{aligned}
\tag{17.3}
$$

其中，$k_{\mathrm m}>0$，$k_{\mathrm s}>0$。

设计鲁棒项为

$$
v_{\mathrm m} = -\eta_{\mathrm m}\operatorname{sgn}(r_{\mathrm m}),\quad v_{\mathrm s} = -\eta_{\mathrm s}\operatorname{sgn}(r_{\mathrm s})
\tag{17.4}
$$

其中，$\eta_{\mathrm m}\geqslant |d_{\mathrm m}|_{\max}+\eta_0$，$\eta_{\mathrm s}\geqslant |d_{\mathrm m}|_{\max}+|d_{\mathrm s}|_{\max}+\eta_0$，$\eta_0>0$。

将控制律式(17.3)代入式(17.2)，有

$$
\begin{aligned}
\dot V &= r_{\mathrm m}\dot r_{\mathrm m} + r_{\mathrm s}\dot r_{\mathrm s} \\
&= r_{\mathrm m}(-k_{\mathrm m} r_{\mathrm m} + v_{\mathrm m} + \ddot q_{\mathrm d} - \lambda_{\mathrm m}\dot e_{\mathrm m} - d_{\mathrm m} - \ddot q_{\mathrm d} + \lambda_{\mathrm m}\dot e_{\mathrm m}) + \\
&\quad r_{\mathrm s}(\tau_{\mathrm m} - k_{\mathrm s} r_{\mathrm s} + v_{\mathrm s} - \lambda_{\mathrm s}\dot e_{\mathrm s} - d_{\mathrm s} - \tau_{\mathrm m} + d_{\mathrm m} + \lambda_{\mathrm s}\dot e_{\mathrm s}) \\
&= r_{\mathrm m}(-k_{\mathrm m} r_{\mathrm m} + v_{\mathrm m} - d_{\mathrm m}) + r_{\mathrm s}(-k_{\mathrm s} r_{\mathrm s} + v_{\mathrm s} - d_{\mathrm s} + d_{\mathrm m}) \leqslant \\
&\quad -k_{\mathrm m} r_{\mathrm m}^2 - k_{\mathrm s} r_{\mathrm s}^2 - \eta_0 |r_{\mathrm m}| - \eta_0 |r_{\mathrm s}| \leqslant -2KV
\end{aligned}
$$

其中，$K=\min\{2k_{\mathrm m}, 2k_{\mathrm s}\}$。则 $V\leqslant V(0)\exp(-Kt)$，从而实现 V 的指数收敛，当 $t\to\infty$ 时，$r_{\mathrm m}\to 0$，$r_{\mathrm s}\to 0$，即 $e_{\mathrm m}\to 0$，$\dot e_{\mathrm m}\to 0$，$e_{\mathrm s}\to 0$，$\dot e_{\mathrm s}\to 0$ 且指数收敛。

17.1.3 仿真实例

被控对象取式(17.1)，$\boldsymbol d_{\mathrm m}=0.5\sin t$，$\boldsymbol d_{\mathrm s}=0.5\sin t$，对象的初始状态为[0.5,0,0,0]。采用控制律式(17.3)，取 $k_{\mathrm m}=k_{\mathrm s}=10$，$\lambda_{\mathrm m}=\lambda_{\mathrm s}=30$，$\eta_{\mathrm m}=0.51$，$\eta_{\mathrm s}=1.1$。在控制律中，针对切换项式(17.4)，采用饱和函数方法，取边界层厚度 Δ 为 0.10。仿真结果如图 17.1～图 17.3 所示。

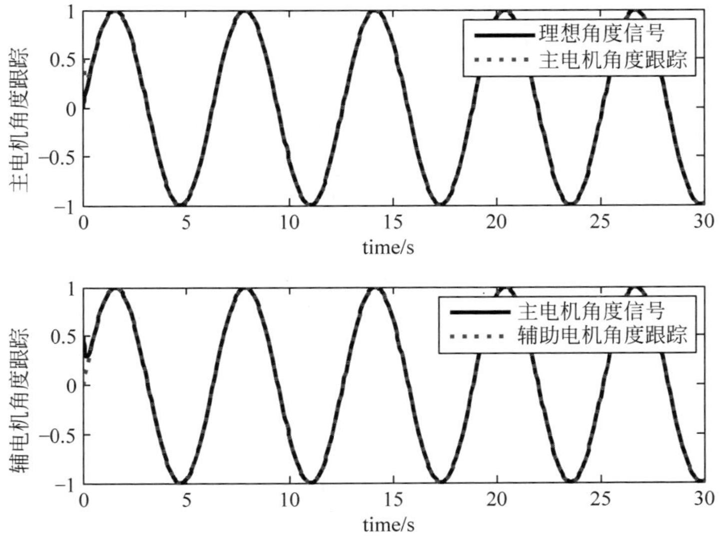

图 17.1　主辅电机的角度跟踪

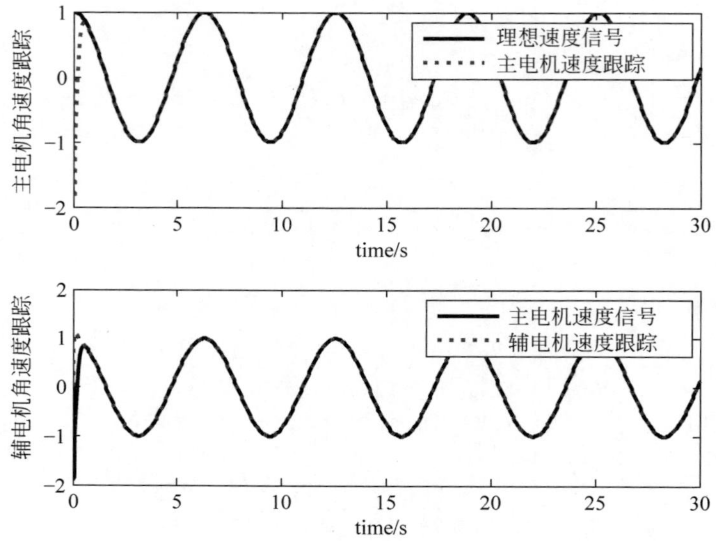

图 17.2 主辅电机的角速度跟踪

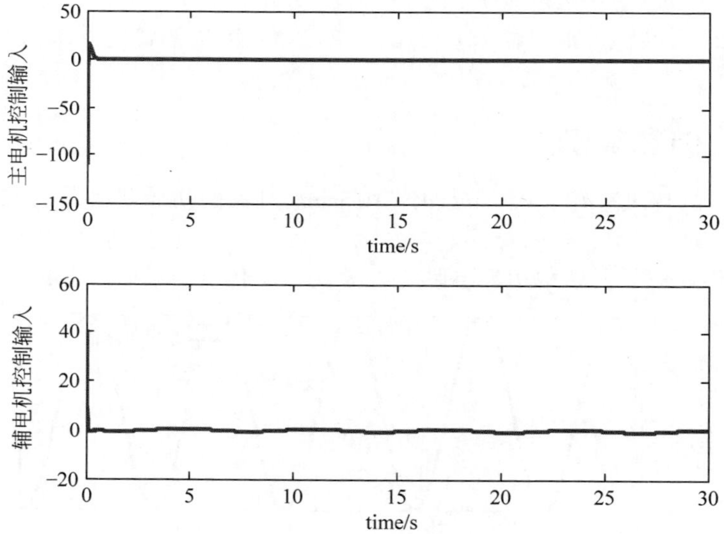

图 17.3 主辅电机的控制输入

仿真程序：

(1) Simulink 主程序：chap17_1sim.mdl，如图 17.4 所示。

(2) 控制器 S 函数：chap17_1ctrl.m。

(3) 被控对象 S 函数：chap17_1plant.m。

(4) 作图程序：chap17_1plot.m。

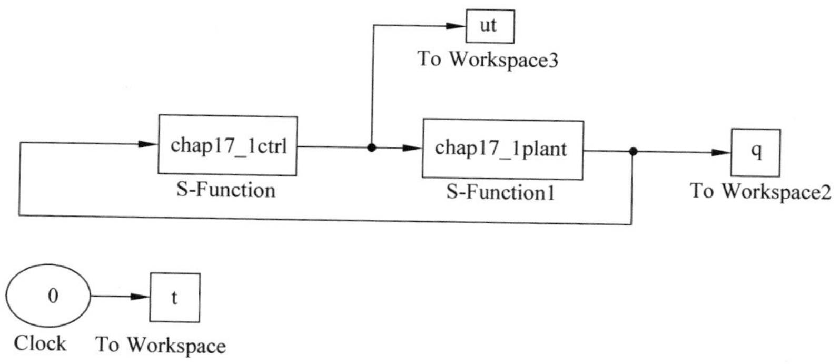

图 17.4　Simulink 主程序

17.2　基于神经网络的主辅电机协调控制

17.2.1　系统描述

主辅电机动力学方程为[1]

$$\begin{aligned}\ddot{q}_{\mathrm{m}} &= \tau_{\mathrm{m}} - f_{\mathrm{m}}(\dot{q}_{\mathrm{m}})\\ \ddot{q}_{\mathrm{s}} &= \tau_{\mathrm{s}} - f_{\mathrm{s}}(\dot{q}_{\mathrm{s}})\end{aligned} \tag{17.5}$$

其中，q_{m} 和 q_{s} 分别为主辅电机转动的角度，τ_{m} 和 τ_{s} 分别为主辅电机的控制输入，$f_i(\dot{q}_i)$ 为加在执行器上的摩擦阻力，i 可为 m 或 s。

加在主电机上的指令为时变信号 q_{d}，控制目标为：主电机的转动角度和角速度分别跟踪理想的角度和角速度，辅电机的转动角度和角速度分别跟踪主电机的转动角度和角速度。即 $t\to\infty$ 时，

$$q_{\mathrm{m}} \to q_{\mathrm{d}},\quad \dot{q}_{\mathrm{m}} \to \dot{q}_{\mathrm{d}},\quad q_{\mathrm{s}} \to q_{\mathrm{m}}, \dot{q}_{\mathrm{s}} \to \dot{q}_{\mathrm{m}}$$

17.2.2　RBF 神经网络的设计

由于 RBF 神经网络具有万能逼近特性，采用 RBF 神经网络逼近 $f(x)$，网络算法为

$$h_j = \exp\left(\frac{\|\boldsymbol{x} - \boldsymbol{c}_j\|^2}{2b_j^2}\right) \tag{17.6}$$

$$f = \boldsymbol{W}^{*\mathrm{T}}\boldsymbol{h}(\boldsymbol{x}) + \varepsilon \tag{17.7}$$

其中，$\boldsymbol{x}$ 为网络的输入，j 为网络隐含层第 j 个节点，$\boldsymbol{h} = [h_j]^{\mathrm{T}}$ 为网络的高斯基函数输出，$\boldsymbol{W}^*$ 为网络的理想权值，ε 为网络的逼近误差，$|\varepsilon| \leqslant \varepsilon_{\mathrm{N}}$。

网络输入取 $\boldsymbol{x} = [x_1 \quad x_2]^{\mathrm{T}}$，则网络输出为

$$\hat{f}(x) = \hat{\boldsymbol{W}}^{\mathrm{T}}\boldsymbol{h}(x) \tag{17.8}$$

由于 $\hat{f}(x) - f(x) = \hat{\boldsymbol{W}}^{\mathrm{T}}\boldsymbol{h}(x) - \boldsymbol{W}^{*\mathrm{T}}\boldsymbol{h}(\boldsymbol{x}) - \varepsilon = \tilde{\boldsymbol{W}}^{\mathrm{T}}\boldsymbol{h}(\boldsymbol{x}) - \varepsilon$，$\tilde{\boldsymbol{W}} = \hat{\boldsymbol{W}} - \boldsymbol{W}^*$，则针对主辅模型，有 $\hat{f}_{\mathrm{m}}(\dot{q}_{\mathrm{m}}) = \hat{\boldsymbol{W}}_{\mathrm{m}}^{\mathrm{T}}\boldsymbol{h}(\dot{q}_{\mathrm{m}})$，$\hat{f}_{\mathrm{s}}(\dot{q}_{\mathrm{s}}) = \hat{\boldsymbol{W}}_{\mathrm{s}}^{\mathrm{T}}\boldsymbol{h}(\dot{q}_{\mathrm{s}})$，则

$$\hat{f}_{\mathrm{m}}(\dot{q}_{\mathrm{m}}) - f_{\mathrm{m}}(\dot{q}_{\mathrm{m}}) = \hat{\boldsymbol{W}}_{\mathrm{m}}^{\mathrm{T}}\boldsymbol{h}(\dot{q}_{\mathrm{m}}) - \boldsymbol{W}_{\mathrm{m}}^{*\mathrm{T}}\boldsymbol{h}(\dot{q}_{\mathrm{m}}) - \varepsilon_{\mathrm{m}} = \tilde{\boldsymbol{W}}_{\mathrm{m}}^{\mathrm{T}}\boldsymbol{h}(\dot{q}_{\mathrm{m}}) - \varepsilon_{\mathrm{m}}$$

$$\hat{f}_s(\dot{q}_s)-f_s(\dot{q}_s)=\hat{\boldsymbol{W}}_s^{\mathrm{T}}\boldsymbol{h}(\dot{q}_s)-\boldsymbol{W}_s^{*\mathrm{T}}\boldsymbol{h}(\dot{q}_s)-\varepsilon_s=\tilde{\boldsymbol{W}}_s^{\mathrm{T}}\boldsymbol{h}(\dot{q}_s)-\varepsilon_s$$

其中,$|\varepsilon_m|\leqslant\varepsilon_M$,$|\varepsilon_s|\leqslant\varepsilon_S$,$\tilde{\boldsymbol{W}}_m=\hat{\boldsymbol{W}}_m-\boldsymbol{W}_m^*$,$\tilde{\boldsymbol{W}}_s=\hat{\boldsymbol{W}}_s-\boldsymbol{W}_s^*$。

17.2.3 控制律设计与分析

定义

$$e_m=q_m-q_d,\quad e_s=q_s-q_m,\quad r_m=\dot{e}_m+\lambda_m e_m,\quad r_s=\dot{e}_s+\lambda_s e_s$$

其中,$\lambda_m>0$,$\lambda_s>0$。

定义 Lyapunov 函数为

$$V=\frac{1}{2}r_m^2+\frac{1}{2}r_s^2+\frac{1}{2\gamma_1}\tilde{\boldsymbol{W}}_m^{\mathrm{T}}\tilde{\boldsymbol{W}}_m+\frac{1}{2\gamma_2}\tilde{\boldsymbol{W}}_s^{\mathrm{T}}\tilde{\boldsymbol{W}}_s$$

其中,$\gamma_1>0$,$\gamma_2>0$。

由于

$$\dot{r}_m=\ddot{e}_m+\lambda_m\dot{e}_m=\ddot{q}_m-\ddot{q}_d+\lambda_m\dot{e}_m=\tau_m-f_m(\dot{q}_m)-\ddot{q}_d+\lambda_m\dot{e}_m$$

$$\dot{r}_s=\ddot{e}_s+\lambda_s\dot{e}_s=\ddot{q}_s-\ddot{q}_m+\lambda_s\dot{e}_s=\tau_s-f_s(\dot{q}_s)-\tau_m+f_m(\dot{q}_m)+\lambda_s\dot{e}_s$$

则

$$\begin{aligned}\dot{V}&=r_m\dot{r}_m+r_s\dot{r}_s+\frac{1}{\gamma_1}\tilde{\boldsymbol{W}}_m^{\mathrm{T}}\dot{\hat{\boldsymbol{W}}}_m+\frac{1}{\gamma_2}\tilde{\boldsymbol{W}}_s^{\mathrm{T}}\dot{\hat{\boldsymbol{W}}}_s\\&=r_m[\tau_m-f_m(\dot{q}_m)-\ddot{q}_d+\lambda_m\dot{e}_m]+r_s[\tau_s-f_s(\dot{q}_s)-\tau_m+f_m(\dot{q}_m)+\lambda_s\dot{e}_s]+\\&\quad\frac{1}{\gamma_1}\tilde{\boldsymbol{W}}_m^{\mathrm{T}}\dot{\hat{\boldsymbol{W}}}_m+\frac{1}{\gamma_2}\tilde{\boldsymbol{W}}_s^{\mathrm{T}}\dot{\hat{\boldsymbol{W}}}_s\end{aligned}$$

设计控制律为

$$\begin{aligned}\tau_m&=\hat{f}_m(\dot{q}_m)-k_m r_m+v_m+\ddot{q}_d-\lambda_m\dot{e}_m\\\tau_s&=\hat{f}_s(\dot{q}_s)-\hat{f}_m(\dot{q}_m)+\tau_m-k_s r_s+v_s-\lambda_s\dot{e}_s\end{aligned}\tag{17.9}$$

其中,$k_m>0$,$k_s>0$,则

$$\begin{aligned}\dot{V}&=r_m[\hat{f}_m(\dot{q}_m)-k_m r_m+v_m-f_m(\dot{q}_m)]+\\&\quad r_s[\hat{f}_s(\dot{q}_s)-\hat{f}_m(\dot{q}_m)-k_s r_s+v_s-f_s(\dot{q}_s)+f_m(\dot{q}_m)]+\frac{1}{\gamma_1}\tilde{\boldsymbol{W}}_m^{\mathrm{T}}\dot{\hat{\boldsymbol{W}}}_m+\frac{1}{\gamma_2}\tilde{\boldsymbol{W}}_s^{\mathrm{T}}\dot{\hat{\boldsymbol{W}}}_s\\&=r_m[\tilde{\boldsymbol{W}}_m^{\mathrm{T}}\boldsymbol{h}(\dot{q}_m)-\varepsilon_m-k_m r_m+v_m]+\\&\quad r_s\{\tilde{\boldsymbol{W}}_s^{\mathrm{T}}\boldsymbol{h}[\dot{q}_s]-\varepsilon_s-[\tilde{\boldsymbol{W}}_m^{\mathrm{T}}\boldsymbol{h}(\dot{q}_m)-\varepsilon_m]-k_s r_s+v_s\}+\frac{1}{\gamma_1}\tilde{\boldsymbol{W}}_m^{\mathrm{T}}\dot{\hat{\boldsymbol{W}}}_m+\frac{1}{\gamma_2}\tilde{\boldsymbol{W}}_s^{\mathrm{T}}\dot{\hat{\boldsymbol{W}}}_s\\&=r_m(-\varepsilon_m-k_m r_m+v_m)+r_s(-\varepsilon_s+\varepsilon_m-k_s r_s+v_s)+\\&\quad\tilde{\boldsymbol{W}}_m^{\mathrm{T}}\left(r_m\boldsymbol{h}(\dot{q}_m)-r_s\boldsymbol{h}(\dot{q}_m)+\frac{1}{\gamma_1}\dot{\hat{\boldsymbol{W}}}_m\right)+\tilde{\boldsymbol{W}}_s^{\mathrm{T}}\left(r_s\boldsymbol{h}(\dot{q}_s)+\frac{1}{\gamma_2}\dot{\hat{\boldsymbol{W}}}_s\right)\end{aligned}$$

设计自适应律为

$$\begin{aligned}\dot{\hat{\boldsymbol{W}}}_m&=\gamma_1(r_s-r_m)\boldsymbol{h}(\dot{q}_m)\\\dot{\hat{\boldsymbol{W}}}_s&=-\gamma_2 r_s\boldsymbol{h}(\dot{q}_s)\end{aligned}\tag{17.10}$$

则

$$\dot{V}=-k_{\mathrm{m}}r_{\mathrm{m}}^2-k_{\mathrm{s}}r_{\mathrm{s}}^2+r_{\mathrm{m}}(-\varepsilon_{\mathrm{m}}+v_{\mathrm{m}})+r_{\mathrm{s}}(-\varepsilon_{\mathrm{s}}+\varepsilon_{\mathrm{m}}+v_{\mathrm{s}})$$

设计鲁棒项为

$$v_{\mathrm{m}}=-\eta_{\mathrm{m}}\operatorname{sgn}(r_{\mathrm{m}}),\quad v_{\mathrm{s}}=-\eta_{\mathrm{s}}\operatorname{sgn}(r_{\mathrm{s}}) \tag{17.11}$$

其中，$\eta_{\mathrm{m}}\geqslant\varepsilon_{\mathrm{M}}+\eta_0$，$\eta_{\mathrm{s}}\geqslant\varepsilon_{\mathrm{M}}+\varepsilon_{\mathrm{S}}+\eta_0$，$\eta_0>0$，则

$$\dot{V}\leqslant-k_{\mathrm{m}}r_{\mathrm{m}}^2-k_{\mathrm{s}}r_{\mathrm{s}}^2-\eta_0|r_{\mathrm{m}}|-\eta_0|r_{\mathrm{s}}|$$

从而实现渐进收敛，当 $t\to\infty$ 时，$r_{\mathrm{m}}\to0$，$r_{\mathrm{s}}\to0$，即 $e_{\mathrm{m}}\to0$，$\dot{e}_{\mathrm{m}}\to0$，$e_{\mathrm{s}}\to0$，$\dot{e}_{\mathrm{s}}\to0$ 且渐进收敛。

17.2.4 仿真实例

被控对象取式(17.5)，$f_{\mathrm{m}}(\dot{q}_{\mathrm{m}})=5\dot{q}_{\mathrm{m}}$，$f_{\mathrm{s}}(\dot{q}_{\mathrm{s}})=5\dot{q}_{\mathrm{s}}$，对象的初始状态为[0.5,0,0,0]。采用控制律式(17.9)和自适应律式(17.10)，取 $k_{\mathrm{m}}=k_{\mathrm{s}}=30$，$\lambda_{\mathrm{m}}=\lambda_{\mathrm{s}}=30$，$\varepsilon_{\mathrm{m}}=\varepsilon_{\mathrm{s}}=0.10$，$\gamma_1=\gamma_2=10$。根据网络输入 $\dot{q}_{\mathrm{m}}$ 和 $\dot{q}_{\mathrm{s}}$ 的实际范围来设计高斯基函数的参数，参数 $\boldsymbol{c}_j$ 和 b_j 取值分别为[−1 −0.5 0 0.5 1]和3.0。网络权值中各个元素的初始值取0.0。针对切换项式(17.11)，采用饱和函数代替切换函数，取边界层厚度Δ为0.02。仿真结果如图17.5～图17.7所示。

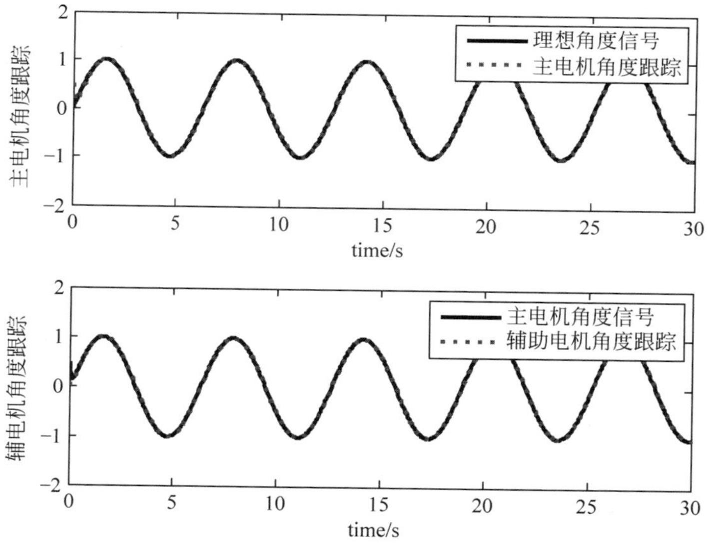

图17.5 主辅电机的角度跟踪

仿真程序：

(1) Simulink 主程序：chap17_2sim.mdl，如图17.8所示。

(2) 控制器S函数：chap17_2ctrl.m。

(3) 被控对象S函数：chap17_2plant.m。

(4) 作图程序：chap17_2plot.m。

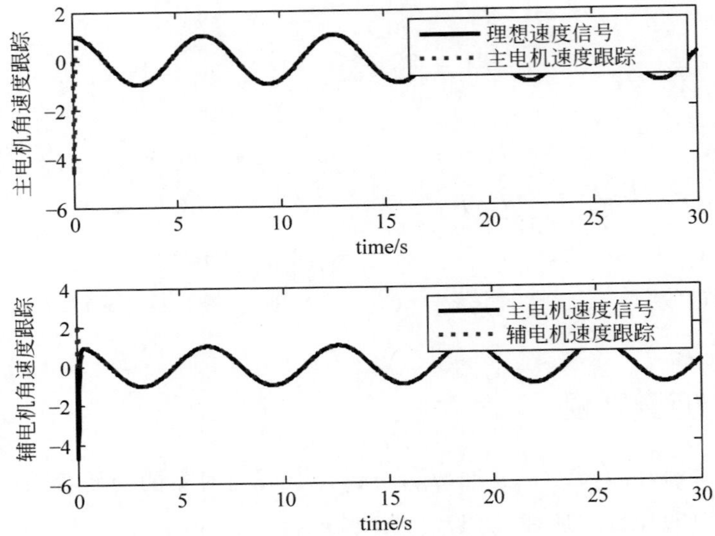

图 17.6　主辅电机的角速度跟踪

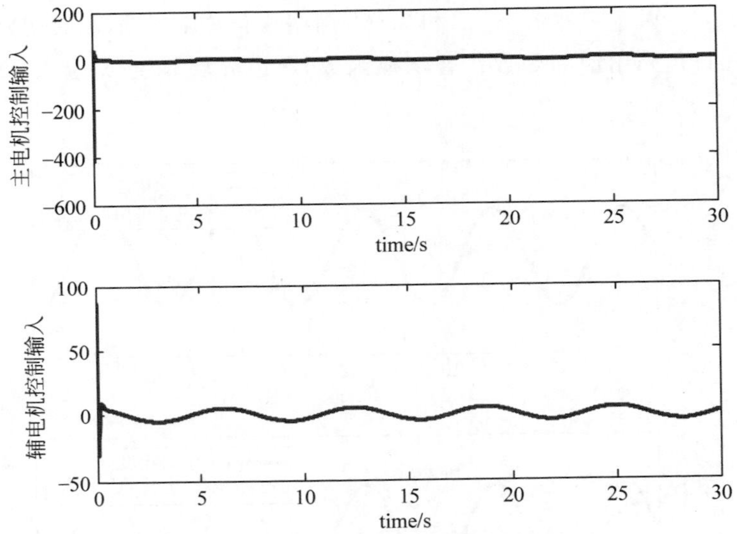

图 17.7　主辅电机的控制输入

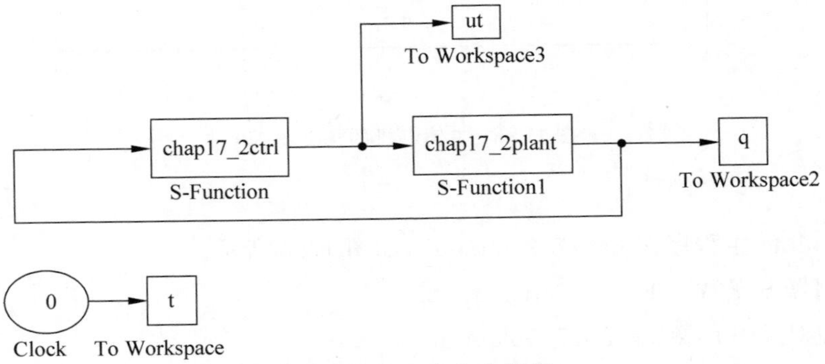

图 17.8　Simulink 主程序

思考题

如果式(17.5)中存在控制输入扰动,如何设计基于神经网络的自适应协调控制算法?

参考文献

[1] Zhang K,Li Y,Yin Y,et al. Multiple-neural-networks-based adaptive control for bilateral teleoperation systems with time-varying delays[C]. 2018 37th Chinese Control Conference. IEEE, 2018: 543-548.
[2] Hua C C, Yang Y, Guan X. Neural network-based adaptive position tracking control for bilateral teleoperation under constant time delay[J]. Neurocomputing, 2013, 113: 204-212.

第 18 章 多智能体系统一致性控制的设计与分析

CHAPTER 18

18.1 多智能体系统介绍

多智能体系统(Multi-Agent System,MAS)是当今人工智能中的前沿学科,是分布式人工智能研究的一个重要分支,其目标是将大的复杂系统建造成小的、彼此相互通信及协调的、易于管理的系统。多智能体的研究涉及智能体的知识、目标、技能、规划及如何使智能体协调行动解决问题等。

多智能体系统有以下特点:

(1) 每个智能体具有独立性和自主性,能够解决给定的子问题,自主地推理和规划并选择适当的策略;

(2) 多智能体系统具有良好的模块性、易于扩展性且设计灵活,克服了建设一个庞大的系统所带来的管理和扩展的困难,能有效地降低系统成本;

(3) 各智能体通过互相协调解决大规模的复杂问题,并可将各子系统的信息集成在一起,完成复杂系统的集成,能有效地提高问题求解的能力。

多智能体系统被广泛应用于移动机器人编队控制、机械手协同控制、无人机编队控制和航天器编队控制等领域中[1]。

多智能体系统的一致性问题是多智能体协同中的一个基础问题,即让智能体间达成一种共同状态,如一致性跟踪控制、有限时间一致性等,不同类型的多智能体一致性体现了多智能体技术在不同领域应用中的不同需求。文献[2]探讨了多智能体一致性控制中的执行器容错控制问题,文献[3]探讨了多智能体一致性跟踪误差有限时间收敛问题。

18.2 多智能体系统的位置一致性跟踪控制

18.2.1 系统描述

考虑如下一阶多智能体系统

$$\dot{\boldsymbol{r}}_i=\boldsymbol{u}_i+\boldsymbol{d}_i \tag{18.1}$$

其中,$i=1,2,\cdots,n$,$\boldsymbol{u}_i$ 为第 i 个智能体的控制输入,$\boldsymbol{d}_i$ 为加在控制输入上的扰动,$\|\boldsymbol{d}_i\|\leqslant D$。

在该一阶动态模型中，$\boldsymbol{r}_i$ 是第 i 个跟随者智能体的位置。假设位置指令和速度指令分别为 $\boldsymbol{r}_0$ 和 $\dot{\boldsymbol{r}}_0$，且 $\|\dot{\boldsymbol{r}}_0\| \leqslant \gamma_l$，定义 $\tilde{\boldsymbol{r}}_i = \boldsymbol{r}_i - \boldsymbol{r}_0$。

定义 $\tilde{\boldsymbol{r}} = [\tilde{r}_1 \quad \tilde{r}_2 \quad \cdots \quad \tilde{r}_n]^{\mathrm{T}}$，假设指令是时变的，跟随者之间的图是无向连通图，且至少有一个跟随者能获取指令的位置信息。

智能体 i 位置表示为 $\boldsymbol{r}_i = [r_{ix} \quad r_{iy}]$，$r_{ix}$ 和 r_{iy} 分别为智能体 i 在 x 方向和 y 方向的位置，如果智能体 i 和智能体 j 相连通，则 $a_{ij}=1$，否则 $a_{ij}=0$。

控制目标是设计控制器，使得所有跟随者智能体都可以通过局部交互一致跟踪指令，即 $t\to\infty$ 时，$\tilde{\boldsymbol{r}}\to 0$。

18.2.2 控制器的设计

参考文献[4]的设计方法，进一步考虑控制输入扰动的问题，设计鲁棒控制器为

$$\boldsymbol{u}_i = -\alpha \sum_{j=0}^{n} a_{ij}(\boldsymbol{r}_i - \boldsymbol{r}_j) - \beta \operatorname{sgn}\left\{\sum_{j=0}^{n} a_{ij}(\boldsymbol{r}_i - \boldsymbol{r}_j)\right\} \tag{18.2}$$

其中，α、β 都为正常数，$\beta > \gamma_l + D$，sgn 是符号函数。

定义 $\boldsymbol{S}_i = \sum_{j=0}^{n} a_{ij}(\boldsymbol{r}_i - \boldsymbol{r}_j)$，则控制器可以表示为

$$\boldsymbol{u}_i = -\alpha \boldsymbol{S}_i - \beta \operatorname{sgn} \boldsymbol{S}_i$$

首先将控制器式(18.2)代入模型式(18.1)，可得

$$\dot{\tilde{\boldsymbol{r}}}_i = \dot{\boldsymbol{r}}_i - \dot{\boldsymbol{r}}_0 = \boldsymbol{u}_i + \boldsymbol{d}_i - \dot{\boldsymbol{r}}_0 = -\alpha \boldsymbol{S}_i - \beta \operatorname{sgn} \boldsymbol{S}_i + \boldsymbol{d}_i - \dot{\boldsymbol{r}}_0$$

由于 $\boldsymbol{r}_i - \boldsymbol{r}_0 = \tilde{\boldsymbol{r}}_i$，$\boldsymbol{r}_i - \boldsymbol{r}_j = \tilde{\boldsymbol{r}}_i - \tilde{\boldsymbol{r}}_j$，则

$$S_i = \sum_{j=0}^{n} a_{ij}(\boldsymbol{r}_i - \boldsymbol{r}_j) = \sum_{j=1}^{n} a_{ij}(\boldsymbol{r}_i - \boldsymbol{r}_j) + a_{i0}(\boldsymbol{r}_i - \boldsymbol{r}_0) = \sum_{j=1}^{n} a_{ij}(\tilde{\boldsymbol{r}}_i - \tilde{\boldsymbol{r}}_j) + a_{i0}\tilde{\boldsymbol{r}}_i$$

定义 $\tilde{\boldsymbol{r}} = [\tilde{\boldsymbol{r}}_1 \quad \tilde{\boldsymbol{r}}_2 \quad \tilde{\boldsymbol{r}}_3]^{\mathrm{T}}$，则

$$\dot{\tilde{\boldsymbol{r}}}_i = -\alpha\left(\sum_{j=1}^{n} a_{ij}\tilde{r}_i - \sum_{j=1}^{n} a_{ij}\tilde{\boldsymbol{r}}_j + a_{i0}\tilde{\boldsymbol{r}}_i\right) - \beta \operatorname{sgn}\left(\sum_{j=1}^{n} a_{ij}\tilde{\boldsymbol{r}}_i - \sum_{j=1}^{n} a_{ij}\tilde{\boldsymbol{r}}_j + a_{i0}\tilde{\boldsymbol{r}}_i\right) + \boldsymbol{d}_i - \dot{\boldsymbol{r}}_0 \tag{18.3}$$

以 $n=3$ 为例，将 $\boldsymbol{S}_i$ 展开可得

$$\boldsymbol{S}_i = \sum_{j=1}^{n} a_{ij}\tilde{\boldsymbol{r}}_i - \sum_{j=1}^{n} a_{ij}\tilde{\boldsymbol{r}}_j + a_{i0}\tilde{\boldsymbol{r}}_i = (a_{i1} + a_{i2} + a_{i3})\tilde{\boldsymbol{r}}_i - (a_{i1}\tilde{\boldsymbol{r}}_1 + a_{i2}\tilde{\boldsymbol{r}}_2 + a_{i3}\tilde{\boldsymbol{r}}_3) + a_{i0}\tilde{\boldsymbol{r}}_i$$

则

$$\boldsymbol{S} = \boldsymbol{L}\tilde{\boldsymbol{r}} + \operatorname{diag}(a_{10}, a_{20}, a_{30})\tilde{\boldsymbol{r}} = \boldsymbol{M}\tilde{\boldsymbol{r}}$$

其中，$\boldsymbol{S} = \{\boldsymbol{S}_i\}$，$i=1,2,\cdots,n$，$\boldsymbol{M} = \boldsymbol{L} + \operatorname{diag}(a_{10}, a_{20}, \cdots, a_{n0})$，$\boldsymbol{L}$ 为 Laplacian 矩阵。

矩阵 $\boldsymbol{L}$ 为半对称正定阵，$\boldsymbol{M}$ 为对称正定阵，$\operatorname{sgn}(\boldsymbol{M}\tilde{\boldsymbol{r}}) = \operatorname{sgn}(\tilde{\boldsymbol{r}})$。定义 $\boldsymbol{L} = \{l_{ij}\} \in \mathbf{R}^{n\times n}$，考虑到 $i=j$ 时，$a_{ij}=0$，则可取

$$l_{ii} = \sum_{j=1, i\neq j}^{n} a_{ij}, \quad l_{ij} = -a_{ij}\ (i \neq j) \tag{18.4}$$

则式(18.3)可写为

$$\dot{\tilde{\boldsymbol{r}}} = -\alpha \boldsymbol{S} - \beta \operatorname{sgn}(\boldsymbol{S}) + \boldsymbol{I}(d_i - \dot{r}_0)$$

即

$$\dot{\tilde{\boldsymbol{r}}} = -\alpha \boldsymbol{M}\tilde{\boldsymbol{r}} - \beta \mathrm{sgn}(\boldsymbol{M}\tilde{\boldsymbol{r}}) + \boldsymbol{I}(d_i - \dot{r}_0)$$

18.2.3 稳定性分析

定义 Lyapunov 函数

$$V = \frac{1}{2}\tilde{\boldsymbol{r}}^{\mathrm{T}}\boldsymbol{M}\tilde{\boldsymbol{r}}$$

则

$$\begin{aligned}\dot{V} &= \tilde{\boldsymbol{r}}^{\mathrm{T}}\boldsymbol{M}\dot{\tilde{\boldsymbol{r}}} = \tilde{\boldsymbol{r}}^{\mathrm{T}}\boldsymbol{M}[-\alpha\boldsymbol{M}\tilde{\boldsymbol{r}} - \beta\mathrm{sgn}(\boldsymbol{M}\tilde{\boldsymbol{r}}) - \boldsymbol{I}(d_i - \dot{r}_0)] \\ &\leqslant -\alpha\tilde{\boldsymbol{r}}^{\mathrm{T}}\boldsymbol{M}^2\tilde{\boldsymbol{r}} - \beta\|\boldsymbol{M}\tilde{\boldsymbol{r}}\|_1 + |d_i - \dot{r}_0|\,\|\boldsymbol{M}\tilde{\boldsymbol{r}}\|_1 \\ &\leqslant -\alpha\tilde{\boldsymbol{r}}^{\mathrm{T}}\boldsymbol{M}^2\tilde{\boldsymbol{r}} - \beta\|\boldsymbol{M}\tilde{\boldsymbol{r}}\|_1 + \beta\|\boldsymbol{M}\tilde{\boldsymbol{r}}\|_1 = -\alpha\tilde{\boldsymbol{r}}^{\mathrm{T}}\boldsymbol{M}^2\tilde{\boldsymbol{r}} \leqslant 0\end{aligned}$$

则 $t \to \infty$ 时，$\tilde{\boldsymbol{r}} \to 0$。

18.2.4 仿真实例

考虑由指令和 3 个跟随者智能体构成的多智能体系统，系统结构如图 18.1 所示，$i=1,2,3$，$j=1,2,3$。其中，L 为指令，F 为跟随者智能体。

根据图 18.1 及定义，$a_{10}=1$，$a_{20}=0$，$a_{30}=0$，根据式(18.4)可得 Laplacian 矩阵 $\boldsymbol{L}$ 表达式为

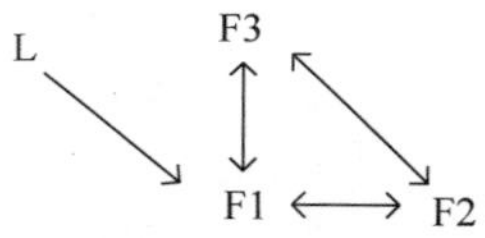

图 18.1 多智能体系统结构

$$\boldsymbol{L} = \{l_{ij}\} = \begin{bmatrix} 2 & -1 & -1 \\ -1 & 2 & -1 \\ -1 & -1 & 2 \end{bmatrix}$$

$$\boldsymbol{M} = \boldsymbol{L} + \mathrm{diag}(1 \quad 0 \quad 0)$$

根据 MATLAB 命令，采用仿真程序 chap18_1L.m，可得 $\boldsymbol{L}$ 特征值为 $\mathrm{eig}(\boldsymbol{L}) = [0 \quad 3 \quad 3]$，$\boldsymbol{M}$ 特征值为 $\mathrm{eig}(\boldsymbol{M}) = [0.2679 \quad 3.0000 \quad 3.7321]$。

取 $\boldsymbol{r}_0(t) = [\cos t \quad \sin t]^{\mathrm{T}}$，$d_i = 3\sin t$，采用控制器式(18.2)，取 $\alpha=1$，$\gamma_l = 1.414$，根据 $\beta_i > \gamma_l + D_i$，可取 $\beta = 3.5$。为了防止抖振，控制器中采用饱和函数 $\mathrm{sat}(x)$ 代替符号函数 $\mathrm{sgn}(x)$，设计如下：

$$\mathrm{sat}(x) = \begin{cases} 1 & x > \Delta \\ kx & |x| \leqslant \Delta, k = 1/\Delta \\ -1 & x < -\Delta \end{cases}$$

其中，Δ 为边界层厚度。

采用饱和函数控制实质为：在边界层之外，采用切换控制，使系统状态快速趋于收敛值，在边界层之内，采用线性反馈控制，以降低快速切换时产生的抖振。控制律中，采用饱和函数代替符号函数，取 $\Delta = 0.01$，运行 Simulink 仿真程序 chap18_1sim.mdl，所有智能体的一致性控制跟踪如图 18.2 所示，x 方向和 y 方向的位置跟踪误差如图 18.3 所示，x 方向和 y 方向的控制输入如图 18.4 所示。

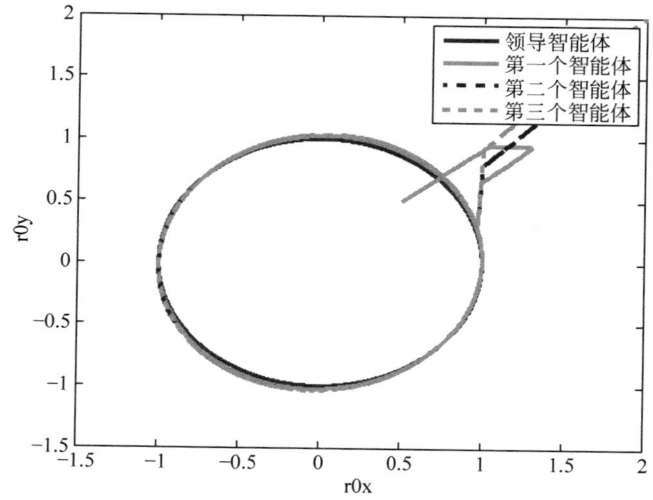

图 18.2 三个智能体的一致性控制跟踪

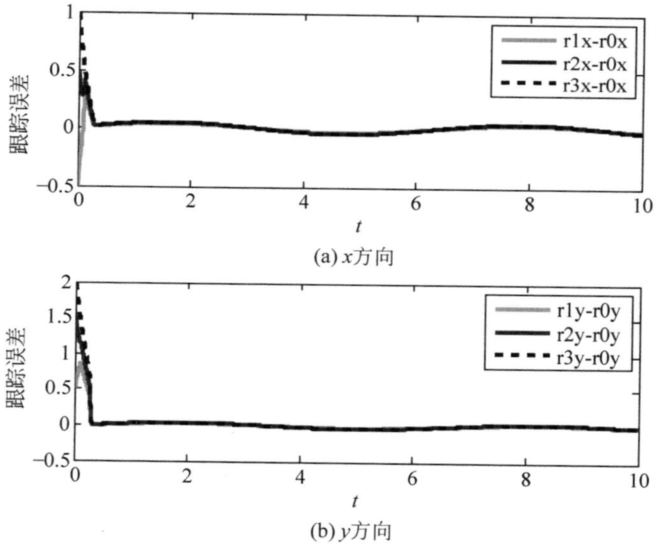

图 18.3 三个智能体在 x 方向和 y 方向的位置跟踪误差

仿真程序：

(1) Laplacian 矩阵 $\boldsymbol{L}$ 和矩阵 $\boldsymbol{M}$ 的测试：chap18_1L. m。

(2) Simulink 仿真程序：

① 主程序：chap18_1sim. mdl，如图 18.5 所示。

② 指令子程序：chap18_1input. m。

③ 跟随者智能体 1～智能体 3 控制器子程序：chap18_1ctrl1. m、chap18_2ctrl2. m、chap18_3ctrl3. m。

④ 跟随者智能体 1～智能体 3 被控对象子程序：chap18_1plant1. m、chap18_2plant2. m、chap18_1plant3. m。

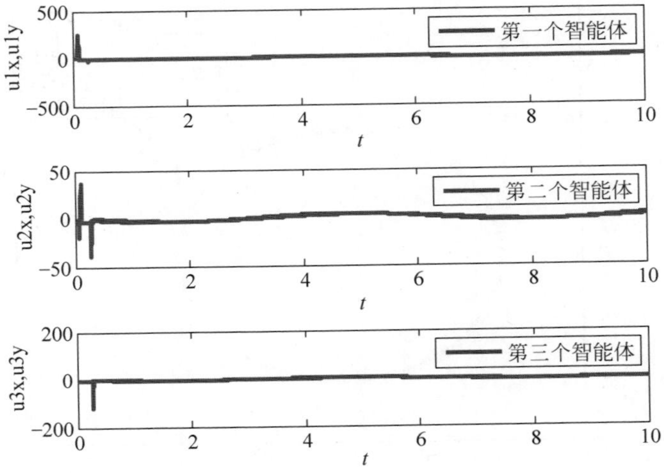

图 18.4 三个智能体在 x 方向和 y 方向的控制输入

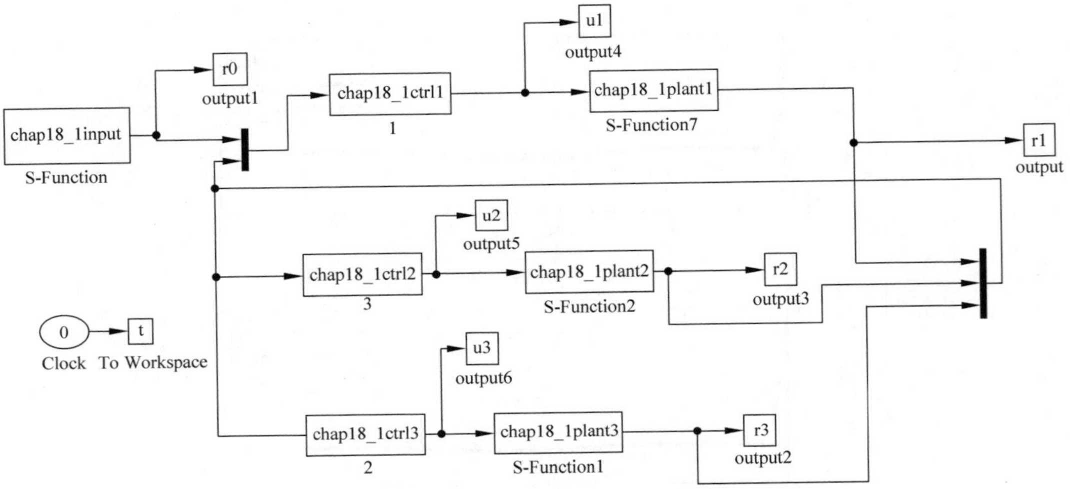

图 18.5 Simulink 主程序

⑤ 作图子程序：chap18_1plot. m。

18.3 二阶线性多智能体系统一致性控制

18.3.1 系统描述

针对如下二阶线性多智能体系统

$$\begin{aligned} \dot{x}_{i1} &= x_{i2} \\ \dot{x}_{i2} &= u_i + d_i \\ y_i &= x_{i1} \end{aligned} \tag{18.5}$$

其中，$|d_i| \leqslant d_{i\max}$，$(j,i) \in E$ 表示智能体 i 可以获得智能体 j 的信息，智能体 i 的相邻集合

表示为 $\Lambda_i=\{j\mid(j,i)\in E\}$。

智能体 i 与智能体 j 之间连接的标记取 a_{ij}，$a_{ij}=1$ 时表示智能体 i 与智能体 j 之间有通信，否则 $a_{ij}=0$，且有 $a_{ii}=0$，$A=[a_{ij}]\in\mathbf{R}^{N\times N}$。

定义 $\Xi=\mathrm{diag}\{\Xi_i,\cdots,\Xi_N\}$，$\Xi_i=\sum_{j=1}^{N}a_{ij}$，定义 Laplacian 矩阵

$$\boldsymbol{L}=\boldsymbol{\Xi}-\boldsymbol{A}$$

一致性指令为 y_0，智能体 i 与指令 y_0 之间连接的标记取 μ_i，$\mu_i=1$ 时表示智能体 i 可以获得指令 y_0 信息，否则取 $\mu_i=0$，取

$$\boldsymbol{\mu}=\mathrm{diag}\{\mu_i,\mu_{i+1},\cdots,\mu_N\}$$

控制目标为：$t\to\infty$ 时，$x_{i1}\to y_0$，$x_{i2}\to\dot{y}_0$。

18.3.2　控制律设计

智能体 i 的跟踪误差为 $\varepsilon_i=y_i-y_0$，定义

$$\begin{aligned}\bar{\varepsilon}_i&=\dot{\varepsilon}_i+\varepsilon_i\\ z_i&=\mu_i(y_i-y_0)+\sum_{j\in\Lambda_i}(y_i-y_j)\\ \bar{z}_i&=\dot{z}_i+z_i\end{aligned}\tag{18.6}$$

由于 $y_i-y_j=\varepsilon_i-\varepsilon_j$，根据 a_{ij} 的定义，有

$$z_i=\mu_i\varepsilon_i+\sum_p a_{ip}(\varepsilon_i-\varepsilon_{jp})=(\mu_i+\Xi_i)\varepsilon_i-\sum_p a_{ip}\varepsilon_p$$

由于 $\sum_p a_{ip}\varepsilon_p=\boldsymbol{A}\bar{\boldsymbol{\varepsilon}}_i$，则

$$z=(\mu+\Xi)\varepsilon-A\varepsilon\quad 且\quad \dot{z}=(\mu+\Xi)\dot{\varepsilon}-A\dot{\varepsilon}$$

$$\bar{\boldsymbol{z}}=(\boldsymbol{\mu}+\boldsymbol{\Xi})\bar{\boldsymbol{\varepsilon}}-\boldsymbol{A}\bar{\boldsymbol{\varepsilon}}=(\boldsymbol{L}+\boldsymbol{\mu})\bar{\boldsymbol{\varepsilon}}\tag{18.7}$$

根据控制目标，设计 Lyapunov 函数为

$$V=\frac{1}{2}\bar{\boldsymbol{\varepsilon}}^{\mathrm{T}}(\boldsymbol{L}+\boldsymbol{\mu})\bar{\varepsilon}\tag{18.8}$$

则

$$\dot{V}=\bar{\boldsymbol{\varepsilon}}^{\mathrm{T}}(\boldsymbol{L}+\boldsymbol{\mu})\dot{\bar{\boldsymbol{\varepsilon}}}=\bar{\boldsymbol{z}}^{\mathrm{T}}\dot{\bar{\boldsymbol{\varepsilon}}}=\sum_{i=1}^{N}\bar{z}_i\dot{\bar{\varepsilon}}_i$$

由于

$$\begin{aligned}\dot{\bar{\boldsymbol{\varepsilon}}}_i&=\ddot{\varepsilon}_i+\dot{\varepsilon}_i=\ddot{y}_i-\ddot{y}_0+\dot{y}_i-\dot{y}_0=u_i+d_i+x_{i2}-\mu_i(\dot{y}_0+\ddot{y}_0)+(\mu_i-1)(\dot{y}_0+\ddot{y}_0)\\&=u_i+x_{i2}-\mu_i(\dot{y}_0+\ddot{y}_0)+D_i\end{aligned}$$

其中，$D_i=d_i+(\mu_i-1)(\dot{y}_0+\ddot{y}_0)$，定义 $D_{i\max}=d_{i\max}+\sup|\dot{y}_0+\ddot{y}_0|$，当智能体 i 可以获得指令 y_0 信息时，$\mu_i=1$，此时 $D_i=d_i$。则

$$\dot{V}=\sum_{i=1}^{N}\bar{z}_i[u_i+x_{i2}-\mu_i(\dot{y}_0+\ddot{y}_0)+D_i]$$

设计控制律为

$$u_i = -c_i\bar{z}_i - x_{i2} + \mu_i(\dot{y}_0 + \ddot{y}_0) - \eta_i \operatorname{sgn}(\bar{z}_i) \tag{18.9}$$

其中，$\eta_i \geqslant D_{i\max}$，则

$$\dot{V} = \sum_{i=1}^{N} \bar{z}_i(-c_i\bar{z}_i - y_i \operatorname{sgn}(\bar{z}_i) + D_i) \leqslant -\sum_{i=1}^{N} c_i\bar{z}_i^2 \leqslant 0$$

当 $t \to 0$ 时，$\bar{z}_i \to 0$，根据式(18.7)，$\bar{\boldsymbol{\varepsilon}}_i \to 0$，从而$\boldsymbol{\varepsilon}_i \to 0$ 且$\bar{\boldsymbol{\varepsilon}}_i \to 0$。

18.3.3 仿真实例

考虑如图 18.6 所示的多智能体系统拓扑结构[2]，只有第二个智能体与指令 y_0 相连，$\mu_2 = 1$，$y_0 = \sin t$。针对多智能体系统式(18.5)，$d_i = 3\sin t$，$i = 1,2,3,4$，当 $i = 2$ 时，$D_{i\max} = d_{i\max}$，可取 $\eta_i \geqslant 3$；当 $i = 1,3,4$ 时，$D_{i\max} = d_{i\max} + \sup|\dot{y}_0 + \ddot{y}_0|$，可取 $\eta_i \geqslant 5$。

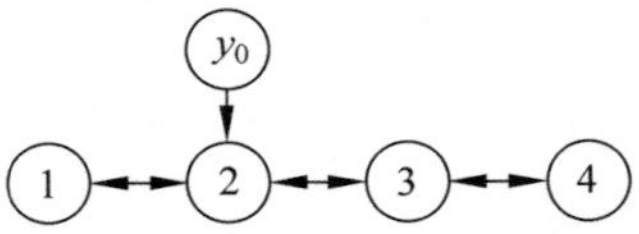

图 18.6 多智能体系统结构

根据式(18.9)，针对图 18.6 中的四个智能体的控制律设计如下：

$$u_i = -c_i\bar{z}_i - x_{i2} + \mu_i(\dot{y}_0 + \ddot{y}_0) - \eta_i \operatorname{sgn}(\bar{z}_i)$$

根据图 18.6，只有第二个智能体与 y_0 相连，则 $\mu_1 = 0$，$\mu_2 = 1$，$\mu_3 = 0$，$\mu_4 = 0$，则

$$u_1 = -c_1\bar{z}_1 - x_{12} - \eta_1 \operatorname{sgn}(\bar{z}_1)$$

$$u_2 = -c_2\bar{z}_2 - x_{22} + \ddot{y}_0 + \dot{y}_0 - \eta_2 \operatorname{sgn}(\bar{z}_2)$$

$$u_3 = -c_3\bar{z}_3 - x_{32} - \eta_3 \operatorname{sgn}(\bar{z}_3)$$

$$u_4 = -c_4\bar{z}_4 - x_{42} - \eta_4 \operatorname{sgn}(\bar{z}_4)$$

考虑 $D_{i\max} = d_{i\max} + \sup|\dot{y}_0 + \ddot{y}_0|$，取 $\eta_1 = \eta_3 = \eta_4 = 5$，$\eta_2 = 3$。根据图 18.5 和式(18.6)，有

$$z_1 = y_1 - y_2$$

$$z_2 = (y_2 - y_0) + (y_2 - y_1) + (y_2 - y_3)$$

$$z_3 = (y_3 - y_2) + (y_3 - y_4)$$

$$z_4 = y_4 - y_3$$

根据式(18.6)可得 $\bar{z}_i = \dot{z}_i + z_i$，取 $c_i = 20$，$i = 1,2,3,4$。为了防止抖振，控制器式(18.9)中，采用饱和函数 sat(x)代替符号函数 sgn(x)，设计如下：

$$\operatorname{sat}(x) = \begin{cases} 1 & x > \Delta \\ kx & |x| \leqslant \Delta, k = 1/\Delta \\ -1 & x < -\Delta \end{cases}$$

其中，Δ 为边界层厚度。

取 $\Delta = 0.003$，运行 Simulink 仿真主程序 chap18_2sim.mdl，仿真结果如图 18.7～图 18.9 所示。

采用 M 语言，对模型进行离散化，也可以实现多智能体控制系统的仿真，仿真程序设计更加简单方便。不足之处是计算精度较差。取离散时间为 0.001，离散仿真程序为 chap18_2dis.m。

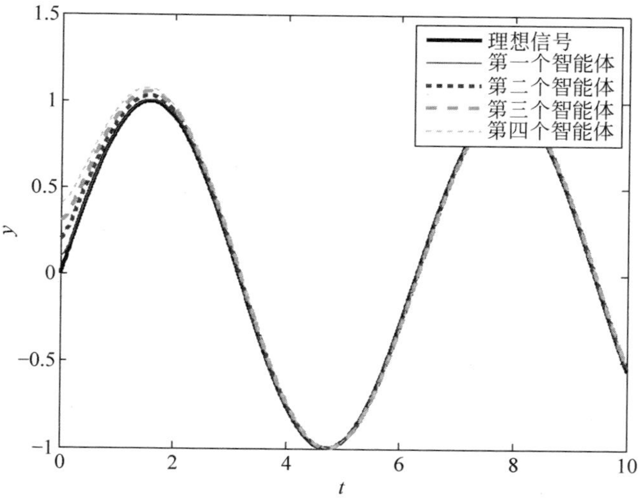

图 18.7 多智能体系统的位置一致性跟踪

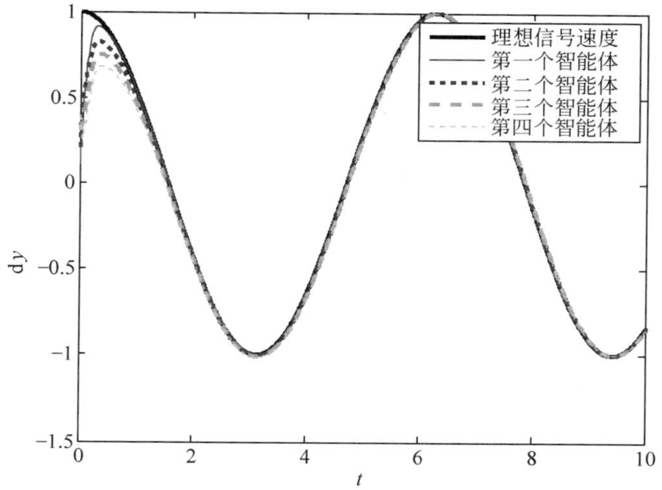

图 18.8 多智能体系统的速度一致性跟踪

18.3.4 Laplacian 矩阵分析

对式(18.7)进一步分析如下：根据图 18.6 及定义可得

$$\boldsymbol{A}=[a_{ij}]=\begin{bmatrix}0&1&0&0\\1&0&1&0\\0&1&0&1\\0&0&1&0\end{bmatrix},\quad \boldsymbol{\varXi}=\begin{bmatrix}1&0&0&0\\0&2&0&0\\0&0&2&0\\0&0&0&1\end{bmatrix},\quad \boldsymbol{\mu}=\begin{bmatrix}0&0&0&0\\0&1&0&0\\0&0&0&0\\0&0&0&0\end{bmatrix}$$

则

$$\boldsymbol{L}=\boldsymbol{\varXi}-\boldsymbol{A}=\begin{bmatrix}1&0&0&0\\0&2&0&0\\0&0&2&0\\0&0&0&1\end{bmatrix}-\begin{bmatrix}0&1&0&0\\1&0&1&0\\0&1&0&1\\0&0&1&0\end{bmatrix}=\begin{bmatrix}1&-1&0&0\\-1&2&-1&0\\0&-1&2&-1\\0&0&-1&1\end{bmatrix}$$

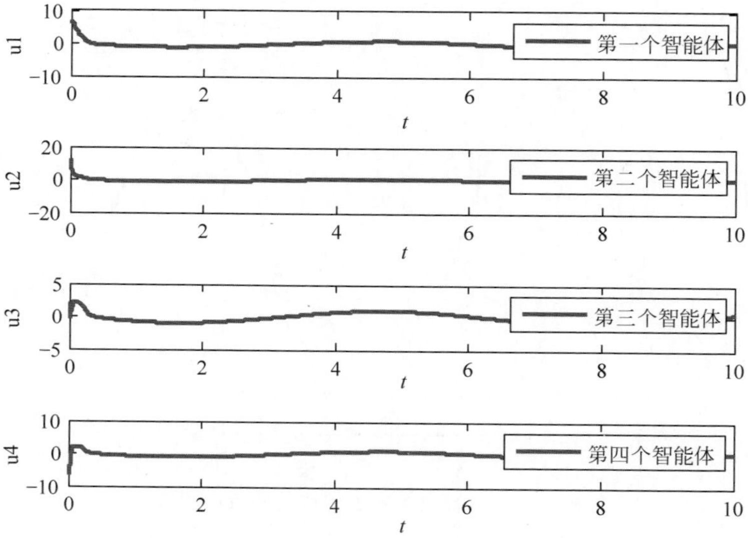

图 18.9 多智能体系统的控制输入

$$\boldsymbol{L}+\boldsymbol{\mu}=\begin{bmatrix}1 & -1 & 0 & 0\\ -1 & 2 & -1 & 0\\ 0 & -1 & 2 & -1\\ 0 & 0 & -1 & 1\end{bmatrix}+\begin{bmatrix}0 & 0 & 0 & 0\\ 0 & 1 & 0 & 0\\ 0 & 0 & 0 & 0\\ 0 & 0 & 0 & 0\end{bmatrix}=\begin{bmatrix}1 & -1 & 0 & 0\\ -1 & 3 & -1 & 0\\ 0 & -1 & 2 & -1\\ 0 & 0 & -1 & 1\end{bmatrix}$$

特征值为 $\mathrm{eig}(\boldsymbol{L}+\boldsymbol{\mu})=[0.1729, 0.6617, 2.2091, 3.9563]$，则 $\boldsymbol{L}+\boldsymbol{\mu}$ 为正定阵。根据式(18.7)，$\bar{z}_i\to 0$ 时，$\boldsymbol{\varepsilon}_i\to 0$。对应的程序为 chap18_2L.m。

仿真程序：

(1) 图 18.6 的 Laplacian 矩阵分析仿真程序：chap18_2L.m。

(2) Simulink 仿真程序：

① 主程序：chap18_2sim.mdl，如图 18.10 所示。

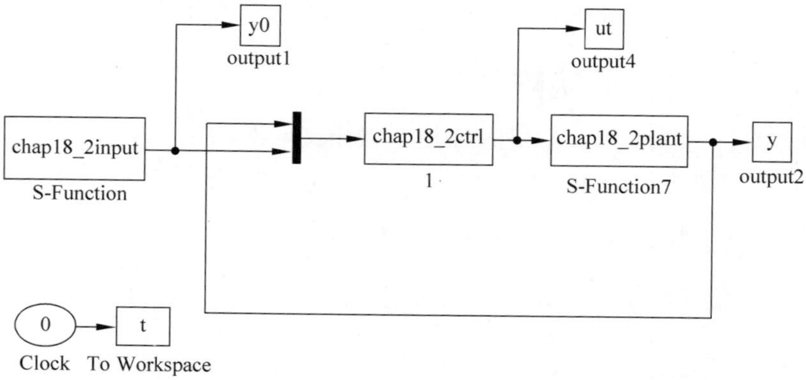

图 18.10 Simulink 主程序

② 智能体控制器子程序：chap18_2ctrl.m。

③ 智能体被控对象子程序：chap18_2plant.m。

④ 作图子程序：chap18_2plot. m。
⑤ M 语言离散仿真程序：chap18_2dis. m。

18.4 基于 RBF 神经网络的多智能体系统一致性控制

18.4.1 系统描述

针对如下二阶线性多智能体系统

$$\begin{aligned} \dot{x}_{i1} &= x_{i2} \\ \dot{x}_{i2} &= u_i + f(x_{i1}, x_{i2}) + d_i \\ y_i &= x_{i1} \end{aligned} \tag{18.10}$$

其中，$|d_i| \leqslant d_{i\max}$，$f(x_{i1}, x_{i2})$为连续可导的未知函数。

令$(j,i) \in E$ 表示智能体 i 可以获得智能体 j 的信息，智能体 i 的相邻集合表示为$\Lambda_i = \{j \mid (j,i) \in E\}$。智能体 i 与智能体 j 之间连接的标记取 a_{ij}，$a_{ij}=1$ 时表示智能体 i 与智能体 j 之间有通信，否则 $a_{ij}=0$，且有 $a_{ii}=0$，$A=[a_{ij}] \in \mathbf{R}^{N\times N}$。

定义 $\Xi = \mathrm{diag}\{\Xi_i, \cdots, \Xi_N\}$，$\Xi_i = \sum_{j=1}^{N} a_{ij}$，定义 Laplacian 矩阵

$$\boldsymbol{L} = \boldsymbol{\Xi} - \boldsymbol{A} \tag{18.11}$$

指令为 y_0，智能体 i 与指令 y_0 之间连接的标记取 μ_i，$\mu_i=1$ 时表示智能体 i 可以获得指令 y_0 信息，否则取 $\mu_i=0$，取

$$\boldsymbol{\mu} = \mathrm{diag}\{\mu_i, \cdots, \mu_N\}$$

控制目标为：$t\to\infty$时，$x_{i1}\to y_0$，$x_{i2}\to\dot{y}_0$。

18.4.2 基于 RBF 神经网络逼近的滑模控制

采用 RBF 神经网络逼近 $f(\cdot)$，RBF 神经网络算法为

$$h_j = \exp\left(\frac{\|\boldsymbol{x} - \boldsymbol{c}_j\|^2}{2b_j^2}\right)$$

$$f = \boldsymbol{W}^{*\mathrm{T}}\boldsymbol{h}(\boldsymbol{x}) + \boldsymbol{\delta}$$

其中，$\boldsymbol{x}$ 为网络的输入，i 为网络的输入个数，j 为网络隐含层第 j 个节点，$\boldsymbol{h}=[h_j]^{\mathrm{T}}$ 为高斯函数的输出，$\boldsymbol{W}^*$ 为网络的理想权值，δ 为网络的逼近误差，且$|\delta| \leqslant \delta_N$。

网络的输入取 $\boldsymbol{x}$，则 RBF 神经网络的输出为

$$\hat{f}(\boldsymbol{x}) = \hat{\boldsymbol{W}}^{\mathrm{T}}\boldsymbol{h}(\boldsymbol{x}) \tag{18.12}$$

其中，$\boldsymbol{h}(\boldsymbol{x})$为 RBF 神经网络的高斯函数。

18.4.3 控制律设计

智能体 i 的跟踪误差为$\varepsilon_i = y_i - y_0$，定义

$$\begin{aligned} \bar{\varepsilon}_i &= \dot{\varepsilon}_i + \varepsilon_i \\ z_i &= \mu_i(y_i - y_0) + \sum_{j\in\Lambda_i}(y_i - y_j) \\ \bar{z}_i &= \dot{z}_i + z_i \end{aligned} \tag{18.13}$$

由于 $y_i - y_j = \varepsilon_i - \varepsilon_j$，根据 a_{ij} 的定义，有

$$z_i = \mu_i \varepsilon_i + \sum_p a_{ip}(\varepsilon_i - \varepsilon_{jp}) = (\mu_i + \Xi_i)\varepsilon_i - \sum_p a_{ip}\varepsilon_p$$

由于 $\sum_p a_{ip}\varepsilon_p = \boldsymbol{A}\bar{\boldsymbol{\varepsilon}}_i$，则

$$\bar{z} = (\boldsymbol{\mu} + \boldsymbol{\Xi})\bar{\boldsymbol{\varepsilon}} - \boldsymbol{A}\bar{\boldsymbol{\varepsilon}} = (\boldsymbol{L} + \boldsymbol{\mu})\bar{\boldsymbol{\varepsilon}} \tag{18.14}$$

根据控制目标，设计 Lyapunov 函数为

$$V = \frac{1}{2}\bar{\boldsymbol{\varepsilon}}^{\mathrm{T}}(\boldsymbol{L} + \boldsymbol{\mu})\bar{\boldsymbol{\varepsilon}} + \frac{1}{2}\gamma\sum_{i=1}^{N}\widetilde{\boldsymbol{W}}_i^{\mathrm{T}}\widetilde{\boldsymbol{W}}_i \tag{18.15}$$

其中，$\gamma > 0$，则

$$\dot{V} = \bar{\boldsymbol{\varepsilon}}^{\mathrm{T}}(\boldsymbol{L} + \boldsymbol{\mu})\dot{\bar{\boldsymbol{\varepsilon}}} + \gamma\sum_{i=1}^{N}\widetilde{\boldsymbol{W}}_i^{\mathrm{T}}\dot{\widetilde{\boldsymbol{W}}}_i = \bar{z}^{\mathrm{T}}\dot{\bar{\boldsymbol{\varepsilon}}} - \gamma\sum_{i=1}^{N}\widetilde{\boldsymbol{W}}_i^{\mathrm{T}}\dot{\hat{\boldsymbol{W}}}_i$$

$$\begin{aligned}\dot{\bar{\boldsymbol{\varepsilon}}}_i &= \ddot{\varepsilon}_i + \dot{\varepsilon}_i = \ddot{y}_i - \ddot{y}_0 + \dot{y}_i - \dot{y}_0 = u_i + f(x_{i1}, x_{i2}) + d_i + x_{i2} - \\ &\quad \mu_i(\dot{y}_0 + \ddot{y}_0) + (\mu_i - 1)(\dot{y}_0 + \ddot{y}_0) \\ &= u_i + f(x_{i1}, x_{i2}) + x_{i2} - \mu_i(\dot{y}_0 + \ddot{y}_0) + D_i\end{aligned}$$

其中，$D_i = d_i + (\mu_i - 1)(\dot{y}_0 + \ddot{y}_0)$，$D_{i\max} = d_{i\max} + \sup|\dot{y}_0 + \ddot{y}_0|$。

定义 $\boldsymbol{x}_i = [x_{i1}, x_{i2}]$，则

$$\dot{V} = \sum_{i=1}^{N}\bar{z}_i[u_i + f(x_i) + x_{i2} - \mu_i(\dot{y}_0 + \ddot{y}_0) + D_i] - \gamma\sum_{i=1}^{N}\widetilde{\boldsymbol{W}}_i^{\mathrm{T}}\dot{\hat{\boldsymbol{W}}}_i$$

设计控制律为

$$u_i = -\lambda_i\bar{z}_i - \hat{f}(\boldsymbol{x}_i) - x_{i2} + \mu_i(\dot{y}_0 + \ddot{y}_0) - \eta_i\operatorname{sgn}(\bar{z}_i) \tag{18.16}$$

其中，$\eta_i \geqslant D_{i\max} + \delta_N$，$\lambda_i > 0$。

由于

$$f(\boldsymbol{x}_i) - \hat{f}(\boldsymbol{x}_i) = \boldsymbol{W}_i^{*\mathrm{T}}\boldsymbol{h}(\boldsymbol{x}_i) + \delta_i - \hat{\boldsymbol{W}}_i^{\mathrm{T}}h(x_i) = \widetilde{\boldsymbol{W}}_i^{\mathrm{T}}\boldsymbol{h}(\boldsymbol{x}_i) + \delta_i$$

其中，$\widetilde{\boldsymbol{W}}_i = \boldsymbol{W}_i^* - \hat{\boldsymbol{W}}_i$，则

$$\begin{aligned}\dot{V} &= \sum_{i=1}^{N}\bar{z}_i[-\lambda_i\bar{z}_i - \eta_i\operatorname{sgn}(\bar{z}_i) + \widetilde{\boldsymbol{W}}_i^{\mathrm{T}}\boldsymbol{h}(x_i) + \delta_i + D_i] - \gamma\sum_{i=1}^{N}\widetilde{\boldsymbol{W}}_i^{\mathrm{T}}\dot{\hat{\boldsymbol{W}}}_i \\ &= \sum_{i=1}^{N}\bar{z}_i(-\lambda_i\bar{z}_i - \eta_i\operatorname{sgn}(\bar{z}_i) + \delta_i + D_i) + \widetilde{\boldsymbol{W}}_i^{\mathrm{T}}(\bar{z}_i\boldsymbol{h}(\boldsymbol{x}_i) - \gamma\dot{\hat{\boldsymbol{W}}}_i)\end{aligned}$$

设计自适应律为

$$\begin{aligned}\dot{\hat{\boldsymbol{W}}}_i &= \frac{1}{\gamma}\bar{\boldsymbol{z}}_i\boldsymbol{h}(\boldsymbol{x}_i) \\ \dot{V} &\leqslant -\sum_{i=1}^{N}c_i\bar{z}_i^2 \leqslant 0\end{aligned} \tag{18.17}$$

当 $t \to 0$ 时，$\bar{z}_i \to 0$，根据式(18.14)，$\bar{\boldsymbol{\varepsilon}}_i \to 0$，从而$\boldsymbol{\varepsilon}_i \to 0$ 且$\dot{\boldsymbol{\varepsilon}}_i \to 0$。

18.4.4 仿真实例

考虑如图 18.6 所示的多智能体系统结构，只有第二个智能体与指令 y_0 相连，$\mu_2 = 1$，$y_0 = \sin t$。针对多智能体系统式(18.10)，$f(x_{i1}, x_{i2}) = x_{i1}x_{i2}$，$d_i = 3\sin t$，$i = 1, 2, 3, 4$，当 $i = 2$ 时，

$D_{i\max}=d_{i\max}$，可取 $\eta_i\geqslant 3$；当 $i=1,3,4$ 时，$D_{i\max}=d_{i\max}+\sup|\dot{y}_0+\ddot{y}_0|$，可取 $\eta_i\geqslant 5$。

根据式(18.16)，针对图 18.6 中四个智能体的控制律设计如下：

$$u_i=-\lambda_i\bar{z}_i-\hat{f}(\boldsymbol{x}_i)-x_{i2}+\mu_i(\dot{y}_0+\ddot{y}_0)-\eta_i\operatorname{sgn}(\bar{z}_i)$$

根据图 18.6，只有第二个智能体与 y_0 相连，则 $\mu_1=0,\mu_2=1,\mu_3=0,\mu_4=0$，则

$$u_1=-\lambda_1\bar{z}_1-\hat{f}(\boldsymbol{x}_1)-x_{12}-\eta_1\operatorname{sgn}(\bar{z}_1)$$

$$u_2=-\lambda_2\bar{z}_2-\hat{f}(\boldsymbol{x}_2)-x_{22}+\ddot{y}_0+\dot{y}_0-\eta_2\operatorname{sgn}(\bar{z}_2)$$

$$u_3=-\lambda_3\bar{z}_3-\hat{f}(\boldsymbol{x}_3)-x_{32}-\eta_3\operatorname{sgn}(\bar{z}_3)$$

$$u_4=-\lambda_4\bar{z}_4-\hat{f}(\boldsymbol{x}_4)-x_{42}-\eta_4\operatorname{sgn}(\bar{z}_4)$$

考虑 $D_{i\max}=d_{i\max}+\sup|\dot{y}_0+\ddot{y}_0|$，取 $\eta_1=\eta_3=\eta_4=5$，$\eta_2=3$。根据图 18.6 和式(18.13)，有

$$z_1=y_1-y_2$$
$$z_2=(y_2-y_0)+(y_2-y_1)+(y_2-y_3)$$
$$z_3=(y_3-y_2)+(y_3-y_4)$$
$$z_4=y_4-y_3$$

根据式(18.13)可得 $\bar{z}_i=\dot{z}_i+z_i$，取 $\lambda_i=20,i=1,2,3,4$。为了防止抖振，控制器中采用饱和函数 $\operatorname{sat}(x)$ 代替符号函数 $\operatorname{sgn}(x)$，设计如下：

$$\operatorname{sat}(x)=\begin{cases}1 & x>\Delta\\ kx & |x|\leqslant\Delta,k=1/\Delta\\ -1 & x<-\Delta\end{cases}$$

其中，Δ 为边界层厚度，仿真中取 $\Delta=0.003$。

神经网络的结构取为 2-5-1，$\boldsymbol{c}_j$ 和 b_j 分别设置为 $[-1.0\quad -0.5\quad 0\quad 0.5\quad 1.0]$ 和 0.20，网络的初始权值为 0.0。采用控制律式 (18.16)和自适应律式(18.17)，自适应参数取 $\gamma=0.15$。

运行 Simulink 仿真程序 chap18_3sim.mdl，仿真结果如图 18.11～图 18.13 所示。

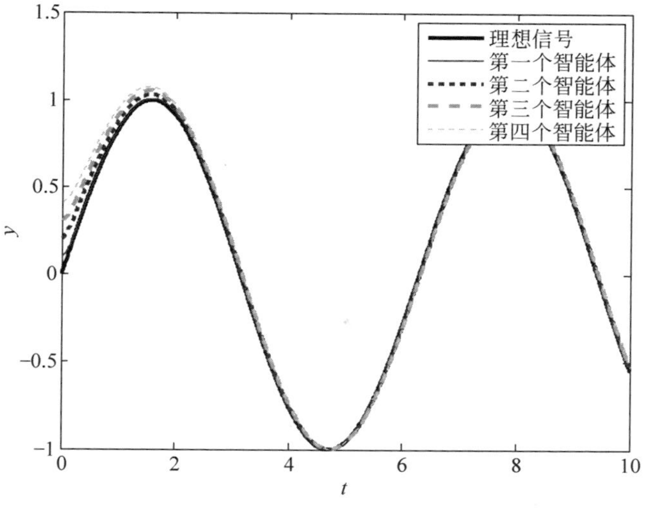

图 18.11　多智能体系统的位置一致性跟踪

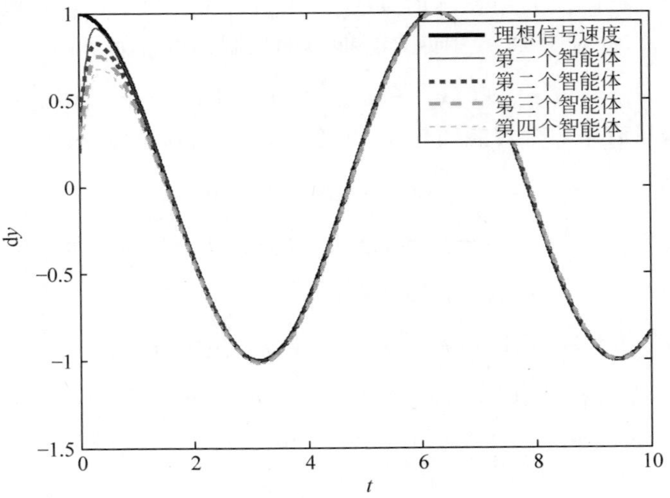

图 18.12　多智能体系统的速度一致性跟踪

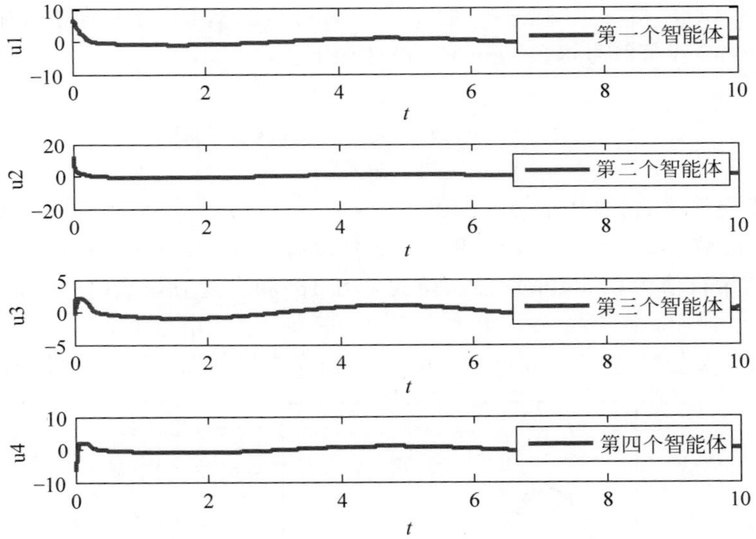

图 18.13　多智能体系统的控制输入

Simulink 仿真程序：

(1) 主程序：chap18_3sim.mdl，如图 18.14 所示。

(2) 智能体控制器子程序：chap18_3ctrl.m。

(3) 智能体被控对象子程序：chap18_3plant.m。

(4) 作图子程序：chap18_3plot.m。

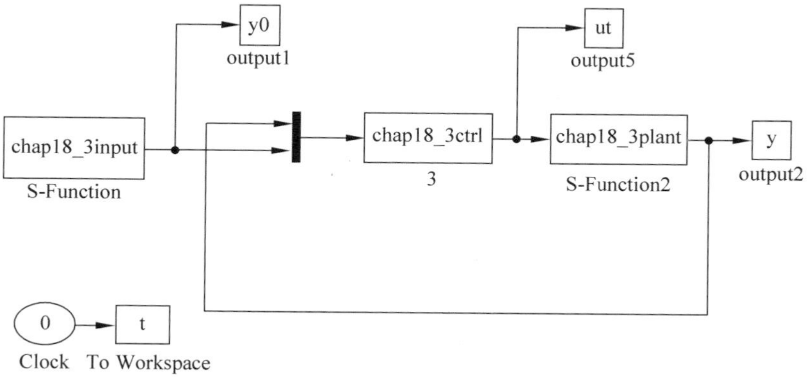

图 18.14　Simulink 主程序

18.5　基于执行器容错的多智能体系统控制

第 11 章描述了基于单个模型的控制系统执行器容错控制器设计，本节考虑在多智能体控制系统执行器容错控制器的设计。

18.5.1　系统描述

针对如下二阶线性多智能体系统

$$\dot{x}_{i1}=x_{i2}$$
$$\dot{x}_{i2}=u_i+d_i$$
$$y_i=x_{i1} \tag{18.18}$$

其中，u_i 为控制输入，d_i 为控制输入扰动，$|d_i|\leqslant d_{i\max}$。

带有执行器故障的控制输入为 $u_i=\rho_i v_i$，$\rho_i\in(0,1)$，取 $p_i=\dfrac{1}{\rho_i}$。

$(j,i)\in E$ 表示智能体 i 可以获得智能体 j 的信息，智能体 i 的相邻集合表示为 $\Lambda_i=\{j\mid(j,i)\in E\}$，智能体 i 与智能体 j 之间连接的标记取 a_{ij}，$a_{ij}=1$ 时表示智能体 i 与智能体 j 之间有通信，否则 $a_{ij}=0$，且有 $a_{ii}=0$，$A=[a_{ij}]\in\mathbf{R}^{N\times N}$。

定义 $\Xi=\operatorname{diag}\{\Xi_i,\cdots,\Xi_N\}$，$\Xi_i=\sum\limits_{j=1}^{N}a_{ij}$，定义 Laplacian 矩阵

$$\boldsymbol{L}=\boldsymbol{\Xi}-\boldsymbol{A}$$

指令为 y_0，智能体 i 与指令 y_0 之间连接的标记取 μ_i，$\mu_i=1$ 时表示智能体 i 可以获得指令 y_0 信息，否则取 $\mu_i=0$

$$\boldsymbol{\mu}=\operatorname{diag}\{\mu_i,\cdots,\mu_N\}$$

控制目标为 $t\to\infty$ 时，$x_{i1}\to y_0$，$x_{i2}\to\dot{y}_0$。

18.5.2　控制律设计

智能体 i 的跟踪误差为 $\varepsilon_i=y_i-y_0$，定义[2]

$$\bar{\boldsymbol{\varepsilon}}_i=\dot{\boldsymbol{\varepsilon}}_i+\boldsymbol{\varepsilon}_i$$

$$z_i=\mu_i(y_i-y_0)+\sum_{j\in\Lambda_i}(y_i-y_j) \tag{18.19}$$
$$\bar{z}_i=\dot{z}_i+z_i$$

由于 $y_i-y_j=\varepsilon_i-\varepsilon_j$，根据 a_{ij} 的定义，有

$$z_i=\mu_i\varepsilon_i+\sum_p a_{ip}(\varepsilon_i-\varepsilon_{jp})=(\mu_i+\Xi_i)\varepsilon_i-\sum_p a_{ip}\varepsilon_p$$

由于 $\sum_p a_{ip}\varepsilon_p=\boldsymbol{A}\bar{\boldsymbol{\varepsilon}}_i$，则

$$\bar{\boldsymbol{z}}=(\boldsymbol{\mu}+\boldsymbol{\Xi})\bar{\boldsymbol{\varepsilon}}-\boldsymbol{A}\bar{\boldsymbol{\varepsilon}}=(\boldsymbol{L}+\boldsymbol{\mu})\bar{\boldsymbol{\varepsilon}} \tag{18.20}$$

根据控制目标，设计 Lyapunov 函数为

$$V=\frac{1}{2}\bar{\boldsymbol{\varepsilon}}^{\mathrm{T}}(\boldsymbol{L}+\boldsymbol{\mu})\bar{\boldsymbol{\varepsilon}}+\sum_{i=1}^{N}\frac{|\rho_i|}{2\gamma_i}\tilde{p}_i^2 \tag{18.21}$$

其中，$\gamma_i>0$，$\tilde{p}_i=\hat{p}_i-p_i$，则

$$\dot{V}=\bar{\boldsymbol{\varepsilon}}^{\mathrm{T}}(\boldsymbol{L}+\boldsymbol{\mu})\dot{\bar{\boldsymbol{\varepsilon}}}=\bar{\boldsymbol{z}}^{\mathrm{T}}\dot{\bar{\boldsymbol{\varepsilon}}}+\sum_{i=1}^{N}\frac{|\rho_i|}{\gamma_i}\tilde{p}_i\dot{\hat{p}}_i$$

由于

$$\begin{aligned}\dot{\bar{\boldsymbol{\varepsilon}}}_i&=\ddot{\varepsilon}_i+\dot{\varepsilon}_i=\ddot{y}_i-\ddot{y}_0+\dot{y}_i-\dot{y}_0=u_i+d_i+x_{i2}-\mu_i(\dot{y}_0+\ddot{y}_0)+(\mu_i-1)(\dot{y}_0+\ddot{y}_0)\\&=u_i+x_{i2}-\mu_i(\dot{y}_0+\ddot{y}_0)+D_i\\&=\rho_i v_i+x_{i2}-\mu_i(\dot{y}_0+\ddot{y}_0)+D_i\end{aligned}$$

其中，$D_i=d_i+(\mu_i-1)(\dot{y}_0+\ddot{y}_0)$，$D_{i\max}=d_{i\max}+\sup|\dot{y}_0+\ddot{y}_0|$，则

$$\dot{V}=\bar{\boldsymbol{z}}^{\mathrm{T}}\sum_{i=1}^{N}(\rho_i v_i+x_{i2}-\mu_i(\dot{y}_0+\ddot{y}_0)+D_i)+\sum_{i=1}^{N}\frac{|\rho_i|}{\gamma_i}\tilde{p}_i\dot{\hat{p}}_i$$

取

$$\alpha_i=c_i\bar{z}_i+x_{i2}-\mu_i(\dot{y}_0+\ddot{y}_0)+\eta_i\operatorname{sgn}(\bar{z}_i) \tag{18.22}$$

则 $x_{i2}-\mu_i(\dot{y}_0+\ddot{y}_0)=\alpha_i-c_i\bar{z}_i-\eta_i\operatorname{sgn}(\bar{z}_i)$，代入可得

$$\dot{V}=\bar{\boldsymbol{z}}^{\mathrm{T}}\sum_{i=1}^{N}(\rho_0 v_i+\alpha_i-c_i\bar{z}_i-\eta_i\operatorname{sgn}(\bar{z}_i)+D_i)+\sum_{i=1}^{N}\frac{|\rho_i|}{\gamma_i}\tilde{p}_i\dot{\hat{p}}_i$$

其中，$\eta_i\geqslant D_{i\max}$。则

$$\dot{V}\leqslant\bar{\boldsymbol{z}}^{\mathrm{T}}\sum_{i=1}^{N}(\rho_i v_i+\alpha_i-c_i\bar{z}_i)+\sum_{i=1}^{N}\frac{|\rho_i|}{\gamma_i}\tilde{p}_i\dot{\hat{p}}_i$$

设计控制律为

$$v_i=-\hat{p}_i\alpha_i \tag{18.23}$$
$$\dot{\hat{p}}_i=\gamma_i\bar{\boldsymbol{z}}_i^{\mathrm{T}}\alpha_i\operatorname{sgn}(\rho_i) \tag{18.24}$$

可得

$$\begin{aligned}\dot{V}&\leqslant\bar{\boldsymbol{z}}^{\mathrm{T}}\sum_{i=1}^{N}(-\rho_i\hat{p}_i\alpha_i+\alpha_i-c_i\bar{z}_i)+\sum_{i=1}^{N}\frac{|\rho_i|}{\gamma_i}\tilde{p}_i\gamma_i\bar{\boldsymbol{z}}_i^{\mathrm{T}}\alpha_i\operatorname{sgn}(\rho_i)\\&=\bar{\boldsymbol{z}}^{\mathrm{T}}\sum_{i=1}^{N}(-\rho_i\hat{p}_i\alpha_i+\alpha_i-c_i\bar{z}_i+\tilde{p}_i\alpha_i\rho_i)\end{aligned}$$

$$=-\sum_{i=1}^{N}c_i\bar{z}_i^2\leqslant 0$$

当 $t\to 0$ 时，$\bar{z}_i\to 0$，根据式(18.20)，$\bar{\boldsymbol{\varepsilon}}_i\to 0$，从而$\boldsymbol{\varepsilon}_i\to 0$ 且$\dot{\boldsymbol{\varepsilon}}_i\to 0$。

18.5.3 仿真实例

考虑如图 18.6 所示的多智能体系统结构，只有第二个智能体与指令 y_0 相连，$y_0=\sin t$。针对多智能体系统式(18.18)，$d_i=3\sin t$，$i=1,2,3,4$，当 $i=2$ 时，$D_i=0$，可取 $\eta_i\geqslant 3$；当 $i=1,3,4$ 时，$D_i=-\dot{y}_0-\ddot{y}_0$，可取 $\eta_i\geqslant 5$。

根据式(18.22)～式(18.24)，针对图 18.6 中的 4 个智能体设计控制律和自适应律。取 4 个智能体控制输入故障系数分别为 $\rho_1=0.5$，$\rho_2=0.6$，$\rho_3=0.7$，$\rho_4=0.8$。

根据式(18.19)可得 $\bar{z}_i=\dot{z}_i+z_i$，取 $c_i=2$，$i=1,2,3,4$。为了防止抖振，控制器式(18.22)中采用饱和函数 sat(x)代替符号函数 sgn(x)，设计如下：

$$\operatorname{sat}(x)=\begin{cases}1 & x>\Delta\\ kx & |x|\leqslant\Delta,k=1/\Delta\\ -1 & x<-\Delta\end{cases}$$

其中，Δ 为边界层厚度。

取 $\Delta=0.003$，运行 Simulink 仿真程序 chap18_4sim.mdl，仿真结果如图 18.15～图 18.17 所示。

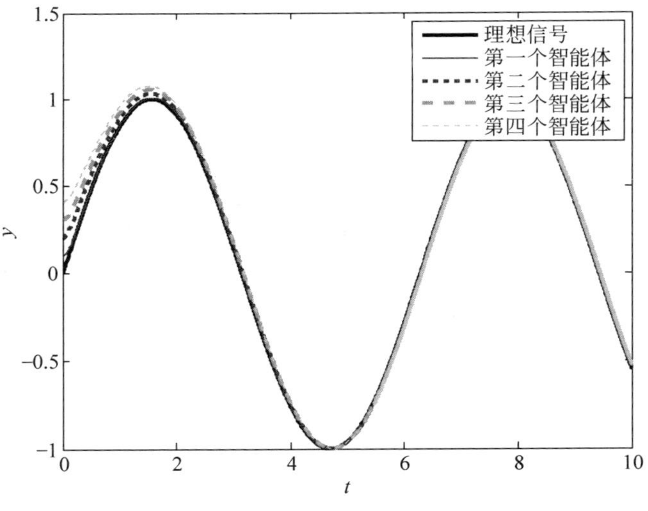

图 18.15　多智能体系统的位置一致性跟踪

参考 18.3 节的 Laplacian 矩阵分析，可得 $\boldsymbol{L}+\mu$ 的特征值为 eig ($\boldsymbol{L}+\mu$) = [0.1729，0.6617，2.2091，3.9563]，则 $\boldsymbol{L}+\mu$ 为正定阵。根据式(18.20)，$\bar{z}_i\to 0$ 时，$\bar{\boldsymbol{\varepsilon}}_i\to 0$。

仿真程序 ：

(1) Laplacian 矩阵分析仿真程序：chap18_4L.m。

(2) Simulink 仿真程序：

① 主程序：chap18_4sim.mdl，如图 18.18 所示。

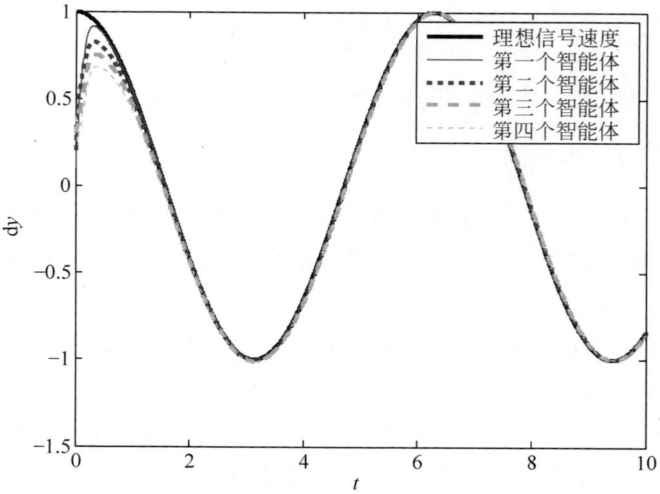

图 18.16 多智能体系统的速度一致性跟踪

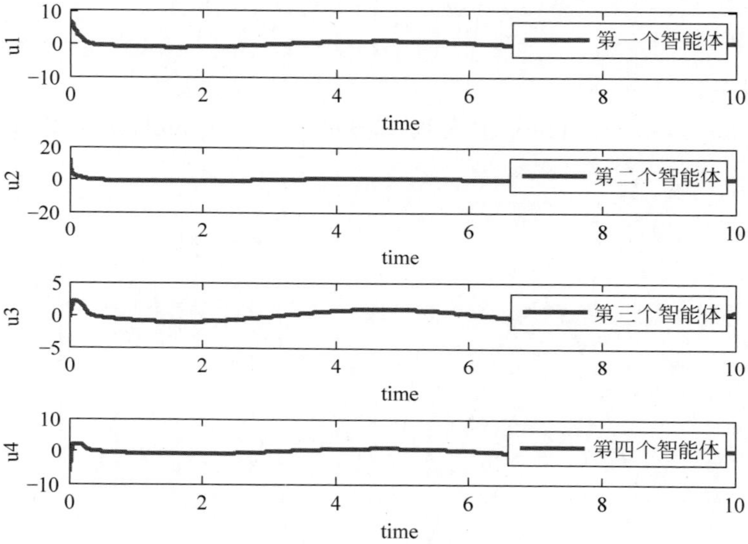

图 18.17 多智能体系统的控制输入

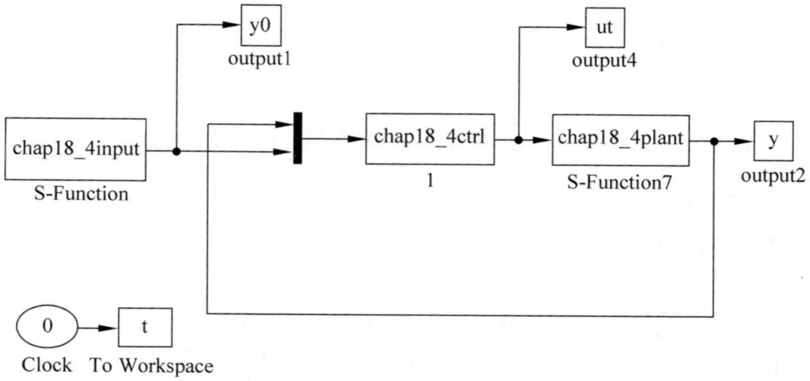

图 18.18 Simulink 主程序

② 智能体控制器子程序：chap18_4ctrl. m。

③ 智能体被控对象子程序：chap18_4plant. m。

④ 作图子程序：chap18_4plot. m。

思考题

1. 在 18.3 节中，如果多智能体系统结构图 18.5 发生变化，例如，领导者智能体由第二个变为第三个，如何设计控制器？

2. 在 18.5 节中，如果执行器和状态传感器同时出现容错，如何设计多智能体系统协调控制器？

参考文献

[1] 陈杰，方浩，辛斌. 多智能体系统的协同群集运动控制[M]. 北京：科学出版社，2017.

[2] Wang C, Wen C, Guo L. Adaptive Consensus Control for Nonlinear Multiagent Systems with Unknown Control Directions and Time-Varying Actuator Faults[J]. IEEE Transactions on Automatic Control, 2020, 66(9): 4222-4229.

[3] Sarrafan N, Zarei J. Bounded Observer-Based Consensus Algorithm for Robust Finite-Time Tracking Control of Multiple Nonholonomic Chained-Form Systems[J]. IEEE Transactions on Automatic Control, 2021, 66(10): 4933-4938.

[4] Cao Y, Wei R. Distributed Coordinated Tracking with Reduced Interaction via a Variable Structure Approach[J]. IEEE Transactions on Automatic Control, 2011, 57(1): 33-48.